美学其实很简单

图解美学

常宏　朱珂苇/编著

中國華僑出版社
北京

图书在版编目(CIP)数据

图解美学 / 常宏，朱珂苇编著. — 北京 : 中国华侨出版社，2017.3（2020.6重印）

ISBN 978-7-5113-6653-5

Ⅰ.①图… Ⅱ.①常… ②朱… Ⅲ.①美学—通俗读物 Ⅳ.①B83-49

中国版本图书馆CIP数据核字（2017）第021706号

图解美学

编　　著：常　宏　朱珂苇
责任编辑：待　宵
封面设计：韩立强
文字编辑：黎　娜
美术编辑：李丹丹
插图绘制：满　峰
经　　销：新华书店
开　　本：720mm × 1020mm　1/16　印张：28.5　字数：640千字
印　　刷：鑫海达（天津）印务有限公司
版　　次：2017年7月第1版　2020年6月第2次印刷
书　　号：ISBN 978-7-5113-6653-5
定　　价：68.00元

中国华侨出版社　北京市朝阳区西坝河东里77号楼底商5号　邮编：100028
法律顾问：陈鹰律师事务所
发 行 部：(010）58815874　传　　真：(010）58815857
网　　址：www.oveaschin.com　E-mail：oveaschin@sina.com

前言

说起美学，人们都会想到“阳春白雪”，觉得自己既需要它却又触之不及。人们之所以觉得需要美学是因为“爱美之心人皆有之”，每个人都崇尚美的事物，都需要美的生活，都想让自己从内到外都是美的。但是为什么人们又觉得美学是触不可及的呢？因为人们总是觉得美学本身是一门非常高深的学问，它源于哲学范畴，向来都是美术领域和高校课堂上的一种课程而与实际的生活美化有很大一段距离。从苏格拉底叹息着说“美是难的”，到美学国度的“哥德巴赫猜想”，再到众多美学家对美的亲身实践和探索，无不给人们一种错觉，那就是美学是一种非常玄妙又深奥的学问，是普通大众所不能触及的。难道美学真的就这么遥不可及吗？

虽然作为一种学术学科，美学是难的；虽然古今中外的美学家一直没有准确地研究出“美是什么”；虽然审美涉及很多高深的学问，但是，我们统统可

以不去理会，我们只要学会美化我们的生活，学会欣赏生活中的美，学会提高生活品位就足够了。这些与那些高深的理论无关，与那些美学研究无关！

其实，美学本身就是一门研究美、美感、美的创造及美育规律的科学。学习和探讨审美活动的起源、美感心理、审美活动的构造与形态等，不但可以扩大哲学视野和提升理论素养，而且对我们理解人类生活价值追求和艺术创造，提高审美修养和艺术鉴赏力，提高人生品位大有裨益。

本书采取直观的图文呈现手法，引入“图解”理念。上篇“美学的故事”，选择了美学发展历程中具代表性的人物和事件作为端口。近50个精彩故事独立成篇，用通俗易懂的语言讲述美学的发展历史，记录美学大师的人生历程，阐释美学的重要理论，图文并茂，组成一幅精彩的世界美学画卷，清晰地呈现出美学发展的脉络。下篇“生活中的美学”，将美学与社会生活的各个方面灵活地联系起来，从大众的视角阐述美学知识，讲解其在日常生活中的表现与应用，教会读者如何在衣食住行等各方面提升生活的美感，学会打理自己的生活，真正地享受到生活中的美。无论是对美学感兴趣的普通读者，还是专业学者，都可以从中汲取到美学的智慧与灵感，进而以美学的眼光审视自己、指引生活，拥有幸福、美好的人生。

目录

上篇 | 美学的故事

下篇 生活中的美学

上篇 | 美学的故事

The Story Of Aesthetics

第一章
古希腊、古罗马美学与中国先秦美学

美在和谐
——毕达哥拉斯

英国哲学家罗素曾说过这样一段话：“在全部的历史里，最使人感到惊异的就是突然兴起的希腊文明了。希腊人在文学艺术上的成就是大家熟知的。他们不为任何因袭的正统观念的枷锁所束缚，自由地思考着世界的本质和生活的目的。所发生的一切都是如此之令人惊异，以至于直到近现代，人们还乐于惊叹并神秘地谈论着这些希腊的天才们。”在这个灿烂的思想天空中，就有一位明亮的数学之星，这就是被称为“第一个真正数学家”的毕达哥拉斯。

如果说希腊哲学是从泰勒斯开始，那么美学就是从毕达哥拉斯开始的。很多美学的基本概念都是毕达哥拉斯提出的，诸如净化、和谐、模仿等。

毕达哥拉斯（约公元前 580 年～约前 500 年），据哲学家拉尔修说，他是和哲学家泰勒斯同时代的人。他出生在萨摩斯岛，这个岛屿是希腊最富的城邦之一。他的父亲是指环雕刻艺人，是当地的一个殷实的自由公民。那个时代，“萨摩斯被僭主波吕克拉底所统治着，这是一个发了大财的老流氓，有着一支庞大的海军”。这位独裁的统治者因为贪财和骄傲，不听劝告而被谋杀了。

▲ 毕达哥拉斯像

毕达哥拉斯在年轻的时候勤奋地探讨数学和算术，后来他接受泰勒斯的劝说去了埃及，在埃及住了很长时间。而当时的埃及在文化上是相当繁荣的。后来他还到过巴比伦、波斯等地。据说他通晓埃及文字，当过埃及的僧侣，介入埃及神庙中的祭典和秘密入教仪式，接受了当地流行的灵魂不朽、轮回转世以及其他一些宗教禁忌。诸如只用没有生命的东西作献祭；不吃豆子；禁吃活的东西；不要用铁去拨火；穿鞋子要从右脚开始；洗脚则要先洗左脚，等等。他本人在后来自己创办的学派中宣传这些观念和生活方式。

大约 45 岁的毕达哥拉斯回到故乡萨摩斯岛，由于不满意独裁者波吕克拉底的统治，他几经周折移居到南意大利的克罗顿城，在那里继续从事把学术、政治、宗教等合为一体的活动。他以自己的教导在克罗顿这个杰出的城邦获得了许多门徒，据说有600人接受他的哲学思想，按照他的教导过着共同的生活。

据说毕达哥拉斯本人就是“一件制成了的艺术品，一个了不起的陶铸的天性”的美男子。他仪表庄严，加上他的道德才干和独特的、神秘的生活方式，门徒们几乎把毕达哥拉斯看成了神，好像他原来就是一个有善心的精灵，把他称颂为司光明、青春、音乐、诗歌的太阳神阿波罗。认为他是有人形的奥林比亚的一个人。他向同时代的人显灵，给世俗带来有益的新生活。把幸福的火花和哲学带给了人类，作为神的礼物，那是过去不曾有过的、也不能有的更大的善了。因此，在今天还流传着用最庄严的方式公开赞扬这个长头发的萨摩斯人。

▲ 阿波罗与达芙妮

阿波罗是希腊古典精神的具体化，代表了人性中文明和理智的方面。由于毕达哥拉斯相貌俊美、学识渊博，他的追随者便将他看作阿波罗。图为阿波罗追求达芙妮，而美少女竭力躲避他。

他们穿同样的衣服——一件与众不同的、白麻布的毕达哥拉斯式的服装。他们有一种很有定规的日常生活秩序。早上起床之后，就要回忆过去一天的历史，因为今天所要做的事情是与昨天所做的事情密切联系着的。他们也要记诵荷马和赫西俄德的诗句。在早上——常常一整天也是如此——他们从事音乐，音乐是希腊一般教育的主要内容。角力、赛跑、投掷等体育运动，也同样有规律地进行着。他们在一块儿吃饭，并且在吃饭方面他们也有特别的地方：据说蜂蜜和面包是他们的主食，水是最主要的，甚至是唯一的饮料。他们同样也必须禁绝肉食，他们禁绝肉食是与相信灵魂轮回联系在一起的；就是在蔬菜食料中他们也有所分别，豆类是禁食的。由于他们崇敬豆类，常常被人嘲笑；当后来政治集团被解散时，毕达哥拉斯和许多门徒宁可死去也不让一块种豆子的地受到损害。

美学辞典

美学（Aesthetics 或 Esthetics 来自希腊文，希腊文原意是“感觉上的或感知的”），是哲学主要分支学科之一，主要研究美、艺术和审美经验。美学思想的产生和形成虽然很早，但是直到1750年，德国哲学家鲍姆加登《美学》著作的问世，才标志着“美学”作为一门独立学科而出现。

据说，毕达哥拉斯是第一个使用“哲学”这个词的人。“哲学”（Philosophy）即“爱智慧”之意（philosophia）；因为毕达哥拉斯说过，只有神是智慧的，任何人都不是。和神相比，人最多只能是爱智慧，也就是爱神。当菲洛斯的僭主勒翁问毕达哥拉斯是什么人的时候，毕达哥拉斯说他是一名哲学家。他将生活和大竞技场作比较，在那里，有些人是来争夺奖赏的，有些人是带了货物出来卖的，而最好的人是沉思的观众；同样，在生活中，有些人出于卑劣的天性，追求名利，只有哲学家才寻求真理。后来，哲学家把沉思和追求真理作为自己的信念。

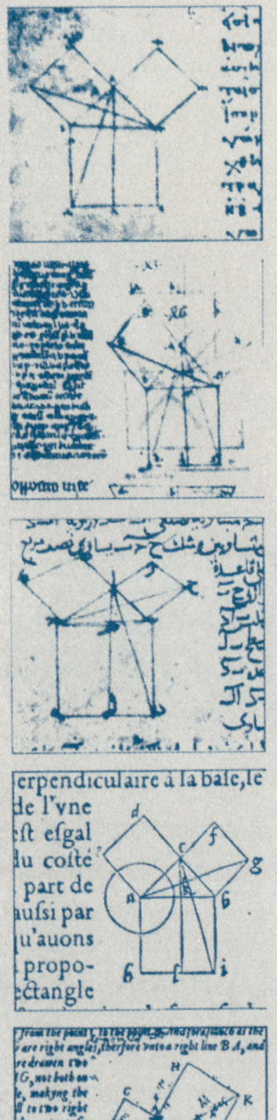

毕达哥拉斯定理在17世纪便已传到世界各国。上图是从欧几里得著作的各种译本中摘出的。

“我们在这个世界上都是异乡人，身体就是灵魂的坟墓，然而我们绝不可以自杀以求逃避；因为我们是神的所有物，神是我们的牧人，没有他的命令我们就没权利逃避。在现世生活里有三种人，正像到奥林匹克运动会上来的也有三种人一样。那些来做买卖的人都属于最低的一等，比他们高一等的是那些来竞赛的人。然而，最高的一种乃是那些只是来观看的人们。因此，一切中最伟大的净化便是无所为而为的科学，唯有献身于这种事业的人，亦即真正的哲学家，才真能使自己摆脱‘生之巨轮’。”

毕达哥拉斯认为，灵魂是一种和谐。净化灵魂的手段是音乐和哲学，因为音乐是和谐的音调，音乐是对立因素的和谐统一，把杂多导致统一，把不协调导致协调。哲学是对事物间和谐关系的思索。但不论是音乐的和谐，还是事物之间的和谐，都是一种数的规定性，所以毕达哥拉斯所谓的智慧指对数的本性的把握。“一切其他的事物，就其整个本性来说，都是以数为范型的。”万物都是对数的模仿。“模仿”表达了普遍范畴对具体存在的这种关系。而模仿由此也成为一个重要的美学范畴。

毕达哥拉斯是西方最早发现勾股定理的人。据说这个学派还为这个发现举行了盛大的祭祀仪式。在这种对数的哲学研究中，毕达哥拉斯得出了一个重要的美学结论，就是和谐产生美。

“和谐是杂多的统一，不协调因素的协调。”据说有一次毕达哥拉斯路过铁匠铺，听到几个铁锤在一起打铁时发出的和谐的声音，他从中受到启发，经调查测定，发现不同重量的铁锤发出不同谐音的比例关系，从而肯定各种不同音调同数量的关系。后来他又在琴弦上做出进一步的测试，发现琴弦的长短、粗细、紧张程度成一定比例关系时发出的声音是和谐的，从而找出了八度、五度、四度音程的关系。如有两根绷得一样紧的琴弦，要是其中一根的长度是另外一根的两倍，即2 ∶ 1，那么两个琴弦发出的音就相差8度；如果两根弦长之比是3 ∶ 2，则短弦比长弦发出的音高5度；如果两根弦长之比是4 ∶ 3，则短弦比长弦发出的音高4度。毕达哥拉斯由此认为音乐的基本原则就在于数量关系。数的关系是唯一规定音乐的方式。和谐的数量关系发出美的声音。毕达哥拉斯是表现声音与数字比例相对应的千古第一人，比任何人都更早把一种看来好像是质的现象——声音的和谐——量化，从而率先建立了日后成为西方音乐基础的数学学说。

黄金分割

黄金分割（Golden Section）：这是由公元前6世纪古希腊数学家毕达哥拉斯所发现，后来古希腊哲学家柏拉图将此称为黄金分割。这是一个数字的比例关系，即把一条线分为两部分，此时长段与短段之比恰恰等于整条线与长段之比，其数值比为1.618：1或1：0.618，也就是说长段的平方等于全长与短段的乘积。以严格的比例性、艺术性、和谐性，蕴藏着丰富的美学价值。近年来，在研究黄金分割与人体关系时，发现了人体结构中有14个“黄金点”，12个“黄金矩形”黄金点。

▶黄金分割规律被人类应用到社会生活的各个领域，古希腊帕特农神庙正是运用这个规律的著名建筑。

毕达哥拉斯把对音乐的研究推广到建筑、雕刻等艺术领域。既然音乐的和谐是由于数的比例关系造成的，那么只要调整好数量之间的比例关系，建筑和雕刻等就能产生出最美最和谐的艺术效果。由此，毕达哥拉斯和他的门徒们确立了一些经验性的审美规范，诸如完整、比例、对称、节奏等，并且最早发现了所谓的黄金分割规律，即把黄金分割成长宽具有一定比例 [A ：B=（A+B）：A] 的长方形，从而获得形式美的规律。毕达哥拉斯学派的传人、雕塑家波里克里托斯专门研究了人体各部分间的比例，写成了《法则》一书，明确指出了人体各方面的比例对称数据，如健壮的人体身高为七个头长（7 ：1），雕像的重心集中在一只脚上，另一只脚放松，能使整个身体的肌肉和筋的紧张与松弛变化突出，也能使整个形象更富于表现力。在波利克里托斯的代表作《执矛者》中，他就以头与全身1 ：7的比例塑造了高贵而肃穆的理想人体形象，用艺术作品本身来体现和谐就是美的原则。

波利克里托斯提出了头与身长比为1 ：7的最美的人体结构原则。这尊《执矛者》就是作者为了支持这个比例原则而作。雕像塑造的是一个体格健壮充满朝气的青年战士形象，体现了古希腊人对英勇战士们的崇敬之情。他肌肉发达，左手持矛，右腿站立，身体的重心落在右腿上；右手下垂，左腿则稍稍向后弯曲着地。整个的人体动态十分统一和谐，右脚支撑身体，躯干向左倾，头向右转，全身近似于一个优美的“S”形，仿佛在运动中寻求平衡。这种人体造型能使静立的雕像产生很强的动感。

“整个天体是一种和谐和一种数”，音乐实际上是一种模仿。存在于天体中的和谐，是音乐模仿的模板。哲学家康德曾写道：“有两样东西，我们越是持久和深沉地思考着，就越有新奇和强烈的赞叹与敬畏充溢我们的心灵：这就是我们头顶的星空和我们内心的道德律。”这段极其诚挚的文字真实地道出了人类几千年的心声。

“数”是毕达哥拉斯打开宇宙奥秘的钥匙。音乐的和谐被认为是宇宙和谐的缩影。毕达哥拉斯认为，“完美的和谐体现在永恒不息地运动着的宇宙物体之中”。他把数规定为整个自然界的原则，认为音乐和宇宙都是一脉相通的，“整个天是一个和谐”，所以把天

▲ 图为音乐神阿波罗和抒情诗女

和整个自然界的一切范畴和部分都放在数以及数的关系之下。如果有些地方有不完全相合之处，他们便以另一种方式来弥补这些缺点，好造出一种一致性来。例如，因为他们认为十是完满的，包括整个数的本身，于是他们说，在天上运行的星球也是十个；然而他们只可以看见九个，所以就造出第十个，即'对地'。这九个星球是：当时已知的五（七）个行星：（1）水星，（2）金星，（3）火星，（4）木星，（5）土星，以及（6）太阳，（7）月亮，（8）地球，与（9）银河（恒星）。因此第十个是"对地"，至于"对地"，还不能确定他们究竟把它想成地球的反面，还是想成完全的另外一个地球。这十个星球和一切运动体一样，造成一种声音，而每一个星球各按其大小与速度的不同，发出一种不同的音调。这是由不同的距离决定的，这些距离按照音乐上的音程，彼此之间有一种和谐的关系；由于这和谐关系，便产生运动着的各个星球的和谐的音乐，一个和谐的世界合唱。音乐家的使命就在于使这种和谐从天上降临人世。音乐的使命就是使灵魂归于永恒的和谐。

传说乐神缪斯之子俄尔普斯善弹竖琴。他以自己优美的琴声吸引了整个宇宙，山石、鲜花、大海、男女老少乃至野游生物都被他的琴声所陶醉。后来，俄尔普斯爱上了欧律狄克，而欧律狄克被毒蛇咬死，俄尔普斯发誓要下到地狱追赶欧律狄克。看管欧律狄克的守护神这一次同样被俄尔普斯的音乐所慑服，便同意解除死亡之约，并将他的恋人送回人间。这段流传已久的神话显示了音乐的伟大。音乐之所以美妙和动听，因为音乐有灵魂、有思想。

毕达哥拉斯认为，这是由于音乐体现了宇宙的和谐。而这个和谐本质就是数的和谐。音乐使我们释放感情、寄托生活；在音乐之中，我们延续着文明，音乐使我们走向永恒。

西方古典理性主义美学始祖

——苏格拉底

苏格拉底（公元前469年～前399年），是雅典公民雕刻匠索佛隆尼斯库的儿子，其母亲菲娜瑞特是个助产士，也就是接生婆。而成年的苏格拉底，称自己是精神的助产士。他少时即从事艺术雕刻，技艺精湛，据说雅典卫城建筑上的一组美神雕像就是他的作品。

苏格拉底被称作是"西方的孔子"，他不仅是哲学史中极其重要的人物——古代哲学中最饶有趣味的人物，而且是具有世界史意义的人物。

他长得很丑：脸扁平、一个大扁鼻子、嘴巴肥厚，挺着一个大肚子；他比滑稽戏里的一切丑汉还丑。他总是穿着褴褛的旧衣服，光着脚到处走。他和人谈话的时候偏低着头，像条壮实的公牛。他不顾寒暑，不顾饥渴，使得人人都惊讶。在《会饮篇》里曾这样描述苏格拉底服兵役的情形：我们的供应被切断了，所以就不得不空腹行军，这时候苏格拉底

▲ 苏格拉底像

苏格拉底述而不作，他经常说“我只知道自己一无所知”，而正是他对“美本身”的追问使审美活动走向自觉，预示了美学产生的可能性。苏格拉底对知识的敬畏和他已取得的成就同时证明着他的伟大。

的坚持力真是了不起，他不仅比我，而且比一切人都更卓绝：没有一个人可以和他相比。他忍耐寒冷的毅力也是惊人的。曾有一次严寒天气，因为那一带的冬天着实冷得可怕，所有别的人不是躲在屋里，就是穿着多得可怕的衣服，紧紧把自己裹起来，把脚包上毛毡；这时只有苏格拉底赤着脚站在冰上，穿着平时的衣服，但他比别的穿了鞋的兵士走得更好；他们都对苏格拉底侧目而视，因为他仿佛是在鄙夷他们呢。

他是一个善于交际的人。他很少饮酒，但当他饮酒时，从没有人看见他喝醉过。根据柏拉图的记载，在一次宴会上，不管喝了多少酒，他仍然若无其事。大家最后靠在靠椅上睡着了，在天明醒来时，苏格拉底一杯在手，还在和阿里斯多芬谈论喜剧和悲剧，然后他照常去公共场所，去运动场，好像什么事情也没有发生，并且像平常一样整天到处找人谈话。“神让我到这里履行牛虻的责任，整天到处叮着你们，激励、劝说、批评每一个人。”也因此，苏格拉底被指控犯有败坏青年之罪，犯有信奉他自己捏造的神而不信奉城邦公认的神之罪。苏格拉底被他所苦苦眷恋的城邦处死。欧里庇得斯在他的悲剧中这样谴责雅典人：“你们已经扼杀了缪斯的全知的和无罪的夜莺。”

苏格拉底死于第 95 届奥林比亚赛会的第一年（公元前 399 年），那时他 69 岁；这是伯罗奔尼撒战争结束后第一届奥林比亚赛会的时间，是伯里克里死后 29 年，亚历山大出生之前 44 年。他经历了雅典全盛和开始衰落的时期；他体验了雅典繁荣的顶点和不幸的开始。

苏格拉底是拥有各类美德的典型：智慧、谦逊、俭约、有节制、公正、勇敢、坚忍、坚持正义、不贪财、不追逐权力。苏格拉底是具有这些美德的一个人，一个恬静的、虔诚

▲ 苏格拉底之死　1787 年　雅克－路易·达维特　法国

苏格拉底因坚持自己的信念将被判处鸩刑，但他神色安然，面无惧色。他手指更高的天国，表明那是他的最终归宿。

的道德形象。他对于金钱的冷淡完全出于他自己的决定，因为根据当时的习惯，他教授学生是可以像其他教师一样收费的。他把哲学从天上带到了地上，带到了家庭中和市场上，带到了人们的日常生活中。

» 美德即知识

苏格拉底提出了“美德就是知识”的著名命题。正如亚里士多德所说：“苏格拉底不研究物理世界，而研究伦理世界，在这个领域里寻求普遍性，第一个提出了定义的问题。”

苏格拉底认为无人自愿为恶，一切不正当的行为都是由无知所致。正如黑格尔所说，苏格拉底的哲学和他研讨哲学的方式是他的生活方式的一部分。他的生活和他的哲学是一回事。

苏格拉底的妻子是一个有名的悍妇，常常无故滋事，无事生非，邻人无不嫌恶。即使是苏格拉底的儿子都不能忍受其母亲的坏脾气，声称宁愿与野兽生活在一起，也不愿意看到自己的母亲。而苏格拉底却能与她耐心相处，并教导儿子说，这样的环境有助于培养涵养，而且是因为其母亲没有认识到作为母亲和妻子的义务，儿子也没有认识到自己作为儿子的职责。他认为爱美德是人的天性。只要人们能够认识到自己行为的错误，人们就会像吐唾液一样把自己的错误抛弃掉。所以苏格拉底说，没有经过思考的生活是不值得过的生活。认为通过理性的思考就能获得知识，就能认识到美德。

他的哲学活动绝不是脱离现实而退避到自由的纯粹的思想领域中去的。产生这种同外部生活联系的原因，是他的哲学不企图建立体系；他研讨哲学的方式本身毋宁说就包含了同日常生活的联系，而不像柏拉图那样脱离实际生活，脱离世间事务。

亚里士多德对苏格拉底的关于美德的定义、原则所做的批评如下：“苏格拉底关于美德的话说得比普罗泰戈拉好，但是也不是完全正确的，因为他把美德当成一种知识。这是不可能的。因为全部知识都与一种理由相结合，而理由只是存在于思维之中；因此他是把一切美德都放在识见（知识）里面。因此我们看到他抛弃了心灵的非逻辑的——感性的——方面，亦即欲望和习惯，而这也是属于美德的。欲望在这里不是情欲，而是心情的倾向、意愿。”

正是基于这样的哲学基础，朱光潜认为苏格拉底之前的哲学家都主要从自然科学的观点去看美学，要替美做自然科学的解释；到了苏格拉底才主要从社会科学的观点去看美学问题，要替美找社会科学的解释。

» 美即事物功用的发挥

“凡是我们用的东西如果被认为是美的和善的，都是从同一个观点——它们的功用去看的。”

色诺芬在《回忆苏格拉底》中记载，苏格拉底和阿里斯提普斯有一段关于美的对话。

阿里斯提普斯问道：“你知不知道什么东西是美的？”

苏格拉底回答道：“美的东西有很多。”

“那么，他们都是彼此一样的吗？”阿里斯提普斯问。

“不然，有些东西彼此极不一样。”苏格拉底回答。

“可是，美的东西怎么能和美的东西不一样呢？”阿里斯提普斯问道。

“这个很自然呀，”苏格拉底回答道，“这是因为，美的摔跤者不同于美的赛跑者；美的防御用的圆盾牌和美的便于猛力迅速投掷的标枪也极不一样的。”

……

“难道你以为，”苏格拉底回答道，“好是一回事，美是另一回事吗？难道你不知道，对同一事物来说，所有的东西都是既美又好的吗？首先德行就不是对某一些东西来说是好的，而对另一些东西来说才是美的。同样，对同一事物来说，人也是既美又好的；人的身体，对同一事物来说，也显得既美又好。而且，凡人所有的东西，对他们所使用的事物来说，都是既美又好的。”

▲ 色诺芬头像

古希腊历史学家和著作家，苏格拉底的弟子。

“那么，一个粪筐也是美的了？”

“当然了，而且，即使是金盾牌也是丑的，如果对于其各自的用处来说，前者做得好而后者做得不好的话。”

“难道你是说，同一事物是既美而又丑的吗？”

“的确，我是这么说——既好又不好。因为一个东西对饥饿来说是好的，对热病来说就不好。对赛跑来说是美的东西，对摔跤来说往往可能就是丑的，因为一切事物，对它们所适合的东西来说，都是既美又好的，而对于它们不适合的东西，则既丑又不好。”

苏格拉底认为美是相对的，没有永恒绝对的美。美就是适用。每一件东西对于它的目的服务得很好，就是善的和美的，服务得不好，则是恶的和丑的。在这里苏格拉底从目的论的角度给美下了定义。

» 美是正义的行为

与看待事物的角度一样，苏格拉底也是从善或者是目的论的角度来看待人的美。在这里，美不是指一种正义的思想，而是指正义的行为。而这个正义的意思就是适合的、发挥其自己功用的意思。一个人只要充分地实现了自己，就是一个充分地发挥了功用的人，也就是个具有善的人，也就是个美丽的人。苏格拉底讲了一个故事来说明：美就是正义的行为。

一天，伊斯霍马霍斯看到妻子脸上擦了浓重的粉，抹着鲜红的胭脂，脚上穿了高跟鞋，心里非常不舒服，他就走到妻子的面前，微笑着对妻子说：亲爱的，你要知道，我是从心里不愿意看到你抹着白粉和胭脂的脸，而更喜欢看到你真正的肤色。这就像是马爱马、牛爱牛、羊爱羊一样，人类也认为不加伪装的人体是最可爱的。像这样无聊的装饰，也许可以用来欺骗外人，但是生活在一起的人如果打算互相欺骗，那一定会露出真相的。

苏格拉底并不否认人的外表美，他认为外表美不是经过修饰出来的，而是从一定的生产和生活实践中锻炼出来的，认为只有从事了正义的行为的人才是美的。

妻子问伊斯霍马霍斯：亲爱的夫君，你认为怎样才能使我更美呢？伊斯霍马霍斯回答：神保佑你成为一个女主人，不要像奴隶那样整天总是坐着，应该时常站在织布机前面，准备指导那些技术不如你的人，并向比你强的人学习；要照管烤面包的女仆；要帮助管家妇分配口粮；要四处查看各种东西是不是放得各得其所；和面揉面团，抖弄和折叠斗篷与被褥乃是最好的运动。这些运动，既能增进你的食欲，增强体质，又能够增加脸上的血色，使你变得更加美丽动人。

苏格拉底首先是个伦理学家，他总是从社会效益的角度来看待美和艺术。他是早期希腊美学思想转变的关键。他把注意的中心由自然界转到社会，美学也转变成为社会科学的一个组成部分。它从社会的观点指出美的评价标准在于对人的效用。根据效用，他看出美的相对性。从此美就与善密切地联系在一起，而美学与伦理学和政治学也就密切地联系在一起了。

▲ 德尔菲考古遗址

苏格拉底曾在此处聆听神谕。

构建美学体系的柏拉图

在古希腊，曾经有一个美丽的传说：有一天晚上，苏格拉底做了一个梦，梦见自己的膝上飞来了一只天鹅。在古希腊神话里，天鹅是太阳神阿波罗的神鸟。这只天鹅很快长出了羽翼，唱着嘹亮美妙的歌，飞向了天空。第二天，就有一位青年来向苏格拉底拜师求学，这个青年就是后来的有“西方思想之父”之誉的柏拉图。他的一生像一只在人类智慧的天空中展翅飞翔的天鹅，给人类带来了理性的光辉。

柏拉图(公元前427年～前347年)原名叫阿里斯托克勒(Aristokles)，后来他的体育老师鉴于他体魄强健而前额宽阔，让他改名为柏拉图（在希腊语中，Plato 一词是“平坦、宽阔”等意思）。

他生于雅典，父母为名门望族之后。母亲是梭伦的第六代后裔。据说他的生日与希腊神话中的太阳神阿波罗相同。当他还是吃奶的孩子的时候，一次，蜜蜂用蜜来喂养了他。这预示着他有杰出的口才，正如荷马所说：“谈吐比蜂蜜还要甘甜。”

柏拉图著述颇丰。以他的名义流传下来的著作有 40 多篇，另有 13 封书信。其中有 24 篇和 4 封书信被确定为真品。柏拉图的著作大多是用对话体裁写成的。朱光潜说：“在柏拉图的手里，对话体运用得特别地灵活，向来不从抽象概念出发而从具体事例出发，生动鲜明，以浅喻深，由近及远，去伪存真，层层深入，使人不但看到思想的最后成就或结论，而且看到活的思

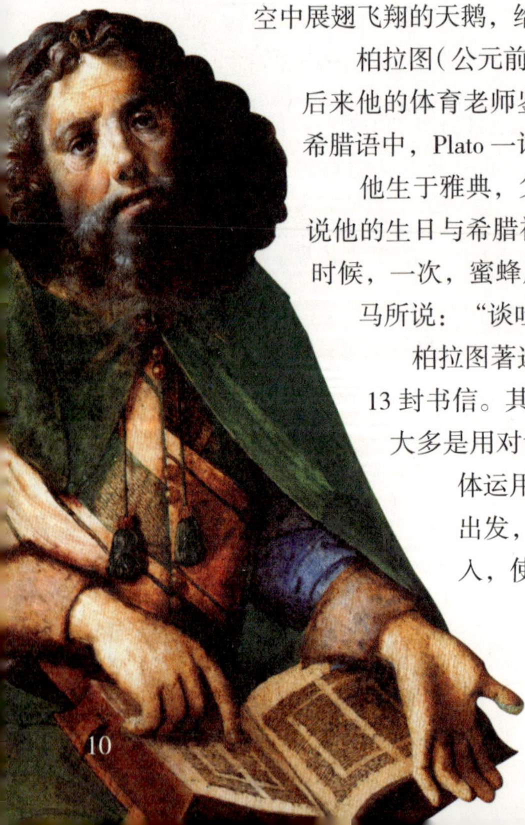

◀ 柏拉图像

柏拉图的对话录是有史以来最优美的希腊散文，既是艺术作品，也是哲学著作，并且其中也体现了他的美学思想。

▲ 表现希腊音乐教育的陶画

柏拉图在《理想国》中强调了教育的重要作用，尤其是美育的重要影响。他主张美育与德育应统一，是德、智、体、美全面发展人的思想的萌芽。

想的辩证发展过程。柏拉图树立了这种对话体的典范……柏拉图的对话是希腊文学中一个卓越的贡献。”

他早年喜爱文学，写过诗歌和悲剧，并且对政治感兴趣，20 岁左右同苏格拉底交往后，醉心于哲学研究。苏格拉底之死，使他对现存的政体完全失望，于是离开雅典到埃及、西西里等地游历，时间长达十多年。公元前 387 年，已届不惑之年的柏拉图回到雅典，在城外西北角一座为纪念希腊英雄阿卡德美而设的花园和运动场附近创立了自己的学校。这是西方最早的高等学府，后世的高等学术机构就因此而得名。学园门口写着：“不懂几何学者不得入内。”柏拉图在自己的学园里，聚徒讲学，穷究宇宙真谛。柏拉图学园中有女神雅典娜、把天火偷到人间的普罗米修斯的圣殿。直到公元 529 年被查士丁尼大帝关闭为止，学园维持达九百多年。从希腊历史记述中可以看到，当时希腊半岛上到处种植着葡萄、橄榄树和无花果，可以想象，当初学园里定是林木葱茏、花果飘香，犹如一个大花园。当这些思想巨子们徜徉悠游于丛林之间，驰骋遨游于精神王国之时，西方文化的胚胎实际上已经孕育于他们的心灵之中。

柏拉图一生都对政治抱有很高的热情。他创立学园的目的既是为了学术，也是为了实现他的政治理想——“除非真正的哲学家获得政治权力，或者城邦中拥有权力的人，由于某种奇迹，变成了真正的哲学家，否则，人类中的罪恶将永远不会停止”。针对当时的社会政治状况，柏拉图不仅勾勒出一幅改造现实的理想国家蓝图，而且三赴西西里，企图将这一理想付诸现实，要实现哲学和政治的联姻，产生“哲学王”，都以失败告终。但是，人们可以说西方的思想或者是柏拉图，或者是反柏拉图的，可是在任何时候都不是非柏拉图的。

» 美是什么？

柏拉图在他的对话《大希庇亚篇》中，借着苏格拉底之口专门讨论了美的实在性、美的本质、审美快感等一系列重大的美学问题。这是西方美学史上第一篇专门讨论美学问题

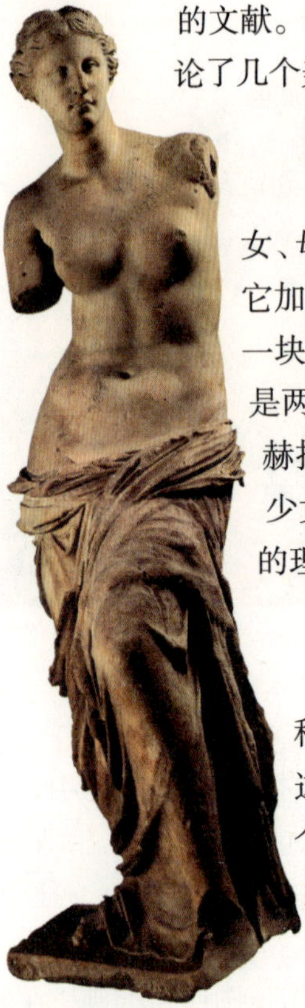

▲ 美神维纳斯

的文献。希庇亚来自伯罗奔尼撒半岛，是一个著名的智者。全篇对话集中讨论了几个美的定义，但是最后都被苏格拉底给否定了。

第一个定义：一个美的少女就是美

这种观点认为，美是具有美的具体属性的事物。认为美就是美的少女、母马、竖琴、汤罐等。而柏拉图认为美是一种可以称为美本身的东西。它加到任何一件事物上，就使那件事物成其为美，不管它是一块石头，一块木头，一个人，一个神，一个动作，还是一门学问。美和美的东西是两码事情，不能混为一谈，美的东西是相对的，而美是绝对的。正如赫拉克利特所说：最美的猴子比起人来也是丑的。依次类推，最美的少女比起神也是丑的。苏格拉底要寻找的是美本身，这种美自身把它的理念加到一件东西上，才使那件东西被称为美。

第二个定义：黄金就是这种美

希庇亚针对苏格拉底的反驳，提出第二个美的定义。要是把某种东西加到另一种东西，才使得那种东西成为美的话，那黄金正是这样的事物，所以黄金就是这种美。苏格拉底从两个方面反驳了这个观点。镶了黄金的东西并不一定都美，而很多美的东西都与黄金无关。用象牙雕刻的雅典娜也是美的，自然界的石头也是美的，而且就喝汤来讲，实用的木汤匙也比不实用的金汤匙要美。可见美也不是黄金，不是任何能使事物显得美的质料或形式。

第三个定义：美就是一种物质上或者是精神上的满足

希庇亚又说："对于一个人，无论古今，一个凡人所能有的最高的美就是家里钱多，身体好，全希腊人都尊敬，长命到老，自己给父母举行过隆重的葬礼，死后又由子女替自己举行隆重的葬礼。"苏格拉底驳斥道：我要问的是美自身，这种美自身是超越时空的永恒美，是现在是美的，过去也是美的。征讨特洛伊的希腊英雄阿喀琉斯，就不曾随着祖先葬于自己的城邦。物质和精神上的享受总是短暂的、不断变化的，而美却是永恒的。

▲ 公元前8世纪古希腊象牙王座

此为修复的象牙王座，上附有金箔。可以说象牙王座是既美而又实用的。

第四个定义：美就是有用、恰当、有益的

苏格拉底本人就持这样的观点。但是柏拉图在这里借着自己老师之口，驳斥了这样的观点。质朴无华的木汤匙比晶莹华贵的金汤匙更美，因为木汤匙更恰当、有用、有益。按照这种功利主义的观点，人们宁肯去欣赏一个顶用的粪筐，而不愿意去观看五颜六色的悲剧演出了。而且，如果说美是有用、恰当、有益，那么，对坏人恰当、有用、有益，或者坏人认为恰当、有用、有益，是否可以称之为美呢？显然不是这样。美和善不是一回事，不可能用善来给美下定义。美不是善，善也不是美。

美学辞典

艺术：这个词来源于希腊文，英语中的technique也是来源于这个词。在古希腊，凡是可凭专门知识学会的工作都叫艺术，音乐、雕刻、绘画、诗歌之类是艺术；手工业、农业、骑射、烹饪也是艺术。

第五个定义：美就是由视觉和听觉产生的快感

希庇亚又提出美就是由视觉和听觉产生的快感。苏格拉底反驳道：的确，美而不引起快感是不可能的，而美所引起的快感大多是借助了视觉和听觉两种器官的。我们欣赏绘画、舞蹈、雕塑就少不了视觉，欣赏音乐、戏曲、诗歌又离不开听觉。但是能否把美与视觉、听觉的快感等同起来呢？显然不能，理由是：第一，有些美，如习俗、制度的美，并不是纯粹由视觉、味觉、听觉引起的快感。第二，如果美就是快感本身，那么触觉、味觉、嗅觉同样能引起快感，为什么不可以叫作美呢？第三，视觉和听觉两种官能，它们引起的是两种不同的快感，既然如此，其中任何一种快感都不能说是与美同一的。美应该是件具有这两种快感的一种性质。

经过这么讨论，最后得出结论：什么是美是难的。

正如歌德所说：美是费解的，它是一种犹豫的、游离的、闪耀的影子，它总是躲避着被定义所掌握。但是，柏拉图“美本身”概念的提出，把美的探讨从感性领域推进到概念和超验领域，标志着美学史上新的里程碑——本体论美学的萌生。

» 美是理式

为了摆脱赫拉克利特的美的相对论所造成的困惑，寻找美自身——一种永恒的美，柏拉图四处求教，接触到智者派的学说。智者派认为人是万物的尺度，依据智者的说法，真、善、美就没有客观的标准了，谁都可以宣布发现真、善、美了。这显然不能满足柏拉图的需要。后来，柏拉图又向巴门尼德求教。巴门尼德认为，世界万物变动不居，不可捉摸，

▲这是19世纪比利时象征主义画家尚·德维的作品，描绘了柏拉图大约在公元前387年创办了著名的雅典学院，向希腊的年轻人传授有关真理和美学的课程。

▲从柏拉图的那个时代到现在，一直有各种各样表现柏拉图的画像。这幅壁画绘于16世纪的罗马尼亚修道院，柏拉图（中）与数学家毕达哥拉斯、雅典伟大的改革家和执政官梭伦在一起。

这个是非存在，必定有一个本原的、纯然的、恒定的世界，这个才是真正的存在，真理只能在这里存在。巴门尼德借正义女神之口，指出了真理之路和意见之路的区分：意见之路按众人的习惯认识感觉对象，“以茫然的眼睛、轰鸣的耳朵和舌头为准绳”；真理之路则用理智来进行辩论。“真理”和“意见”是希腊哲学一对重要概念，从巴门尼德最初所做的区分来看，两者不仅仅是两种认识能力，即理智和感觉的区分，而且是与这两种认识能力相对应的两种认识对象的区分：真理之路通往“圆满的”“不动摇的中心”，而意见却“不真实可靠”。柏拉图深受启发，提出自己的美是理式(idea)学说。

柏拉图的美是理式说可以概括为以下几点：

第一，美的本质不在自然事物，而在理式（如和谐、智慧、至善至美等），理式是自存自在的，因此是永远没有变异和发展的。事物的美是由于理式的参与所形成的。

第二，理式因为其所包含的内容的外延不同，分成许多层次，美也有很多等级。最高的理式是至善至美，它所体现出来的美是绝对的美。最低级的理式只能微弱地看出某种低级理式的事物美，还有很多美是介乎它们二者之间的，如心灵美、制度美等。

第三，绝对美事实上是美的本体，是美的最完全体现，至美也是至善。

“这种美是永恒的，无始无终、不生不灭、不增不减的。它不是在此点美，在另一点丑；在此时美，在另一时不美；在此方面美，在另一方面丑；它也不是随人而异，对某些人美，对另一些人就丑。还不仅如此，这种美并不是表现于某一篇文章、某一个学问，或是任何一种个别物体，如动物、大地或者是天空之类；它只有永恒地自存自在，以形式的整一永远与它自身同一；一切美的事物都以它为源，有了它，一切美的事物才成其为美，但是那些美的事物时而生、时而灭，而它却毫不因之有所增，有所减。”

柏拉图所谓的理式是真实世界的根本原则，原有“范形”的意义。如一个“模范”可以铸出无数器物。例如，“人之所以为人”就是一个理式，一切个别的人都是从这个“范”得他的“形”，所以全是这个“理式”的摹本。最高的理式是真、善、美。理式近似佛家所谓的“共相”，似“概念”而非“概念”；“概念”是理智分析综合的结果；“理式”则是纯粹的客观的存在。

» 艺术是模仿

“从荷马起，一切诗人都只是模仿者，无论是模仿德行，或是模仿他们所写的一切题材，都只是得到了影像，并不曾抓住真理。”艺术即模仿是古希腊的传统看法。

柏拉图以它的哲学理式论和审美回忆说为基础，认为艺术是对现实的模仿，然而现实又是对理式的模仿。在柏拉图心中有三种世界，理式世界、感性的现实世界和艺术世界。

> **美学辞典**
>
> 理式：希腊文“理式”（idea，eidos）一词出于动词“观看”（idein），即可见的东西，后来比喻为心灵之眼所看见的东西。柏拉图认为，人有感觉和理智两种能力，它们所指向的对象也有两种，即有着两类不同的存在，一类是理式，另一类是和它们同名的具体事物。理式作为永恒、单一、不动的绝对存在，与暂时、复合、变动不安的可感事物之间有着不可逾越的鸿沟。理式是可感事物的依据，理式与可感的个别事物之间是本原与派生、原型与摹本的关系。柏拉图进而提出“分有”（metecho）与“模仿”（mimeomai）说来解释这种关系是如何可能的。

艺术世界是由模仿现实世界来的，现实世界又是模仿理式世界来的，这后两种世界同是感性的，都不能独立存在。只有理式世界才能独立存在。例如：床有三种，第一是床之所以为床的那个床的理式；第二是木匠按照床的理式所制造出来的个别的床；第三是画家模仿个别的床所画出的床。这三种床之中只有床的理式是永恒不变的，为一切个别的床所依据，只有它才是真实的。木匠制造出的个别的床，虽然是根据床的理式，却只模仿床的某些方面，受到时间、空间、材料、用途等种种限制。这个感性的床是没有永恒性和普遍性的，所以也是不真实的，只是一种摹本或幻象。至于画家所画的床虽然是根据木匠的床，但是模仿的却只是从某个角度看的床的外形，不是床的实体，所以更不真实，只能是摹本的摹本、影子的影子，和真理隔着三层。

柏拉图对艺术持否定态度，认为艺术渎神，给人的放任和纵情提供机会和理由，要把那些模仿诗人和艺术家从他的理想国里驱逐出去。另外，鼓励和管理那些生产有益于儿童和青年的艺术家。其实在柏拉图心中，艺术应该为他的理想国服务，这与他的哲学观点分不开。他认为人生的最高理想是对最高的、永恒的理式或真理的凝神观照，这种真理才是最高的美，是没有感性形象的美，观照时的无限喜悦便是最高的美感。所谓的以美为对象的学问并不是现代意义上的美学，在这里，美与真同义，所以它是哲学。但是，正如鲍桑葵所说：“在柏拉图的著作中，我们既可以看到希腊人关于美的理论的完备体系，同时也可以看到注定要打破这一体系的一些观念。”

古希腊美学的集大成者
——亚里士多德

最博学的人——亚里士多德（公元前 384 年 ~ 前 322 年）出生于色雷斯地区的斯塔吉拉城，父亲为马其顿国王的宫廷医生。受父亲的影响，他从小就对医学、解剖学、生物学很感兴趣。

公元前 367 年仲夏的一天，一个态度温和、举止文雅、彬彬有礼的富家贵族青年来到雅典柏拉图学园，拜柏拉图为师。这位年仅 17 岁的青年上知天文，下知地理，博古通今，才华横溢。他就是后来对欧洲文化产生深远影响的大思想家亚里士多德。

在柏拉图学园，亚里士多德一学就是二十年，被誉为“学园的精英”，直到柏拉图死后，才离开雅典。公元前 342 年，马其顿国王菲力浦慕亚里士多德之名，邀请他去担任时年 13 岁的王子亚历山大的老师。菲力浦在给亚里士多德的信中说：“我有一个儿子，但我感谢神灵赐我儿子，还不若我感谢他们让他生于你的时代。我希望你的关怀和智慧将使他配上我，并无负于他未来的王国。”七年之后，亚历山大即位。亚历山大大帝保持着对亚里士多德的尊重，在东征的繁忙军务之中，仍不忘为亚里士多德搜集植物标本，差遣上千名奴隶为他的科学研究服务。

▲亚里士多德美学思想的影响之大超越了时代和流派，他的《诗学》被认为是西方美学重要的奠基之作。

公元前335年，他回到雅典，在阿波罗吕克昂神庙附近建立吕克昂学园。他习惯在一条林中小道上一边散步，一边与学生们讨论他的三段论，“我们希腊人有个很有趣的谚语：如果你的钱包在你的口袋里，而你的钱又在你的钱包里，那么，你的钱肯定在你的口袋里，这不正是一个非常完整的‘三段论’吗”。人们通常把亚里士多德开创的学派称为逍遥派，正如他所说：“智慧并没有跟随柏拉图一起死去。”从此开始了他用知识征服世界的生涯。

亚历山大大帝十分尊敬他的老师，他说：“生我身者是父母，生我智慧者是亚里士多德。”他大力支持亚里士多德办学，提供经费，让亚里士多德进行科学研究。亚里士多德在学园里创建了欧洲第一个图书馆，其中珍藏了许多自然科学和法律方面的书籍。亚历山大还命令全国的猎人、园丁和渔夫，都必须贡献出亚里士多德所需要的动、植物标本。亚里士多德在生物学领域内的最大贡献是在对动物所做的观察和分类上。亚里士多德创建了许多哲学和科学的术语，我们今天谈科学时几乎仍离不开他所发明的专门术语，如格言、范畴、能力、动机、终点、原理、形式、逻辑等。

亚里士多德一生写过400部著作，虽然已遗失不少，但保留下来的书仍然非常丰富。他的著作涉及政治学、物理学、医学、心理学、逻辑学、伦理学、历史学、天文学、数学、生物学、戏剧学、诗学等方面。亚里士多德集中古代知识于一身，在他死后几百年中，没有一个人像他那样对知识有过系统考察和全面掌握。他的著作是古代的百科全书。恩格斯称他是“最博学的人”。1923年，英国著名哲学家、亚里士多德学者罗斯说：“亚里士多德思想的真谛已成为所有受过教育的人的文化遗产的一部分，并且是相当大的一部分。”

▲ 彩陶

彩陶上描绘的是人们想象中哲学大师柏拉图和他的学生亚里士多德之间对话的情景。

公元前323年夏天，亚历山大大帝在巴比伦病逝。雅典人反马其顿情绪激昂，殃及亚里士多德，他的学说也被指控犯有“不敬神”的罪名。他说，为了不让雅典人再犯“反哲学”的罪（指雅典人宣判苏格拉底死刑），他宁愿离开。亚里士多德的学生及时得到消息，帮助护送他们的老师逃出雅典，来到亚里士多德的故乡优卑斯亚岛的卡尔喀斯城避难。第二年夏天，这位伟大的思想家、哲学家在凄凉的境遇中死去，时年63岁。

» 吾爱我师，但吾更爱真理

亚里士多德对其师柏拉图充满崇敬之情，在悼念诗文中写道："对于这样一个奇特的人，坏人连赞扬他的权利也没有，他们的嘴里道不出他的名字。正是他，第一次用语言和行动证明，有德性的人就是幸福的人，我们之中无人能与他媲美。"虽然如此，亚里士多德不盲目崇拜老师。他有一句名言："吾爱我师，但吾更爱真理。"

亚里士多德出于对事实的尊重和力求简明透彻的理解，他发现柏拉图的理念论存在着矛盾和混乱。按照柏拉图的看法，理念是事物的本质，每一类共同的事物都有一个理念，理念因此也是事物的共性。理念是与具体事务相分离的，是独立于具体事务的。在具体事务之外又形成了一个理念的世界。这样就会出现一个逻辑困难。比如，现实中的苏格拉底，理念世界中还有一个苏格拉底的理念存在，现实中的苏格拉底会老、会死的，但是理念中的苏格拉底是不死的。如果我们想认知苏格拉底的本质，那么在现实中的苏格拉底是分有了理念中的苏格拉底。在这个理念和具体的苏格拉底之间有一个第三人，依次类推，这样就会陷入无穷的倒退之中，而这个是矛盾的。这样，亚里士多德就对自己的老师进行了批判，提出自己的哲学观点，认为一般就在个体之中，一般是不能脱离开具体事物而存在的。这样亚里士多德就为其美学理论奠定了一个哲学基础。作为一般的美是不能脱离具体的、现实的事物而独立存在，美应该是事物的属性，并存在于具体事物的本性之中。事物的美，就在于它本身具有美的特征。

亚里士多德认为的美是秩序、匀称与明确，即事物的整一性。"一个美的事物——一

▲ 雅典学院

此壁画是拉斐尔为梵蒂冈教皇宫殿所绘。图中柏拉图和亚里士多德师徒正在门厅闲谈，其他不同地域和不同学派的著名学者在自由地讨论。画面以柏拉图与亚里士多德为中心，而这师生二人同是历史上最伟大的思想家。

个活东西或一个由某些部分组成之物，不但它的各部分应有一定的安排，而且它的体积也应有一定的大小；因为美要依据体积与安排，一个非常小的东西不能美，因为我们的观察处于不可感知的时间内，以致模糊不清；一个非常大的活东西，如一个一千里长的活东西，也不能美，因为不能一览而尽，看不出它的整一性（wholeness）。”美也就是整一性。一个完善的整体之中各个部分须紧密结合起来，如果任何一部分被删去或移动位置，就会拆散整体。因为一件东西既然可有可无，就不是整体的真正部分。“秩序、匀称和明确就是整一性。”整一性是美的事物的标志，也是艺术作品的标志。“美与不美，艺术作品与现实事物，分别就在于美的东西和艺术品里，原来零散的因素结合成为统一体。”

美学辞典

模仿，它有两种含义：一是指表现或表象(represent)；二是通常英译 imitate，又是对外部现象的摹本。模仿一词已经覆盖了“制作”和“技艺”的两个领域：艺术的领域和生产的领域。模仿是用摹本模仿原型的一种活动。亚里士多德说的模仿，是一个特定美学范畴，不同于手工艺作品模仿自然，而是指诗中表现人和人的生活。诗Poetry来自希腊单词，“制作，创造”之意。poietes，制作者，诗人；poiema，制成品，作品，具体的诗作；poiesis，制作，制作科学。又据考证，自公元前5世纪起，人们开始用poiesis指诗。在希腊人的观念中，诗不是“写”出来的，而是“制作”出来的。

亚里士多德的诗学就是研究文艺的美学，是他的哲学的有机组成部分。他把学问做了分门别类的研究，将美学作为一门独立的学问，归入他称为的“创制知识（poeisis）”。诗即是艺术创造，艺术属于创制的知识，它不同于理论知识和实践知识，是以塑造形象的方式再现特殊事物，从中显示普遍的活动、情感和意义的。

“美是善并因善而令人愉悦的东西。”但是美又不同于善。美非同利益相关而且具有超出日常行为的、变化事物的某种确定、普遍的意义。亚里士多德说：显而易见，诗人的职责不在于描述已发生的事，而在于描述可能发生的事情，即按照可然律或必然律可能发生的事。历史学家与诗人的差别不在于一用散文，一用韵文；希罗多德的著作可以改写成韵文，但仍然是一种历史，有没有韵律都是一个样。两者的差别在于一个叙述已发生的事，一个描述可能发生的事情。因此诗歌所描述的活动比写历史更富于哲学意味，更被严肃对待；因此诗歌所描述的事物带有普遍性，历史则叙述个别的事。

▲亚里士多德的作品在当时很快就传遍了整个地中海世界，这是在草纸上保存下来的唯一的手稿的一页。

亚里士多德认为艺术产生于模仿。他认为人天生有模仿的本能，人固有音调感、节奏感等美感能力。亚里士多德没有像他的老师柏拉图那样认为诗是来自于灵感，他认为模仿是人的一种求知能力，正是由于这一点，人和其他动物区别开来。模仿不是依葫芦画瓢，照猫画虎和猴子学人那样，不是一种消极直观的映像，而是一种对普遍性和必然性的揭示，是发现事物的真理和本质的活动。

希腊哲学家对艺术中的模仿，有着不同的解释和界定。毕达哥拉斯认为美是对数的模仿；苏格拉底说绘画、雕刻之类的艺术不但模仿美的形象，而且可以借形象模仿人的情感、性格。柏拉图认为模仿是分有理念。而亚里士多德认为："一般说来，诗的起源仿佛有两个原因，都是出于人的天性。人从孩提的时候起就有模仿的本能（人和禽兽的分别之一，就在于人最善于模仿，他们最初的知识就是从模仿得来的），人对于模仿的作品总是感到快感。经验证明了这一点：事物本身看上去尽管引起痛感，但惟妙惟肖的图像看上去却能引起我们的快感，例如，尸首或最可鄙的动物形象（其原因也是由于求知不仅对哲学是最快乐的事，对一般人亦然，只是一般人求知的能力比较薄弱罢了。我们看见那些图像所以感到快感，就因为我们一面看，一面在求知，断定每一事物是某一事物，比方说，这就是那个事物。假如我们从来没有看见过所模仿的对象，那么我们的快感就不是由于模仿的作品，而是由于技巧或着色或类似的原因）。模仿出于我们的天性，而音调感和节奏感（至于韵文则显然是节奏的段落）也是出于我们的天性，起初那些天生就富于这种资质的人，使它一步步发展，后来就由临时口占而做出诗歌。"

» 悲剧——净化人们怜悯与恐惧的情绪

亚里士多德说："悲剧是对一个严肃、完整、有一定长度的行动的模仿；它的媒介是语言，具有各种悦耳之音，分别在剧的各部分使用；模仿的方式是借人物的动作来表达，而不是采用叙述法，借引起怜悯与恐惧来使这种情感得到陶冶。"这就是说，首先，悲剧的模仿不是像绘画、雕刻、音乐那样是对姿态、颜色、声音的模仿，而是对动作的模仿。虽然性格是人物的品质的决定因素，悲剧中没有行动则不成为悲剧，但是没有性格，仍然不失为悲剧。在这种模仿的行动中，悲剧就可以以直观的形式诉诸人们的感官，也就是说，即使是模仿众神，也要把它们打扮成观众感官所能直接感受的样子。其次，悲剧是对一个严肃的行动的模仿。"模仿者所模仿的对象既然是在行动中的人，而这种人又必然是好人或坏人——只有这种人才具有品格。一切人的品格都只有善和恶的差别。"

悲剧主人公的性格必须是善良的、高贵的，因为悲剧是模仿好人，喜剧是模仿坏人。这样，一个人遭受不应遭受的厄运才能引起观众的怜悯。要是单纯的恐惧或者可怜，不会引起悲剧所特有的恐惧和怜悯之情。因为主人公自身是高尚的，而又比一般人陷入了不应有的厄运，这样不能不使我们感到可怜；同时他的行动是悲惨的，又不能不使我们感到恐惧。人们正是在这种怜悯和恐惧交

◀**斯芬克司之谜　陶瓶画**

索福克勒斯的著名悲剧《俄狄浦斯王》首先展示了一个恐怖场面。聪明的俄狄浦斯在成功解开了斯芬克司之谜之后，得以娶底比斯寡后为妻，并成为那里的国王，悲剧也由此上演。

错而生的激情中才体会到悲剧作品的严肃性，才能使情感得到净化和陶冶。

“恐惧是由这个遭受厄运的人与我们相似而引起的。”这就是说，悲剧主人公的性格必须与我们平常人相似，应该与我们普通人的性格和习性相近，“这样的人不十分善良，也不十分公正，而他之所以陷入厄运，不是由于他为非做歹，而是由于他犯了错误，这种人名声显赫，生活幸福，例如，俄狄浦斯、提厄斯特斯以及出身于他们这样家族的著名人物。”另外，悲剧是借助动作来表达的。悲剧的成分一共有六种，就是情节、性格、言辞、思想、歌曲、形象。而情节，即动作，是悲剧的基础和灵魂。悲剧的好坏，主要看它的情节安排得是否成功。

亚里士多德认为悲剧激起怜悯和恐惧，从而导致这种情绪的净化。什么是净化呢？亚里士多德举例说：“一些人沉溺于宗教狂热，当他们听到神圣庄严的旋律时，灵魂感受神秘的激动；我们看到圣乐的一种使灵魂恢复正常的效果，仿佛他们的灵魂得到治愈和净洗。那些受怜悯、恐惧及各种情性影响的人，必定有相似的经验，而其他每个易受这些情感影响的人，都会以一种被净洗的样式，使他们的灵魂得到澄明和愉悦。这种净化的旋律同样给人类一种清纯的快乐。”

总之，无论是在宗教的“净罪”含义的基础上，还是在审美意义上，净化都是使观众淡化甚至忘却自己的日常存在，融于悲剧所提供的艺术体验之中，摆脱或宣泄不良的或不必要的情感沉积，以达到保持灵魂纯洁平静，起到灵魂和道德上的促进作用。

神才是美的来源

新柏拉图主义的创始人普洛丁（204 年 ~ 270 年）是古代伟大哲学家中的最后一个人。他的一生几乎是和罗马史上最多灾多难的一段时期相始终的。

那时形而上学隐退到幕后去了，个人的伦理变成了具有头等意义的东西。普洛丁为摆脱现实世界中的毁灭与悲惨的景象，转而去观照一个善与美的永恒世界。这个永恒的世界，对于基督教徒来说，即“另一个世界”——便是死后享有的天国；对柏拉图主义者来说，它就是永恒的理念世界，是与虚幻的现象世界相对立的真实世界。正是基于这样的世界观，普洛丁认为自己此时此地的存在是无关重要的，所以他很不愿意谈自己一生的历史事迹。

▲ 普洛丁大理石棺雕像　梵蒂冈博物馆

普洛丁并不信奉基督教；但他的异教思想仍得到基督教认可。

他说他生于埃及，青年时在亚历山大港求过学，他的老师就是通常被人认为是新柏拉图主义的创立人的安莫尼乌斯·萨卡斯。此后他参加了罗马皇帝高尔狄安三世对波斯人的远征，据说是在研究东方的宗教。公元 244 年，他在美索不达米亚作战的时候，皇帝当时还是

美学辞典

"神秘主义"：该词的英文是 mysticism，出于拉丁文 mysterium，掩盖的，不可解释的，这个词的词根意思就是"紧闭双眼"。在哲学上，神秘主义的目标是与神融为一体；神秘主义修行通常分为四个阶段进行，即涤欲、洁志、彻悟和神人交融。

一个青年，不久就被军队谋杀了。于是普洛丁便放弃了自己的东征计划而定居于罗马，并且不久便在罗马开始教学。他在罗马的生活方式是很特别的，遵守着古代毕泰戈拉派的习惯，不吃荤，常常斋戒；还穿着古代毕泰戈拉式的服装。他被各个阶层尊为公众的教师。普洛丁一直到 49 岁都没有写过什么东西；但是此后他写了很多东西。在死后，由其弟子波菲利汇编成六卷，每集九章，名为《九章集》，并根据各章内容加上标题。第六篇是论美。

普洛丁没有建立可以称之为"美学"的体系，但其思想中融入了对美和艺术的思考，这些思考构成了他的美学思想。其美学思想又依附于他的神秘主义哲学。

普洛丁认为"太一"（One），就是至善和神。太一是完满自足的统一体，因其完善而要流溢，就像太阳一样。太一创造出第二原理心智（Psyche），心智是最高的存在，是理念的领域。心智因为完善发生第二次流溢，产生第三原理灵魂（Soul）。第一灵魂或世界灵魂流溢出第二灵魂自然，第二灵魂与世界的躯体相结合，产生了分有的灵魂，就到了超感觉世界的最低界限。当个别的灵魂再进一步下降，就形成最不完善的东西即物质。这一过程也是太一的神派生出全体存在物的过程，太一的完善性呈梯级递减的方式，它流溢的最远界线是物质，物质位于存在与非存在的交界之处，太一的光辉最后消失在非存在的黑暗之中。神的完满性正如太阳的光辉一样，放射越远就越暗淡，以至变成黑暗无光。这个就是太一的下降之路，反之就是太一的上升之途。由于灵魂沾染了杂质，要依靠净化，回到出来的地方，归于完满的太一。

基于这样的哲学观点，普洛丁认为神才是美的来源，凡是和美同类的事物也都是从神那里来的。美有层次之分，由高到低是：神（最高的美）、心灵美、事物的美。

神之美是远居于事物美和心灵美之上的最高美。神或理式是真善美的统一体。"美也就是善"。"丑就是原始的恶"，心灵美是人之理性和品德之美，是比事物之美高而比神之美低的美。心灵由理性而美，其他事物——例如，行动和事业——之所以美，都是由于心灵在那些事物上印上它自己的形式。使物体能称为美的也是心灵。作为一种神圣的东西，作为美的一部分，心灵使自己所接触到而且同下注的一切东西都变成美的——美到它们所能达到的限度。

▲ 西斯廷圣母　拉斐尔　意大利

西斯廷圣母的美让我们感受到了审美的终极——神之美。画中圣母的形象体现了真、善、美的统一。

这里我们看到普洛丁已经接触到美是来自主观的。事物的美是由于分享一种来自神明的理式而得到的。事物的美在于："一件东西既化成为整一体了，美就安坐在那件东西上面，就使那东西各部分和全体都美。"

正如普洛丁所说，美是由一种专为审美而设的心灵的功能去领会的。灵魂要领略那最高的美，实现上升也就是回归之途。倘若你看见自己变成了这种光辉，你就会立刻变成你所见的景象，只有你相信自己，而你虽然身在尘世，其实已经升到上界，无须任何引路人，只要你凝神注视去观照。因为只有这种眼睛，才能观照那伟大的美。但是如果这眼睛蒙上了罪恶的污垢，不曾经过洗濯便去观照，或者是软弱无力，不能注视那强烈的光芒，即使有人把可见的东西放在面前，它还是视而不见。因为必须是视觉主体近似或符合视觉对象之后才能观照。如果眼睛还没有变成合乎太阳，它就看不见太阳，如果心灵还没有变得美，它就看不见美，所以，无论何人，如果有心要观照神和美，首先自己要是神圣的和美的。

普洛丁认为我们审美的最终就是要上升到太一（善、神）。什么人能达到那里呢？普洛丁认为是哲学家，爱乐者和爱美者。哲学家喜欢这条路是出于本性，爱美者和爱乐者需要外在的引导，从而凭借感性美逐渐达到认识理性美、心智美、美的理念和神之美。从个别的美开始，一级一级逐步上升，直到普遍的美，最后直到美自身。

对于新柏拉图主义的奠基人普洛丁的美学思想的研究，国外学者评价不一。如鲍桑葵认为他是继柏拉图、亚里士多德之后的美学理论更加完整的美学家；文德尔班也肯定他是西方古代美学史上"第一次对形而上学美学的尝试"。普洛丁既是一个终结又是一个开端——就希腊人而言是一个终结，就基督教世界而言则是一个开端。

《诗艺》与《论崇高》

贺拉斯（公元前 65 年 ~ 公元前 8 年）是古罗马的诗人和评论家。贺拉斯的父亲原来是奴隶，但是在贺拉斯出生以前获得了自由，他意志坚定，宁愿自己忍受生活的痛苦，而让贺拉斯去读书，使得贺拉斯在罗马受到了当时最好的教育，不仅获得知识上的训练，而且在品德上也得到了砥砺。18 岁那年，贺拉斯到雅典求学，在柏拉图学园所在地阿卡德美的园林中寻求真理，专修希腊语言文学和希腊哲学。

▲贺拉斯曾参加了反抗恺撒的军队，但他真正的事业不是战场，而是在文艺理论和美学方面。

公元前 44 年，贺拉斯参加了反抗恺撒的军队，最后战败而从战场上逃走。他趁奥古斯都大赦之机回到了罗马。但是，他在国内的财产都被没收了。从此，他从战场走向了诗坛。

他的诗歌气势雄伟，流行于当时的诗坛，受到当时罗马著名诗人维吉尔和瓦利乌斯的赏识，被介绍给奥古斯都的主要政治顾问麦克那斯。当贺拉斯的《讽刺诗集》出版不久，麦克那斯赠给贺拉斯一所庄园。从此后，贺拉斯就作为麦克那斯庇护的文学团体的一名成员，安度宁静安逸的田园生活，生活优裕起来的他就和维吉尔、李维一样，用自己的作品来歌颂那个时代，成为当政者的歌手，一个“匍匐在奥古斯都跟前的正直的人”。

在公元前20年左右，贺拉斯成为当时罗马帝国最伟大的诗人。

» 为诗人们制定的法典

在古罗马由于受亚历山大里亚的影响，开始出现了长久统治西方的崇拜古典的风气。罗马人把古希腊人的成就看作是不可逾越的高峰。希腊人强调艺术是模仿自然，罗马人也接受了这个现实主义的基本原则，强调模仿希腊人。但是，不免有“取法乎上，仅得其中”之嫌。

▲ 公元前1世纪的缠丝玛瑙杯　古罗马

另外，古罗马帝国无比庞大，由于现实需要的影响，最艰巨的任务是维持统一的政权。这就迫使他们从事军事、交通、水利、建筑之类的实际工作。他们没有余力，也没有需要，在哲学和文艺方面独自开辟一个新天地。因为罗马帝国和古希腊一样，几乎由同样的社会成分构成，顺理成章地接受古希腊的古典遗产就能满足现实的需要了。

希腊文艺落到罗马人手里，文雅化了，精致化了，但是也肤浅化了，甚至于公式化了。但是，贺拉斯确是拉丁古典理想的奠基者，对文艺复兴和新古典主义时代起到深刻的影响。

罗马诗人大半都是从模仿希腊古典诗歌入手的。贺拉斯认为诗有教益和娱乐两种功能。他认为：“诗人的目的在于给人以教益，或供人娱乐，或是把愉快的和有益的东西结合在一起。”

贺拉斯的最大贡献是《诗艺》。《诗艺》本是给罗马贵族皮索父子的一封论诗的诗体信。内容分成三个部分：第一部分泛论诗的题材、布局、风格、语言和音律以及其他技巧问题；第二部分讨论诗的种类，主要讲戏剧体诗，特别是悲剧；第三部分讨论诗人的天才和艺术以及批判和修改的重要性。

《诗艺》对后来发生的最重大影响在于古典主义的建立，它指出了古希腊文学是艺术的典范，从而奠定了古典主义美学理论的基础。贺拉斯说：“神把天才，把完美的表达能力赐给了希腊人。”而诗人用诗篇来传达神旨，给人指出生活的道路。因此，贺拉斯语重心长地对皮索父子说：“你们须勤学希腊典范，日夜不坠。”这句劝告也成为日后新古典主义运动中一个鲜明的口号。

那么，我们要向希腊人学习什么呢？贺拉斯认为，诗所必不可少的品质就是合适（decorum）或者说是得体。也就是说，一切都要做到恰如其分，叫人感到它的完美，没有什么不当之处。

在这里，我们看到贺拉斯和古希腊人一样，强调艺术对自然的模仿。这种模仿要抓住事物的本质，也就是要得体，强调整一性。既要有形式美，又要有思想美。形式的得体在于具有整一性；作品要得体，首先要求首尾一致，成为一个有机整体，这个提法在亚里士多德那里我们也看到了。

美学辞典

古典主义：古典主义（classicism），在艺术中指以古希腊和罗马艺术为基础的历史传统或美学观点。古典主义用于说明美学观点时通常指与古代艺术相联系的一些特点，如和谐、明晰、严谨、普遍性和理想主义。严谨、雄伟、明晰、和谐、精细以及清晰的形式与崇高的内容的完全一致，这一切是古典主义的要素。古典主义强调形式和理性控制。

就贺拉斯的《诗艺》说来，概括起来，合适主要包括以下几个方面：

第一，一部作品应当是有机统一的整体；不论做什么，至少要做到统一、一致。

第二，性格描写要合适。性格的合适分两种情况，一是遵循传统（定型化），一是独创（类型化）。前者指选取传统题材时必须依照传统上已“定型”的性格，如必须把曹操描写成奸诈，黛玉是凄美；后者指选取现实题材时必须依照现实生活中人物的年龄、身世、身份、地位、职业和民族等类型特点去描写，并保持首尾一致。他说：“如果你想观众静听终场，鼓掌叫好，你就必须根据每个年龄的特征，把随着年龄变化的性格写得妥帖得体……不要把老年人写成青年人，也不要把小孩子写成老年人。”

第三，选择题材和语言表述要合适，即作者应当选择本人能够胜任和驾驭的题材，只有这样才能游刃有余，以便使文辞流畅、条理分明。这就要求精益求精，创造出完美的作品。正如他自己举例所说：“如果画家画了这样一幅画像：上面是个美女的头，长在马颈上，四肢由各种动物的肢体拼凑起来的，四肢上覆盖着各色羽毛，下面长出了一条又黑又丑的鱼尾巴。朋友们，如果你们有缘看到这幅图画，能不捧腹大笑吗？”“如果为了追求变化多彩而改动自然中本是融贯整一的题材，那就会像在树林里画条海豚、在海浪里画条野猪，令人感到不自然。”

第四，情节展开的方式要恰当。适合在舞台上演出的情节就在舞台上演出，将形象直接呈现在观众面前；否则，便不在舞台上演出，让演员在观众面前“叙述”。为了便于情节的展开，一出戏最好分五幕，剧情冲突应自然而然，尽量避免求助神力来收拾或结局，歌队在幕与幕之间所唱的诗歌必须能够推动情节，并和情节配合得恰到好处。

第五，诗格、韵律和字词句的安排要考究、要小心、要巧妙，绚烂的辞藻要适得其所，家喻户晓的字句要有新意。在安排字句的时候要考究，要小心，如果你安排得巧妙，家喻户晓的字便会取得新意，表达就能尽善尽美。总之，表达应当尽善尽美。

通过以上分析，我们看到，正如贺拉斯自己所说：“从生活和习俗里去找真正的范本，并且从那里吸收忠实于生活的语言。”

《诗艺》对于西方文艺影响之大，仅次于亚里士多德的《诗学》，有时甚至超过了它。因为他奠定了古典主义的理想，把古典主义作品中最好的品质和经验教训总结出来，用最简短而隽永的语言把他的总结铭刻在四百几十行的短诗里，替后来欧洲文艺指出一条调子虽不高却平易近人、通达可行的道路。

《诗艺》正如贺拉斯自己所说：“值得涂上松脂，放在柏木锦匣里珍藏起来。”

» 古罗马审美理想的最高体现——崇高

除《诗艺》以外，古罗马时代的文艺理论著作对后代影响最大的就是《论崇高》。朗吉努斯在《论崇高》中，第一次明确地将“崇高”作为一个审美范畴提出来，而且取代“美”为最高的范畴提出来。

公元10世纪，西方学者发现一本名为“PeriHupsous”（希腊语原意是指高或者是上升至某种高度。）的古罗马著作抄本，内容是论崇高、雄伟的问题，于是把它译成“论崇高”。它叙述了与古希腊以来和谐、静穆的美完全不同的另一种美——崇高。这本书的作者就是朗吉努斯。

朗吉努斯（公元213年～273年）被称为自亚里士多德以来的最伟大的文艺批评家。出生在幼发拉底河西岸的帕尔米拉城。曾任帕尔米拉摄政王吉诺比亚的谏议大臣。公元273年，古罗马消灭了帕尔米拉争取独立的民族运动。朗吉努斯被处死。

公元1世纪的罗马帝国，罗马文学已经走向衰退。他慨叹道：“当今这个时代固然颇有些天才，他们极有说服力和政治才能，聪明而又多能，尤其富于文学的感染力，可是为什么真正崇高的和极其伟大的天才，除了绝少的例外，如今却没有出现呢？举世茫茫，众生芸芸，唯独无伟大的文学。”

“天之生人，不是要我们做卑鄙下流的动物；它带我们到生活中来，到包罗万象的宇宙中来，仿佛引我们去参加盛会，要我们做造化万物的观光者，做追求荣誉的竞赛者，所以它一开始便在我们的心灵中植下一种不可抵抗的热情——对一切伟大的、比我们更神圣的事物的渴望。所以，对于人类的观照和思想所及的范围，整个宇宙也不够宽广，我们的思想也往往超过周围的界限。”

他说：“在本能的指导下，我们绝不会赞叹小小的溪流，哪怕它们是多么清澈而且有用，我们要赞叹尼罗河、多瑙河、莱茵河，甚或海洋。我们自己点燃的爝火虽然永远保持它明亮的光辉，我们却不会惊叹它甚于惊叹天上的星光，尽管它们常常是黯然无光的；我们也不会认为它比埃特纳火山口更值得赞叹，火山在爆发时从地底抛出巨石和整个山丘，有时候还流下大地所产生的净火的河流。关于这一切，我只需说，有用的和必需的东西在人看来并非难得，唯有非常的事物才往往引起我们的惊叹。”

在西方美学史上，崇高范畴的最早提出，是和文章的风格联系在一起的。塔塔凯维兹认为：“崇高概念形成于古代修辞学……崇高风格被认为是三种修辞风格中最高级的一种。”

朗吉努斯所讲的“崇高”，其含义比近代以来的崇高概念更为广泛，其中包括“伟大”“庄严”“雄伟”“壮丽”“尊严”“高雅”“古雅”“遒劲”“风雅”等。

▲亚历山大的威武战马布斯法鲁斯的雕像，布斯法鲁斯曾带着主人安全地经历了数十次战役。这个战马雕像给人以崇高的审美体验。

基本来看，朗吉努斯所认为的崇高风格应该具有以下特征：高雅、深沉、不同凡响的意味，激昂、磅礴、如火如荼的热情，旷达、豪放、宛若浩海的气概，刚劲、雄健、炮击弩发的劲势，以及高超、绝妙、光芒四射的文采。他反对的是因标新立异而产生的浮夸、幼稚、矫情，具体包括：无病呻吟、言不由衷的“浮夸”，琐碎无聊、想入非非的“幼稚”，误用感情、矫揉造作的“矫情”。

总之，朗吉努斯认为，真正的崇高的风格能使人充满昂扬、豪迈、豁达、振奋之情，崇高的风格是文艺作品之所以经久不衰的内在特质。

朗吉努斯认为崇高风格有五个真正的源泉，它们是：“第一首要的是具有庄严伟大的思想。第二是具有慷慨激昂的热情。这两个崇高因素主要是依赖天赋。其余三者则来自技巧。第三是构想辞格的藻饰，藻饰有两种：思想的藻饰和语言的藻饰。第四是使用高雅的措辞，这又可以分为用词的选择，像喻的词采和声喻的词采。第五个崇高因素包括上述四者，就是尊严和高雅的结构。”首要的是要有庄严伟大的思想。一个崇高的思想，在恰到好处时出现，便宛若电光一闪，照彻长空，显出雄辩家的全部威力。

朗吉努斯直接指出：“崇高的风格是一颗伟大心灵的回声。”他指出：“一个真正的演讲家绝不应有卑鄙龌龊的心灵。因为，一个终生墨守着狭隘的、奴从的思想和习惯的人，绝不可能说出令人称赏和永垂不朽的言辞。是的，雄伟的风格乃是重大的思想之自然结果，崇高的谈吐往往出自胸襟旷达志气远大的人。”这种伟大的心灵的首要决定因素是“庄严伟大的思想”。这种崇高的思想是一种天才或灵感，它较之其余的因素更为重要。

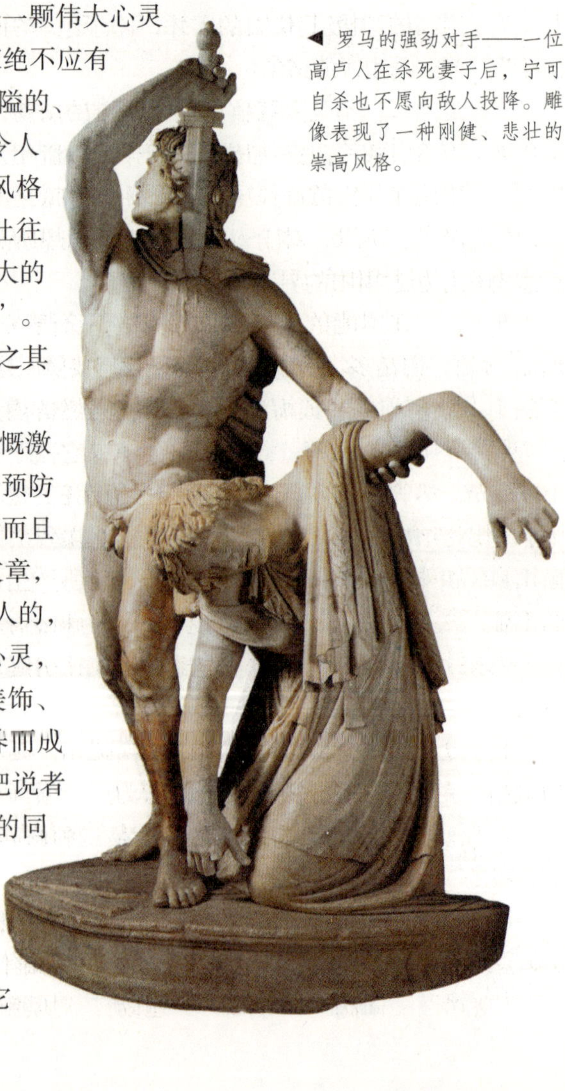

◀ 罗马的强劲对手——一位高卢人在杀死妻子后，宁可自杀也不愿向敌人投降。雕像表现了一种刚健、悲壮的崇高风格。

《论崇高》主张和天才相联系的是慷慨激昂的热情。崇高的意境和热烈的感情对于预防辞格引起怀疑大有帮助，妙不可言。热情而且崇高的话更接近我们的心灵。他说：“文章，它既是语言的谐律，而这种语言是天赋予人的，不但能达到人的耳朵，而且能打动人的心灵，激发了各式各样的辞藻、思想、行为、美饰、曲调，这一切都是我们生而具有的或培养而成的。同时，凭借其声音的混合与变化，把说者的感情灌输到旁听者的心中，引起听众的同感，而且凭借词句的组织，建立起了一个雄伟的结构——凭借这些方法，它不仅能把我们迷住，往往立刻驱使我们向往一切壮丽的、尊严的、崇高的事物和它们所包罗的万象，从而完全支配着我们的心情吗？”只有作者自身具备了慷慨激昂的感情，通过一定的作品的形式传达出来，这样才能引起欣赏者的情感，因为这是以情动人，使听众着迷于其中，共同引向对壮丽、尊严、崇高事物的向往。他否定了那种卑微的和崇高相悖的热情，如怜悯、烦恼、恐惧等，这些感情在崇高的风格里是不需要的，所以，他特别推崇恰到好处的真情。“我大胆地说：有助于风格之雄浑者，莫过于恰到好处的真情。它仿佛呼出迷狂的气息和神圣的灵感，而感发了你的语言。”

▲圣罗伦左教堂附属小教堂，佛罗伦萨建筑，其宏伟的结构使观者产生一种庄严、肃穆之情。

朗吉努斯认为，思想和激情这两个崇高因素是依赖天赋的。而崇高，哪怕不是始终一贯，则有赖于崇高天才。他所说的这种慷慨激昂的热情是一种崇高的、豪迈的激情，只有依赖了天才才能产生这种感染人的激情。崇高的风格，可以说，有五个真正的源泉，而天赋的文艺才能仿佛是这五者的共同基础，没有它就一事无成。崇高的天才，较其余的因素更为重要。

“天才不仅在于能说服听众，且亦在于使人心荡神驰。凡是使人惊叹的篇章总是有感染力的，往往胜于说服和动听。因为信与不信，天才不仅在于能说服听众，且亦在于使人心荡神驰。凡是使人惊叹的篇章总是有感染力的，往往胜于说服和动听。因为信与不信，在于我，而此等篇章却有不可抗拒的魅力，能征服听众的心灵。”他认为只有天才的崇高风格才能达到这个境界。

除了思想和热情之外，崇高的形成，还要借助藻饰、措辞和结构。这些是技巧的因素。辞格乃是崇高风格的自然盟友，反过来又从这个盟友取得惊人的助力。选择恰当和壮丽的辞藻可以有惊人的效果，既能吸引又能感染听众，而这是所有雄辩家和散文家的主要目的，因为它本身能使风格雄浑、绚丽、古雅、庄严、劲健、有力，授给它一种魅力，犹若最美的铜像上的古色古香，仿佛赋予这些作品一颗能解语的心灵……真心，华丽的辞藻就是思想的光辉。但是辞藻的雄伟不是在任何场合都合适的：一个琐屑的问题用富丽堂皇的辞藻来装饰，不啻给幼稚的小孩带上悲剧的面具。朗吉努斯强调，修辞技巧最主要的就是“自然”。他指出：“技巧唯有在似乎是自然时才臻于完美，而自然唯有在含有不露痕迹的技巧时才得到成功。”

至于结构，他说：“在使文章达到崇高的诸因素中，最主要的因素莫如各部分彼此配合的结构。正如人体，没有一个部分可以离开其他部分而独自有其价值的。同样，假如雄伟的成分彼此分离，崇高感也就烟消云散了……在一切事物里总有某些成分是其本质所固有的，所以，在我们看来，崇高的原因之一在于能够选择最适当的本质成分，而使之组成一个有机的整体。”

朗吉努斯的《论崇高》是西方美学发展史上的一部很重要的论著。它在古希腊罗马和文艺复兴美学之间，起到了承前启后的作用。

《论崇高》直到1674年由法国新古典主义者布瓦洛翻译出版以后才引起人们的高度重视，成为美学家和文艺家们案头必备之书。“朗吉努斯的所谓‘崇高’，不是演说家的所谓‘崇高修辞’，他指的是文章中的异常成分，奇特成分，惊人成分，能使一篇文章高昂、沉迷、感化。崇高的‘风格’需要高贵的语言；但崇高本身，则可能存在于单一的思想、一个语象、一个语片……宇宙万物主宰以一句话创造了光明；这就是崇高的‘风格’。上帝说：要有光就有了光。这是出奇的表达……这是真正的崇高，它本身就有些神性。”（布瓦洛）

“《论崇高》同亚里士多德的《诗学》一起奠定了把文学艺术看作是人的精神和审美活动的结果这种看法的基础。”《论崇高》之所以在湮没千年后，成了新古典主义者的圣经，就因为它在当时的古典主义艺术的土壤中，播下了浪漫主义的种子。

老庄倡导天然之美

中国哲学史、中国美学史应该从老子开始。

老子是道家学派的创始人，同时也是道家美学思想的奠基者。他对中国古代美学的发展做出了独特的贡献。

作为影响中国文化两千多年的老子，他的生平史载不多，老子活动的时期为公元前6世纪左右。据司马迁《史记》记载，老子姓李，名耳，字聃，楚国苦县历乡曲仁里人，据史家考证，苦县历乡曲仁里即现在河南省鹿邑县太清宫镇。老子曾任周守藏室之史，后又为柱下史，通晓古今之变。

“老子修道德，其学以自隐无名为务。居周久之，见周之衰，乃遂去。至关，关令尹喜曰：子将隐矣，疆为我著术。于是老子乃著书上下篇，言道德之意五千余言而去，莫知其所终。”老子修道德，其学以自隐无名为务。因见周朝衰落，就骑青牛离去，在函谷关应关令尹喜的请求，著书五千余言，言道德之意，这就是后世流传的《道德经》，又名《老子》，字数虽不多，却句句经典，后世对它的注释、论著汗牛充栋。司马迁在总结道家思想时说：“其实易行，其辞难知，其术以虚无为本，以因循为用。”

《道德经》的作者之所以被称为“老子”，大概首先是因为他年老，长寿。司马迁曰：“盖老子百有六十余岁或言三百余岁，以因修道而养寿也。”

老子思想中没有独立的美学体系，老子的哲学和美学是完全融为一体的，或者说其审美观只是其哲学理论的延伸。从老子哲学可

▲ 老子出关图　明

▲ 老子像

以推知老子的审美观，老子认为美本于道，以道为美。美是老子所追求的最高境界，并将其与作为最高实体的“道”有机地结合起来，达到了对人性自然本真状态的理想追求。

老子在中国哲学史上最早提出“道”这个概念，“道”不仅是道家哲学的最高范畴，而且成了以后整个中国哲学的最高范畴。

“道”是老子哲学和美学思想的最高和核心范畴。无论是道家之“道”，还是儒家之“道”，都是在形而上即超越于具体事物之上的意义上讲的。“形而上者谓之道，形而下者谓之器。”

关于“道”，老子曾作过多种解释，大致有三方面的含义：道为无形无象的“无”；道是普遍法则；道为混成之物。

老子的道是宇宙本体：“道生一，一生二，二生三，三生万物。”“万物负阴而抱阳，冲气以为和。有物混成，先天地生。寂兮寥兮，独立而不改，周行而不殆，可以为天地母。吾不知其名，强字之曰道，强为之名曰大。大曰逝，逝曰远，远曰反。”

道是无形无象的：“视之不见，名曰夷；听之不闻，名曰希；搏之不得，名曰微；此三者不可致诘，故混而为一。其下不昧；绳绳不可名，复归于无物。是谓无状之状，无物之象，是谓惚恍。”因此，老子说：“道可道也，非恒道也；名可名也，非恒名也。”“无，名天地之始；有，名万物之母。故常无，欲以观其妙；常有，欲以观其徼。此两者，同出而异名，同谓之玄。玄之又玄，众妙之门。”

道既不是万物之一物，那么，它的规定性就只能从“与物反”的角度，从与万物相对的方面给出。“反者，道之动”。《老子》的“道”是从与感性万物相反，通过对感性万物的否弃获得的。“道”就被规定为“无状之状、无象之象”，“寂兮寥兮”，“视之不见”，“听之不闻”，“搏之不得”的；物质层面的东西是变幻无常的，“道”是“独立而不改，周行而不殆”的永恒之物；经验层面上要用知、欲、为去对待，那么“道”就只能用愚、寡欲、无为去对待。

老子多次以水为例子来说明“道”：“天下莫柔弱于水，而攻坚强者莫之能胜，其无以易之也。弱之胜强，柔之胜刚，天下莫不知，莫能行。”“上善若水，水善利万物而不争，处众人之所恶，故几于道。居善地，心善渊，与善仁，言善信，政善治，事善能，动善时。夫唯不争，故无尤。”“江海所以能为百谷王者，以其善下之，故能为百谷王。”老子看来，水有“不争”的善德，而“天下莫能与之争”。效法水就是效法“自然”的一种表现。“自然”的关键不在于“是什么”而在于“不是”什么。

老子认为“天得一以清，地得一以宁，神得一以灵，谷得一以盈，万物得一以生，侯王得一而以为天下正。”这个“一”就是“道”，可以理解为是一种整体美。

“道法自然”是老子美学所提出的一个基本命题。在老子看来，最自然的即是最美的，最高的审美标准和审美境界就是要合乎自然之道，体现自然无为。

▲ 老子授经图轴　清　任颐　纸本

本图根据老子授经尹喜的故事绘制。尹喜，春秋末人，为函谷关吏，故又称关尹。传说某日，尹喜见城外有紫气东来，知是仙人将至，便整衣冠急急来至城门外守候。不久老子骑青牛而至。尹喜于牛前跪拜，希望老子有所传授。老子见其诚恳，便授《道德经》五千余言。后尹喜随老子西去，不知所终。

“自然”一词最先出现在《老子》中，是《老子》首创的概念。“自然”的观念是老子哲学的基本精神。

“人法地，地法天，天法道，道法自然。”这里的“自然”具有两层含义，一是现实淳朴的自然界，一是自然而然的审美状态。既然“道”无从解释，那么作为“道”性之“自然”也是无法解释的。自然，其端兆不可得而见也，其意趣不可得而睹也。法自然者，在方而法方，在圆而法圆，于自然无所违也。自然者，无称之言，穷极之辞也。

老子追求的是一种“复归于朴”的状态：“见素抱朴，少私寡欲，绝学无忧”的自然纯朴状态的美。反对违背淳朴自然的虚饰华美之美，而主张返璞归真的自然而然之美。“我无为而民自化，我好静而民自正，我无事而民自富，我无欲而民自朴。”老子所醉心的理想社会是：“子独不知至德之世乎……当是时也，民结绳而用之，甘其食，美其服，安其居，乐其俗。邻国相望，鸡犬之声相闻，民至老死不相往来。”

对于美，老子也持为学日益、为道日损的态度：“天下皆知美之为美，斯恶已；天下皆知善之为善，斯不善已。故有无相生，难易相成，长短相形，高下相倾，音声相和，前后相随，恒也。”

老子强调人与自然的和谐，反对过分的感官享受。他说：“五色使人目盲，五音使人耳聋，五味使人口爽；驰骋田猎使人心发狂，难得之货使人行妨，是以圣人，为腹不为目。故去彼取此。”

庄子继承和发展了老子和道家思想。《史记》说：“其学无所不窥，然其要本归于老子之言……明老子之术……故其著书十余万言，大抵率寓言也……其言汪洋自恣以适己，故自王公大人不能器之。”

庄子，名周（约公元前369年～前286年），宋国人，今河南商丘东北，与梁惠王、齐宣王同时代。战国时期哲学家。代表作《庄子》，这本书又被称为《南华经》，阐发了道家思想的精髓，对后世产生了深远影响。

据《庄子》记载，庄子住在贫民区，生活穷苦，靠打草鞋过活。有一次他向监河侯借粟，监河侯没有满足他的要求。还有一次，他穿着有补丁的布衣和破鞋去访问魏王，魏王问他何以如此潦倒，庄子说：我是穷，不是潦倒，是所谓生不逢时。他把自己比作落在荆棘丛里的猿猴，“处热不便，未足以逞其能也”，说自己“今处昏上乱相之间”，没有办法。

庄子认为“道”是一切美的根源。庄子认为道的根本特征在于自然无为，并不有意识地追求什么目的，却自然而然地成就了一切目的。人类生活也应当一切纯任自然，这样就能超于一切利害得失的考虑之上，解除人生的一切痛苦，达到一种绝对自由的境界。这种与“道”合一的绝对自由境界，在庄子看来就是唯一的真正的美。“若夫不刻意而高，无仁义而修，无功名而治，无江海而闲，不道引而寿，无不忘也，无不有也，澹然无极而众美从之。”

庄子美学是一种以“道”为本的人格理想美学，是一种自然无为的飘逸出世的美学。张岱年说：“中国哲人的文章与谈论，常常第一句讲宇宙，第二句便讲人生。更不止此，中国思想家多认为人生的准则即是宇宙之根本，宇宙之根本便是道德的标准；关于宇宙的根本原理，也即是关于人生的根本原理。所以常常一句话，既讲宇宙，亦谈人生。”

庄子思想发源于对人的精神自由（逍遥）的追求。“逍遥”一词虽然最早见于《诗经》中“二矛重乔，河上乎逍遥”之句，但作为哲学概念使用，却始于《庄子》，它的内涵也不同于《诗经》中的“逍遥”。从《逍遥游》来看，“逍遥”在这里是指超凡脱俗、不为身外之物所累的心理状态和精神境界，近乎我们今天所说的“绝对自由”。追求“逍遥”是庄子人生哲学的主要内容，也是整个庄子思想的核心。

庄子追求的就是逍遥，一种自由超脱的人生境界，是一种“无待”之境，是独与天地精神往来的生命状态。《逍遥游》说，大鹏、小鸠和列子等都有所待，所以都称不上绝对的自由，真正获得自由的“至人”是无所待的，这样的至人超脱于是非、名利、生死之外，进入“天地与我并生，万物与我为一”的神秘境界，追求的是“与天地精神往来而不敖倪于万物”的精神。

他描写的凌驾于天地万物之上而无待逍遥的“圣人”寄托了他对自由人生的向往。《逍遥游》中描写道：“乘天地之气，御六气之辨，以游无穷……乘云气，御飞龙，而游乎四海之外……游乎尘垢之外。”这都是他心中理想形象的生命状态：自在而逍遥的状态。其放荡旷达之心，最为突出的体现就是，他妻子死了，他不悲伤，反而鼓盆而歌。这昭示的是庄子对生死的深彻解悟与超脱。

庄子认为，美存在于天地之中，即存在于大自然之中。他说：彼民有常性，织而衣，耕而食，是谓同德；一而不党，命曰天放。故至德之士，其德填填，其视颠颠，当是时也，山无溪遂，泽无舟梁；万物群生，连属其乡；禽兽成群，草木遂长。同与禽兽居，族与万物并，恶乎知君子小人哉！庄子认为，先民在自然怀抱中耕织衣食，与花草树木并生共存，与飞禽走兽和谐相处，大自然赋予人生命活动的自由，完全不知道有什么世俗之争、君子小人之别，这才真正符合人之自然本性，见出自然之美。而圣人以仁义理智毁灭了无为之道、淳朴之风，也就损害了大自然的和谐朴素之美。要保持自然美，就不要人为地用仁义理智去干扰和违背自然规律，而要以自然规律即所谓“道”为法则，为行为规范。圣人如果经过“去甚、去奢、去泰”之“为”就可达到“不为”之目的；如果能“执大象”，执“无

▲ 庄子像

庄子是继老子之后，战国时期道家学派的代表人物，同时他也是一位优秀的文学家、哲学家。庄子的美学思想是对老子美学思想的发展，其核心是提倡自然本色之美。

象之象”，“则天下自往归之”，即到达“无为”之境，从而“天下皆归于无为矣”。

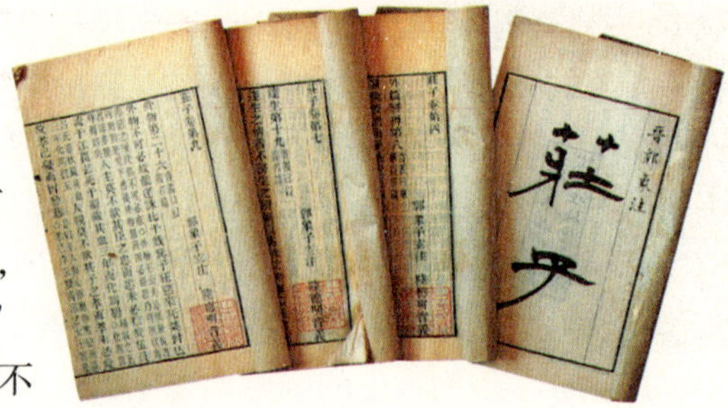

▲《庄子》书影

庄子高扬自然之道，提出“天地之美”。“天地有大美而不言，四时有明法而不议，万物有成理而不说。圣人者，原天地之美而达万物之理，是故至人无为，大圣不作，观于天地之谓也。”这种美与万物的自然本性相通，广而无边，深不可测，故称之“大美”。天地自然直接体现了道的根本特性，因此它是“大美”的事物。

“天地之美”的本质就在于它体现了“道”的自然无为的根本特性，“无为而无不为”是“天地之美”的根本原因。庄子主张顺物之性，尊重个性发展，反对人为的束缚，“天下有常然。常然者，曲者不以钩，直者不以绳，圆者不以规，方者不以矩，附离不以胶漆，约束不以纆索”。这就是说，天下万物各有常分，应顺物之性，任其天然发展。

庄子《养生主》篇说：“泽雉十步一啄，百步一饮，不蕲畜乎樊中，神虽王，不善也。”《马蹄》篇说：“马，蹄可以践霜雪，毛可以御风寒，龁草饮水，翘足而陆，此写之真性也。虽有义台路寝，无所用之。”庄子的意思是说，无论是泽雉，还是马，它们任于真性，狂放不羁，俯仰于天地之间，逍遥自得之场，不祈求“畜乎樊中”，不祈求“义台路寝”，真有怡然自得之乐。

庄子以自然为自由。庄子强调用自然的原则反对人为，得出了他关于物性自由的著名论断：“牛马四足，是谓天，落马首，穿牛鼻，是谓人。故曰：无以人灭天，无以故灭命，无以得殉名。”万物按其自性成长就是自由，如果加上人力的钳制，那就是对其自由本质的悖逆。像鲦鱼的从容出游、骏马的龁草饮水，翘足而陆，草木在春雨时节的怒生，这些形形色色的生存方式，一方面是其自由之乐的显现，另一方面也是其本真之性的率然流露。

▲ 庄周梦蝶图　元　刘贯道

《庄子·齐物论》曰：“昔者庄周梦为胡蝶，栩栩然胡蝶也，自喻适志与！不知周也。俄然觉，则蘧蘧然周也。不知周之梦为胡蝶与，胡蝶之梦为周与？周与胡蝶，则必有分矣。此之谓‘物外’。”“庄周梦蝶”在后世成为文人士大夫热衷表现的题材。上图人物线条高古，构图严谨，刻画了庄周闲适的性情。

▲ 濠梁秋水图卷　南宋　李唐

此图描绘的是庄子与惠子（即惠施，名家的代表人物）于濠水游玩时的情景。

他认为自然的一切都是美好的，人为的一切都是不好的。

在庄子眼中，自然是富有情感的生命体，它可以和人的情感对应往来。他感悟人与自然的交融浑化。著名的"庄周梦蝶"和"濠梁观鱼"的寓言，表明了庄子与自然万物"神与物游"的过程。所以，"昔者庄周梦为胡蝶，栩栩然胡蝶也，自喻适志与！"不知何者为庄，何者为蝶，交融互化，浑然为一；"鲦鱼出游从容，是鱼之乐也。"以物之心度物之情，感受天地万物的喜怒哀乐。

道家美学是建立在自然之道基础上，以真与美的一致为最高的审美理想和艺术追求的。庄子提出的"法天贵真"的美学思想就继承并深入发展了老子的真与美相统一的自然主义审美观。老子以"贵真"为特色的自然主义审美观，开创了中国美学史上注重真与美相统一的道家美学传统，对中国古代艺术和审美观产生了重大的影响，使尚自然纯朴、贵真美实情、主写真去伪成了中国古代文学艺术和审美活动中所普遍竭力追求的最高审美理想。

在审美方式上，《老子》中提出"涤除玄览"，要排除主观欲念和主观成见，保持内心的虚静，这样才能观照宇宙万物的变化及其本原，才能体悟到"道"之"大美"。

"涤除玄览，能无疵乎？"涤是洗垢、扫除尘埃，涤除是洗净心灵的意思。"玄览"原为"玄鉴"，指明澈洁净的心境，"涤除玄览，能无疵乎"即指经常洗涤心镜，清除杂念，摒弃成见，保持澄明清澈，无纤无尘，以朗照万物，体悟玄机。"览"字即古"鉴"字。古人用盆装上水，当作镜子，以照面孔，称它为鉴。《庄子·天道篇》也直接把圣人之心比作"鉴"，"圣人之心静乎，天地之鉴也，万物之镜也。"

老子提出"玄览"观的目的在于得"道"。老子要求"营魄抱一""专气致柔"，就是追求一种形神合一、凝神静气、虚静无为的精神状态，核心是"虚静"。"虚"，虚无。老庄认为，道的本性就是"虚无"，正因为虚无，才能产生天地万物。"静"，老子说："夫物芸芸，各复归其根。归根曰静，静曰复命。""复其性命之本真，故曰复命。"虚静，合而言之就是指心境清除了人欲与外界干扰，合于自然之道的空明宁静的状态。因为"心有欲者，物过而目不见，声至而耳不闻。"至"虚静"无为、顺任自然的心态，也就可以"玄览"万物了，所以老子说："致虚极，守静笃，万物并作，吾以观复。夫物芸芸，各复归其根，归根曰静。"王弼注云："以虚静观其反复，凡有起于虚，动起于静，故万物虽并动作，卒复归虚静，是物之极笃也。"

“虚静”则是“道”的本体存在的一种形态，即“道冲”（冲即虚空）。庄子认为“夫虚静恬淡寂寞无为者，天地之本，而道德之至”。“虚静恬淡，寂寞无为”是万物之本，是生命底蕴的本原状态，同时也是美之本。“素朴”是一切纯任自然之义，是“虚静恬淡，寂寞无为”的表现。庄子及其学派认为自然天成、无欲无为是天下之大美，恰好从最根本的意义上素朴而深刻地抓住了美之为美的实质。

庄子全面地继承了老子的主张，提出了著名的“心斋”“坐忘”式的“虚静”观点，他在《庄子·天道》中说：“水静犹明，而况乎精神！圣人之心静乎！天地之鉴也，万物之镜也。”“言以虚静推于天地，通于万物。”认为心虚静如天地之镜，方能“通于万物”。圣人之心不存欲、智、成见，虚静如镜，就能朗照万物而不受任何牵累。“虚”：“夫心有敬者，物过而目不见，声至而耳不闻也”；“静”：“毋先物动，以观其则，动则失位，静乃自得”。韩非说：“虚则知实之情，静则知动之正。”“虚”“静”是体道的途径，因而也是治国、处世、养身、致知的态度和方法。

《庄子·人间世》中有一段孔子和他的学生颜回的对话：“回曰：‘敢问心斋。’仲尼曰：‘若一志，无听之以耳而听之以心，无听之以心而听之以气！听止于耳，心止于符。气也者，虚而待物者也。唯道集虚。虚者，心斋也。’”许慎《说文》：“斋，戒洁也。”道存在于虚之中，而虚就是心斋——心的斋戒。做到了虚其心，就得到了道，既然心斋即虚，虚即得道，则得道之心称之为心斋也。《庚桑楚》说：“贵、富、显、严、名、利六者，勃志也；容、动、色、理、气、意六者，谬心也；恶、欲、喜、怒、哀、乐六者，累德也；去、就、取、与、知、能六者，塞道也。此四六者不荡心中则正，正则静，静则明，明则虚，虚则无为而无不为也。”“心斋要求心中‘无知无欲’，达到‘虚一而静’的情况。在这种情况下，‘精气’就集中起来。这就是所谓‘唯道集虚’”，神静而虚，即心斋也。”

《庄子·大宗师》云：“堕肢体，黜聪明，离形去知，同于大通，此为坐忘。”“坐忘”就是通过凝神静坐，排除七情六欲，泯除“有己”“有待”之念，忘掉了一切，进入了物我两忘的境界。心志虚一清静，不为外物所累，不为利欲所动，就能无为无我，就能忘却现实的一切，从而消释现实带来的重负，达到精神上与天地玄同，与自然为一。

通过心斋和坐忘，才能达到虚静，而“虚静”是审美体验的极境，因而也就是审美创造的前提。只有虚静其怀，才能观美。“虚静”之于艺术创造的重要性还表现在它与“神思”的关系上。艺术创造依仗神思，而神思又只有在虚静中方可求得。

孔子提出“尽善尽美”

孔子（公元前551年～前479年），名丘，字仲尼，春秋末期鲁国陬邑人，今山东曲阜市东南。中国古代著名的思想家、哲学家、教育家、儒家学派创始人。

司马迁的《史记》为他作有《孔子世家》。司马迁说：“天下君王至于贤人众矣，当时则荣，没则已焉。孔子布衣，传十余世，学者宗之。自天子王侯，中国言六艺者，折中于夫子，可谓至圣矣！”

按《史记》所记，孔子生年一般为鲁襄公二十二年。按《谷梁传》所记“十月庚子孔子圣矣”。

孔子的远祖是宋国贵族，殷王室的后裔。父亲名纥，字叔，又称叔梁纥，是一名以勇力著称的武士。叔梁纥先娶施氏，连生9个孩子，都是千金；再娶一妾，其妾生男，病足，复娶颜徵在，生孔子。盖其父以其乡之尼丘山为纪念，又孔子家中行二，故因之名孔丘，字仲尼。

▲ 孔子像

孔丘父早丧，由其母抚养成人。因孤儿寡母不容于家族，孔子的幼年极为艰辛。他说过：“吾少也贱，故多能鄙事。”年轻时曾做过“委吏”（管理仓廪）与“乘田”（管放牧牛羊）。

孔子儿时，从不做无聊的游戏，常常模仿大人演礼习仪，学习古法。《史记》说：“孔子为儿嬉戏，设俎豆，陈礼容。”即指其事。虽然生活贫苦，孔子十五岁即“志于学”。曾说：“三人行，必有吾师焉。择其善者而从之，其不善者而改之。”

孔子19岁娶宋人亓官氏之女为妻，一年后亓官氏生子，鲁昭公派人送鲤鱼表示祝贺，孔子感到十分荣幸，给儿子取名为鲤，字伯鱼。

他精通六艺，曾为官，却不得志。50岁后周游列国，宣扬其政治理想，却不得重用。其间广收学生，相传弟子先后有3 000人，其中著名的有72人。教育上首倡有教无类及因材施教，首开私人讲学风气的先河，故后人尊为“万世师表”及“至圣先师”，历代帝王更加封为“大成至圣文宣王”。

当时，鲁国内乱，孔子离鲁至齐。齐景公向孔子问政，孔子说：“君君，臣臣，父父，子子。”又说：“政在节财。”孔子在齐不得志，遂又返鲁。孔子不满当时鲁国政不在君而在大夫、“陪臣执国命”的状况，不愿出仕。孔子自述道：“饭疏食饮水，曲肱而枕之，乐亦在其中矣。不义而富且贵，与我如浮云。”孔子带领门徒学生周游列国十多年，没有实现其政治抱负，但是，孔子63岁时，依然这样形容自己：“其为人也，发愤忘食，乐以忘忧，不知老之将至云尔。”

孔子晚年“退而修诗书礼乐，弟子弥众”。编订了古代的文化典籍《诗》《书》等几部书，还根据鲁国的历史材料编成《春秋》一书。南宋时，朱熹将《论语》以及《礼记》中的《大学》《中庸》两篇与被称为“亚圣”的孟子的《孟子》一书合在一起撰写了《四书集注》，是谓四书。四书与《诗》《书》《礼》《易》《春秋》五部经典合称“四书五经”，是儒家学说之核心经典。

公元前479年，孔子卒，73岁，葬于鲁城北泗水之上。子曰：“吾十有五而志于学，三十而立，四十而不惑，五十而知天命，六十而耳顺，七十而从心所欲，不逾矩。”这是孔子对自己一生的总结。

孔子的美学思想就是来源于他的整个思想的核心——“仁”。孔子从多方面解释了“仁”。

颜渊问仁。子曰：“克己复礼为仁。一日克己复礼，天下归仁焉。为仁由己，而由人乎哉？”颜渊曰：“请问其目。”子曰：“非礼勿视，非礼勿听，非礼勿言，非礼勿动。”

▲ 孔子讲学图　清

大约30岁时，孔子在曲阜城北设学舍，开始私人讲学，受业门人先后达到3000多，其中杰出者72人。上图表现了孔子在杏坛讲学的情景，图中孔子端坐讲授，弟子们在周围恭敬地聆听。

“天下归仁”是孔子的最高社会理想。孔子认为，如果人人都能克服私欲，实行礼制，则天下就都能达到“仁”的境界。“礼”即“周礼”。“周礼”是西周以来确定的一套典章、制度、规矩、仪节。做一个符合“仁”的原则的人，在视、听、言、动各个方面都要符合礼的规定。

个人修养方面的仁：子张问仁于孔子。孔子曰：“能行五者于天下，为仁矣。”请益之，曰：“恭、宽、信、敏、惠：恭则不侮，宽则得众，信则人任焉，敏则有功，惠则足以使人。”孔子认为，能实现恭、宽、信、敏、惠五种品德，就是实现了仁。具体说就是，庄重就不会受人侮辱，宽厚就得民心，诚信就会受人倚仗，勤敏就会工作效率高，慈惠就能够使唤人。

他说：“为仁由己，而由人乎哉？”还有：“仁远乎哉？我欲仁，斯仁致矣。”仁离我们很远吗？孔子最称道的个人品德莫过于“杀身成仁”，“志士仁人，无求生以害人，有杀身以成仁”。当生命和仁德不可能兼有时，宁可放弃生命，也要成全仁德。正如曾子所说：“仁以为己任，不亦重乎？死而后已，不亦远乎？士不可以不弘毅，任重而道远。”“志于道，据于德，依于仁，游于艺。”

孔子认为，一个人能否成为有仁德的人，关键在于个人是否能够努力提高修养。君子求诸己，小人求诸人。孔子关于仁德修养的要求：要有仁德修养的愿望，又善于从近处着手，从小事做起，就可以达到至仁的目标，因此，孔子称道颜回：“贤哉回也。一箪食，一瓢饮，在陋巷，人不堪其忧，回也不改其乐。贤哉回也！”

“仁”指人与人的关系。“仁者爱人”就是这种关系的体现。所谓“爱人”，在消极方面要“己所不欲，勿施于人”，在积极方面要“己欲立而立人，己欲达而达人”。孔子曾对曾参说“吾道一以贯之”，认为自己的学说有一个贯穿始终的基本观念。据曾参的解释，“夫子之道，忠恕而已矣”。所谓“忠”，指尽己之力以为人，所谓“恕”，指推己之心以及人。

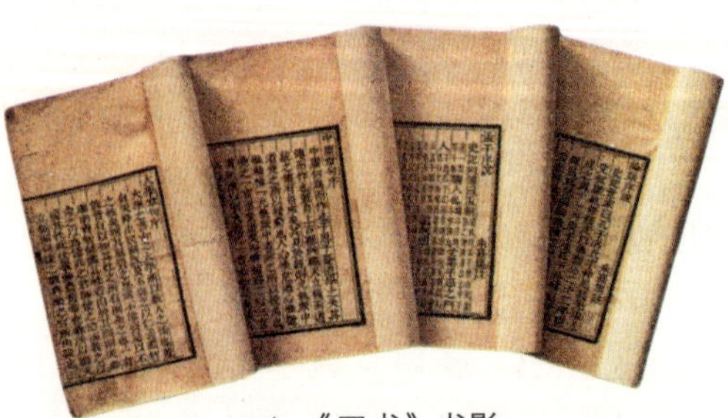

▲《四书》书影

孔子的美学思想是以伦理道德为基础的。“仁”是孔子美学的基础和灵魂。

孔子认为：“里仁为美。”以“仁”为邻，才是美。从“里仁为美”的定义出发，孔子进一步提出了自己的美育理想：“尽善尽美”。

“尽善尽美”是孔子的审美理想。孔子认为美与德、善是一致的，是密切联系不可分割的。《论语·八佾》云：“子谓《韶》，尽美矣，又尽善也。谓《武》，尽美矣，未尽善也。”孔子在此所说的“善”是以“仁”为内涵的。《韶》与《武》是两首古曲。美是形式，善是内容。

《论语》说：子在齐闻《韶》，三月不知肉味，曰：“不图为乐之至于斯也。”他认为，《韶》乐尽善尽美，达到了美与善的高度统一。《韶》乐是“美舜自以德禅于尧；又尽善，谓太平也”。《武》乐是“美武王以此功定天下；未尽善，谓未致太平也”。即舜以德禅让而得天下，并且达到了“太平”，这是儒家理想的太平盛世，所以说是“尽善”，反映在《韶》乐上就达到了美善的高度统一；武王伐纣，以征诛得天下，并且武王没有达到“太平”，所以《武》乐在“善”的方面比《韶》乐稍逊一筹，未达到“尽善”。

孔子在鉴赏自然美的方面，往往以君子的道德品质来比喻，就是所谓的“君子比德”。

《大戴礼·劝学》记载了一则子贡与孔子赞美水的对话，子贡曰：“君子见大川必观何也？”孔子曰：“夫水者，君子比德焉。偏与之而无私，似德；所及者生，所不及者死，似仁；其流行卑下，倨勾皆循其理，似义；其赴百仞之溪不疑，似勇；浅者流行，深渊不测，似智；弱约危通，似察；受恶不让，似贞；苞裹不清以入，鲜洁以出，似善化；主量必平，似正；盈不求概，似厉；折必以东西，似意。是以见大川必观焉。”这里“似德”“似仁”等都是用“君子”的道德品质来相比。自然事物被比拟为“君子”的道德品质，使其人格化。

孔子说：“智者乐水，仁者乐山。智者动，仁者静。智者乐，仁者寿。”再如：“君子之德风，小人之德草，草上之风，必偃。”又似：“岁寒，然后知松柏之后凋也。”这里说水的活泼流动类似智者、君子之德类风，松柏傲霜类似人的坚强不屈，都是这种比德的审美观点。孔子说：“夫玉者，君子比德也。”

“仁”也是孔子评价礼、欣赏乐的一个重要审美标准。孔子讲：“人而不仁如礼何？人而不仁如乐何？”“礼云礼云，玉帛云乎哉，乐云乐云，钟鼓云乎哉。”这是说，如果没有“仁”的内在情感，再清越热喧的钟鼓，再温润绚丽的玉帛也是无价值的。孔子所谓的理想社会应该是：“莫春者，春服既成，冠者五六人，童子六七人，浴乎沂，风乎舞雩，咏而归。”

“中庸之道”是礼和乐所根据的原则，也是欣赏事物美不美的一个标准。

▶ 先师手植桧

相传为孔子手植，多次死而复生，它的枯荣也被认为是孔子之道及孔氏家族兴衰的征兆。

▲ 朱熹像

字元晦，又字仲晦，号晦庵，别称紫阳，徽州婺源（今属江西）人，南宋诗人、哲学家。宋代理学的集大成者，继承了北宋程颢、程颐的理学，完成了客观唯心主义的体系。认为理是世界的本质，“理在先，气在后”，提出“存天理，灭人欲”。

孔子所谓中庸，意即适中、适度、中平、中常，核心思想是“无过、不及”。是君子修“仁”的尺度。子曰：“师也过，商也不及。”曰：“然则师愈与？”子曰：“过犹不及。”

孔子的中庸，其“中”强调的是凡事要掌握恰当的分寸，其“庸”强调的是凡事要甘于平淡无奇。朱熹说：“中、庸只是一个道理，以其不偏不倚，故谓之中；以其不差异可常行，故谓之庸。”二程说：“不偏之谓中，不易之谓庸。中者，天下之正道；庸者，天下之定理。”

《中庸》说：“喜怒哀乐之未发，谓之中；发而皆中节，谓之和。中也者，天下之大本也；和也者，天下之达道也。致中和，天地位焉，万物育焉。”“和”是先秦极为重要的概念，其中心义是“和谐”。

“中和之美”构成了孔子的审美准则，“《关雎》乐而不淫，哀而不伤”。乐而不至于淫，哀而不至于伤，这就达到了“中和”。孔子说哀乐都不可太过。孔子又说：“放郑声，远佞人。郑声淫，佞人殆。”孔子的“放”就是禁绝“郑声”，理由是“郑声淫”。“淫”这里兼有过分和淫靡之义，有“过于花哨”，“靡靡之音”的意味。

孔子说，质胜文则野，文胜质则史。文质彬彬，然后君子。质就是实质，指事物的本质。文就是文采，华饰。文与质的关系就是内容和形式的关系。孔子主张“文质彬彬”，他既不赞成“质胜文”，也不主张“文胜质。”

孔子提倡礼乐之治。他说：“兴于诗，立于礼，成于乐。”

诗可以鼓舞人的志气，使人感发兴起，这叫“兴于诗”。礼仪使人能在社会上站得住，这叫“立于礼”。所谓“成于乐”，“乐以治性，故能成性，成性亦修身也”。就是说乐是“诗”“礼”的统一。孔子的美学核心思想就是要达到美和善的统一。

《论语·阳货》有这样一段话：“子曰：小子！何莫学乎诗？诗，可以兴，可以观，可以群，可以怨。迩之事父，远之事君；多识于鸟兽草木之名。”“诗”泛指一切艺术。孔子对诗的作用的分析，实际上可以概括为对一切艺术作用的分析。

根据朱熹等人的注释，诗，可以兴，所谓“兴”，即“引譬连类”和“感发志意”的意思。“譬”即“譬喻”，“类”指的是社会的伦理道德原则，其核心是“仁”。就是使人感发兴起，即兴起、激励人的意志。

所谓“观”，是“观风俗之盛衰”，是“考见得失”，观察出各国风俗上的和政治上的得失。

“诗可以群”。诗歌可以使感情和谐。孔子主张“群”是人区别于动物的本质特征，所谓“君子群而不党”。“群居相切磋”，在社会生活中，通过诗（艺术）的相互交流使群体更趋和谐。

“诗可以怨”是指对上者的不满，发泄出来写成讽刺的诗，孔子要求：怨，即“刺上政”，但应该“怨而不怒”，要“止于礼”。

由孔子所起始的儒家思想，对之后的中国社会各个方面所产生的影响是任何其他学说所无法比拟的。

第二章
中世纪美学与中国中古美学

基督教美学的创立者
——奥古斯丁

奥里留·奥古斯丁（354 年 ~ 430 年），公元 354 年 11 月 13 日生于北非的塔加斯特镇（现位于阿尔及利亚）。这座盛产橄榄油的小城位于离突尼斯不远的高地平原上，这里在三百多年以前就已经成为罗马帝国的领地。

他的母亲莫尼加则是一个虔诚的基督徒，被后世尊为基督徒妇女的典范。他不喜欢非母语的希腊语，但是对拉丁文却情有独钟，广泛阅读拉丁文文学，尤为推崇拉丁诗人维吉尔。

作为迦太基城一名 16 岁的少年学生，圣奥古斯丁的行为是一种典型的罗马酒色之徒。奥古斯丁年轻时生活放荡，是一个吃喝嫖赌、放荡不羁之青年。他后来在著名的《忏悔录》中说到了这段时间的生活。可是，在接下来的一些年头里，因为母亲的教导，他深感负疚，从而娶了一个小妾，并与她厮守了 15 年多的时间，对她很忠心。19 岁在修辞学校读书时成为摩尼教追随者。一度醉心于柏拉图主义和怀疑派的著作。

▲ 威尼斯圣马克教堂镶嵌画

对基督徒们来说，奥古斯丁是最伟大的教父，他的神学著作强化了许多基督教义。

在《忏悔录》中，奥古斯丁详细地记载了这一经历：在我家葡萄园的附近有一株梨树，树上结的果实，形色香味并不可人。我们这一批年轻坏蛋习惯在街上游戏，直至深夜；一次深夜，我们把树上的果子都摇下来，带着走了。我们带走了大批赃物，不是为了大嚼。虽则我们也尝了几只，但我们所以如此做，是因为这勾当是不许可的。我也并不想享受所偷的东西，不过为了欣赏偷窃与罪恶。那一年的浪荡生活在奥古斯丁的心灵上刻下很深的印痕，当他后来回忆起这一段少年时的岁月，还痛悔不已：“唉！真是离奇的生活，死亡的深渊！竟能只为犯法而犯法！”

后来，奥古斯丁想献身教会，放弃婚姻情欲。公元386年的一天，他在米兰的一座花园里，脸上带着难掩的忧伤和痛苦，默默地走到一棵无花果树下，躺了下来。他一边流着泪，一边喃喃自语：“主啊！你的发怒到何时为止？请你不要记着我过去的罪恶。”过了会儿，他呼喊起来：“还要多少时候？还要多少时候？明天吗？又是明天！为何不是现在？为何不是此时此刻结束我的罪恶？”这个人就是年轻的奥古斯丁。他的哭声，在空旷的花园里回荡。他的朋友，就坐在不远的长椅上，默默地注视着。忽然，从邻近一间屋子里传来一个孩子的声音，反复唱着：“拿起来，读吧！拿起来，读吧！”顿时，他的脸上呈现一种异常兴奋的表情，他在回想少年时是否曾经唱过这样的儿歌，脑子里却空空如也。他抑制住眼泪的奔涌，站起来，冲到刚才坐的椅子边，拿起椅子上的《圣经》，抓到手中，翻开，默默读着最先看到的一章，他感到这段话击中要害，“顿觉有一道恬静的光射到中心，驱散了阴霾笼罩的疑云”。他成为一名基督徒。花园里的这一天，影响了他的整个一生；而他的一生，影响了之后一千多年的基督教史。

公元387年复活节，他接受安布罗斯洗礼，正式加入基督教。此后回到北非的家乡，隐居三年之后被教徒推选为省城希波教会执事，公元395年升任主教。在任职期间，他以极大的精力从事著述、讲经布道、组织修会、反驳异端异教。

他在晚年目睹了汪达尔人的入侵，在希波城沦陷之前，公元430年8月28日，安然逝世。他被后世教会尊为教会博士，被奉为圣徒。奥古斯丁的著作流传到西方，成为公教会和16世纪之后的新教的精神财富。

奥古斯丁是教父思想的集大成者。他的著作堪称神学百科全书。《忏悔录》《论三位一体》《上帝之城》是代表作，包含不少哲学论述。

奥古斯丁是西方基督教美学的创立者。奥古斯丁的美学是与基督教神学融为一体的。基督教神学是柏拉图的理念说、普洛丁新柏拉图主义的“太一”流溢说和基督教教义互相结合的产物。

由于奥古斯丁具有把握各种美学难题的非凡能力和更为独特的兴趣，他建立了希腊教父们所难以企及的、更为完备的基督教美学。

▲在奥古斯丁的《上帝之城》中，上帝将堕落之后的人类分为选民和罪人两类。耶稣复活后，选民得到上帝的拯救，但罪人只能经受地狱永恒之火的煎熬。奥古斯丁的基督教美学对整个美学的发展影响深远。

美是有阶梯的，
我又看到那么多的光辉降落在
那梯子的梯阶上，

仿佛天上所有的星都落了下来。

——（意）但丁《神曲·天堂篇》

▲这是奥古斯丁的手稿《上帝之城》中的一页插页。

为什么美能够引起我们的快感呢？“除了美，我们能爱什么？什么东西是美？美究竟是什么？什么会吸引我们对爱好的东西依依不舍？这些东西如果没有美丽动人之处，便决不会吸引我们。”

奥古斯丁认为：“观察大地与天空，可以发现快感仅生于美；而美取决于形状；形状取决于比例，比例取决于数。”而“整一是一切美的形式”。那么这些形式都来自哪里呢？奥古斯丁认为，它们来自上帝。

中世纪基督教美学的一个最基本的命题就是以上帝为美的本源。上帝是美本身，是绝对地高于物质美与精神美的，是一切美的本源。“天主是美善的，天主的美善远远超越受造之物。美善的天主创造美善的事物……”

皈依基督教后，奥古斯丁发现真正的问题不是事物何以是美的，而是事物的美是从哪里来的。自己以前《论美和适宜》的最大的错误就是从物质世界的内部寻美，只把美归结为受造物而没有注意到它的潜在的本源。而事实上美不应该来自万物外部。“是你，主，创造了天地；你是美，因为它们是美丽的；你是善，因为它们是好的；你实在，因为它们存在，但他们的善、美、存在，并不和创造者一样；相形之下，它们不美，并不善，并不存在。”上帝“至高、至美，至能，无所不能；至仁、至义、至隐，无往而不在；至美、至坚、至定，但又无从执持，不变化而变化一切，无新无故而更新一切”，上帝即“美本身”。

精神美包括道德美和艺术美。上帝是美的原型，它将自身的美在多样化的物质世界中显现出来，事物的美只是上帝的一个摹本，一个不完满的美。“在某些方面，遵守道德规范是心灵美，由于这一点人称为美的，甚至身材佝偻丑陋的人也往往是美的。”

艺术美是艺术家得心应手制成的尤物，无非是来自那个超越我们灵魂，为我们灵魂所日夜向往的至美。他认为艺术美必须为宗教神学服务，一切大自然的美都是上帝之美的一种象征，因此，赞美这些美，就是赞美创造这些美的上帝。仅仅从一些艺术品获得快感是不够的，但这些可感的美可以成为我们认识唯一的美，它是一种象征：对太阳的欣赏与其说是因为它的灿烂阳光，不如说是因为它象征着神的光辉。

比精神美低的是物质美。物质美并非毫无价值，因为它是上帝的创造物，但它毕竟只是上帝的映象，它是短暂的相对的美，就其自身来说，物质美也可能令人感动，但与神性美相比较，便微不足道。物质美本身无好坏可言，关键是用于何种目的，像太阳、月亮、海洋、大地、鸟、鱼、水、谷物、葡萄、橄榄等，都在帮助虔诚颂扬信仰的奇迹，它们都是好的；如果它们掩盖了永恒的美，如果因为这些世俗的快感阻碍了对至高至善的观照，它们就是有害的。物质美在奥古斯丁眼里只是一种手段，而上帝才是目的。

通过各种感性美的象征性的阶梯，我们可以到达神性美的顶峰，与上帝的形式与光辉融合在一起，审美的极境是心灵对上帝的观照和渴求。这里有两种道路，一条是通过认识外物的形式的本质来领略形式的基础——“数”，以达到直观上帝的目的。当理性转向视觉领域并且观照天地时，它就会发现，在世界上美是悦目的，在美里形象是悦目的，在形象里量度是悦目的；在量度里数是悦目的。在外物中发现数，心灵就进入超感性的王国。

另一条途径是回忆。人心容易贪恋物质之美，为外物所蔽不能认识上帝之美，不如返归内在灵明。回忆可以唤起各种影像，据此探索影像的意义、体验各种复杂的情感，并反视心灵自身。但上帝不是影像、不是情感、不是心灵，而是“心灵的主宰”，是所有影像、思虑、情感、心灵的来源，一旦认识及此，上帝就惠然降驻于记忆之中。此时心灵“清心寡欲”，“凝神于一”，以期上帝常驻，而心灵也体味到一种无可形容的温柔，能“超出凡尘”。这两种途径，都要求克制本性的欲念，摆脱外物的诱惑，向着上帝拾级而上，从审美走向宗教。

奥古斯丁对丑的分析非常著名，比任何希腊人都更直接地处理了丑的问题。他认为如果我们世间有丑，那么它也不是一种实在的东西，而只是某种缺陷，与以整一、秩序、和谐、形式为特征的美相反，丑就是这些特征的缺席。万物既然是上帝所造，都来自上帝，所以没有丑，丑仅仅是相对的残缺而已。孤立的状态、令我们不快的事物，如果被置在整体中考虑，就会给我们以极大的快感。

他认为丑是必需的。因为丑和恶可以成为美和善丧失的警戒，也是美和善存在的确证。这个理论的实质是，它认识到丑的东西是美的东西的一个从属要素。丑是美的衬托物，然而，整个来说，它又对传统意义上的或者几乎是传统意义上的和谐或对称的效果有所贡献。承认有丑并不否定世界的美，即使是丑的事物中，也有美的痕迹。

中世纪美学的集大成者
——托马斯·阿奎那

» 流星般匆忙的一生

13世纪，这是个由教义支撑灵魂的时代，一个由僧侣的粗呢袍和骑士铁剑构成美丽图画的时代。

在著名的巴黎大学神学院里，有一名学生，因其行动之迟缓、性格之沉稳、寡言少语，再加之身材魁梧，常被同学们戏称为“哑牛”。对于这位西西里的大笨牛，著名的亚里士多德学者阿尔伯特预言道：“这头哑牛的吼声将响彻全世界。”果然，教会在他生前就给予了他极大的支持和极高的声誉，称他为最光荣的“天使博士”，他成了中世纪最重要的哲学家，他的学说不仅是经院哲学的最高成果，也形成了中世纪神学与哲学的最大、最全面的体系。1323年，教皇约翰二十二世追封他为“圣徒”，1567年，他又被命名为“教义师”，1879年教皇还正式宣布他的学说是“天主教会至今唯一真实的哲学”。这个人就是意大利人托马斯·阿奎那。

托马斯·阿奎那（1225年～1274年）生于意大利的洛卡塞卡堡，该城堡是阿奎那家庭的领地。阿奎那家族是伦巴底望族，与教廷和神圣罗马帝国皇帝都保持着密切关系。托马斯·阿奎那5岁时，由父亲送往蒙特·卡西诺的大本尼狄克修道院上学，在那里接受了9年的初等教育。他的父亲希望他将来做一名隐修士，终身为教会服务。14岁时，他进入那不勒斯大学。那不勒斯大学以思想开放、学术自由而为人们所瞩目。阿奎那在这里开始阅读亚里士多德的著作。1244年，他不顾父亲的反对，加入了多米尼克修会，宣誓永做教会的忠诚卫士，绝对服从教会的领导。他的这一举动，引起了父母和亲属的强烈不满和反对，因为，加入多米尼克派，不仅意味着日后将与贫困为伍，而且还影响了家族同不断壮大的王权弗烈德里二世的关系。所以，在阿奎那被教派送往巴黎学习的途中，被其兄长绑架，并将其软禁在家中。

▼这是14世纪比萨画家弗朗西斯科·特雷尼的《圣托马斯·阿奎那的杰出成就》一图，阿奎那是最早把亚里士多德著作引入基督教思想的哲学家。

在此后一年多的时间里，据说，其母亲为了留住他，想方设法劝他退出多米尼克修会，曾不惜借用女性的美丽以勾起他对世俗生活的依恋。一天，阿奎那发现一个赤裸的漂亮女人闯进他的卧室，他充满了愤怒，果断地拿起炉边一把烧红的烙铁把这个女人赶了出去，并且在门上烙上了一个醒目的十字架印记，以示决心。阿奎那抵御了各种诱惑，以其真诚、执着感动了他的母亲，终于回到了多米尼克教会。

1248年至1252年，阿奎那先到科伦，师从著名的大阿尔伯特。从他那里，阿奎那学会了如何欣赏亚里士多德的著作。他的勤奋好学、惊人的辩才在此得以充分展示。其后，阿奎那被推荐入巴黎大学神学院，并于1256年春天完成学业。但他未能立即获得学位，只是在教皇亲自干预的情况下，阿奎那才于当年秋天在卫兵的护送下获得了神学硕士学位。从此，阿奎那开始了其教学生涯。

1274年，他应教皇格列高利十世之召，参加里昂公会议，在赴罗马的途中病逝，年仅49岁。虽然他生命短暂，但是他的影响却是长远的。1879年，教皇利奥三世在《永恒之父》通谕中全面颂扬托马斯·阿奎那的神学和哲学。从此，他的哲学被称为天主教的官方哲学，即经院哲学。

托马斯的著作卷帙浩繁，总字数在1 500万字以上，其中代表作为《反异教大全》《神学大全》。

» 美属于形式因的范畴

什么是美？托马斯说："凡是一眼见到就使人愉悦的东西才叫作美，这就是美存在于适当的比例的原因。感官之所以喜爱比例适当的事物，是由于这种事物在比例适当这一点上类似感官本身。感官也是一种比例，正如任何一种认识能力一样。认识必须通过吸收的途径产生，而吸收进来的是形式，所以，美本身与形式因的概念联系着。"这就是说，首先，美是通过感官使人愉快的东西；其次，只有在观赏时立即直接使人愉快的才是美的；最后，美在形式，美只涉及形式而不涉及内容。这种强调美的感性和直接性的观点在后来康德和克罗齐的美学中得到进一步的发展。阿奎那主张："一眼见到就使人愉快的东西才叫作美。"阿奎那认为人类的其他类型的愉悦，主要与触觉感官相联系，并为其他生物所共有；这些愉悦出现在从事必要的和实用的活动中，而且是为了维持生命的，而喜爱美并由于其自己的原因而欣赏美，则是人所特有的能力。最接近于心灵的感觉，即视觉和听觉，也最能为美所吸引。我们时常谈到美的景象和声音，而不大提及美的滋味和气味。阿奎那以牡鹿的声音为例说明了这两种愉悦的区别："狮子在看到牡鹿或听到牡鹿声音的时候感到愉悦，是因为这预示了一顿佳肴。而人却通过其他感觉体验到愉悦，这不仅是由于可以美餐一顿，还由于感性印象的和谐。产生于其他感觉的感性印象因为其和谐而使人愉悦，譬如当人对

▲ 佛罗伦萨圣母玛利亚教堂内壁画 14 世纪

这幅壁画显示了托马斯·阿奎那的胜利，他的《神学大全》一书最终导致了教会的分裂，他的思想体系也成为天主教会的官方学说。《神学大全》也集中体现了他的美学思想。

完美和谐的声音感到愉悦的时候。因此，这种怜悯也就不再同维持其生存相联系。”由此可见，审美的感觉并不像某些在生物学上具有重要意义的感觉那样是纯感性的，也不像道德情感那样是纯理智的，而是单凭形式一见就令人愉快，阿奎那这个观念上承柏拉图，下启康德，康德明确表达了审美感受的基本特征：无关实利而令人愉悦，无关目的而合乎目的。阿奎那最早尝试寻找美感与一般快感的区别，而且明确地把视听感官列入审美活动范围之内，这是阿奎那美感理论的特征和历史价值所在。

美和善一致，但是仍有区别。因为善是一切事物都对它起欲念的对象。所谓的欲念就是追向某个目的的冲动。美只是涉及认识功能。总之，凡是只为满足欲念的东西叫作善，凡是单凭认识就立刻使人愉快的东西叫作美。认识须通过吸收，而所吸收进来的是形式，所以严格地说，美属于形式因的范畴。阿奎那在以上论述中，揭示了美与善区别的最基本特征：美与善的区别可归结为带不带欲念和有没有外在目的之分。

» 美有三个要素

阿奎那在《神学大全》卷一中是这样表述的：“美有三个要素：第一是一种完整或完美，凡是不完整的东西就是丑的；第二是适当的比例或和谐；第三是鲜明，所以鲜明的颜色是公认为美的。”美在“完整”“和谐”，物体美是“各部分之间的适当比例，再加上一种悦目的颜色”。完整与和谐是来自古希腊的美学观念。圣奥古斯丁的“悦目的颜色”在阿奎那这里则以“鲜明的色彩”取代之。在阿奎那的美的三要素中，完整是最关键性的。这是由于阿奎那认为一切美的事物的形式都是来自上帝，因此美的因素是完整的，而不是残缺的。阿奎那把比例之间的和谐一致放在第二位。阿奎那提出了双重的比例概念：“我们将‘比例’一词用在两层含义上。在第一层含义上，它指一个量同另一个量的复杂关系；而在这个意义上，‘双倍’‘三倍’与‘相等’是比例的诸类型。在第二层含义上，我们说比例是一部分同另一部分的关系。在这个意义上，创造物同上帝才可能有比例，因为创造物同上帝的关系也如效果与原因或可能与行为的关系一样。”因此，对于阿奎那来说，比例不仅包括量的关系，而且也包括质的关系；不仅包括自然界的比例，而且也包括精神世界的比例。

> **美学辞典**
>
> 七艺：在中世纪早期，神学号称“一切科学的王冠”。七艺隶属于神学之下，学习七艺是为进而学习神学做准备。七艺作为学科，一直沿用到文艺复兴运动以前。在当时的学校都设有三艺和四艺，前者指语法学、修辞学和逻辑学，后者包括算术、几何、音乐和天文学，两者合称即所谓的“七门自由艺术”，简称“七艺”。

“形状，当它同事物的本性相符时，便与色彩一道使事物成为美的。”阿奎那由此认为事物的美除了完整性外，就在于事物各部分的有机协调关系和颜色的鲜明。他以人为例写道：“我们将一个人称作是美的，是因为他的肢体在其量上和排列上具有合适的比例，也因为是他有着明快的、光亮的色彩。”

他给“鲜明”所下的定义是：“一件东西（艺术品或自然事物）的形式放射出光辉来，使它的完美和秩序及全部丰富性都呈现于心灵。”“鲜明”来自上帝的光辉的普照。在基督教教义看来，上帝以其光辉普照万物，世间美的事物的光辉就是上帝的光辉的反映。所以阿奎那把“鲜明”作为美的形式的重要性或价值功能就在于，它能将完整统一而又有和谐秩序的事物更进一步充分而又丰富地呈现于人们的心灵。总之，阿奎那整个美的三要素都是与上帝密切相关，即它们都是上帝的体现，或者说，它们都源于上帝。

在美的分类方面，阿奎那提出："美有两种，一种是精神的，即在精神上的恰当的秩序与丰富；另一种则是外在的美，即在物体的恰当的秩序以及属于这一物体的外在属性的丰富。"他把这两种美认真区别开来，并且认为一种物体的美也不同于另一种物体的美："精神的美是一种东西，物体的美则是另一种东西；然而，某一种物体的美又是另外一种东西。"阿奎那认为："爱美之心人皆有之；但是，肉体的人爱的是肉体的美，而精神的人爱的是精神的美。"

托马斯·阿奎那的出现，使经院论哲学学派不仅有了他们自己最伟大的哲学家，而且有了对美学做出最伟大贡献的人。托马斯的美学思想比较集中地体现了经院时期正统的美学思想，其理论上承新柏拉图派的神秘主义，下启康德的形式主义美学，因而在西方美学史上占有重要地位。

魏晋美学

谈起我国魏晋美学，必须要先探讨魏晋玄学。

玄学是魏晋时期以老庄思想为骨架，糅合儒家经义以代替烦琐的两汉经学的一种哲学思潮。玄学的名称最早见于《晋书·陆云传》，谓"云（陆云）本无玄学，自此谈老殊进"。魏晋之际，"玄学"一词并未广泛流行，其含义是指立言与行事两个方面，并多以立言玄妙、行事雅远为玄远旷达。

"三玄"是魏晋玄学家最喜谈论的著作。《老子》《庄子》《周易》三本著作时称"三玄"。他们以为天地万物皆以无为本。"无"是世界的本体，"有"为各种具体的存在物，是本体"无"的表现。

魏晋的士大夫们寄托心神于老庄，显示超脱世俗的姿态，既能辩护世家大族放达生活的合理性，又能博得"高逸"的赞誉，所以玄学在短时间内蔚然成风。当时的玄学家又大多是名士。他们以出身门第，容貌仪止和虚无玄远的"清谈"相标榜，成为一时风气，即所谓"玄风"。

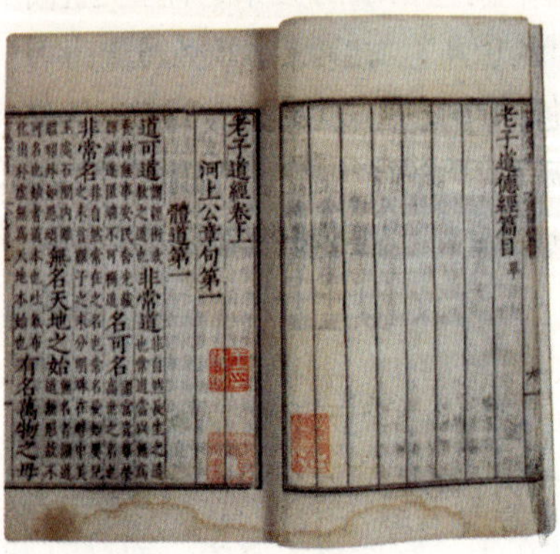
▲《老子》书影

玄学的思想基础是以老庄为代表的道家思想，这是由于道家思想对人世黑暗和人生痛苦的愤激批判，以及对超越这种黑暗和痛苦的个体自由（尽管是单纯精神上的自由）的追求，正好符合亲身经历并体验到儒家思想的虚幻和破灭的门阀士族的心理。他们从名教的束缚中解脱出来，有了一定的人身自由时，愈是感到人生的无常就愈想抓住或延长这短暂的人生。

"魏晋时代'一般思想'的中心问题为：'理想的圣人之人格究竟应该怎样？'因此有（自然）与（名教）之辨。"名教指以正名分、定尊卑为主要内容的封建礼

▲ 老庄像

魏晋玄学以老庄道家思想为基础，那个时代士族知识分子标榜超脱玄远，极为推崇老庄的学说。画中表现了“庄生逍遥游，老子守元默”的情形。

教和道德规范。自然，主要指天道自然，认为天是自然之天，天地的运转，万物的生化，都是自然而然，自己如此的。名教和自然观念产生于先秦。孔子主张正名，强调礼治；老子主张天道自然，提倡无为。孔子、老子被后世看作“贵名教”与“明自然”的宗师。魏晋玄学的“名教与自然之辨”，主要倾向是齐一儒道，调和名教与自然的矛盾。

魏晋玄学的实质正如汤用彤所言：“已不拘泥于宇宙运行之外用，进而论天地万物之本体。汉代寓天道于物理，魏晋黜天道而究本体，以寡御众，而归于极；忘象得意而游于物外，于是脱离汉代宇宙之论，而留连于存存本本之真。”

如果说，先秦诸子百家争鸣的时期是中国美学史上的第一个黄金时代，那么，魏晋南北朝时期就可以说是中国美学史上的第二个黄金时代。

魏晋玄学是魏晋南北朝美学和艺术的灵魂。魏晋南北朝艺术追求“简约、玄澹，超然绝俗”的哲学美是受魏晋玄学的影响，产生了一些著名的美学命题：得意忘象、传神写照、澄怀味象、气韵生动和声无哀乐。

» 得意忘象

“得意忘象”是王弼提出的一个命题，这是一个哲学命题，也是一个美学命题，在文学史和艺术史上影响很大。

▲ 王弼像

王弼，山阳（今河南焦作）人。

王弼，字辅嗣。王弼十多岁时，即“好老氏，通辩能言”。他为人高傲，“颇以所长笑人，故时为士君子所疾”。魏正始十年（公元 249 年）秋，遭疠疾亡，年仅 24 岁。

王弼提出以无为本，以有为末，举本统末的贵无论。王弼在他的《周易略例·明象》中，研究了言、象、意三者的关系。言、象、意是《周易》求卦的术语。言，指卦辞，代表语言；象，指卦象，代表物象；象则是有名有形的“有”。意，指卦的义理，代表事物的规律。意实际上是寂然无体，不可为象的“道”，就是“无”。王弼认为，语言是表达物象的，物象是包含义理的；但语言不等于物象，物象不等于义理，所以要得到物象应该抛弃语言，要得到义理应该抛弃物象。

王弼认为：“意以象尽，象以言著，故言者可以明象，得象而忘言，象者可以存意，得意而忘象。”“象者，所以存意，得意而忘象。犹蹄者所以在兔，得兔而忘蹄；筌者所以在鱼，得鱼而忘筌也。然则言者，象之蹄也；象者，意之筌也。”“若忘筌取鱼，始可与言道矣。”

王弼提出了“寻言以观象”“寻象以观意”“得象而忘言”“得意而忘象”的解《易》方法，特别强调“得意”的重要，认为“存象者，非得意者也”，“忘象者，乃得意者也”。他认为，作为万物之本的“无”，无言无象，如果只停留在言象上，不可能达到对“无”的认识和把握。王弼认为，“无”不能自明，必须通过天地万物才能了解，也就是“意以象尽”，“寻象以观意”的意思。而所以能以象观意，那是因为“有生于无”，“象生于意”。因此，从“以无为本”的理论讲，必然得出“忘象得意”的结论，也必须运用“忘象以求其意”的方法去把握无。“得意忘象”的方法对中国古代诗歌、绘画、书法等艺术理论也有极大影响。

从感官之“知”到意象之“知”，再到“圣人体无”之“知”，王弼对三种“知”的不同态度对于其后的中国哲学和中国美学均具有重要而深远之影响，通过体验来把握一种“大全”式的无限本体既是中国哲学，也是中国美学的一个基本思想。王弼玄学所追求的总体性和谐即理想境界：“这是玄学在那个苦难的时代为人们所点燃的一盏理想之光，集中体现了时代精神的精华。”

“玄学与美学的连接点在于超越有限去追求无限，因为玄学讨论的‘有’‘无’……是超越有限而达到无限——自由……由于超越有限而达到无限是玄学的根本，同时对无限的达到又是诉之于人生的体验，这就使玄学与美学内在地联结到一起。”

美学大师宗白华说：“中国人不是像浮士德追求着‘无限’，乃是在一丘一壑、一花一鸟中发现了无限。所以他们的态度是悠然意远而又怡然自足的。他是超脱的，但又不是出世的。”中国艺术体现了中国传统的整体把握世界的特殊思维方式。

» 传神写照

“传神写照”是中国古代美术的重要美学命题，是顾恺之就绘画而言提出的一个命题。画史上最早运用“传神”评价美术现象的，是东晋画家顾恺之，他是我国美术史上的一座里程碑。

顾恺之（约 348 年 ~ 409 年），字长康，小字虎头，晋陵无锡人。他出身于士族家庭。一生主要从事绘画创作，是个博学而有才气的艺术家。被时人称为有“三绝”：“才绝”，多才多艺，才华出众。擅长诗歌文赋，有很深的文学、音乐修养；被人戏称为“痴绝”，他性情诙谐，行为乖张，大智若愚。《晋书》记载：“恺之好谐谑，人多爱狎之。”古语曰“艺痴者技必良”；顾恺之也被人誉为“画绝”，谢安曾惊叹他的艺术是“苍生以来未之有也”，他的人物画能够深刻而细腻地表现对象的内心世界。前人记载有他为邻居少女画像，当用针刺画像的胸口时，邻居少女立即有疼痛之感的传说。

▲ 顾恺之像

顾恺之，中国画史第一人，“六朝三杰”之一，我国东晋时代最伟大的画家。

据说，他在金陵瓦棺寺绘制了一幅维摩诘像，当时在修建瓦棺寺时，寺僧们请当时的上流阶级贵族来捐资布施修建这个寺庙，而这些贵族所捐的钱没有一个超过十万的，唯独顾恺之提笔就写了百万钱。当时虽然他已经当上了桓温的司马参军，但并不富有。

▲《洛神赋图》（局部）

此图取材于魏国曹植名篇《洛神赋》，表现作者由京师返回封地的途中与洛水女神相遇而产生爱恋的故事。全图采用长卷形式，分段描绘赋中的情节：开始是曹植在洛水边歇息，女神凌波而来，轻盈流动，欲行又止；接下来表现女神在空中、山间舒袖歌舞，曹植相观相送；最后女神乘风而去，曹植满怀惆怅地上路。各段之间用树石分隔，并以舟车无情地飞驶离去反衬人物的依依不舍之情，极为传神。

这些和尚都以为他写错了，就让他划去重写。可是顾恺之并没有这样做，只是让他们在寺中为他留出一面墙壁，然后用了一个月的时间在这面墙上画了一幅维摩诘像。当最后要画眼睛的时候，他请和尚把寺门打开让人参观，同时他提出了一个要求。他说，第一天来看的人要施舍十万钱，第二天来看的要施舍五万，第三天来看的可以随便。据说开门的那一刻，整个寺庙都笼罩在一片灵光之中，前来观看的人络绎不绝，顷刻之间就捐齐了这百万巨款。这幅画到底为什么能够造成这么大的轰动呢？据说是他把维摩诘居士的病容和在病中与人交谈时的特殊神情刻画得惟妙惟肖，就连四百年之后的大诗人杜甫见了这幅画稿之后也惊叹说：“虎头金粟影，神妙独难忘。”

据说他画人物，常常是人画好而不点眼睛，有时几年都不画眼睛。有一次，他为人画一个扇面，画的是嵇康与阮籍，没有画眼睛就送给了主人，主人问：“怎么不点眼睛？”他幽默地回答道：“哪能点睛，点睛不就会说话了吗？”眼睛是人心灵的窗口，正因为眼睛是传神的关键部位，他才数年不点睛，不然的话就可能会功亏一篑。他说：“与点睛之节，上下，大小，浓薄，有一毫小失，则神气与之俱变矣。”

《世说新语·巧艺》载：“顾长康画人，或数年不点目睛，人问其故，顾曰：‘四体妍蚩，本无关妙处，传神写照正在阿睹中。’”顾恺之认为绘画之所以能表现出人的神情，关键之处正在于对眼睛的刻画和描绘，而“四体妍蚩”对于表现人物的精神风貌就没有这么重要了。绘画的目的是要“传神”，即表现出人物最本质的精神和性格特征。这就是“传神写照”说的本义。

“传神写照”之“神”与“照”本身是佛学术语，顾恺之加以沿用和改造为自己的理论术语。对顾恺之传神论有两种解释：第一种观点认为顾恺之主张“以形写神”，重神但不轻形，神似须由形似达到。“写质”可与“传神”并举，也是“写照”之意；第二种观点认为顾恺之是重神而轻形论者，“以形写神”不是作为独立的肯定命题而是作为否定命题的一部

▲ 女史箴图　卷　顾恺之　东晋

此图表现的是西晋张华《女史箴》中的内容，采用一图一文的形式，人物描绘流畅细致，造型准确，神情生动。画中女子姿态从容、秀逸典雅，显示出贵族女子的特点。画风古朴，运笔缜密，赋色细腻和谐，体现了当时“以形传神”的思想。

分提出的，“以形写神”与“传神写照”同义，都是要求形态的描绘为传达表现人物精神风貌服务。写形是手段，传神才是目的。

传神论是受了汉末魏初名家论“言意之辨”和魏晋玄学的影响。魏晋玄学盛行的结果，引起了中国艺术精神的普遍自觉。魏晋时代人的精神是最哲学的，因为是最解放的、最自由的。

顾恺之说：“凡画，人最难，次山水，次狗马，台榭一定器耳，难成而易好，不待迁想妙得也。”“迁想”在佛学中是指一种能超越具象的想象，它来自神秘的神明感通作用，以及说“四体妍蚩本无关妙处”，都是强调传神很难，画之妙不在形体而在内在精神气质，这显然是由“得意忘言”变化而来的。宋代苏轼说：“传神之难在于目。”人物画中神是至关重要的。顾恺之生活的东晋时代正是玄学兴盛之际，顾恺之所强调的“传神”即是玄学情调的一种反映。

顾恺之的传神论是人物画创作实践的理论总结。所谓形神，当时都是针对画人物而提出的。直到唐代，传神论也还是主要作为人物画的审美标准被运用。五代以后山水、花鸟画大盛，抒情寄意作为突出的美学命题被提出来，自宋以后，写意论成为更流行的审美准则，传神论一方面由人物画扩大到山水、花鸟领域，另一方面又有所凝缩——“传神”一词渐渐成了肖像画体裁的专用语。

顾恺之的“传神论”美学思想对中国美术艺术的发展产生了深远的影响，后代常常把“传神”作为绘画艺术的最高目标和境界。

» 澄怀味象

“澄怀味象”是在东晋南朝之际，宗炳在《画山水序》中提出的。在中国绘画美学思想史上，宗炳率先把老庄之道和山水画艺术联系在一起。“老庄精神浸入中国绘画领域，在理论上：宗炳发其宗，后人弘其迹。”

宗炳在《画山水序》中“澄怀味象”的美学思想，改变了以往关于山水“无生动之可拟，无气韵之可侔”的观点，积极倡导表现山水内在的气韵之美。

宗炳是中国山水画论的主要开拓者。宗炳（375 年 ~ 443 年），字少文，南阳涅阳（今

河南镇平县南）人。祖上做官，年少好出游，后在庐山出家为僧，晚年入道。其一生“好山水，爱远游，善琴书”，“每游山水，往辄忘归”。后因年老体弱多病，回到江陵故居，“宗炳因病从衡山返回江陵，叹曰：‘噫！老、病俱至，名山恐难遍游，唯当澄怀观道，卧以游之。’凡所游历，皆图于壁，坐卧向之。”于是，便把山水画悬在墙上，卧在床上观赏，谓之“卧游”。谓人曰：“抚琴动操，欲令众山皆响。”年六十九，尝自为《画山水序》。

宗炳绝意仕途，是个地道的隐士。宗炳曾师从名僧慧远大师：“入庐山，就释慧远考寻文义。”世号“宗居士”。宗炳是一个执着的“神不灭”论者，《明佛论》（又名《神不灭论》）为宗炳佛学思想的代表作。他盛赞佛教，大力阐扬“神不灭”。宗炳说：“佛国之伟，精神不灭，人可成佛，心作万有，诸法皆空，宿缘绵邈，亿劫乃报乎？”关于形神关系，宗炳是明确反对“形生则神生，形死则神死”的“神灭”论的。他说：“神也者，妙万物而为言矣。”

宗炳不仅笃情佛教，而且也尊儒家、道家。宗炳对玄学有相当的修养，《宋书》说“精于言理”。“若老子，庄周之道，松乔列真之术，信可以洗心养身。”宗炳《明佛论》云：“孔、老、如来，虽三训殊路，而善共辙也。”

中国山水画产生于晋宋之际。这时的山水画论，一方面受到魏晋玄学崇庄老、尚自然的影响，在当时，纵情山水成为名士们的一种好尚，也是做名士需要有的一种素养。隐逸的行为已成为时代的特征，士人以隐逸为清高，以山林为乐土，其结果便是“山水有清音”的发现。另一方面也受到了山水诗创作的启发。“专一丘之欢，擅一壑之美”，以玄对山水，以超世俗、超功利的形态走向了山林自然，在赏心悦目，适性快意之际，意识到山水美的客观存在，从而形成山水审美意识的自觉性，也正是山水审美意识的自觉性推动了山水画的产生。

宗炳的《画山水序》与王微的《叙画》是反映这一时期山水画理论成就的两篇重要著作。宗炳的《画山水序》是一篇富于哲理性的完整的山水画论。宗炳绘画艺术的一般特征——重视精神和理性，是最早奠定基础，确定方向的，它是中国山水画艺术的起点和基础。

《画山水序》中首先提出“澄怀味象”的命题：“圣人含道映物，贤者澄怀味象。至于山水，质有而趣灵，是以轩辕、尧、孔、广成、大隗、许由、孤竹之流，必有崆峒、具茨、藐姑、箕、首、大蒙之游焉。又称仁智之乐焉。夫圣人以神法道，而贤者通；山水以形媚道，而仁者乐。不亦几乎？”

要体验山水之神，主体方面必须“澄怀”。所谓“澄怀”就是要求审美主体在审美过程中，排除外物的纷扰，尤其是功利关系的炫惑，进入一种超世间、超功利的直觉状态，而保持虚静空明的心胸以应外物。澄为动词，即澄清；怀为心灵，即思维。“澄怀”即澄清心灵与思维。“澄怀”也就是老子所说的“涤除玄览”，庄子所说的“斋以静心”和“斋戒，疏瀹而心，澡雪而精神。“澄怀”的目的是涤荡污浊势利之心。“澄怀”是“味象”的前提。

“味”是特定的审美过程。所谓“味”，即品味。“品”字从三品，许慎认为与“众”同义。后来在实际使用中，基本意义都是“品尝”“品味”或“品位”。自钟嵘《诗品》之后，“品”以及与之相近的“味”“滋味”“韵味”“兴趣”“机趣”等便经常出现在艺术美学评论之中。“味象”是“澄怀”的目的。贤者澄清其怀，使胸中无杂念地去品味显现道的象。这种“味”是一种精神的愉悦和审美的体验。“味”就是“万趣融其神思，畅神而已”。这种“美”可以起到“畅神”的作用，即可以陶冶人的性情，涵养人的心情。

“畅神”则是在观赏山水画的审美过程中所体验到的高度自由、高度兴奋的境界。宗炳以“畅神”为山水画最为重要的审美功能。“畅”是一种超越现实而使精神舒展、飘逸的高度自由的状态，突出了山水审美“令人解放”的性质，突出了艺术所具有的审美的特征。

所谓“味”，是老子最早把“味”和“美”相连而提出的。他说：“‘道’之出口，淡乎其无味。”老子提倡的是一种特殊的美感，即平淡的趣味。“为无为，事无事，味无味。”老子这个美学观念最终在中国艺术和美学史上形成了一种特殊的审美趣味和审美品格，即“平淡”。

“象”则是指观照对象的形象。“山水质有而趣灵”，是谓山水是物质性的存在，但其中有着整体性的灵趣。“以形媚道”是山水是以它的“形”显现“道”而成为“美”和“媚”。《说文》曰：“媚，说也。”媚，即悦也，愉悦。宗炳明确指出：“山水以形媚道而仁者乐。”

在宗炳看来，山水画艺术要真正表现出水之“灵”“趣”，创作主体必须亲身盘桓于自然山水之中，用审美的眼光反复观览把握，以山水的本来之形，画作画面上的山水之形；以山水的本来之色，画成画面上的山水之色。“况乎身所盘桓，目所绸缪，以形写形，以色写色也。”

宗炳说：“夫以应目会心为理者，类之成巧，则目亦同应，心亦俱会，应会感神，神超理得。虽复虚求幽岩，何以加焉？又，神本无端，栖形感类，理入影迹。诚能妙写，亦诚尽矣。于是闲居理气，拂觞鸣琴，披图幽对，坐究四荒，不违天励之丛，独应无人之野，峰岫山尧嶷，云林森眇。圣贤映于绝代，万趣融其神思。余复何为哉，畅神而已。神之所畅，孰有先焉。”

“应目”指以目观诸物之形，“会心”指以澄怀（体悟思维）观道。会心即澄怀，观道才是最终目的。“应目会心”是指审美主体通过眼睛观照对象而会心感通，悟得其神，从而升华为理。这是说山水是以应目会心为“理”的，只要能把山水巧妙地描绘出来，那么观者目接于形时，心就会领会其“理”。即使是亲身游于山水之间，求山水之神理，所得也不过如此了。

“以玄对山水”是中国对自然山水美观赏的一个重要进展。当自然山水真正成了人们的审美对象，“天人合一”的哲学理念实际上得到了更大的发挥和更深的表现。晋宋人欣赏山水，由实入虚，超入玄境。晋宋人欣赏自然，有“目送归鸿，手挥五弦”，超然玄远的意趣。这使中国山水画自始即是一种“意境中的山水”。宗炳画所游山水悬于室中，对之云：“抚琴动操，欲令众山皆响！”郭景纯有诗句曰：“林无静树，川无停流”，阮孚评之云：“泓静萧瑟，实不可言，每读此文，辄觉神超形越。”这玄远幽深的哲学意味渗透在当时人的美感和自然欣赏中。

» 气韵生动

“气韵生动”，出自南朝画家谢赫之《古画品录》一书，在《古画品录》的序中提到绘画“六法”，气韵就居首位。六法者何？一气韵生动是也，二骨法用笔是也，三应物象形是也，四随类赋彩是也，五经营位置是也，六传移模写是也。

谢赫提出的以“气韵生动”为首的“六法”，是中国古代绘画艺术创作和鉴赏品评的重要准则。谢赫“六法”是一个相互联系的整体，是具有一定系统化和形态化的绘画艺术理论体系，其中“气韵生动”是总的要求和最高目标，其他五点则是达到“气韵生动”的必要条件和手段。

谢赫是由齐入梁的南朝画家。曾在宫廷任职，善画人物、仕女，兼善品评。他的《画品》据考证成书于梁大通四年（532年）之后。李绰在《尚书故实》中曾说：“谢赫善画，尝阅秘阁，叹伏曹不兴，所画龙首，以为若见真龙。”谢赫的绘画艺术特点是：“写貌人物，不俟对看，所需一览，便工操笔。”“点刷精神，意存形似。目想毫发，皆无遗失。丽服靓妆，随时变改。直眉曲鬓，与时竞新。别体细微，多从赫始。遂使委巷逐末，皆类效颦。至于气韵精灵，未尽生动之致；笔路纤弱，不副壮雅之怀。然中兴已来，象人为最。”

“六法”是在顾恺之《论画》思想的基础上，进一步体系化的结果，是对以前绘画实践的全面总结。《四库全书总目提要》称谢赫“六法”为“千载不易”。谢赫提出的“六法”经唐代张彦远的阐发和郭若虚所论“六法精论，万古不移”之后，在中国绘画史上影响极大，而气韵生动说影响最为深远。

谢赫生活的时代，人物画得到充分的发展，因此，“六法”主要是对人物画而言。谢赫的“六法”除了传移模写之外，气韵生动，骨法用笔，应物象形，经营位置，随类赋彩，既是气韵、

▲ 虢国夫人游春图

作品竭力表现贵妇们游春时悠闲而懒散的欢悦气氛，以华丽的装饰、骏马的轻快步伐衬托春光的明媚；以前松后紧的画面结构，传达出春的节奏；而人物的丰润圆满、丰姿绰约，则既表现出贵妇的雍容闲雅，又展现出春的气韵，而这种气韵也体现了大唐盛世的庄严与华贵。

骨法、形象，又可分为气、韵、骨、形、色。

冠于六法之首的“气韵，生动是也”，“气韵”的含义，谢赫未做详细解释，但从他的诸多画论中，我们可以读到诸如壮气、生气、神韵、雅韵等术语。五代荆浩在《笔法记》中关于气韵的阐释：“气者，心随笔运，取象不惑。韵者，隐迹立形，备仪不俗。”

魏晋以来则把“气”作为一种与人的生命精神相关联的气质、神采之美的判断，是一种对内在的生命力度和精神力度的判断。“气”成为一种美学范畴。

这种包含美学意味的气概括为三个方面内容：

其一，“气”是概括艺术本源的一个范畴。钟嵘“气之动物，物之感人，故摇荡性情，形诸舞咏”（《诗品》）；刘勰：“写气图貌”（《文心雕龙》）；王微“以一管之笔，拟太虚之体”（《叙画》），指的就是这一意思。

其二，“气”是概括艺术家的生命力和创造力的一个范畴。曹丕“文以气为主，气之清浊有体，不可力强而致”（《典论·论文》），这里的“气”即是指艺术家的生命力和创造力。

其三，“气”是概括艺术生命的一个范畴，也就是说，“气”不仅构成世界万物本体和生命，不仅构成艺术家的生命力和创造力的整体，而且也构成艺术形象的生命，谢赫“气韵”之“气”正是这种含义。谢赫的《古画品录》中“气”字共有七处之多。作为美学上的“气”主要是指艺术作品那种生生不息的艺术力量，它是自然的生命力和艺术家主体精神力量的统一。

“韵”的原意为“和”，《说文》解释为：“韵，和也。”即声音和谐之意。刘勰在《文心雕龙·声律》中说“异音相从谓之和，同声相应谓之韵”。蔡邕在《琴赋》中写道：“繁弦既抑，雅韵乃扬。”曹植的《白鹤赋》：“聆雅琴之清韵。”嵇康的《琴赋》：“于是曲引向阑，众音将歇，改韵易调，奇弄乃发。”《世说新语·术解》：“每至正会，殿庭作乐，自调宫商，无不谐韵。”陆机在《文赋》中写道：“收百世之阙文，采千载之遗韵。”

在“六法”中“韵”并不是指音韵，而是从人物品藻中引入的概念，在人物品藻中的“韵”，主要意味着人物具有清雅、高远、狂放的超群脱俗的风雅之美。用“高韵、雅韵、远韵、神韵”，以及“风韵秀彻”“雅有远韵”“玄韵淡泊”“风韵清疏”等形容人物精神面貌，它是指透过人物的外在形象而传达出人物内在精神的气质和品格，它用来指人物的才情、智慧、风度等具有超群脱体的风雅之美，即刘义庆在《世说新语·任诞》所说的“风气韵度”。后来这一意义也被广泛运用到美学中的审美范畴，“有韵即美，无韵不美”，“风流潇洒谓之韵”。

“韵”的特质就是艺术生命的节奏。这种生命节奏在中国绘画艺术中主要表现在墨之干湿浓淡，笔之疾缓粗细，点线面之疏密交错，以及物象的对称、均衡、连续、反复、间隔、重叠、变化、统一等形式语汇的节奏之中。

“韵”既是内容的，又是形式的。它内在的本质是含有精神性的情感，而其外现的形式是与人的精神、情感同构的节奏。如谢赫评陆绥“体韵遒举，风彩飘然”，评戴逵“情韵连绵，风趣巧拔”。

谢赫在《古画品录》中运用“气韵”品评绘画作品共有九处。谢赫的“气韵”说是对顾恺之“传神”说的继承和发展。谢赫“气韵”说则显得更为具体，容易成为品评的可量化的条件，更具操作性。

“气韵生动”的“气”与美学中的“神”既有联系又有区别。“神”在中国的哲学中主要是指人的精神，而人的身体则被称为“形”。这里所说的“气”有别于“神”的含义。“气韵生动”之“气”蕴含着“神”与“无”的思想内核，又超越了这两者。“气”是人的精神与生理的结合，是人的生命力的源泉。

对“气韵”的品评，主要是对于人物的气质、格调、品貌等内在精神状态的评定。谢赫品评作品优劣运用“气韵”一词，并展开运用了“壮气”“气力”“神气”“生气”和“神韵”“体韵”“韵雅”“情韵”等词语，分别在“气”与“韵”前后缀上不同的形容词，以体现自己的褒贬态度。谢赫的“气韵”是从画面整体出发，主要是品评一幅画的艺术境界、风格特点、审美情趣等。指作品本身表现出的一种自然与人的生命节奏，合乎美的音乐韵律，从而展现出一种精神内涵。若为画面人物形象，则主要指人物的生命力，人物内心精神状态，人物的气度风貌。

无论是“气韵”还是“传神”，两者都应该以表现美为目的。清代方薰在《山静居画论》中便说“气韵生动，须将‘生动’二字省悟，能会生动则气韵自在”，充分说明了气韵的关键在于能否“生动”。谢赫明确要求表现“气韵”必须“生动”。

《周易》主张“天地之大德曰生”，“生生之谓易”，宇宙是处在一种“变动不居”的状态。“生动”是指生命的运动，包含生长、变化、向上、发展等意思。“生动”是由“气”的运动变化所引起的。“生动”与“气”不可分，有“气”才能“生动”，“生动”是“气”的特殊本性。王充的《论衡·自然篇》指出：“天之动，行也，施气也。体动，气乃出，物尔生矣。”“生长”不能脱离运动，有运动才有“生长”，并明确地把“生”“气”和宇宙万物的形成联系在一起。“人以气为寿，形随气而动；气性不均，则于体不同。”

“生动”原是对人物精神面貌的评语。顾恺之在评《小列女》时就写道：“刻削为容仪，不尽生气。”这已经触及“生动”的内涵了，但这仅仅只是对人物表情的品评，而把此意转化为对作品的品评的应是受王微的影响，王微在《叙画》中写道：“横变纵化，故动生焉。”他在这里强调了绘画中生动的感觉是由画面形象左顾右盼、纵横斜正决定的，由此生发出来的是整个画面凛凛然的风致和韵味。在谢赫看来，那构成艺术美的“气韵”，其表现的形式必须是“生动”的。“气韵”说也包含了这层意思。

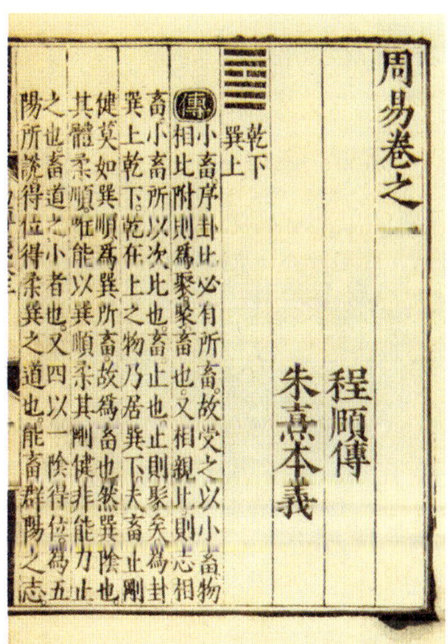
周易卷之一
程頤傳
朱熹本義
乾下
巽上
傳 小畜序卦比必有所畜故受之以小畜物相比附則爲聚聚畜也又相親比則志相畜小畜所以次比也畜止也止則聚矣爲卦巽上乾下乾在上之物乃居巽下夫畜止剛健莫如巽巽順爲巽所畜故爲畜也然巽陰也其體柔順惟能以巽順柔其剛健非能力止之也畜道之小者也又四以一陰得位爲五陽所說得位得柔巽之道也能畜群陽之志

▲ 宋代程颐、朱熹注释的《周易》

谢赫使“气韵”成为中国绘画艺术千古不变的法则。值得一提的是荆浩将“气韵”向更具体的绘画语言落实，而董其昌以“气韵”为准绳，把中国绘画分为南北两宗，奉王维为南宗之祖，推崇以“韵味”见长的南宗。

如果不把握“气韵生动”，就不可能把握中国古典美学思想体系。

» 声无哀乐

“声无哀乐”是由嵇康提出来的音乐美学思想，它是继《乐论》之后魏晋时代重要的音乐理论。

嵇康，字叔夜，因曾任魏中散大夫，世称嵇中散，中国三国时期魏末琴家、文学家、思想家。谯郡（铚）县（今安徽宿州西）人，寓居于河内山阳县（今河南修武县西北），与阮籍、山涛、向秀、阮咸、王戎、刘伶友善，常在竹林游宴，世称竹林七贤。

崇尚老庄，喜欢清谈，学识渊博，善写诗赋文论，热爱音乐，擅长弹琴，《长清》《短清》《长侧》《短侧》《玄默》《风入松》等琴曲，相传是他的作品，前 4 首合称“嵇氏四弄”。

在魏末司马氏掌权力谋篡位时，他过着隐逸的生活，不愿为司马氏做事。

魏元帝景元四年（263 年），吕巽因为奸淫胞弟吕安的妻子，事情败露，心怀鬼胎的吕巽恶人先告状，反而诬陷吕安侍母不孝，吕安因此而蒙冤下狱。嵇康素来与吕氏兄弟友善，出面调停，亲自到狱中探望吕安，并义不容辞地替吕安辩诬，愤而写下《与吕长悌绝交书》。与嵇康有仇怨的钟会，乘机落井下石，向司马昭进谗言，说嵇康“上不臣天子，下不事王侯，轻时傲物，不为物用，无益于今，有败于俗”，“今不诛康，无以清洁王道”。司马昭便以“与不孝人为党”的罪名将嵇康投入监狱。太学生数千人上书“请以（嵇康）为师”，也不能免除嵇康的死刑。这年八月甲辰日，年仅 40 岁的嵇康被押赴洛阳东郊的刑场。据《世说新语・雅量篇》说：“嵇中散临刑东市，神气不变，索琴弹之，奏《广陵散》，于今绝矣。”

“声无哀乐论”是针对以《乐记》为代表的儒家音乐美学来阐述的。

《礼记・乐记》是中国儒家音乐理论的专著。《乐记》的作者与成书年代、流传过程等方面虽然存在一些问题，却仍然是不可忽视的儒家音乐理论的重要著作。在两千余年的封建社会中，把它所表达的音乐思想视为正统；士大夫们谈到音乐问题时，总要以它作为自己立论的根据。

▼竹林七贤与荣启期　画像砖　高 80 厘米　长 240 厘米　江苏省南京市西善桥宫山墓出土　江苏南京博物院藏

图中诸人都近于袒胸，赤足，坐于树下或举觞，或抚琴。画家有意描写“相与为散发裸身之饮”的不为世俗礼节所拘的情形。在因政见招致杀身之祸的环境下，喝酒遁世是求存的方法，虽名士亦身不由己。

《乐记》强调使音乐成为社会教育的工具，用礼、刑、政一起以安定社会，使国家大治。“移风易俗，莫善于乐”，有关这一方面的论述，贯穿着《乐记》全文，是儒家音乐思想的核心。它在后世被称为“乐教”。孔子认为“为政”必须“兴礼乐”，“成人”必须“文之以礼乐”，判断音乐则强调音乐内容的善，要求做到“思无邪”“乐而不淫，哀而不伤”，因而他“恶郑声之乱雅乐”，主张“乐则韶舞，放郑声”。

音乐表现不同的感情，因而反映并影响社会的治、乱：“是故治世之音安，以乐其政和；乱世之音怨，以怒其政乖；亡国之音哀，以思其民困。声音之道，与政通矣。”提出“乐者，通伦理者也”。

儒家的传统音乐思想，本来有其积极的一面，后来却发展到要求从声音中听出吉凶的征兆，如文中“秦客”第4次诘难时举例所说，介葛卢听到牛的叫声，就知道这头牛的三头子牛都已做了祭神的牺牲；师旷吹起律管，感到南风不强，就知道楚国打了败仗；羊舌肝的母亲听到她的孙子杨食我出生时的哭叫声像豺狼，就知道羊舌氏的宗族要被他覆灭；包括所谓“季子听声，以知众国之风，师襄奉操，而仲尼睹文王之容”等。把音乐等同于星相术中的“风角”。正是这种把音乐的社会功能庸俗化了的神秘观点，受到了嵇康的批判。

嵇康的音乐思想，主要表现在他的论文《声无哀乐论》里。这篇论文长近万字，用“秦客”（俗儒的化身）和“东野主人”（作者自称）的八次辩难，反复论证、有针对性地批驳儒家传统乐论，进而阐述他自己的音乐思想。钱锺书说《声无哀乐论》：“体物研几，衡铢剖粒，思之慎而辨之明，前载未尝有。”刘勰在《文心雕龙·论说》中说《声无哀乐论》是“师心独见，锋颖精密”。

在《声无哀乐论》的开始，秦客便提出：“闻之前论曰‘治世之音安以乐，亡国之音哀以思’。夫治乱在政，而音声应之，故哀思之情表于金石，安乐之象形于管弦也。又仲尼闻《韶》，识舜之德；季札听弦，识众国之风。斯以然之事，先贤所不疑也。今子独以为声无哀乐，其理合居？”说明从音乐中可以观察到某种圣德和民情。

对此，嵇康说：“天地之德，万物资生，寒暑代往，五行以成。故章为五色，发为五音。

▲ 嵇康像

音声之作，其犹臭味于天地之间。其善与不善，虽遭遇浊乱，其体自若，而不变也。岂以爱憎易操，哀乐改度哉？”嵇康从自然之道的美学观出发，强调音乐自然和谐，认为音乐是天地和德、阴阳变化的产物，即使遭遇什么浊乱，它的本体永远与自身同一，不会改变。音乐之作，同自然界的五色、五味一样，是自然之物，没有什么哀或乐的内容。

嵇康说：“声音自当以善恶为主，则无关于哀乐；哀乐自当以情感而后发，则无系于声音。”意思是：音乐只能分别好和坏，与表现悲哀或者快乐的感情无关；这即是说，音乐本身有其自然属性，而与人的哀乐无关。

嵇康说：“声音有自然之和，而无系于人情。”音声中既无“哀乐”之实，也无“哀乐”之名。“名实俱去”之后，嵇康阐述了声无哀乐的两个缘由：一是“和声之无象，音声之无常”，二是“心之于声，明为二物”，认为音乐与情感是不相关联的两个领域：“声之与心，殊途异轨，不相经纬。”嵇康说：“然则心之与声，明为二物。二物诚然，则求情者不留观于行貌，揆心者不借听于声音也。”

嵇康反对儒家音乐理论中的教化说。《乐记》提出“其本在人心之感于物也”，并且将这一观点解释为：“音之起，由人心生也；人心之动，物使之然也。”《乐记》认为音乐是一种抒情的艺术，但是这种感情的来源却是外部物质世界。例如，人们在听音乐时感到“摇曳乎性情”，这种感情来源于音乐本身。音乐是有感情的，我们感动是因为我们分享了音乐的感情。《乐记》提出了“情动于中，故形于声”，“乐者，所以象德也”，用能表情、象德的音乐去“教化”人。

嵇康认为：“声音以平和为体，而感物无常；心志以所俟为主，应感而发。”所谓哀乐，是人内心之情先有所感，然后才在听乐时表露出来，至于情因何而感产生哀乐，这与音声本身无关。悲哀或者快乐的感情是人们情有所感而发的，与音乐的表现无关。

嵇康说：“夫哀心藏于内，遇和声而后发，和声无象而哀心有主。”意思是说，声音并没有一个定象，因而感染事物没有一定的必然原因，人的心境以原有的经验感受为基础，相应地被感染而流露出来，形成悲哀或快乐的情感。

嵇康认为虽然音乐与情感无关，但音乐为人心情欲所喜爱，与情感有联系并能引发人的情感。他说：“夫声音和比，人情所不能已者也，声音和比，感人之深者也。”又说：“宫商集比，声音克谐，此人心至愿，情欲之所钟。”由宫商等声音聚集融洽而成的和谐的音乐是人们的内心所非常愿意听到的，为人们的“情欲”所钟爱。音乐所触发的情感反映，其根源仍在审美主体方面。这是嵇康对审美主客体关系的科学认识，是音乐美学思想史上的一次飞跃。

嵇康认为音乐的本体是超于哀乐的，是一种自然的“和”的状态，不会因为爱憎和哀乐而改变的。嵇康强调“和声无象，哀心为主”，将音乐与心境的关系判别得一清二楚。“声音有自然之和，克谐之声，成于金石，至和之声，得于管弦也”。嵇康说：“声音以平和

▲ 东晋彩绘漆盘名士弹琴图

为体。”音乐的本体就是“和”或“平和”。“和”是《声无哀乐论》思想的核心。

对于欣赏者而言，就要做到“性洁静以端理，含至德之和平”。嵇康认为要做到：“爱憎不栖于情，忧喜不留于意，泊然无感，而体气和平。”就要通过嵇康《琴赋》中所指出的途径：“（琴）性洁净以端理，含至德之和平，诚可以感荡心志而发泄幽情矣。”这样才能达到像嵇康在《赠兄秀才从军诗》中所描述的那样：“目送归鸿，手挥五弦。俯仰自得，游心太玄。”抛弃一切世俗之累，沉入心灵深处，在宁静中去聆听、去感受大自然的和谐。这和其人生观是一致的。

他在《养生论》中说：“古人知情不可恣，欲不可极，故因其所用，每为之节。使哀不致伤，乐不致淫。”他在《养生论》中主张：“日希以朝阳，绥以五弦，无以自得，体妙心玄。忘欢而后乐足，遗生而后身存。”嵇康在《养生论》中认为养生的最高境界是“爱憎不栖于情，忧喜不留于意，泊然无感，而体气和平”的“平和”境界。

嵇康的以“和”为核心的乐论的建立，可以说是魏晋玄学的美学完成。

苏轼提出“诗画同一”

苏轼，（1037年～1101年），字子瞻，一字和仲，自号东坡居士，眉州眉山（今四川眉山）人。宋代著名文学家，唐宋八大家之一，和其父苏洵、其弟苏辙并称“三苏”。诗、文、书、画俱成大家，是中国文学史上罕见的全才。

他的散文汪洋恣肆，明白畅达，“其文涣然如水之质，漫衍浩荡，则其波亦自然成文”。与欧阳修并称“欧苏”；他的诗内容广阔，风格多样，清新豪健，善用夸张比喻，他抒发人生感慨和歌咏自然景物的诗篇表现出宋诗重理趣、好议论的特征，对后人影响也最大，与黄庭坚并称“苏黄”。《原诗》说：“苏轼之诗，其境界皆开辟古今之所未有，天地万物，嬉笑怒骂，无不鼓舞于笔端。”清人蒋兆兰《词说》说：“宋代词家源出于唐五代，皆以婉约为宗。自东坡以浩瀚之气行之，遂开豪迈一派。南宋辛稼轩运深沉之思于雄杰之中，遂以‘苏辛’并称。”他将北宋诗文革新运动的精神发扬光大，

美学辞典

唐宋八大家：是中国唐代韩愈、柳宗元和宋代欧阳修、苏洵、苏轼、苏辙、王安石、曾巩八位散文家的合称。明初朱右选韩柳等八家古文为《八先生文集》，遂起用八家之名。明中叶唐顺之所纂《文编》中，唐宋文也取八家。明末茅坤承二人之说，选辑了《唐宋八大家文钞》，此书流传甚广，唐宋八大家之名也随之流行。八大家中苏家父子兄弟有三人，人称“三苏”，又有“苏门三学士”之称。

▲ 苏轼像

《念奴娇·赤壁怀古》《水调歌头·丙辰中秋》传诵甚广。刘辰翁曾说："词至东坡，倾荡磊落，如诗、如文、如天地奇观。"他擅长行书、楷书，能自创新意，用笔丰腴跌宕，有天真烂漫之趣，与蔡襄、黄庭坚、米芾并称"宋四家"；他能画竹，学文同，也喜作枯木怪石，他和米芾一道，创造了中国的文人画，是"湖州派"的中坚人物。

他的政治之路十分坎坷，他既反对王安石比较急进的改革措施，也不同意司马光尽废新法，因而在新旧两党间均受排斥，仕途生涯几经曲折。他是宋仁宗景佑三年生，嘉祐二年进士，累官至端明殿学士兼翰林侍读学士，礼部尚书。神宗时苏轼曾任祠部员外郎，因反对王安石新法而求外职，任杭州通判、知密州、徐州、湖州。

宋神宗熙宁九年（1076年），被贬的苏东坡正在密州知州任上。这一年的中秋节夜晚，皓月当空，苏东坡与客人在新筑成的超然台上赏月饮酒，即兴写成《水调歌头》一首：丙辰中秋，欢饮达旦，作此篇兼怀子由。

明月几时有，把酒问青天。不知天上宫阙，今夕是何年。
我欲乘风归去，又恐琼楼玉宇，高处不胜寒。
起舞弄清影，何似在人间。
转朱阁，低绮户，照无眠。不应有恨，何事长向别时圆。
人有悲欢离合，月有阴晴圆缺。此事古难全。
但愿人长久，千里共婵娟。

哲宗时任翰林学士，曾出知杭州、颍州等，官至礼部尚书。哲宗绍圣年间（1094年～1097年）出知定州，后被御史谧其作词"讥斥先朝""诽谤先帝"，被贬官惠州，再贬琼州，徽宗即位后被放还，病卒于常州。南宋孝宗时，追谥文忠。

» 诗画同源

苏轼"初好贾谊、陆贽书，论古今治乱，不为空言。既而读《庄子》，谓然叹曰：'吾昔有见于中，口未能言，今见《庄子》，得吾心矣。'后读释氏书，深悟实象，参之孔墨，博辨无碍，浩然不见其涯矣。"从佛教的否定人生，儒家的正视人生，道家的简化人生，这位诗人在心灵识见中产生了他的混合的人生观。

苏轼在《送参寥师》中说："欲令诗语妙，无厌空且静。静故了群动，空故纳万境。"在佛、道二教中，"空静""虚空"的要义，都是达到"无我"之境而得万物之本。苏轼反复强调的艺术创作过程中的"空静"心态，"天工清新"的审美原则都是来源于他对佛老之学的认识。如苏轼在总结文与可的画竹经验时说："与可画竹时，见竹不见人。岂独不见人，嗒然遗其身。其身与竹化，无穷出清新。庄周世无有，谁知此疑神。"苏轼《琴诗》

▲ 竹石图卷　北宋　苏轼

苏轼善于绘画枯木、丛竹，他认为画竹不能只在竹节、竹叶上下功夫，要胸有成竹，一挥而就，这样才能气韵生动。

中指出："若言琴上有琴声，放在匣中何不鸣？若言声在指头上，何不于君指上听？"《琴诗》用典就是出于《楞严经》"譬如琴瑟琵琶，虽有妙音，若无妙指终不能发"。

儒家的积极进取、浩然之气，庄子的逍遥任性，魏晋名士的游心太玄，禅宗的空无为本，融合为苏轼的独特的精神天地。苏轼出入儒道佛禅，兼容并采，灵活通脱，各有所用。"苏轼一方面是忠君爱国，学优而仕，抱负满怀，谨守儒家思想的人物，甚至有时还带有似乎难以想象的正统迂腐气。要注意的是，苏一生并未退隐，也从未真正的'归田'，但他通过诗文所表达出来的那种人生空漠之感，却比前人任何口头上或事实上的'退隐''归田''遁世'要更深刻更沉重。"正因为如此，"苏轼奉儒家而出入佛老，谈世事而颇作玄思，于是，行云流水，初无定质，嬉笑怒骂，皆成文章。"

在美学理论上，苏轼海纳百川且自成一家，可说是中国古典美学的一个典型。除了"儒家的底子"，还有"庄子的哲学，陶渊明的诗理，佛家的解脱"。在中国美学史上，苏轼最早研究探讨艺术的本质。苏轼在其《书焉陵王主簿所画折枝二首》中首次明确提出"诗中有画，画中有诗"的美学见解，诗文同宗，诗画互见，书画同源。原诗如下：

其一：论画以形似，见与儿童邻。赋诗必此诗，定非知诗人。诗画本一律，天工与清新。边鸾雀写生，赵昌花传神。何如此两幅，疏淡含精匀。谁言一点红，解寄无边春。

其二：瘦竹如幽人，幽花如处女，低昂枝上雀，摇荡花间雨。双翎决将起，众叶纷自举。可怜采花蜂，清蜜寄两股。若人富天巧，春色入毫楮。悬知君能诗，寄声求妙语。

绘画、书法、诗不同形式的文学艺术具有共同的艺术本质——"情感"，不论是诗还是画，不融合表现创作者的情感，就不具备审美价值。苏轼"诗画本一律"说，是对艺术本质特征——"情"的认识的进一步深化。他说："文以达吾心，画以适吾意而已。"

从"诗言志"到"诗缘情"，诗都从未与情志意蕴断过联系。诗因情而发，"发乎情，止乎礼义"。审美情感中情感是艺术最基本、最重要的特征。在苏轼诗画中，"诗"是指能够为观赏者所体悟到的情志意蕴，可称为"诗意"。在这里，"诗"是一个美学范畴。苏轼"诗中有画"要求的就是诗歌要有"画境"，唯有"画境"的融入，诗的情志方才有所附丽，才不至于陷入虚空。诗的意境缘于诗的"画境"。

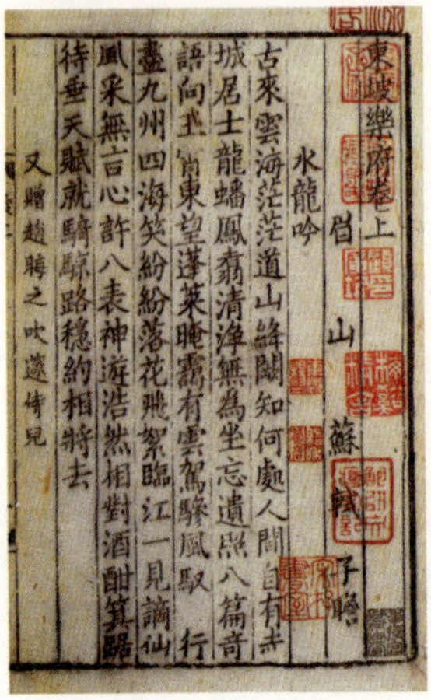
東坡樂府卷上
眉山　蘇軾　子瞻
水龍吟
古來雲海茫茫道山絳闕知何處人間自有赤
城居士龍蟠鳳翥清淨無爲坐忘遺照八篇奇
語向玉霄東望蓬萊晻靄有雲駕驂鳳馭行
盡九州四海笑紛紛落花飛絮臨江一見謫仙
風采無言心許八表神游浩然相對酒酣箕踞
待垂天賦就騎鯨路穩約相將去
又贈趙晦之吹笛侍兒

▲《东坡乐府》(北宋苏轼著)书影

“画中有诗”也是苏轼画论的一贯主张。他明确地讲自己的诗书、文画是因情而发，有感于其中的“诗不能尽，溢而为书，变而为画”。画从物质性的形色物象升华到精神性的情志意蕴，从实到虚，这也是一种与中国哲学精神相一致的艺术精神。

诗画都是源于和表现现实生活，须对事物作形象的描摹，达到“形似”的要求。但要传达出事物的内在神韵，这就是“神似”。在艺术上做到既真实自然，又气韵生动，形神俱佳，达到形似与神似的高度统一。

在苏轼看来，诗歌创作要做到“意在笔先”，而且在艺术表现上，既要注重形似，更要做到神似，追求形神兼备，这样的艺术作品才会给人以美感，才会使作品有巨大的艺术感染力和长久的生命力。他明确地提出了诗贵传神。画家要“以神遇而不以目视，官知止而神欲行”。

苏轼主张以形传神，“尽物之态”，表现事物的内在本质。他说：“观士人画如阅天下马，取其意气所到。乃若画工，往往只取鞭策、皮毛，槽枥，刍秣，无一点俊发，看数只许便倦。”画马应能概括天下马，表现其“俊发”的精神，而不能停留在局部形似。他引文与可论画竹木：“于形既不可失，而理更当知”，做到“形理两全，然后可言晓画”。“形理两全”指达到形似与神似的统一。他赞同顾恺之所说“传形写影，都在阿睹中”，即人的眼睛最能体现人的精神。

“重理”,是宋诗也是苏轼诗歌批评、审美理论的核心。艺术不仅要有出人意料的真情“新意”，也要寓含客观事物的“妙理”。苏轼指出文艺作品不能只停留在能避免“常形之失”上，而是要能含物之“常理”。“理”是“成物之文也”，通常指条理、准则和规律，就是自然万物、社会生活的千变万化的本质规律。苏轼在《上曾丞相书》中指明：“幽居默处，而观万物之变，尽其自然之理。”在苏轼看来，“天地与人一理也”。“理”，通过美的意象、形象表现出来。如欲画马，则应“胸中有千驷”，欲画竹，则首先观眼前之竹，再达到“胸有万杆竹”的融合。苏轼称赞文与可的画：“与可之于竹石枯木，真可谓得其理者矣。”他称赞吴道子的画：“道子画人物如灯取影，逆来顺往，旁见侧出，横斜平直，各相乘除，得自然之数不差毫末。出新意于法度之中，寄妙理于豪放之外，所谓游刃余，运斤成风，盖古今一人而已。”

苏轼的散文“其文涣然如水之质，漫衍浩荡，则其波亦自然成文”，达到了“如行云流水，初无定质，但常行于所当行，常止于所不可不止。文理自然，姿态横生”的艺术境界。“文理自然”则是其达理的艺术标准与要求，也是“随物赋形”的目的所在。“随物赋形”是苏轼达理的艺术途径和艺术手段。“随物赋形”就是既要形似，更要神似，唯此才能使诗歌“文理自然，姿态横生”，乃为天工，是为上乘。他在《书辨才次韵参寥诗》中说：“平生不学作诗，如风吹水，自成文理。而参寥与吾辈诗，乃如巧人织绣耳。”可见其审美中的自然飘逸之情致。

第三章
文艺复兴美学与中国明代美学

但丁美学中的人文主义萌芽

意大利的佛罗伦萨是一座时常能唤起人们美好遐想的城市。

在贯穿全城的阿尔诺河上有一座古桥，记录着一个昔日的美好传说。这座饱经沧桑的老桥建于古罗马时期。它是阿尔诺河上唯一的廊桥，那时的桥面和桥廊都是木料所搭。历史上曾几次受到洪水侵袭，只剩下两个大理石桥墩。现在这座造型典雅的三拱廊桥是1345年重建而成。在第二次世界大战中，阿尔诺河上的十座古桥中的其他九座都被纳粹军队炸毁了，唯独老桥安然无恙。正是在这里曾经演绎过另一个版本的“廊桥遗梦”，而它的主人公正是被世人所仰慕的伟大诗人但丁。

那是一个春光明媚的上午，阳光洒在阿尔诺河上，波光闪闪，把河上的廊桥和桥畔的行人映衬得更加光彩夺目。贝雅特丽齐，一位容貌清秀、美丽高贵的少女在侍女的陪伴下向廊桥走来。此时，9岁的少年但丁正随父亲参加友人聚会，也正好走上廊桥，两人在桥上不期而遇。但丁凝视着少女，既惊喜又怅然；而少女却手持鲜花，双目直视前方，径直从但丁身边走过，仿佛没有看见但丁。但她的眼里放射出的异样的光芒和脸上泛起的潮红却透露出少女情动的信息。这一眼就开始了但丁的初恋，并且对她的爱始终不渝。

9年后，当但丁第二次见到她时，她嫁给了一位银行家，25岁就夭亡了，把美丽和哀伤留给了但丁。虽然但丁在30岁时与一个名叫杰玛的女子结婚，并生有4个孩子，但是终生难忘的仍然是这个年轻、美丽而富贵的女子。

岁月流逝，这份爱慕在但丁炙热的情感中化作一位上帝派来人间的拯救他灵魂的天使，一种完美和理想生命的化身。然而，越是爱，越是品尝着无望，越是无望，越是寄托愿望于遥不可及的爱。这样的哀伤和思念之情催生了《新生》——这

▲ 但丁像

但丁，中世纪最伟大的诗人，他的美学思想在美学史上占有重要地位，开启了一个新的时代。

▲ 但丁与其终身热恋的贝雅特丽齐相会于“旧桥”

贝雅特丽齐成为但丁作品中一个神化的女性，并在《神曲》中引导但丁“游历天堂”。

部他早年的诗作又为他晚年创作《神曲》做了情感和素材的准备。而这一切都源于那次在廊桥偶然的邂逅。

《神曲》成为继《荷马史诗》后最伟大的作品。在《神曲》中，但丁把贝雅特丽齐描绘成集真善美于一身、引导他进入天堂的女神，以此来寄托他对贝雅特丽齐的美好情感。但丁说过他写《神曲》的目的是“要使生活在这一世界的人们摆脱悲惨的遭遇，把他们引到幸福的境地”。

1265年5月，但丁出生在一个走向没落的贵族家庭，父亲早亡，家境日衰，其母重视教育，把但丁送到著名学者拉丁尼那里学习拉丁文，攻读古典文学；他特别崇拜古罗马的一位重要诗人维吉尔，把维吉尔当作自己的精神导师。

圣·奥古斯丁的思想对他影响尤大。1300年，但丁当选为佛罗伦萨六大行政官之一，他代表资产阶级政党，反对教皇干涉内政，反对贵族阶级把持政权；1302年代表封建教皇的势力得势，但丁被放逐，终生不得回佛罗伦萨；后来，但丁在威尼斯染重病，1321年死于意大利东北部亚得里亚海海滨城市腊万纳。

但丁美学思想的特点在于它的过渡性——既有中世纪美学的深刻印迹，又有新时代的美学观念。他认为：“上帝统治宇宙，权力无所不达。”上帝是美的本源，神学理性是判别美丑的标准和尺度。《神曲》是描写人类精神艰难的心路历程，对善良或邪恶的人的不同处置，或下地狱，或留净界，或升天堂，判别标准都是依照正宗的神学伦理原则。

▲《神曲》插图　羊皮纸·油彩　1490 年　波提切利

波提切利为但丁的《神曲》绘制了大量的插图，这幅画对地狱的描绘有点像中国传说中的奈何桥。

《神曲》的布局和结构具有象征性，而象征是中世纪美学表现的最基本原则。“象征”是两事物之间个别特征的相近、类似、相同，这形成了象征在内容方面的特点是“只及一点，不及其余”。中世纪基督教充分利用象征手法宣扬教义，以增加教义的神圣性和神秘性，形成了其艺术表现传统和审美习俗。

诗人借助基督教救赎观念和地狱、炼狱、天堂三界的神学教义构成全诗。但丁认为，人生有两种幸福：“今生的幸福在于个人行善；永生的幸福在于蒙受神恩。”“此生的幸福以人间天国为象征，永生的幸福以天上王国为象征。此生幸福须在哲学（包括一切人类知识）的指导下，通过道德与知识的实践而达到。永生的幸福须在启示的指导下，通过神学之德（信德、望德、爱德）的实践而达到。”

在《神曲》中，但丁精心安排了两个人物作为自己的导师，一为象征理性、知识的维吉尔，一为象征信仰、虔敬的贝雅特丽齐。地狱、炼狱和天堂分别对应着“人间天国”和“天上王国”。象征理性的维吉尔只能在“人间天国”里充当诗人的引路者，象征信仰的贝雅特丽齐才有资格带领诗人进入“天上王国”。这说明，但丁还是将信仰置于理性之上的。

作为新旧交替时期的诗人，但丁不可能不接受中世纪文化的洗礼。虽然但丁的立意是属于中世纪的，但是另一方面《神曲》中表现出的深刻批判精神和新思想的萌芽，则使诗人成为文艺复兴新时期即将到来的预言者。

鲍桑葵指出，对于《神曲》而言，其中心兴趣在于灵魂们的命运，尤其是诗人的灵魂的命运。再没有任何作品更富于普遍性，再没有任何作品更富于个性了，甚至再没有任何作品更富于作者个人的悲欢恩怨色彩了。它是我们尝试探索的一个长期的运动的高潮。

整个中世纪，诗人们都是在有意识地避开自己，而他是第一个探索自己灵魂的人。主观的感受在这里有其充分客观的真实和伟大。例如，但丁在政治上主张“消除一切社会弊病，由帝国管理世界，由教会培育灵魂”。像后来的人文主义者一样，但丁崇拜古希腊罗马文化、人文主义精神，强调艺术模仿自然，尊崇人的个人情感和个性自由，以及对自由意志的强调。他是寻求自由而来的；自由是一件宝物，是不惜牺牲性命而去寻求的呢。“研究哲学的大概都要知道：自然取法乎神智和神意。艺术取法乎自然，好比学生之于老师。所以你可以说：艺术是上帝的孙儿。”

但丁是中世纪的最后一位诗人，也是新时代的第一位诗人，他已经在轻叩文艺复兴之门。

达·芬奇的画论

一个女人，身着华丽的连衣裙，梳着时髦的贵族发型，一绺绺鬈发散在双肩，体态丰满，两颊绯红，纤指曼妙，玉手如兰，那神奇而专注的目光，那柔润而微红的面颊，那由内心牵动着的双唇，那含蓄、模棱两可的微笑所流露出的讥讽与挑衅，拷问着人类的理性，成为一个难解的历史悬谜：她到底是谁？向谁微笑？为何如此微笑？这就是法国著名的卢浮宫三件宝之一的《蒙娜丽莎》。《蒙娜丽莎》出自意大利文艺复兴时期的达·芬奇之手。

▲ 达·芬奇自画像

莱奥纳多·达·芬奇（1452 年 ~ 1519 年），这个被恩格斯称为“巨人中的巨人”，是意大利文艺复兴时期——一个产生巨人的时代——最负盛名的艺术大师。以博学多才著称，在数学、力学、光学、解剖学、植物学、动物学、人体生物学、天文学、地质学、气象学以及机械设计、建筑工程、水利工程等方面都有不少创见和发明。他随身带的笔记手稿已发现有 7 000 多页，可惜没有完整的著作发表。

达·芬奇于 1452 年生于佛罗伦萨郊区芬奇镇。达·芬奇幼年的生活非常坎坷，他的母亲被丈夫遗弃后生下达·芬奇，母子二人生活非常贫困，村人都说他是私生子，因此并无冠上父姓，其名字在意大利文中是“芬奇村的莱奥纳多”之意。

» 天才少年

上天有时将美丽、优雅、才能赋予一人之身，他之所为，无不超群绝寰，显示出他的天才而非人间之力。

少年的他，天资聪颖，仪表俊美，举止优雅，对事物充满好奇和认真研究的可贵品质。天资引领年轻的他注定创造出一个又一个奇迹。

他曾提出一些数学难题让其教师无法解答。

他能作词作曲，而且能即席伴奏演唱。

他臂力过人，能徒手轻易折弯一个马蹄铁。

他能画一个逼真的盾牌，而其父亲看后，逼真到让他父亲恐慌而逃，那时，他还是个 14 岁的孩子。从而被称为小画家。

他能通过观察千只鸡蛋而练习画蛋，提高自己的绘画基本功。

美学辞典

文艺复兴：是14世纪至16世纪在欧洲兴起的一个思想文化运动。普遍认为文艺复兴发端于14世纪的意大利（“文艺复兴”一词就源于意大利语 Rinascimento，意为再生或复兴，此词经法语转写为 Renaissance，17 世纪后为欧洲各国通用）。它是古希腊、罗马帝国文化艺术的复兴。新兴资产阶级认为中世纪文化是一种倒退，力图复兴古典文化——而所谓的“复兴”其实是一次对知识和精神的空前解放与创造。文艺复兴时期的作品，集中体现了人文主义思想。

▲图中的这位老人在助手的帮助下正聚精会神地做着实验，左手飞快地记录着实验结果。若不是身后墙壁上的人体速描和《蒙娜丽莎》表明了他的真实身份，可能不会有人想到他就是科学家达·芬奇。

达·芬奇曾以军事工程师、建筑师、画家、雕刻家和音乐师的身份为米兰公爵工作了 17 年之久。

理想和对梦想的忠诚使他没有停止自己的探索脚步，他一生都在为梦想而奋斗，创造奇迹。

他还曾研究过人的眼球，设计光学仪器。

51 岁的他盼望着像鸟儿一样扇动起飞翔的翅膀，但用手臂和双腿驾驭的飞行器片刻间就摔碎了飞行的梦想。

他曾试图雕塑世界上最大的骑士青铜雕像，而重达 10 吨的金属溶液和千百次破碎的模具不得不让他把骑士改成步行的姿势。在他死后 100 年，西班牙人继续尝试这一技法，才建立起一座马上骑士的纪念碑。

他曾做出“太阳是不动的”结论，早在哥白尼之前就否定了地球中心说，并幻想过去利用太阳能。

他曾根据自己的解剖试验画出有史以来第一幅有关动脉硬化的解剖图。

达·芬奇 1485 年设计的降落伞草图，日后，由一个英国男子用它制成了降落伞。

达·芬奇为土耳其横跨两大洲的伊斯坦布尔市绘制了一幅美妙绝伦的拱形桥设计草图，500 年后，设计师根据这个草图，把它架设在挪威首都奥斯陆，成功地证明了达·芬奇设计该桥的原理是可行的。这座桥叫作“蒙娜丽莎桥”。

他仅用 12 幅完整的作品就奠定了最伟大的画家的地位。

1519 年 5 月 2 日达·芬奇去世于安伯瓦兹。

达·芬奇的生命是一条没有走完的道路，路上撒满了未完成作品的零章碎页。他留给后人 12 幅绘画作品和 7 000 多页手稿、设计图。《论绘画》是后人从达·芬奇 18 本笔记中抽取出来编撰而成的，有人称它是整个艺术史上最珍贵的文献。

科学史家丹皮尔这样评论道：“如果他当初发表他的著作的话，科学本来一定会一下就跳到一百年以后的局面的。”达·芬奇无论是在艺术领域，还是在自然科学领域，都取得了惊人的成就。他的眼光与科学知识水平超越了他的时代。

» 绘画是一种科学

一位达·芬奇的传记作者对《最后的晚餐》是这样评价的：“科学和艺术成了婚，哲学又在这种完美的结合上留下了亲吻。”

达·芬奇说：“正确的理解来自以可靠的准则为依据的理性，而正确的准则又是可靠的经验，亦即一切科学与艺术之母的女儿。”而我们的一切知识来源于我们的感觉。这构成了达·芬奇全部美学思想的哲学基础。

他是个经验论者。认为一切科学都是通过我们感官经验的结果。罗素解释说："所谓经验主义即这样一种学说：我们的全部知识（逻辑和数学或许除外）都是由经验来的。"

达·芬奇指出："一切可见的事物一概由自然生养。"达·芬奇认为绘画是自然界一切可见事物的模仿者，是"自然的合法的女儿，因为它是从自然产生的，我们应当称它为自然的孙儿"。绘画可以让人在一瞥间同时见到一幅和谐匀称的景象，如同自然本身一般。

因为绘画依靠视觉，所以它的成果极其容易传给世界上一切时代的人。眼睛能把整个世界的美尽收眼底。达·芬奇继承了古希腊的"艺术就是对自然的模仿"的现实主义学说，认为假如你不是一个能用艺术再现自然一切形态的多才多艺的能手，也就不是一位高明的画家。

他提出了著名的"镜子比喻"，认为镜子为画家之师。画家的头脑应该像一面镜子，经常把所反映的事物的色彩搬进来，面前摆着多少事物，就摄取多少形象。但是画家应该研究普遍的自然，要运用组成每一事物的类型的那些优美的部分，用这种办法，他的心就像一面镜子，真实地反映面前的一切，就会变成好像是第二个自然。而这个反映的是必然性，是自然界的指导者和抚育者。必然性是自然界的主题和发明者，既是控制力，又是永恒的规律。所以，画家与自然竞赛，并胜过自然。

达·芬奇的美学思想概括起来就是美是和谐的固定形式。达·芬奇说："美感完全建立在各部分之间神圣的比例关系上，各特征必须同时作用，才能产生使观者如醉如痴的和谐比例。"而人体比例是最神圣的比例。

在论及绘画艺术的性质与美学特征时，达·芬奇认为绘画比诗歌更具有直观的真实性；比音乐更富有形象性、客观性和视觉感受的真实性；比雕塑更富有色彩；总之，绘画是一

▲ 最后的晚餐　达·芬奇　现藏于米兰格拉齐圣玛利亚修道院

门最富有创造性的、最自由的艺术。这样，达·芬奇就总结出了绘画的美学特征：自然性、真实性、直观性、客观性、永久性、创造的自由性。而绘画里最重要的问题，就是每一个人物的动作都应当表现其精神状态，如欲望、嘲笑、愤怒、怜悯等。在绘画里人物的动作在种种情形下都应当表现内心的意图。

▲ 蒙娜丽莎　达·芬奇 意大利　现藏于巴黎卢浮宫

为了能够创造出更为真实的第二自然，在绘画技巧上，达·芬奇非常重视自然科学在绘画中的作用，达·芬奇研究透视学、色彩学、解剖学、比例学和构图学等科学。用这些科学的理论来指导自己的绘画。例如，他曾亲自解剖过30多具尸体。他认为透视学是绘画的缰辔和舵轮。达·芬奇还提出创造性的色透视法，打破了欧洲两千余年来绘画以轮廓线为主体的传统。

达·芬奇在绘画理论和创作上取得的成就，结束了“绘画是工艺”的时代，开创了“绘画是以科学为基础的艺术”的时代。所以达·芬奇说：“绘画，实际上是科学和大自然的合法女儿。”

达·芬奇是意大利文艺复兴时期第一位画家，也是整个欧洲文艺复兴时期最杰出的代表人物之一。他是思想深邃、学识渊博、多才多艺的艺术大师，是科学巨匠、文艺理论家、大哲学家、诗人、音乐家、工程师和发明家。

他在几乎每个领域都做出了巨大的贡献。后代的学者称他是“文艺复兴时代最完美的代表”，是“第一流的学者”，是一位“旷世奇才”。所有的，以及更多的赞誉他都当之无愧。

达·芬奇所写的《绘画论》是文艺复兴时期艺术美学理论的经典著作。达·芬奇把人文主义的自然观同科学的形式主义美学完美地结合起来，和米开朗琪罗和拉斐尔等艺术家一起把艺术推向了西方造型艺术继古希腊之后的第二次高峰，预示着文艺复兴的到来。

王夫之论诗

王夫之（1619年～1692年），字而农，号姜斋，中年别号卖姜翁、壶子、一壶道人等。晚年隐居于衡阳金兰乡（今曲兰乡）之石船山附近，自号船山老农、船山遗老、船山病叟等，学者称为船山先生。湖南衡阳人，中国明末清初启蒙学者、唯物主义哲学家。

王夫之出生于一个书香世家，父亲、叔父、兄长都是饱学之士，他自幼受家学熏陶，从小聪慧过人。4岁入私塾读书，7岁读完了《十三经》，被视为“神童”。14岁考中秀才，自16岁时开始学习“韵学韵语，阅读今人所作诗不下万首”。1642年，23岁的王夫之与大哥在武昌考中举人。

1638 年，19 岁的王夫之来到长沙岳麓书院读书。王夫之在这里饱览藏书，专注学问，与师友们“聚首论文，相得甚欢”。他关心动荡的时局，与好友组织“行社”“匡社”，慨然有匡时救明之志。清军入关后，他上书明朝湖北巡抚，力主联合农民军共同抵抗清军。1647 年，清军攻陷衡阳，王夫之的二兄、叔父、父亲均于仓皇逃难中蒙难。次年、他与好友管嗣裘等在衡山举兵抗清，败奔南明，后被永历政权任为行人司行人。为弹劾权奸，险遭残害，经农民军领袖高一功仗义营救，始得脱险。逃归湖南，隐伏耶姜山。1652 年，李定国率大西农民军收复衡阳，又派人招请王夫之，他“进退萦回”，终于未去。从此，隐伏湘南一带，过了 3 年流亡生活。曾改姓名扮作瑶人，寄居荒山破庙中，后移居常宁西庄源，以教书为生。伏处深山，常常是“严寒一敝麻衣，一褴袄而已，厨无隔夕之粟”。他刻苦研究，勤恳著述，历 40 年“守发以终”（始终未薙发），拒不入仕清朝，最后以明遗臣终生。

51 岁时他自题堂联：“六经责我开生面，七尺从天乞活埋”，其治学以“六经责我开生面”为宗旨，力图“尽废古今虚妙之说而返之实”，反映出他的学风和志趣。71 岁时他自题墓石：“抱刘越石之孤忠”“希张横渠之正学”，表白他的政治抱负和学风。

“其学无所不窥，于六经皆有发明，洞庭之南，天地之气，圣贤学脉，仅此一线耳。”王夫之学识极其渊博，举凡经学、小学、子学、史学、文学、政法、伦理等各门学术，造诣无不精深，天文、历数、医理、兵法乃至卜筮、星象亦旁涉兼通，且留心当时传入的“西学”。他的著述存世的约有 73 种，401 卷。所著后人编为《船山遗书》。

章炳麟称：“明末三大儒，曰顾宁人（顾炎武）、黄太冲（黄宗羲）、王而农（王夫之），皆以遗献自树其学。”

谭嗣同称王夫之：“五百年来学者，真通天下之故者，船山一人而已。”

▲ 王夫之像

王夫之在哲学上总结和发展了中国传统的唯物主义，认为“尽天地之间，无不是气，即无不是理也”，以为“气”是物质实体，而“理”则是客观规律，王夫之坚持“理依于气”的气本论。指出：“盖言心言性、言天言理，俱必在气上说，若无气处，则俱无也。”

他强调“天下唯器而已矣”，“无其器则无其道”，“尽器则道在其中”，从“道器”关系建立其历史进化论。得出了“据器而道存，离器而道毁”的结论。《周易》中说：形而上者谓之道，形而下者谓之器。道、器由此而来，王夫之认为：器也，变通以成象。道也，圣人之义所藏也。形而上是当然之道，形而下则是一类事物的具体形态。他的观点最重要的是，当然之道必依附于具体事物。即道应依附于器。

在知、行关系上，强调行是知的基础，反对陆王“以知为行”和禅学家“知有是事便休”的论点，得出了“行可兼知、而知不可兼行”的重要结论。人性论上，王夫之反对程朱学派“存理去欲”的观点。他认为物质生活欲求是“人之大共”“有欲斯有理”。“私欲之中，天理所寓”，认为人既要“珍生”又要“贵义”。

王夫之善诗文，工词曲，论诗多独到之见。

▲ 林榭煎茶图 明 文徵明

此画表现了文人悠闲、恬淡的生活情趣。这是对文人自身生活的描绘，抑或是对理想生活的向往。

王夫之的诗学美学说是中国古典诗学美学的总结。中国古典美学融汇了“儒、释、道”三家美学思想，提出了一系列如“文与道、情与理、景与情、意与势、形与神、虚与实、通与变”等审美概念，使艺术表现达到“美与善”“情、景、理”“人与自然”的浑而合一的完美境界。

王夫之诗学思想的核心就是“内极才情，外周物理”。王夫之认为，对于作家来说，最重要的就是要“内极才情，外周物理”，要经过作者主观的艺术创造，去反映客观事物的本质和规律。

王夫之区分了大家和小家，认为能达到内极才情，外周物理的就是大家，这也是王夫之提出的关于诗歌创作的基本原则或理想，是伟大诗人所能企及的最高境界。

“意不逮辞，气不充体，于事理情志全无干涉，依样相仍，就中而组织之，如廛居栉此，三间五架，门庑厨厕，仅取容身，茅茨金碧，华俭小异，而大体实同，拙匠窭人仿造，即不相远：此谓小家。李、杜则内极才情，外周物理，言必有意，意必由衷；或雕或率，或丽或清，或放或敛，兼该驰聘，唯意所适，而神气随御以行，如未央、建章，千门万户，玲珑轩豁，无所窒碍：此谓大家。”

“才情”，即灵心巧手、文心笔妙。“内极才情”是诗人心灵手巧的充分展现，是即物达情、文心独运的艺术表现力或创造力的高超发挥。“理”是天地万物运动、变化、发展的规律。物理，即万物之理、人情物理或人伦物理。“外周物理”意味着与物通理，理随物显，呈现神理，得写神之妙。

王夫之认为佳作以物象呈现物理或神理。他说“字中句外，得写神之妙”，认为古之为诗者“以一性一情周人伦物理之变而得其妙”。神理就是“神化之理，散为万殊而为文，丽于事物而为礼”，亦即“通天地万物之理而用其神化”。“神”，不仅在天地万物，也在人。王夫之说，人为得万物神气之秀而最灵者，“神之有其理，在天为道，凝于人为性”。

在先秦时期，就已产生了“诗言志”和“诗缘情”的争论。所谓“诗言志，歌永言，声依永，律和声”成了儒家诗论的标志性表述。后来，《毛诗序》又提出“发乎情，止乎礼义”。在魏晋时期，陆机在《文赋》中重提“诗缘情而绮靡”，确认诗的本质属性产生于人的情感。“情”与“礼”的争论发展到宋、元转化成“情”“理”之争。严羽所谓诗“不涉理路，不落言筌”对诗歌理论影响很深。后来，李贽倡导“童心”说，公安三袁有“性灵”说。

王夫之能博采众家所长，成一家之言。他说：“曲写心灵，动人兴观群怨。”他指出，诗歌既要表现情，又要表现理。而这种理，不是道学家的道德教训；这种情不是公安派等流弊所在的俗艳轻浮之情。王夫之指出，主张言志、载道的主理派偏重于诗的教化作用而又忽视了诗的审美价值，而主张诗缘情、摅性灵的主情派往往偏于诗的审美独立性，而忽视诗歌中情理互渗的特征。“诗以道性情，道性之情也。性中尽有天德、王道、事功、节义、礼乐、文章，却分派于《易》《书》《礼》《春秋》去，彼不能代诗而言性之情，诗亦不能代彼也。”

王夫之指出，诗歌和音乐一样，都是人的“心之元声”的体现。他指出：“诗以道情，道之为言路。诗之所至，情无不至。情之所至，诗以之至。”他提出诗歌应该是人的真实情感的流露，是对唐代白居易的“诗根情”的继承和发展。他划分了“浪子之情”与“诗情”的界限。他说：“经生之理，不关诗理，犹浪子之情，无当诗情。”王夫之说：“诗言志，非言意也。诗达情，非达欲也。”他认为理与情是和谐统一的，诗理应寓于形象之中。

王夫之承接了刘勰在《文心雕龙》里“登山则情满于山，观海则意溢于海”的说法，丰富了传统的“情景说”，形成了以情景相生、情景交融、情景合一为纲领的情景说。王夫之对中国古代的情景说做了全面而系统的总结，其情景说也体现了中国古代美学和古代艺术的基本精神。

他认为情景二者“虽有在心、在物之分”，但在任何真正美的艺术的创造中，景生情、情生景，二者是相辅相成、不可分裂的。精于诗艺者，就在于善于使二者达到妙合无垠、浑然一体的境界。他说：“情景名为二，而实不可离。神于诗者，妙合无垠。巧者则有情中景，景中情。景中情者，如‘长安一片月’，自然是孤栖忆远之情；‘影静千官里’，自然是喜达行在之情。情中景尤难曲写，如‘诗成珠玉在挥毫’，写出才人翰墨淋漓、自心欣赏之景。”二者相比较，王夫之认为“情中景”更难写。

王夫之认为情景是不可分离的，说：“情景虽有在心在物之分，而景生情、情生景，哀乐之触，荣悴之迎，互藏其宅。”王夫之生动地指出“情、景”内在统一，便可以构成审美意象。“景中生情，情中含景，故曰，景者情之景，情者景之情也。高达夫则不然，如山家村筵席，一荤一素。”而且是情景同时产生的，“夫景以情合，情以景生，初不相离，唯意所适”。

真正美的艺术创作，要自觉做到与追求“情、景、意”的统一，应该“含情而能达，会景而生心，体物而得神”。一片风景就是一幅心灵的图画，一种情感就是一片风景的化身；真正的艺术世界，是景化了的情感世界，是情化了的景的世界。这其实就是王夫之所说的“化境”。“含情而能达，会景而生心，体物而得神，则自有灵通之句、参化工之妙。”

船山墓庐上的石刻对联，可谓对其一生盖棺论定：“前朝干净土，高节大罗山。世臣乔木千年屋，南国儒林第一人。”

第四章
理性精神的 17 世纪美学

笛卡尔为理性主义美学奠基

勒奈·笛卡尔（1596 年 ~ 1650 年），法国哲学家、数学家、物理学家。他对现代数学的发展做出了重要的贡献，因将几何坐标体系公式化而被认为是“解析几何之父”。

笛卡尔堪称 17 世纪及其后的欧洲哲学界和科学界最有影响的巨匠之一，被誉为“近代科学的始祖”。

他还是西方现代哲学思想的奠基人，黑格尔称他为“现代哲学之父”，“是一位了不起的英雄”。

▲笛卡尔在科学上的贡献是多方面的，他著有关于生理学、心理学、光学、代数学和解析几何学方面的论文和专著，而他的“普遍怀疑”和“我思故我在”的哲学思想对后来的哲学和科学的发展，产生了极大的影响。同时他也是理性主义美学的奠基人。

笛卡尔的父亲是地方议会的议员，同时也是地方法院的法官，母亲是名门闺秀。笛卡尔是第四个孩子，其上有大哥及二姐，三哥早年夭折。笛卡尔出生不久，母亲便因肺病去世。当时他那幼小的生命亦陷于垂危之中，甚至医生也断定没有生存的希望。幸亏一位热心的护士悉心照顾，方使他起死回生。也许就是为了这个缘故，他的名字叫重生。

他对周围的事物充满了好奇，从小养成了喜欢安静、善于思考的习惯。父亲见他颇有哲学家的气质，亲昵地称他为“小哲学家”。可是他们父子俩相处得并不融洽，他自己曾经说，他是父亲最不喜欢的孩子。他与兄弟之间的感情，似乎也不怎么深厚。可能是因为这个缘故，他经常离乡背井单独外出旅行，并且对待朋友特别情深。在他小时候的玩具中，他最喜欢一个斜视的洋娃娃，长大以后，他对于具有缺陷的人也一直怀有好感。

8 岁时，笛卡尔就进入拉夫赖士的耶稣会学校接受教育，受到良好的古典文学以及数学训练。笛卡尔的老师对他的评价是：聪明，勤奋，品行端正，性格内向，争强好胜，对数学十分喜爱并具有这种能力。他对学校的旧的教育方式不满，气愤地称他所学的教科书是博学的破烂。

1613 年到巴黎学习法律，1616 年毕业于普瓦捷大学。他的父亲想使他增长见识，所以在 1617 年带他到花都巴黎。但是他对都市里豪华放荡的生活丝毫不感兴趣，吸引他的唯有与数

▲此图描绘了笛卡尔的故乡拉爱城的建筑群。

学有关的赌博。据说他演算精明，料事如神，多次使庄家倒庄。

1617年的一天，笛卡尔在大街上闲逛，偶然发现墙上贴有一张广告，他因好奇心的驱使，去看个究竟。然而，广告是用荷兰文写的，笛卡尔不认识。他抬起头来，四处张望，希望能找到一个懂荷兰文的人替他翻译一下。正好，有一个人走过来了，笛卡尔迫不及待地跑过去，请求他把广告翻译出来。那个人凑巧是荷兰大学校长，很高兴地把广告给笛卡尔翻译成法语。原来广告上是一道几何难题，公布于众，悬赏征求解答。笛卡尔理解了题目的意思后，在数小时内就求得了解答，锋芒初露，使他看到自己在数学上的才能。

笛卡尔决心游历欧洲各地，专心寻求“世界这本大书”中的智慧。因此他于1618年在荷兰入伍，随军远游。1619年11月10日的夜晚，笛卡尔连续做了三个奇特的梦。第一个梦是：自己被风暴从教堂和学校驱逐到风力吹不到的地方；第二个梦是：自己得到了打开自然宝库的魔钥；第三个梦是：自己背诵奥生尼的诗句“我应该沿着哪条人生之路走下去”。正是因为这三个梦，笛卡尔明确了自己的人生之路，可以这样说，这一天是笛卡尔一生中思想上的转折点。因而有人说，笛卡尔梦中的“魔钥”就是建立解析几何的线索。有些学者也把这一天定为解析几何的诞生日。

1621年笛卡尔退伍，并在1628年移居荷兰。他写道：“在这个国家里，可以享受充分的自由；在那里可以毫无危险地安然入睡。”在那里住了20多年，更换了多次住所，但通常都是选择在一座大学或著名的图书馆附近。他的收入允许他租用一所小别墅，并雇用几个人。他终生没有结婚，不过住在荷兰期间，有过一位名叫海伦的情妇，她为笛卡尔生了一个女孩。笛卡尔非常爱她，可惜这个女孩5岁就夭折了，这是他平生最大的悲伤，为此笛卡尔伤心了很久。他把一生献给了对真理的追求与探索。

笛卡尔分析了几何学与代数学的优缺点，表示要去“寻求另外一种包含这两门科学的好处，而没有它们的缺点的方法”。体质虚弱的笛卡尔病倒了。他躺在病床上，依然思索着数学问题。突然，他的眼前一亮，一股脑儿从床上坐起来，目不转睛地望着天花板。原来，笛卡尔看到一只蜘蛛正忙忙碌碌在墙角结茧。它一会儿在天花板上爬来爬去，一会儿又顺着吐出的银丝在天空中移动。有时它离左壁近，离右壁远，离地面低；有时它又离左壁远，离右壁近，离地面高。总之，随着蜘蛛的爬动，它和两面墙的距离以及地面的距离，也不断地变动着。笛卡尔从蜘蛛结茧又联想起在军队时做过的梦，于是决定用点到两条垂直直线的距离来表示点的位置，这就是笛卡尔坐标。有了笛卡尔坐标，就可以把几何问题用代数方法来进行研究。笛卡尔创建了一门新的数学分支——解析几何。解析法的诞生，为解答几何三大难题奠定了基石。恩格斯高度评价笛卡尔的工作，他说：“数学中的转折点这

▲此图描绘的是笛卡尔给瑞典女王克里斯蒂娜上哲学课的情形。

个想法很重要，它的指导思想是笛卡尔的变数。有了变数，运动进入了数学；有了变数，辩证法进入了数学。”

在荷兰，笛卡尔写完了自己的《几何》，这一著作不长，但堪称几何学著作的珍宝。他在荷兰发表了多部重要的文集，包括了《方法论》《形而上学的沉思》和《哲学原理》等。巴特菲尔德对其《方法论》作了高度评价：“它是我们文明史上最重要的著作之一。”

1649 年 2 月，瑞典女王克里斯蒂娜邀请笛卡尔到瑞典皇宫教她哲学。她每星期要听三次他的课，但必须在清晨 5 时给她讲授。他习惯晚起，但是现在要一星期有三天必须半夜起床，然后在酷冷的天气下，从他的寓所颤抖地走到女王的书房上课。如此经过了两个月，1650 年 2 月 1 日清晨，笛卡尔因为着凉患了感冒，很快地又转成肺炎，病情严重。1650 年 2 月 11 日，他不幸在这片“熊、冰雪与岩石的土地”上与世长辞了。1667 年，他的遗骸被运回巴黎，隆重地埋葬在圣格内弗埃——蒙特的圣堂中。1799 年，法国政府又把他的遗骸供在法国历史博物馆中，与法国历史上的光荣人物在一起。1819 年以后，他的遗骸又被安置在柏雷斯的圣日曼教堂中，供人瞻仰。墓碑上写着：笛卡尔，欧洲文艺复兴以来第一个为人类争取并保证理性权利的人。

» 我思故我在

笛卡尔认为：“我们之所以有别于野人和牲畜，只是因为有哲学。而且应当相信，一个国家的文化和文明的繁荣，全视该国的真正哲学家繁荣与否而定。”正是基于这样的信条，笛卡尔开始了欧洲理性主义的哲学。

培根也曾明确地说过：“通过在我们时代已开始习以为常的远距离的航海和旅行，人们已揭露和发现了自然界中许多可使哲学得到新的光亮的事物。”这说明那个时代需要的是理性，而不是对教条的信仰。

伽利略对木星有若干卫星、卫星像月亮围绕地球那样绕着木星转这一发现印象尤其深。

▲ 伽利略肖像画

他在宗教法庭酷刑的威逼下，被迫当众宣布放弃其异端的观点。

所有这一切证据都使他确信哥白尼理论的正确性。这对哲学和神学是一次粉碎性的、令人吃惊的打击。他的发现对富有思想的人们的影响是不可抵挡的。

"一切都破碎了，一切都失调了。"不过，这一时期中，知识界有两位领袖并没因这种表面上的混乱而心烦意乱。他们是思想谨严的笛卡尔和弗兰西斯·培根；他们指出了科学的潜力，并在上流社会中把科学提高到可与文学相比的地位。培根使用归纳法，归纳法是从事实开始的。

笛卡尔和培根看问题的方式完全不同。笛卡尔相信，通过清晰的思考，能发现理性上可认识的任何事物。到这一世纪末，笛卡尔的弟子已大量增加，不计其数。用一位历史学家的话来说："各大学都信奉笛卡尔哲学，侯爵、科学业余爱好者、柯尔贝尔和国王都是笛卡尔哲学的信徒。法国将动词'使成为笛卡尔主义者'变位，欧洲热烈地仿效。"这种普及的意义在于，理性的探究和判断被扩展到各领域。所有的传统和权威都必须接受理性的检查。

笛卡尔通过普遍怀疑的方法，指出不能信任我们的感官，想象把握不住事物的本质，而意志又常常犯错误。"要想追求真理，我们必须在一生中，把所有的事物都来怀疑一次。"他得出，"当我思维的时候'我'存在，而且只有当我思维时'我'才存在。假若我停止思维，'我'的存在便没有证据了。"所以，他必须承认的一件事就是他自己在怀疑。而当人在怀疑时，他必定在思考，由此他得出"我思故我在"（I think，therefore I am）。

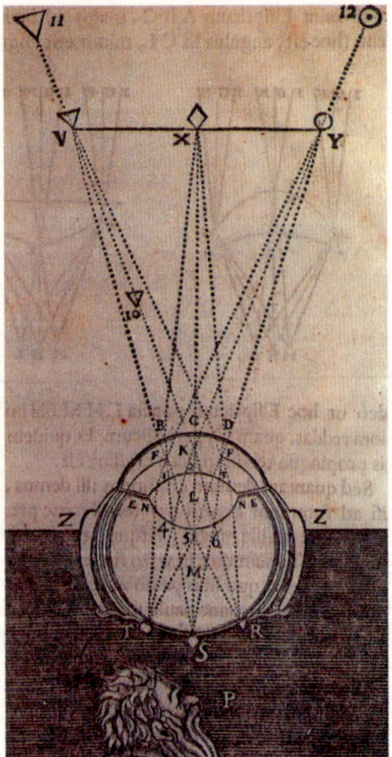

▲笛卡尔的《论人》被看作是第一部生理学著作，该图显示了对图像的感官认知过程与肌肉反应之间的假想关系。

笛卡尔将此作为形而上学中最基本的确定性，由此点出发，笛卡尔便开始动工重建知识大厦。他认为宇宙中共有两个不同的实体，即精神世界和物质世界（"灵魂"和"广延"），两者本体都来自上帝，而上帝是独立存在的。他认为，只有人才有灵魂，人是一种二元的存在物，既会思考，也会占空间。

"'我'是一个作为思维的东西，其全部本性或本质在于思维作用，而且为了它存在并不需要有场所或物质事物。由于思维是精神的本质，精神必定永远在思维，即使熟睡时也如此。"要理解人脑从哪里获得思想，笛卡尔则回答道："天使会告诉我。"而动物只属于物质世界。他把人和动物的肉体看成机器；动物在他看来完全是物理定律支配，缺乏情感和意识的自动机。

能思维的人是美的，具有秩序的、规律的自然是美的，用理性指导的人类行为是美的。在笛卡尔看来，上帝就是“灿烂的光辉之无与伦比的美”。从天体到数量，都是上帝的作品，是美的载体，在纷繁的万物之下潜藏着和谐有序的自然规律，研究自然事物的规律就是观照上帝的美，无知就是最无意义的生活。因此，对称、简单、和谐等成为科学家广泛谈论的话题。笛卡尔是最先提出和确立科学美学信念的哲学家之一。

在西方美学史上，近代理性主义美学几乎是被遗忘的角落。正如鲍桑葵所指出：“严格意义上的哲学在这一时期几乎完全没有在任何名目下讨论过美学问题。”美学之于这些理性主义者，或许是意外的收获。而这个理性主义对新古典主义时代的文艺实践和理论却产生了广泛和深刻的影响。最主要的影响就是为审美制定了规则，一切都有一个中心的标准，一切要有法则，一切要规范化，一切要服从权威，而这就是“理性”，也就是“良知”，是普遍人性。只有来源于理性，依于理性，文艺才有其普遍标准。

英国经验主义美学的兴起

十七八世纪的英国，在欧洲是一个先进国家，资产阶级革命和工业革命在英国比在其他欧洲国家都早一百多年。政治上的“自由”概念，宗教上的“自然神”概念，哲学上的经验主义以及文学上反映上升资产阶级要求、侧重情感和想象的浪漫主义理想都是由英国传到欧洲大陆的。

法德两国的启蒙运动在很大程度上都受到英国的影响。恩格斯谈到英国思想家对法国启蒙运动的影响时曾经指出：“如果法国在上世纪末给全世界做出光辉的榜样，那么我们也不能避而不谈这个事实：英国还比其早 150 年就已做出了这个榜样。”18 世纪法国哲学家所“阐明的那些思想是产生在英国的”，这番话也适用于德国启蒙运动。

在美学方面，这个时期的英国美学著作和文艺实践也成为法德等国美学思想发展的推动力。英国戏剧的成就帮助了狄德罗和莱辛发展出市民剧的理论，打破了新古典主义的束缚；英国小说的成就帮助了卢梭和其他法国作家发展出反映市民现实生活的小说，英国带感伤气氛的歌颂自然的诗歌在欧洲唤醒了浪漫主义的情调。

虽然英国经验主义美学家们在个别代表的成就上没有人比得上狄德罗和莱辛，但是他们所代表的倾向对西方美学思想发展的影响却不是狄德罗和莱辛所能比拟的。他们有力地证明了感性认识的直接性和重要性以及目的论和先天观念的虚幻性，对莱布尼茨的理性主义树立了一个鲜明的对立面，推进了经验主义的发展。正是经验主义美学与理性主义美学的对立才引起了康德和黑格尔等人企图达到感性和理性的统一。英国经验主义美学是德国古典美学的先驱。

从 16 世纪末到 18 世纪中叶的西欧哲学，无论是大陆的理性主义，还是英国的经验主义，因为本体论问题受到中世纪的影响，都开始转向认识论，经验论和唯理论的分歧和论战，也都是围绕着认识论问题而展开的。因为侧重点在认识论问题，就是我们如何能认识这个世界的问题，所以，这两种学派有一个共同点，就是都关注认识主体，无论是作为思想着的还是感觉着的主体。笛卡尔的“我思故我在”体现着大陆唯理论的特征，而洛克的“我们的一切知识都是建立在经验上的，而且最后是导源于经验的”可以作为英国经验论的旗帜。

不论是唯理论还是经验论，目的都是相同的，只是研究方法上有差别，或者说是所强调的重点不同。唯理论重理性，强调演绎，抬高理性的地位；经验论则强调从感性经验出发，重视客观现象的差异，推崇实验，力求通过经验的分析和归纳的总结而得到真理。经验有两种，一为对外物的感觉，一为对内心活动的反省，这两种经验都离不开人的心理活动。强调经验归纳，必然强调心理活动，因为经验必然是心理活动和感觉的结果。

▲这是17世纪由不知名的画家所创作的培根的肖像。后人根据他的美学思想发展出了影响深远的经验主义美学。

英国经验论美学就是建立在这样的经验论哲学的基础上和背景下的。因为哲学的本体论基础和认识方法的不同，所以得出的结论也不同。英国经验主义美学家把经验论强调主体感觉经验的世界观和倡导归纳和试验的方法应用到美学研究中，这样就必然要看重审美主体在审美活动中的作用，分析审美主体的感性经验的性质和特点。

英国经验主义美学把对审美主体的研究放在重要地位，随之就有对审美经验相关的感觉、想象、情感、意志等问题的研究，这些方面成为经验主义美学家关注的主要问题，这个时期美学家的兴趣是艺术欣赏的主体，它努力去获得有关主体内部状态的知识，并试图用经验主义的手段去描述和解释这种状态，关注的不是美的本质是什么、美的对象的性质是什么，而是关心主体的心理体验和审美主体吸收、认知艺术作品的一切心理过程。

这个时期的英国经验论美学所获得的美学成果就是“内在感官说”和“审美趣味论”，有的学者把18世纪称为“趣味的世纪”。总之，在研究对象上，英国经验主义美学把审美主体和审美主体的经验作为研究的出发点，在研究方法上，强调审美经验和审美心理，侧重归纳和分析的方法。在概念的解释上，力图使古典的美学概念获得新意，从而把古典美学的成果包容进来。本节我们简短介绍培根、洛克的美学思想。

弗兰西斯·培根（1561年～1626年），英国散文作家、哲学家、政治家，是近代归纳法的创始人，又是给科学研究程序进行逻辑组织化的先驱，所以尽管他的哲学有许多地方欠圆满，他仍旧占有永久不倒的重要地位。

弗兰西斯·培根是新贵族出身，毕业于剑桥大学。毕业后从政。他的主要著作是《伟大的复兴》，包括《论学术的进展》和《新工具论》两册。1621年被指控犯有受贿罪而下台。培根过了五年退隐生活后，有一次把一只鸡肚里塞满雪作冷冻实验时受了寒，不久去世。他被称为“科学之光”“法律之舌”，被马克思称为“现代实验科学的始祖”。

什么是观察试验呢？我们看看黑格尔所举的例子：人并不是停留在个别的东西上的，也不能那样做。他寻求共相；共相就是思想。精神必须从差别上升到类。太阳的热与火的热是不一样的。我们看到葡萄在太阳曝晒下成熟了。为了弄清太阳热是不是特殊的，我们又去观察别的热，发现葡萄在温室中也成熟了；这就证明太阳热并不是特殊的。

什么是归纳呢？我们来看看培根自己的例子：单纯枚举归纳可以借一个寓言作实例来说明。昔日有一位户籍官须记录下威尔士某个村庄里全体户主的姓名。他询问的第一个户主叫威廉·威廉斯；第二个户主、第三个、第四个……也叫这名字；最后他自己说："这可是够腻了！他们显然都叫威廉·威廉斯。我来把他们照这登上，这样就可以休假了。"可是他错了；单单有一位户主名字叫约翰·琼斯的。这表示假如过于无条件地信赖单纯枚举归纳，可能走上岔路。这个故事也说明归纳法的缺陷。

培根对自己的方法的评价是，它告诉我们如何整理科学必须依据的观察资料。他说，我们既不应该像蜘蛛（经院哲学家），从自己肚里抽丝结网，也不可像蚂蚁，单只采集，而必须像蜜蜂一样，又采集又整理。这话对蚂蚁未免欠公平，但是也足以说明培根的意思。

培根对于美学的贡献首先应从他的科学观点和科学方法去认识。由于他奠定了科学实践观点和归纳方法的基础，美学才有可能由玄学思辨的领域转到科学的领域，而在实际上由培根思想发展出来的英国经验派的美学也正是朝着科学的道路前进，特别是在对审美对象进行心理学的分析方面。

从古罗马西塞罗以后，美在于形状的比例和颜色，在西方已经成为流行的看法，培根却认为"秀雅合度的动作的美才是美的精华，是绘画所无法表现出来的"。这句话实际上区分了美与媚，以及说明了绘画不宜表现动作。还有，培根强调想象虚构、理想化和艺术家的灵心妙用的美学思想已经含有了浪漫主义的萌芽。

总之，"我们需要用一个名字、一个人物作为首领、权威和鼻祖，来称呼一种作风，所以我们就用培根的名字来代表那种实验的哲学思考，这是当时的一般趋向。"黑格尔如是说。

» 美只是一种观念

约翰·洛克（1632 年 ~ 1704 年）出身贵族，清教徒，毕业于牛津大学，他原是学习古典文献的，但对亚里士多德和经院哲学感到厌恶，转向实验科学。

▲ 洛克像

他精通医学、化学，1688 年成为皇家学会会员。洛克终身未婚，著有《人类理智论》《政府论》《论宗教宽容的书信》等著作。英国哲学家、经验主义的开创人。他同时也是第一个全面阐述宪政民主思想的人，在哲学以及政治领域都有重要影响。

洛克是不列颠经验主义的开创者，认为心灵原本是一块白板、一个暗室或一张白纸，其中没有任何先验的观念或文字。我们的一切观念都来自经验。而向它提供精神内容的是经验（即他所谓的观念）。观念分为两种：感觉（sensation）的观念和反思（reflection）的观念。感觉来源于感官感受外部世界，而反思则来自心灵观察本身。洛克强调这两种观念是知识的唯一来源。

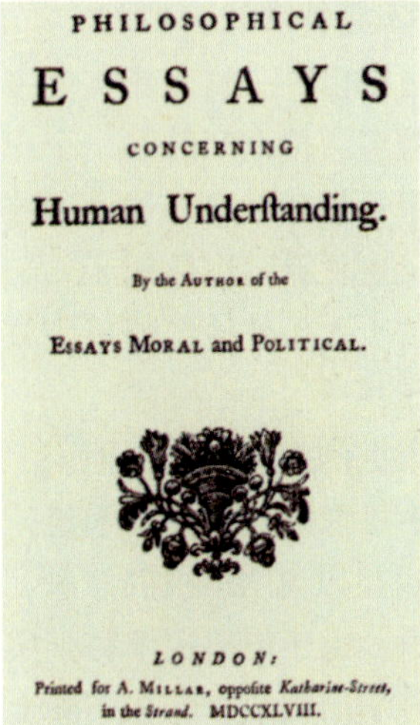

▲《人类理智论》(1689年)，洛克著。该书系统研究了人类理性的本质和范围，共用20年时间完成。

洛克的经验主义美学是其哲学的一部分，直接就是经验主义哲学认识论在审美领域的应用。洛克认为，美就属于复杂观念之一种。“由几个简单观念所合成的观念，我叫它们为复杂的观念，就如美……”他认为美是一种观念，把美学研究的对象由客体存在转向主体自身分析观念，也就是从分析获得观念的主体心灵活动中寻找美的本质。

他实现了西方美学的主体性转向，而不是像以前，在主体心理之外的理念中或形式中去寻求美的本质。洛克美学的重要意义就在于他从分析认识主体的角度去探讨美，为经验主义美学提供了哲学上的基础和方法论上的指引。侧重审美心理分析、注重主体的感觉经验正是经验论美学的主要特征之一。

由于出身于贵族家庭和作为新兴资产阶级的代表，洛克的审美教育是极端功利主义的。他认为：“在诗神的领域里，很少有人发现金矿银矿。除掉对别无他法营生的人以外，诗歌和游戏一样不能对任何人带来好处。”

夏夫兹伯里的美学贡献

夏夫兹伯里(1671年~1713年)，全名是安东尼·埃势里·库博，夏夫兹伯里伯爵第三，1671年2月26日生于伦敦。祖父是著名的辉格党领袖，也是哲学家洛克的挚友。父亲体质孱弱，智力平庸，所以，他在三岁起就由祖父来看护，祖父委派洛克对其进行教育。据说，11岁时，夏夫兹伯里就能很轻松地运用希腊文和拉丁文进行阅读了。

1683年进入温彻斯特的寄宿学校学习，1686年到国外旅行，学习了法语，并接触了欧洲很多著名的思想家、文学家和艺术家。天性害羞，喜欢学术。1689回到英国，过了5年的深居简出的隐居生活，专心研究古典艺术。1695年24岁当上议员，开始从政，后来遭到排挤。1709年结婚，婚后生有一子。1713年2月15日在那不勒斯因肺病去世。他的重要著作《论人，习俗，意见，时代等的特征》，在1711年出版并且产生重大影响。

» 美和善是同一的

如果说英国经验主义哲学和法国理性主义哲学都没有建立完整的美的理论的话，那么作为新柏拉图主义者的夏夫兹伯里，没有仿效法国新古典主义的模式，而是吸收了古典主义的精神，提出了与经验主义和理性主义美学都不同的美学思想，为现代美学提供了最好的基础。

他是一个自然神论者。他认为是洛克把一切基本原则都打破了，把秩序和德行抛到世界之外，使秩序和德行的观念（这就是神的观念）变成不自然的，在我们心里找不到基础。

他认为：“凡是美的都是和谐且比例合度的，凡是和谐且比例合度就是真的，所以，凡是既美又真的在结果上就是愉快和善的。美、漂亮都绝不在物质，而在艺术和构图，也绝不在物体本身，而在形式或造成形式的力量。形式只是作为一种偶然的符号，显示出平息受挑动的感官和满足人类的动物性的事物，而美与善仍是统一的。”

» 审美内在感官说

夏夫兹伯里的美学的出发点就是认为人天生就有审辨善恶美丑的能力。审辨善恶的道德感和审辨美丑的美感是相通一致的，在美学史上最早提出审美的特殊感官的“内在感官”或者说是“内在的眼睛”即“第六感官”学说。后来由他的学生哈奇生进一步发挥。审美内在感官说强调审美的直接性、非功利性和社会性，对后来的启蒙运动产生重要的影响。

▲ 入浴的夫人　荷兰　伦勃朗

画中女主角是伦勃朗的妻子亨德里克，她提起衣裙，小心地迈步下水，脸上显出胆怯、温柔、喜悦的表情，优美、快乐隐藏在平凡、朴素中。画家所要表达的主题正在于此。画面和谐使人产生一种审美的愉悦。

他认为人天生就有分辨美丑善恶的能力。主观的审美能力，不是视、听、嗅、触、味等外在感觉能力，而是一种心理的、理性的能力，而这种审美能力还不是动物性的那样只有感觉能力。“如果动物因为是动物，只具有感官（动物性的部分），就不能认识美和欣赏美，当然结论就会是：人也不能用这种感官或动物性的部分去体会美或欣赏美，他欣赏美，要通过一种较高尚的途径，要借助于最高尚的东西，这就是他的心和他的理性。”这个理性，他认为相对于外感官而言，它是内在的感官。之所以称它是“感官”，是因为它尽管是心中的理性能力，却具有和感官一样的特点：自然性、直接性、可信性，不需要经过思考和推理，所以它在性质上还不是理性。眼睛一看到形状，耳朵一听到声音，就立刻认识到美、秀雅与和谐。行动一经察觉，人类的感动和情欲一经辨认出，也就由一种内在的眼睛分辨出何为美好端庄的、可爱的、丑陋的、可恶的等，这些分辨既然植根于自然，则分辨的能力也就应是自然，且只能来自自然。

哈奇生在《论美和德行两种观念的根源》中（1725 年）做如下区别：外感官（包括视、听、嗅、触、味等）提供的是“简单观念”，而“内在感官”产生的是“复杂观念”，美作为一种认识，属于复杂观念。“把这种较高级的接受观念的能力叫作一种‘感官’是恰当的，因为它和其他感官在这一点上相类似：所得到的快感并不起于对有关对象的原则、原因或效用的知识，而是立刻就在我们心中唤起美的观念。”美的快感和在见到利益时由自私心所产生的那种快感是迥然不同的。哈奇生强调审美的内在感官不涉及利害观念，是对其老师的一个补充，对后世美感研究产生了重要的影响。

» 美的三种形式

在作为自然神论者和新柏拉图主义者的夏夫兹伯里看来，宇宙体是预定的和谐，是神的艺术作品，是一切可能世界中最好的世界。恶与丑只是其中一部分，其作用在于衬托整体的和谐完美。人是小宇宙，主体心灵中的理性观念、高尚品德辉映着宇宙的和谐。美作

▲ 圣马太被召　意大利　卡拉瓦乔

画面上大部分都处在黑暗中，只有主要人物通过来自顶部光线的集中照射而突出出来，这使画面的明暗对比十分强烈，以突出主要人物的善。

为一种和谐的形式，只能来自物体以外并赋予它以形式的、创造形式的主动者。

创造形式的主动者有两种，“造物主”自然神和“第二造物主”人。神创造了一个和谐的、比例合度的宇宙，把美赋予宇宙和人。人作为“第二造物主”，可以创造出第二自然，他使包括艺术品在内的一切人工制品都具有比例合度的形式，赋予它们美。这就有三种美的形式。

第一种是“死形式”，由人或者自然赋予一种形状，本身没有赋予形式的力量。它包括自然物与人所做的一切产品。

第二种是“赋予形式的形式”所产生的美，其有智力，有行动，有作为。这一种形式有双重美，一方面有形式（心的效果），另一方面又有心。它使死形式具有美。

第三种是“造形的普遍的自然”，即造物主上帝、自然神，它是一切美的本源和源泉，它不仅赋予形式于物质，而且创造了“赋予形式于心本身”。因此，它才是第一性的美、最高的美，是美的本源。建筑、音乐以及人所创造的一切都是要溯源到这类美。

休谟论审美趣味

大卫·休谟（1711 年～ 1776 年），18 世纪英国著名哲学家、历史学家和经济学家。他的怀疑论和不可知论在近代哲学的发展中产生巨大影响，康德曾认为是休谟使他从独断的梦幻中苏醒过来。他的知觉经验论对于从 19 世纪下半期以来的现代西方哲学来说影响尤其巨大，成为这一时期一些国际著名学派如马赫主义、实用主义、逻辑实证主义等的主要理论基础。

“家世不论在父系方面或母系方面都是名门。”休谟自己说，“不过我的家庭并不是富裕的，而且我在兄弟排行中也是最小的，所以按照我们乡土的习俗，我的遗产自然是微乎其微的。我父亲算是一个有天赋的人，当我还是婴孩时，他就死了。他留下我和一个长兄、一个妹妹，让我母亲来照管我们。母亲是一位特别有德行的人，她虽然年轻而且美丽，可是她能尽全力教养子女。我受过普通的教育，成绩颇佳。在很早的时候，我就被爱好文学的热情所支配，这种热情是我一生的主要情感，而且是我快乐的无尽宝藏。我因为好学、沉静而勤勉，所以众人都认为法律才是适合我的行业。”

▲ 休谟像

休谟是 18 世纪英国著名的哲学家、历史学家、政治思想家和怀疑论者，他的怀疑论哲学一直影响着后来的哲学家。在美学上，他提出了审美趣味及其标准。

作为一个小孩，他看上去很木讷。他母亲说他是个很精细、天性良好的火山口，但是，脑袋瓜子却不怎么灵。其实他很聪明，12 岁就和哥哥进了爱丁堡大学学习法律。“不过除了哲学和一般学问的钻研而外，我对任何东西都感到一种不可抑制的嫌恶。”他自己说自从开始阅读洛克和克拉克的作品以后，他就从来没有得到过任何信仰的快乐了。

除了短暂时间作为家庭教师、将军的秘书以外，1752 年休谟被选为爱丁堡苏格兰律师协会图书馆馆长，1763 年做驻法国使馆秘书，后来代理公使，与法国启蒙运动领袖狄德罗等有过密切的交往。1767 年休谟担任国务大臣的助理约 11 个月后退休还乡。还获得了英王每年 300 磅的薪金。他一生大部分时间都用来写作。1776 年 8 月 25 日因为肠胃病而去世。这年的 4 月 18 日，他为自己写了陈述生平的自传。

他一生写了几本重要的著作。“任何文学的企图都不及我的《人性论》那样不幸。它从机器中一生出来就死了，它无声无臭的，甚至在狂热者中也不曾刺激起一次怨言来。”《人性论》和《人类理解研究》是他的重要的哲学著作。里面所阐述的经验主义和不可知论思想，使得他成为极少数不朽的人之一。还有被伏尔泰称为“或许是所有历史著作中最好的著作”的《英国史》。1756 年写成了美学论文《论趣味的标准》。还有美学方面的文章《论悲剧》《论艺术和科学的兴起和发展》。

» 美的本质

17 ~ 18 世纪西方美学发展的一个显著特点是美学成为哲学的一个组成部分。

休谟是英国经验论哲学的完成者，同时也是近代欧洲不可知论的创始人。他也是西方近代怀疑论的主要代表。休谟哲学在他的美学领域占有重要的地位，他是经验主义美学的集大成者，其贡献完全是有独创性的。和他在哲学上的方法一样，在美学上他也主要运用心理分析方法去探讨他所关心的一些基本问题。

首先，他认为伦理学和美学与其说是理智的对象，不如说是趣味和情感的对象。道德和自然的美，只会为人所感觉，不会为人所理解。如果我们企图对这一点有所论证，并且努力地确定它的标准，那么我们所关心的则是一种新的事实，即人类一般的趣味。

其次，休谟讨论了美的本质问题，他说：如果我们考察一下哲学和常识所提出来用以说明美和丑的差别的一切假设，我们就将发现，这些假设全部归结到这一点上，即美是一些部分的那样一个秩序和结构，它们由于我们天性的原始组织或是由于习惯或爱好，适于使灵魂发生快乐和满意。这就是美的特征，并构成美与丑的全部差异，丑的自然倾向乃是产生不快。因此，快乐和痛苦不但是美和丑的必须伴随物，而且还构成它们的本质。这段话的意思是说，首先，快乐构成美的本质，是美的特征，是美和丑的全部差异。其次，产生美的客观对象必须是各部分之间的秩序和结构。人的天性的原始组织、习惯、爱好是主

▲ 贝戴勒儿童之死　法国　拉耶尔

在休谟看来，因果之间不存在必然联系——即便是痛苦一类基本的情绪也是如此。

观方面的构成部分，审美主体的快乐就是由于对象的条件适宜于主体心灵而产生的。

他还认为审美和认识是有区别的："一切自然的美都依赖于各部分的比例、关系和位置；但是倘若由此而推断，对美的知觉就像对几何学问题中的真理的知觉一样完全在于对关系的知觉，完全是由知性或智性能力所做出的，那将是荒谬的。在一切科学中，我们的心灵都是根据已知的关系探求未知的关系；但是在关于趣味或外在美的一切决定中，所有关系都预先清楚明白地摆在我们眼前，我们由此根据对象的性质和我们器官的气质而感觉到一种满足或厌恶的情感。"他举例说："欧几里得充分解释了圆的所有性质，但是对于圆的美在任何命题中都未置一词。理由是不言而喻的。美不是圆的性质，美不在于圆的线条的任何一部分，圆周各部分到圆心的距离是相等的。美仅仅是这个图形在那个因具备特有组织或结构而容易感受这样一些情感的心灵上所产生的一种效果。你们到圆中去寻找美，或者不是通过感官就是通过数学推理而到这个图形的一切属性中去寻求美，都将是白费心思。"

综观其全部哲学和美学观点，虽然休谟也强调美的来源的客观方面，如对象的合理构造等，但是，归根结底休谟还是认为人的心灵、情感、感受才是美的确定者。

休谟在《论趣味的标准》的论断如下："美不是事物本身的一种性质，它只存在于观赏者的心里。"美是由审美主体的情感附加给对象的，而审美主体情感则是依存于人心的特殊结构的。

不是美引起美感，而是美感决定美。正如他在《论怀疑派》里所说：在美丑之类情形之下，人心并不满足于巡视它的对象，按照它们本来的样子去认识它们；而且还要感到欣喜或不安，赞许或斥责的情感作为巡视的后果，而这种情感就决定人心在对象上贴上“美”或“丑”、“可喜”或“可厌”的字眼。很显然，这种情感必须依存于人心的特殊构造，这种人心的特殊构造才使这些特殊形式依这种方式起作用，造成心与它的对象之间的一种同情或协调。由此休谟提出了“同情说”。休谟认为，同情产生大多数种类的美。

美学辞典

怀疑论（skepticism或scepticism）：意思是“深思的”。拉丁文中的派生词是scepticus，意思是“探求”或“深思”。一种对各个领域提出的见解表示怀疑的哲学态度。主张人类不可能获得正确之知识。它可能是指对一切知识之怀疑态度，也可能是指一种具有学术基础之理论，认为一切知识皆值得怀疑。古希腊哲学家高尔吉亚提出了著名的怀疑哲学的三个命题：“第一，无物存在；第二，如果有物存在，它们也无法为人所把握；第三，即使它可以为人所把握，也不可能把它说出来告诉别人。”休谟以经验主义为基础，而怀疑因果原理及归纳法之有效性。

“同情”（sympathy）在英文中原意并不等于“怜悯”，而是设身处地地分享旁人的情感乃至分享旁物的被人假想为有的情感或活动。现代美学家一般把它叫作“同情的想象”。对象之所以能产生快感，往往由于它满足人的同情心，不一定触及切身的利害。例如，我们看到肥沃的丰产的果园，尽管自己不是业主，不能分享业主的好处，但是我们仍可借助于活跃的想象，体会到这些好处，而且在某种程度上和业主分享这些好处，这就是运用了同情了。在这里，被称为美的那个对象只是借其产生某种效果的倾向，使我们感到愉快。那种效果就是某一个其他人的快乐或利益。我们和一个陌生人没有友谊，所以他的快乐只是借着同情作用，才使我们感到愉快。以后我们还会看到，同情说在柏克、康德以及许多其他美学家的思想里占有很重要的地位。李普斯一派的“移情说”和谷鲁斯一派的“内模仿说”实际上都是同情说的变种。

休谟还提出了美的“效用说”。我们所赞赏的动物和其他对象的大部分的美是由方便和效用的观念得来的。看到对象的效用，我们便会联想它可以给其拥有者带来利益和引起快乐的效果，所以借着同情也感到愉快。休谟以田地的美为例，指出：“最能使一块田地显得令人愉快的，就是它的肥沃性，附加的装饰或位置方面的任何优点，都不能和这种美相匹敌。”

他进一步对此分析说：“不过这只是一种想象的美，而不以感官所感到的感觉作为根据。肥沃和价值显然都与效用有关；而效用也与财富、快乐和丰裕有关；对于这些，我们虽然没有分享的希望，可是我们借着想象的活跃性而在某种程度上与业主分享到它们。”可见美和对象的效用固然有关，但这种美却是要借助想象、通过同情作用而实现的。休谟说：“世上再没有东西比人的想象更为自由；它虽然不能超出内外感官所供给的那些原始观念，可是它有无限的能力可以按照虚构和幻象的各种方式来混杂、组合、分离、分割这些观念。”

» 审美趣味及其标准

什么是审美趣味？审美是否有共同的标准？审美趣味就是鉴赏力或审美的能力，它是一种具有创造性的情感能力。

首先，他说："世人的趣味，正像对各种问题的意见，是多种多样的——这是人人都会注意到的明显事实。"但是，休谟认为尽管趣味仿佛变化多端，难以捉摸，终归还是有些普遍性的褒贬原则；这些原则对一切人类的心灵感受所起的作用是经过仔细探索可以找到的。按照人类内心结构的原来条件，某些形式或品质应该引起快感，其他一切引起反感。之所以如此，因为人的自然本性在心的情感方面比在身体的大多数感觉方面还更趋一致，使人与人在内心部分比在外在部分显出更接近的类似。我们想找到一种"趣味的标准"，一种足以协调人们不同感受的规律，这是很自然的；至少，我们希望能有一个定论，可以使我们证实一种感受，否定另一种感受。休谟承认趣味的多样性、差异性、相对性，却没有走向相对主义，这就是说"趣味和美的真实标准"是确实存在的。休谟举例说："同一个荷马，两千年前在雅典和罗马受人欢迎；今天在巴黎和伦敦还被人喜爱。地域、政体、宗教和语言各方面所有的变化都不能使他的荣誉受损。"这说明审美趣味是具有共同性和一致性的。

尽管休谟肯定趣味有普遍原则和标准，却也没有绝对化，他认为时代和本国习俗，以及由于鉴赏者的性格、气质、年龄等方面的不同，对不同作家、不同内容、不同类型、不同风格、不同形式的作品所产生的不同偏好和喜爱也是正当的，有些趣味的差异是正常的、难免的，不能也不必用一种共同标准去协调。

休谟认为："就一个批评家而言，只称许一个体裁或一种风格，盲目贬斥其他一切是不对的；但对明明适合我们的性格和气质的作品，硬要不感到有所偏好也是几乎不可能的事。这种偏好是无害的，难免的；按理说也无须纷争，因为根本没有解决此种纷争的共同标准。"

◀丘比特与普赛克　石雕　意大利　卡诺瓦

这件作品展现爱神丘比特使濒死的普赛克复活的那一刻，表达激情与爱恋、爱与死的主题。丘比特温柔的拥抱与普赛克无尽的依恋巧妙地结合在一起，似一曲低回婉转的音乐，顺着流畅的线条缓缓流动，又随着丘比特未及收拢的双翅徐徐上升，具有一种极美的意境。

趣味既然具普遍原则和真实标准，那么为何人们会脱离趣味的普遍原则和真实标准，会对美做出不同判断和不正确感受？

休谟认为，是因为一切动物都有健全和失调两种状态，只有前一种状态能给我们提供一个趣味和感受的真实标准。

其次，多数人所以缺乏对美的正确感受，最显著的原因之一就是想象力不够敏感，而这种敏感正是传达较细致的情绪所必不可少的。他举例说：我们不必乞求于任何高奥艰深的哲学，只要引用《堂吉诃德》里面一段尽人皆知的故事就行了。桑科对那位大鼻子的随从说："我自称精于品酒，这绝不是瞎吹。这是我们家族世代相传的本领。有一次我的两个亲戚被人叫去品尝一桶酒，据说是很好的上等酒，年代既久，又是名牌。头一个尝了以后，咂了咂嘴，经过一番仔细考虑说，酒倒是不错，可惜他尝出里面有那么一点皮子味。第二个同样表演了一番，也说酒是好酒，但他可以很容易地辨识出一股铁味，这是美中不足。你绝想象不到他俩的话受到别人多大的挖苦。可是最后笑的是谁呢？等到把桶倒干了之后，桶底果然有一把旧钥匙，上面拴着一根皮条。"

最后，他认为正当的审美情趣是可以培养出来的。

休谟哲学在美学领域也占有重要的地位，而且从方法论观点来看，其贡献完全是独创性的。休谟改造了美学论战的整个战场。

"论崇高与美"的问世

柏克（1729 年 ~ 1797 年），是人类历史上的一个天才、先知，他的很多预言都实现了。用当时一位与他熟识的著名作家的话说，他是个"即使和他同在一个街棚里避雨五分钟，你就会受不了，但你会相信自己正和所曾见过的最伟大的人物站在一起"的人。

▲ 柏克像

柏克，英国著名政治家，被认为是保守主义的鼻祖。

柏克 1729 年 6 月生于爱尔兰的都柏林，为英国人后裔，文化认同为英国人，后搬回伦敦居住。父亲是有名律师，信奉新教，母亲则是天主教徒，母亲的宗教信仰给他的影响颇大。1744 年就学于都柏林的三一学院，学习古典语言、拉丁语，熟练到能欣赏西塞罗的作品。1750 年到伦敦学习法律，但不久即对法律失去兴趣而游学于英格兰和法国。

柏克 28 岁的时候，发表名为《论崇高和美两种观念的起源》。休谟称之为"一篇精彩的论文"。据说他是 19 岁开始写作这本书的。他的这部著作是在朗吉努斯以后和康德以前，西方论述关于崇高和美这两种审美范畴的最重要的文献。正如他自己所说："一个人只要肯深入事物内部去探索，哪怕他自己也许看得不对，却为旁人扫清了道路，甚至能使他的错误也终于为真理的事业服务。"1757 年，柏克与一位爱尔兰天主教医生的女儿结婚。

柏克的后半生几乎完全与英国及欧洲的政治联系在一起。36 岁时进入政界，接着成为辉格党领袖罗金汉勋爵的秘书而进入下院。1774 年，他被选为布里斯托尔的下院议员，任期 6 年。1780 年，作为罗金汉勋爵控制的议员选区的下院议员直到 1794 年退休。

这个政治敏锐力、雄辩才能唯有后世的托克维尔和丘吉尔才可企及的政治家、政论家，却是一个悲剧性的人物，是一只"什么也没有捕获到的老鹰"。其在政治思想上颇有建树，主张限制英国王权，对英国国王权力加以制衡；但是他反对法国大革命，反对自由平等，其实是担心民主自由会造成暴民政治，认为在没有法制中的自由，会出现暴动，从某一角度而言具有精英文化的利益取向，是历史上公认的十分精辟之论断。晚年在丧子之痛和对法国革命的仇恨中度过。1797年7月在英格兰的白金汉郡去世。他在哲学上是英国经验派继承者。

» 崇高的根源和外在形式

柏克是西方美学史上第一个明确区分崇高与美的人。

崇高是西方美学史上的核心范畴之一，流传下来最早的有关崇高的文献是古罗马美学家朗吉努斯的《论崇高》。柏克是西方美学史上对崇高真正做出深入阐述的美学家之一，柏克首次区分了美与崇高。柏克也和同时期的其他美学家一样，在美学领域贯彻了经验主义哲学的方法和认识论观念。

柏克首先把人类基本情欲区分成两类：一类涉及自我保存，这种涉及自我保持的情感注重痛苦或危险，这种负面的情感比快乐的积极的情感更有力，正是这种适于激发痛苦或危险观念、让人产生恐怖情绪的事物是崇高的本源，自我保全是崇高的基础；另一类是社会生活，这种情感要求维持种族生命的生殖欲以及一般社交愿望或群居本能。社会交往是美感的基础：社会交往包括两性之间和一般的交往，这种情欲主要是与爱相联系，它引起的是积极的快感，而爱正是美感的心理内容。这类情欲是爱和美的根源。

自我保存的情绪即是当人类的生命受到外界威胁的时候，就会产生恐怖惊惧的情绪；恐怖是崇高的主导原则。只有当这种痛苦的、恐怖的和惊惧的情绪，能够与外界威胁现象保持安全适当的距离时，情绪才会缓和并得到克服，这时候就会产生转化为崇高的感受；崇高感来自恐怖，人能以保持安全距离而克服恐惧感，就会产生崇高，然而如果人要是沉溺、深陷在惊恐中，就不可能产生崇高的感觉。

▲ 柏克的美学著作《论崇高和美两种观念的起源》

该书是美学史上的重要作品。

柏克说："凡是可恐怖的也就是崇高的。"恐怖是由于害怕危险和死亡。因此无论是自然界或是现实生活中，凡是令人恐怖的事物便是崇高。尤其是力量，没有一个崇高的事物不是力量的变形。体积庞大显然是一种力量，而朦胧不清的形象，激起更动人的想象，所以比清朗的形象更崇高。对视觉引起恐怖情感的事物是崇高的，如毒蛇、猛兽、深不可测的海洋，等等。

崇高具有巨大的力量，不但不是由推理产生的，而且还是人来不及推理，就用它的不可抗拒的力量把人卷走。惊恐是崇高的最高效果。柏克认为，崇高感和美感都只是涉及客观事物的感性方面，即可用感官和想象力来掌握的性质，这种性质很机械地直接打动人类的某种情欲，因而立即产生崇高感和美感，理智和意志在这里都不起作用。

柏克对自然界和社会生活中引发崇高感的事物做了具体分析。第一，是那些巨大的东西，如无边无际的沙漠、天空，波澜壮阔的海洋等，体积上的庞大是崇高的有力

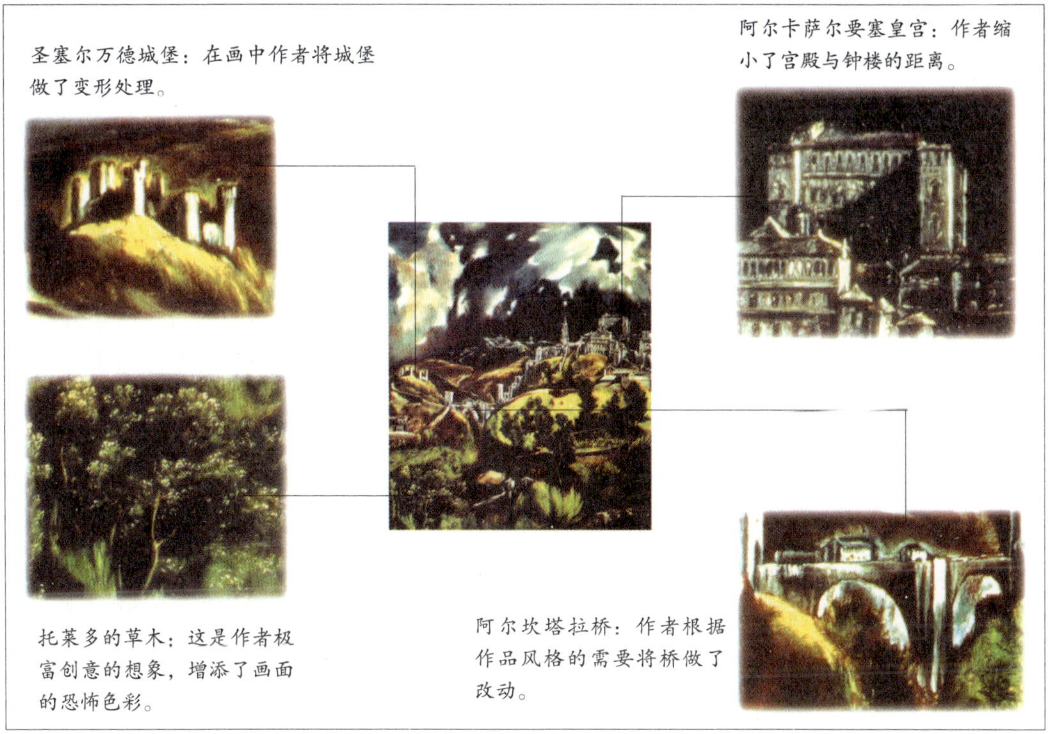

▲ 托莱多风景　西班牙　格列柯

托莱多是离马德里不远的一座古城。对格列柯来说，这是一座完美的城市，一座冷色的威尼斯。这幅作品描绘的是画家主观想象中的风景，处在暴风雨前的城市展现了大自然的无比威力，这座无生气的、被恐怖的闪光所照射的城市似乎是静止的，好像虚幻的影像一样出现在卷起云朵的暗蓝色的天空之下，充满了悲剧气氛。根据柏克“凡是恐怖的也就是崇高的”的观点，这幅作品便是崇高的、美的。

原因。

第二，晦暗、模糊、不和谐事物，如埃及神庙、晚上漆黑的四周，就会感受到崇高感。多云的天空比蓝色的天空更壮丽，黑夜比白天更显得崇高和庄严。

第三，力量，如有力量的动物会使人产生恐怖感是由于人们害怕这种力量会带来劫虐和破坏，一旦这种力量变成无害，可以为人类所利用，那么，这些动物就不再成为崇高的对象了。在荒野中嗥叫的狼、雄狮、猛虎是崇高的。

第四，巨大的声响和寂静空无，如滂沱的大雨、狂怒的风暴、雷电。巨人的声音突然停止也能产生崇高的快感。黑夜能增加我们的恐惧，模糊的鬼怪也能使我们的心灵产生震撼。

第五，是无限，无限使精神具有某种令人愉悦的恐惧倾向，这是崇高的本源。如星光灿烂的天空，能激起我们壮丽无限的感觉，也是崇高的来源，但是单独一颗星星却不会产生崇高感，因为没有那种无限和壮丽。宏伟还是崇高的根源。

» 美的根源和表现形式

柏克认为美和崇高是对立的。如果崇高感是基于人类要保存个体生命的本能，它的对象虽然暗含危险而又不是紧迫的真正的危险，那么它所引起的情绪主要是惊惧，是一种痛感，仿佛由自豪感和胜利感以及劳动或练习转化为快感。

美感则不同。“社会生活”的本能产生情爱、友爱的情绪；愉快的情绪还包括性爱情爱，交往的本能。本能发展实现，当人充分体验到爱的时候，人就会产生美的感受，故美来自社会生活的本能，当人能积极体验爱的时候，就会变成美。爱正是一般美感的主要心理内容，爱的对象总是具有“人体美的某些特点”。所谓美，是指物体中能引起爱或类似爱的情欲的某一性质或某些性质。爱所指的是在观照任何一个美的事物时心里所感觉到的那种喜悦。爱不等于情欲，情欲是为了占有。爱是在心里所感觉的满意，欲念只是迫使我们占有某些事物的一种心理力量，例如，我们可以对一个不太美的女人引起强烈的欲念，但是人类或其他动物的最高的层次美，虽然能引起爱却丝毫不引起欲念，这也说明美和爱所引起的情感是不同于欲念的，尽管欲念和爱有时是共起作用的。

柏克分析了美的外在性质，第一，那些小的东西，会产生让人怜爱的感觉，如小坏蛋产生怜惜的感觉；小鸟、小猫之类，很少听说“一个美丽的大家伙”，我们总是用“小可爱”“亲爱的”来形容亲昵的喜爱。如小宝贝、小鸟儿等。

第二，是平滑光亮的东西，例如，树木和花卉的叶子都是光滑的，还有平滑的小溪等等。

第三，曲线的东西，如英国大画家荷加斯即认为蛇行的线是最美的线，还有那些优美的海岸线等。

第四，颜色上明晰的东西，那些明晰的颜色总能让我们对对象产生美感，色彩鲜明但不刺眼，若有刺眼的颜色要配合其他颜色使其得到调和。

第五，就是很轻很柔的东西，如娇柔的美女、娇柔的鲜花等。

总之，美的真正原因是：小、光滑、逐渐变化、不露棱角、娇弱以及颜色鲜明而不强烈等，这些美所存的特质是不随主观而改变的。

» 对美的原因说的批判

柏克对传统的美的原因学说进行了批判。他认为美的原因不在比例、适宜或效用，也不在完善或圆满。美往往被认为是各部分之间某种比例形成的，但是我们可以去怀疑美是否属于比例的一种观念，因为比例几乎只涉及便利，所以应看作理解力而不是影响感觉和想象的首要原因。因为比例是对于相对数量的测量，显然一切数量既然是可分的，任何数量所分成的每一部分都要和其他各部分或全体形成某种关系，这些关系就形成比例关系的根源。例如，天鹅很美丽，但没有比例可言，头小脖子细，身体圆；孔雀美丽，但尾巴过大，也没有比例美感；或者有人认为效用观念就是美的原因，那么男人就会比女人美得多，因为强壮和敏捷就应该看作唯一的美；认为美的东西有的是因为完善才美，但是例如美女虽美，但不完善。美的原因不在于完善，完善本身绝不是美的原因，例如，谦虚是对不完善或有缺点的默认，它一般被认为是一种可爱的质量，而且确实加强其可爱质量的效果。

总的来说，柏克是英国经验主义美学的集大成者，对德国古典美学产生了重要的影响。

第五章
18 世纪启蒙主义美学

启蒙主义美学的兴起

启蒙运动是近代思想革命的一个高峰。它大约于 1680 年发生在英国，以后很快地传到北欧大多数国家，并且在美洲也产生了影响。但是启蒙运动的最高表现是在法国，它真正重要的阶段是在 18 世纪。历史上很少有别的运动像启蒙运动那样对人的思想和行动发生如此深刻的影响。

卡西尔说："启蒙运动继文艺复兴运动之后兴起，并且继承了它的精神财富。"而文艺复兴的本质是热爱人和自然，把宗教放在从属的地位。人文主义者一般认为人性是善良的，人文主义者努力要恢复的是希腊和罗马的古代文化。人类，正如莎士比亚在《哈姆雷特》中那段对人类的经典称颂："宇宙的精华！万物的灵长！"启蒙运动的内容和影响都大大超过了文艺复兴运动。

18 世纪是欧洲历史上一个风云变幻的时代，各种新思想、新意识不断涌现。以法国学者为代表的启蒙思想家，自觉地以理性为武器，批判一切、评价一切。他们深信理性是至高无上的，无论是政治还是上帝，都要由它来解释和判断。他们相信理性是引导人们去发

▶ 爱丁堡大学
在启蒙运动时期，爱丁堡大学有许多知识分子从事各门科学的研究工作。

▶ 自然科学的发展对启蒙运动有着重要的推动作用，图为17世纪伦敦皇家学会的罗伯特·胡克设计的显微镜。

现和确立真理的独创性理智力量，它能使人穿透一切迷雾，认识一切未知领域，并使人类过去的一切秘密都将不再隐没于黑暗之中。

在哲学上，笛卡尔的“我思故我在”为理性主义吹响了号角，笛卡尔认为认识世界和取得知识的唯一方法是数学推理；“知识就是力量”是人们肯定自身理性能力的旗帜，培根则提出了从特殊到一般、从具体到抽象的归纳法；而霍布斯说：“我们既没有神的观念，也没有灵魂的观念。”

启蒙运动之发生，也与自然科学的发展有着密切的关系。在17~18世纪，自然科学有了突飞猛进的发展，为启蒙思想提供了锐利武器，因为启蒙思想家在许多方面是从新兴的自然科学中寻找理论根据和思想方法的。在牛顿的启发下，启蒙思想家们力图发现支配人事和社会的永恒法则，正如康德所说：“人是自然界的立法者。”

» 什么是启蒙运动

启蒙运动何以能对人的思想和行动发生如此深刻的影响？这一切都与一个词相联系，即理性。“当18世纪想用一个词来表述这种力量的特征时，就称之为‘理性’。‘理性’成了18世纪的汇聚点和中心，它表达了该世纪所取得的一切成就。”

狄德罗在《百科全书》的“理性”一条中指出，理性除了其他含义外，有两种含义是与宗教信仰相对而言的，一是指“人类认识真理的能力”，一是指“人类的精神不靠信仰的光亮的帮助而能够自然达到一系列真理”。启蒙学者所谓的理性就是在这两种含义上使用的。在他们看来，理性是一种“自然的光亮”，他们的使命就是要用这种理性之光去启迪人类，去照亮中世纪宗教神学幕布下的黑暗和愚昧。

正如恩格斯在《社会主义从空想到科学的发展》中所说：“宗教、自然观、社会、国家制度，一切都受到了最无情的批判；一切都必须在理性的法庭面前为自己的存在作辩护或者放弃存在的权利。思维着的悟性成了衡量一切的唯一尺度。那时，如黑格尔所说的，是世界用头立地的时代。以往的一切社会形式和国家形式、一切传统观念，都被当作不合理的东西扔到垃圾堆里去了；到现在为止，世界所遵循的只是一些成见；过去的一切只值得怜悯和鄙视。只是现在阳光才照射出来，理性的王国才开始出现。从今以后，迷信、偏私、特权和压迫，必将为永恒的真理，为永恒的正义，为基于自然的平等和不可剥夺的人权所排挤。”

正如托马斯·汉金斯在《科学与启蒙运动》

◀ 作为启蒙运动的领军人物，伏尔泰的思想全面影响了18世纪的欧洲。

中写道：任何一个相信具有利用其理性改正以往错误的人，都会在启蒙运动中找到价值；启蒙运动所宣传的天赋人权、三权分立、自由、平等、民主和法制的思想，推动了资产阶级的革命和改革，成为近代资本主义社会的立国之本。

» 启蒙运动的影响

启蒙运动还影响到德国、西班牙、意大利、奥地利等几乎全欧洲所有地区，甚至还横渡大洋，传到了美洲。

启蒙时代的欧洲是法国的欧洲，启蒙运动的中心在法国，法国启蒙运动的领袖则是伏尔泰。他的思想对 18 世纪的欧洲产生了巨大影响，所以，后来的人这样说："18 世纪是伏尔泰的世纪。"

在美学方面，这个时期的英国美学著作和文艺实践也成为法德等国美学思想发展的推动力。英国经验主义美学是德国古典美学的先驱。

英国经验主义美学把对审美主体的研究放在重要地位，随之就有对审美经验相关的感觉、想象、情感、意志等问题的研究，这些方面成为经验主义美学家关注的主要问题，这个时期美学家的兴趣是艺术欣赏的主体，它努力去获得有关主体内部状态的知识，并试图用经验主义的手段去描述和解释这种状态，关注的不是美的本质是什么，美的对象的性质是什么，而是关心主体的心理体验和审美主体吸收、认知艺术作品的一切心理过程。这个时期的英国经验论美学所获得的美学成果就是"内在感官说"和"审美趣味论"，有的学者把 18 世纪称为"趣味的世纪"。

法国在 17 世纪领导了新古典主义运动。正如爱尔维修说："一个民族的政体的风俗习惯方面所起的变化必然引起他们的审美趣味的变化。"法国新古典主义的原型只是拉丁古典主义。高乃依和拉辛在悲剧方面的成就就在于排场的宏伟，形式技巧的完美和语言的精练，这些都是继承了拉丁古典主义的优秀品质。

在理论方面，布瓦洛的《诗艺》尽管与贺拉斯的《诗艺》时隔千年，但是给人的感觉就是如出一辙。正如马克思谈到法国资产阶级革命时候所指出的那样：穿着古罗马的这种久受崇敬的服装，用这种借来的语言，演出世界历史的新场面。18 世纪的启蒙运动者们对新古典主义文艺的体裁种类（史诗、悲剧、喜剧等），题材（大半用古代英雄人物的伟大事迹），语言形式（谨严的亚历山大格）和传统的规则（如三一律），有时感觉到拘束，要求其结合现实生活，有较大的自由。

他们还是赞同新古典主义者所提倡的普遍人性："审美趣味的基本规则在一切时代都是相同的，因为它们

▲杜·莎特雷侯爵夫人是积极投身于启蒙科学领域为数不多的妇女之一。她将牛顿的《数学原理》译成了法文，还与伏尔泰合作编写了一本关于牛顿自然哲学的著作。

美学辞典

启蒙：英文是 Enlightenment。从词的意义来看，它的含义是阐明、澄清、照亮。它给人启发和启示。演变成专有名词“启蒙运动”时，它的意思是思想解放运动、社会解放运动。在法语中，“启蒙”一词既有“光明”的意思，又用来指“伟人”，其复数则表示“智慧”“知识”。中国古代对启蒙解释为：启，开也。蒙，阴暗也。启蒙：开导蒙昧，使之明白事理。

来自人类精神中的一些不变属性。”但是，达兰贝尔的话也可以反映出启蒙运动者们对于“规则”的态度：“诗人是这样的一个人，人们要求他戴上脚镣，步子还要走得很优美，应该允许他有时轻微地摇摆一下。”

德国正如我们上面提到的那样，在启蒙运动中，也表现出在理论方面的特长。德国启蒙运动是从一个新古典主义运动开始的。德国启蒙运动时期的文艺思想在抽象思考和抽象讨论上的倾向显著。出现了戈特舍德的《批判诗学》和鲍姆加登的《美学》；在内容上，因为现实状况与法国不同，所以复古倾向显著。

卢梭提出美与审美力学说

让·雅克·卢梭（1712 年～ 1778 年），他的思想标志着浪漫主义的诞生。

卢梭自己说：“上帝在创造我之后，把造我的模子打碎了。”卢梭的自负不是一种盲目的骄傲。他，由一个无人管教的孩子走上光荣之路，一个流浪汉成了思想家，一个染上恶习的学徒成了严肃的伦理家。

卢梭的高祖原是法国新教徒，因躲避宗教迫害于 16 世纪中期来到瑞士。

“祖父留下的财产本来就很微薄，由 15 个子女平分，分到我父亲名下的那一份简直就等于零了，全家就靠他当钟表匠来糊口。我父亲在这一行里倒真是个能手。我母亲是贝纳尔牧师的女儿，家境比较富裕；她聪明美丽，我父亲得以和她结婚，很费了一番苦心。”

他的母亲在他出生后就去世了，他的父亲有读书的癖好。他出生在日内瓦，但是他一生的大部分时间是在法国度过的。卢梭一度因为受迫害而到英国居住，不久又回到法国。他家境贫寒，没有受过系统的教育，当过学徒、杂役、家庭书记、教师、流浪音乐家等。18 世纪 30 年代，与华伦夫人同居期间，生活才稍稍稳定，安心读书、思考问题、写作。

18 世纪 40 年代，卢梭在社会和生活的道路上艰难地踯躅，尝遍人间的辛酸。卢梭一辈子都是在流浪。他寄人篱下却没有失去个性的独立。他的自信、幻想、多愁善感，是他成功的源泉。1749 年，他的《科学与艺术》使他一举成名。1755 年，发表《论人类不平等的起源和基础》，1761 年发表小说《新爱洛伊丝》。1762 年，《社会契约论》和《爱弥儿》出版。晚年时最有名的著作是《忏悔录》。

卢梭不但是一个思想家，也是一个文学家和音乐家。他是一个有爱情魔力的人。他为他永不满足的爱情所征服。

▲ 卢梭像

卢梭在哲学上强调情感高于理智，信仰高于理性。在社会政治观方面，提出天赋人权说，主张返回自然，有“自然主义之父”之称。在教育上，被称为“教育史上的哥白尼”，主张让儿童的身心自由发展。在美学上创造了著名的审美力学说。

▲卢梭在《爱弥儿》中像一个老学者一样主张进行“否定式教育”，也就是“不传授美德和真理，而是要保证做坏事的心和错误的精神”。

他作品中饱满的热情赚得了贵妇们的热泪。1745 年，苔莱丝·勒瓦塞成为卢梭的情妇，当时她是一个 23 岁的女仆，她同卢梭同居了 33 年，直至卢梭过世。但是直到最后的弥留之际，卢梭还说自己是世界上最孤独的人。

虽然在生前，他认识很多名人并得到他们的帮助，包括百科全书派的很多人，还有休谟等人，但是他没有得到人们的友谊，可能是因为“他的性格，他的人生观，他衡量价值的尺度，他的本能反应等，都同启蒙时代加以赞许的东西大相径庭”的原因，但是正如他自己曾言称的那样，后人一定会为他塑像，而且“作为让·雅克·卢梭的朋友，将不是空虚的荣誉”。法国大革命期间，卢梭被安葬于巴黎先贤祠。

《社会契约论》（The Social Contract）也许是卢梭最重要的著作，其开头写道：“人生而自由，却无往而不在枷锁之中。”

卢梭的名字与启蒙运动是以一种奇特的方式联系起来的。在启蒙运动中，理性成为时代的唯一原则和精神。启蒙思想家为理性、文明所取得的辉煌成就而自豪，并相信“理性的王国”即将到来。但是，正如赫尔岑所指出的那样：“当伏尔泰还在为文明跟愚昧无知作战时，卢梭却已经痛斥这种人为的文明了。”

卢梭认为，人类心灵的破败与艺术、科学的进步成正比，他劝告人们返回自然，认为科学与艺术不是敦风化俗而是伤风败俗。一个健全的社会是不需要装饰的。艺术不是产生于需要，而是产生于奢侈。卢梭强调，艺术与科学的进步并没有给人类带来好处。他认为知识的积累加强了政府的统治而压制了个人的自由，物质文明的发展事实上破坏了真挚的友谊，取而代之的是嫉妒、畏惧和怀疑。

卢梭认为，对人类来说，仅有理性是不够的，因为理性不是道德的充足基础，不能从根本上保证人类为善，理性虽然有助于人认识事物，建构后天的观念或知识，却无助于人类德行的完善。“理性欺骗我们太多了”。“与其用理性的光芒，倒不如按照我的良知所授的旨意去予以解决”。在我们的灵魂深处生来就有一种正义和道德的原则，这就是良心。良心就是我们心灵深处关于正义和道德的先天原则。“按良心去做，就等于服从自然，就用不着害怕迷失方向”。可见，不同于关注科学、理性、文明与进步的启蒙思想家，卢梭更关注人类的精神生活与道德完善。

他还以清教徒一样的态度批判了戏剧。卢梭认为是戏剧动摇了整个社会制度，无耻地破坏了作为整个制度基础的一切神圣关系，使令人尊敬的东西成为笑柄，从而使美德丧失、趣味败坏、心灵腐化、风尚解体、信仰崩溃。戏剧不是什么道德学校，而是社会风气和道德水准下降的罪恶渊薮。他引述普鲁塔克讲的一个故事：一个雅典老人在剧院中找不到座位，却遭到满场雅典青年的怪声嘲笑。斯巴达使者见到这一情景，立即起身把老人迎上贵宾席。在卢梭看来，设有剧院的雅典放逐许多伟人，处死苏格拉底，都是在剧院中准备的，这直接导致了雅典的衰落。另外，他还认为观众在剧院里，都忘记了自己的朋友、邻居、亲戚，只一心迷醉于荒诞不经的故事。特别是那些女观众，太太和小姐们在包厢里尽可能展示她们的风姿，就好像在商店的橱窗里等待买主；如果舞台曾经有过什么道德教化，那么一到更衣室就被迅速遗忘了。他还从戏剧的内容，剧场的费用，演员的道德，戏剧的效果等方面进行了批判。剧院中的道德气氛是虚假的，是对剧院外的道德生活的最大亵渎。

卢梭思想的起点恰好是启蒙运动的终点。卡西勒如是评价他：“卢梭是启蒙运动的真正产儿，尽管他攻击了启蒙运动而且取得了胜利，卢梭并没有推翻启蒙运动，他只不过是移动了一下启蒙运动的重心。”

» 感伤的自然主义

卢梭没有系统的美学思想，但是卢梭是感伤主义的代表和“浪漫主义之父”。所谓“浪漫主义”，就是强调以自我的情感、个性和自由，而不是以理性作为评判事物的标准。

罗素指出，卢梭是“浪漫主义运动之父，是从人的情感来推断人类范围以外的事实这派思想体系的创造者”。更重要的是他为浪漫主义运动奠定了哲学基础。卢梭说：“没有信仰的哲学是错误的，因为它误用了它所培养的理智，而且把它能够理解的真理也抛弃了；上帝存在的问题并不是理性所能解决的。信与不信，任我们自由选择。”

卢梭发出“回归自然”的呐喊，他认为自然曾使人幸福而善良；但文明社会却使人堕落而悲苦，在自然状态（动物所处的状态和人类文明及社会出现以前的状态）下，人本质上是好的，是“高贵的野蛮人”。卢梭劝告人们返回自然，追怀太古时代的纯朴，他为人类远离自然而遗憾。他指出人的全部习惯都只是一种强制、束缚和服从，人从生到死都处于奴役之中，他一出生就被裹在襁褓之中，死后则被钉于棺木内，只要当他保留着人的面孔活在世上，他就总为文明教育所羁绊。

卢梭认定：“出自造物主之手的东西，都是好的，而一到了人手里，就全变坏了。”

▲ 卢梭在阿蒙农维拉的墓地

歌德是《忏悔录》的忠实读者，他曾经这样写道："因为有了伏尔泰，旧世界才结束；而新世界的开始则是因为有了卢梭。"

文明人毫无怨言地带着他们的枷锁，野蛮人则绝不向枷锁低头，他宁愿在风暴中享受自由，不愿在安宁中受奴役。他热诚地呼喊：还是回我们的茅屋去住吧，住在茅屋里比住在这里的皇宫舒服得多！他所指的"自然"，不仅是纯朴的自然界，更重要的是自然的情感、自然的天性。卢梭把自然状态这个概念作为一个标准和规范来使用。卢梭只是以纯朴的自然状态作为一种理想的参照物来批判邪恶的文明社会。

他发出了挽救人类自然情感的呼喊。那探究人类情感的、质朴而不朽的教育思想著作《爱弥儿》曾经使康德激动不已。他断然宣称："我决定在我的一生中选择感情这个东西。"

卢梭致力于个性的张扬与解放，对自然情感的歌颂，对大自然的美的细腻观察和优美描写，以及他耽于幻想、充满感伤之情的文风，在其后几乎所有重要的浪漫主义作品中都留下了深刻印迹。

从卢梭开始，理想和现实的矛盾一直是浪漫主义文学的主题之一。他强调人类情感中所固有的直觉、自发性、本能、热情、意志和欲望等的创造作用。而这些正是长期以来被古典主义和启蒙运动的主潮所忽视或低估的。

在《爱弥儿》一书中，他认为："一切真正美的典型存在于大自然之中。"这种美来自造物主，也就是来自上帝。他认为人类应该追求的是这种真正的自然美。当然，按照卢梭的想法，这种美也包括符合自然和人类本性的道德美。他反对追求那种违背自然的"臆想的美"，所谓臆想的美是指完全由人兴之所至和凭权威来断定的美。

▲ 纪念卢梭的革命寓意画

因为卢梭是提出普遍意愿的理论家，所以他被看作是法国大革命之父。

为了追求真正的美，他提出了审美力这个概念。审美力就是对大多数人喜欢或不喜欢的事物进行判断的能力。他认为审美力是人的一种天赋感受力。审美力因人而异。一定的社会环境可以培养审美力。

卢梭把自然美作为审美的标准："假如美的性质和对美的爱好是由大自然刻印在我的心灵深处的，那么只要这形象没有被扭曲，我将始终拿它做准绳。"但是他还认为审美的标准是有地方性的，许多事物的美或不美，要以一个地方的风土人情和政治制度为转移；而且有时候还因人的年龄、性别和性格的不同而不同，在这方面，我们对审美的原理是无可争论的。

正如卢梭自己在1782年出版的自传《忏悔录》中所说，不管末日审判的号角什么时候吹响，我都敢拿着这本书走到至高无上的审判者面前，果敢地大声说："请看！这就是我所做过的，这就是我所想过的，我当时就是那样的人。不论善和恶，我都同样坦率地写了出来……万能的上帝啊！我的内心完全暴露出来了，和你亲自看到的完全一样，请你把那无数的众生叫到我跟前来！让他们听听我的忏悔，让他们为我的种种堕落而叹息，让他们为我的种种恶行而羞愧。然后，让他们每一个人在您的宝座前面，同样真诚地披露自己的心灵，看看有谁敢对您说：'我比这个人好！'"

狄德罗现实主义美学的胜利

德尼·狄德罗（1713年～1784年）是"百科全书派"的精神领袖，《百科全书》的主编和组织者，18世纪法国启蒙哲学的杰出代表，而且是重要的文学家、出色的艺术批评家和美学理论家，他为戏剧、绘画和美学建立了完整的理论体系。

他的最大成就是编著《百科全书》。此书概括了18世纪启蒙运动的精神。《百科全书》有28卷，从1751年出版第一卷到1772年发行最后一卷，前后经历了21年的时间。狄德罗为它倾注了毕生的精力，这是他一生中最杰出的贡献。

1713年10月5日，狄德罗生于法国朗格里一个有名的制刀师傅家庭。在那里，经营刀剪业是一种光荣。从13世纪起，许多刀剪匠定居于此，每家都有自己的商标。他家道小康，童年曾受过耶稣会学校的教育，15岁毕业，志愿为神父。

他父亲虔诚于宗教，亲自送他到巴黎，进路易大帝学校就读。但是到了巴黎之后，他的求知欲大开，几乎无所不读、无所不究。19 岁得学位，即弃神学，改学法，由于拒绝做神父，他父亲大怒，从此不再接济他。为生活所迫，他当过家庭教师、起草布道程、翻译文稿，又从事写作，他都甘愿为之，因此他也结交了不少朋友。

当时狄德罗的生活，像他在《拉摩的侄儿》中所写的那样："他过一天算一天，忧愁或快活，随遇而安。他早晨起来的时候，第一件事是要知道在哪儿吃早饭；午饭后他便想想到什么地方去吃晚饭。夜晚也给他带来不安，他或者步行回到他所住的顶楼……或者他就转到酒店里去，在那里用一片面包、一瓶啤酒来等候天亮。"拉摩的侄儿是他自己的化身。

1743 年，他同美丽的麻布织工 A. 尚皮昂结婚，翌年有一女。再过三年之后，又与一位交际花毕西尤结识，成为知己，为她撰写论文，主张"热情能使智慧升华"，颇受时人赞誉。

他兴趣广泛，博览各种科学和哲学书籍，尤其是培根和霍布斯的论著，口袋里经常装有荷马和维吉尔的作品。生活在孟德斯鸠、伏尔泰和卢梭等极有影响的人的社会中，他获得了大家一致同意的绰号"哲学家"，如果有人说，"我遇到了哲学家"，那就指的是狄德罗，不会发生误会的。

1746 年他 33 岁时，遇见一书店老板，请他翻译英国出版的百科全书，同时希望他就当时法国的需要，酌予增删，他答应了，但着手译书时就发现很多错误，因此他改变原意而去正式编撰一部新的百科全书，与各科的作家共同从事。邀请当时在科学界已负盛名的青年数学家达朗贝尔担任副主编。孟德斯鸠、伏尔泰、卢梭、孔多塞、魁奈等都为《百科全书》写过大量的词条。毕丰、孔狄亚克和爱尔维修等人也是这项工作的坚定支持者。狄德罗本人一共为《百科全书》撰写了 1139 个词条。

不过在编撰期间，遭遇到极多的阻碍，由于当时的法国政府和教会都不开明，检查很严，屡遭停刊。终于在 1765 年完成，狄德罗的名气大噪。俄皇后叶卡捷琳娜二世 1763 年就与他通信，邀请他赴俄。1773 年他终于赴俄，被奉为俄皇室的上宾，住了七个月回法。

◀狄德罗像

狄德罗早期的作品都不成功，《哲学思想录》被巴黎最高法院下令公开销毁。又因写《谈盲人的信》而入狱，但后来编纂的《百科全书》使他青史留名。

1784 年 7 月 31 日，狄德罗吃过晚饭后，坐在桌边，用肘撑着桌子就溘然长逝了。直至临终前不久，他还同朋友们谈论科学和哲学。他女儿听到他讲的最后一句话是："迈向哲学的第一步，就是怀疑。"

正如恩格斯认为的那样，狄德罗是为了对真理和正义的热诚，而献出了整个生命的人。

还有一个趣闻是关于这位哲学家的，那就是狄德罗效应。200 年后，美国哈佛大学经济学家朱丽叶·施罗尔在《过度消费的美国人》一书中，提出了一个新概念——“狄德罗效应”，又称“配套效应”，取材于哲学家狄德罗的故事。

有一天，朋友送他一件质地精良、做工考究的睡袍，狄德罗非常喜欢。可他穿着华贵的睡袍在书房走来走去时，总觉得家具不是破旧不堪，就是风格不对，地毯的针脚也粗得吓人。于是，为了与睡袍配套，旧的东西先后被更新，书房终于跟上了睡袍的档次，可他却觉得很不舒服，因为“自己居然被一件睡袍胁迫了”，就把这种感觉写成一篇文章叫《与旧睡袍别离之后的烦恼》。这就是“狄德罗效应”。

▲ 狄德罗和达朗贝尔

这两位《百科全书》的主人的周围都是编写这部著作的合作者。

狄德罗的哲学观是唯物主义的。狄德罗认为世界统一于物质。物质世界是普遍联系的，自然界是一个整体，如果现象不是相互联系着，就根本没有哲学。

在认识论上，狄德罗坚持感官是观念的来源、感觉是对外部世界的反映。狄德罗强调认识的先决条件是承认客观世界的存在和对我们的作用。“我们就是赋有感受性和记忆的乐器。我们的感官就是键盘，我们周围的自然弹它，它自己也常常弹自己；依照我们判断，这就是一架与你我具有同样结构的钢琴中所发生的一切。”他把贝克莱的主观唯心主义比作一架发疯的钢琴，因为它不要人弹奏会自己响，在一个发疯的时刻，有感觉的钢琴曾以为自己是世界上存在的唯一的钢琴，宇宙的全部和谐都发生在它身上。

唯心主义哲学家“只意识到自己的存在，以及那些在他们自己的内部相继出现的感觉，而不承认别的东西：这种狂妄的体系，在我看来，只有盲人那里才能产生得出来；这种体系，说来真是人心和哲学的耻辱，虽然荒谬绝伦，可是最难驳斥。”狄德罗哲学代表了18世纪唯物主义哲学的最高水平。

狄德罗基于其唯物主义观点，对18世纪的欧洲流行的主观主义、相对主义、神秘主义美学观进行了清算。提出“美在关系说”。

▲狄德罗主编的《百科全书》，路易十六藏。

美在关系是狄德罗整个美学理论、艺术实践的精髓，贯穿其审美本质理论、审美欣赏理论、审美创作理论之中。狄德罗说：“对关系的感觉创造了美这个字眼。随着关系和人的思想的变化，人们创造出‘好看的，美丽的，迷人的，伟大的，崇高的，绝伦的’，以及诸如此类与物质与精神有关的无数字眼。”所谓“关系”指的就是万物皆有的一种品质。联系到他的唯物主义，也即指处于运动和变化过程中的万事万物内部各要素之间以及与外部环境的客观必然联系。但是，并非事物的任何关系都美。

美的“关系”是指由感官知觉到事物的一定形式的实在关系。只有美的形式显现于外并通过主体感官悟性所注意到的实在“关系”才是美的本质。狄德罗给美下的定义：“我把凡是本身含有某种因素能够在我的悟性中唤起‘关系’这个概念的，叫作外在于我的美；凡是唤起这个概念的一切，我称之为关系到我的美。”狄德罗认为美的本质是：“它存在，一切物体就美，它常在或不常在——如果它有可能这样的话，物体就美得多些或少些，它不在，物体就不再美了。”

狄德罗用高乃依的悲剧《贺拉斯》那句广为熟知的话“让他死”来说明这个问题。当一个人对这出戏一无所知，不了解这三个字有什么关系时，便看不出是美还是丑。当他了解到这是一个人在被问及另一个人应该如何进行战斗时所做的答复，这句话就显得有些悲壮而苍凉。当他更进一步地被告知被问的那个人是一位罗马老人，在回答他女儿的问话，他要让唯一剩下的小儿子去同杀死他两个哥哥的三个敌人为祖国荣誉而生死决斗。这样“让他死”这句话随着环境和关系的逐步揭露而更美，终于显得崇高而伟大了。

» 现实主义美学

狄德罗将“真”作为美的基础，要求艺术家按照事物的本来面目揭示出其内在联系及必然规律，他说：“艺术中的美和哲学中的真都根据同一个基础，真是什么？真就是我们的判断与事物的一致。模仿性艺术的美是什么？这种美就是所描绘的形象与事物的一致。”这样，狄德罗在一定程度上克服了当时盛行于欧洲的以物体外在形式作为美感根源的形式主义美学倾向。

> **美学辞典**
>
> 现实主义：一般被定义为关于现实和实际而排斥理想主义，19世纪30年代后欧洲文艺中占主导地位的文艺思潮和流派；也指文艺创作的一种原则和方法。德国诗人席勒在1789年4月27日致歌德的信中第一次从美学意义上使用“现实主义”这个词。在艺术或文学中将事物、行为或社会状况按其起初情况进行的表现，其注重事实或现实，而不用模糊的形式来表现或理想化。在文学艺术创作中，现实主义是与浪漫主义并驾齐驱的两大思潮。

狄德罗认为艺术作品既要揭示事物的各部分因果联系及其发生发展的内在规律，又要融入艺术家的意趣和匠心，表现艺术家的风格和主观理想，做到情理交织、物我融合。“对于他（诗人），重要的一点是做到奇异而不失为逼真”。因而，狄德罗认为自然的美是第一性的，艺术形象的美是第二性的。

文艺应当说真话，真实地反映客观现实，文艺的力量就在于真实。艺术家应当服从自然，服从真实。他向艺术家提出：切勿让旧习惯和偏见把你淹没，让你的趣味和天才指导你，把自然和真实表现给我们看。

狄德罗的自然就是客观的物质世界，不仅是自然界，还包括全部的社会生活。关于文艺创作的标准问题，他从文艺模仿自然的立场出发，极力强调文艺的真实性。他认为，文艺的规则和标准不应当是人为的、主观的，文艺应当全面、真实地反映现实。只有真实才是文艺优劣美丑的最高标准。

在狄德罗看来，只有建立在和自然万物的关系上的美才是持久的美。狄德罗认为，生活是文艺的源泉。他指出，只有通过亲自观察才能对生活实践形成真正的概念。艺术家应

▲ 狄德罗像

该走出自己狭小的圈子，摆脱旧的文艺规则和审美趣味。深入生活，观察、体验社会各阶层的各式各样的人物，研究人生的幸福与苦难，把丰富生动的现实生活真实地描绘出来。他说：你要想认识真理，就得深入生活，去熟悉各种不同的社会情况，试住到乡下去，住到茅棚里去。访问左邻右舍，最好是瞧一瞧他们的床铺饮食、房屋等。这样你就会了解到那些奉承你的人设法瞒过你的东西。

在新的历史条件下，狄德罗重申了文艺模仿自然这一观点，指出文艺的真实性这个标准问题，提出了自己唯物主义的现实主义美学。狄德罗更接近法国新古典主义，但是又向前推进了一步。

形象思维规律的提出者维柯

维柯（1668 年 ~ 1744 年），意大利历史学家、法学家、语言学家、社会学家、美学家。维柯既是一个虔诚的天主教徒，又是一个卓越的自由思想者。

维柯 1668 年 6 月 23 日出生在意大利的一个小城邦那不勒斯，并且终生生活在那里。父亲是书商，生活很穷困。维柯 7 岁时，不幸从楼顶摔到楼底，头盖骨折断，影响了一生的身体状况，精神也深受影响。幼年时受过天主教会的小学教育，大部分时间靠努力自学。维柯曾当过私塾教师，上过罗马公学。他的专长是法学。维柯从小就喜欢研究罗马法和拉丁文学。

1686 年到 1695 年，他担任了贵族罗卡侯爵的子女的家庭教师。侯爵家里丰富的藏书

▲ 那不勒斯俯瞰

使其在学术上有很大进展。维柯在结束家庭教师生活以后，又去旁听了那不勒斯大学课程。1699 年任那不勒斯大学的修辞学教授。1735 年他得西班牙皇帝查理三世的恩惠，被任为那不勒斯城邦王室的历史编纂。1744 年 1 月 23 日逝世。

他的主要著作是《新科学》（1725 年），全名是《关于各民族的共同性的新科学的一些原则》，据说由于自费出版这本书，为了支付印刷费，他连仅有的一只戒指都卖掉了。维柯一生一直处在贫困之中。老年家境不顺，他的一个爱女多病，儿子又是一个放浪之人。正如其自己所说："噩运会在我死后还继续追捕我。"

维柯是西方认真研究社会科学的第一人，所以把他的研究对象叫作"新科学"。

《新科学》所要解决的问题是人类如何从野蛮的动物状态逐渐发展成为过着社会生活的文明人。全书分 5 卷：（1）原则的奠定。（2）诗性的智慧。（3）发现真正的荷马。（4）世界各民族所经历的历史过程。（5）各民族复兴时人类各种典章制度的复现，附全书结论。维柯的基本出发点是共同人性论。他认为各民族在起源和处境方面尽管各不相同，在社会发展上却都必须表现出某些基本一致性或规律。《新科学》所探求的正是这些规律。维柯是理解了并告诉我们什么是人类文化的第一人。他不自觉地确立了文化观念。

» 原则的奠定

维柯接受了古埃及人对于历史三个时期的划分，即神的时代、英雄的时代和人的时代。最初是神的时代，神和人在地球上杂居在一起。那时，人还是一些凶猛残酷的野兽，不会说话和思考，都凭着本能过活，到处寻找食物和性交伴侣，没有婚姻制度，也没有宗教或任何社会制度。人的体格特别发达，所以叫作"巨人"。

据说有一个时期全世界都发生过大洪水，如希伯来人的《圣经》（《创世记》）和中国人的《书经》（《禹贡》）所说的；在世界洪水消退以后，地球上积蓄的水蒸气有时造成雷鸣电闪，巨人们在深山野林里初次碰上雷电，不胜惊惧，以为天上有像人一样发怒咆哮的神，借雷电来向人发出警告。于是就兴起凭天象去预测吉凶的占卜术，于是有了信仰天神（最初是雷神）和天意或天命的宗教和掌占卜天意的司祭或巫师。这信仰天神的宗教是人类社会的第一个起源。然后男女感到面对着神公开杂交的羞耻，男的就带女的住到岩洞里或山寨里，逐渐有了婚姻制和婚姻典礼及家庭制。正式婚姻典礼便是人类社会的第二个起源。

在原始时代，人死后和动物一样，并不收尸埋葬，任其抛在地面风吹雨打而腐烂，造成环境的污浊；后来感到对不起死者，于是兴起了埋葬死者的典礼，于是有了灵魂不朽的观念。这便是人类社会的第三个起源。这种神的时代也有朝代。古希腊罗马都有十二天神，维柯认为他们代表着社会发展的十二个阶段，例如，谷神标志着农业时代，海神标志着航海事业的开始。古代各种神话大半都是围绕着诸天神而流传下来的，形成了后来文艺的土壤。原始人起初和动物一样是哑口的，只有些姿势和符号来表达自己的意愿，如用三茎草来表示三年。在发现神而恐惧的时候，人就张开口，起初的字音是谐声的、惊叹的、单音的。这就是"象形的语言"或"神的语言"。

英雄的时代在神的时代后期便已开始。"每个民族都有它的雷神"，"每个民族也都

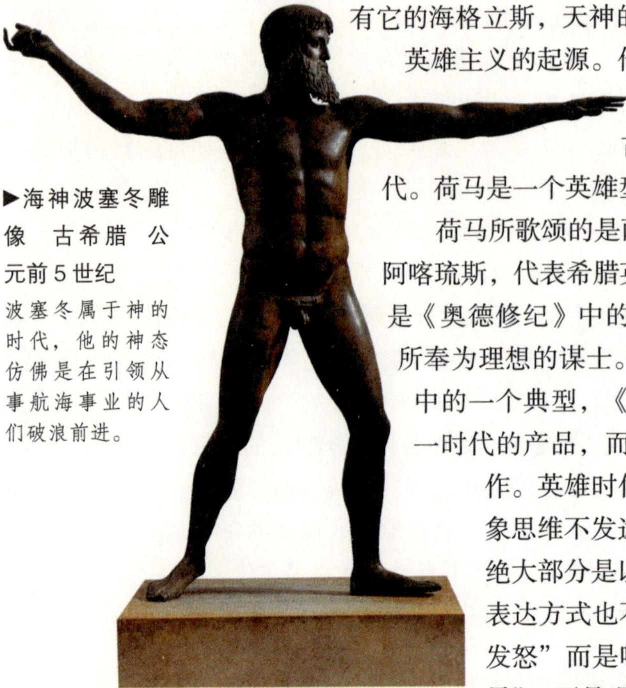

▶海神波塞冬雕像　古希腊　公元前5世纪

波塞冬属于神的时代，他的神态仿佛是在引领从事航海事业的人们破浪前进。

有它的海格立斯，天神的儿子”。海格立斯便是原始民族中英雄主义的起源。他是一个多才多艺的大力士，人类社会一切征服自然的技能都源于他，古希腊在荷马时代便已转到英雄时代。荷马是一个英雄型诗人。

荷马所歌颂的是两种英雄，一种是《伊利昂纪》中的阿喀琉斯，代表希腊英雄时代所奉为理想的勇士，另一种是《奥德修纪》中的奥德修斯，代表希腊英雄时代晚期所奉为理想的谋士。当时全民族都是诗人，荷马只是其中的一个典型，《荷马史诗》并不是某一个诗人或某一时代的产品，而是全体希腊人在长时期中的集体创作。英雄时代的语言也叫作英雄的语言。由于抽象思维不发达，词汇中很少有抽象表示概念的字，绝大部分是以物拟人，有具体形象属于隐语的字。表达方式也不是说而是唱。例如，他们不说“我发怒”而是唱“我的热血在沸腾”，不说“地干旱”，而是唱“地渴了”。政体是由贵族（即英雄）统治，他们的意志和暴力就是法律。这时社会已分成家长或宗法主和平民两个阶级。平民起初处在“被保护者”或家奴的地位，不能分享占卜、正式婚姻和政治的权利。他们因此日益不满，起来斗争，终于战胜贵族而享有主权，平民的民主政体便代替了贵族的专制政体。维柯用罗马史和罗马法典的具体事例来证明贵族与平民的斗争总是以平民的胜利而结束，于是就进入了人的时代和文明社会。

» 形象思维

在《新科学》中，由于维柯把语言、神话、古史和社会典章制度、政治和经济，都看成“诗的智慧”的产品，所以全书各卷都涉及文艺和美学方面的一些基本问题。特别值得注意的是，维柯对于人类心理功能由形象思维逐渐发展到抽象思维，即由诗的时代发展到哲学的时代的看法，他把原始民族叫作“人类的儿童”，他说：“人最初只有感受而无知觉，接着用一种受惊不安的心灵去知觉，最后才用清晰的理智去思索。”

“哲学把心灵从感官拖出来，而诗的功能却把整个心灵沉浸在感官里；哲学飞升到普遍性，而诗却必须深深地沉没到个别具体事物里去。”原始民族只会形象思维而不会抽象思维，所以原始文化，包括宗教、神话、历史乃至各种典章文物和语言文字无一不是形象思维的产品，因而都带有诗的性质。

关于形象思维，维柯发现了两条基本规律，头一条就是以己度物的隐喻：“由于人心的不明确性，每逢它落到无知里，人就把他自己看成衡量一切事物的尺度。”这就是凭自己的切身经验来衡量自己所不知的外物。例如，不知磁石吸铁而说磁石爱铁，就是凭人与人相吸引、相亲近是由于爱这种切身经验得来的。

维柯就用这个原则来说明语言的起源：“在一切语言里，大部分涉及无生命事物的表现方式都是从人体及其各部分以及人的感觉和情欲方面借来的隐喻，例如，用‘首’指‘顶’或‘初’，用‘眼’指放阳光进来的‘窗孔’，用‘心’指‘中央’之类。天或海‘微笑’，风‘吹’，波浪‘轻声细语’，受重压的物体‘呻吟’。在这些例子里人把自己变成整个世界了。”不难看出，这是后来德国美学家们的“移情说”的萌芽，和中国诗论中的“比”“兴”也可互相印证。在谈到形象思维和语言的关系时，维柯特别列举中国文字为象形文字的突出的例证，因为埃及的象形文字已成了历史遗迹，只有中国的象形文字至今还在运用。

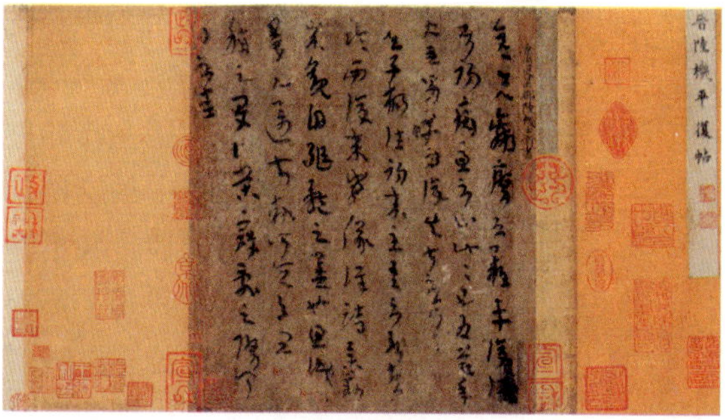

▲ 平复帖　西晋　3~4 世纪　陆机　纸本墨书　北京市故宫博物院藏

书法是象形文字汉字的重要体现形式。

形象思维的第二条规律便是用具体人物形象来代表同类人物特性的类概念，亦即典型人物性格。“原始人仿佛是些人类的儿童，由于还不会形成关于事物的通过理解的类概念，就有一种自然的需要，要创造出诗的人物性格，这就是形成想象性的类概念或普遍性，把它作为一种范型或理想的肖像，以后遇到和它相似的一切个别人物，就把它们统摄到这个想象的类概念里去。”维柯举的例子有儿童把一切年长的男人都叫“爸”，一切年长的女人都叫“妈”。埃及人把发明家都叫赫尔墨斯，希腊把一切勇士都叫阿喀琉斯，把一切谋士都叫奥德修斯（这正如中国人把一切巧匠都叫作鲁班，一切神医都叫作华佗，把一切富于智谋的人都叫作诸葛孔明一样）。

维柯本人也是一个诗人，《新科学》是探讨人类社会文化起源和发展的一种大胆的尝试。维柯不但开创了社会科学，也开创了和社会科学密切相关的近代社会学、人类学、语言学，乃至文艺心理学。

克罗齐的《美学，作为表现的科学和一般语言学》就是继承维柯思想而加以发挥的。

美学学科的正式创立

亚历山大·戈特利布·鲍姆加登（1714 年～1762 年），德国哲学家、美学家，被称为“美学之父”。主要著作有《关于诗的哲学沉思录》《美学》《形而上学》等。

鲍姆加登 1714 年 6 月 17 日出生于柏林。他的父亲是当时卫戍部队的布道牧师，他是 7 个孩子中的第五个，其兄是神学家。其父生活淡泊，操守严谨，学识渊博，勤于职守，在任上颇受尊敬。当他 8 岁的时候，其父母就先后去世了。父亲留给儿子的除了大量的藏书以外，就是清贫和一条严格的戒律：在他去世以后，不许他们接受任何形式的奖学金和一切社会救济（如资助贫困学生的免费午餐），显示出一位以普度众生为己任的神职人员所能显示的对职业的最高忠诚。他还嘱咐儿子们去哈勒学习神学，哈勒是当时普鲁士统治下的德国的神学中心和学术中心。

▲ 勃兰登堡门

勃兰登堡门是柏林的重要象征，伟大的美学家鲍姆加登就出生于柏林。

少年的鲍姆加登通过兄弟们的资助就读于柏林的中学。“从我开始学习古典人文学科以来，我的进步始终是在我的极为睿智的启蒙老师，令人敬仰的柏林文科高中的副校长、著名的克里斯特高的激励下取得的，提起他，我不能不产生最深挚的感激之情，正是从那时起，我几乎不能一日无诗。”因为当时的学术经典文献都是拉丁文或者是希腊文，不懂拉丁文就莫谈学术。当时的德国的文科中学便是教授拉丁文与希腊文的专门学校。

1727年，作为一名优秀文科毕业生，他遵从父亲的遗愿来到了位于东萨勒河畔的名城哈勒，成为著名神学家兼教育家弗兰克的关门弟子。他先在哈勒德孤儿院苦修三年，然后于1730年考进哈勒大学，继续学习神学。

鲍姆加登在1735年发表的博士论文《关于诗的若干前提的哲学沉思录》中就首次提出建立美学学科的建议。正如他自己所说：“我永不完全抛弃诗，我对诗是估价甚高的，不仅为了纯粹的欣赏，还因为它有用。”这本书是献给资助自己完成学业的长兄纳塔奈勒的。至1750年他特地从希腊文中找出了“Aesthetica”来命名他的研究感性认识的一部专著。至此，美学作为西方一门近代人文科学诞生。当然，鲍姆加登的意义不仅在于命名和提出建议，他为美学学科的建立付出了毕生精力。

获得博士学位的他留校任教。1739年，25岁的他被任命为奥得河畔的法兰克福的大学教授，鲍姆加登应聘法兰克福大学的教授是用拉丁文的骈体来宣讲的，让时人惊羡不已。可见其对拉丁文的精通。而且他的著作都是用拉丁文出版的。由于他在哈勒的授课深受学生们的欢迎，学生们纷纷上书挽留，他只得延迟到1740年才去上任。

1742年他开始在大学里讲授“美学”这门新课，在1750年和1758年正式出版《美学》第一卷和第二卷。在《美学》中他实现了学位论文中的建议，驳斥了十种反对设立美学学科的意见，初步规定了这门学科的对象、内容和任务，确定了它在哲学科学中的地位，使美学成为一门独立的学科。

1750年常被看作美学成为正式学科的年代，鲍姆加登也由此获得了“美学之父”的称号。正如克罗齐所说：“这是巨人的步伐，是的，是鲍姆加登取得了这门新科学之父——不是义父而是亲父——称号。”

《美学》第一卷刚出版，1751年，37岁的鲍姆加登由于健康状况恶化，不得不卧床休养。在几乎丧失工作能力的情况下，他坚持在1758年出版了《美学》第二卷。这本书没有按照构想写完，1762年5月26日，他怀着未竟的愿望和深深的遗憾，在久病11年之后与世长辞，年仅48岁。

他以悲怆而崇高的话来结束其《美学》第二卷的短序：“亲爱的读者，如果你是强者，你会注意我、认识我，最后会爱我，你从我和他人那里懂得命运。病魔来回折磨我足有8个年头，看来无法医治。必须及早地习惯于很好思维。如今，我要做些什么，的确，我不知道作为一个男人是否这样做。”他的一生俨然像圣徒一样。

» 美学学科的创立

美学的英语是aesthetics或esthetics；德文是asthetik；拉丁文是“aesthetica”，这个词原来不存在，是鲍姆加登为了与原来的拉丁词sensus（英文的sense，感觉的）相区别而从希腊文创造的，直译就是“感性学”。因为感性可以分为外在的和内在的，前者作

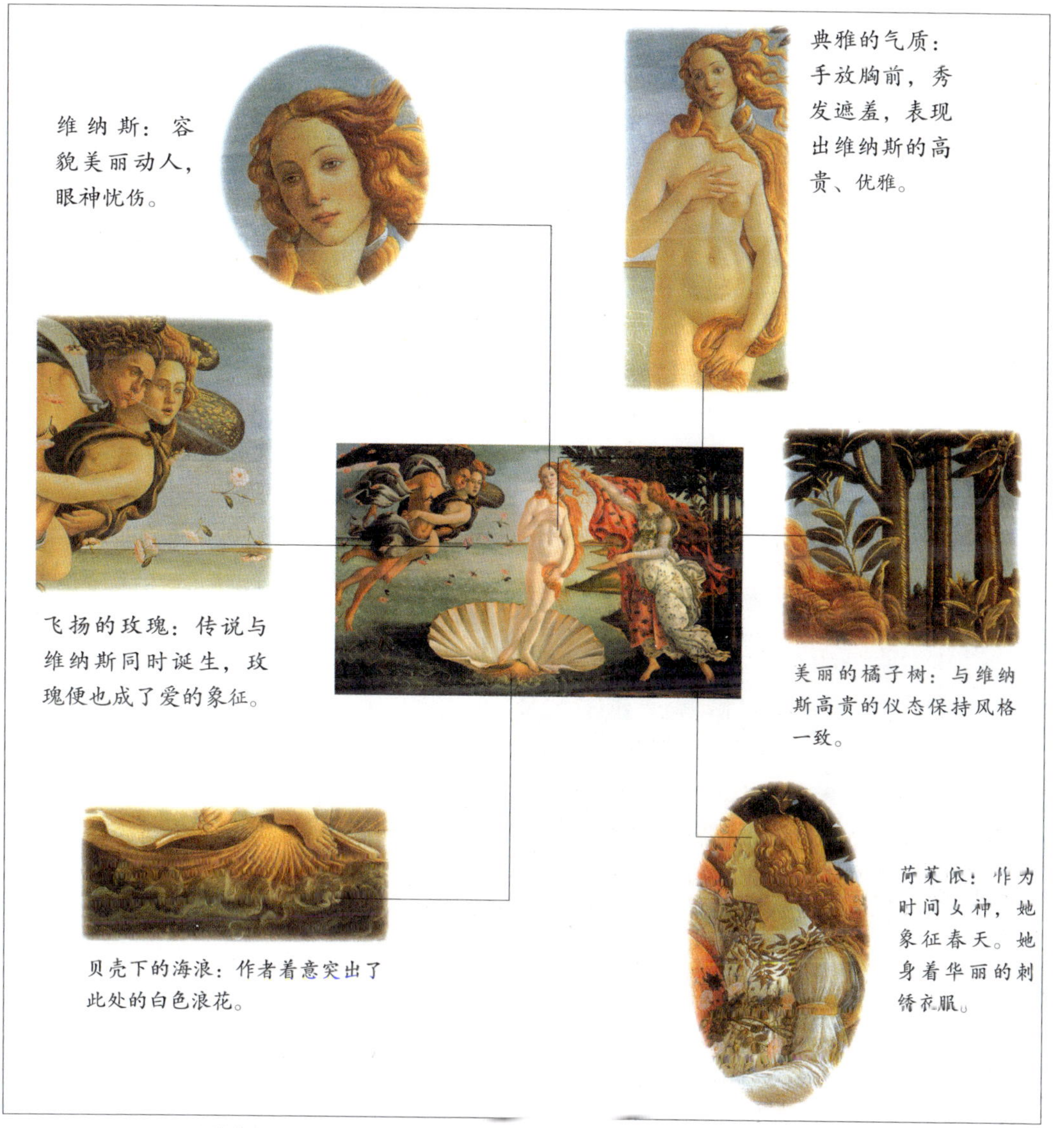

▲《维纳斯的诞生》是博蒂切利的现实主义绘画名作，大概创作于1485年前后。维纳斯的希腊文原名为阿佛洛狄忒，意思是来自泡沫。此画表现女神维纳斯从爱琴海中浮水而出，风神、花神迎送于左右的情景。她美艳无比又非常浪漫，掌管动植物的繁衍与人间爱情等6项事务。维纳斯作为美和爱的化身，是美和理性的典范。可以说，谈到美学，维纳斯是不可回避的。

为一种自我感知产生于“我”的身体而与所有的感官相关，后者则仅仅产生于“我”的心灵，故而“感性学”这个词包含两层意思。它包含的第二层意思：它来自心灵；它是内在的；它是不明确的。鲍姆加登正是在这个意义上使用的，它不是经验的感觉或知觉，而是对这种经验的感觉的超越。美学就是感性认识和感性表现的科学（作为认识能力下的逻辑学、认识论之下的理论、美的思维的艺术、类理性的艺术）。鲍姆加登自己用德文解释道：Aesthetica 是“美的科学”。汉语中的美学来自日本，日本人用汉名“美学”对译德文 asthetik，并在 1907 年以前传入中国。

鲍姆加登指出，美学为（美的艺术的理论，低级知识的理论，用美的方式去思维的艺术，类比推理的艺术）研究感性知识的科学。他要到人的主观认识中寻找美的根源。这预示了近代西方美学的新方向。鲍姆加登把莱布尼茨－沃尔夫派的命题“美是感官认识到的完善”修定为“美是感性认识本身的完善”。鲍姆加登“是最先克服了‘感觉论’和‘唯理论’之间的对立，并对‘理性’和‘感受性’做出新的富有成效的综合的思想家之一”。

鲍姆加登认为：“美学的对象就是感性认识的完善，这就是美；与此相反的就是感性认识的不完善，这就是丑。”美学是以美的方式去思维的艺术，是美的艺术的理论。作为感性认识的美学，目的是达到感性认识的完善。而完善这一概念，是鲍姆加登从沃尔夫那里继承而来，在鲍姆加登这里，完善既有理性认识的内容，又有感性认识的内容。意味着整体对部分的逻辑关系即多样性的统一的“完善”是美的最高的理性尺度，“美学的目的是感性认识本身的完善”。

要达到感性认识的完善，须有三个条件：思想内容的和谐、次序和安排的一致和表达的完美。他的感性认识包括情感、直觉、想象、记忆。艺术作品中的内容的真实、鲜明、丰富、可信、生动，是一件“美”的艺术作品的最重要标准。

▲ 弹曼陀铃的姑娘　意大利　卡拉瓦乔

这是一幅具有抒情风格的作品，画面中心的罗马姑娘长得妩媚动人，正对着花瓶中的花轻弹曼陀铃低声吟唱。画中的她并没有看桌子上的乐谱，而是半侧过头来望着观众，目光柔和亲切，可以使人感觉到她那颗纯洁质朴的心。相对于传统的美神维纳斯而言，这个形象能够给人们更直接、更真实的美的享受。

鲍姆加登提出审美的真实性。鲍姆加登认为科学和艺术都追求真，但两者追求真的方式却是不一样的。“诗人理解道德的真理，和哲学家所用的方式不同；一个牧人看日月食，也和天文学家所用的眼光不同。”科学的求真要求用完善的理性，通过个别事物具体的、生动的、表象的舍弃，抽象出具有高度概括力的一般概念；而审美的求真则正好和前者相反，它是运用“低级的感性认识”，尽量把握事物的完善，在这个过程中尽可能地少让质料的完善蒙受损失，并在为了达到有趣味的表现而加以琢磨的过程中，尽可能少地磨掉真所具有的质料的完善。

卡西尔说：“鲍姆加登美学的目的就是要给心灵的低级能力以合法地位，而不是要压制和消灭它们。”鲍姆加登认为审美经验中同样包含着普遍的真理性，即“审美的真”。这种真实，不是通过理性的逻辑思维所能达到的，而是通过具体的形象感觉形成的。

美学家不直接追求需要用理智才能把握的真，而是在对具体的感性形象的体验中领悟这种普遍性。认为并非所有的假在审美领域内也是假的。假（丑）的事物如果符合“感性认识的真完善”，就是真（美）的，而真（美）的事物如果不符合这一标准，就是假（丑）的。真或假在这里似乎与事物本身的性质无关，而只关系到感性认知的方式。甚至有些假，例如，文艺作品中的虚构，在审美领域里可能比现实生活中的事实更真、更美。他认为能激起最强烈的情感的就是最有诗意的。

正如吉尔伯特在《美学史》中所说，鲍姆加登把各种尚未展开的认识汇集起来，精心拟定了一种体系；这种体系能够从理性上证明不完全的哲学家和文艺批评家的种种“瞥见”，而且，它还能够为一百年之后它的至高点——即康德的《判断力批判》指出方向。鲍姆加登的这种体系，不仅仅为后来研究美的理性构成奠定了基础。可以这样说（事实上，人们已不止一次地这样说过），德国美学为德国民族文学的繁荣时代——德国诗歌和戏剧的伟大时代开辟了道路。

《古代艺术史》的出版

《古代艺术史》作者温克尔曼1717年12月9日出生在勃兰登堡的施滕达尔的一个贫苦鞋匠家里。少年的温克尔曼学习勤奋，酷爱读书。对古典文学和历史等非常感兴趣。他先后到柏林和萨尔茨韦德尔上所谓的大学预科，准备进大学的高级中学。

1738年，他由人介绍进入哈勒大学学习神学，但是他却把精力和兴趣投入自己喜欢的古希腊文学和艺术中去。虽然他学习的是神学，但他是一个多神教者。多神教的思想方式贯穿于温克尔曼的活动和著作中。

他曾一度想做一名医生，为此他还到耶拿大学上医学课。因为没有机会，他只好在柏林附近的一个城市马格德堡当一名家庭教师。1743年～1748年，他受聘担任一个小城市的地方中学副校长。他试图扩大学生的视野，引导学生涉猎各方面的知识，引起家长们的不满而被免职，但是他自己却读了很多书：读两遍拜尔的《历史的批判字典》，三遍荷马的《伊里亚特》和《奥德赛》。

1748年，他应萨克森选帝侯国的凡·比瑙公爵的邀请给他做图书资料员，帮助其收集资料来写神圣罗马帝国史。他居住在德里斯顿附近的内滕特尼茨，德里斯顿不但有精美的建筑，汇集了古希腊罗马雕刻的部分原作及其复制品，而且还有文艺复兴时期意大利等国绘画大师提香、韦罗内塞、科雷乔、拉斐尔、荷尔拜因等人的杰作。

同年，他结识了德国画家和新古典主义代表人物奥塞尔，这对温克尔曼以后艺术理论的形成产生了重要的影响。奥塞尔欣赏的是意大利文艺复兴式的单纯、素朴、宁静、伟大的风格，坚决反对涡卷形装饰和贝壳装饰以及离奇古怪的艺术趣味。其后，这个人对歌德也产生了重要的影响。正如歌德所说，如果不是结识了奥塞尔，温克尔曼将不得不在到处被遗弃的古代遗迹中长久地徘徊。

▲ 哈勒市中心的市场广场

温克尔曼曾在哈勒接受大学教育，这一时期他对古希腊文学艺术的钻研为他日后的事业发展奠定了基础。

1755年，温克尔曼发表处女作《关于在绘画和雕刻中模仿希腊作品的一些意见》。这本书里，他认为希腊人对自然界的了解高于现代人，现代人应该模仿希腊人。他高扬了古希腊艺术精神，成为后来欧洲在艺术教育等方面推崇希腊的宣言书。这本书陆续被翻译成很多译本。同年11月，得到萨克森选帝侯兼波兰国王奥古斯都三世的资助，年薪200塔勒的银币。温克尔曼赴罗马进行考察研究。

在罗马他接受枢密主教帕西欧涅的邀请，成了罗马教会拥有30万册藏书的梵蒂冈图书馆的馆长。因此他改信天主教，他自己说：我迷恋知识，为了这个缘故我接受了这个条件。在广泛接触罗马的艺术之后，他说："与罗马相比之下，什么都是零了！以前我认为我已经学到了不少东西，但来到这里才发觉我一无所知。这里有才能卓著的人，天分极高的人和具有崇高品格的完美的人，这些人是由希腊艺术培育起来的。我相信罗马是世界的高等学府，而且事实上我已经受到它的考验和熏陶。"

他游览了那不勒斯、佛罗伦萨、庞贝等名城。在此期间，他经过七年呕心沥血的潜心研究，于1764年把古代艺术史作为希腊精神的表现来论述的《古代艺术史》出版了。由此掀起了一股崇拜希腊的浪潮。

这本书文笔流畅自然，对艺术品的评论精当细致，观察入微，无论是把艺术史作为一门单独学科来研究，还是将考古学当作一门人文学科来对待，这部书都是首创。它在艺术史与艺术考古学上的贡献是无与伦比的。

歌德回忆说：他的才学在德国早为人所热烈地称道，当时一切杂志都一致赞赏他，他发表的新见解，传播于学术界和社会间。很快，这本书轰动了欧洲。他拒绝了腓特烈大帝年薪1 000塔勒的邀请，继续留在他留恋的意大利。

1768年，他在回德国的途中，在维也纳受到了奥地利皇后马里亚·德利莎的接待并且皇后授予他勋章。当年的6月7日，他在返回意大利的途中，在亚得里海的里亚斯德港遇到歹徒，身受数刀。他接受了临终圣餐，而且去看望了杀他的罪犯并且宽恕了他。此后几小时便永别了他所热爱的意大利，被葬在里亚斯德的天主教教堂墓地，在此，凶犯为他立了一座纪念碑。

歌德说：温克尔曼与哥伦布相同，他未曾发现新世界，但他预示了新时代的来临。在对艺术和古典学术的任何研究中，谁都会想起温克尔曼来。他是艺术上绕不过的丰碑。如果没有温克尔曼，德国的新文艺复兴也许是不可能的。

温克尔曼认为："我们越是认识到作品是制作者的生活的表现，我们就越是接近最完备的艺术理论。”作为近代意义的“艺术史”最早开始于温克尔曼 1764 年的巨著《古代艺术史》。

温克尔曼认为艺术是有自己的历史和兴衰的，艺术的这种特征还符合和植根于各民族的历史和文化条件。他说：“艺术史的目的在于叙述艺术的起源、发展、变化和衰退，以及各民族各时代和各艺术家的不同风格，并且尽可能地根据流传下来的古代作品来说明。”温克尔曼是第一个把艺术当作一个存在于时空中的有机整体而非孤立作品来研究的人。具体到古希腊艺术，他说：“希腊人在艺术中取得优越性的原因和基础，应部分地归结为气候的影响，部分地归结为国家的体制和管理以及由此产生的思维方式，而希腊人对艺术家的尊重以及他们在日常生活中广泛地传播和使用艺术品，也同样是重要的原因。”他认为希腊气候条件好：“那里风光明丽，四季如春，最利于造就闲人。”政治上的自由使艺术和艺术家本身都受到尊重，这一切使得希腊艺术家们为永恒而创作，他们的荣誉和幸福不受粗暴傲慢者的恣意行为的影响，他们的作品不是为迎合那些用谄媚和卑躬屈膝的手段跻身于评判团的人的庸俗趣味和不正确的眼力而创作的。

温克尔曼以希腊艺术为实例揭示出美的一般本质。在《古代艺术史》中，温克尔曼基于理性的准则，将希腊艺术分为四个阶段。从远古风格到崇高风格再至典雅风格，这是艺术从低级到高级的发展。最后是仿古风格。他认为希腊艺术的美就是神性美的化身。所谓的神性美，也就是鲍桑葵所指出的，温克尔曼是把美的形式和美的观念等同起来。

温克尔曼坚持了西方传统的模仿说。他说：“使我们变得伟大，甚至不可企及的唯一途径乃是古代。”反之，“对自然的最精心的研究当然不足以获得关于美的完善的观念”。他认为只有希腊的艺术才体现了美的完善的观念。必须模仿古希腊的艺术作品，从这个最丰富的源泉汲取灵感。古希腊艺术乃是人类所创造的不可逾越的美的最高范本。

温克尔曼把希腊艺术作为理想美的化身，认为其具有一般的意义，是衡量各时期艺术的准则。

希腊艺术的普遍和主要的特点就是高贵的单纯和静穆的伟大。这也是温克尔曼的审美理想：“希腊杰作有一种普遍的突出的标志，这就是无论在姿态上和表情上，都显出一种高

▶ 色莫雷斯的胜利女神　石雕　古希腊　公元前 200~前 190 年

这尊胜利女神像以单纯朴素的风格表现了女神引导船队前进的英勇和伟大，是希腊雕塑的一大杰作。

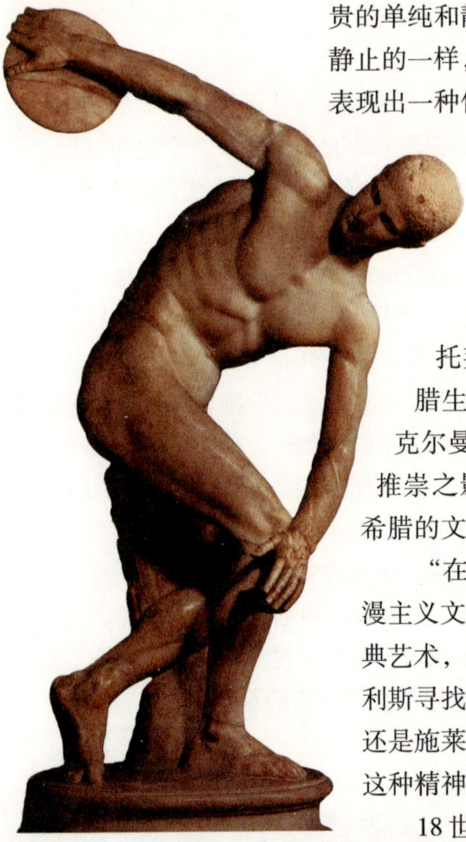
▲ 掷铁饼者　石雕　古希腊　米隆　约公元前 450 年

这件大理石雕塑达到了动与静的完美统一，给人以力量，是希腊雕塑史上的典范之作。

贵的单纯和静穆的伟大。正如海水表面波涛汹涌，但深处总是静止的一样，希腊艺术家所塑造的形象，在一切剧烈情感中都表现出一种伟大而镇静的心灵。”“静”意味着什么？“静”是一种无损的安然。“静”是一种自持的自在，唯静者才能克制和守持。“静”是一种无碍的纯一。唯静者才能坚守单纯自体。

温克尔曼最早虚构了一个“历史乌托邦”：古希腊是一个人性得到完满自足发展的审美乌托邦。从温克尔曼开始，德国许多思想家都对古希腊生活心醉神迷，魂萦梦绕。在德国文化界中，受温克尔曼对古希腊艺术的“高贵的单纯和静穆的伟大”的推崇之影响，歌德、席勒与施莱格尔兄弟，全都醉心于希腊的文化和艺术。

“在希腊人身上才重新找到永恒的自然”。雅典是浪漫主义文学家和艺术家最心驰神往的圣地。他们借助希腊古典艺术，表达了他们对理想人性的渴求与期待：无论是诺瓦利斯寻找的梦中蓝花；还是荷尔德林在踏遍异国后的还乡，还是施莱格尔兄弟办的重要杂志《雅典娜神殿》，都表达了这种精神思乡情绪。

18 世纪荷兰画家和解剖学家佩特鲁·坎波尔写道：“世上没有一个人不认为，阿波罗或维纳斯的头拥有超越一切的美，也没有一个人不认为这些头颅之美是世间最美的男女的头颅所无法比拟的。”对于 18 世纪的哲学家黑格尔来说，希腊雕像“绝不仅仅是外在的、偶然的形式，而是真正的美的理念的感性显现……因为它的存在，人们找到了面部构造的体现方式，通过这种构造，人的内在精神得到了完美的表现”。黑格尔做出这种判断是基于如下一种事实：希腊人有笔挺隆起的鼻梁，在头像的侧面轮廓中，这道鼻梁从人的思维中心（前额）一直到脸的中部，形成了一条连续的轮廓线，因此使得观看者的视觉注意力都集中在了脸的上半部分，而不是集中在注重感官享受的下半部分。

温克尔曼在分析某个阿波罗雕像时指出，古希腊传说中的太阳神阿波罗之所以被认为是神灵中最优美的神，是由于男性青年美的最高标准特别体现在阿波罗身上。在雕塑中，“成年的力量与优美的青春期的温柔形式结合在一起”。因为我们能够清楚地看到，“众神最美的阿波罗像上的这些肌肉温柔得像熔化了的玻璃，微微鼓起波澜”。

温克尔曼强调艺术家要亲自考察和观赏艺术品。他提出评论雕塑的两项要求：“每一座雕像的描述都应包括两部分：一部分是涉及理想的，一部分是涉及艺术的。”我们再看看他在看到阿波罗的相关雕像时是如何分析的：“我把一切都置诸脑后，并且抖擞精神肃然立定，以便更适应于观赏它。我的胸膛似乎在随着崇敬而扩张着，就像那些昏昏然若有神灵附体的人一样，我在想象中来到了……这些阿波罗所居留过的圣地，因为我觉得，就像皮革马利翁所创造的美人那样，这个形象正在取得活动能力。”

勃兰克斯如此评价温克尔曼：“莱辛的工作是温克尔曼工作的继续。他凭借超人的批判能力，以温克尔曼的艺术理论为基础，勾画了艺术和诗歌科学的第一个设想。”

不朽名著《拉奥孔》

戈特霍尔特·艾弗赖姆·莱辛（1729 年～1781 年），作家和文学评论家。

莱辛出生于德国萨克森州的一个名叫卡门茨的小镇上。他的父亲是当地一位有名望的牧师。莱辛先是在卡门茨的文法学校学习拉丁文，12 岁时进入迈森最著名的贵族学校，开始严格的希腊文、拉丁文、英文和法文以及宗教、哲学、数学等方面的训练。

1746 年 6 月，经父亲同意，莱辛从圣·阿佛拉公爵学校提前毕业。校长对他有过这样的评价：“他是一匹需要双份草料的马。别人觉得非常繁难的功课，对他来说却像空气一样轻松。我们实在不能再教给他什么了。”这年 9 月，18 岁的莱辛获得莱比锡大学奖学金。9 月 20 日他正式到该校报到，研读神学。入学不久，莱辛对于神学的兴趣就被诸如化学、植物学、考古学、语言学乃至医学等学科冲淡了。他给母亲写信说：“我坐在书本前，只感到自己的存在，很少想到别的。请允许我的坦白，我也很少想到上帝。我的唯一快慰是勤奋……我逐渐认识到，书籍固然可以给我以知识，使我成为学者，但不能把我培养成一个人……有一段时间我把书本扔在一边，为了去结识更有用的事物和思考更有意义的事情。”

在莱比锡大学，他结识了许多学术界的知名人物。其中集自然科学家、作家、翻译家和诗学批评家于一身的克斯特纳对莱辛当时以及后来的影响最大。他将莱辛介绍给了当时在德国最著名的诺伊贝尔剧社。

诺伊贝尔剧社的演出，莱辛几乎每场必看。宁愿啃一块干面包，也不愿放弃一次观看演出的机会。他的第一部喜剧《青年学者》也由这个剧社上演，而且获得相当的成功。莱辛在莱比锡的生活情形传到了卡门茨。他的父母亲认为这是一种堕落，便编造了一个母亲病重的谎言，让他回到卡门茨住了几个月。后来他虽然又得到父亲的同意回到莱比锡改修医学，但他真正的兴趣已转向戏剧。

1748 年，诺伊贝尔剧社因为经济拮据而解散。他的大学生活也随着剧社的解散而宣告“剧终”。与诺伊贝尔剧社的交往，使莱辛渐渐脱离了日后成为一名牧师或神学家的轨迹，而走上了最终成为德国不朽的戏剧家、美学家和哲学家的道路。1748 年 11 月，莱辛来到柏林，开始了他的戏剧家与美学家的生涯。他的父母以他“不务正业”为由而终止了对他的经济资助，这使得莱辛从此成为德国文学史上第一个依靠写作维持生活的职业作家。随后他创办和编辑过戏剧评论杂志，写作和发表了大量的文学评论、寓言和剧本，编辑出版了自己的包括诗体寓言在内的六卷本《文集》（1753 年～1755 年）。有的学者认为，德国自从有了莱辛，才算有了真正属于自己民族的寓言。他还翻译了《狄德罗先生的戏剧》等外国作品，还给一位普鲁士将军当过秘书。1759 年，他又出版了自己的散文体寓言和寓言论文《寓言三卷·附录关于此类文体的几篇论文》。

1766年他完成了著名的美学著作《拉奥孔：论画与诗的界限》。1767年，他受聘担任汉堡民族剧院艺术顾问，并创办了一份专门评论上演剧目和表演艺术的小报。他为全年的52场演出撰写了104篇评论，这就是后来结集出版的，到今天已经成为欧洲戏剧批评经典名著的《汉堡剧评》。

▲ 拉奥孔　石雕　古希腊　公元前1世纪

拉奥孔是古希腊神话中特洛伊城的祭司，由于识破了希腊人的木马计而遭到众神的惩罚，被雅典娜派来的两条巨蟒缠死。罗得岛上的雕塑家阿耶桑德罗斯父子共同创作了这件作品，表现了拉奥孔与两个儿子在与巨蟒搏斗时的巨大痛苦，强烈的挣扎令肌肉产生了痉挛，表达出在痛苦和反抗状态下的极度紧张与力量的迸发。这件作品被誉为希腊雕塑的最高典范。

» 莱辛住过的小屋

曾经那么漫长的颠沛流离的日子，让莱辛真正尝到了生活的辛苦。“我白天黑夜都在写啊写！”他自嘲地说，长期以来他就像一只站在屋顶上的鸟，刚刚准备栖息一会儿，便又听到了什么召唤他往前方飞翔的声音。

从1770年4月开始，莱辛来到沃尔夫比特尔的一个古老的图书馆——奥古斯特公爵图书馆任管理员，直到生命的最后一天。1781年2月15日，他因为脑出血而离开人世。弥留之际，他的朋友们正在念书给他听，他躺在朋友的怀抱里，恬静地、缓缓地阖上了双眼。

在时间的河流上，有一种高贵的、诗意的、文化的虔诚与教养的传统在流淌。即使在今天的德国，莱辛依然是一个巨大的存在。在柏林的国家剧院门前，这正是杜鹃花盛开的人间4月天。一群美丽的少女将一束束杜鹃花环轻轻地敬献在莱辛塑像的座基上。然后她们就站在莱辛的身边开始了自由的朗诵。她们朗诵的是莱辛的诗篇，还是别的什么，并不为人知晓。

可以用莱辛自己的话来评价他：“撇开他提供的确切结论不说，仅就他的渊深和卓越的思想方法而论，他足以成为对于他的时代与他的国家最具深远的价值与影响的一个存在者。”

» 人神冲突的悲剧

拉奥孔大理石群雕，高约184厘米，阿耶桑德罗斯等创作于约公元前1世纪，现收藏于罗马梵蒂冈美术馆。1506年1月4日，意大利人佛列底斯在罗马提图斯皇宫遗址的废墟上种植葡萄时，挖出一座群雕像，后为罗马教皇尤利乌斯二世购藏于梵蒂冈伯尔维多宫。教皇总建筑师桑加罗鉴定认为是提图斯皇宫杰出的藏品《拉奥孔》。作者是罗得岛的雕塑家，阿耶桑德罗斯和他的儿子波利多罗斯、阿塔诺多罗斯。三位雕刻家于公元前50年前后完成这件作品。这是一组忠实地再现自然并善于进行美的加工的典范之作，被誉为是古希腊最著名、最经典的雕塑杰作之一。群雕取材于希腊神话特洛伊战争的故事。

传说希腊阿耳戈英雄珀琉斯和爱琴海海神涅柔斯的女儿西蒂斯在珀利翁山举行婚礼，

大摆宴席。他们邀请了奥林匹斯山上的诸神参加喜筵，不知是有意还是无心，唯独没有邀请掌管争执的女神厄里斯。这位女神恼羞成怒，决定在这次喜筵上制造不和。于是，她不请自来，并悄悄在筵席上放了一个金苹果，上面镌刻着“属于最美者”几个字。天后赫拉、智慧女神雅典娜、爱与美之神阿佛洛狄忒，都自以为最美，应得金苹果，获得“最美者”称号。她们争执不下，闹到众神之父宙斯那里，但宙斯碍于情面，不愿偏袒任何一方，就要她们去找特洛伊的王子帕里斯评判。三位女神为了获得金苹果，都各自私许帕里斯以某种好处：赫拉许给他以广袤国土和掌握富饶财宝的权力，雅典娜许以文武全才和胜利的荣誉，阿佛洛狄忒则许他成为世界上最美艳女子的丈夫。年青的帕里斯在富贵、荣誉和美女之间选择了后者，便把金苹果判给爱与美之神。为此，赫拉和雅典娜怀恨帕里斯，连带也憎恨整个特洛伊人。后来阿佛洛狄忒为了履行诺言，帮助帕里斯拐走了斯巴达国王墨涅俄斯的王后——绝世美女海伦。特洛伊王子帕里斯奉命出使希腊，在斯巴达国王那里做客，他在爱与美之神阿佛洛狄忒的帮助下，趁着墨涅俄斯外出之际，诱走海伦，还带走了很多财宝。此事激起了希腊各部族的公愤，墨涅俄斯发誓说，宁死也要夺回海伦，报仇雪恨。为此，组成了希腊联军，墨涅俄斯的哥哥阿伽门农为联军统帅，攻打特洛伊城。双方大战10年，许多英雄战死在沙场。甚至连奥林匹斯山的众神也分成两个阵营，有些支持希腊人，有些帮助特洛伊人。阿喀琉斯是希腊联军里最英勇善战的骁将，也是《荷马史诗》里的主要人物之一。

在第十年，最后希腊联军采用足智多谋的奥德修斯的“木马计”。他们用木头造了一匹巨大的马，奥德修斯率领一批精干的兵士藏在了木马的肚子里，然后将木马运到特洛伊城下。在双方激战中，希腊人假装战败，纷纷撤退，留下了这匹木马。特洛伊人想把木马拖进城去。这时，特洛伊城阿波罗神庙的祭司拉奥孔劝阻众人。他告诫特洛伊人这匹木马是不祥之物，很可能是希腊人的诡计。但特洛伊人出于好奇，还是把木马拖入城中。夜间，当特洛伊人好梦正酣、毫无戒备的时候，奥德修斯等人从木马中钻了出来，打开城门引大军进城，里应外合才攻陷了特洛伊。希腊人获得了胜利。希腊人进城后，大肆杀戮，帕里斯王子也被杀死，特洛伊的妇女、儿童全部沦为奴隶。特洛伊城被掠夺一空，烧成了一片灰烬。战争结束后，希腊将士带着大量战利品回到希腊，墨涅俄斯抢回了美貌的海伦重返故土。因为拉奥孔警告同胞千万不要中希腊人设下的木马计谋，得罪了希腊保护神雅典娜。雅典娜为了惩罚拉奥孔，立即派两条巨蟒从田奈多斯岛直奔特洛伊，首先咬死了拉奥孔的两个儿子，然后又缠绕着拉奥孔，用毒液浸透他的肉体。群雕表现的就是这一人与神冲突的悲剧。

雕像中，拉奥孔位于中间，神情处于极度的恐怖和痛苦之中，正在极力想使自己和他的孩子从两条蛇的缠绕中挣脱出来。他抓住了一条蛇，但同时臀部被咬住了；他左侧的长子似乎还没有受伤，但被惊呆了，正在奋力想把腿从蛇的缠绕中挣脱出来；父亲右侧的次子已被蛇紧紧缠住，绝望地高高举起他的右臂。那是三个由于苦痛而扭曲的身体，所有的肌肉运动都已达到了极限，甚至到了痉挛的地步，表达出在痛苦和反抗状态下的力量和极度的紧张，让人感觉到似乎痛苦流经了所有的肌肉、神经和血管，紧张而惨烈的气氛弥漫着整个作品。歌德认为，人类对自己和别人的痛苦会产生畏惧、恐怖和怜悯三种感觉。一件雕塑能表现其中之一，就已是难能可贵了，而《拉奥孔》却同时把三种感觉表现出来。父亲临近死亡的搏斗，使人恐怖；大儿子看来还有希望逃脱，令人担心、畏惧的是他能否

▲ 表现特洛伊战争的想象图

希腊军队采用了奥德修斯的计策，军士们藏在巨大的木马之中。特洛伊人把木马拖进城，希腊人破马而出，里应外合，攻下了特洛伊，长达 10 年之久的特洛伊战争结束。

逃脱；小儿子即将气绝，让人不能不为此而感到同情和惋惜。这段故事是罗马诗人维吉尔的《伊尼特》第二卷里最有名的一段：

（两条大蟒蛇）
一直就奔向拉奥孔；首先把他两个孩子的
弱小身体缠住，一条蛇缠住一个。
而且一口一口地撕吃他们的四肢，
当拉奥孔自己拿着兵器跑来营救，
它们又缠住他，拦腰缠了两道，
又用鳞背把他的颈项捆了两道，
它们的头和颈在空中昂然高举。
拉奥孔想用双手拉开它们的束缚，
但他的头巾已浸透毒液和瘀血，
这时他向着天发出可怕的哀号。

莱辛在《拉奥孔：论画与诗的界限》一书中，通过特洛伊太阳神庙祭司拉奥孔父子三人被蛇缠住咬死的故事在古代造型艺术和诗歌中的不同处理——“为什么拉奥孔在雕刻里不哀号，而在诗里却哀号？”探讨画与诗的界限问题。

古希腊诗人西蒙尼得斯认为“画是无言的诗，诗是能言的画”。拉丁诗人贺拉斯在《诗艺》里说：“画如此，诗亦然。”这种强调诗画模仿自然一律性的诗画一致说在 17~18 世纪成为新古典主义文艺理论一个典型特征。

莱辛认为，拉奥孔之所以在诗歌中大声哀号，而在雕塑中只是“轻微的叹息”，是因为“美是古代艺术家的法律；他们在表现痛苦中避免丑”，“凡是为造型艺术所能追求的其他东西，如果和美不相容，就必须让路给美；如果和美相容，也至少须服从美”，“试想让拉奥孔张口大叫，看看印象如何……面孔各部免不了呈现很难看的狞恶的挛曲，姑且不用说，只是张着的大口，在图画中是一个黑点，在雕刻中是一个空洞，就要产生极不愉快的印象了”。因此，拉奥孔的哀伤要冲淡为愁惨，愤怒要冲淡为严峻。莱辛还认为，在诗歌中拉奥孔可以穿着衣服，蟒蛇可以在他的腰上绕两道，在他的颈上也绕两道，但在雕塑中拉奥孔是裸体的，蟒蛇不能遮盖他的躯干，因为诗歌可以以此来强化恐怖，表现体面：“一件衣裳对于诗人并不能隐藏什么，我们的想象能看穿底细。无论史诗中的拉奥孔是穿着衣或裸体，他的痛苦表现于周身各部，我们可以想象到。”至于雕像却须把苦痛所引起的四肢筋肉挛曲很生动地摆在眼前，穿着衣，一切就遮盖起来了。

《拉奥孔》关于诗与画界限的划分是从文艺模仿自然这个基本信条出发的。莱辛就“自然”这个笼统的概念进行了分析，指出自然有静态与动态之分，由于所用媒介不同，诗只宜于描写动态而画宜于描绘静态。莱辛就是要划定诗和画的界限，挑战诗画一致说，提出诗画异质说。

莱辛认为诗与画的差异主要有以下两点：首先是题材方面：造型艺术只能描绘静态的物体，而诗人描写的对象则是动作。画只描绘在空间中并列的物体，局限于可以眼见的事物，只宜用美的事物，即可以引起快感的那一类可以眼见的事物。“在永远变化的自然中，艺术家只能选用某一顷刻，特别是画家还只能从某一角度运用这一顷刻。”莱辛说，凡是一纵即逝的东西，一旦通过艺术固定下来就会给人留下可怕的视觉印象，所以就不应该在那一顷刻中表现出来。而且在造型艺术中，艺术品是同时展示给观赏者的，只存在欣赏过程中的体验与想象；诗则叙述在时间上先后承续的动作，不受眼见的局限，可以写丑，写喜剧性的、悲剧性的、可厌恶的和崇高的事物；莱辛说：“毫无必要像画家那样把他的描绘集中到某一顷刻。他可以随心所欲地就他的每个情节从头说起，通过中间所有的变化曲折一直到结局。”在诗中，读者则是随着阅读逐步展开还原过程。莱辛认为：“诗是更为宽广的艺术，它可以达到绘画所永远达不到的那种美。”

其次，媒介方面，莱辛提出绘画所用的符号是在空间中存在的、自然的；而诗所用的符号却是在时间中存在的、人为的。因而，“时间上的先后承续属于诗人的领域，而空间则属于画家的领域。”画使用线条颜色之类“自然的符号”，它们是在空间并列的，只宜于描绘在空间中并列的物体。由于造型艺术媒介材料的限制，莱辛要求艺术家为了美而牺牲了表情。诗使用语言的“人为的符号”，它们在时间上是先后承续的，适宜叙述在时间中先后承续的动作情节。

《拉奥孔》虽是诗画并列，而其中的一切论点都偏重说明诗的优越。用莱辛自己的话说：“生活高出图画多么远，诗人在这里也高出画家多么远。”

《拉奥孔》这部未完成的著作被誉为“现实主义美学里程碑”和“启蒙运动思想武器”。俄国杰出的美学家和文学家车尔尼雪夫斯基说：“自从亚里士多德以来，谁也没有像莱辛那样正确和深刻地理解了诗的本质。”因为莱辛把人生看作诗的唯一基本题材和唯一主要的内容。

第六章
德国古典美学

德国古典主义美学奠基人
——康德

伊曼努尔·康德（1724 年 ~ 1804 年），启蒙运动时期最重要的思想家之一，德国古典哲学创始人。

1724 年 4 月 22 日康德出生于东普鲁士首府柯尼斯堡（今天的俄罗斯加里宁格勒）的一个马鞍匠家庭，1740 年进入柯尼斯堡大学攻读哲学，1745 年毕业。从 1746 年起康德去一个乡间贵族家庭担任家庭教师 4 年，1755 年康德重返柯尼斯堡大学，获得博士学位，取得编外讲师资格，任讲师 15 年。1770 年康德被任命为逻辑和形而上学教授，1786 年升任柯尼斯堡大学校长，1797 年辞去大学教职。1804 年 2 月 12 日病逝。康德在柯尼斯堡大学任教期间先后当选为柏林科学院、彼得堡科学院、科恩科学院和意大利托斯卡那科学院院士。

卡尔·雅斯贝斯将康德与柏拉图和奥古斯丁并列为三大“永不休止的哲学奠基人”。康德在其三十多年的研究生涯中，留下了三部划时代的杰作：《纯粹理性批判》（1781 年）、《实践理性批判》（1788 年）和《判断力批判》（1790 年）。康德以他的三部《批判》实现了他理想中的真、善、美的统一，构筑起三位一体的神圣的哲学殿堂。康德把他的时代称为“批判的时代”。

▲ 康德像

德国哲学家康德是历史上最伟大的哲学家之一，他提出“人的认识既依赖于经验，也依赖于理智”的观点，是欧洲理性主义与经验主义的集大成者。

德国大诗人海涅说：“康德的生平履历很难描写，因为他既没有生活过，也没有经历什么。”康德终生没有离开过柯尼斯堡，但是他思考的范围却横跨宇宙。他一生中只有一次离家到一个 100 公里外的城市旅行的经历，但是他却像一个阅历丰富的旅行家那样，在人类学著作中对各国风土人情做了详细而生动的描写。

1754 年，康德发表了论文《论地球自转是否变化和地球是否要衰老》，对“宇宙不变论”大胆提出怀疑。康德的星云说发表后并没有引起人们的注意，直到拉普拉斯的星云说发表以后，人们才想起了康德的星云说，后来命名为康德—拉普拉斯假说。

康德外表生活秩序井然，千篇一律，比起从事这种工作的其他人来，显得更为单调刻板。

在柯尼斯堡大学任教的康德的一天是这样的：5时，康德起床，穿着睡衣去书房，他的书房里摆着两张普通的书桌，墙上挂着一幅卢梭的画像。康德的私人书籍并不多，各种书加起来也不过500本。先喝两杯淡茶，再吸一斗香烟。7时，康德去教室上课。课后他又换上睡衣回到书房看书。13时，康德再次更衣，与朋友共进午餐。康德是一个美食家，跟当时18世纪的习惯一样，康德午餐都到饭馆里去吃，而且很讲究美食佳肴。酒的选择对康德来说也很重要，早年中意于红酒，而晚年更喜爱白酒。他喜欢不慌不忙地悠然用餐，如果他喜欢某一道特别的菜，他会询问烹饪法以及它是如何预备的，也会随口评判一番。希佩尔后来开玩笑说："迟早他会写成一部《烹饪术批判》。"

▲ 曾被用于著作封面的康德漫画

从1781年开始，康德完成了《纯粹理性批判》《实践理性批判》和《判断力批判》三部著作，这标志他的批判哲学体系的诞生，随之带来了一场哲学上的革命。

每天午后3点半，人们就会看到，在一座庭院外的林荫道上，总会悠然走来一个身高不足5英尺，凹胸凸肚，右肩内曲，左肩下斜，歪搭着头的小矮子。他身上永远穿着一套灰色的装束，手里永远提着一支灰色的手杖，后面永远跟着一位忠诚的老仆人，永远为他准备着一把雨伞。这一主一仆是如此的守时，以至于市民们在与他们亲切地打招呼的同时，总忘不了趁机校正自己的手表。这就是哲学家康德和他的仆人拉普。那条街道后来被命名为"康德小道"。

一位康德传记家赞叹道："康德的一生就像是一个最规则的动词。"然而有一次，康德读到卢梭的《爱弥儿》，简直是如获至宝，不忍释卷，一连几天足不出户，把自己的作息安排表忘了个一干二净。这是一次例外，而且这是康德仅有的一次例外。

康德说："我生性是个探求者，我渴望知识，急切地要知道更多的东西，有所发明才觉得快乐。我曾经相信这才能给予人的生活以尊严，并蔑视无知的普通民众。卢梭纠正了我，我想象中的优越感消失了，我学会了尊重人，除非我的哲学恢复一切人的公共权利，我并不认为自己比普通劳动者更有用。"

康德对"绝对律令"的遵守也并非不折不扣，据说他规定自己每天清早只能抽一斗烟，可随着时间的推移，他的烟斗却越来越大。终生未娶的康德并非不近女色。康德曾开玩笑地说："当我想要女人时，我却养不起她；当我养得起女人时，我却不再需要她了。"

在日常生活中，他衣着讲究入时。他喜爱参加哲学圈子以外的沙龙，且谈吐不俗，机智幽默，谈锋甚健，富有魅力，尤其是在女士们在场的时候。在课堂上也颇受学生的欢迎，演讲时的侃侃而谈，与三大《批判》中的晦涩语言有着本质的区别。

赫尔德回忆说："我常常怀着感激而兴奋的心情回忆我年轻时候同一位大哲学家（指康德）的相处，他对我来说是一个真正充满人性的老师……他非常善于运用诙谐、警句和幽默，而在人们哄堂大笑时他则能保持严肃……"

据说《纯粹理性批判》刚出版时，有人向康德抱怨说感到手指头太少了。因为他每读一个从句便用一个手指按住，十个手指头用完了，而整个句子还没读完。然而，当康德在学术上终于获得公众认可，受到哲学界尊敬后，他的书又突然得到各界人士的青睐，成了时髦的书。甚至连不学无术的贵族夫人和小姐也要设法买几本放在卧室里，以显示自己的修养与学识。

康德的家庭信奉路德教的虔信派，他是一个虔诚的教徒，但他的理性宗教观却被普鲁士政论指责为“歪曲蔑视《圣经》和基督教的基本学说”。康德晚年已经是闻名于世的哲学家了，他去世后，人们为他举行了隆重的葬礼。据说，全部柯尼斯堡人都参加了这个城市最伟大的儿子的葬礼，但是只有教会的人没有参加。康德在临终前的最后一句话是“这很好”，在他看来这是上帝的安排。当天天气寒冷，土地冻得无法挖掘，整整 16 天过去后康德的遗体才被下葬。

康德的墓碑刻着：“有两种东西，我们愈是时常反复地思索，它们就愈是给人的心灵灌注了时时翻新、有增无减的赞叹和敬畏：头上的星空和心中的道德法则。”这是人类思想史上最气势磅礴的名言之一，它出自康德的《实践理性批判》最后一章。康德本身就是人类思想天空里的一颗巨星。

“在哲学这条道路上，一个思想家不管他是来自何方和走向何处，他都必须通过一座桥，这座桥的名字就叫康德。”

在《纯粹理性批判》的序言中，康德宣布：“我们的时代是一个批判的时代，任何东西都不能指望逃避这个批判。当宗教想要躲在神圣的后面，法律想要躲在尊严的后边时，它们恰恰引起人们对它们的怀疑，而失去人们对它们尊敬的地位，因为只有能够经得起理性的自由与公开的检查的东西才博得理性的尊敬。”

思想史家们习惯地把 19 世纪称为一个思想体系的时代，因为体系欲望从未有一个时代如此强烈地统治着哲学思想。在《纯粹理性批判》和《实践理性批判》之后，康德出版了他的第三批判——《判断力批判》，标志着他的批判哲学的最终建立和完成。

▲东普鲁士的柯尼斯堡市从 1544 年就有了自己的大学，但是直到康德在这里出现，这座城市才成为欧洲哲学研究的前沿。

康德在其哲学研究中提出了三个大问题：我们能够知道什么？我们应该做什么？我们可以希望什么？《纯粹理性批判》回答了第一个问题，《实践理性批判》回答了第二和第三个问题，而《判断力批判》则试图来回答如何消除自然和自由之间的鸿沟，这也就是《判断力批判》的任务。

▲ 康德原著书影

亚里士多德说：人是有理性的动物。理性是哲学问题的核心部分。康德在第一批判《纯粹理性批判》中提出他的问题：人类的知识是如何可能的？黑格尔谈到康德的理性概念时说："康德在灵魂的口袋里尽量去摸索里面还有什么认识能力没有，碰巧发现还有理性。"康德说："我的问题是，一旦抛开物质和经验，我们凭借理性能有什么收获。"重建"知识论"是康德毕生的关注重心。意识不仅反映世界，而且创造世界，这条原理就起源于康德。

康德如此断言："知性不是从自然界获得自己的规律，而是给自然界规定规律。"正是从康德开始，在西方思想史上源远流长的将人的心灵视作一面镜子的认识，不再显得理所当然。其意义对于认识来说，正如哥白尼翻转了地球和太阳之间的关系一样。康德将自己的工作称之为思想领域里的一场"哥白尼式革命"。事实上，可能意义比那还要重大。因为他改变了人类的思维方式。但是康德说："思维无内容则空，直观无概念则盲。"

只要人是有理性的存在者，就必定是自由的。《实践理性批判》的主要目标是确定道德意识的性质是否能确证自由、灵魂不死和上帝存在的实在性，尤其是从道德——实践理性中把人的"自由意志"突现出来。道德首先是和自由的主体联系在一起的。自由是道德律存在的理由。

追求自由也就是人类向至善无穷接近的过程。然而，现在，虽然在作为感官之物的自然概念领地和作为超感官之物的自由概念领地之间固定下来一道不可估量的鸿沟，以至于从前者到后者（因而借助于理性的理论运用）根本不可能有任何过渡，好像这是两个各不相同的世界一样，前者不能对后者发生任何影响；那么毕竟，后者应当对前者有某种影响，也就是自由概念应当使通过它的规律所提出的目的在感官世界中成为现实。如何消除自然和自由之间的鸿沟就是康德的《判断力批判》要解决的问题。

在"自然人"与"自由人"之间需要有一个中介环节，这就是"审美人"。因为除认识之外，任何东西也不能传达给别人。因为思想的客观性的基础是概念，普遍性标志着客观性。审美判断既是单称的、个别的、主观的，又是具有普遍有效性的，而且又不是逻辑上的，即依赖概念的普遍性。

为了解决审美经验的普遍性不借助概念而得到实现的问题，康德提出了"判断力"的概念。康德说："判断力是一种特殊的天赋，它完全不能学得，只能练习。因此判断力是被称为天生机智的特性。"它是对抽象知性力的一种补充。其功能在于将"殊相"包含于"共相"之中。

判断乃是连接个别与一般的命题方式，譬如"这花是红的"和"这花是美的"，具有相同的判断形式，但在意义上却不相同。前者是知识判断，“这朵花”是个别的，而“红”则是普遍的一种属性。后者是审美趣味判断，因为是主观的、个人的、特殊的。康德就这样确认审美经验的内在普遍性：“一个表象和这种判断力的诸条件的协和一致必须能够假定作为对每个人先验地有效。”

康德是最早按照整个哲学体系的要求来建立美学范畴的美学家。康德美学范畴的主干是：必然—美—崇高—自由。在康德看来，尽管审美判断不是知识判断，从而不是逻辑的判断，而是凭借想象力和理解力相结合而与主体的快感和不快感相联系的审美判断。因此，可以运用理解力的四项范畴质、量、关系、情状来考察审美判断力，依照这四项范畴来对审美判断力进行分析，这就形成了美的分析和崇高的分析。

» 美的分析

第一，从质的方面看，美的特点在于没有利害性，这是因为审美判断只涉及对象的形式而不涉及对象的内容和存在。康德还把审美判断和逻辑判断严格区分开来，认为审美判断是一种情感判断而非理智判断，所以不涉及概念。

康德认为：“每个人必须承认，一个关于美的判断只要夹杂着极少的利害感在里面，就会有偏爱而不是纯粹的欣赏判断了。”因此美感不同于快感，美不同于善。就质而言，美的特点是不涉及利害而令人愉快，这是美的无目的性决定的。这一分析把审美愉快与感官上和道德上的愉快区分开来。美只适用于人类，这种不关利害、无所欲求的自由的审美活动，正是人类高于动物的精神境界的完美追求。这也导致了“纯美”和“纯艺术”的偏向，这对后来的唯美主义，“为艺术而艺术”的文艺思潮起了极大的影响。

第二，从量的方面考察审美判断，美是不凭借概念而普遍令人愉快的。因为审美快感不涉及任何利害关系，所以它就不依赖概念，所以审美判断的普遍性就不是客观的，即不是对象的一个属性，而是主观的，是一切人的共同感觉。一切鉴赏判断都是单个的判断，审美判断是单称判断，但是，鉴赏判断本身就带有审美的量的普遍性，那就是说，它对每个人都是有效的。

审美判断的普遍性是人的心理机能相同：人同此心，心同此理。康德说：“关于快适，下面这个原则是妥当的，即每一个人有他独自的（感官的）鉴赏。在美这方面，那是完全两回事了。如果那些对象单使他满意，他就不能称呼它美。但是如果他把某一事物称作美，这时他就假定别人也同样感到这种愉快：他不仅仅是为自己这样判断着，他也是为每一个人这样判断着。”美是不涉及概念而普遍使人愉快的，这是由美的合目的性决定的。

第三，从关系方面考察审美判断，康德提出“美是无目的的合目的性”。“无目的”是指内容而说的；“合目的性”则是指形式而说的，也就是说，美的事物，它在内容上虽然没有给我们什么实际的满足，但在形式上，作为一个完整而又独立自主的整体，却合于我们审美的目的。它不是某个具体的客观的目的，而是主观上的一般合目的性，所以叫作没有具体目的的一般合目的性。

第四，从审美方式看，康德认为：“美是不依赖概念而被当作一种必然的愉快的对象。”所谓判断方式是指判断带有可然性、实然性或必然性。任何形象的显现都有产生快感的可然性；某一形象令人产生了快感，那是实然的；而美的东西令人产生快感却是必然的。所谓必然性，是指事物间内在的必然联系。美的事物，必然能引起审美的快感。这不是由于理论上的推论、道德意志上的要求，也不是由于经验上的总结，审美判断的必然性只能是“范例的必然性”，是由于一切人对于一个判断的赞同的必然性，即一切人对一个用范例（某一具体的形象显现）来显示出一种不能明确说出的普遍规律的判断都要表示同意的那种必然性。这种“都要表示同意”的基础就是康德所说的尽人皆有的先天的“共同感觉力”。审美判断恰恰在于，在对象的性质适合了我们对待它的方式时，我们才按照这种性质称之为美。

▲康德认为，事物如果不能为我们的身体器官所把握，也就不可能成为我们的经验。在约翰·埃夫雷特·密莱司的画作《盲女》中，盲女可以欣赏协奏曲的乐声，可以触摸女儿的手，闻到女儿的头发，却永远不能感受身后天空的彩虹。

康德在对美分析之后，又进行了对崇高的分析。他从认识领域相关的想象力和知性的自由活动走到了理性参与的道德领域，从重视对象与主体的和谐，到更加偏重和强调理性，从而进一步体现了审美判断的中介和桥梁作用。可以说，至崇高的分析，康德的批判哲学体系才真正实现了逻辑结构的完整性，知、情、意三种心意机能所追求的真、善、美才能在先验的基础上达到了和谐统一。

康德通过不同的方式对人进行了认识，他说：人是目的，永远不可把人用作手段。这句话概括了整个启蒙运动的宗旨。

正如哲学家们常说：永远说不尽的康德。海涅在《论德国宗教和哲学的历史》中写道：“德国被康德引入了哲学的道路，因此哲学变成了一件民族的事业。一群出色的思想家突然出现在德国的国土上，就像用魔法呼唤出来的一样。”

复杂多变的歌德美学

歌德（1749 年 ~ 1832 年），德国诗人、剧作家、自然科学家和思想家。他是公认的世界文学巨人之一；是 18 ~ 19 世纪德国文学和欧洲浪漫主义的一个标志。

在世界文学史上，歌德与但丁、莎士比亚齐名，并称“三大诗圣”。

作为一名自然科学家，他的独立生物学发现启发了达尔文。

歌德出生在德国梅因河畔法兰克福一个富裕市民家庭。自小在富饶和乐的家庭成长，父亲是位教养深厚、坚毅刚强的法学家，曾任皇家参议。母亲是市长女儿，精明活泼，善讲故事。在父亲严格监督下，歌德学习语言及自然科学、艺术、马术、剑术等多方面知识

▼歌德像

歌德这位文学巨匠在戏剧、美学、绘画、政治等多个领域都取得了巨大成就，他的美学思想对黑格尔的美学理念有重要的启发。

和技能。

歌德16岁至莱比锡大学攻读法律，在史特拉斯堡大学时期，他的天分开始凸显。18世纪70年代初，一场追求个性解放的“狂飙突进”运动势不可挡地席卷整个德国。1771年10月14日，歌德发表了以《莎士比亚命名日》为题的演说：“我没有片刻犹疑拒绝了有规则的舞台。我觉得地点的统一好像牢狱般的狭隘，行动和时间的统一是我们想象力的讨厌枷锁。我跳向自由的空间，这时我才觉得有了手和脚……”这篇充满自由精神的演说成为“狂飙运动”的激情宣言。

影响他一生的大事有两件，一件是与赫尔德的相识，开启了歌德在自然和自我心灵中寻求创作的源泉。另一件是在大学时代与乡村少女芙丽德里克的相恋与背弃。他曾为这段恋情写了不少动人情诗。两人曾经甜甜蜜蜜，但后来歌德似乎害怕婚姻的枷锁，狠下心跟情人分手，留下伤心的芙丽德里克终生未嫁。这对歌德而言留下不可抹灭的悔恨，这份内疚感不断地呈现在他多部作品里。25岁时又以书信体小说《少年维特之烦恼》声名大噪，跻身世界文坛，成为浪漫主义的先驱，并引起一股维特热。

歌德年轻时就显露出才气，能够赋诗为文。在歌德的内心，其实一直犹豫着，到底自己该当个诗人，还是画家？这个问题始终没有答案，一直到歌德37岁，他才终于采取行动，启程前往当时的文艺之都意大利，他希望通过这次游历和见识，知道自己有没有成为画家的天命。这正如歌德自己所说，真理会找到它自己。

他26岁应聘至魏玛，此后便居住于此，历任政府要职，尽心辅政。1794年与席勒的相识，成就他生命中最重要的友谊。歌德曾说：是席勒给予我第二次青春，使我再度成为诗人，此后，我将不会停止写诗。在席勒去世时，歌德喟叹道：“这位挚友的死，使我也失去一半的生命。”

歌德一生情史辉煌，女朋友一个接一个，而且有的还是有夫之妇。大学毕业后，歌德到威兹拉小城工作，认识了已经有婚约在身的夏绿蒂。

歌德前往魏玛宫廷任职时，认识了封思坦夫人，两人的不伦之恋在小城里备受议论。从意大利回到魏玛后，歌德和一名贤惠又坚毅的工厂女工同居，后来不但生下儿子，两人也终于结为夫妻。

歌德的感情世界丰富多彩，几段荡气回肠的爱情更是促进了他的精彩创作。即使年届古稀，73岁那年，仍热烈追求一位17岁少女，但遭拒，于是写下晚年抒情杰作《马伦巴悲歌》。

美学辞典

狂飙运动：因歌德青年时期的朋友克令格尔一剧而得名，是18世纪晚期德国的文学运动，提倡自然、感情和个人主义，力图推翻启蒙运动所崇尚的理性主义。它反对封建割据，批评死气沉沉的封建文艺和虚伪道德，提倡个性解放，歌颂“自然”，强调“天才”和“民族风格”，是德国启蒙运动的继续和发展。歌德和席勒早期同是这一富于反抗精神的运动的主要人物。

▲《少年维特之烦恼》中插图，维特初识绿蒂。

歌德曾表白："我的一生——完全沉浸在爱情里；也就是说，我的作品全是为了爱情。如果没有了爱，没有了情，我是写不出什么东西的。"

从 1813 年 10 月始，歌德把兴趣集中到了遥远的中国。他通过英法文译本读了一些中国小说和诗歌，如《好逑传》《玉娇梨》《花笺记》《今古奇观》等。歌德在谈到中国的一部长篇小说时说："中国人在思想、行为和情感方面几乎和我们一样，使我们很快感到他们和我们是同类人，只是在他们那里一切都比我们这里更明朗、更纯洁，也更合乎道德。"他说："我愈来愈相信，诗是人类共有的精神财富。民族文学在现在算不了什么，世界文学的时代已快来临了。"

1830 年 10 月 29 日，歌德的独子奥古斯特在罗马去世，11 月 10 日歌德得知后，月底咯血。1832 年 3 月 22 日 11 时 30 分，歌德手里握着笔，端坐在圈椅上，呈现闭目思索的神态。当人们推门进屋的时候，以为他正在准备拍照。然而，那写作的场面成为永远留给后人的回忆了。

德国作家、歌德晚年的助手和挚友爱克曼写道："遗体赤裸……他的胸脯强壮有力，宽阔，向上拱起……一个完美的人躺在我眼前，显出了了不起的美。"

歌德死后，根据他的遗言，被安葬在魏玛公爵墓地席勒的遗体旁。歌德的去世，著名哲学家海涅将此视为"艺术时代的结束"。

德国诗人贝希尔说歌德是对生活的一曲伟大的德语赞歌。

» 古典主义的余晖

恩格斯称歌德为"最伟大的德国人"。朱光潜说：歌德那多达 143 卷的全集乃是美学思想的一个极丰富和极珍贵的宝库，还有待进一步的发掘。

恩格斯在谈到歌德和席勒时说："歌德过于博学，天性过于活跃，过于富有血肉，因此不能像席勒那样逃向康德的理想来摆脱鄙俗气；他过于敏锐，因此不能不看到这种逃跑归根结底不过是以夸张的庸俗气来代替平凡的庸俗气。他的气质、他的精力、他的全部精神意向都把他推向实际生活，而他所接触的实际生活却是可怜的。"

关于艺术和自然之间的关系，歌德曾经说过："艺术家对于自然有着双重的关系：他既是自然的主宰，又是自然的奴隶……艺术家通过一种完整体向世界说话，但这种完整体不是他在自然中所能找到的，而是他自己的心智的果实，或者说，是一种丰产的神圣的精神灌注生气的结果。"

▲在玛丽安娜家中的晚宴上，歌德与女主人的朋友们一同读书谈论。

歌德认为美就是自然，美在现实生活中，美是自然的秘密规律的表现。梅林说：从未有过一个诗人，像歌德这样和大自然融为一体。歌德不是描写大自然的诸般现象，在他的作品里，大地蒸腾，太阳照耀，群星灿烂，大海咆哮。

“我的诗的客观性，是有赖于眼睛的这种极大的注意和训练的。”“不要说现实生活没有诗意。诗人的本领，正是在于它有足够的智慧，能从惯见的平凡事物中见出引人入胜的一个侧面。”但是，只有对自然的观察还不够，创作还要通过作家的内心的体验和感悟。

“艺术不应当完全屈从于自然的必然性，它还有它本身的规律。”“我如果不凭预感把世界放在内心里，我就会视而不见，而一切研究和经验都不过是徒劳无益了。我们周围有光也有颜色，但是我们自己的眼里没有光和颜色，也就看不到外面的光和颜色了。”艺术应该是自然事物的道德表现。要求艺术所处理的自然“在道德上使人喜爱”。

自然是唯一的用之不尽的源泉，只有自然可以产生大艺术家。

歌德一生经历了启蒙运动、浪漫主义及古典时期，他的美学思想也是一种混合产物。歌德说：“古典诗和浪漫诗的概念现在已传遍了全世界，引起了许多争执和纠纷。这个概念原来是由席勒和我两人传出去的。我主张诗要从客观世界出发的原则，认为只有这种诗才是好的。”

在1813年的《说不尽的莎士比亚》中，歌德对古典的和浪漫的有一个历史—文化意义上的划分：

古典的：纯朴的，异教的，英雄的，现实的，必然，职责。

浪漫的：感伤的，基督教的，浪漫的，理想的，自由，意愿。

“世界是那么广阔丰富，生活是那么丰富多彩，你不会缺乏作诗的材料。一个特殊具体的情境通过诗人的处理，就变成带有普遍性和诗意的东西。我的全部诗都是应景即兴的诗，来自现实生活，从现实生活中获得了坚实的基础。我一向瞧不起空中楼阁的诗。”这说明歌德是从现实出发，认为诗歌或者是艺术是反映生活的，是典型的现实主义。正如他所说：“我要坚定生活在尘世间。”

“要创造伟大，必须精神凝集，在限制中才现出能手，只有规律能给我们自由。”

他的一生，正如其在巨著《浮士德》中所说：“我要投入时间的急流里，我要投入事件的进展中……快乐对我而言并不重要，因此我若在某瞬间说：‘我满足了，请时间停下！’就是我输了……我要用我的精神抓住最高和最深的东西，我要遍尝全人类的悲哀与幸福。”

哲学家谢林说：“歌德活着的时候，德国就不是孤苦伶仃的、不是一贫如洗的，尽管它虚弱、破碎，它精神上依然是伟大的、富有的和坚强的。”

▼歌德在法兰克福的故居

席勒承上启下

席勒（1759年～1805年），德国戏剧家和诗人。2005年5月9日是席勒200周年的忌辰，德国政府将这年命名为“席勒年”。

席勒生于内卡河畔的马尔巴赫。父亲是外科医生，后在部队里当军医。母亲是面包师的女儿。因为父亲在军队服役为军官，他是由母亲一手养大的。1773年初，席勒被符腾堡欧根公爵强行送进他创办的军事学校，先是学习法律，1775年迁至斯图加特时加了医学课，同时又学军医课程，直到1780年，席勒一直在这里受教育。在这所学校里，学生与外界长年隔绝，整年不得外出，亦无假日，出身不同的学生彼此之间严禁往来，尤其是不许阅读进步书籍。席勒称这所学校为“奴隶养成所”。

▲席勒像

席勒，德国戏剧家、诗人、历史学家、哲学家和美学家，德国文学巨匠之一，与同时代的歌德是德国古典主义的主要代表。

在斯图加特期间，他接触了“狂飙突进”运动文学，他秘密写出反抗暴君的第一个剧本《强盗》。1782年1月13日第一次公演时引起极大的震动，它是狂飙运动的代表作之一。1782年席勒逃离了公爵统治的斯图加特，悄悄跑到曼海姆等地专门从事戏剧创作。虽然过着贫困的生活，但对自己的艺术使命和光明前途充满信心。

1782年他写出了第三部悲剧《阴谋与爱情》，是其青年时代最成功的一部剧作。恩格斯称该剧为“第一部德国的有政治倾向的戏剧”。这是德国文学史上“狂飙突进”运动中戏剧方面的杰作。席勒在曼海姆负债累累，心情抑郁。创办杂志和同贵族女子之间的爱情失败，使他心力交瘁。

艰苦和漂泊不定的生活损害了他的健康。1785年，他在贫病交迫中接受克纳尔等4个年轻人的邀请，4月间前往莱比锡城外的哥里茨村度假。他们先是发出邀请，后又寄去钱袋。席勒在哥里茨小村住了4个月，安定的生活环境，清新宁静的田园风光，友情的呵护，使他心田里充满激情，激发他写出著名的《欢乐颂》。这首诗写成之后，约有百名作曲家为之谱曲，其中以贝多芬最有名，成为他著名的第九乐章。在那里还完成了《唐·卡洛斯》，标志着他的创作正从狂飙突进时期向古典时期过渡。

1787年7月席勒来到魏玛。1789年经歌德推荐任耶拿大学历史教授。1790年与夏洛蒂结婚。1792年获法兰西共和国荣誉公民称号。1788年至1795年间写出了许多历史和美学著作。

歌德和席勒在一起10年（1794年~1805年），对德国文学做出巨大贡献，创造了“德国古典文学”的灿烂时期。席勒的最重要著作和叙事诗、后期的力作都完成于这10年之间。歌德也曾对席勒深情地说过：“你给了我第二次青春，使我作为诗人而复活了——我早已不再是诗人了。”

1797年歌德和席勒各自都写出一系列著名的“谣曲”叙事诗，因而这一年被称为“谣曲年”。此后席勒继续从事戏剧创作，写出《华伦斯坦》三部曲（1798年、1799年）以及《威廉·退尔》（1803年）等著作。1805年5月9日去世。

没有人能说清席勒究竟是一个进行哲学思考的诗人，还是一个作诗的哲学家。

欢乐啊，群神的美丽的火花，
来自极乐世界的姑娘，
天仙啊，我们意气风发，
走出你的神圣的殿堂。
无情的时尚隔开了大家，
靠你的魔力重新聚齐；
在你温柔的羽翼之下，
人人都彼此称为兄弟。

——《欢乐颂》 钱春绮译

» 审美中介说

席勒最重要的美学著作《论美书简》和《审美教育书简》集中地谈论了美的问题。席勒的《审美教育书简》中的命题大多数是以康德的原则为依据的。虽然席勒认为非此方式人类就不能取得进步是历史必然，但是现代性具有二律背反特性，席勒认为现代性也导致人性的分裂和艺术低俗。

席勒说：“现在，国家与教会、法律与习俗都分裂开来，享受与劳动脱节、手段与目的脱节、努力与酬报脱节。永远束缚在整体中一个孤零零的断片上，人也就把自己变成一个断片了。

耳朵里听到的永远是由他推动的机器轮盘的那种单调乏味的嘈杂声，人也就无法发展他生存的和谐，他不是把人性刻到他的自然（本性）中去，而是把自己仅仅变成他的职业和科学事业的一个标志。”

▲1788 年，席勒为魏玛的奥古斯特公爵表演并朗诵了他的《唐·卡洛斯》的第一章。席勒的美学思想承上启下，为美学向全新领域的发展指明了方向。

“然而在现时代，欲求占了统治地位，把堕落了的人性置于它的专制桎梏之下。利益成了时代的伟大偶像，一切力量都要服侍它，一切天才都要拜倒在它的脚下。在这个拙劣的天平上，艺术的精神贡献毫无分量，它得不到任何鼓励，从而消失在该世纪嘈杂的市场中。”

席勒给自己的使命是：“我们有责任通过更高的教养来恢复被教养破坏了的我们的自然（本性）的这种完整性。”“只有美的观念才能使人成为整体，因为它要求人的两种本性与它协调一致。”

他根据这个观念把人性区分为“人格”和“状态”的要求，认为人有两种冲动，即“感性冲动”和“形式冲动”。

感性冲动，产生于人的自然存在或他的感性本性。它把人置于时间的限制之内，并使人成为素材；感性冲动的对象就是一切物质存在以及一切直接呈现于感官的东西，席勒将之称为“最广义的生活”。

形式冲动。它产生于人的绝对存在或理性本性，致力于使人处于自由，使人的表现的多样性处于和谐中，在状态的变化中保持其人格的不变。席勒说：“感性冲动要从它的主体中排斥一切自我活动的自由，形式冲动要从它的主体中排斥一切依附性和受动性，但是排斥自由的是物质的必然，排斥受动的是精神的必然。因此两个冲动都须强制人心，一个通过自然法则，一个通过精神法则。”无论处在哪一种冲动的单独强制下，人性都是片面的、不完整的、不自由的。只有由第一种冲动过渡到第二种冲动实现两者的统一，才能使现实与必然、此时与永恒获得统一，真理与正义才得以显现。

席勒指出：“要使感性的人成为理性的人，除了首先使他成为审美的人，没有其他途径。”席勒说：“这一工具就是艺术，在艺术不朽的范例中打开了纯洁的泉源。”席勒认为，艺术的根本属性是“表现的自由”。

席勒提出了“游戏冲动”。人身体内郁积了许多精力，要发泄出来，人在这种状态中使两种冲动成为一种相互抵消的自由自在的活动，人也在精神和物质两方面得到了自由，人从感性的人过渡到理性的人，这种过渡的中间桥梁就是审美教育。

席勒认为：“只有当人是完全意义上的人，他才游戏；只有当人游戏时，他才完全是人。”因为当人处于游戏的时候才能通过自由去给予自由，这就是审美王国的基本法律。席勒指出，只有通过审美教育这种精神能力的协调提高才能产生幸福和完美的人。这就是席勒关于审美教育的“中介论”，是整个美育的核心环节。正因为美育具有这种特殊的中介作用，所以席勒认为它是德智体其他各类教育所不可取代的。

他说：“有促进健康的教育，有促进认识的教育，有促进道德的教育，还有促进鉴赏力和美的教育。这最后一种教育的目的在于，培养我们的感性和精神力量的整体达到尽可能和谐。”

他还认为审美教育可以实现社会改良：“人们在经验中要解决的政治问题必须借助美学问题，因为正是通过美人们才可以走向自由。”

黑格尔认为：“席勒的大功劳就在于克服了康德所了解的思想的主观性与抽象性，敢于设法超越这些局限，在思想上把统一与和解作为真实来了解，并且在艺术（即美）里实现了这种统一与和解。”

席勒在《论素朴的诗与感伤的诗》之中主要是从诗人处理人与自然的关系的角度来划分他们的作诗方法。歌德曾经说过：“古典诗和浪漫诗的概念现已传遍全世界，引起许多争执和分歧。这个概念起源于席勒和我两个人。”

席勒说：“诗人或者是自然，或者寻求自然。所有诗人，只要实际存在着，他们都是处在由时代决定的状态之中的，他们活跃在时代之中，或者偶然的情况对他们总的教养和一时的心境发生影响，他们就要么属于素朴的诗人，要么属于感伤的诗人。”这两种不同创作方法的特征是：“在自然的素朴状态中，由于人以自己的一切能力作为一个和谐的统一体发生作用，因而他的全部天性都完全表现在现实中，所以诗人就必定尽可能完美地模仿现实；相反，在文明的状态中，由于人的全部天性的和谐协作仅仅是一个概念，所以诗人就必定把现实提高到理想，或者换句话说，就是表现理想。事实上，这是诗的天才借以表现自己的仅有的两种可能的方式。”因此，席勒所说的诗人的两种创作方法所创造出来的两种诗为：素朴的诗和感伤的诗，也就是后来人们所说的现实主义文学和浪漫主义文学，前者的特征是“尽可能完美地模仿现实”，后者的特征是“表现理想”。

▲ 秋千　法国　弗拉戈纳尔

作品描绘的是一对贵族夫妇在茂密的丛林中游玩戏耍。年轻的贵妇人正在荡秋千，眼光中充满挑逗，她故意把鞋踢进树林中，其夫被引得四处忙乱地寻找，她反而恣情大笑。作品虽然轻佻俗艳，却很符合当时贵族的审美需求。

歌德曾经指出，席勒为美学的全

部新发展奠定了初步基础。

哈贝马斯在《论席勒的〈美育书简〉》一文中指出：“这些书简成了现代性的审美批判的第一部纲领性文献。席勒用康德哲学的概念来分析自身内部已经发生分裂的现代性，并设计了一套审美乌托邦，赋予艺术一种全面的社会——革命作用。由此看来，较之于在图宾根结为挚友的谢林、黑格尔和荷尔德林在法兰克福对未来的憧憬，席勒的这部作品已经领先了一步。”

正如鲍桑葵所认为的那样，席勒是康德与黑格尔之间的一个重要的桥梁。

德国古典美学的高峰

乔治·威廉·弗里德里希·黑格尔（1770 年～ 1831 年），德国哲学家和教育家。

1770 年 8 月 27 日生于德国符腾堡公国首府斯图加特。其父是该城税务局书记官。1777 年，黑格尔进入斯图加特城拉丁文学校学习古典语文。三年后，进入该城的文科中学。在当时的同学和老师眼里，他不算聪明，却勤奋，为人老实，有点少年老成甚至迂腐。喜爱读书的他被同学称为“老头”。这个时期的同学在他的纪念册里，画了一幅驼背拄双拐的黑格尔的漫画并写道：“愿上帝保佑这个老头。”

1788 年 10 月，黑格尔到图宾根神学院学习哲学和神学，受康德、斯宾诺莎和卢梭等人的思想影响。

在这里黑格尔结识了两个影响其一生的重要的人物：比他小 5 岁的“早熟的天才”谢林和天才诗人荷尔德林。

黑格尔要完成的伟大行为需要两翼：一是对希腊世界的热爱，一是对哲学的兴趣。他的朋友中，最能促进前者的是荷尔德林，最能促进后者的是谢林。

1793 年秋季，他完成学业。“神学有成绩，他看来不是一名优秀的传教士。”因为他不善辞令，沉默寡言。毕业后，他游历了卢梭的故乡瑞士，并给那里的一个贵族家庭的三个孩子当家庭教师。1797 年，在荷尔德林的引荐下，黑格尔来到法兰克福一个商人家当家庭教师。

1801 年，黑格尔来到了当时德国哲学和文学的中心耶拿，开始了他一生中具有决定意义的一个阶段。1801 年初，他到耶拿一个贵族家任教。8 月 27 日，在他 31 岁生日的时候，由谢林帮助，黑格尔成为耶拿大学编外讲师。因为不善言辞，他上课时总是翻笔记，费劲地斟酌字眼。他给人的印象是木讷的，被叫作“木头人黑格尔”。

他好沉思，因此，一次下午三点的课，他两点钟就到了，这本来是另外一位教授的课，学生是另一批。但是他毫不知觉地开始讲课了，另一位教授只好退走。等三点钟，

▲ 黑格尔像

黑格尔是德国著名的哲学家，绝对精神的布道者，在他看来，世界上的万事万物及其发展过程都是非物质性的，他的哲学所提出的自我意识成了这些历史发展过程的顶峰。同样，他的美学思想也达到了德国古典美学的巅峰。

▲ 拿破仑在埃纳夏尔·戴维南　19 世纪初

拿破仑的经历为黑格尔在政治思索和国家理念方面起着连续不断的参考作用。

他自己的学生来的时候，他说："诸位，感官的可靠性究竟是否真正可靠，首先取决于关于自身的意识经验。我们一直认为感官是可靠的，本人在一小时以前却对此有了一次特别的体验。"说完，嘴角露出一丝笑意，但是马上又消失了。

1801 年 10 月 21 日，他首次见到魏玛公国枢密院大臣、大诗人歌德。从此开始了两个人伟大的友谊。1805 年获得副教授职称。1807 年，他出版了《精神现象学》，但是他也不得不离开耶拿而去巴伐利亚州的班堡担任《班堡日报》的编辑。因为在耶拿，他陷于经济窘迫，而且也因为风流韵事弄得满城风雨。他曾住过的一个房子的房东的女主人给黑格尔生了一个儿子。这个孩子是这个女人的第三个孩子，取名为路德维希。这个只活了 24 岁的私生子在黑格尔去世前，死在战争中。

作为昔日神圣罗马帝国的中心，在这个把历史的深沉和自然的美景完美结合的小城班堡，在小城最美丽的季节——1807 年的春天，37 岁的黑格尔在河边第一次遇到了拿破仑——那时的拿破仑皇帝正率领他那支不可一世的法国军队与普鲁士征战，身材矮小的拿破仑骑着高头大马，趾高气扬地从黑格尔以及其他班堡市民面前经过时，站在街边角落里的黑格尔发出了这样的感慨："做人当如拿破仑！"与拿破仑不同的是，黑格尔创造了一个辉煌而广阔的思想帝国，为暗淡的普鲁士王国抹上永恒的光辉。

因为报纸得罪了当局而停办，1808 年黑格尔来到了纽伦堡。12 月被任命为纽伦堡一个古典文科中学的校长，直到 1816 年。1811 年，黑格尔同一位比他小 20 岁的姑娘玛丽·冯·图赫尔结婚。婚姻开始遭到女方父母的反对，因为他们想让女儿高攀一位大教授而不是一个收入微薄的中学校长。由于许诺了将要成为埃尔兰根大学教授，9 月 16 日黑格尔结婚了。黑格尔说："我终于完全实现了我尘世的夙愿：一有公职，二有爱妻，人生在世，夫复何求。"图赫尔生了三个孩子，第一个女儿生下来不久就死了。两个儿子，一个成为埃尔兰根大学历史学教授，一个成为勃兰登堡省长。

1816 年，黑格尔到海德堡任哲学教授，开始享有盛誉。1818 年，普鲁士国王任命黑格尔为柏林大学教授。1822 年，黑格尔被任命为大学评议会委员。1829 年 10 月，黑格尔被选为柏林大学校长并兼任政府代表。1831 年，黑格尔被授予三级红鹰勋章。

据说，黑格尔有一次为了思考一个问题，竟然在同一个地方站了一天一夜；还有一次，他边散步边思索，一只鞋子陷入烂泥中而不知晓，一只脚上只是穿着袜子，伴随着他的观念继续往前走。

1831 年 11 月 14 日，黑格尔因感染了流行的霍乱病突然去世。

恩格斯说：他和歌德一样，在各自的领域中，都是奥林匹斯山上的宙斯。

黑格尔成为德意志民族世代引以为傲的思想巨人。他的主要著作包括《精神现象学》《逻辑学》《哲学全书》（其中包括逻辑学、自然哲学、精神哲学三部分）《法哲学原理》《美学》《哲学史讲演录》《历史哲学讲演录》，等等。

» 美是理念的感性显现

黑格尔说："对于我们来说，美和艺术的概念是由哲学系统提供给我们的一个假定。"黑格尔设定理念（绝对精神）为宇宙的基本前提与全部内容。罗素说的黑格尔的理念是"一位教授眼中的神"。

黑格尔继承了柏拉图关于"理念"的一些说法。他说："柏拉图是第一个对哲学研究提出更深刻的要求的人，他要求哲学对于对象（事物）应该认识的不是它们的特殊性，而是它们的普遍性，它们的类性，它们的自在自为的本体。"但是，黑格尔批评说："柏拉图的理念是空洞无内容的，已经不能满足我们现代心灵的更丰富的哲学要求。"所以黑格尔的理念是："一般说来，理念不是别的，就是概念，概念所代表的实在，以及这二者的统一。"理念是普遍性和现实事物的特殊性、一般和特殊、抽象和现实的统一，而且理念本质上是一个过程。这个过程中理念按照正（自我意识）反（现实）合（回来自身）的矛盾模式向前发展。

黑格尔在他的自传中承认，他所创造的正反合辩证逻辑定律正是得自《易经》的启发。并且在《哲学史讲演录》上赞叹《易经》，他感慨地说："《易经》包含着中国人的智慧。"据说，这位西方哲学家后来曾经感叹地说，他一生中最大的遗憾是没有完全学透中国的《易经》！

▲ 阿布辛拜勒神庙　古埃及　约公元前 1250 年

阿布辛拜勒神庙由古埃及国王拉美西斯二世建造，坐落于尼罗河西岸，开罗以南。神殿临砂岩绝崖凿嵌而成，俯瞰河水。神殿正门两边，各矗立一对对称的拉美西斯二世的巨型石像，围守着中央门户。每当太阳从东方升起，第一道光芒会先照到镶嵌在门户上方壁龛中的头像上。神庙中法老的巨像安详、威严，神圣不可侵犯。整个神庙是象征型艺术的杰作，也是黑格尔"美是理念的感性显现"的美学观点的真实体现。

正如恩格斯所指出："精神哲学又分成各个历史部门来进行，如历史哲学、法哲学、宗教哲学、哲学史、美学，等等——在所有这些不同的历史领域中，黑格尔都力图找出并指出贯穿这些领域的发展线索。在美学领域的发展线索就是美是理念的感性显现。同时，因为他不仅是一个富于创造性的天才而且是一个学识渊博的人物，所以他在每一个领域中都起了划时代的作用。"

黑格尔是德国古典美学的集大

成者。黑格尔对于美的定义即“美是理念的感性显现”，是整个黑格尔美学体系的核心与基础，是开启黑格尔美学大厦之门的一把金钥匙。

黑格尔关于美的定义是：“美就是理念，所以从一方面看，美与真是一回事。这就是说，美本身必须是真的。但从另一方面看，说得更严格一点，真和美却是有分别的。说理念是真的，就是说它作为理念，是符合它的自在本质和普遍性的，而且是作为符合自在本身与普遍性的东西来思考的。所以作为思考对象的不是理念的感性的外在的存在，而是这种外在存在里面的普遍性的理念。但是这理念也要在外界实现自己，得到确定的现前的存在，即自然的或心灵的客观存在。真，就它是真来说，也存在着。当真在它的这种外在存在中是直接和它的外在现象处于统一体时，理念就不仅是真的，而且是美的了。美因此可下这样的定义：美是理念的感性显现。”

美的内在的东西，即内容，就是理念；美的外在形式就是感性表现形式：“感性显现就是直接呈现于感觉的外在形状，就是表现方式。”只有当理性和感性达到统一，才能现出真正的美。黑格尔指出：“这就是说，美本身必须是真的。但是从另一方面看，说得更严格一点，真与美却是有分别的。”“当真在它的这种外在存在中是直接呈现于意识，而且它的概念是直接和它的外在现象处于统一体时，理念就不仅是真的，而且是美的了。”而且“人对艺术品的专心致志纯粹是认识性的”。

黑格尔“绝对精神”的本质特征是自由。“美本身却是无限的，自由的”。所以，审美带有令人解放的性质，它让对象保持它的自由和无限，不把它作为有利于有限需要和意图的工具而起占有欲和加以利用。所以美的对象既不显得受我们人的压迫和逼迫，又不显得受其他外在事物的侵袭和征服。正因为美的理念与感性的直接统一融为一体，从而是一个独立自在的精神的统一体，所以，美就有了无限的自由性特征。美就是抛弃了必然性的自由。

理念是宇宙的根据，以绝对理念的内在矛盾作为动力，整个现象是理念以否定原则外化出的等级系统。黑格尔从美的定义出发，将美的对象划分为自然美与艺术美两大类。理念的最浅近的客观存在就是自然，第一种美就是自然美。理念高高在上，自然以其结构简单垂首于下，人则因生命的复杂性较显高贵；从矿物到植物到生命，各以接近理念程度的不同而领受一份不同的美的犒赏。

黑格尔认为，艺术美高于自然美，并且这里的高于不仅是一种相对的或量的分别，即艺术美在质上高于自然美。因为只有心灵才是真实的，只有心灵才涵盖一切，所以一切美只有在涉及这较高境界而且由这较高境界产生出来时，才真正是美的。就这个意义来说，自然美只是属于心灵的那种美的反映。它所反映的只是一种不完全不完善的形体，而按照它的实体，这种形态原已包含在心灵里。

“自然美只是为其他对象而美，这就是说，为我们，为审美的意识而美。”黑格尔说，“鸟的五光十彩的羽毛无人看见也还是照耀着，它的歌声也在无人听见之中消逝了；昙花只在夜间一现而无人欣赏，就在南方荒野的森林里萎谢了。而这森林本身充满着最美丽最茂盛的草木和最丰富最芬芳的香气也悄然枯谢而无人享受。”自然美的顶峰是动物的生命。但是动物有灵魂却没有心灵、没有精神，因而不能反观自身，在本质上就是不自由的。

黑格尔认为："艺术的内容就是理念，艺术的形式就是诉诸感官的形象。就艺术美来说的理念并不是专就理念本身来说的理念，即不是在哲学逻辑里作为绝对来了解的那种理念，而是化为符号现实的具体形象，而且与现实结合为直接的妥帖的统一体的那种理念。"艺术美的理想是具体的理念的感性显现，因而是理性与感性、自由与必然、主体与客体、认识与实践、一般与个别、内容与形式的高度统一；艺术与宗教、哲学同在一个领域，都是人的认识形式。艺术是感性显现着的自我意识。无论是就内容还是形式来说，艺术都还不是心灵认识到它的真正旨趣的最高的绝对的方式。在艺术里，感性的东西经过心灵化了，而心灵的东西也借感性化而显现出来了。

黑格尔按照理念的感性显现的不同程度和表现方式把艺术分为象征型、古典型、浪漫型三个类型。与象征型艺术相对应的主要是建筑，与古典型艺术相对应的主要是雕刻，与浪漫型艺术相对应的主要是绘画、音乐、诗。

黑格尔把象征型艺术称为艺术前的艺术。因为在象征型艺术中，这种理念越出有限事物的形象，就形成崇高的一般性格，因此，象征型艺术一般具有崇高这一特性。象征型艺术的代表是东方各民族（埃及、波斯、印度）的艺术。黑格尔把崇高作为真正神圣艺术的标志。因为象征的艺术由于用神性的东西作为作品的内容，崇高的艺术只赞颂神的伟大和庄严，是真正的神圣艺术。然而崇高是和人自身有限以及神高不可攀的感觉联系在一起的，人在神的面前觉得自己毫无价值，他只有在对神的恐惧以及在神的息怒之下的颤抖中才得到提高。显然象征型艺术是理念与形象显现不统一的艺术，所以，艺术由象征型向古典型过渡，由崇高的矛盾达到了美的和谐，即人走向了真正的统一和自由。

黑格尔认为，古典型艺术是真正的艺术。它体现在古希腊艺术中，特别是其雕刻。古典型艺术用恰当的表现方式实现了按照艺术概念创作的真正艺术，因为在古典型艺术中内容和完全适合内容的形式达到独立完整的统一，因而形成一种自由的整体，这就是艺术的中心。黑格尔把古典型艺术作为真正的美和艺术，这种美和艺术的中心和内容是有关人类的东西，而古希腊的艺术就是古典理想的实现。美的感觉，这种幸运的和谐所含的意义和精神，贯穿在一切作品里，在这些作品里希腊人的自由变成了自觉的，它认识到自己的本质。因此，希腊人的世界观正处在一种中心，从这个中心上美开始显示出它的真正生活和建立它的明朗的王国。

▲黑格尔把现实的历史过程，即绝对精神朝着自我意识的过程，比作基督的受难、死亡和复活。

黑格尔把美当作古典型艺术的理想，即理念的感性显现的完满实现，及其显示出来的和谐。黑格尔说："古典型艺术是理想的符合本质的表现，是美的国度达到金瓯无缺的情况。没有什么比它更美，现在没有，将来也不会有。"他说："但是到了完满的内容完满地表现于艺术形象了，朝更远地方瞭望的心灵就要摆脱这种客观现象而转回到它的内心生活。这样一个时期就是我们的现在。我们尽管可以希望艺术还会蒸蒸日上，日趋完善，但是艺术的形式已不复是心灵的最高需要了。”这样，理念是独立自由的绝对精神，那么它就要离开外在世界而退回到它本身，这就产生了浪漫型艺术。

浪漫型艺术的真正内容是绝对的内心生活，相应的形式是精神的主体性，亦即主体对自己的独立自由的认识。浪漫型的美不再涉及对客观形象的理想化，而只涉及灵魂本身的内在形象，它是一种亲切情感的美，它只按照一种内容在主体内心里形成和发展的样子，无须过问精神所渗透的外在方面。因此，浪漫型的旨趣不再关心使实际存在现出古典型的统一，而是集中在一个与此相反的目的上，就是用一种新的美的气息灌注到精神本身的内在形象里，所以艺术从此就不大关心外在的东西，它只把当前现成的外在的东西信手拈来，让它爱取什么样的形状就取什么样的形状。

艺术演变的过程就是精神逐渐克服物质的过程。他认为音乐已经摆脱了物质材料的空间性和物质性，所以就比绘画更自由。作为美的艺术，音乐须满足精神方面的要求，要节制情感本身以及它们的表现，以免流于直接发泄情欲的酒神式的狂哮和喧嚷，或是停留在绝望中的分裂，而是无论在狂欢还是极端痛苦中都保持住自由，在这些情感的流露中感到幸福。黑格尔认为真正的理想的音乐听起来应该像云雀在高空中歌唱的那种欢乐的声音，这就是在一切艺术里都听得到的那种甜蜜和谐的歌调。（音乐）大师在作品里永远保持住灵魂的安静、愁苦之乐固然也往往出现，但总是终于达到和解；显而易见的比例匀称的乐调顺流下去，从来不走极端；一切都很紧凑，欢乐从来不流于粗犷的狂哮，就连哀怨之声也产生最幸福的安静。

诗歌作为浪漫型艺术的最后一个阶段，又可分为三个小的阶段：悲剧、正剧和喜剧。“诗艺术是心灵的普遍艺术，这种心灵是本身已得到自由的，不受为表现用的外在感性材料束缚的，只在思想和情感的内在空间与内在时间里逍遥游荡。”艺术到了诗的阶段，到了这最高的阶段，艺术又超越了自己，因为它放弃了心灵借感性因素达到和谐表现的原则，由表现想象的诗变成表现思想的散文了。浪漫型艺术就是解体的艺术。艺术最终要被没有感性束缚的宗教和哲学代替。

黑格尔认为，艺术并不是一种单纯的娱乐、效用或游戏的勾当，而是要把精神从有限世界的内容和形式的束缚中解放出来，要使绝对真理显现和寄托于感性现象，总之，要展现真理……这种真理的展现可以形成世界史的最美好的方面，也可以提供最珍贵的报酬，来酬劳追求真理的辛勤劳动。

“我们的宗教和理性文化，就已达到了一个更高的阶段。”哲学是“绝对心灵的自由的思考”，哲学的繁荣是“绝对精神”胜利的象征，这时“绝对理念”就完全认识了自己，实现了自己，回复到意味着历史“终结”的纯粹的精神世界了。

第七章
19 世纪美学

叔本华的非理性美学

阿瑟·叔本华（1788 年 ~ 1860 年），德国哲学家。他被称作“悲观主义的哲学家”，但是罗素说：“假若我们可以根据叔本华的生活来判断，可知他的论调也是不真诚的。”

▲ 叔本华像

叔本华是新的生命哲学的先驱者，他从非理性方面来寻求哲学的新出路，提出了生存意志论。他对人间苦难很关注，被称为“悲观主义哲学家”。他所开启的非理性哲学对后世思想发展影响深远，而他的美学思想也是非理性的。

阿瑟·叔本华 1788 年 2 月 22 日生于但泽（即今波兰的格但斯克），父亲是一个大银行家，相貌令人不敢恭维，且脾气也很暴躁，后自杀。其大部分遗产由叔本华继承，使这位未来的哲学家终生过着优裕的生活，叔本华死后财产都捐献给了慈善机构；他的母亲约翰娜·特洛西纳则聪明美丽，且富文学才华，外国语也说得很流利，后来成为歌德在魏玛圈子里的知名人物和著名的小说家。叔本华从小孤僻，傲慢，喜怒无常，并带点神经质。叔本华说：“我的性格遗传自父亲，而我的智慧则遗传自母亲。”

1797 年 7 月，阿瑟和父亲一起去巴黎和勒阿弗尔。他在那儿学习法语和法国文学。1799 年 8 月，叔本华回到汉堡。叔本华根据父亲的意愿决定不上文科学校学习，决定将来不当学者。并在父亲的刻意安排下，进入一所商业学校读书，以便将来能继承父业。1803 年 5 月 3 日他开始了一次旅行，周游了荷兰、英国、法国和奥地利，并开始学习经商。1805 年 4 月 20 日叔本华的父亲自杀。叔本华在他父亲去世后，因嫌恶商业生活的庸俗和世俗味道而脱离从商生活，踏上学术研究之路。1804 年 8 月 25 日结束在国外的旅行。1811 年 9 月，叔本华开始在柏林大学学习两年，约翰·戈行里布·费希特在大学执教。1814 年 5 月，叔本华和他母亲彻底决裂。叔本华离开魏玛，后在德里斯顿住了四年。

1819 年年初《作为意志和表象的世界》出版，从而奠定了他的哲学体系。他为这部悲观主义巨著做出了最乐观的预言：“这部书不是为了转瞬即逝的年代而是为了全人类而写的，今后会成为其他上百本书的源泉和根据。”然而该书出版 10 年后，大部分是作为废纸售出的，极度失望的叔本华只好援引别人的话来暗示他的代表作，说这样的著作犹如一面镜子，

▲ 约翰娜·叔本华

约翰娜是叔本华的母亲，丈夫去世后，她搬到了魏玛，在那里举办了一个文学沙龙，接待过歌德和格林兄弟等人。不过，叔本华与她的关系并不好。

“当一头蠢驴去照时，你不可能在镜子里看见天使”。

1819年叔本华申请在柏林大学当哲学讲师。叔本华和黑格尔发生争执，他试图和黑格尔在讲台上一决高低，结果黑格尔的讲座常常爆满，而听他讲课的学生却从来没有超出过三个人。于是叔本华带着一种愤然的心情凄凉地离开了大学的讲坛。叔本华说：“要么是我配不上我的时代，要么是这个时代配不上我。”

1831年，叔本华因惧怕霍乱病而离开柏林。1833年，叔本华定居在美茵河畔法兰克福，在那里埋头读书、写作和翻译，度过了最后寂寞的岁月。垂暮之年的叔本华过着十分孤独的生活，陪伴他的只有一条叫“世界灵魂”的卷毛狗。

1859年，《作为意志和表象的世界》第三版受到空前的欢迎，他喜不自禁地说是“犹如火山爆发，全欧洲都知道这本书”。他在这一版的序言中对自己的哲学命运做了总结：“当这本书第一版问世时，我才30岁；而我看到第三版时，却不能早于72岁。对于这一事实，我总算在彼得拉克的名句中找到了安慰；那句话是：‘谁要是走了一整天，傍晚走到了，就该满足了。’我最后毕竟也走到了。在我一生的残年既看到了自己的影响开始发动，同时又怀着我这影响将合乎‘流传久远和发迹迟晚成正比’这一古老规律的希望，我已心满意足了。”

1860年9月9日叔本华得肺炎。1860年9月21日，他起床洗完冷水浴之后，像往常一样独自坐着吃早餐，一切都是好好的，一小时之后，当佣人再次进来时，发现他已经倚靠在沙发的一角，永远睡着了。他的临终遗嘱是：希望爱好他的哲学的人能不偏不倚地、独立自主地理解他的哲学。

叔本华开创了唯意志主义、生命哲学流派，开启了非理性主义哲学。近代的思想家、文学家、艺术家如尼采、瓦格纳、托马斯·曼等人，无不直接或间接地受到叔本华哲学的影响，尼采十分欣赏他的作品，曾作《作为教育家的叔本华》来纪念他。他说：“我像一般热爱叔本华的读者一样，在读到最初一页时，便恨不得一口气把它全读完，并且我一直觉得，我是很热心注意倾听由他的嘴唇里吐出来的每一个词句。”瓦格纳也把歌剧《尼伯龙根的指环》献给叔本华。虽然他创作这部歌剧时，尚未读过叔本华的著作。国学大师王国维的思想亦深受叔本华的影响，在其著作《人间词话》中以消化吸收的叔本华理论评宋词，成就颇高。

» 作为意志和表象的世界

叔本华哲学是从德国古典理性主义向现代非理性主义过渡的最后一环。

叔本华说：至少是我的哲学就根本不问世界的来由，不问为何有此世界，而只问这世界是什么。他说：“一切一切，凡已属于和能属于这世界的一切，都无可避免地带有以主体为条件的，并且也仅仅只是为主体而存在。”那认识一切而不为任何事物所认识的，就是主体。因此，主体就是这世界的支柱，是一切现象、一切客体一贯的，经常作为前提的条件；原来凡是存在着的，就只是对于主体的存在。

“一切天生之物总起来就是我，在我之外任何其他东西都是不存在的。”“他不认识什么太阳，也不认识什么地球，而永远只是眼睛，是眼睛看见太阳；永远只是手，是手感触着地球。”世界与人的关系是表象和表象者的关系。而表象的世界是“现象”的世界，在它之外还有一个世界即被作为“自在之物”的意志。

现象不可分离地伴随意志。这世界的一面自始至终是表象，正如另一面自始至终是意志。真正存在的东西只能是意志。意志是这世界的内在本质。意志是无处不在的：人有意志，动物有意志，植物也有意志。那一掷而飞入空中的石子如果有意识的话，将被认为它是由于自己的意志而飞行的。人的真正存在是意志。例如，人的牙齿、食道、肠的蠕动就是客体化的饥饿，生殖器就是客体化的性欲；人最根本的东西是情感和欲望，也就是意志，而且人的记忆、性格、智慧等一切心理意识现象，甚至连人的肉体的活动，都是由意志所决定的。世界只是这个意志的一面镜子。人的两性关系、爱情、婚姻无非是实现生殖意志的工具，也是生命意志的工具。

意志自身在本质上是没有一切目的，一切止境的，它是一个无尽的追求。永远的变化，无尽的流动是属于意志的本质之显出的事。一切欲求皆出于需要，所以也就是出于缺乏，所以也就是出于痛苦。从愿望到满足又到新的愿望这一不停的过程，如果辗转快，就叫作幸福，慢，就叫作痛苦；如果陷于停顿，那就表现为可怕的，使生命僵化的空虚无聊，表现为没有一定的对象，模糊无力的想望，表现为致命的苦闷——根据这一切，意志在有认识把它照亮的时候，总能知道它现在欲求什么、在这儿欲求什么；但绝不知道它根本欲求什么。每一个体活动都有一个目的，而整个的总欲求却没有目的。

叔本华曾引用普卢塔克的话：人生既充满如许苦难和烦恼，那么人们就只有借纠正思想而超脱烦恼，否则就只有离开人世了。人们已经看清楚，困苦、忧伤并不直接而必然地来自“无所有”，而是因为“欲有所有”而仍“不得有”才产生的；所以这“欲有所有”才是“无所有”成为困苦而产生伤痛唯一必需的条件。导致痛苦的不是贫穷，而是贪欲。

▲叔本华认为，借助艺术尤其是音乐，人类可以从痛苦中解脱出来，音乐是抽象的，能使人获得超越时空的体验。阿德里安范·奥斯塔德的这幅《乡村音乐会》(1638年)就表达了音乐能够给人快乐的主题。

莎士比亚说：我们渺小的一生，睡一大觉就圆满了。而叔本华认为人生与梦都是同一本书的页面，依次连贯阅读就叫作现实生活。或者干脆地说：人生是一场大梦。人的最大罪恶就是：他诞生了。解

▲ 失乐园　意大利　马萨乔

这幅画集中体现了马萨乔的艺术风格与追求，画中夏娃紧闭双眼、号啕大哭，亚当则双手蒙面啜泣。离开乐园的恐惧、绝望和悲恸情感被表现得淋漓尽致、恰到好处。作品传达的痛苦情绪使画面充满了悲剧性气氛。这也许是叔本华认为"生存自身就是不息的痛苦"的原因。

脱之道，一是佛教的涅槃，二是哲学和道德，三是艺术，在艺术直观中达到"自失"境界。因为，理性使我们失去对直觉的敏感，使我们与具体事物脱节。所以，要审美直观。审美是暂时摆脱痛苦的途径之一。

叔本华的主要美学范畴——媚美、优美、壮美——都是相对于意志而言的。叔本华认为审美是纯粹的观审，是在直观中浸没，是在客体中自失，是一切个体性的忘怀。

"由于生命的自在本身，意志，生存自身就是不息的痛苦，一面可哀，一面又可怕，然而，如果这一切只是作为表象，在纯粹直观之下或是由艺术复制出来，脱离了痛苦，则又给我们演出一出富有意味的戏剧。"而这些都离不开认识，而认识总是服服帖帖为意志服务的，认识也是为这种服务而产生的；认识是为意志长出来的，有如头部是为躯干而长出来的一样。在动物，认识为意志服务，是取消不了的。在人类，停止认识为意志服务也仅是作为例外出现的。要么为自己获致理性，要么就是安排一条自缢的绞索。因为在认识一经出现时，情欲就引退。所以能暂时摆脱痛苦。这种只能当作例外看的过渡，是在认识挣脱了它为意志服务的关系时，突然发生的。这正是由于主体已不再仅仅是个体的，而已是认识的纯粹而不带意志的主体了。这种主体已不再根据诸形态来推敲那些关系了，而是栖息于、浸沉于眼前对象的亲切观审中，超然于该对象和任何其他对象的关系之外。如果人们由于精神之力而被提高了，放弃了对事物的习惯看法，不再根据诸形态的线索去追究事物的相互关系——这些事物的最后目的总是对自己意志的关系——即是说人们在事物上考察的已不再是"何处""何时""何以""何用"，而仅仅只是"什么"，也不是让抽象的思维、理性的概念盘踞着意识，而代替这一切的却是把人的全副精神能力献给直观，浸沉于直观，并使全部意识为宁静地观审恰在眼前的自然对象所充满，不管这对象是风景，是树木，是岩石，是建筑物或其他什么。人在这时，按一句有意味的德国成语来说，就是人们自失于对象之中了，也即是说人们忘记了他的个体，忘记了他的意志；他也仅仅只是作为纯粹的主体，作为客体的镜子而存在；好像仅仅只有对象的存在而没有觉知这对象的人了，所以人们也不能再把直观者其人和直观本身分开来了，而是两者已经合一了；这同时即是整个意识完全为一个单一的直观景象所充满、所占据。所以，客体如果是以这种方式走出了它

> **美学辞典**
>
> 唯意志论：由德国哲学家叔本华提出，认为意志为世界的本质，意志高于理性。万物都是意志的表现，理性也是意志的产物。叔本华认为意志是生命的冲动和欲望，他的唯意志论因此又叫作“生命意识论”。意志是痛苦的根源，痛苦产生的原因是意志未得到满足，而意志即便得到满足也是暂时的。既然如此，人只有通过禁欲来否定意志以摆脱痛苦。尼采在叔本华“生命意识论”的基础上，发展出“权力意志”论，认为权力意志是一种无处不在的力量。唯意志论开启了西方非理性主义的思潮。

对自身以外任何事物的一切关系，主体也摆脱了对意志的一切关系，那么，主体所认识的就不再是如此这般的个别事物，而是理念，是永恒的形式，是意志在这一级别上的直接客体性。并且正是由于这一点，置身于这一直观中的同时也不再是个体的人了，因为个体的人已自失于这种直观之中了。他已是认识的主体，纯粹的、无意志的、无痛苦的、无时间的主体。这也就是在斯宾诺莎写下“只要是在永恒的典型下理解事物，则精神是永恒的”这句话时，浮现于他眼前的东西。只有在上述的那种方式中，一个认识着的个体已升为“认识”的纯粹主体，而被考察的客体也正因此而升为理念了，这时，作为表象的世界才能完美而纯粹地出现……因为谁要是按上述方式而使自己沉浸于对自然的直观中，把自己都遗忘到了这种地步，以致他也仅仅只是作为纯粹认识着的主体而存在，那么，他也就会由此直接体会到他作为这样的主体，乃是世界及一切客观的实际存在的条件，从而也是这一切一切的支柱，因为这种客观的实际存在已表明它自己是有赖于他的实际存在的了。所以他是把大自然摄入他自身之内了，从而他觉得大自然不过只是他的本质的偶然属性而已。在这种意义之下拜伦说：

> 难道群山、波涛，和诸天
> 不是我的一部分，不是我
> 心灵的一部分，
> 正如我是它们的一部分吗？

在认识甩掉了为意志服务的枷锁时，在注意力不再集中于欲求的动机，而是离开事物对意志的关系而把握事物时，所以也即是不关利害，没有主观性，纯粹客观地观察事物，只就它们是赤裸裸的表象而不是就它们是动机来看而完全委心于它们时；那么，在欲求的那第一条道路上永远寻求而又永远不可得的安宁就会在转眼之间自动地光临，而我们也就得到十足的怡悦了。这就是没有痛苦的心境，伊壁鸠鲁誉之为最高的善，为神的心境，原来我们在这样的瞬间已摆脱了可耻的意志之驱使，我们为了免于欲求强加于我们的劳役而庆祝假日，这时伊克希翁的风火轮停止转动了……这样，人们或是从狱室中，或是从王宫中观看日落，就没有什么区别了。

▲ 拜伦像

只要摆脱了为意志服务的奴役就会转入纯粹认识的状况。所以一个为情欲或是为贫困和忧虑所折磨的人，只要放怀一览大自然，也会这样突然地重新获得力量，又鼓舞起来而挺直了脊梁；这时情欲的狂澜，愿望和恐惧的迫促，由于欲求而产生的一切痛苦都立即在一种奇妙的方式之下平息下去了。原来我们在那一瞬间已摆脱了欲求而委心于纯粹无意志的认识，我们就好像进入了另一世界，在那儿，日常推动我们的意志因而强烈地震撼我们的东西都不存在了。认识这样获得自由，正和睡眠与梦一样。能完全把我们从上述一切解放出来，幸与不幸都消逝了。我们已不再是那个体的人，而只是认识的纯粹主体，个体的人已被遗忘了。

我们只是作为那一世界眼而存在，一切有认识作用的生物固然都有此眼，但是唯有在人这只眼才能够完全从意志的驱使中解放出来。由于这一解放，个性的一切区别就完全消失了，以致这只观审的眼属于一个有权势的国王也好，属于一个被折磨的乞丐也罢，都不相干而是同一回事了。这因为幸福和痛苦都不会在我们越过那条界线时一同被带到这边来。

尼采与《悲剧的诞生》

弗里德里希·威廉·尼采（1844 年~ 1900 年），德国哲学家。罗素说：尼采虽然是个教授，却是文艺性的哲学家，不算学院哲学家。

1844 年 10 月 15 日一个男孩诞生在普鲁士萨克森州的洛肯镇路德教派的牧师家中，这天正好是普鲁士国王弗里德里希·威廉四世 49 岁生日，这个男孩因此取名为弗里德里希·威廉·尼采。他的母亲有波兰贵族的血统，这一直是尼采引以为豪的事情。

由于父亲在尼采 4 岁的时候去世，这个性情孤僻，而且多愁善感，身体纤弱的男孩成为家中唯一一个男人，与母亲、奶奶、两个姑姑和妹妹伊丽莎白住在一起。伊丽莎白是青少年尼采重要的精神伴侣，但当尼采真正进入到精神探索的领域后，她就无法理解尼采的思想精髓了。这种精神上的距离甚至使尼采拒绝出席她的婚礼。

在尼采死后出版的自传中，尼采说：“从现在起直到死的那天，我的工作是：不要让这些笔记落入我妹妹手中，她最能证明马太所说的那句话：观其行，知其人。”尼采甚至认为，伊丽莎白是“雨果笔下美丽的魔鬼”。但伊丽莎白却固执地认为自己是尼采的真正知音，并力图成为他的发言人。在 1888 年尼采精神崩溃后，她终于如愿以偿地获得了这个身份。

▲ 尼采故居

1879 年到 1889 年这 10 年里，尼采由于健康状况持续恶化，辞去公职开始独处，他住过瑞士的寄宿公寓、到过法国的里维埃拉和意大利，一直埋头创作，只与少数几个人来往。他的多部作品就是这期间创作的，如《查拉图斯特拉如是说》《偶像朦胧》《反对基督者》等。

▲ 尼采像

尼采是最有影响的现代思想家之一，他多次试图揭示对一代代神学家、哲学家、心理学家、诗人、小说家和剧作家有着深刻影响的支撑传统的西方宗教、道德和哲学的根本动机。

在姑姑正规的宗教教育下，小时候的尼采是个虔诚的教徒，但是成年的尼采没有继承父志而从事宗教事业，尼采却借查拉图斯特拉之口，高喊“上帝死了”，一语概括了基督教欧洲文明的危机，昭示着虚无主义的来临，将整个西方思想界震得摇摇欲坠。

小时候的尼采就显露出对音乐的爱好，尼采说：“如果没有音乐，生活对于我将是一种错误。”1864 年，尼采入波恩大学，修习神学与古典文献学后转入莱比锡大学跟从当时的比较语言学巨擘李希尔学习。

1865 年 10 月，尼采在房东的旧书店中看到了叔本华的著作《作为意志与表象的世界》：“书里的每一行都发出了超越、否定与超然的呼声。我看见了一面极为深刻地反映了整个世界、生活和我内心的镜子。”正是叔本华和后来结识的音乐家瓦格纳，使得尼采认为音乐是意志的直接体现。

1869 年 25 岁的尼采未进行论文答辩，即被李希尔推荐至巴塞尔大学担任古典文献学的额外教授。该年 4 月，他脱离普鲁士国籍，成为瑞士人。5 月 28 日在巴塞尔大学发表就任讲演，讲题为“荷马与古典文学”。尼采主张：学者必须接受艺术家的观点来阐释经典。1870 年，升为正教授。

1872 年，尼采出版了《悲剧的诞生》，在这部著作中，尼采用艺术家的眼光来考察科学，又用人生的眼光考察艺术！ 1876 年他健康状况开始恶化，此后的岁月中一直时断时续地受精神分裂症的折磨。1879 年，尼采辞去了巴塞尔大学的教职，开始了十年的漫游生涯，同时也进入了创作的黄金时期。

▲ 露·沙乐美

1873 年，尼采与哲学家保罗·雷相识，并成为好友。后来，雷把尼采介绍给莎乐美，由此产生了复杂的三角关系，从而削弱了雷与尼采的友情。

1889 年，在都灵大街上，尼采突然倒下，就在这瞬间，一个马夫赶着一辆马车正好经过，他抱着一匹被鞭打的马，放声痛哭：“我可怜的兄弟呀，你为什么这样的受苦受难！”1900 年 8 月 25 日，这位“超人”在魏玛逝世，死后葬在故乡洛肯镇父母的墓旁。

“我愿这样死去，使你们因我而更爱大地；我愿成为泥土，使我在生育我的大地上得到安息。”

尼采是矛盾的。他从小生活在女性的温柔中，曾对自己中意的女人炙热地爱恋过，然而他永远不厌其烦地痛骂妇女。在他的著作《查拉图斯特拉如是说》里，他说妇女现在还不能谈友谊。如果我们可以信赖在这个问题上他的最有力的警句：“你去女人那里吗？别忘了你的鞭子。”他认为女人有那么多可羞耻的理由；女人是那么迂阔、浅薄、村夫子气、琐屑的骄矜、放肆不驯、隐蔽的轻率……迄今实在是因为对男人的恐惧才把这些约束控制得极好。尼采终生未娶。罗素说："别忘了你的鞭子——但是十个妇女有九个要除掉他的鞭子，他知道这点，所以他躲开了妇女，而用冷言恶语来抚慰他的受创伤的虚荣心。"

» 审美人生

尼采喊出"上帝死了"，否定了传统的基督教价值观，因为："上帝这个概念是作为与生命相对立的概念而发明的"，是对人生命的否定；他要"重估一切价值的价值"，讴歌生命意志，把生命从奴性的快乐中解放出来，用权力意志来为这个世界重新确定价值尺度。而《悲剧的诞生》是他"第一个一切价值的重估"。

尼采的整个思想体系正如乌苏拉·施耐德在《尼采幸福哲学的基本特点》中所说："尼采的哲学道路是由把世界理解为一种痛苦的解释，由对这样一个痛苦世界的正当性的探讨以及如何摆脱这个痛苦世界，即对'永恒化'和'世界美化'的探索所规定的。一再被强调而且当然强调得很有道理的基本思想——上帝死了、超人、末人、强力意志、永恒轮回——仅仅标志着上述探讨世界及其拯救的道路的各个阶段。"

尼采认为叔本华根本误解了意志（他似乎认为渴望、本能、欲望就是意志的根本），叔本华认为意志是痛苦的根源；而尼采要用他创造的权力意志去反抗生活的痛苦，创造新的价值和欢乐："凡是有生命的地方便有意志，但不是生命意志，而是——我这样教给你——权力意志。权力意志是永不耗竭的创造的生命意志……这个世界就是权力意志，此外一切皆无，你们自身也是权力意志，此外一切皆无。"权力意志是否定的，否定以往的价值：所谓的真与善不过是谎言与伪善。权力意志又是肯定的，它要划定界限，确定尺度和价值。权力是权力意志的内核和本性。权力意志是永恒的创造与生成，是一种日神与酒神的狂欢与陶醉。酒神是生命的狂欢者与沉醉者，他是一个欢乐之神，给人们带来食物，让人们狂欢。

▲《查拉图斯特拉如是说》封面

这本书被公认为是以《圣经》故事体形式所写的文学和哲学杰作，尼采本人评价此书说："纵然把每个伟大心灵的精力和优点集合起来，也不能创作出《查拉图斯特拉如是说》的一个篇章。"

尼采的《悲剧的诞生》所要说明的问题是：悲剧起源于生命崇拜，源于酒神、音乐与歌舞，源于一种古老的希腊宗教仪式。尼采说："只有作为一种审美现象，人生和世界才显得是有充足理由的。在这个意义上，悲剧神话恰好要使我们相信，甚至丑与不和谐也是意志在其永远洋溢的快乐中借以自娱的一种审美游戏。"也就是说，通过权力意志的审美游戏，把我们从痛苦中解脱出来，给本无意义的世界和人生创造出意义。"肯定生命，哪怕是在它最异样最艰难的问题上；生命意志在其最高贵型的牺牲中，为自身的不可穷竭而欢欣鼓舞。"尼采认为："没有什么是美的，只有人是美的：在这一简单的真理上建立了全部美学，它是美学的第一真理。我们立刻补上美学的第二真理：没有什么比衰退的人更丑了——审美判断的领域就此被限定了。从生理学上看，一切丑都使人衰弱悲苦。"

尼采认为，艺术是生命的伟大兴奋剂。艺术，除了艺术别无他物，而且艺术是生命的最高使命与真正的形而上活动。一切美的艺术都是生命的自我肯定、自我颂扬。一切艺术都有健身作用，可以增添力量，燃起欲火，激起对醉的全部微妙的回忆。因而，艺术是对人自己生命本能和强力感的激发和肯定。

艺术源于人的两种至深本能，这就是尼采美学的两个核心概念：日神精神、酒神精神。尼采说："日神的，酒神的。有两种状态，艺术本身表现于其中，就像自然力表现于人之中一样……这两种状态也表现在正常生活中，只是弱些罢了；梦境和醉意……梦境释放的是想象力、联系力、诗之力，醉意释放出的是言谈举止之力：激情之力、歌舞之力。"艺术家创造出丰富多彩、绚丽无比的世界，雕塑、史诗以及一切叙述文体的艺术就是日神艺术。酒神艺术不是以美见长的日神式造型艺术或史诗，而是音乐。

日神是理性的象征，酒神是非理性的象征。日神和酒神分别象征着宇宙、自然、人类的两种原始的本能，一种是迫使人驱向幻觉的本能，一种是迫使人驱向放纵的本能，这两种本能表现在自然的生理现象上就是"梦"和"醉"，而在审美和艺术领域则表现为迫使艺术家进行艺术创作的两种艺术力量或艺术冲动，它们是产生一切艺术的原动力。酒神精神作为艺术冲动是自然的、本能的、非理性的。尼采认为："艺术家们，倘若他们有些成就，都一定是强壮的（肉体上也如此），精力过剩，像充满力量的野兽……在他们的生命中必须有一种朝气和春意，有一种惯常的醉意。"

尼采说："酒神艺术也要使我们相信生存的永恒乐趣，不过我们不应在现象之中，而应在现象背后，寻找这种乐趣。我们应当认识到，存在的一切必须准备着异常痛苦的衰亡，我们被迫正视个体生存的恐怖——但是终究用不着吓瘫，一种形而上的慰藉使我们暂时逃

▲尼采提出，每个人都应该充分认识到自己的潜能和"权力意志"，"权力意志"不仅体现在文化政治活动中，而且体现在战争中，拿破仑就是一个强烈认识到自身"权力意志"的人。图为拿破仑的军队在五月广场向他宣誓效忠。

脱世态变迁的纷扰。我们在短促的瞬间真的成为原始生灵本身，感觉到它的不可遏止的生存欲望和生存快乐。现在我们觉得，既然无数竞相生存的生命形态如此过剩，世界意志如此过分多产，斗争、痛苦、现象的毁灭就是不可避免的。正当我们仿佛与原始的生存狂喜合为一体，正当我们在酒神陶醉中期待这种喜悦常驻不衰，在同一瞬间，我们会被痛苦的利刺刺中。纵使有恐惧和怜悯之情，我们仍是幸运的生者，不是作为个体，而是众生一体，我们与它的生殖欢乐紧密相连。

酒神精神被尼采视为生命意志的最高表现方式，是对生命的最高肯定方式。日神与酒神的醉最终合而为一，于是诞生了悲剧。尼采把悲剧看作艺术的最高样式。尼采认为悲剧具有“形而上的慰藉”功能：悲剧具有“激发、净化、释放全民族生机的伟大力量”。

正如尼采自己所说：“我的时代尚未到来，有些人要死后才生。”他影响其身后的很多思想家和文学家，据说，在第一次世界大战期间，德国士兵的背包中有两本书是最常见的，一本是《圣经》，另一本是尼采的《查拉图斯特拉如是说》。

一个天才的发现

——美是生活

尼古拉·加夫里洛维奇·车尔尼雪夫斯基（1828 年 ~ 1889 年），俄国唯物主义哲学家、文学评论家、作家、革命民主主义者。

普列汉诺夫曾把他比喻为希腊神话中盗天火予人间的英雄，称他为“俄国文学中的普罗米修斯”。

车尔尼雪夫斯基于 1828 年 7 月 24 日出生在伏尔加河边美丽的萨拉托夫城。这座城市名称是鞑靼语“黄色的山脉”的意思。他的父亲是一个有学问的牧师，家里有很多藏书。1842 年进入萨拉托夫正教中学。16 岁时，车尔尼雪夫斯基已经通晓 7 种外国语，大量阅读了俄国民主主义者别林斯基和赫尔岑的文章。

1846 年 5 月，他考入彼得堡大学历史语文系。在大学读书的几年中，勤奋的车尔尼雪夫斯基被老师和同学戏谑地称为“伏尔加河边的读书迷”。车尔尼雪大斯基最喜欢俄国大诗人普希金和莱蒙托夫的诗，喜欢英国作家狄更斯和法国女作家乔治·桑的小说。1850 年，他大学毕业，次年重返萨拉托夫，在中学教授语文，宣传进步思想。1853 年，他同本地医生的女儿华西利耶娃结婚，同年迁居圣彼得堡，想在大学里当教授。他一边在中学教书，一边着手写作硕士学位论文《艺术对现实的审美关系》。这篇著名的美学论文 1855 年 5 月发表在《现代人》杂志上。

《艺术对现实的审美关系》这篇论文向黑格尔的唯心主义美学进行了大胆的挑战，提出“美是生活”的定义。重返彼得堡后，他就开始为《祖国纪事》杂志撰稿，后又应涅克拉索夫的邀请到《现代人》杂志编辑部工作。《现代人》杂志成了传播革命思想的论坛，揭露“农奴解放”的骗局，号召农民起义。1862 年席卷全俄的农民起义遭到镇压，同年 6 月《现代人》被勒令停刊 8 个月。作为俄罗斯公认的革命领袖和导师，车尔尼雪夫斯基遭

▲曾关押车尔尼雪夫斯基的彼得堡保罗要塞。

到反动派的敌视和仇恨，7月7日他被捕，关进彼得堡保罗要塞单身牢房。

彼得堡保罗要塞是1703年彼得大帝下令建造的，后来的沙皇政府就把它变成了一座政治监狱。在狱中，他以惊人的勇敢和顽强的毅力继续革命的写作活动。在被关押的678天里，他完成长篇小说《怎么办》。这部作品不仅被19世纪60年代的俄国青年奉为“生活的教科书”，而且被后世誉为“代代相传的书”，列宁热情赞扬“这种作品能使人一辈子精神饱满”。“在它的影响下，成百成千的人变成了革命家”。这部作品是19世纪俄罗斯的古典主义杰作之一。

在他被拘留两年后，沙皇政府采取伪证方法，强行判处他7年苦役，剥夺一切财产，终身流放西伯利亚。1864年5月19日，在彼得堡的拉特宁广场上进行了侮辱性的褫夺公民权的假死刑仪式。车尔尼雪夫斯基被捆在“耻辱柱”上，胸前挂着写有“国事犯”字样的牌子，刽子手在他的头顶上把长剑折成两段。这时，天下起了大雨。一位少女把一束鲜花抛给了车尔尼雪夫斯基，她也因此而被逮捕。随后，车尔尼雪夫斯基被押上马车，送往西伯利亚。马车夫跟车尔尼雪夫斯基告别时说：“谁拥护人民，他就被流放到西伯利亚去，这一点我们早就知道。”虽然要忍受20多年的流放生活，但是这位俄国革命家会因为有着这样的人民而感到终生的幸福。

他先是被流放到伊尔库茨克盐场服苦役，然后被转送到卡达亚矿山。两年后，又被押到亚历山大工场。七年苦役期满后，又延长其苦役期，转押到荒无人烟的亚库特和维留伊斯克。维留伊斯克这座城市靠近北极圈，是个雅库特人的村庄，周围是荒无人烟的原始森林，每年只有冬季的四个月才可以乘爬犁通行。整座城堡监狱只有车尔尼雪夫斯基一个犯人，由警察局长亲自负责看守。七名警察将他们一半的精力都放在了这个沙皇亲自关注的要犯身上。在西伯利亚流放20多年后，1889年6月，车尔尼雪夫斯基才得到许可回到故乡萨拉托夫。四个多月后，1889年10月29日，这位伟大的作家因脑出血离开了人世。

» 美是生活

列宁称赞车尔尼雪夫斯基“从50年代起直到1888年，始终保持着完整的哲学唯物主义的水平”。车尔尼雪夫斯基美学有着鲜明的时代性、阶级性。他在别林斯基的批判现实主义传统的影响下，在著名的美学著作《艺术对现实的审美关系》中对黑格尔的“美是理念的感性显现”进行了批判，提出“美是生活”。这本书在美学界已成为一部家喻户晓的书，被苏联当作是文艺理论方面的“圣经”。

▲ 五月斋与谢肉节　尼德兰　勃鲁盖尔

“任何东西，凡是显示出生活或使我们想起生活的，那就是美的。”在《五月斋与谢肉节》一画中，勃鲁盖尔充分发挥他的想象力，表现了市民的节日习惯、娱乐的丰富多彩。为了扩大空间，画家选择了高视点，略微提高了地平线。在这个空间里有着许许多多活跃的人物和各种不同的风俗场面。勃鲁盖尔的艺术语言既宏伟壮丽，又简洁朴实。这幅画色彩绚丽而富有变化，整幅画因使用散点光源很少画物投影而显得干净清晰。作品展现了城市生活与农村生活不一样的美。

在世界美学史上，车尔尼雪夫斯基第一个提出了“美是生活”的崭新定义，普列汉诺夫称“美是生活”是一个天才的发现。美是生活是车尔尼雪夫斯基美学的核心内容。“美是生活”这个定义包括三个层面：一，美是生活；二，任何事物，凡是我们在那里面看得见依照我们的理解应当如此的生活，那就是美的；三，任何东西，凡是显示出生活或使我们想起生活的，那就是美的。这三个层面是一个有机的整体。部分也因为“生活”在俄语中兼有“生命”和“生活”两种意思，车尔尼雪夫斯基在使用中没有区分。

我们先看看车尔尼雪夫斯基在其著作《艺术对现实的审美关系》中所说：

在人觉得可爱的一切东西中最有一般性的，他觉得世界上最可爱的，就是生活；首先是他所愿意过、他所喜欢的那种生活；其次是任何一种生活，因为活着到底比不活好：但凡活的东西在本性上就恐惧死亡，恐惧不存在，而爱生活。所以，这样一个定义：

“美是生活；任何事物，凡是我们在那里面看得见依照我们的理解就当如此的生活，那就是美的；任何东西，凡是显示出生活或使我们想起生活的，那就是美的。”

在普通人看来，“美好的生活”“应当如此的生活”就是吃得饱，住得好，睡眠充足；但是在农民，“生活”这个概念同时总是包括劳动的概念在内：生活而不劳动是不可能的，而且也是叫人烦闷的。辛勤劳动、却不致令人精疲力竭那样一种富足生活的结果，使青年农民或农家少女都有非常鲜嫩红润的面色——这照普通人的理解，就是美的第一个条件……民歌中关于美人的描写，没有一个美的特征不是表现着旺盛的健康和均衡的体格，而这永远是生活富足而又经常地、认真地但并不过度地劳动的结果。丰衣足食而又辛勤劳动，因此农家少女体格强壮，长得很结实——这也是乡下美人的必要条件，“弱不禁风”的上流社会美人在乡下人看来是断然不漂亮的，甚至给其不愉快的印象，因为他们一向认为“消瘦”不是疾病就是“苦命”的结果。上流的美人就完全不同了：她的历代祖先都是不靠双手劳动而生活过来的；由于无所事事的生活，血液很少流到四肢去；手足的筋肉一代弱似一代，骨骼也愈来愈小；而其必然的结果是纤细的手足——社会的上层阶级觉得那是唯一值得过的生活，即没有体力劳动的生活的标志；假如上流社会妇女大手大脚，这不是她长得不好就是她并非出自名门望族的标志。

> 可爱的是鲜艳的容颜，
> 青春时期的标志；
> 但是苍白的面色，忧郁的症状，
> 却更为可爱。

如果说对苍白的、病态的美人的倾慕是虚娇的、颓废的趣味的标志，那么每个真正有教养的人就都感觉到真正的生活是思想和心灵的生活。这样的生活在面部表情，特别是眼睛上留下了烙印，所以在民歌里歌咏得很少的面部表情，在流行于有教养的人们中间的美的概念里却有重大的意义；往往一个人只因为有一双美丽的、富于表情的眼睛而在我们看来就是美的。

而且，所有那些属性都只是因为我们在那里面看见了如我们所了解的那种生活的显现，这才给予我们美的印象。美是生活，首先是使我们想起人以及人类生活的那种生活。

从“美是生活”这个定义却可以推论：真正的最高的美正是人在现实世界中所遇到的美，而不是艺术所创造的美；根据这种对现实中的美的看法，艺术的起源就要得到完全不同的解释了；从而对艺术的重要性也要用完全不同的眼光去看待了。也就是说那是在本质上就是美的东西，而不是因为美丽地被表现在艺术

▲ 少女与桃　俄罗斯　谢洛夫

真正的美是在现实世界中所遇到的美。《少女与桃》是谢洛夫青年时期的作品，此画是谢洛夫在河勒拉姆采沃马蒙托夫庄园画成的，画中的少女就是马蒙托夫的女儿薇拉。这幅油画显示了他非凡的艺术才能，画中少女充满了阳光和青春活力，艺术表现手法完美无缺。这个美丽天真的少女让人感受到生活的美好，人生的美好。

中所以才美的东西；美的是事物和现象，而不是它们在艺术作品中美的表现。

总之，“在我们的概念中，主要的是生活。就审美范围而言，别人把生活了解为仅仅是理念的表现，而我们却认为生活就是美的本质。”

列宁说：“尽管他具有空想社会主义的思想，但是他还是一个资本主义的异常深刻的批评家。”他提出“美就是生活”的著名论断，是对截至黑格尔以前的唯心主义美学一次前所未有的挑战。

他把唯物主义的认识论“尊重现实生活，不信先验的假设”应用到了艺术范围，表现了革命的唯物主义倾向。我们看到他把美和劳动联系到一起。对于文艺的功能，车尔尼雪夫斯基认为艺术要成为“生活的教科书”。文艺作为阶级斗争的武器，推进社会发展。

列宁还说，车尔尼雪夫斯基的人本主义哲学只是关于唯物主义的不确切的肤浅的表述。

实验美学和移情美学的创立和发展

审美心理学，也叫文艺心理学，是研究作为文艺活动主体的审美体验与审美活动的。从心理角度分析人类的审美体验与文艺活动，西方最早可以推溯到古希腊时期。毕达哥拉斯认为具有“旁观”这样一种心理状态，才能获得审美愉悦。柏拉图把“迷狂说”引入到审美领域。亚里士多德提出了著名的“净化说”。

17~18 世纪的英国经验派美学是最早运用心理学来研究审美现象的学派，他们把想象、情感和美感的研究提到首位，出现了夏夫兹伯里的“内在感官说”和休谟的“同情说”。德国古典美学对想象力给予高度的赞扬。

19 世纪后半叶，西方心理学脱离哲学形成一门独立的学科后，为现代审美心理学的建立和发展奠定了基础。这期间出现了费希纳的实验美学和李普斯的“移情说”，布洛赫提出的“心理距离说”，谷鲁斯的“内模仿说”以及闵斯特堡的“孤立说”。这些现代西方心理学美学早期流派的重要成果主要探讨的是人类审美体验中的心理特征，重视对主体心理功能的研究，重视情感、想象等非理性因素在艺术创造和审美活动中的作用。

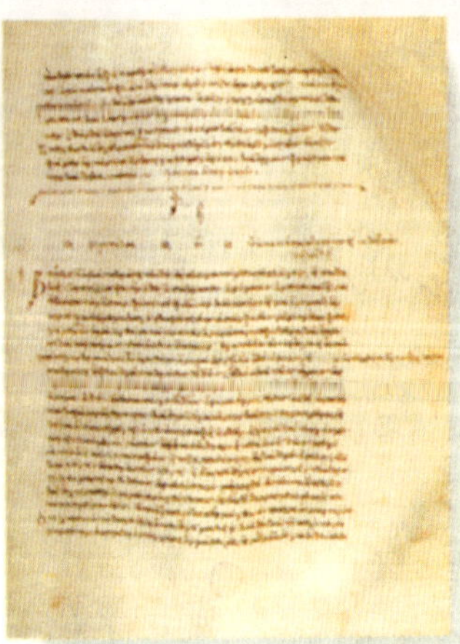

▲ 柏拉图手稿

柏拉图的“迷狂说”对文艺心理学产生了深远影响。

实验心理学派运用心理学实验方法研究美学和艺术经验，把美学和自然科学结合起来，研究对象从客体转向主体，从美的本质的寻觅转向主体审美经验的研究。对审美主体的研究从一般的艺术想象、构思转向审美心理、生理的研究，这标志着古典美学向着现代美学的转变。

古斯塔夫・西奥多・费希纳（1801 年 ~ 1887 年），德国哲学家、物理学家、心理物理学的主要创建者、实验心理学和美学的奠基者之一；其将自然科学的方法引入心理学，乃心理学方法上的一大突破，并为冯特的实验心理学奠定了基础。

▲ 费希纳

德国实验心理学的奠基人之一，他的实验美学标志着古典美学向现代美学的转变。

1801 年 4 月 19 日，费希纳出生于德国东南部的一个村庄里。他父亲是村里的牧师。这位牧师把宗教信仰与坚定不移的科学观结合了起来，正如他的儿子一样——为了论证泛灵论，他一生致力于寻求一种科学方法，借以使具有精神与物质两个方面的世界统一于灵魂之中。使村里人大惑不解的是他父亲用上帝的语言布道，却在教堂的尖顶上安装了一根避雷针，在当时的情况下，这份小心谨慎是对上帝信心不足的表现。费希纳 5 岁丧父，自幼在其叔父家长大。1817 年，费希纳进入莱比锡大学学医，1822 年在该校毕业，获医学博士学位，并在莱比锡度过一生。1887 年 11 月 18 日卒于莱比锡。

费希纳用一种富有诗意的神秘眼光考察世界，认为凡物有组织即有生命，有生命即有灵魂。完成医学学习后，费希纳便在莱比锡开始他的第二事业，即研究数学和物理学。1824 年他已经在莱比锡大学开始讲授物理学，从事他自己的研究。那个时期他把法文的物理学和化学手册译成德文。至 1830 年他已翻译了 12 册以上的书。

他于 1833 年结婚，并于 1834 年获得莱比锡大学全职教授职位。这个时期他逐渐对感觉问题发生兴趣。为了研究后象，要透过有色玻璃看太阳，这使他的眼睛受到严重伤害，几乎失明，他在暗室里让自己避光，忍受着疼痛、情感压抑、无法排遣的无聊和严重的消化道疾病的折磨。三年中除了他的妻子外，断绝和任何人的往来，他把自己的房子漆成黑色，白天黑夜待在里面，什么人也不见。他患了神经衰弱症，并产生了自杀的念头。他后来讲述这一时期的生活："我无法入睡，身心疲劳，不能思想，甚至让我失去了对人生的信心。"

1839 年他辞去物理学讲席。1844 年他从大学得到一小笔补助金，就此被认为是不能再从事工作的人。但后来的事实并非如此，正如著名心理学史家舒尔茨曾指出："在费希纳一生的后四十四年中，他没有一年不做出重要贡献。"

费希纳后来又恢复健康，似乎也是一个奇迹。最终，他自己慢慢好起来了，过了一阵子后，他就可以看见东西而且眼睛不疼，还能与人讲话。他在好几个月的时间里第一次到花园去散步时，花儿看上去更明亮，色彩更鲜艳，比以前更美丽："我毫不怀疑我已经发现了花朵的灵魂，并以我极奇怪的、受到魔力影响的情绪想道：这是躲藏在这个世界的隔板之后的花园。整个地球和它的球体本身只是这个花园周围的一道篱笆，是为了挡住仍然在外面等待着的人们。"这个时期为费希纳一生中的紧要关头，对于他的思想和后来的生活都有深刻的影响。

正是这个神秘的信仰使费希纳进行他那具有历史意义的实验心理学的研究的。"没有费希纳……也许仍然会有一种实验心理学……可是，在实验体中，却不可能出现如此广泛的科学范畴，因为，如果测量不能成为科学的工具之一，则我们很难认为某个课题是符合科学的。因为他所做的事情和他做这些事情的时代，费希纳创立了实验计量心理学，并把这门学问从其原来的途径搬回来导入了正轨。人们也许可以称他为'实验心理学之父'，或者，

美学辞典

审美移情说：重要的美学概念，19世纪德国美学家劳伯特·费尚尔首次提出，由德国心理学家李普斯、谷鲁斯将这一学说完善、发展。李普斯认为美的价值是一种客观化的自我价值感，移情是审美欣赏的基本前提。移情作用不一定是美感经验，而美感经验常含有移情作用。移情可分为四种类型：（1）一般的统觉移情，给普通对象的形式以生命，使线条转化成一种运动或延伸。（2）经验的或自然的移情，使自然对象拟人化。（3）氛围移情，使色彩富于性格特征，使音乐富于表现力。（4）生物感性表现的移情，把人们的外貌作为他们内心生命的表征，使人的音容笑貌富有意蕴。

人们也许会把这个称号送给冯特。这没有什么关系。费希纳种下了肥沃的思想之种，它生长起来，并带来了丰硕的成果。”

19世纪初，康德曾预言，心理学绝不可能成为科学，因为它不可能通过实验测量心理过程。由于费希纳的成果，科学家才第一次能够测量精神。1850年月10月22日的早晨，他躺在床上考虑如何向机械论者证明，意识和肉体是一个基本统一体的两个方面。心理学史家D．舒尔茨写道：“1850年10月22日早晨，心理学史上的一个重要日子，费希纳忽然领悟到心与身之间的联系法则可以用物质刺激与心理感觉之间的数量关系来说明。”

他第一次系统地探索物理和心理学王国之间的数量关系，因此命名为“心理物理学”。费希纳于1860年出版《心理物理学纲要》一书。该书被认为是对心理学的科学发展具有创造性的贡献之一。如波林论及费希纳的成败时曾说过：“他攻击物质主义的铜墙铁壁，但又因测量了感觉而受到赞美。”

费希纳在1876年出版了他的《美学导论》。在书中，费希纳利用他的实验结果表示了对蔡辛的观点的支持——蔡辛是19世纪德国美学家，他认为21∶34的比例，即黄金分割是一种标准的审美关系，是在整个自然界和艺术中占优势的比例。此后，黄金分割一度在美学中被认定为一种普遍的形式美原则。

20世纪70年代以来，实验心理学对黄金分割是否是一种普遍有效的形式美规则，做了多次跨文化实验。被试对象包括欧洲居民和非欧洲居民，实验具有人类学意义。多次实验证明，无论在欧洲文化环境中，还是非欧洲文化环境中，黄金分割都不是具有审美优势的形式规则。心理学家艾森克指出：“总言之，黄金分割被证明并不是美学家或实验美学家的一个有效的支点。”

虽然费希纳被称为“实验心理学之父”，并且因创立了心理物理学而闻名于世，但是他本人倒是希望以哲学家的头衔留名于后世。

费希纳所创立的实验美学就是运用心理学和物理学中定量分析法来测定某些刺激物所引起的人的审美感受。他宣称这个新的美学研究领域，不是像传统的形而上学美学那样从一般到特殊或自上而下，而是一种自下而上的美学，遵循的方法是“从特殊到一般”，就是采用实验的方法系统地研究和比较许多不同的人的美感经验。例如，测量人们常用的或喜欢用的东西的大小比例（常用物测量法）等。这些简单的实验得出的某些结论是：人最不喜欢的图形是十分长的长方形和整整齐齐的四方形，而最喜欢的图形是比例接近黄金分割的长方形。

通过一系列实验和观察，费希纳总结出了13条心理美学规律。其中有一些曾在美学中发生广泛的影响。例如，“审美联想”律：一件事物所造成的审美印象可以分解为直接的

▲ 格尔尼卡　西班牙　毕加索

此画是毕加索的代表作，采用半写实的象征性手法，用黑、白、灰三色渲染悲剧色彩，作品丰富的内涵使人产生不同的审美联想。

和联想的两种因素，联想或回忆起的快乐或不快乐的东西，有可能与当前的印象一致，也可能不一致。

“审美对比”律：当两种在质的方面或量的方面不同，但又可能加以比较的事物一起或先后进入意识之中的时候，它们所产生的效果并不等于它们分别所产生的效果或总和。因为二者之间的对比会影响或改变这个总和。“用力最小”律：审美快乐来自同所持目的相关精力的最小消耗，而不是来自精力自身的最大节省。

尽管实验美学有很大的局限性，但是费希纳所开创的实验美学引起了美学研究的重大变化，自然科学和心理科学中使用的方法日渐成了美学中的合法方法，“自下而上”的方法即对人们所共有的经验进行分析的方法，部分地或完全地代替了原先占统治地位的先验的哲学演绎方法。

自此以后，尽管“哲学美学”的名称仍然存在，但它已不是原来的意义，许多哲学思辨都已经注意在实验的或科学的基础上进行了。

移情现象是原始民族的形象思维中一个突出的现象，在语言、神话、宗教和艺术的起源里到处可见。

“移情说”诞生于19世纪的德国。“审美移情说”的概念是19世纪德国美学家劳伯特·费肖尔最先提出来的，尔后李普斯、谷鲁斯建立了完整而严密的审美移情学说。直到19世纪后半期移情说才在美学领域里取得了主导地位。

德国的心理学家、美学家李普斯把移情说提高到科学形态。有人把美学中的移情说比作生物学中的进化论，把李普斯比作达尔文。他被称为“慕尼黑现象学之父”。

李普斯以移情原理为中心，在他的《美学》一书中对审美经验做了系统的论述。他指出，美的价值是一种客观化的自我价值感，移情是审美欣赏的基本前提。他把移情分为四种类型：

一般的统觉移情，给普通对象的形式以生命，使线条转化成一种运动或伸延。我们说柳公权的字“劲拔”，赵孟頫的字“秀媚”，这都是把墨涂的痕迹看作有生气有性格的东西，

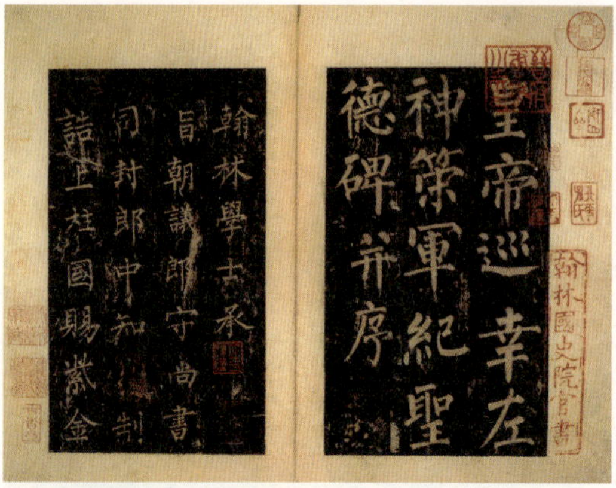

▲ 神策军碑　唐　柳公权

此碑刻于唐会昌三年，立在唐神策左军驻地，故而拓本极少，为柳公权六十岁所书，书法劲健，笔画圆厚，为柳书中的最佳作品，行书完整，犹如墨迹。人们对柳公权书法的形容正是运用了李普斯“移情说”。

都是把字在心中所引起的意象移到字的本身上面去。

经验的或自然的移情，使自然对象拟人化，如风在咆哮、树叶在低语。再如，古松的形象引起高风亮节的类似联想，“我”心中便隐约觉到高风亮节所需伴着的情感。因为“我”忘记古松和“我”是两件事，“我”就于无意之中把这种高风亮节的气概移植到古松上面去，仿佛古松原来就有这种性格。同时“我”又不知不觉地受古松的这种性格影响，自己也振作起来，模仿它那一副苍老挺拔的姿态。所以古松俨然变成一个人，人也俨然变成一棵古松。真正的美感经验都是如此，都要达到物我同一的境界，在物我同一的境界中，移情作用最容易发生，因为我们根本就不分辨所生的情感到底是属于“我”还是属于物的。

氛围移情，使色彩富于性格特征，使音乐富于表现力。观赏者在审美活动中总是把自己的情感渗透到审美对象中去，总是被艺术家描绘的情境所感染，这种渗透、感染也就是审美移情。例如，乐调自身本来只有高低、长短、急缓的分别，而不能有快乐和悲伤的分别。听者心中自起一种节奏和音乐的节奏相平行。听一曲高而缓的调子，心理也随之做一种高而缓的活动；听一曲低而急的调子，心理也随之做一种低而急的活动。这种高而缓或是低而急的活动，常蔓延浸润到全部心境，使它和高而缓的活动或是低而急的活动相同调，于是听者心中遂感受到一种欢欣鼓舞或是抑郁凄恻的情调。这种情调本来属于听者，在聚精会神之中，他把这种情调外射出去，于是音乐也就有快乐和悲伤的分别了。

生物感性表现的移情，把人们的外貌作为他们内心生命的表征，使人的音容笑貌充满意蕴。

李普斯指出，审美的享受不是对于对象的享用，而是自我享受，是在自身之内体验到的直接价值感。这种审美体验是产生于自我的，而与被感知到的形象相吻合。所以，它既不是自我本身，也不是对象本身，而是自我体验的对象形象，形象与自我是互相交融、互相渗透的。在这里享受的自我与观赏的对象是同一的，这是移情现象的基础。移情作用不一定就是美感经验，而美感经验却常含有移情作用。美感经验中的移情作用不单是由我及物的，同时也是由物及我的；它不仅把“我”的性格和情感移注于物，同时也把物的姿态吸收于“我”。

移情的现象可以称之为“宇宙的人情化”，因为有移情作用然后本来只有物理性的东西可具人情，本来无生气的东西可有生气。“移情作用”是把自己的情感移到外物身上去，仿佛觉得外物也有同样的情感。这是一个极普遍的经验。自己在欢喜时，大地山河都在扬眉带笑；自己在悲伤时，风云花鸟都在叹气凝愁。惜别时蜡烛可以垂泪，兴到时青山亦会

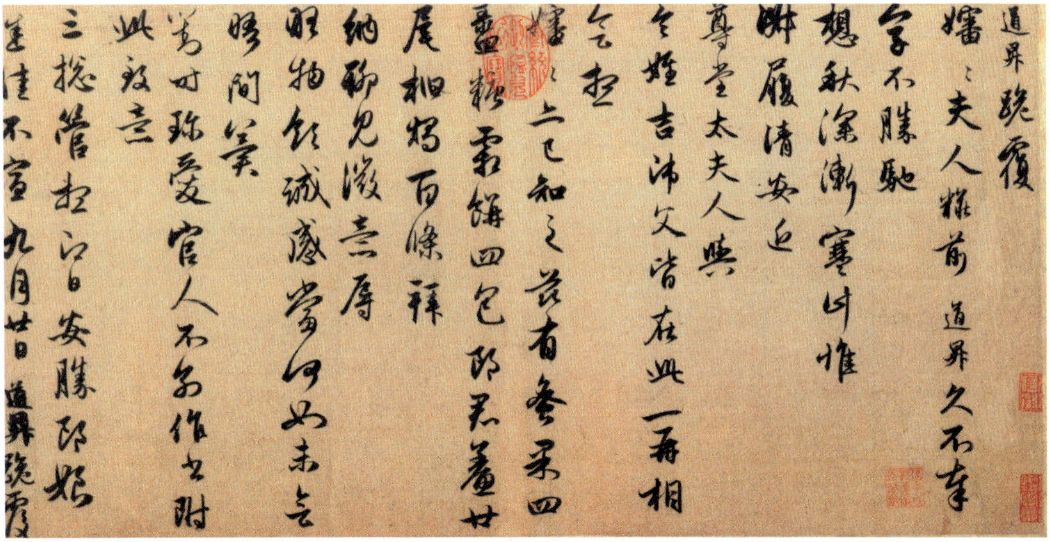

▲ 行书秋深帖　元　管道升

管道升，字仲姬，乃松雪之妻，夫妇和谐，乃才识交流，诗文笔翰，亦不让于松雪。此帖秀媚灵妙，劲健有力，足知笔力非凡，或以此为松雪代笔，细观其行文中，颇有松雪态度，但管氏自有书名，或可视为真迹。这件书法作品是“移情说”的又一例证。

点头。柳絮有时“轻狂”，晚峰有时“清苦”。这种根据自己的经验来了解外物的心理活动通常叫作“移情作用”。

人所熟知的《庄子·秋水》篇里的一段故事就是典型的移情作用：庄子看到鲦鱼“出游从容”便觉得它乐，因为他自己对于“出游从容”的滋味是有经验的。鱼没有反省的意识，不能够像人一样“乐”，庄子拿“乐”字来形容鱼的心境，其实不过把他自己“乐”的心境外射到鱼的身上罢了。“我”知道旁人旁物的知觉和情感如何，都是拿自己的知觉和情感来比拟的。“我”只知道自己，“我”知道旁人旁物时是把旁人旁物看成自己，或是把自己推到旁人旁物的地位。人与人，人与物，都有共同之点，所以他们都有互相感通之点。

丹纳创立特征说

丹纳，旧译泰纳（1828 年～ 1893 年），法国文艺批评家和历史学家。

丹纳 1828 年 4 月 21 日出生在法国的阿登省，其父是一名律师。他一直在家跟从父亲学习，直到 1840 年 9 月，其父因病去世。父亲留给他和他的两个姐妹、母亲很少的遗产。

1841 年丹纳到巴黎上寄宿学校。母亲也跟随他来到了巴黎。丹纳自幼博闻强记，长于抽象思维，老师预言他是“为思想而生活”的人。中学时代成绩卓越，文理各科都名列第一；在 14 岁的时候，丹纳就为自己制订了系统的学习计划，而且一直严格遵守。他只允许自己每天下午休息娱乐二十分钟，再就是晚饭后有一个小时的音乐欣赏时间，剩下的时间都用来学习和工作。1848 年又以第一名考入国立高等师范，专攻哲学。

1851 年毕业后任中学教员，不久，即因政见与当局不合而辞职，以写作为职业。其间，他曾有机会去土伦学院当哲学系主任，但是，他觉得离其母亲太远，一直没有去上任。还有几次可作教授的机会，都因政见与当局不合而告吹。他不仅长于希腊文、拉丁文，并且精通英文、德文、意大利文。

1858 年至 1871 年间游历英、比、荷、意、德诸国。1864 年应巴黎美术学校之聘，担任美术史讲座；1871 年在英国牛津大学讲学一年。他一生没有遭遇重大事故，完全过着书斋生活，即便旅行也是为研究学问搜集材料；但 1870 年的普法战争对他刺激很大，成为他研究"现代法兰西渊源"的主要原因。

他的重要著作，在文学史及文学批评方面有《拉封丹及其寓言》《英国文学史》；在哲学方面有《十九世纪法国哲学家研究》；在历史方面有《现代法兰西的渊源》十二卷；在艺术批评方面有《意大利游记》及《艺术哲学》。列在计划中而没有完成的作品有《论意志》及《现代法兰西的渊源》的其他各卷，专论法国社会与法国家庭的部分。

《艺术哲学》根据他 1864 年开始做的系列讲座笔记汇集而成。笔记的内容源于他同年的意大利旅行体验。依他的说法，此行的目的是要"以绘画而非文献为史料撰写意大利历史"。

《艺术哲学》是一部有关艺术、历史及人类文化的巨著，采用的不是一般教科书的形式，而是以渊博精深之见解指出艺术发展的主要潮流。英国有位批评家说："丹纳的作品好比一幅图画，历史就是镶嵌这幅图画的框子。"因为这缘故，他的《艺术哲学》同时就是一部艺术史。

» 三因素说与特征论

人类开始一种高级的生活，静观默想的生活，关心人所依赖的永久与基本的原因，关心那些控制万物，连最小的地方都留有痕迹的，控制一切的主要特征。要达到这个目的，一共有两条路：

第一条路是科学，靠着科学找出基本原因和基本规律，用正确的公式和抽象的字句表达出来。

第二条路是艺术，人在艺术上表现基本原因与基本规律的时候，不用大众无法了解而只有专家懂得的枯燥的定义，而是用易于感受的方式，不但诉之于理智，而且诉之于最普通的人的感官与感情。艺术就有这个特点，艺术是又高级又通俗的东西，把最高级的内容传达给大众。

在人类创造的事业中，艺术品好像是偶然的产物；我们很容易认为艺术品的产生是由于兴之所至，既无规则，亦无理由，全是碰巧的，不可预料的、随意的；的确，艺术家创作的时候只凭他个人的幻想，群众赞许的时候也只凭一时的兴趣；艺术家的创造和群众的同情都是自发的、自由的，表面上和一阵风一样变化莫测。虽然如此，艺术的制作与欣赏也像风一样有许多确切的条件和固定的规律，揭示这些条件和规律应当是有益的。

丹纳的方法的出发点在于认定一件艺术品不是孤立的，在于找出艺术品所从属的，并且能解释艺术品的总体。艺术家不是孤立的人。我们隔了几世纪只听到艺术家的声音，但在传到我们耳边来的响亮的声音之下，还能辨别出群众的复杂而无穷无尽的歌声，像一大片低沉的嗡嗡声一样，在艺术家四周齐声合唱。只因为有了这一片和声，艺术家才成其为伟大。

丹纳受达尔文进化论影响，主张“从事实出发，不从主义出发；不是提出教训而是探求规律，证明规律”。丹纳是最早借用自然科学的方法和原则来研究、探讨文艺创作和发展的规律的文艺批评家，从而奠定了他在美学史上和文艺理论史上的地位。科学抱着这样的观点，既不禁止什么，也不宽恕什么，它只是鉴定与说明。

科学不对你说：“某某艺术太粗俗，不应当重视，只应当欣赏意大利艺术。”也不对你说：“哥特式艺术是病态的，不应当重视；你只应该欣赏希腊艺术。”美学的态度也一样，美学本身便是一种实用植物学，不过对象不是植物，而是人的作品。因此，美学跟着目前精神科学与自然科学日益接近的潮流前进。

在《艺术哲学》中，他分析了古希腊、中世纪、15世纪的意大利、17世纪的荷兰等的艺术发展史，认为种族、环境、时代等三个因素对精神文化的发展起到制约作用。在丹纳的艺术观念中，种族、环境、时代是构成精神文化的三个要素，也是艺术创作的三种根本力量。其中，种族是内部之源，环境是外部压力，时代是后天动量。由此我们可以定下一条规则：要了解一件艺术品，一个艺术家，一群艺术家，必须正确地设想他们所属时代的精神和风俗概况。这是艺术品最后的解释，也是决定一切的基本原因。

▲ 巴尔扎克像　石膏　法国　罗丹

罗丹的巴尔扎克雕像是一件举世闻名的艺术珍品，当时罗丹曾经创作了近20座雕像泥稿，经过5年的努力，终于成为现在的样子：巴尔扎克身披睡袍，昂首注视着前方。雕像原本还有一双交叠在胸前的手，但由于雕刻得太完美，被罗丹砍掉了。他认为：“一件真正完美的杰作，是不允许有任何一部分的光彩超过整个雕像的。”由此可看出罗丹准确把握了艺术创作的规律。

美学的第一个和主要的问题是艺术的定义。什么叫作艺术？本质是什么？

不论建筑、音乐、雕塑还是绘画、诗歌，作品的目的都在于表现某个主要特征，所用的方法总是一个由许多部分组成的总体，而部分之间的关系总是由艺术家配合或改动过的。“艺术品的目的是表现某个主要的或突出的特征，也就是某个重要的观念，比实际事物表现得更清楚、更完全。为了做到这一点，艺术品必须是由许多互相联系的部分组成的一个总体，而各个部分的关系是经过有计划的改变的。在雕塑、绘画、诗歌三种模仿的艺术中，那些总体是与实物相符的。”

艺术家应当全神贯注地看看现实世界，才能尽量逼真地模仿，而整个艺术就在于正确与完全地模仿。有了这个特征，艺术才成为理智的产物而不仅是手工的产品。我们所看见的艺术品是否以单单复制各个部分的关系为限？绝对不是。因为最大的艺术宗派正是把真实的关系改变最多的。艺术家改变各个部分的关系，一定是向同一方向改变，而且是有意改变的，目的在于使对象的某一个“主要特征”，也就是艺术家对那个对象所抱的主要观念，

▲ 母狼育婴像　青铜　古罗马　公元前500年

作品以娴熟的技巧刻画了母狼的形象，并特别突出了其饱满的乳房，成为这件艺术品的主要特征。

显得特别清楚。

我们要记住“主要特征”这个名词。这特征便是哲学家说的事物的“本质”，所以他们说艺术的目的是表现事物的本质。“本质”是专有名词，可以不用，我们只说艺术的目的是表现事物的主要特征，表现事物的某个突出而显著的属性、某个重要观点、某种主要状态。我们要强调并且明确指出什么叫作主要特征。丹纳说：主要特征是一种属性；所有别的属性，或至少是许多别的属性，都是根据一定的关系从主要特征引申出来的。狮子的主要特征，生物学上据以分类的特征，是大型的肉食兽。所有的特点，不论是属于体格方面的还是属于性格方面的，几乎都从这一点上引申出来。先看身体：其牙齿像剪刀，上下颚的构造正好磨碎食物；而且这也是必需的，因为是肉食兽，需要吃活的动物。为了运用上下颚这两把大钳子，需要极其巨大的肌肉；为了安放这些肌肉，又需要比例相当的太阳穴。狮子脚上也有钳子，就是伸缩自如的利爪，它走路脚尖着力，所以行动轻捷；粗壮的大腿能像弹簧一般把身体抛掷出去；眼睛在黑夜里看得很清楚，因为黑夜是猎食最好的时间。一位生物学家给我看一副狮子的骨骼，对我说：“这简直是一架活动钳床。”一切性格上的特点也完全一致：首先是嗜血的本能，除了鲜肉，不吃别的东西；其次是神经特别坚强，使它一刹那间能集中大量的气力来攻击或防卫；最后有昏昏欲睡的习惯，空闲的时间神气迟钝、严肃、阴沉，因猎食而紧张过后大打呵欠。所有这些性格都是从肉食兽的特征上来的，所以我们把肉食兽叫作狮子的主要特征。

艺术的目的就是要把这个特征表现得彰明卓著；而艺术之所以要担负这个任务，是因为现实不能胜任。在现实世界，特征不过居于主要地位；艺术却要使特征支配一切。特征在现实生活中固然会把实物加工，但是不充分。特征的行动受到牵制，受到别的因素阻碍，不能深入事物之内留下一个深刻充分显明的印记。人感觉到这个缺陷，才发明艺术加以弥补。可见艺术品的本质在于把一个对象的基本特征，至少是重要的特征，表现得越占主导地位越好，越明显越好；艺术家为此特别删减那些遮盖特征的东西，挑出那些表明特征的东西，对于特征变质的部分都加以修正，对于特征消失的部分都加以改造。

丹纳的艺术价值论，也就是他在《艺术哲学》中提出的衡量艺术价值性的三个尺度，即特征重要的程度、特征有益的程度和效果集中的程度。“特征重要的程度”对于文学作品来说，即其价值“取决于那个特征的稳固程度与接近本质的程度”。而最稳固、最接近本质的东西，则是种族的特征：“缺少这些特征，一个大作家的作品就降为二流，有了这些特征，才能平常的作家也可以产生一流的作品。”“特征有益的程度”则是指艺术所包含的道德教育作用，艺术价值在别的方面都相等的话，表现有益的特征的作品必然高于表现有害的特征的作品。倘使两部作品以同等的写作手腕介绍两种同样规模的自然力量，表现一个英雄的一部就比表现一个懦夫的一部价值更高。“效果集中的程度”，是指艺术作品各个方面的元素“通力合作，表现特征”的程度。因为把元素所有的效果集中的时候，特征的形象才格外显著。

王国维融合中西

▲ 王国维像

王国维（1877 年 ~ 1927 年），浙江海宁人。初名国祯，字静安，伯隅，号观堂、礼堂、永观。

他是近代中国著名学者，杰出的古文字、古器物、古史地学家，诗人、文艺理论学家、哲学家。但王国维曾这样解剖自己：“余之性质，欲为哲学家则感情苦多而知力苦寡，欲为诗人则又苦感情寡而理性多。”他的父亲说他“学事务实”、喜作“纯学术”的研究。

他被誉为“中国近三百年来学术的结束人，最近八十年来学术的开创者”。梁启超赞其“不独为中国所有而为全世界之所有之学人”。郭沫若说：“在近代学人中，我最钦佩的是鲁迅和王国维。”又说：“他（王国维）留给我们的是他知识的产物，那好像一座崔嵬的楼阁，在几千年的旧学的城垒上，灿然放出了一段异样的光辉。”

王国维 16 岁入杭州崇文书院学习，与同邑陈守谦、叶宜春、褚嘉猷并称“海宁四才子”。17 岁中秀才。1901 年，由罗振玉资助去日本东京物理学校学习，次年夏因病回国。

王国维在诸多学术领域做出了划时代的贡献，是现代中国学术传统的重要奠基人。1922 年任北京大学研究所国学门通信导师。1923 年充清故宫南书房行走。1925 年，王国维受聘任清华研究院导师，教授古史新证、尚书、说文等，与梁启超、陈寅恪、赵元任、李济被称为“五星聚奎”的清华五大导师。1927 年 6 月 2 日在北京颐和园昆明湖自沉身亡。自留遗书说：“五十之年，只欠一死。经此世变，义无再辱。”其“中道而废”成为 20 世纪中国文化界一大“公案”。陈寅恪称王国维具有“独立之精神，自由之思想”。“其所殉之道与所成之仁，均称抽象理想之通性，而非具体一人一事。”

王国维早年所作学术论文，多收入本人自编的《观堂集林》一书（1921 年）。著述 62 种，批校的古籍逾 200 种，以《人间词话》最为知名。

王国维穿着打扮体现了其融合中西之风的思想。他瘦瘦的，个子不高，一米六五左右。头戴西瓜皮帽子，身穿马褂长衫，脑袋后面一根长长的辫子。虽然穿着长袍马褂，留着辫子，但有一样却富有象征性，那就是他的一副眼镜是新潮的。

他的儿子王东明谈到王国维的辫子时说：“父亲的辫子，是大家所争论的，清华园中只有两个人，只要一看到背影，就知道他是谁，一个是父亲，辫子是他最好的标志。另一个是梁启超，他的两边肩膀，似乎略有高低，也许是曾割去一个肾的缘故。当时有不少人被北大的学生剪了辫子，父亲也常出入北大，却安然无恙。原因是他有一种不怒而威的外貌，学生们认识他的也不少，大多都是仰慕他、爱戴他。”

王国维少年时期所受的完全是旧式教育，启蒙读的是十三经及骈文、散文和古今体诗。1895 年甲午之役后开始接触新学，王国维曾自述其留日归来的思想状况：“自是以后，遂为独学之时代矣。体素羸弱，性复忧郁，人生问题日往复于前，自是始决从事于哲学。”少年时代形成的孤高而内向的个性和中国传统的道佛思想的影响，使他与“以厌世名一时”的叔本华的悲观主义唯意志论一拍即合。“王静安对于西洋哲学并无深刻而有系统之研究，其喜叔本华之说而受其影响，乃自然之巧合。申言之，王静安之才性与叔本华盖多相近之点。”

▲ 蔡元培像

蔡元培与王国维共同倡导美育的思想，在中国近代思想史上有着重要影响。

王森然在《近代二十家评传》中说：“先生之最大贡献，即用西洋哲学之方法及思索，来检讨中国哲学上的两大问题，性与理。”他用西学方法较为系统地研究了中国哲学从先秦孔子、老子、孟子到清代戴震、阮元的哲学，是王氏会通中西哲学的初步尝试。蔡元培在《五十年来的中国哲学》中称王国维“对于哲学上的观察也不是同时人所能及的”。

他说：“天下最神圣、最尊贵而无与于当世之用者，哲学与美术是已。夫哲学与美术之所志者，真理也。真理者，天下万世之真理，而非一时之真理也。其有发明此真理(哲学家)，或以记号表之（美术）者，天下万世之功绩，而非一时之功绩也。”

王国维说：“余疲于哲学有日矣。哲学上之说，大都可爱者不可信，可信者不可爱。余知真理，而余又爱其谬误。伟大之形而上学，高严之伦理学，与纯粹之美学，此吾人所酷嗜也。然求其可信者，则宁在知识论上之实证论，伦理学上之快乐论，与美学上之经验论。知其可信而不能爱，觉其可爱而不能信，此近二三年中最大之烦闷。”

他人生的历程为其美学观提供了土壤，其生也苦，其活也苦。王国维自幼丧母，靠姑母及叔祖母抚养。中年经历丧妻之痛，34 岁的妻子莫氏故去，抛下三个孩子，长子只有 10 岁。老年又遭丧子之哀，长子潜明因伤寒病在 28 岁先他而去。故而他在述说人生的本质时说：“故欲与生活与痛苦，三者一而已矣。”他说：“故美术之为物，欲者不观，观者不欲，而艺术之美所以优于自然之美者，全存于使人易忘物我之关系也。”艺术之“无功利”正是为了人生的慰藉：“美术之务，在描写人生之苦痛与其解脱之道，而使吾侪冯生之徒，于此桎梏之世界中，离此生活之欲之争斗，而得其暂时之平和，此一切美术之目的也。”王国维说：“美术文学非徒慰藉人生之具，而宣布人生之最深意义之艺术也。”

王国维把他的“非功利”的观念扩大到了整个艺术领域：“美之性质，一言以蔽之曰：可爱玩而不可利用者是已。虽物之美者，有时亦足供吾人之利用，但人之视为美时，决不计其可利用之点。其性质如是，故其价值亦存于美之自身，而不存乎其外。”他说：“一切之美，皆形式之美也。”王国维始终抓住了来自康德、叔本华等西方哲人的“审美无利害性”理论，来阐述他的“美是形式说”和“艺术独立论”。在中国现代美学史上，王国维是我国学术史上以欧洲近代美学思想观察分析中国文学并贡献出创造性成果的第一人。

作为“中国现代学术奠基人”，王国维从事文史哲学数十载，是近代中国运用西方哲学、美学、文学观点和方法剖析评论中国古典文学的开风气者。王国维引用叔本华意志论美学思想分析中国古典文学作品《红楼梦》，“王国维 1904 年发表《红楼梦评论》，破天荒借用西方批评理论和方法来评价一部中国古典文学杰作，这其实就是现代批评的开篇。”王国维在此书中说：“美术中以诗歌、戏曲、小说为其顶点，以其目的在描写人生故。”

在《红楼梦评论》中，他说：“美之为物有二种：一曰优美，一曰壮美。苟一物焉，与吾人无利害之关系，而吾人之观之也，不观其关系，而但观其物；或吾人之心中，无丝毫生活之欲存，而其观物也，不视为与我有关系之物，而但视为外物，则今之所观者，非昔之所观者也。此时吾心宁静之状态，名之曰优美之情，而谓此物曰优美。若此物大不利于吾人，而吾人生活之意志为之破裂，因之意志遁去，而知力得独立之作用，以深观其物，吾人谓此物曰壮美，而谓其感情曰壮美之情。”叔本华的“优美”“壮美”说，被王国维引入早期的文论作品里，并在后期的《人间词话》中也有糅合，即“唯于静中得之”的无我之境属于“优美”的范畴，“由动之静时得之”的有我之境，属于“宏壮”的范畴，二者都使人离“生活之欲”而入于纯粹之知识。而这都与叔本华有着直接的联系。

1905 年王国维提出融会中西的“化合”之说。知而后行，化而后合，王国维明确提出“学无中西”，力主二者“化合”。“余谓中西二学，盛则俱盛，衰则俱衰，风气俱开，互相推助。且居今日之世，讲今日之学，未有西学不兴而中学能兴者，亦未有中学不兴而西学能兴者。”“异日之发明光大我国学术者，必在精通世界学术之人而不在一孔之陋儒。”他说：“故我中国有辩论而无名学，有文学而无文法，足以见抽象与分

▲《红楼梦》书影

▲ 大观园图

王国维用叔本华的美学思想解读《红楼梦》，认为其具有划时代的意义，赋予了中国文学批评现代性的内涵。

类二者皆我国人之所不长，而我国学术尚未达自觉之地位也。”王国维虽在学术方面几经变化，但对西学方法和理论的借鉴、化合是一以贯之的。陈寅恪《静安遗书序》述其学术内容与治学方法有三：一曰取地下之实物与纸上之遗文互相释证，二曰取异族之故书与吾国人之旧籍互相补证，三曰取外来之观念与固有之材料互相参证，正确地指出了王国维对西方文化的态度。

王国维在1912年发表《宋元戏曲史》，把我国的戏曲理论推入一个全新的境界。郭沫若说：“王国维的《宋元戏曲史》和鲁迅的《中国小说史略》，毫无疑问，是中国文艺史研究上的双璧。不仅是拓荒的工作，前无古人；而且是权威的成就，一直领导着百万的后学。”

他也是中国史学史上将历史学与考古学相结合的开创者，确立了较系统的近代标准和方法。他将西方的科学方法同传统考据方法成功地结合起来，创立和提介著名的“二重证据法”。强调要将地下的新材料与文献材料并重，古文字古器物之学要与经史之学相互表里，“不屈旧以就新，亦不绌新以从旧”。他用西方的进化史观来研究中国的古代史，写了如《殷周制度论》等。郭沫若评价说：“王国维研究学问的方法是近代的，思想感情是封建式的。”

《人间词话》也是一部东西合璧的杰作，它将美国人禄尔克的《教育心理学》，康德、叔本华、尼采等人的哲学都融化在这本讨论中国古典文学的论著中了。这也是中国传统美学思想与西方美学理论完美结合的产物。

▲ 宗白华像

一代美学大师宗白华对“意境说”有着准确而深刻的评价。

《人间词话》提到广为人知的三种境界：古今之成大事业、大学问者，必经过三种之境界：“昨夜西风凋碧树。独上高楼，望尽天涯路。”此第一境也；“衣带渐宽终不悔，为伊消得人憔悴。”此第二境也；“众里寻他千百度，蓦然回首，那人却在，灯火阑珊处。”此第三境也。此等语皆非大词人不能道。然遽以此意解释诸词，恐为晏欧诸公所不许也。

第一境出自晏殊《鹊踏枝》：“槛菊愁烟兰泣露。罗幕轻寒，燕子双飞去。明月不谙离恨苦，斜光到晓穿朱户。昨夜西风凋碧树，独上高楼，望尽天涯路。欲寄彩笺兼尺素，山长水阔知何处。”

第二境出自柳永《蝶恋花》：“伫倚危楼风细细，望极春愁，黯黯生天际。草色烟光残照里，无言谁会凭栏意。拟把疏狂图一醉，对酒当歌，强乐还无味。衣带渐宽终不悔，为伊消得人憔悴。”

第三境出自辛弃疾《青玉案》：“东风夜放花千树，更吹落，星如雨。宝马雕车香满路。凤箫声动，玉壶光转，一夜鱼龙舞。蛾儿雪柳黄金缕，笑语盈盈暗香去。众里寻他千百度，蓦然回首，那人却在，灯火阑珊处。”

境界即意境，而“境界说”是植根于中国传统美学土壤中的，它与传统美学思想有着较深的渊源关系。宗白华在《中国艺术意境之诞生》中指出“意境”是“中国文化史上最中心最具有世界贡献的一个方面”。“中国艺术的最后的理想和最高的成就”就是意境。

《说文》“竟”（亦作“境”）本义曰：“竟，乐曲尽为竟。”为终极之意。又云：“界，竟也。”“境界”原本是作为佛教中一个用语被运用的。在唐代诗人王昌龄的诗论著作《诗格》中说：“诗有三境：一曰物境。欲为山水诗，则张泉石云峰之境，极丽绝秀者，神之于心，处身于境，视境于心，莹然掌中，然后用思，了然境象，故得神似。二曰情境。娱乐愁怨，皆张于意面处于身，然后驰思，深得其情。三曰意境。亦张之于意而思之于心，则得其真矣。”

王国维断言：“文学之工与不工，亦视其意境之有无与深浅而已。”《人间词话》首则即云：“词以境界为最上。有境界则自成高格，自有名句。五代北宋之词所以独绝者在此。”

王国维说：“境非独谓景物也。喜怒哀乐，亦人心中之一境界也。能写真景物、真感情者，谓之有境界，否则谓之无境界。”“何以谓之有意境？”曰：“写情则沁人心脾，写景则在人耳目，述事则如其口出是也。”王国维赋予了“境界”新的意义，“它是通过情景问题，强调了对象化、客观化的艺术本体世界中所透露出来的人生，亦即人生境界的展示。”他说：“有诗人之境界，有常人之境界。诗人之境界，唯诗人能感之能写之，故读其诗者，亦高举远慕，有遗世之意。若夫悲欢离合，羁旅行役之感，常人皆能感之，而唯诗人能写之。故其入于人者至深而行于世也尤广。”

境界有两个基本审美形态：“有有我之境，有无我之境。‘泪眼问花花不语，乱红飞过秋千去’，‘可堪孤馆闭春寒，杜鹃声里斜阳暮’，有我之境也；‘采菊东篱下，悠然见南山’，‘寒波澹澹起，白鸟悠悠下’，无我之境也。有我之境，以我观物，故物皆着我之色彩。无我之境，以物观物，故不知何者为我、何者为物。古人为词，写有我之境者为多。然未始不能写无我之境，此在豪杰之士能自树立耳。”无我之境，人唯于静中得之；有我之境，于由动之静时得之。故一优美，一宏壮也。

王国维认为“隔”与“不隔”是判别意境优劣的基本标准。他说：问“隔”与“不隔”之别，曰：陶谢之诗不隔、延年则隔矣。东坡之诗不隔，山谷则稍隔矣。“池塘生春草”“空梁落燕泥”等二句，妙处唯在不隔，词话亦如是。故云：“语语都在目前，便是不隔”，他说：“‘生年不满百，常怀千岁忧。昼短苦夜长，何秉烛游？’写情如此，方为不隔。‘采菊东篱下，悠然见南山。山气日夕佳，飞鸟相与还’写景如此，方为不隔。”朱光潜对此的解释是：“隔与不隔的分别就从情趣和意象的关系上面见出。情趣与意象恰相熨帖，使人见到意象，便感到情趣，便是不隔。意象模糊零乱或空洞，情趣浅薄或粗浅，不能在读者心中现出明了深刻的境界，便是隔。”

“王国维的‘境界’（意境）说，在我国整个诗学发展史上居有十分重要的地位。它跟西方的某些诗学遗产，特别是康德的‘美的理想’‘审美意象’说，叔本华的‘审美静观方式’及艺术‘理念’说，关系也很密切。境界（意境）——这是诗（以至一切文学）的本质之所在。美在境界——这是王氏诗学的一个核心。王氏看准了并把握了这个核心，如同禅家说的‘截断众流’。因而，比之他的先辈，他有权利感到自豪。”

第八章
20世纪以来的美学

表现主义美学
——克罗齐的美学思想

“黑格尔美学是艺术死亡的悼词，它考察了艺术相继发生的形式并表明了这些艺术形式的发展阶段的全部完成，它把它们埋葬起来，而哲学为它们写下了碑文。”

针对古典美学中的艺术消亡论，克罗齐通过强调直觉的知识（即艺术）是人类心理活动中必不可少的一个阶段而做出了回答：“问艺术是否能消灭，犹如问感受或理智能否消灭，是一样无稽。”

克罗齐“直觉即表现”理论的核心，就是要从理论上确立艺术的独立地位，是直接针对着古典美学的理性至上原则及艺术消亡论的。美就是表现，“合适的表现，如果是合适的表现，也就是美的。美不是别的，就是意象的精确性，因此也就是表现的精确性。”

▲ 克罗齐像

克罗齐的美学理论是20世纪最有影响的美学理论之一。他的“艺术即直觉，直觉即表现”是他整个心灵哲学的一个组成部分，是他美学体系的核心论点。

表现主义是从法文“表现”一词引申出来的，它最初出现于1901年在法国巴黎举办的玛蒂斯画展上，是茹利安·奥古斯特·埃尔维一组油画的总题名。1911年德国《风暴》杂志刊载希勒尔的一篇文章，首次借用这个词来称呼柏林的先锋派作家，1914年以后方为人们普遍承认和采用。表现主义是20世纪初至30年代盛行于欧美一些国家的文学艺术流派，也是西方现代文学中的主要流派之一。第一次世界大战后在德国和奥地利流行最广。它涉及的领域广阔，包括绘画、雕塑、音乐、文学、戏剧以及电影等形式。其主要特点就是强调艺术表现中的主观性和情感宣泄。主张艺术应当干预生活；自我是宇宙的中心和真实的源泉：“现实必须由我们创造出来。”主要特征是抽象的人物，人都是象征性的，不具体的，非常类型化的。只是共性的抽象和观念的象征。狂热的激情；荒诞离奇的内容，散乱的结构，强烈的色彩等。强调“艺术就是表现”。表现主义意味着一种叛逆、否定和反抗，具有鲜明的反传统性格。表现主义是对自然主义和印象主义的一种反驳。

» 直觉即表现亦即艺术

克罗齐美学实现了西方美学的价值论转向。

克罗齐主张艺术即直觉，美即表现，艺术与美同一，从而把美从“道德的象征”或“理念的显现”转变为“情感的表现”。克罗齐认为，艺术是纯直觉，创造力既不是道德，也不是哲学。艺术表达的是具体的特性，不应该追问它的真与善。

克罗齐（1866年~1952年），意大利新黑格尔主义哲学家、美学家、历史学家、政治家。1866年2月25日生于阿圭拉省佩斯卡塞洛里，父母都是虔诚的天主教徒。1883年，在一次大地震中，他失去了双亲，他也被埋在瓦砾中7个多小时，受到了重伤。随后，他来到了罗马，和叔父住在一起，并在罗马大学学习法律，但是他一直没有获得学位，随后就回到了那不勒斯，1952年11月20日卒于那不勒斯。

他是意大利资产阶级自由派的著名代表。1910年当选为参议员。1914年结婚并有四个女儿。1920年、1921年任政府教育部长。在墨索里尼当政和德国占领时期，他在自己的著述中坚持反法西斯立场；1943~1947年领导他所重新创建的自由党，并于1944年短期担任过部长。

他的学术研究最初侧重历史，后来转到哲学、美学和文学。在哲学和美学上他受到黑格尔、维柯的影响。

克罗齐把心灵活动分为认识活动和实践活动。认识活动从直觉始，到概念止；实践活动从经济活动始，到道德活动止。直觉、概念、经济、道德这四种活动囊括了一切心理活动。直觉是全部心理历程的始点。直觉是心理最低一层的活动，它可不依赖于其他任何一种心理活动，其他任何一种心理活动却离不开它。直觉的独特性包含了表现的独特性。直觉求美，概念求真，经济求利，道德求善。审美直觉是有别于逻辑活动的知识形式。直觉产生个别意象，正反价值为美与丑；克罗齐说：“知识有两种形式：不是直觉的，就是逻辑的；不是从想象得到的，就是从理智得来的；不是关于个体的，就是关于共相的；不是关于诸个别的事物，就是关于它们中间关系的，总之，知识所产生的不是意象，就是概念。”也就是说，直觉是介于感觉与知觉之间的一种心理活动，是全部心理活动的基础。直觉是个体的形象，是属于形式的，因此是个体的形式。克罗齐说：“直觉在一个艺术作品中所现出的不是时间和空间，而是性格、个别的相貌。”艺术的本质是直觉——表现。直觉是人人皆有的心灵活动。艺术天才与一般天才比较，只有量的多寡。“诗人是天生的”这句话应改为“人是天生的诗人”。

在克罗齐看来，作为一种心理活动，直觉是一种精神性的东西，直觉作为“心理综合作用”既表现了情感，又创造了客观世界中的物质。它把形式给了“感觉”，使“感觉”有了形式或形象而被表现出来，变成能被掌握、能被察觉的东西，也就是变成了人的感性认识的对象。如果感觉能恰如其分地被意象表现出来，这些表现就是成功的，而美就是成功的表现。

凡是直觉都是表现，如果表现不出来，就证明它还算不上直觉，而且这里说的表现是指“心中成就”的表现，并非一定得写在纸上（如诗），画在画布上（如画）或者谱成乐谱演奏出来（如音乐）。

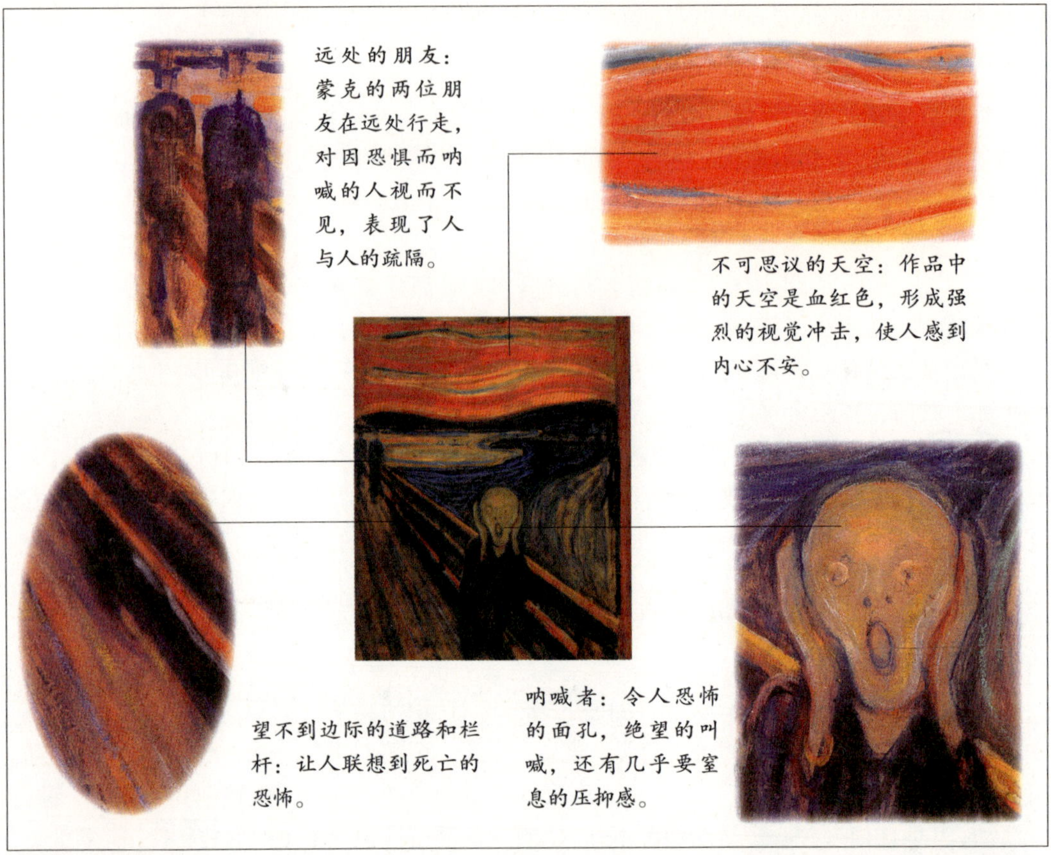

▲ **呼号　挪威　蒙克**

又名《呐喊》，作者在此将人对孤独与死亡的恐惧感淋漓尽致地刻画出来，他为恐惧赋予概括、含糊乃至恐怖的表现。画中那婉转随意的线条，将凄惨的尖叫变成了可见的振动，像声波一样绵延不断地向外扩散，具有非凡的表现力。此画是表现主义绘画中的典范之作。

克罗齐认为，只要表现已在心中成就，就一定能写下（画下、谱下），否则说明表现在心中尚未成就，以为自己心中已有了表现，那只是一种错觉。克罗齐说："每一个直觉或表象同时也是表现。没有在表现中对象化了的东西就不是直觉或表象，就还只是感受和自然的事。心灵只有借造作、赋形、表现才能直觉。"

克罗齐得出了一系列结论，即直觉就是抒情的表现，直觉就是美，就是艺术，艺术的创造和欣赏之间并没有本质的区别，"欣赏家也许是个小天才，而艺术家也许是个大天才"。因此，如欲欣赏艺术品，必先自成艺术家，正如他说："要了解但丁，我们就必须把自己提升到但丁的水平。"并把语言和艺术等同起来。在克罗齐看来，直觉、表现、艺术几乎是同义词。

他说："艺术是什么——我愿意立即用最简单的方式来说，艺术是幻象或直觉。艺术创造了一个意象或幻象；而喜欢艺术的人则把他的目光凝聚在艺术家所指出的那一点上，从他打开的裂口朝里看，并在他自己身上再现这个意象。当谈到艺术家时，'直觉''幻象''凝神观照''想象''幻想''形象刻画''表象'等词就像同义词一样，不断地重复出现，这些词都把心灵引向一个同样的概念或诸概念的一个同样范围，一个大体一致的指定。”

他认为：“艺术永远是抒情的——也就是说包含情感的叙事诗和戏剧……艺术的直觉总是抒情的直觉：后者是前者的同义词，而不是一贯形容词或前者的定义。”

美是客观化的情感
——自然主义美学

乔治·桑塔雅那（1863 年 ~ 1952 年）出生在西班牙的马德里。乔治·桑塔雅那是一个奇特的名字。乔治是英语民族的名字，是他在 9 岁的时候，随母亲迁居波士顿而改称的名字。

受过大学教育的父亲对他产生了重要的影响，桑塔雅那认为应该从诗的角度来理解宗教对世界的解释这个观点，就是来自他的父亲。在波士顿拉丁学校学习的 8 年中，虽然家庭生活清贫，但是他学习刻苦。善于思考的他写道：“我有个本能的感觉，觉得生活是一场梦。景象随时都可以完全消失或完全改变。”

1882 年，他考入哈佛大学，师从哲学家威廉·詹姆斯和乔西亚·罗伊斯，毕业后在这里执教 20 多年，这里成为他一生中最为熟悉的地方。他厌恶学院传统，他自己说：“假如我根本当不了教授的话，那可真是件幸事。”他不愿意做职业哲学家，更喜欢当一名漫游学者。

在 50 岁那年中的一天，这位大师站在哈佛大学的讲坛上，夕阳从窗斜照进来，偶有知更鸟飞来，立在窗格上，他看了一会儿，若有所失又若有所得，回过头来，把粉笔往身后一甩，向学生说：我与阳春有约！便走出教室，辞去了 23 年的教席，云游欧洲的巴黎和伦敦，1925 年定居在罗马这个“自然和艺术最美好而人类又最少干扰”的城市，直到 1952 年在那里去世。去世的时候，他拒绝为他实施忏悔，成为他忠诚于完全地用自然主义来解释一切事物的象征。

他一生写了 30 多本著作，部分作品构成了“英语文学遗产中具有永久价值的部分”。

桑塔雅那的美学是其自然主义哲学的延伸。他的哲学思想是自然主义和怀疑论的。自然主义哲学就是认为没有超自然的实体，一切都是按照自然实际发生的模式来认识和解释自然现象，任何自然科学所不能证明的东西都是不存在的或者是令人怀疑的。

在艺术和文学理论中，自然主义与写实主义关系密切，两者都要求真实地描绘人生，然而自然主义者坚持艺术必须采用科学的方法，也必须证明所有的行为都取决于遗传和环境。要求作家像自然科学家一样冷静、客观，不带感情色彩，不对所写的事与人进行社会与道德的评价。

桑塔雅那认为任何事物的存在都是无法证明的。人们认识中的世界，并非世界的本来面目，这是由于感觉和心灵渗入其中的缘故。基于其怀疑论的观点，他区分了本质和存在，把存在看作是外部物质世界，而本质是普遍的、一种逻辑的特性。本质是心灵的对象。心

▲ 拾穗者　法国　米勒

米勒是法国少数几个直接了解农民生活的画家，他不仅描绘农民的悲惨生活，同时也宣扬了他们生活中所具有的高贵和尊严。他的《拾穗者》有着古代雕塑的魅力，在这幅画中，米勒采用横向构图的方法，描绘了三个正弯着腰、低着头在已经收割过的麦田里拾剩落的麦穗的妇女形象。画作表现了农妇自然、朴素的美，具有自然主义倾向。

灵不能无误地把握本质。

基于其本质论，他把世界即其所谓的自然划分为存在、本质、心灵状态三个部分。心灵状态是感觉材料加上个体的差异性而构成的。心灵和本质只是在特定的状态下才具有同一性，也就是说，只有在特定的状态下才能认识本质。通过认知主体的间接经验和直接经验的方式来认识本质，通过凝神观照来直接把握本质，这实际上就是审美。但是心灵永远不能确切认识存在，只是靠本能推测到存在。

桑塔雅那的《美感》一书是他的第一本美学著作，也是美国的第一部美学著作，这本书就是基于他的自然主义和怀疑论的观点创作而成的。该书采用自然主义的心理学方法来解释美感经验。他的《美感》就是注重自然主义的经验观察的结果。他注重经验在美学中的作用："美之所以存在，就是因为我们观看事物与世界的人存在。它是一种经验……"

他认为："美是一种价值，也就是说，它不是对一件事实或一种关系的知觉，它是一种感情，是我们的意志力和欣赏力的一种感动。如果某种事物不能给任何人以快感，它绝不可能是美的；一个人无动于衷的美是一种自相矛盾的说法。"美是一种积极的、固有的、客观化了的价值。或者用不大专门的话来说，美是被当作事物之属性的快乐……美是在快感的客观化中形成的。美是客观化的快感。

"美是一种感性因素，是我们的一种快感，不过我们却把它当作事物的属性"来加以认识的。他给美的定义就是：美是一种"客观化了的快感"。桑塔雅那把美说成是一种快感，但他并不认为一切快感都是美的。有些快感较易于客观化，美感与一般快感的感受本身也不相同。如果一件事情不能给任何人以快感，它绝不可能是美的，快乐的才是审美的，一件美的东西永远是一种快感，没有了快感，就缺少了美的本质和原质了。

人们的审美经验有一种普遍的要求：故事和戏剧应该"快乐收场"，环境、风景、服装、谈吐应让人联想到可喜可爱的事。"快乐在于其直接的感觉因素和感情因素，只要我们此刻还生存又认为我们的快乐在于呼吸、视听、恋爱、睡眠等最简单的事情，我们的快乐就具有与审美愉悦相同的本质、相同的因素，因为正是审美愉悦造成我们的快乐。"

桑塔雅那把美分为材料美、表现美、形式美，无论哪一种美都是一定刺激所发射的愉快的光辉。桑塔雅那强调审美快感并不等同于肉体的快感。生理快感是一种比较粗劣的快感，

▲ 干草车　英国　康斯特布尔

这幅作品是对地道的英国农村风光的描绘，画面中的马车上装满干草，在清浅的小溪上涉水而过，富有恬淡的生活情趣，人们对自然和生活的热爱也由此激发出来。作品充分体现了自然主义艺术的风格。

审美快感是一种比较优雅的快感。美感可以超脱肉体关系，是一种自由自在、赏心悦目的感觉，而一般快感则是沉湎于肉体之中，局限于感官之内，就使我们感到一种粗鄙和自私的色调了。有时候，两种快感可能结合成一种美。在这个意义上，桑塔雅那把自己的美学著作命名为《美感》。

在桑塔雅那的美感理论中，不仅美的来源是主观的，而且美的体现和美的判断标准也是主观的。美的程度依赖于我们的天性，而美的本质也依赖于我们的天性，而且一切东西绝不是一样美的，因为判断美丑的主观偏见，就是事物所以为美的原因。

生物学观点是桑塔雅那建立自己的自然主义美学的锐利武器。桑塔雅那认为，美感主要来自视觉机能和听觉机能。人体是一部机器，审美不过就是这部机器各部件的有机协调。主体良好的审美享受有赖于人体机能的健康，人体机能的病态会削弱主体的审美观照能力，“没有健康就不可能有纯粹的快感”。在一个病魔缠身的人眼里，一切美的事物都会大打折扣。

桑塔雅那还突出强调性在审美中的作用，他认为审美的敏感来源于性机能的轻度兴奋。他说：“如果我们不探索性对于我们的审美敏感的关系，就会暴露出我们对人性的观点完全不切实际。”“如果幻想制造一个对美极其敏感的生灵，你再也想不出比性更加适合这个目的的工具了。”正是在性的驱使下，人们对美怀着一种深刻的精神之爱，从而发现美。

自然本能概念构成了桑塔雅那艺术观的核心。桑塔雅那认为艺术是出自生理冲动的游戏。从艺术起源看，桑塔雅那认为艺术是一种无意识的本能的活动；“艺术的基础在于本能和经验”。艺术和本能一样是不自觉的，是自动的。艺术从一种冲动开始，是有机体和它的环境的相互作用的结果。

▲ 达那厄　奥地利　克里姆特

作者以写实的手法，从现代人的审美观出发，描绘了一位体态丰润、充满性感诱惑力的裸女，表现出一种潜意识中的压抑和欲望。

艺术的目的就是使人的生物性的冲动得到实现。人的艺术创造活动与动物的行为别无二致。筑巢也是一种艺术，鸟筑巢与艺术家从事创作一样，是被所从事的艺术的例行公事推向前进的，是无意识的、本能的。但桑塔雅那认为艺术是一种理性的行为。“理性的基础是一种动物的本能，理性的唯一功能是为这种动物本性服务。”桑塔雅那的艺术有广义和狭义之分，广义的艺术是指劳动或工业，他称狭义的艺术为自由的艺术或美的艺术。

从艺术功能看，桑塔雅那认为艺术直接与有用相连。这是基于其认为美是一种价值的观点。“艺术，由于在人的身体之外建立了人的生活手段，并造成了外部事物同内部价值的一致，它就确立了一个能不断产生价值的领域。”美的艺术一方面是本能的、无目的的，另一方面是有用的、有目的的。

桑塔雅那反对审美无功利说，强调审美快感的特征不是无利害观念，认为对美的功利的冷漠是审美能力丧失的表现。“所有的艺术都是有用的和有实效的。一些艺术作品大多由于其道德意义才具有显著的审美价值，其本身是艺术提供给作为整体的人性的一种满足。”桑塔雅那认为，艺术兼有“自动性”和“有用性”，艺术是意识到目的的创造本能，“美的艺术”就是这两种特征的完全复合。

桑塔雅那认为，有用是美的前提，无用是丑的预兆，欲望的满足本身就有一种美感的色彩：“欣赏一幅画固然不同于购买它的欲望，但是欣赏总是或者应该是与购买欲有密切关系的，而且应该说是它的预备行为。”实用价值能够助长事物的美。当我们知道这件东西是无用的和虚构的时，浪费和欺骗的不安之感萦绕于心中，就妨碍任何的欣赏，结果把美也赶走了。“想到明明白白不合用，这一念之间就足以破坏我们对任何形式的喜爱，不论它在本质上是多么的美；但是感到它的合用，这一念又足以使我们安于最笨拙最粗劣的设计了。”

纯审美是一种浪费。如果我们醉心于没有标准，没有目的的形形色色的欣赏，把一切恼人的幽灵都称之为美，我们就变得不能辨别美的精妙不能觉察美的价值了。一个事物当它有实用性时，就有了半审美性，而当它合乎我们的习惯、符合我们的经验与本能时，就有了完全的审美性。如果没有功用即合目的性，就去掉了半个审美性；如果没有本能即没有无目的性，就又去掉了另一半的审美性。

盛行于20世纪30年代的形式主义美学

现代人本主义与科学主义的冲突对立是20世纪西方哲学发展的主导倾向。

20世纪西方美学流派众多，异说纷呈。由于“美学之父”鲍桑葵明确把科学和哲学区别开来，认为美学就是对于艺术的哲学思考，必须关心“美在人类生活的体系中究竟占有什么地位和具有什么价值”。所以，在美学内部也可以这样来区分：“本世纪欧美美学的全部发展，同哲学相似，可以概括为人本主义美学与科学主义美学两大思潮的流变更迭。”

形式主义美学是贯穿整个西方美学发展史的一种理论倾向。就主导倾向而论，西方美学始终是重形式的。

英国形式主义美学、俄国形式主义美学是形式主义美学在20世纪初的代表。贝尔的“有意味的形式”还徘徊于形而上学和经验论之间，他的美学具有折中的性质。弗莱则自觉地以经验主义为思想基础，从具体的审美经验和审美情感出发研究艺术。俄国形式主义美学研究的重心则是文学的内部规律，主张以科学的方法研究文学的“内在问题”。因此，俄国形式主义美学实际上是一种文艺理论。

20世纪形式主义多侧重操作性、技术性的精雕细琢，而对于形而上学的理性思辨缺乏应有的兴趣，所以并非每种形式学说都有一个能够统辖自己理论总体的哲学纲领。

“形式”概念本身是一个哲学概念，从毕达哥拉斯学派的“数理形式”到柏拉图的“理式”，再到亚里士多德的“质料与形式”，以及康德的“先验形式”和黑格尔的“内容与形式”等，

▲ 农园　西班牙　米罗

这件作品以数学式的精确来精雕细琢所有的细部，安排成一种幻想式的作品，并且最后产生了一种令人惊叹的艺术效果。画家将现实中的农场一丝不苟地摄入自己的画面中：蓝天之下，肥沃的土地上布满了成片的玉米，近处还有白色墙壁的农舍和鸡舍，一些农具随处摆放。画面右下角，小小的蜗牛和蜥蜴也活泼生动，清晰可见。在对画中树木的选择上，画家精心地描绘了他喜欢的桉树皮。画中农场的远处有一位正在洗衣服的农妇和一匹准备担水的马。这些植物、动物、道具等，在画家的笔下得到了令人叹为观止的和谐分配，被描绘得精心细致，它们共同组织成了一个充满亲密、幻想气氛的画面。形式主义美学的艺术理念在这件作品中得到了准确阐释。

无不派生于他们的哲学体系，建基在坚实的哲学根石之上。

20 世纪的形式主义也不能摆脱哲学的纠缠，但是，整个 20 世纪的哲学本身就回避理性的追问，试图以经验的感悟和实证代替“形而上”的思辨。“当代西方美学从总的倾向上来看，仍然沿袭着费希纳所提出的美学要舍弃传统的‘自上而下’的思辨方法，而采取‘自下而上’的经验主义方法。”

“形式美学”就是对形式的美学研究，或者说是从美学的角度研究文学艺术的形式问题。“形式美学”不仅不回避操作性和技术性的“形而下”问题，而且将“形而下”作为最直接的对象，但它并不拘泥于和局限在“形而下”的层面，而是将古典美学的思辨传统与现代美学的实证方法融为一体，重在从哲学的层面全方位地考察形式的美学意蕴。

形式主义美学是一种强调美在线条、形体、色彩、声音、文字等组合关系中或艺术作品结构中的美学观。与美学中强调美在于模仿或逼真再现自然物体之形态的自然主义相对立。

形式主义美学有着深远的历史渊源。古希腊毕达哥拉斯学派就曾试图从几何关系中寻找美。18 世纪英国艺术理论家 W. 荷迦斯在其《美的分析》中提出美是由形式的变化和数量的多少等因素相互制约产生的。

德国艺术史家 J.J. 温克尔曼声称，真正的美都是几何学的，不管古典艺术还是浪漫艺术，都是如此。康德则明确指出：“在所有美的艺术中，最本质的东西无疑是形式。”在《审美判断力批判》中，康德说：“美是一对象的合目的性的形式，在它不具有一个目的的表面在对象身上被知觉时。”在康德看来，无形式的崇高美也是一种特殊的形式，建筑、雕刻、音乐、美术等的美就更在于形式。只有形式是超功利目的的，只有唤起纯粹审美感情的形式才具有审美价值。康德极力强调形式美使以后的一大批美学家认识到，过分强调模仿和再现，只能把人们的注意力引向艺术品再现的事物，而不是艺术品本身，这样一来，艺术品就会失去本身的价值。

康德之后，形式主义美学的主要代表是德国美学家 J.F. 赫尔巴特及其门徒奥地利哲学家 R. 齐默尔曼。赫尔巴特主张，美只能从形式来检验，而形式则产生于作品各组成要素的关联中。齐默尔曼的美学一度被人们称为“形式科学”，他指出，只要从较远距离观看一个物体，就能很容易地发现其“形式”，而这一形式正是产生审美愉快的源泉。赫尔巴特的另一追随者奥地利音乐理论家E.汉斯利克则提出“音乐就是声响运动的形式”。这一见解曾轰动一时，从而把这种形式主义思潮推向极端。

20世纪以来，英国艺术批评家R.E.弗莱和C.贝尔对这种形式观做了另一种阐述。

弗莱认为，形式是绘画艺术最本质的东西，由线条和色彩的排列构成的形式，把“秩序”和“多样性”融为一体，使人产生出一种独特的愉快感。这种愉快感受不同于再现性内容引起的感情，后者会很快消失，而形式引起的愉快感受却永远不会消失和减弱。贝尔则指出，再现性内容不仅无助于美的形式，而且会损害它。由线条、色彩或体块等要素组成的关系，自有一种独特的意味，是一种“有意味的形式”，只有它才能产生出审美感情。

“有意味的形式”是艺术的一个不以时代的变化而改变的永恒美的特征，可以为不同时期、不同文化的观赏者所识别和喜爱。欣赏艺术无须求助于现实生活内容和日常生活感情，艺术不是激发寻常感情的工具，它把人们从现实世界带向神秘的世界，使人进入一种陶醉状态，这才是真正的审美感情。

贝尔的“形式主义”可归结为“艺术是有意味的形式”。形式，贝尔认为就视觉艺术而言，形式就是指由线条和色彩以某种特定方式排列组合起来的关系或形式。是排除现实生活内容的纯粹形式关系。一种艺术品的根本性质是有意味的形式。

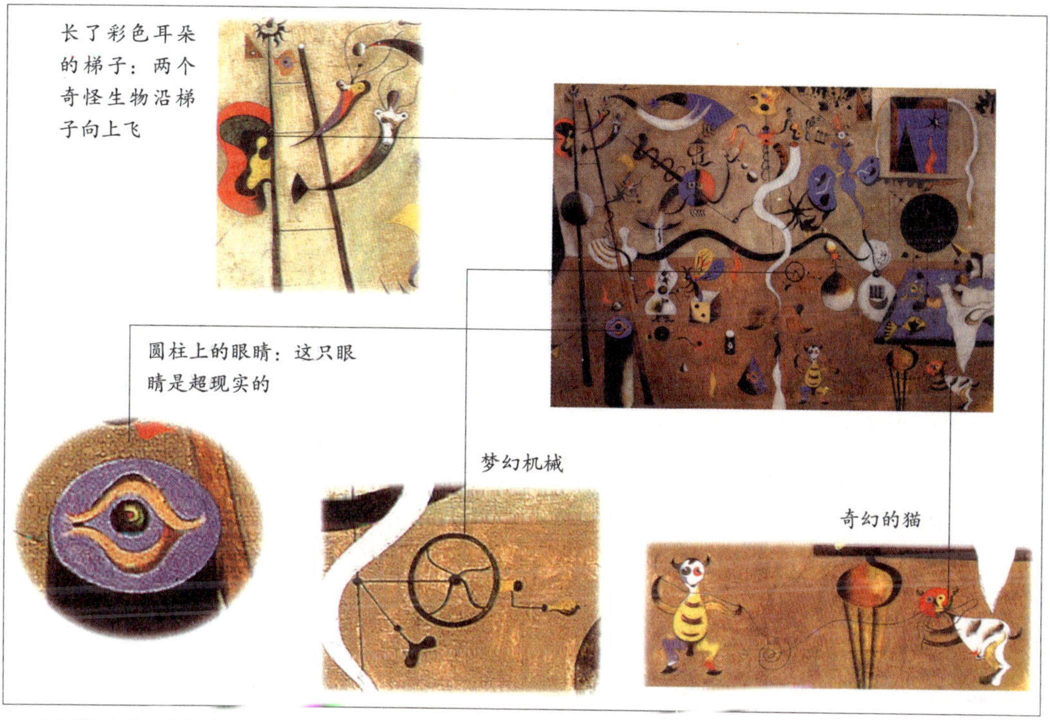

▲ 小丑狂欢节　西班牙　米罗

画面中描绘的是在一个房间里，正在举行狂热的集会。集会上的主人公长着优雅的长胡子，正叼着长杆的烟斗，忧伤地凝视着周围的人。他的周围是各种各样的野兽、有机物，全都十分快活。整幅画没有什么特别的象征形象，但画面宛如一个掉了底的玩具箱，一切事物都分解、气化、上升以至于在天空弥漫，一切都失去了重量。据说米罗在这幅画中描写的是因为贫穷、饥饿而产生的幻觉，因此可说这是一幅实实在在的“梦幻绘画”。

▲ 白线　康定斯基　俄罗斯（抽象主义）

这幅作品是康定斯基的抽象主义风格绘画的代表作。在此画中，并没有出现特定的主题和视觉的联想。作品显示了一种猛烈冲突的动势和紧张，这是色彩和形状互相冲突的紧张，就好像一种星际大战似的线条冲突的紧张。而形式主义艺术的后期便发展至抽象主义，二者关系密切。

“有意味的形式，就是一切视觉艺术的共同性质”。意味就是在纯形式背后表现或隐藏的艺术家独特的审美情感。因此，“有意味的形式”某种意义上说就是带有审美情感的形式。他所说的“意味”不是寻常的意味，而是“哲学家以前称作‘物自体’，而现在称为‘终极现实’的东西”。因而，他所说的“有意味的形式”也不是具体的形象，只是抽象的形式：“艺术家能够用线条、色彩的各种组合来表达自己对这一‘现实’的感受，而这种现实恰恰是通过线、色揭示出来的。”举例来说，就是不把风景看作田野和农舍，而设法把风景看成各种各样交织在一起的线条、色彩的纯形式的组合。所以，欣赏艺术品无须带着生活中的东西，也无须有关的生活观念和事物知识，只需带有形式感、色彩感和三度空间感的知识就够了。

贝尔所说的“审美感情”不是“生活感情”，而是对终极实在的感情：“那凝视着艺术品的鉴赏家都正处身于艺术本身具有的强烈特殊意义的世界里。这个意义与生活毫不相干。这个世界里没有生活感情的位置。它是个充满它自身感情的世界。”

“审美情感”是“形式主义”的一个重要范畴，它是对应于纯粹形式的情感，具有超功利性，独立自主性与对象的纯形式性。只有将对象视为纯粹的形式，即以其自身为目的时，他才能感受到审美情感。

现代美学流派与贝尔的“有意味的形式”理论，对以后的西方艺术的发展产生了深远的影响。

弗洛伊德和精神分析美学

弗洛伊德在历史上是一个颇有争议的人物。赞扬他的人将他的无意识说与哥白尼的日心说、达尔文的进化论并称为西方文艺复兴以来的三次科学革命，视他为与马克思、爱因斯坦相媲美的三个犹太人之一。贬损他的人，将他斥之为人类文明的破坏者，性泛滥的鼓动者，认为他的精神分析学完全忽视了人性中高级的和道德的方面。

西格蒙德·弗洛伊德（1856年～1939年），奥地利精神分析学家，精神分析学的创始人。

▲ 弗洛伊德像

他于1856年5月6日生于弗赖贝格的一个犹太商人家庭，4岁时举家迁居维也纳。他在中学时代就显示出非凡的智力，成绩一直名列前茅，17岁考入维也纳大学医学院，他于1881年获维也纳大学医学博士学位,从1902年起任维也纳大学教授。1876年～1882年在著名生理学家E.布鲁克主持的维也纳生理研究所中工作，1886年与马莎·伯莱斯结婚，育有三男三女。

1938年因遭纳粹迫害迁居伦敦，于1939年9月23日因口腔癌在英国伦敦附近的开普敦逝世。但是弗洛伊德的影响并没有因为他的逝世而消失。

弗洛伊德被称作是“人类伟大的人物和领路人之一”。“他忠于自己的基本信念而辛勤工作五十年，同时他对自己的观念体系不惮修改,使它趋于成熟，为人类的知识做出贡献。”他是一个思想领域的开拓者，思考着用一种新的方法去了解人性。

弗洛伊德创建和发展精神分析学说的过程可以分作两个阶段。在前一阶段，弗洛伊德主要研究心理治疗方法并提出心理过程的一般理论。

» 冰山理论

精神分析美学的理论基础是弗洛伊德的无意识理论。弗洛伊德认为，“精神分析的目的及成就，仅在于发现心灵内的无意识”，并称对于无意识心理过程的承认，乃是对人类和科学别开生面的新观点的一个决定性的步骤。

弗洛伊德为人类描绘了一幅立体的心理结构图。早期的弗洛伊德认为，心理结构中包括三个层次不同的系统：无意识系统（unconscious），下意识系统（或称前意识系统preconscious），意识系统（conscious）。

无意识系统是人的生物本能和欲望的储藏库。这些本能、欲望具有强烈的心理能量的负荷，服从于愉快原则，并力图渗透到意识系统中而得到满足。无意识系统是一个比意识层更为广袤、复杂、隐秘和富于活力的潜意识层面，如果说人的心理像一座在大海上漂浮的冰山的话，那么意识只是这冰山浮在海面上的可见的小部分，而潜意识则是藏在水下的更巨大的部分。“心理过程主要是无意识的，至于意识的心理过程仅仅是整个心灵的分离的部分和动作。”无意识像一双看不见的手操纵和支配着人的思想和行为。

下意识系统是由可回忆的经验构成的，是意识系统和无意识系统之间的一个部分，其主要机能是在意识系统和无意识系统之间从事警戒。在其中储藏着由社会的、伦理的和宗教的准则，规范和价值观念构成的良心和个人理想。它们是下意识系统中“检查者”的核心，其功能是不允许充满着心理能量的本能、欲望渗透到意识中去。

意识系统面向外部世界，完成感觉器官的作用，服从于现实原则。其主要机能在于把来源于意识系统中的先天的兽性本能、欲望排除掉。因此，意识系统和无意识系统始终都处于对抗、冲突的紧张状态中。

▲在弗洛伊德看来，即使是幼儿也有性欲，母亲则是他第一个恋爱的对象。

弗洛伊德还从“动力论”的角度把人的整个机体看作是一个能量系统。认为存在着在心理过程中起作用的心理能。他把心理能看作本能的能，并认为心理能是同性本能不可分割地联系着的能。他把这种心理能叫作“力比多”（libido，来自拉丁文）。“性力”（或“力比多”“原欲”）是弗洛伊德本能学说的核心概念，强调“力比多”给人的全部活动、本能、欲望提供动机的力量。“性”的含义是泛指生理快感和与之相联的心理快感，包括许多追求快乐的行为和情感活动。

荣格更是直接地解释：“力比多，较粗略地说，就是生命力，类似于柏格森的活力。”弗洛伊德也曾说过：“我们可以丢掉‘力比多’这个术语，也可以把它用作一般意义上的精神能量的同义语。”由于弗洛伊德用“力比多”解释人的全部活动的动机，因而其理论便获得泛性论的名称。但是，他也清楚地知道：“坚持性欲乃是人类取得一切成就的源泉，以及性欲观念的扩展——从一开始便是精神分析学遭到反对的最激烈因素。人们常常批评精神分析学的‘泛性主义’，甚至无聊地攻击它以性来解释一切。”

» 压抑和升华

弗洛伊德在 1913 年以后把精神分析理论广泛应用到人类社会生活和文化历史发展的各个领域，从而获得了弗洛伊德主义的称号，对哲学、心理学、美学甚至社会学、文学等都有深刻的影响。

弗洛伊德认为整个人类的历史是由“爱罗斯”（代表生的本能和欲望）和“腾纳托”（代表死亡的本能和欲望）之间的斗争所决定的一种特殊的有节奏的戏剧。在他看来，革命和起义是侵略本能的具体表现，战争的不可避免性是由人的侵略、破坏的本能，即死亡的本能决定的，在艺术、科学和其他文化领域中，有的人之所以有贡献，是由于他们的被排除的先天本能、主要是性本能所具有的心理能量升华的结果。此外，他还提出了“俄狄浦斯情结”概念，试图以此解释宗教、社会、道德和艺术的起源问题。

在20世纪20年代，弗洛伊德由于解释社会现象的需要而提出了新的心理结构理论。弗洛伊德从心理学的角度提出“三部人格结构”说，把人格或人的精神主要分成三个基本部分，即本我、自我和超我。

“本我”处于无意识的最深层，它主要是由性冲动（性力）组成。本我是生物的本能。本我内部贮存着强烈的要求得到发泄的心理能量，仿佛是一口沸腾的大锅，其中被压抑的本能、欲望力图根据愉快原则而通过“自我”得到满足。性冲动不受逻辑、理性、社会习俗等因素的约束，仅受自然律的支配。本我遵循的是一种愉快原则。

“自我”是一个意识系统再现由外部世界积累起来的经验。它是本我和外部世界之间的居中者，并根据现实原则调节本我和外部世界之间的冲突，以一种“现实原则”对性冲动加以适当的抑制。从本能控制的观点来说，可以说本我是完全非道德的；自我是力求道德的；超我是能成为道德的，然后变得很残酷——如本我才能有的那种残酷。

“超我”是性冲动被压抑之后，经过一番转化或变形，通过“自我”检查，向道德、宗教和审美等理想形态的“升华”，是一种代表着道德良心和理想的意识。它是禁忌、道德、伦理规范以及宗教戒律等的体现者。

弗洛伊德坚持性欲乃是人类取得的一切成就的源泉。“一般而言，我们的文明可以说是建基在本能的压抑上面的。每个人都要牺牲一部分他人格中的好胜心、领袖欲、侵略性，以及仇恨的倾向。”他说：“心灵就是相反冲动决斗竞争的场所，或者用非动力论的名词来表达，是由相反的倾向组织而成的。”

“升华”一词原为物理学和化学术语，弗洛伊德借用“升华”这一术语，指人将原有的本能冲动、欲望（“性力”）转向崇高的目标或方向和对象的过程。他说：“目标及对象的改变有一种更富有社会意义的价值，我们可以称之为‘升华’。”升华作用是一种转移。一方面，它将本能欲望转入另 有用的新途径，原先用以满足本能的活动为更高尚的精神活动所取代。另一方面，由于它是将本能欲望向合乎文明发展和社会规范的方向转化，也避免了与社会道德、法律、习俗相冲突或违背。弗洛伊德说：“本能的升华是最引人注目的文化发展特征；正是由于升华，高级的心智活动、科学活动、艺术活动或思想活动才成为可能。”

▲施温德的《囚犯之梦》刻画了在狱中的囚犯因不能出狱而只能通过幻想来满足自己的情景，弗洛伊德视之为“欲望实现”。

▲ 梦幻　法国　卢梭

画中野生的茂盛丛林中，虎视眈眈的狮子、漂亮的禽鸟、可怕的美国野牛、惨淡的月亮和黑皮肤的长笛手都被表现得栩栩如生。一具畸形却很性感的裸体，在一张华丽的维多利亚式沙发上歇息。卢梭要表现的是那位少女躺在床上梦见自己在丛林中心旷神怡，这个梦是那么虚无，然而却又使人神魂颠倒，充满原始、神秘的魅力。从这件作品中我们可以看到弗洛伊德理论的影子。

弗洛伊德用这种理论对美感的根源做出解释。弗洛伊德批评说，以往的美学都有一个很大的缺陷，那就是它只研究事物之所以成为美的条件，而不能对美的本源做出解释。弗洛伊德说："一切美与完善的价值都要依其对我们的感性生活的意义来确定。"感性生活主要指性力的本能。"精神分析学对美几乎也说不出什么话来，看来，所有这些确实是性感领域的衍生物。对美的爱，好像是被抑制的冲动的最完美的例证。'美'和'魅力'是性对象的最原始的特征。"

▼1885 年弗洛伊德和玛莎在一起。

从这一基本理论出发，弗洛伊德和他的信徒对艺术创造和美感进行了解释。他艺术创作理论的核心就是性力升华说。

如果人们的欲望在真实生活中受了压抑，那么，他就会在幻想中去创造"一个属于他自己的世界，或者说，他用一种新的方法重新安排他那个世界的事物，来使自己得到满足"。"幻念也有可以返回现实的一条路，那便是——艺术，艺术家也有一种反求于内的倾向，和精神病人相距不远。他也为太强烈的本能需要所迫使；他渴望荣誉、权势、财富、名誉和妇人的爱；但他缺乏求得这些满足的手段。因此，他和有欲望而不能满足的任何人一样，脱离现实，转移他所有的一切兴趣和力比多，构成幻念生活中的欲望。”“艺术作为逃避痛苦的方法用来为生活制造一种幸福的幻觉。”

弗洛伊德说：“对梦与幻想的关系我不能置之不理。我们在夜间所做的梦，不是别的，正是幻想。”弗洛伊德认为梦是一种对在现实中实现不了和受压抑的愿望的满足。夜间梦同白昼梦完全一样，是欲望的满足。梦、白日梦、艺术想象便是性力转移的结果。

他认为这些实现不了和受压抑的愿望多半是和性有关的。梦是一种潜意识的活动，在潜意识的活动中的主要内容——被压抑的愿望并非是直接表达于梦中，而是通过扭曲变为象征的形式出现，故梦都是象征的。艺术想象是艺术家未能在现实中实现的性欲的替代性满足。弗洛伊德认为：“梦的元素与对梦的解释之间的固定关系称为一种‘象征’的关系，而梦的元素本身就是梦的隐意的‘象征’。”

有些弗洛伊德的追随者甚至断言，所谓艺术，就是性的符号，之所以在各处的儿童艺术和原始艺术中都能见到圆形的式样，那是因为圆形总使他们回忆起母亲的乳房。德国著名哲学家弗罗姆曾经说，弗洛伊德对梦的分析，是现代科学对梦的分析的最原创性，最著名与最重要的贡献。

他创造了俄狄浦斯情结这个精神分析学术语。“很难说是由于巧合，文学史上的三部杰作——索福克勒斯的《俄狄浦斯王》、莎士比亚的《哈姆雷特》和陀思妥耶夫斯基的《卡拉马佐夫兄弟》都表现了同一主题——弑父。而且，在这三部作品中，弑父的动机都是为了争夺女人，这一点也十分清楚。”

在弗洛伊德看来，索福克勒斯的《俄狄浦斯王》这部悲剧的效果并不在于命运与人类意志的冲突，而在于表现这一冲突的性质，即普遍存在的仇父恋母情结。俄狄浦斯杀父娶母，实际上是他童年时代愿望的实现。

▲ 战争的预言　达利

由于受弗洛伊德的影响，达利这位超现实主义画家在 20 世纪 30 年代开始创作他称为“手工着色的潜意识照片”的作品。

莎士比亚的《哈姆雷特》也是出于同一根源，只是得到不同的处理。“只有分析地追溯悲剧素材的俄狄浦斯，即恋母的主题思想时，《哈姆雷特》的感染力之谜才能最终揭开。”原因就在于观众在欣赏这部作品时也和剧中的主人公一样，激起并实现了自己童年时的最初愿望。弗洛伊德认为，这种愿望能够唤起并满足他人相同的无意识的愿望冲动。

弗洛伊德还考察了达·芬奇的身世及绘画作品，认为达·芬奇要创作一幅表现在母亲和外祖母照顾下的童年生活的画。认为《蒙娜丽莎》的独特的微笑，实际表现的是达·芬奇对自己生母的儿时记忆。达·芬奇在描绘各种圣母像时所激发的热情，也就是他对早年离别的母亲的思念情绪的升华。

精神分析美学的兴起，把科学家和艺术家们的兴趣从外部世界引向人的内心世界，对人的内在心理结构进行探索，从而使艺术的形式和内容发生了大幅度的变化。

分析美学

在流派纷呈的20世纪西方美学中，分析美学开始于40年代末期，50年代后期达到巅峰，进入60年代后渐趋衰落。分析美学无疑是最为引人注目的派别之一，它的思想的直接来源是分析哲学，是分析哲学在美学领域中的扩展。

分析哲学是一种以语言分析作为哲学方法的现代西方哲学流派或思潮。分析哲学在20世纪30年代以来的英美哲学中，一直居于主导地位。

分析哲学是一个观点相当庞杂的思潮或流派，但是仍有一些共同特征：

首先，反对建立庞大的哲学体系，主张在解决哲学问题时要从小问题着手，由小到大地逐一解决。强调哲学研究的科学性。强调要使自己的概念和论证达到自然科学那样的精确程度。他们利用数理逻辑作为自己的主要研究手段并建立了一套技术术语。

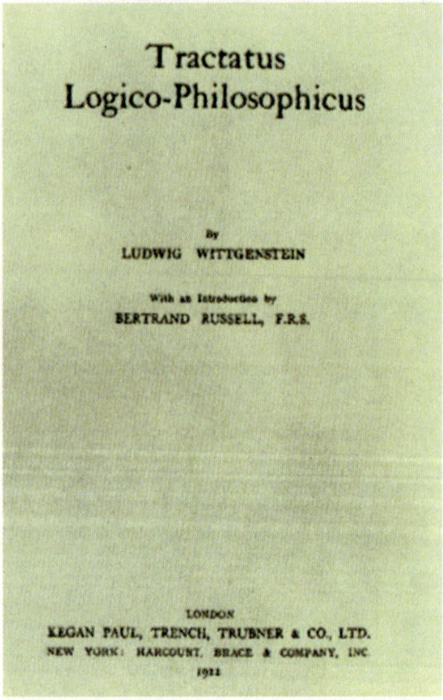

▲《逻辑哲学论》书影　英国维特根斯坦

该书论题极为广泛，还提出了语言界限的思想问题。

其次，普遍重视分析方法，强调形式分析或逻辑分析，即从纯粹逻辑的观点分析语言的形式，研究现实和语言的最终结构。

最后，重视语言在哲学中的作用，把语言分析当作哲学的首要任务。分析哲学家认为哲学的混乱产生于滥用或误用语言。他们认为哲学不是理论，而是活动，哲学家的任务不是发现和提出新的命题，而是使已有的命题变得清晰。

分析哲学运动为分析美学的诞生提供了基本哲学立场和方法论。在分析哲学发展的现阶段上，主要有两大流派：逻辑分析哲学和语言哲学。与分析美学相关的是后者。

分析美学不仅与传统美学，也与其他美学流派有明显的区别。舒斯特曼总结他对分析美学的特征的看法：分析美学把自己看作是以逻辑为中心的，元批评的活动——艺术批评是一阶的活动，美学是在艺术批评基础上的二阶的活动，是对艺术批评所用概念的澄清和改进；反本质主义和对明晰性的要求；重视艺术而不是自然美；非规范性、非评价性的特征；非历史性、非社会背景性的孤立的研究方法；在批评实践中拒绝多元化，缺少实用主义的元素。

▲ 亚威农的少女　西班牙　毕加索

这是毕加索立体派绘画的杰作，借用非洲和伊比利亚雕塑中的变形手法展现人物形象。

大体说来，分析美学发展经历了三个阶段：第一个阶段就是以摩尔、艾耶尔和早期维特根斯坦为主要代表的“情感主义”阶段，基本特点就是强调美学中的各种重要概念只是起到了表达某种主观情感的作用，无法对它们进行严格定义。

第二个阶段是“语境论”阶段，以后期的维特根斯坦、莫里斯·威兹、威廉·肯尼克以及玛格丽特·麦克唐纳为代表，注重从日常语言运用方面研究美学和艺术问题，否定对美学概念下定义的可能性。

第三个阶段是“多元化”时期，以乔治·迪基、阿瑟·丹图，尼尔森·古德曼、吉纳·布洛克为代表，由以前彻底否定下定义可能性的立场回到这些概念可定义性的折中立场上来。

分析美学家与分析哲学家一样，在解决美学问题时，都强调从小问题入手，从小到大逐个加以解决。舒斯特曼说：“在分析美学的传统中，并不存在那种可以与自黑格尔以来那种统治着大陆派艺术哲学的宏大的历史诡辩论和系统的方法相匹敌的东西。”

托马斯·门罗在《走向科学的美学》一书中说，“美”这样的词是模糊不清和似是而非的，甚至连商业广告商也意识到“美的”是一个过了时的陈腐的颂扬之词。分析美学家试图澄清“美学上的混乱”，他们认为这些混乱主要是由语言问题造成的。

» 反本质主义和对明晰性的要求

分析美学否定哲学概括的必要性，把语言分析作为一种自然的研究方法接受过来。认为对普遍性的追求、本质论、类比把人们引入歧途。分析美学利用语言分析的方法，对传统美学的概念进行分析。

他还从价值论的角度来看待美，这样，他就把美与种种伦理学价值，如善、幸福等联系了起来。这一阶段被称为分析美学的情感主义阶段。他们一方面追求概念的清晰，一方面又难以摆脱形而上学的影响。“与传统美学相比，分析美学对（艺术的）价值给予的关

美学辞典

分析美学，20世纪最引人注目的美学派别之一，其直接思想来源是分析哲学，是分析哲学在美学领域中的扩展。分析美学否定哲学概括，把语言分析作为一种自然的研究方法，认为对普遍性的追求、本质论、类比会把人们引入歧途。分析美学利用语言分析的方法对传统美学的概念进行分析。分析美学重视艺术而不是自然美，强调非规范性、非评价性的特征，注重非历史性非社会背景的孤立的研究方法。

注要少得多。”

舒斯特曼说：“我们当然不能把维特根斯坦的美学观点排除在外，尽管它们在时间上早于被大多数人称作的分析美学时代。因为这些观点变得极有影响力，首先是他的基本哲学方法影响了艺术的哲学分析。”

▲ 维特根斯坦像

他的主要著作《逻辑－哲学论》和《哲学研究》，分别代表了其一生前后阶段的哲学体系，也分别开创了两个重要学派，影响深远。

维特根斯坦，英国籍哲学家、数理逻辑学家、分析哲学的创始人之一。

维特根斯坦 1889 年 4 月 26 日生于奥地利维也纳一个犹太人家庭，后入英国籍。1951 年 4 月 29 日在剑桥去世。

其前期哲学思想属逻辑分析哲学。前期哲学理论的核心是图式说。维特根斯坦在其后的哲学思想中，抛弃了图式说及其在此基础上所建立的逻辑原子论，以语言游戏说代替了图式说，以语言分析代替了逻辑分析，以日常语言代替了理想语言。语言像游戏一样，是一种没有共同本质的复杂的现实活动；语言的用法、词的功能和语境等也像棋子的走法、棋式一样，都是无穷多的；语言游戏理论的基本观点是首先把语言看作活动。语言游戏注重词及其功能的复杂性和多样性，而词的用法包括命题，语言都没有本质，而只有“家族相似”，“家族相似”指在一个家族中，总有一个成员与另一个成员相似，但其相似之处未必也是他与第三个成员的相似之处，并且没有一种相似之处是所有家族成员共有的。他提出“请不要想，而要看”。

路德维希·维特根斯坦指出：“哲学的目的是从逻辑上澄清思想。哲学不是一门学说，而是一项活动。哲学著作从本质上来看是由一些解释构成的。哲学的成果不是一些‘哲学命题’，而是命题的澄清。可以说，没有哲学，思想就会模糊不清：哲学应该使思想清晰，并且为思想划定明确的界限。”据此，一些语义分析美学家认为维特根斯坦哲学给当代美学提供了出发点。

维特根斯坦说，哲学中的绝大部分命题和问题并不是假的，而是无意义的。无论善与美有多大的同一性，它们都属于这类问题。在维特根斯坦看来，美学和伦理学一样，都是不能表达的，是先验的，什么是美一类问题是没有意义的。认定美学是属于不可言说的东西的范畴，对它只能保持沉默。这亦是维特根斯坦“记号的生命在于它的使用”在艺术领域中的具体运用。

维特根斯坦指出：“美学这个题目太大了，而且就我看来，它整个被误解了。‘美的’这个词比其他词更频繁地出现在某些句子里，如果你注意一下这些句子的语言学形式的话，你就会发现，像‘美的’这样的词更容易被误解。‘美的’（还有‘好的’）是一个形容词，因而你不禁要说：它有某种性质，即‘美的’的性质。”

大约到了 20 世纪 50 年代，分析美学进入成熟期，其基本特征是从日常语言运用方面分析美学和艺术问题。维特根斯坦在前期还把艺术的本质看成是不能用经验加以证实的“神秘的东西”，认为艺术的本质是存在的，是“世界存在”这种奇迹的显示。到了后期，他

▲ 我与村庄　法国　夏加尔

在这幅作品中，夏加尔用一种不合逻辑的形象表达了自己对故乡的特殊思恋，带有浓烈的梦幻色彩。

则是根本否认艺术有统一的本质。他站在日常语言哲学的立场上，认为像“游戏”“美”“艺术”之类的概念只有“家族相似”的关系。各种艺术仅仅形成了一个彼此有点相似的“家族”而已。

现象学美学

现象学美学是用现象学的方法解释美学问题以及为美学建立现象学基础的一种美学思潮。

现象学是20世纪西方的一种哲学思潮。创始人为德国哲学家胡塞尔（1859年～1938年）。胡塞尔是犹太族后裔的德国哲学家，先后在德国哈雷、哥丁根和弗赖堡大学任教，1938年病逝于弗莱堡。

胡塞尔对于现代西方哲学最重要的理论贡献，表现为他对有别于传统认知性经验的一种意向性经验的揭示。意识是“‘对某物的意识’显然是充分自明的东西，同时又是极其难以理解的”。先验自我是意识和意向结构的最深核心。朝向对象是意识最普遍的本质。

现象学，不论作为意识的哲学理论，还是作为对人类意识提供描述的特殊形式，简单说就是意向性的理论。意向性“表现了意识的基本性质；全部现象学的问题……分别地来源于此”。“意向性是一般体验领域的一个本质特性……是在严格意义上说明意识特性的东西……把意向性作为无处不在的包括全部现象学结构的名称来探讨。”

美学辞典

现象学：西方现代美学派别之一，产生于20世纪初，胡塞尔为创立者。主张通过现象的分析来揭示认识（思维）的本质和结构，并确定认识的具体联系，采用直观法研究美学问题。现象学强调主体与客体的互动，认为主体与客体可以融合。现象学对存在主义美学也产生了重要的影响。

现象学的口号是“回到事物本身”。意思是要人们通过直接的认识去把握事物的本质。“现象学这个词本来意味着一个方法概念。它不描述哲学研究对象所包纳事情的‘什么’，而描述对象的‘如何’。”

胡塞尔认为：“现象学标志着一门科学，一种诸学科之间的联系；但现象学同时并且首先标志着一种方法和思维态度：典型哲学的思维态度和典型哲学的方法。”

在胡塞尔看来，现象学哲学与美学有着天然的内在联系与相近性。“艺术家对待世界的态度与现象学家对待世界的态度是相似的。正如哲学家（在理性批判中）所做的那样，世界的存在对他来说无关紧要。艺术家与哲学家不同的地方只是在于，前者的目的不是为了论证和在概念中把握这个世界现象的‘意义’，而是在于直觉地占有这个现象，以便从中为美学的创造性刻画收集丰富的形象和材料。”

现象学美学强调对艺术作品的本质结构的感知和把握。现象学哲学与美学都采用直观法。胡塞尔写道：“现象学的直观与纯粹的艺术中的美学直观是相近的；当然这种直观不是为了美学的享受，而是为了进一步的研究、进一步的认识，为了科学地确立一个新的哲学领域。”“美学家感兴趣的不是个别艺术作品，不是波提切利的花布，不是莎士比亚的十四行诗，也不是海顿的交响乐，而是十四行诗本身的本质，交响乐本身的本质，各种各样素描画本身的本质，舞蹈本身的本质，等等。他感兴趣的是那些一般的结构，而不是特定的审美客体。”

▲ 胡塞尔像

现象学美学与现象学哲学一样，旨在打破主客观对立，强调交流和融合。这种交流和融合是在纯粹意识领域中意识活动与对象之间的意向指向与意向性给予的交流。现象学美学的意向性理论，避免了主体对客体的单向性的意指，主体与客体不再对立，而是一种双向的交流。意向对象是在意识活动中直接被给予的，而此时的意识活动不能独立存在，它总是对某对象的意识。意义在意向的活动中被直接给予。在现象学的本质直观中，纯粹的意向性活动一方面使对象的构造结构显示出来，另一方面主体的意向性活动结构也显示出来。意向性结构和对象结构是在本质直观中同时呈现出来的。

在1913年出版的《纯粹现象学通论》中，胡塞尔以丢勒的铜版画《骑士，死亡和魔鬼》为例，运用现象学方法对艺术中知觉与想象的关系等问题做了深入的探讨，对20世纪美学与艺术的发展产生了深远的影响。

在胡塞尔看来，艺术的世界是一个价值世界，这一世界有着与物理世界和实践世界以及善的世界迥然相异的特征。“我们终归有一种存在着的美的东西，一种单纯的想象物，一种‘图像’，它恰恰是一个理想的对象，而不是一个实在的对象。”审美对象的情致与意韵不是线条与色彩本身，而是在此基础上形成的图像客体所传达的精神性的东西，这一精神性的东西就是审美对象的审美价值：“对我存在的世界不只是纯事物世界，而且也以同样的直接性作为价值世界、善的世界和实践的世界。”如提香的画之所以是一幅画而不是简单的物理图形，就是因为画面传达着、流动着提香本人对生活的理解、对生命的感悟，富有鲜活的精神气息与旺盛的生命力。由此可知，物理图像只是对“事实世界”的客观再现，艺术图像则是对“价值世界”的审美表征。凡·高画的椅子并不向我们叙述椅子的故事，而是把凡·高的世界交付予我们。

▲ 骑士，死亡和魔鬼　德国　丢勒

符号论美学

人是哲学永恒的主题。卡西尔说：“认识自我是哲学探究的最高目标——这看来是众所周知的。在各种不同哲学流派之间的一切争论中，这个目标始终未被改变和动摇过，这已被证明是阿基米德点，是一切思潮的牢固不可动摇的中心。”

恩斯特·卡西尔（1874 年 ~ 1945 年），是一位新康德主义的德国哲学家。他提出“人是符号的动物”。

卡西尔认为真正把人与动物相区别开来的是人的符号功能和人的符号活动。人的特点就在于能以符号来解释、把握世界。因此，“我们应当把人定义为符号的动物，而不是理性的动物”。

他指出：“人类知识按其本性而言就是符号化的知识，正是这种特性把人类知识的力量及其界限同时表现了出来。”文化世界作为人类活动的产品也就有了符号性，而产品的符号性根源于人的活动的符号性。

人不再仅仅生活在一个物理宇宙中，而是生活在一个符号世界里。语言、神话、艺术和宗教构成了这个符号世界的各个方面，它们是织成这个符号之网的不同织线。这是人类经验交织之网，人在思想和经验中取得的所有进步都使这个符号之网更为完善和牢固。人实际上已不再能像过去那样直接面对实在。随着人的符号活动能力的进展，物理实在也就相应地减少。从某种意义上讲，人并不是在对付事物本身而是在不断地与自己打交道。他是如此使自己被包围在语言形式、艺术想象、神话符号的宗教仪式之中，以致除非凭借这

▲ 蔚蓝的金色　西班牙　米罗

该作品堪称符号美学中的代表作。

些人为媒介物作中介，他就不能看见或认识任何东西。

卡西尔认为人的活动实际上就是一种符号化活动。“符号化的思维和符号化的行为是人类生活中最富于代表性的特征，并且人类文化教育的全部发展都依赖于这些条件。”“人不再生活在一个单纯的物理宇宙之中，而是生活在一个符号宇宙之中。”

“信号是物理的存在世界之一部分；符号则是人类的意义世界之一部分。一个符号并不是作为物理世界一部分的那种现实存在，而是具有一个‘意义’。”他说：“人被证明不仅仅是外在世界的被动的接受者，他是积极的和富于创造性的，但他所创造的并不是一个实体性的东西，而是一种关于经验世界的陈述。”

符号美学的基本思想是认为艺术是人类情感的符号创造。符号美学的形成是对现代人审美和艺术实践的一种理论上的回答，也是对此前美学思想的继承和超越。对符号论美学产生最为重要的影响的是浪漫主义美学传统和形式主义美学思想。亨德尔在总结卡西尔的思想时说：“艺术可以被界定为符号的语言。”艺术家试图透视各种符号术语的感性外观。

人类的本质在于文化符号的创造，人类的艺术在本质上也属于一种文化符号的创造，卡西尔将这种创造称之为“构型”。他认为人类艺术的本质就是“构型”。

卡西尔批评西方传统的艺术理论，即艺术既不是主观感情的复现，更不是对客观实在的模仿。“像所有其他的符号形式一样，艺术并不是对一个现成的给予的实在的单纯复写，它不是对实在的模仿，而是对实在的发现。艺术确实是表现的，但是如果没有构型，它就不可能表现。而这种构型过程是在某种感性媒介物中进行的。”

艺术是一种形式的创造，是一种特殊形式的创造，即符号化了的人类情感形式的创造。是艺术家关于外在世界的经验陈述。符号转化不是一个巨大的传送器，穿过其间的经验电流都要发生一种质的变化。

卡西尔在谈到音乐艺术的“构型”时说：“把莫扎特的音乐说成是欢乐的或宁静的，把贝多芬的音乐说成是庄重的、低沉的或崇高的，那只是暴露了一种肤浅的鉴赏力。”因为音乐的本质也在于以“音调”的形式对人类各种丰富情感因素的一种完整“构型”。正是在这种构型中，我们可以听到的是人类情感从最低音调到最高音调的全音阶。

卡西尔认为艺术在成为美之前，就已经是构型的了。并指出经过构型的艺术比美的艺术本身更真实、更伟大些。艺术家的眼睛不是被动地接受或记录事物的印象，而是构造性的，并且只有靠着构造活动，我们才能发现事物自身的美。艺术并不打算在深度和广度上与自然竞争，它停留在事物的表面；但它有自己的深度、自己的力量，它借助于在这些表面现象中体现的合规律的性格、尽善尽美的和谐一致、登峰造极的美、雍容华贵的气氛、达到顶点的激情，从而将这些现象最强烈的瞬间定型化。

卡西尔在阐发自己的美学思想和艺术思想时，一方面重视以其文化符号论为基础，另一方面又将人类的美感和艺术活动与神话、宗教、科学加以比较。

美国学者苏珊·朗格是20世纪符号美学的重要代表人物，她的符号学心理美学主要从认知心理学的角度来解释艺术的本质。

苏珊·朗格（1895年～1985年），生于美国曼哈顿一个德国移民家庭。从小接受良好的知识训练和艺术熏陶。在哈佛大学获得了哲学硕士和博士学位。

苏珊·朗格在其老师卡西尔的启发下，认为“所有意识的经验都是一种符号化了的经验的表现”。并且，她明确地把艺术定义为“人类情感的符号形式的创造”。艺术作为“一种表现形式归根到底是一种符号的形式”。

艺术符号是一种符号系统。黑格尔说：“在单纯的符号里，意义和它的表现的联系是一种完全任意构成的拼凑。”

朗格认为：“艺术形式与我们的感觉、理解和情感生活所具有的动态形式是同构的形式。”

朗格将艺术和语言同样视为人类创造的符号。语言无疑是人类最了不起的符号手段，人类借助语言进行命名、判断和思想。但是，语言只能大概地、粗糙地描绘想象的状态，而在传达永恒活动着的模式、内在经验的矛盾心理和错综复杂的情感、思想和印象、记忆和再记忆、先验的幻觉——的相互作用上面，则可悲地失败了。

艺术恰恰可以胜任语言所不能完成的任务，表现着人类情感生活的另外各个方面。语言在描绘艺术时往往无能为力。朗格指出，艺术符号是一种非理性的和不可用语言表达的意象，一种诉诸直接的知觉意象，一种充满了情感、生命和富有个性的意象，一种诉诸感受的活的东西。艺术中使用的符号是一种暗喻，一种包含着公开的或隐藏的真实意义的形象。

她说：“我们如何才能捕捉、占有和把握情感，从而使情感内容不需要严格意义上的理解，即不用概念的方式便可以理解，用一种普遍的形式便可以呈现给我们的意识呢？答案是：可以通过创造某种客观对象来达到上述目的。在那里，我们所寻找的情感如此鲜明地体现着，以致每一个人都被强烈地吸引，每一个人都不得不全神贯注地经历一番对该情感的无意识感受。这客观的对象就是艺术品，而创作艺术品的活动，就是艺术！”

▲ 夜之深意　比利时　马格里特

马格里特是比利时超现实主义画家，他将真实的空间与幻想空间以非常的想象力加以实现，具有符号化的特征。

各种艺术样式是以不同的方式把人类情感符号化，例如，音乐便是人类情感活动的

▲ 对朱尔斯·凡恩的效忠　比利时　德沃尔

虽然人们认定德沃尔是超现实主义画家，但他自己认为他是一名现实主义画家，他的一切艺术创作都是他内心情感的表现。

“声音的类似物”。音乐，它的意味就是符号的意味，是高度结合的感觉对象的意味。音乐能够通过自己动态结构的特长，来表现生命经验的形式，而这点是极难用语言传达的。情感、生命、运动和情绪，组成了音乐的意义。

她认为，艺术表达的情感是以个体的形式出现的，但它呈现给读者的却是人类普遍的情感。她说：“一件艺术品就是一件表现性的形式，这种创造出来的形式是供我们的感官去知觉或供我们想象的，而它表现的东西就是人类的情感。艺术表现的并非是实际的情感，而是情感的概念，正如语言表达的并非是实际事物和事件，而是事物和事件的概念一样。”朗格的美学是对以往一度盛行的情感表现论的矫正。19 世纪以来，“艺术是创作者内心情感之表现”的观点一直流行于西方，勋伯格的话颇有代表性：“一件艺术品，只有当它把作者内心中激荡的感情传达给听众的时候，它才能产生最大的效果，才能由此引起听众内心情感的激荡。事实上，艺术家所努力追求的只有一个最大的目标，就是表现自己。”朗格明确指出：“发泄情感的规律是自身的规律而不是艺术的规律。纯粹的自我表现不需要艺术形式。”情感对于艺术活动来说是必要条件，但绝非充分条件。哭泣的婴儿比音乐家更能发泄他的情感。但是，并没有人愿意到音乐厅去欣赏婴儿的哭泣。

苏珊·朗格以其系统的美学理论体系在当代西方美学领域独树一帜，从而被称为“美国最伟大的哲学家之一”。

存在主义美学

"哲学研究的是存在，它应当回答什么是存在的问题。"

作为与传统本质论哲学相抗衡的一种学说，存在主义虽然是一种每个时代的人都有的感受，在历史上我们随处都可以辨认出来，但只在现代它才凝结为一种坚定的抗议和主张。

萨特将存在主义者分为两大阵营，一类是以雅斯贝尔斯为代表的基督教徒，另一类是由海德格尔领衔的无神论者，而马里坦则以对待本质的立场为依据，将存在主义分为消极的彻底反本质论与本质论的存在主义两种形式。但是一些思想史家们认为存在主义实质上不可能加以系统地说明。因为存在本身是一种无法直接予以把握的东西。

从词源学看，在古希腊语里，"存在"的原意是"呼吸"。梅洛·庞蒂说："存在就是本质。"马塞尔说："存在主义的对象是存在与存在者这一不可分割的统一体。"西班牙思想家加塞尔说："生活是一种最基本的事实，一切哲学都必须由此出发。我们从内部知道它，在它的身后不可能再有什么可追问的东西。"

» 萨特的想象论

▲近半个世纪以来，波伏娃与萨特一直以伴侣的面目出现在世人面前，这种伴侣关系是自由的、反世俗的。1960 年，波伏娃在《岁月的力量》一书中写道："我们有着共同的特点，我们之间的交流在有生之年从未间断。"

让·保尔·萨特（1905 年 ~ 1980 年），是法国著名的作家、社会活动家、思想家。萨特被誉为"20 世纪人类的良心"。萨特 3 岁时，右眼因角膜翳引起斜视，5 岁就戴上了眼镜；他与西蒙娜·德·波伏娃的故事广为人知；他获得 1964 年度的诺贝尔文学奖，以"一向谢绝来自官方的荣誉"为由拒绝领奖；以 60 多岁的年龄激情地参加五月风暴而被押上警车，等等。

1980 年 4 月 15 日，萨特在巴黎逝世。

萨特声称自己是个无政府主义者。但是他又说："长时期以来，哲学是一个人试图逃避生活状况的一种思想，特别是逃避那些应尽政治责任的生活状况。人活着，他睡觉，他吃饭，他穿衣，哲学家不重视这样的人。他研究另一些把政治排除在外的领域。今天哲学家关心的是那些睡觉、吃饭、穿衣等的人，此外，再也没有其他的主题。哲学家不得不有一个政治立场，因为政治在这个水平上发展。"他说："哲学就是探讨存在。任何思想如果不导致对存在的探讨就没有根据。请不要忘记，一个人身上有着整个时代，正像一波浪涛承担着整个人海一样。"

1943 年，萨特的哲学巨著《存在与虚无》问世。在此书中，他全面论述了关于"存在"的理论，他说："哲学就是探讨存在。任何思想如果不导致对存在的探讨就没有根据。"

▲ 自由领导人民　法国　德拉克洛瓦

多年来，萨特一直表现出对人民的关心以及对各种被剥夺权利者的同情，他坚信自由是人类斗争最有力的工具。

指出人即为自我的存在，具有超越的特性，他永远处于变化中，尤其是在时间的流逝中，并显示为“不是其所是和是其所不是”的面貌存在。

他写道：“我们所说的存在先于本质是什么意思呢？我们的意思是说，人首先存在于自身相遇，在这个世界上崛起，然后才规定他自己……这就是存在主义的第一原理。”人，不外是由自己造成的东西，这是存在主义的第一原理，是萨特“自由哲学”的基础，即“存在先于本质”。

人的存在是虚无，其过程是一个自身否定的过程。人的这种自身否定，萨特称为“自由”。他说，自由“就是我的存在”。萨特主张人的自由通过人的选择和行动表现出来，自由与选择、行动密不可分。但人又必须承担由此而来的全部责任，包括烦恼、孤独和绝望等。恰如他所言：“人是自由的，懦夫使自己成为懦夫，英雄把自己变成英雄。”“选择是可能的，但是不选择却是不可能的，我是总能够选择的，但是我必须懂得如果我不选择，那也仍旧是一种选择。”

萨特称自己的“存在主义是一种人道主义”，强调“行动”的重要性，要求人们在荒诞现实和偶然性存在中积极争取存在的意义、本质和价值。这也就是为什么在萨特时代，存在主义已不仅仅是一种哲学思潮，而成为一种社会运动的原因。

萨特的结论是：“世界从本质上说是我的世界……没有世界，就没有自我性，就没有人；没有自我性，就没有人，就没有世界。”

在美学上，萨特用想象代替哲学中的意识，认为想象的过程就是对自在的存在的否定和虚无化的过程。这是萨特存在主义哲学在艺术和审美领域中的实践。萨特的想象理论是其美学思想的核心。想象的世界是萨特所追求的自在与自为统一的世界，即美和艺术的世界。人应该立足现实，凭借其想象行动起来，争取更大的自由与更多的存在，这样才能超越现实世界，达到美和艺术的境界。萨特的独特之处在于突出了想象富于行动的一面，即认为想象是一种否定和超越现实世界的能力，这是萨特对想象理论的重大发展，对现当代西方美学产生了深远影响。

萨特认为想象使意识的自由得到了实现，非现实的东西是在世界之外由一种停留在世界之中的意识创造出来的；而且，人之所以能够从事想象，也正因为他是超验性自由的。

美学中的想象包括两层意思，即审美想象和艺术想象。在萨特看来，想象是一种活动，其结果是创造出一个非实在的对象。萨特认为想象的首要特征是它的意识性。所有的意识都假定其对象。想象的假定作用有四类，即想象把对象设定为：（1）非存在，（2）不在现场，（3）存在于他处，（4）不假定其对象存在。想象的另一重要特点是它的自由性、创造性，它是意识本身所具有的一种能力。在萨特看来，想象是最伟大的艺术家，没有想象的参与，美的创造和欣赏是不可能的，美只存在于想象的世界中。艺术作品不是外部世界中的客体或事物意义上的对象，它所展示出来的是一些新的东西的一种非现实的集合。

美作为被想象的对象是非真实化的，“根本上依靠人类超越世界的意识，依靠其呼求着的本质上的贫乏”。因为现实的极其贫乏，才使人的想象成为可能，促使人们凭借其丰富的想象行动起来。想象对象的存在是“非存在”，是“虚无”。因此想象所把握的是虚无，所假定的也是虚无，“‘虚无’是存在的一种类型”。虚无、非存在，萨特认为其来源于“否定”。否定的活动，对于意象来说便是构成性的，而且是意象的根本性的结构。

萨特在戏剧方面提出著名的“情景剧”理论，戏剧能够表现的最动人的东西是一个正在形成的性格，是选择和自由地做出决定的瞬间，这个决定使决定者承担道德责任，影响他的终身。作为以描写人物为中心的戏剧的继承者，我们需要那种有情境的戏，我们的目的在于探索一切在人生经历中最常见的情境，这种情境在多数人生活现象中至少出现一次。

“在当代，哲学在本质上是戏剧性的。哲学的注意力已经放到人的身上——人既是动因又是行动者，人因其生活境况而处在种种矛盾之中，他创作和扮演着人的戏剧，这场戏不到他的个性被摧毁或他的冲突得到解决就不会收场。一场表演在当代来说，是表现人活动最恰当的工具——把人的活动完全截留下来了。由此看来，哲学所关注的正是这样的人。因此，我们说戏剧含有哲学意味，哲学又带有戏剧性。”但两者还是有区别：“哲学是戏剧性的，但它并不能像戏剧那样来研究个性。”

萨特提出：“我心目中的戏剧美学要求必须跟展现的目的保持一定的距离，使这个目的在时间或空间移动，一方面舞台上表现出的激情应该相当有节制，不应妨碍观众的觉醒；另一方面应该让戏剧的海市蜃楼消散，这是我采用的譬喻，按高乃依的术语来讲就是喜剧幻觉的消散。”

法国当代评论家罗杰·加洛蒂称萨特的戏剧是“我们时代的见证”，“他道出了我们时代的混乱状态，也表明了摆脱这种状态的意志，这种根本的智力活动给萨特的作品以强烈的生命力”。

法兰克福学派的社会批判美学

1923年在德国法兰克福大学形成了以霍克海默为领导的法兰克福研究所，但是作为真正学派意义上的法兰克福学派（Frankfurt School）是在50年代以后才出现。法兰克福学派是20世纪最大的马克思主义流派，也是现代西方哲学的重要流派之一。作为一种集哲学、社会学、美学于一体的思潮，充满着浪漫主义色彩。

▲ 霍克海默像

法兰克福学派继承马克思主义哲学的批判精神，广泛汲取著名的现代西方哲学家的思想观点并秉承浪漫主义传统，其社会批判理论以拯救人类、使人类摆脱当下受剥削和受奴役的“异化”状态为宗旨。法兰克福学派批判理论以批判与重建为主题，以启蒙精神、工具理性、科学技术、大众文化、工业文明批判为核心，以非压抑性文明和交往合理性重建为目标。

代表人物有德国著名哲学家、社会学家霍克海默，德国著名哲学家、社会学家、美学家阿多诺，德裔美国著名哲学家、美学家、政治理论家马尔库塞，德国著名哲学家、社会学家哈贝马斯等人。

» 马尔库塞的审美乌托邦

马尔库塞（1898年～1979年），生于德国柏林一个犹太资产阶级家庭。他先后师从胡塞尔和海德格尔。1934年移居美国，当代西方社会最有影响的社会理论家之一。马尔库塞在60年代赢得了世界性的名声，被媒体称颂为“新左派之父”，成了美国和欧洲最有影响的知识分子。

他的著作被称为“对发达资本主义社会所做的迄今最成熟的剖析”。他著名的“单向度”理论，被20世纪60年代末的西欧大学生奉为“行动的指南”，政治信仰的“圣经”。

他揭示了隐藏在当代资本主义背后的爱欲的压抑、人性的扭曲、劳动的异化等病态现象，并在此基础上提出以建立“新感性”即艺术学作为医治西方现代病态文明的救世良方。他认为审美和艺术是革命的武器，是解放的承诺。马尔库塞的审美哲学是“走向解放的美学”，对人类解放的执着是马尔库塞的终极目标。

马尔库塞指出现代工业社会既是“发达的富裕社会”，同时也是“病态社会”。所谓“病态社会”，其具体体现就是社会的“单向度性”，即一种起操纵与同化作用的、使资本主义社会趋于稳定与使大多数人失去批判意识的“超然力”。“人”被拉平，成了“单向度的人”，以“单向度的思想和行为模式”组成有史以来最牢固的“单向度的社会”。各种社会控制已经深深潜入人们的内心，人们日益循规蹈矩，沦为机器上的一个个部件；技术理性的意识形态已经成为人们的生活方式，而整个社会就像一部庞大的机器。

他说："人对人的最有效征服和摧残恰恰发生在文明之巅，恰恰发生在人类的物质和精神成就仿佛可以使人建立一个真正自由的世界的时刻。发达工业文明社会的奴隶们是升华了的奴隶，但毕竟还是奴隶，因为奴隶制之确立，既不靠压服，也不靠劳动的冷酷，而是靠作为纯粹工具的地位和把人降低为物的状态。"

▲ 马尔库塞像

科学技术是新的意识形态。在工业发达国家，科学技术不仅成了创造用来安抚和满足目前存在的潜力的主要生产力，而且成了与群众脱离的，使行政机关的暴行合法化的意识形态的新形式。他说："被表述为技术统治论意识的科学技术本身，在日常的实证思维方式之中已开始替代资产阶级意识形态而扮演起意识形态的角色。"科技管理和使用深入到国家政权领域，"成为统治人民的政治、经济、思想、文化以及社会生活一切其他方面的工具，成为'人民解放的桎梏'"。造成这一切的根源则是工具理性的泛滥。

为了彻底消除理性对人格的摧残，马尔库塞认为，审美能够使人格从理性的压抑中解放出来，从而与理性建立一种新的和谐。在审美境域里，感性与理性是交融统一的，审美就是"取消强制"，而这种强制的取消正意味着人格自主性的回归。"审美的调和，意味着加强感性以反对理性的专制，而且在根本上说，甚至是呼唤把感性从理性的压抑统治中解放出来。"在审美形式中，达到了被压抑的对象的解放和回归。

艺术作为意识形态，使占统治地位的意识形态失去存在理由。艺术不能改变世界，但它能够致力于变革男人和女人的意识和冲动，而这些男人和女人是能够改变世界的。艺术表现了一切革命的最终目标：个人的自由和幸福。

马尔库塞对传统美学进行批判，主要基于这样一个基本思想：艺术即现实的"异在"。艺术的真实不在于它多么像现实，作为虚构的世界，作为幻象，它比日常现实包含更多的真实。作为现实形式的艺术的意义，不是对给定东西的美化，而是建构出全然不同和对立的现实。

马尔库塞指出，感觉的解放只能依靠艺术和审美。人类的自由根植于人类的感性之中。直到人的感性与现存对象世界之间的压抑性的惯常关系被打破才能有真正的自由。"这意味着进行一场严酷的斗争，在根本上致力于一种崭新的生活方式和形式。"

个体的感觉的解放是普遍解放的起点，甚至是基础。他说："审美的根源在于感性，美的东西首先是感觉上的，也就是说，它诉诸感官。"马尔库塞对解放的理解并不止步于"感性的解放"，他的"新感性"目的在于"新世界"。他说："革命必须同时是感性的革命，与革命相伴随的必须是社会的物质方面和精神方面的重构，革命创造的将是崭新的审美氛围。"感觉革命在于"培养一种新的感官系统"，其目的在于重建一个新世界。

马尔库塞认为，艺术通过美学形式创造一个崭新的自由世界与现实世界对抗。他说：

“艺术无论是现实主义的，还是自然主义的，它始终是现实和自然的他者。”艺术就是从既存现实中创造出一个不同的现实。“因为人和自然是由一个不自由的社会构成的，它们被压抑、被歪曲的潜能只能以一种具有疏离作用的形式表现出来。艺术的世界是另一种现实原则的世界，是疏离的世界——而且，艺术只有作为疏离，才能履行一种认识的职能：它传达不能以其他任何语言传达的真实。艺术的这种疏异化就是使艺术作品、使艺术世界成为某种根本不现实的东西，它创造了一个不存在的世界、一个表象世界、一个现象世界。”

» 形式的专横

在马尔库塞看来，艺术和审美的解放功能是美学形式的一种特质，它存在于艺术本身之中，在作为艺术的美学形式之中。那种构成作品的独一无二、经世不衰的同一的东西，那种使得一件制品成为一件艺术作品的东西——这种实体就是形式。马尔库塞直截了当地指出：“我用形式指代那种规定艺术之为艺术的东西。”

他以一种理想状态作为完美艺术作品的标准：“在真正的作品中常见的一种必然现象，要求任何一行文字，任何一个声音都不能加以更换。”这便是所谓的“形式的专横”。“形式的专横”达到极致就是“美”。

美学形式的形成在于风格化。马尔库塞称为“美学转化”，其目的都在于“表现人类的本真状态”。艺术的物资、素材、原料（语词、声音、线条与色彩，也包括思想、情感和意向），在作品中是以这样的方式被排列、关联、界定和包容的：它们构成了一个结构化的整体。

▲这幅画创造了一个表象的世界，准确地捕捉到了现代人日常生活中的痛苦情绪。生活空间的单调，生存竞争的残酷——这就是现代人的生存状态。

马尔库塞认为每件真正的艺术品都将是革命的，艺术工作是真正的工作，它似乎产生于一种非压抑性的本能并且有一种非压抑性的目标。他强调艺术工作的感性和爱欲属性，因为艺术劳动创造的是审美形式，是美，美体现了满足人类本能使其不受压抑的享乐原则，与异化劳动代表的现实原则在根本上是对立的。

对于这个要重建的乌托邦，马尔库塞说：“在自由的社会中，艺术作品作为现实的形式这个说法是模糊的，其原意是揭示出解放的基本方面，即按照人的解放了的感性（和理性），对技术和自然的世界进行革命的改造。不过，这个目标是永远追寻的东西，也就是说，无论以何种形式，艺术都不能取消它与现实的冲突，这个冲突的消除，也许是主体和客体永远不可能达到的最后的统一，这是对绝对唯心主义的唯物主义看法。而冲突的和解，否认了人的本质的可变性这个极限是不可能超越的，即这个极限是生物的而不是神学的极限。”

» 阿多诺的否定美学

阿多诺（1903 年 ~ 1967 年），出生于德国法兰克福的一个酒商家庭，早年对政治持冷漠态度。德国纳粹上台后，阿多诺流亡英国研究音乐美学，并获得博士学位。1938 年受霍克海默之邀去美国加入社会研究所，1953 年霍克海默退休后，他接任所长。他的一生，经历了西方世界风雨飘摇剧烈动荡的时代。两次世界大战，社会主义国家的诞生，美式的消费方式，这一切都在他的哲学思考中留下了深深的烙印。

阿多诺是当代声名远播的思想家和敏锐的思辨哲学家，也是 20 世纪美学史上最有特色的人物之一。在 20 世纪思想史上，“阿多诺是无可替代的”。“阿多诺的思想始终是在同文学艺术、特别是在同音乐打交道中成长和发展起来的。因此，不可设想，人们可以把他的美学搁置一旁，而妄称把握了他的思想的基本精神。”他是较早地对后现代主义做出预言的思想家之一。阿多诺被看作典型的现代主义思想家，被看作当代西方文化发展的一个标志性人物。

阿多诺的《美学理论》被描绘为“从历史的与哲学的角度，对现代主义进行辩护，是对它的‘存在权利’进行鉴别的纪念碑式的尝试”。《美学理论》是对现代艺术的重量级的辩护。

他说：“现代美学只有一种形式，即迫使传统美学的理性化和中心化的概念解体。通过这种方式，在这些概念中释放出新的真理内容。”阿多诺强调：“只有一种方式美学在今天有望理解艺术，即通过批判性的自我反思。”

他的美学思想所表现的社会批判意识是以他的“否定辩证法”为哲学和逻辑基础的。他企图利用艺术来彻底否定和抗议资本主义的异化现实。阿多诺把自己的哲学看作是“批判的反思”，强调绝对的否定性。在阿多诺看来，否定辩证法就是矛盾地思考矛盾，它不

▲这幅画折射出个体在现代社会的经济、政治结构中失去自由和孤立无援的状态。正所谓“理性愈是在自然科学中得势，人在社会生活中就愈不自由”。

断否定而没有确定的最后的结果。

阿多诺以否定的辩证法来批判资本主义的异化现实，批判工具理性对人性的压抑与扭曲，主张艺术与审美应反叛现实与超越现实。阿多诺看到，随着工具理性的发展，人的精神理性反而倒退。“知识就是权力，它既无限地奴役生物，也无限地顺从世界的主人。理性愈是在自然科学中得势，人在社会生活中就愈不自由。”

他对资本主义社会中由于科技的进步导致人自由的丧失和对人主体性的侵害充满了深深的忧虑。“人凭着自身的理性能力创造了无与伦比的物质、技术文明，但这种文明都反过来成为压迫人、毁灭人的强大异己力量。”

“启蒙的实质，就是要求从两种可能性中选择一种，并且不可避免地要选择对生产的统治权。人们总是要进行选择，要么使自然界受自己的支配，要么使自己从属于自然界。随着资产阶级商品经济的发展，神话中朦胧的地平线，被推论出来的理性的阳光照亮了，在强烈的阳光照耀下，新的野蛮状态的种子得到了发展壮大。”

他在《启蒙的辩证法》中写道：“从进步思想最广泛的意义来看，历来启蒙的目的都是使人们摆脱恐惧，成为主人。但是完全受到启蒙的世界却充满着巨大的不幸。那种旨在征服自然和使人们从世界的魔境中摆脱出来的启蒙精神……像任何体系一样是极权主义。”

阿多诺说：奥斯威辛集中营之后不再写诗！在他看来，奥斯维辛集中营之后的一切文化，包括对它的迫切的批判都是垃圾，奥斯维辛集中营之后，任何漂亮的空话、甚至神学的空话都失去了权利，除非它经历一场变化。

大众文化是垄断的产物，是统治者控制大众意识形态的手段，大众文化的本质是以物化的形式来体现社会统治的娱乐形式。“文化制造了一个值得人类居住的社会的幻象，然而事实上这样的社会并不存在。这个谎言掩盖了所有人类劳作赖以产生的物质条件；通过抚慰和哄骗，它有助于使人类生存那讨厌的经济决定因素继续维持下去。”

他认为工业化是艺术走向消亡的终点。他指出：“文化工业只承认效益，它破坏了文艺作品的反叛性，而从属于替代作品的格式。”文化工业已经历史地形成并以最大的覆盖笼罩全社会。整个世界都得通过文化工业这个过滤器。现在一切文化都是相似的。在垄断下的所有群众文化都是一致的，它们的结构都是工厂生产出来的框架结构。

“文化产业是把旧的东西和熟悉的东西融合成一种新的特质……文化产业有意自上而下地整合消费者，它把几千年来有所区分的高雅艺术和低俗艺术强制性地合在一起，从而使双方都受到损害。高雅艺术的严肃性由于追求其效果而遭到破坏；而一旦社会控制不再是总体性的，低俗艺术的严肃性也由于以下原因而受到损害，即对它应有的反叛性抵抗施加文明化的限制。所以，尽管文化产业无疑会考虑到成百万人被诱导的意识和无意识状态，但大众显然不是首要的因素，他们是第二位的；他们是文化产业所预先设想的对象，是这个机器的一个附件。”

▲ 阿多诺像

大众文化就是一种向现实妥协、向现实趋同的文化，是一种异化了的、丧失了文化特质的文化。文化产业的产品是严格按照规范程序制造出来的，甚至逗乐的技术、效果、幽默讽刺方式，都是按照一定的格式考虑设计出来的。它们都是由特殊的专业人员管理的，而它们有限的多样性，也完全是由文艺机构编制的。

文化产业只承认效益，它破坏了文艺作品的反叛性，而从属于代替作品的格式。它使整体和部分都同样地从属于格式。格式就是统一的标准，就是标准化，从艺术上看，所有的作品都是一个风格。

阿多诺悲愤地指出："一切业已消失，仅仅剩下了风格，于是，文化工业戳穿了风格的秘密：对社会等级秩序的遵从。"

面对文化工业产品，消费者所能采取的姿态只能是消极被动地接受，他们失去了任何抵抗的能力。文化工业摧毁了文化大众的抵抗能力，从而使他们变成了任人宰割的羔羊。

阿多诺希望通过他的审美乌托邦来达到改变现实、恢复人性的目的，面对异化的现实和扭曲的人性，艺术与审美就成为与现实相抗衡的途径、手段。

他的否定美学就是以"否定"作为核心。"非同一性"是阿多诺的否定辩证法的核心概念。从否定的辩证法出发，他认为艺术是对现实世界的否定性认知，把否定性看作是现代艺术的本质特征，艺术必须通过否定自身，成为其所不是来折射和抗议异化的现实。他认为："否定之否定并不会使否定走向它的反面，而是证明了这种否定不是充分的否定。"

他主张："艺术应打破传统艺术追求完美性、整体性的幻想，用不完美性、不和谐性、零散性和破碎性的外观来实现其否定现实的本性。"阿多诺认为现代人的审美活动应走向与现代生活的非同一，只有运用非同一原则才能走出科学理性对人的控制的圈子。人的个性应当是丰富多彩的，阿多诺认为救赎人类靠的是艺术和审美对现实的否定和反叛。

阿多诺认为，审美活动在人的现实和理想之间有中介作用，它能把人们所失去的愿望重新展现给人们。由于现实与人们的理想大相径庭，艺术就一定要走向现实的非同一性或否定。一切成功的作品，从内在的批判的角度来看，不是在一种折中的和谐中的客观矛盾的解决，而是否定地表达和谐的理想，同时不加损害地将纯粹的矛盾体现在它的深刻的结构中。他指出："艺术作品的社会性批判维度就是攻击和暴露（通过表现媒介和历史所确定的方式）当今社会状况的弊端。"

他始终反对给艺术下一个绝对的定义，拒绝把自己的美学建构成一个完整的体系。阿多诺认为："今天，不言而喻的是，关于艺术的一切都不是不言而喻的，都需要思考。关于艺术，每件事情都成为问题：它的内在生命，它与社会的关系，甚至它的生存权利。艺术拒绝被定义，因为它是不断发生的历史变化的星丛。"而且，"艺术的定义取决于艺术曾是什么，但还必须考虑艺术已经变成什么以及在将来它还会变成什么。没有一个孤立的概念能把握住艺术的理念。"

他不仅为现代艺术辩护，也对现代艺术做全面的批判。他认为："批判文化工业而不同时批判艺术已变得不可能。"

阿多诺在《论艺术》中说："艺术是对社会的一种社会的反题，并且是不能直接从社会演绎出来的。"他认为艺术是高于现实的，艺术的生命在于它表现了一种精神，艺术品

▲ 琴提阿娜　德国　约格·伊门朵夫

画面黑暗而混乱的场景渲染出一种压抑的氛围，酒吧里精神颓废的人们告诉我们这个世界充满了孤独、焦灼，现代人生活在一个人与人之间相疏离的社会里。作品充满了对现代社会的批判。

显现着的是一种并不存在的精神性的东西，只有脱离经验实在，艺术才能按其需要塑造整体与部分的关系，艺术作品也才能高于实在。

他提出："艺术作为自主的以及既成社会的双重特性不间断地指向艺术的自主领域，在这种与经验的联系中艺术补偿性地拯救了人曾经真正地，并与具体存在不可分地感受过的东西，拯救了被理性逐出具体存在的东西。"

阿多诺认为："必须从两个方面来考虑艺术的社会本质：一方面是艺术的自为存在，另一方面是艺术与社会的联系。艺术的这一双重本质显现于所有艺术现象中；这些现象是变化的和自相矛盾的。艺术的社会性主要因为它站在社会的对立面。但是，这种具有对立性的艺术只有在它成为自律性的东西时才会出现……艺术凭借其存在本身对社会展开批判……艺术的这种社会性偏离是对特定社会的特定否定。艺术只有具备抵抗社会的力量时才会得以生存。它奉献给社会的不是某种直接可以沟通的内容，而是某种非常间接的东西，即抵抗或抵制。"

阿多诺不得不面对的两难困境是："从外部来看，艺术已经成为一种不可能的事情；但从内部来看，艺术还得继续下去。艺术若能一方面吸收处于资本主义生产关系下的工业化成果，另一方面又能遵从其自身的经验模式并且同时表现经验的危机，那便成了真正的现代艺术。"

"当前艺术处于两难困境中。如果艺术抛弃其自律性，它就会堕入现状的阴谋中；但如果艺术想要固守自为，它同样会屈从于整合，而成为众多领域中的一个无害的领域。"唯一的办法，就是艺术必须转而反对自身，与自身的概念相对立，从而在最核心处变得对自己毫无把握。因此，阿多诺指出，不包含反艺术的因素的艺术是不可想象的。

阿多诺对于现代主义艺术采取破碎形态很赞同，他认为："现代主义艺术之所以采取一种破碎的形态，其宗旨就在于和组织化的资本主义社会现实相抗衡，艺术以这样的形态，而不是整一的形态，则具有更强烈的造反和颠覆功能。"

现代主义作品的令人费解正是其思想深刻的表现。他认为现代艺术对美的感性外观的否定即艺术作品的"不完美性"使艺术自身走向了衰亡，这时艺术不再是艺术而是属于"反艺术"。"反艺术"正是通过"消灭"艺术美的外观而使艺术解体，又恰恰在艺术的解体中拯救了艺术。

结构主义美学

结构主义（Structuralism）是20世纪中期在欧洲兴起的学术思潮。结构主义不是一个统一的哲学派别，而是由结构主义方法联系起来的一种广泛的哲学思潮。它缘起于20世纪初法国语言学家索绪尔的符号理论，经由俄国形式主义和捷克的"布拉格学派"，最后在60年代的法国获得了空前的胜利。

结构主义70年代后多转向解构主义（Post-Structuralism）。作为欧美知识界一种"时髦思想方式"，它是以否定主体、标榜科学、注重结构的特立独行的方法论席卷了语言学、人类学、社会学、心理学、历史学、文学理论等几乎所有的人文学科的革新思潮。结构主义所确立的对文化各领域采取的分析方法，已经深深地渗透进了西方思想，并通过解构主义影响了其后所有的文化思潮。

结构主义是一种方法，不是一门哲学。它认为每门学科、每件事物都存在着一个内在的体系，这个体系是由事物的各要素按照一定的规律组合成的整体。它主张从事物的整体上，从构成事物整体的诸要素的关联上去考察事物、把握事物。结构主义认为结构是由成分构成的，而成分之间又存在着一定的结构，要了解对象或成分的性质，就必须首先了解其整体结构的性质。结构主义坚持只有存在于部分之间的关系才能适当地解释整体和部分。

结构主义方法的本质和它的基本信条在于，它力图研究连接和结合诸元素的关系的复杂网络，而不研究一个整体的诸元素。结构主义认为结构可分为表层结构和深层结构。深层结构是复杂现象各成分的内部联系，只有通过一定的认识模式才可以为人们所认识；表层结构则是现象各成分的外部联系，人们通过感觉就可以直接得到。因此，发现复杂现象的深层结构，就是结构主义所从事的主要工作。

▲ 索绪尔像

结构主义一方面提倡科学精神，提倡系统分析、共时方法和深层阐释，另一面则对传统哲学持强烈批判态度，具有"否定主体、否定历史、否定人文主义"的显著特征。

结构主义的代表人物列维·斯特劳斯给结构主义下了一个比较客观的定义：结构主义是对于社会、经济、政治以及文化生活的模式的研究。研究的重点是现象之间的关系，而

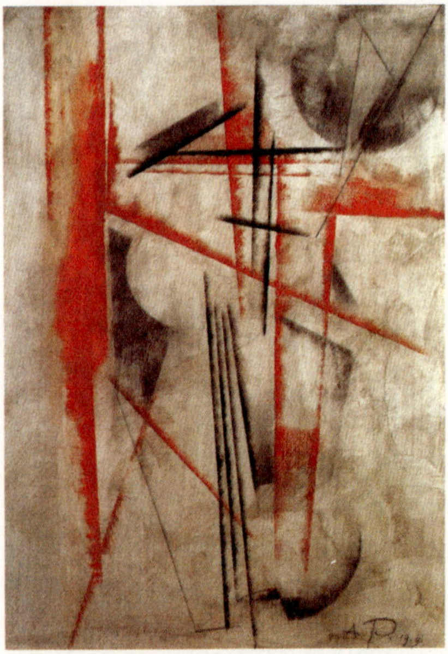

▲ 无题　亚历山大·罗贞科　俄国

作品的主题旨在反映现代社会科技的形式与过程，表现出了俄国结构主义绘画的特点。

不是现象本身的性质。

最早用结构的观点从事研究工作的是瑞士语言学家费迪南德·索绪尔。索绪尔（1857年～1913年），瑞士著名语言学家，出生于日内瓦。1880年，以《梵语中绝对所有格的用法》获博士学位。长期在巴黎和日内瓦从事语言学研究。代表性论著为1916年由他的学生整理出版的课堂讲演录《普通语言学教程》。

结构主义致力于探究文化意义的产生，以及认为文化的结构相似于语言的结构，都可追溯到索绪尔的《普通语言学教程》。索绪尔并没有使用“结构”一词，“结构主义”这个命名是后来的雅各布逊提出的。《教程》归纳并提出了结构语言学的4项法则，它们分别是：1. 历时与共时方法；2. 语言与言语；3. 能指与所指；4. 系统差异决定语义。上述法则，如今通称“四个两项对立”。结构主义坚持二元对立观，这是指观察事物的两种互相对立的视角。后结构主义就是以结构主义作为背景，在超越结构主义的二元对立的过程中来具体实施自己的消解策略。

索绪尔把语言作为一个整体来研究，他有一句口号式的言论：“从总体来考虑符号。”提出了语言研究中的同时性概念，也就是从构成某一语言现象的各种成分的相互关系中而不是从它们的历史演变中去考察语言。

语言作为一个符号系统，被看作是一个特定时间内的完整体系，是这个特定体系的语言总系统（language）决定着日常生活中个别语言行为即“言语”（parole）的意义。“语言”指的是语言的结构和语法。“言语”指人们的具体谈话，也就是每个人实际所说出来或写下来的那些话。索绪尔认为言语活动是异质的，语言却是同质的，它是一种符号系统。索绪尔指出：“语言是由相互依赖的诸要素组成的系统，其中每一要素的价值完全由于另外要素的同时存在而获得。”语言是第一性的，而言语是第二性的。

语言是社会性的，是一种抽象的记忆的产物。言语的意义源于语言。语言是一个整体，一个系统，是各种因素间关系的系统。而“言语”是个别性的，是创造的产物，是一个在特定时空里制成的“事件”。“语言”和“言语”的关系犹如整体与部分的关系。

语言本身是一种关系，但它并不直接指称对象，而是语言自身的一种关系。“语言符号是一种两面的心理实体”。他指出：“一部分是主要的，它以实质上是社会的、不依赖于个人的语言为研究对象，这种研究纯粹是心理的；另一部分是次要的，它以言语活动的个人部分，即言语（其中包括发音）为研究对象，它是物理的。”

索绪尔说：“我们建议保留用记号这个词表示整体，用所指和能指分别代替概念和音响形象。”语言符号连接的不是事物和名称，而是概念和音响形象。他将概念命名为语言符号的“所指”，将音响形象命名为“能指”。能指（signifier）与所指（signified），举例来说，“桌子”在不同的语言中名称不一样，英语中是“table”，汉语中是“桌子”。所有的语言符号都会由能指和所指构成。索绪尔说，语言就像一张纸，思想是正面，声音是反面。斯特罗克就曾经举过一个这方面的生动例子：如果花儿还只是在静悄悄地开着，我们就无法把它当成一种记号，因为并没有什么东西已经呈现出来并将它变成一种记号。但如果对于文化来说，花儿可以并且常常被用作一种记号，比如把它扎成花环，作丧事之用等。在这种情况下，花环就是一种能指，用我们的话来说，它的所指就是“慰藉”。

▲ 翻晒干草的女人　俄国　马列维奇

马列维奇这件作品以简洁的几何构图组织画面，人物造型独特，令人产生深刻印象，颇有结构主义艺术的特点。

现代符号学有两个源头，一个在欧洲，一个在美国。欧洲符号学的创始人是索绪尔，他称符号学为“Semiology”。美国符号学的创始人是皮尔斯，他称符号学为“Semiotics”。两个词都来源于希腊文，意为“符号，sign”。符号在本质上是社会的。索绪尔说：“同表面现象相反，语言任何时候都不能离开社会事实而存在，因为他是一种符号现象，它的社会性就是它的一个内在特征。”

结构主义美学就是运用语言的结构和模式来研究、解释文学现象的现代西方美学思潮。主要流行于法国。索绪尔说：“语言是一种形式，而不是一种实体。”它不关心作品所表现的客观世界，而是研究语言信息场内语言的美学功能，力图以此规定出文学的本质、功能、作品与社会的关系、作品与作者和读者的关系。

20世纪20年代出现的俄国形式主义是结构主义美学的端倪。代表人物有谢克洛夫斯基、雅可布逊等。第二次世界大战期间，雅可布逊把俄国形式主义思潮传播到东欧，使它与瑞士语言学家索绪尔的语言学、胡塞尔的现象学、德国哲学家卡西尔的符号哲学结合，形成布拉格语言学派，并始称为结构主义。

雅可布逊认为：“与选择相关的是相似性，他暗含了某种替换的可能，选择的过程产生了隐喻，隐喻根植于相似性的替换；与组合相关的是邻近性，它暗含了某种延伸的可能组合的过程产生转喻，转喻是根植于邻近性的修辞和思想手段。”

结构主义批评的代表人物是法国的罗兰·巴特等。他们不重作品语言的所指面（内容）、而注意能指面（语言），重视阅读反应的“统一性”与“参与性”，主张批评家积极介入作品的阅读过程、创造作品的意义。在文艺批评这一领域里，结构主义诗学和叙述学的重点不是个别具体作品的分析，而是普遍的文学语言的规律。在结构主义看来，个别作品是类似语言学中的言语的东西，是一种更加宽泛的抽象结构的具体体现。结构主义诗学和叙述学的任务就是要探寻支配文学作品的这种内在结构或总法则。

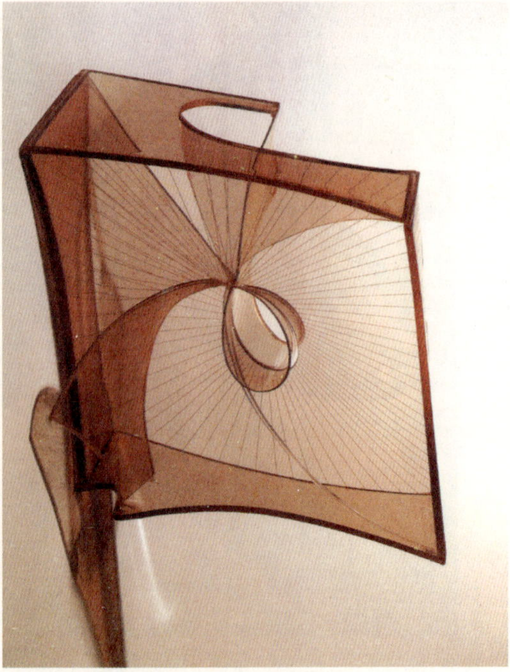

▲ 空间中的构成　晶体　诺姆·嘉博

诺姆·嘉博是结构主义的代表人物之一。这件作品将形式抽象化，由基本几何元素构成，具有结构主义的特点。

虽然结构主义的分析方法在实际运用中因人而异，各不相同，但他们都坚持文艺批评应该从具体作品出发，反对用作品以外的任何因素，如历史事件、社会思潮、作者生平等去分析和理解作品。他们认为作品的意义寓于作品本身，是由作品内在结构决定的，因此批评者的任务是去挖掘、分析这部作品内在的抽象的结构。他们并不排斥对作品意义的分析，但它的目的不再是对具体作品的描述，以指出它的意义。他们并不排斥对作品的总法则的分析。

巴特写道："文学作品，至少拿通常为批评所关注的那类作品来说，从来都是既非全无意义又显而易见全然清楚的。也许正是这一点可能成为'优秀'作品的一条定义。作品可以说是一些断断续续不完整的意义：它一方面俨然以一个能指系统的面目呈现于读者的眼前，另一方面则又回避所指之存在。意义的这种不明示性和逃逸性一方面解释了为什么文学具有偌大的力量，既可（通过动摇那些似乎已由信仰、意识形态和公共感觉所确认的意义范畴来）对世界提出种种疑问，然而却又从不给予回答（没有任何一部伟大作品是说教式的）；另一方面解释了为什么它会成为人们无穷无尽地探索意义的对象，因为没有任何理由可以使人们停止谈论拉辛或莎士比亚。"

"文学只能是一种语言，即一种符号系统；它的本质不在它所传达的信息里，而在该系统自身之中。正是由于这一点，批评家所要做的就不是寻求重建作品所包含的信息，而只是寻求重建作品的系统，正如语言学家的任务并非在于辨认某个句子的含义，而在于建立那个使该含义得以传达的形式结构。"这就是说，作品本身并不完全实现意义，它只是为意义的形成提供条件和形式，意义的实现有赖于不同时代的不同读者的感受，即需要把整个世界填充到这些形式中去才行。

1969 年，法国当代著名结构主义符号学家、文艺理论家茨维坦·托多罗夫在《〈十日谈〉语法》里面，第一次提出"叙事学"这个称谓，标志着叙事学作为一门独立学科的形成。结构主义叙述论以语言学结构功能或"行为模式"来表征叙述文的本质特性。"行为模式"分析的主要特征是根据叙述文故事中的不同功能，将其中出现的人、物、思想、理论、时空、气候等列为模式，然后根据模式内容的变化做进一步分析研究。

下篇 | 生活中的美学

Aesthetics Of Our Life

第一章 美是一种看不见的竞争力——每天了解一点美感力知识

为什么有人无法感受蒙娜丽莎的美

在《蒙娜丽莎》图画前站着两个人，一个是法国人，一个是意大利人。意大利人对着这幅画不断地点头，并且不停地啧啧称奇。看那神情，似乎已经被这幅画深深地折服了。正在这个意大利人自我陶醉时，法国人开口了："不就是一张普通的画吗，现在怎么搞得如此神秘？看不懂！这幅画的神奇肯定是被人吹出来的。"意大利人看了法国人一眼，笑着说："你给我吹一个埃菲尔铁塔看看。"

这只是一个笑话，它却深深说明了一个问题，那就是不同人对相同事物的感觉是不相同的。在看毕加索的画时，有的人会大加赞赏画中蕴含的趣味，有的人则嗤之以鼻，轻蔑地说："毕加索也不过如此，连画都画不清晰，瞧那一团糟。"在听《二泉映月》时，有的人会感动得流下泪水，有的人则认为那是对耳朵的折磨，绝对赶不上自己爱听的流行歌曲。

由此，我们可以发现，不同的人对同一事物的看法是不同的，也就是说这些人欣赏美的能力是不相同的。那么，是什么导致了欣赏力的优劣之分呢？人对同一事物的看法为什么会有这么大的不同呢？

» 向美心理始于物竞天择

物竞天择是达尔文进化论的核心。它是指生物互相竞争，能适应生活者被选择存留下来。在生物进化论中的意思是每种生物在繁殖下一代时，都会出现基因的变异。若这种变异是有利于这种生物更好地生活的，那么这种有利变异就会通过环境的筛选，以"适者生存"的方式保留下来。达尔文的"物竞天择"理论是对动物向美心理的最好解释。在整个自然界，"物竞天择，适者生存"已成为永恒的法则。任何动物，包括人类要想更好地生存下去，都要能够有足以应付自然的资本。对动物来说，就是要有强健的体魄。为了能让下一代有强健的体魄，所以雌性动物一般会选择那些体格健壮、外表优美的雄性来进行交配，这样生育出的后代才能拥有健康的体魄，拥有了健康的体魄才能应对大自然中的一切危机。

对于人来说，同样如此。体格健壮的人的后代大多体格健壮，外表英俊的人的后代大多相貌堂堂，这一切都是遗传使然。拥有了健康的体魄和英俊的外表，就拥有了强于他人的立世资本。现代人的择偶标准始于远古时期，在那个对大自然充满敬畏的时代，要对抗大自然，在大自然中更好地生存，就只有强壮自身，所以体格健壮的男子就成了当时女性的择偶标准。

由此可以看出，审美倾向是在物竞天择的促使下形成的，人对美的欣赏也是在人类的初始状态就露出端倪的。

» 人与人之间有着美感力差异

美感力是人所独具的一种特殊的能力，就是人识别美、欣赏美、评价美、创造美的能力。其基本条件是审美感知，没有审美感知就没有美感力，没有美感力便没有审美活动。但是，由于人们的先天条件和后天环境的不同，人们的美感力是千差万别的。

当然完全没有审美感知的人是没有的，哪怕是完全没有文化，没有经过专门审美教育的人也有自己的审美对象和对某种美敏锐的感知力。审美感知并不是天生就有的，而是在有意或无意的审美活动中发展起来的。通常来说，人在婴幼儿时期是不具备审美感知的，但是两三岁的孩子，有的能够从众多的歌曲中听出他所熟悉的那首摇篮曲，并着迷地听上好多遍。这说明了这时的孩子已经具备了低级的审美感知。所以，如果经过严格的系统的培养训练，人的审美感知能够达到很高的程度。据说一个训练有素的音乐指挥能从上百名演员演奏中很敏感地听出一个不和谐音符；一位成熟的画家能把常人看到的每一种颜色分出若干个等级。

» 美感认知是可以遗传的

美感认知是可以遗传的，中国历史上出现过很多的神童，他们对美的感知有先天能力，

这种先天能力就得益于遗传。蔡文姬自小就能诗善文，尤好琴瑟之音。六岁那年，文姬非要和父亲学弹琴，父亲蔡邕经不住蔡文姬的纠缠，只好答应，蔡邕于是先弹一曲。但是由于弹奏时用力过猛，不小心把第一根弦弹断了。但是他自己并没有察觉，照弹不误。可蔡文姬马上听了出来，并且告诉父亲说：“您把第一根弦弹断了！”蔡邕很是吃惊，心想：女儿从来都未学过弹琴，甚至连琴都未摸过，怎么就听得出他弹断了第一根弦呢？蔡邕有心要考验一下女儿，他故意把第四根弦弹断。不曾想，蔡文姬立刻指出父亲弹断了第四根弦。蔡邕很是高兴，他认为女儿具有学习音律的天赋。蔡邕有意培养蔡文姬的弹琴技能，最终，蔡文姬在音律上有了很深的造诣。

无独有偶，唐代诗人李贺在六七岁的时候，就能吟诗作对。当时著名的文学家韩愈为了考验李贺，就让他以自己来访为题，写诗一首。李贺略加思索，挥笔立就，一篇古体诗《高轩过》横空出世。韩愈看后，大加赞赏，称其流畅自然，文采飞扬。在韩愈的指点下，李贺最终成长为一代杰出的大诗人。

蔡文姬和李贺就是先天具有对美的感知能力，这种感知能力来自遗传，他们遗传的是父辈对美的感知能力。由此可以看出，人类对美的感知能力，甚至感知倾向都是可以遗传的。

» 审美倾向离不开后天培养

先天具有审美能力的人可以称得上是天赋异禀，但天赋只是天赋，如果沉浸在天赋的

人的审美能力是不同的
好美啊！
很普通啊，
一点也没
觉得美。
审美心理始于物竞天择
人类也喜欢
长相俊美的异性做配偶
美感倾向使人类进化得越来越美
美感力是可以遗传的
蔡文姬在音乐上的造诣与其音乐天赋密不可分
审美倾向离不开后天的培养
小时候
长大后

圈子里不能自拔，就会迟早变为第二个方仲永。天赋异禀的人不一定能够取得成功，最终的决定因素还是后天培养，如果蔡邕停止对蔡文姬的教导，那么她很有可能一无所成；如果韩愈不对李贺进行悉心指导，那么他很有可能变成没有作为的书呆子。所以，在美感上有天赋的人一定要注重自己的后天学习，不能因为自恃天赋高就放弃了学习。否则，真有可能在艺术的道路上迷失方向。

动物也有美感力吗

在 2005 年 6 月的一天，美国 ABC 电视台的晚间新闻播放了一条有趣的报道：每年春天有一种黑燕飞到美国的尤金市，这种黑燕在市区的行道树上筑巢，每当行人靠近鸟巢时，它们会袭击行人，猛啄行人的头部。行人为了防止鸟的袭击，常常以手护头，神情颇为狼狈。记者告诉当地的市民说要防止鸟的袭击，并不困难，可以在帽子上做两个大而圆的假眼，这样就能避免黑燕的袭击。这到底是什么原理呢？这样的做法是从昆虫的身上学来的，通过观察，我们可以发现有的飞蛾张开双翅时，双翅上就会出现两个大而圆的图案，形状像两个大眼睛，被人们称为假眼。鸟看见了这样的假眼，就会很害怕，所以这种飞蛾就可以免遭鸟的捕食。除了飞蛾外，有假眼的还有某种毛毛虫，毛毛虫不仅头上有假眼，在身体的侧面和尾部，也都有大而圆的假眼。它们的身上为何会有这样的假眼？难道仅仅是为了逃避伤害吗？孔雀缘何拥有美丽的羽毛？为何它会选择开屏？锦鸡为何会有五颜六色的羽毛？同时，很多的动物和鸟类的皮毛有很多独特的纹理，这又是为什么？事实上，生物的多样性，动物的这些外观，除了可以起到保护自己的作用外，还体现了它们对美观的追求。从这一层面上来说，动物也是有美感力的。

» 动物的美感力来自对外界的感应

动物的美感来自对外界的感应，是外界的感应促使了动物形成了爱美的天性。在这些外界因素中，声音和色彩是最主要的因素。

有的小狗一听见音乐就会翩翩起舞，并且随着音乐节奏的改变来改变自己舞蹈的节奏。有的小猫很喜欢照镜子和穿红颜色的衣服，等等，这一系列的反应均是来自动物对外界的感应。它们随着外界的影响而做出相应的动作，也是根据对外界美的感应来做出的改变。

感应是一种虚幻的能量摄人，并不是实质性的能量获取。感应的载体可以是光感信息、力度和节奏等。动物通过感应这些具有美的特质的外界事物，来做出相应的改变。由此，我们不难发现动物的美感力来自对外界的感应。

» 动物的美感力是自我情感的反应

达尔文在《进化论》中告诉我们，只要是生活在世界上的动物都有感情。这其中包括人类和人类以外的其他动物，这些动物和人类一样都有喜怒哀乐。

比如，猫、狗，它们在伤心的时候都会流眼泪，在开心的时候也会笑。当我们拿一联鞭炮对着它们放时，它们也会有恐惧的表情。再说说其他动物，鸟也是有感情的，鸟类的

帽子上做两个假眼就不会被鸟啄啦！
飞蛾的“假眼”不仅可以保护自己，还很美观呢
动物的美感力来源于对外界的感应
冷血的蛇也是有感情的！
雄性动物为了求爱所以更美
雄
雌
花亭鸟喜欢用饰物点缀自己的巢

表情可以表现在面部。高兴时，它们也会眉开眼笑，跳上跳下。不高兴时，它们就会没有精神，双眼无力。除此之外，作为冷血动物的蛇也是有情感的，网上有这样一个关于蛇的故事，一个人养了一条蛇，和蛇一起生活了3年，结果这个人因为疾病死去了，而那条蛇就守在主人身边不肯离去，一旦外人靠近的时候，它就会呈现出战斗的姿势，而当人们把它制服并要把它带走的时候，那条蛇竟然哭了！这些都表现出动物也是有感情的，这些感情来自对外界的感应，动物有感情，就会有对美的体验。因此，不难看出，动物的对美的感受是自我情感的反应。

» 美学在动物求爱时的运用

动物可以称得上是美学高手，它们懂得用美来吸引异性。所以，在动物的世界里要想获得异性的青睐，必须有足够的“媚功”。这些“媚功”往往是由雄性发出的，因为，只有足够漂亮的雄性才能赢得雌性的芳心。

在生活中，我们常常看到这样的例子。走进动物园，常常看到孔雀开屏，这是雄孔雀在向雌孔雀展示它的优雅。在农家小院常常看到雄鸡展开漂亮的羽毛，并且发出低沉的叫声靠近母鸡，这是雄鸡取悦母鸡的方式。动物的世界里也常常发生为了雌性而相互竞争的事情，有的甚至为了竞争丢掉了自己的性命。响尾蛇就是这方面的典型例子。当一条雌性响尾蛇到了繁殖阶段时，雄性响尾蛇就会进行残酷的竞争，它们不是直接撕咬打斗，而是进行“跳舞战斗”，就是相互比舞，直到决出胜利者。最后的胜利者还是会摇来摆去不停地跳舞，直到引起雌性蛇的兴趣为止，有的蛇甚至会累死。雄性响尾蛇就是想用优雅的舞蹈来向雌性求爱。

动物们通过对美的展示，来达到求爱的目的。因为雌性动物会选择最美丽的，或者最雄壮的雄性来交配。所以，雄性动物为了求得交配权，常常会把自己最靓丽的一面展示给雌性。

» 动物生活中的美学

寻求高雅的生活并不是人类的专利，很多动物也在刻意寻求高雅的生活。人类为了生活的舒适，会建造豪华舒适的房子。动物也会如此做。这方面最著名的要数花亭鸟。雄性花亭鸟在地面上用树枝建造各式各样的花亭，同时，它们还会采集许多野花来装饰自己的爱巢，它还会在巢的周围饰以蜗牛壳、羽毛、花朵或真菌类植物等小物件组成的坑道。如果在附近有人类居住，它会寻找一些玻璃、瓶盖、纸片、破布、金属丝、彩色毛线之类的东西，把它添加到巢穴里面去。有的花亭鸟还会搭棚屋状的小巢，它们还在周围用树篱围起来，点缀着各色的饰物。花亭鸟如此做，除了要吸引雌花亭鸟外，更重要的目的就是使它的爱巢显得美丽、浪漫而又温馨，以便可以舒适地生活。

除了花亭鸟外，织布鸟也是注重生活质量的典范。织布鸟的巢穴非常牢固，能够住下好几代织布鸟，更有趣的是，它们还会把空余的房子“租”给其他的鸟类居住。它们用精致的树枝装饰它们的巢穴，每一对织布鸟会占据一间“屋子”，然后再细分成几间小屋。

由此不难看出，动物也是生活中的美学大师。

人类的美感力来源于什么

人都对美的事物怀有好感，都喜欢听美的音乐，并且将其定义为“余音绕梁，三日不绝”；每个人也都喜欢美女，所以有历史上的四大美女流传至今，并称她们是“沉鱼落雁之容，闭月羞花之貌”。看见美丽的景色，每个人都会陶醉其中，这是对美的感受；看见徐悲鸿的马，我们就有“遥看群息动，伫立待奔雷”的感慨，这是美的震颤；看到达·芬奇的蒙娜丽莎，我们会沉浸在那梦幻般的微笑中，这是艺术品的魅力；看见丰美的食物，都会垂涎三尺，这是食物美的诱惑力。人喜欢美源于天性，是源于动物的天性。人是由猿进化而来的，是高级社会动物。是动物就对美有感受，并且人类对美的感受继承于动物。人类祖先隶属于陆地动物种群，生存习性与地球陆地上存在的各种类别动物之间具有互通和相似之处，人们行为和行动表现为各式各样的形态与模式。但是，人类比动物有更为发达的大脑，所以人类对美的感受比动物更强烈，更细腻。

» 思维的发达促进对美的感受

人和动物的最大区别是人具有比动物更发达的大脑，发达的大脑促使人产生丰富的思维能力。人类的大脑思维天生具备认知、解读、定义和创造能力，人类大脑思维迅速地进化和不断地扩展。人类大脑组织在世界上可以创造一切奇迹。人类的大脑可以思考世界上一切复杂的东西，并且可以对现存的渺小的事物展开联想。看到河流会联想到时间；看见秋天会联想到收获，会想到累累硕果；遇到阴雨天气，会联想到不愉快的心情。

对于人类来说，一些简单的现实场景，可以引发他们对现实的思考，进而创造出很多举世闻名的成果来。比如，牛顿正是在苹果落地这件事的基础上发现了万有引力；而蒸汽机的改造也是源于对生活中蒸汽和活塞运动的思考；飞机的发明源于鸟儿的飞翔，等等。人类的大脑有着极强的思考能力，它能把抽象的东西具体化，把具体的东西抽象化。

动物在这方面就逊色了，它们应对大自然的一切动作都是来自本能的反应。饿了就要吃饭，吃饱了就要睡觉。这是动物最基本的反应，它们从来都不会思考为何要吃饭，为何要睡觉。它们对现实的思考还仅仅停留在最基础的层面，可以说，动物的这些动作得自于先天遗传。

所以人类的思维能力远胜于动物的思维能力，丰富的思维能力使得人类在感受美时更加的深刻，更加的透彻。所以人对美的感受力来源于动物，却又远远高于动物。

» 人不但能感受美还能创造美

动物也是能够创造美的，白蚁是勤劳的建筑师，白蚁的巢穴类似塔的形状。工蚁要挖掘到地层深处，衔出一口口泥土，用唾液拌和，来建筑自己美丽的住宅。织布鸟选择精美的树枝作为巢穴的饰品，花亭鸟用精美的装饰用品点缀自己的巢穴。它们似乎也在创造美，但是它们的这种创造只是机械地重复，不具有真正的思考能力。

只有人类对美的创造才具有真正的创造性，才是主观能动性的最好发挥。人类可以根据自己的思维，任意建造自己心目中的房子，这些房子既美观又实用；人类可以创造电灯、

人类对美的感受力承继于动物
人们大多数的美感体验源于人类发达的大脑
猩猩的大脑重400g
人类的大脑重1350-1400g
人类的大脑可以思考世界上一切复杂的东西
时光如水啊！
人能够随心所欲地去创造美
人的美感力受社会影响最大
大家都在穿这样的衣服，我也要买一件
不认同主流审美的人会被排斥

电话、电脑等一切高科技产品；人类可以创作天下最动听的曲子；可以写出天下最美丽的文字；绘出天下最美丽的图画，等等。这才是真正的创造，这才是真正的发挥主观能动性。

相对于动物来说，人的优势就是能够随心所欲地感受美、创造美，而不是像动物一样去机械地制造美。

» 人类对美的感受社会的影响

动物对美的感受主要受自然环境的影响，为了要逃避天敌的伤害，它们会选择让天敌感到害怕的图案；为了应付寒冷，它们选择漂亮保暖的皮毛；为了赢得雌性的青睐，它们选择英俊的外表，或者出色的“个体能力”。它们对美的感受完全源于大自然。然而人类就不同了，人类除了受自然影响外，还会受社会的影响。

人类和动物一样，对美的感受会受自然界的影响。寒冷时，人们也知道建造漂亮的房子来抵挡寒冷，也知道穿不但保暖并且漂亮的衣服。但这只是造成对人类审美力影响的很小一部分。人是群居动物，受社会的影响非常大。面对同一事物，不同国家的人，甚至是不同地区的人都会有不同的看法。就拿美女来说吧，在中国男人的眼里，那些皮肤白皙、五官精致、面若桃花、双腿纤长、身材高挑的女人更受欢迎。

同时，中国的男人认为美女首先得有一双清澈明亮的大眼睛，最好是目含秋波的那种。另外，美女要有朱唇皓齿，并且要手指纤纤如葱根，还要肤如凝脂、细腰若柳。这些就是中国男人眼中的美女，历史上的美女似乎都符合这样的标准。但在英国人的眼中，只有那些具有贵妇人姿态的女人才称得上是美女。他们认为女人必须做事稳重，既端庄，又不失严肃。

而法国男人眼中的美女则是那些娇柔有涵养，并且有韵味的女人。他们认为，美女必须举止得体、语言幽默、处事有风度。在外表方面，他们认为脖子长直有力，细腰丰胸的女人才是美女。美国男人认为美女要有肉感、要丰满，具体标准为幽蓝的眼睛、黝黑的皮肤。

由此可以发现，不同国家的人对美的感受是不同的。这主要是因为人是社会动物，一切行动都会受到社会的影响。

美感力和人的血型有关吗

炎炎夏日，是女孩大秀魅力的好时期，有的女孩喜欢穿条纹衫，戴白色的帽子，同时搭配一条红心项链，这样的女孩给人一种清纯俏皮的形象；有的女孩喜欢穿条纹长袜，搭配黄色的T恤，以此来追寻童年的甜蜜味道；有的女孩喜欢在头发之间点缀黄色的蝴蝶结，同时搭配黄色系的T恤，给人生动活泼的形象；有的女孩则是青色的长款T恤，再配上纯白色的包包，左右两条辫子，给人以邻家女孩的生动印象；有的女孩则喜欢白色的长裙，有淡蓝色的花点缀其中。相对于女孩来说，男人也不甘示弱，有的人喜欢穿白色的衣服，以展示清新形象；有的人喜欢穿蓝色的T恤，给人以深沉的形象；有的人喜欢穿红色的T恤，以展示自己激情似火；有的人喜欢大夏天的穿黑色的T恤，以秀出自己独特的魅力。

不同的人有不同的穿衣风格，造成这种现象的原因是不同人的审美倾向不同。而审美倾向的来源很大一部分由遗传决定，而血型又是遗传的一个重要方面。这就造成了不同的人具有不同的审美倾向。

» A型血人的审美倾向

A型血的人可以说是完美主义者，积极服务别人，有牺牲奉献的精神。A型血的人比较保守，不会轻易展示自己的情绪反应，喜爱孤独，易掩饰自己的真心，不容易信任别人。会体贴人、个性老实，却很执着。当产生兴趣或自己的感觉和能力受到认可时，会认真地工作。A型血的人不适合从事单纯反复的工作或需要极端细心的工作，最适合的职业是记者等富于变化的职业。

A型血人的时尚要点是：不喜欢华丽的东西，一切要以简单、干净、百搭为主，但是对质量的要求就相对来说高许多。A型血的人爱追求时尚，女人会给人一种高雅的气质感，她们很有意识地知道当季所流行的款式，能很适当地把自己所特有的风采与地位尽善尽美地展示出来。她们最喜欢的衣服用料是那些十分柔软的布料。A型血的人外表在整体上比较朴素。他们对衣着的潮流很敏感，喜欢打扮，但却不华丽。爱好清洁。强调重点，色彩感受很好。挑选服装时，以色彩为主。A型血人喜欢享受美感，他们对音乐、书本、绘画等艺术形式会比较热爱，他们喜欢安静，不是在享受孤独，而是在寻求一种精神享受。

» B型血人的审美倾向

B型血的人性格活泼开朗、乐观向上、斗志昂扬，是充满感情的行动家。对于B型血的人来说，他们看中的不是结果，而是过程。是极佳的政治家、艺术家、明星、舞蹈家、设计师、外交家、企业家等。强势的B型血人常常是颇具影响力的领军人物，有雄辩之才、大将之风。B型血的人开朗敏捷，善于言辞。与人相处很融洽。善于掌握对方的心思和行动，能配合对方，进而展开话题。B型血的人处事痛快之际不乏稳健，能够在利益和情感中把握一致，并进行合理的平衡。

B型血的人穿衣可以很简单，对服装有严谨而卓越的批评眼光，但对自己的穿着不太注意。选择衣服以花样为主。女性可以是穿一件浅粉色的T恤配上一条白牛仔或者A字短裙，可以是简单的柔和淡雅的米黄色的上衣配上咖啡色的短裙。B型血的人认为皮质的夹克衫最为符合他们的性格。B型血的人乐于尝试，只要是最时尚的，不管是不是喜欢他们都要尝试一下。B型血的人喜欢开动脑筋来发挥创意，他们对美的追求可能会开辟一股新的时尚潮。

» O型血人的审美倾向

O型血的人富有开拓精神，敢于冒险；有理想、有雄心，有坚定的信念；具有顽强的毅力、坚强的意志。O型的人极富浪漫色彩。他们很有可能成为伟人、英雄、思想家、著名将领、探险家和大实业家等。

O型血的人来有着固执的一面，他们一旦形成自己的审美观，就不容易受外界的影响，

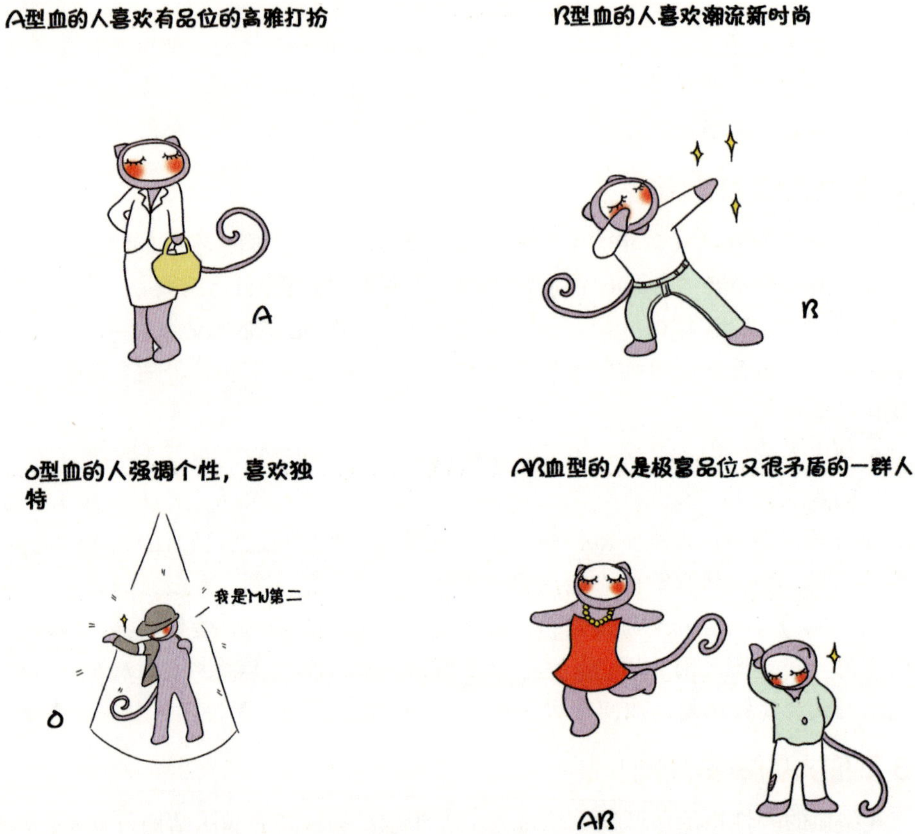

甚至有的时候他们还能创造自己的审美环境。O 型血的人装扮要点就是帅气中要带点舒适，也就是穿着要有灵动性。O 型血的人给人一种很干净，清新飘逸的感觉。他们更加注重高档而精致、很有古典风味的东西。O 型血的人十分讨厌鲜艳的颜色，他们常穿清淡素雅的衣服，以此来衬托出他们内在的学识与修养。所以他们的审美倾向是很特别的，虽然不华丽，但却相当漂亮，给人的感觉很好。整洁，有魄力。O 型血的人虽然穿着正统，但是对于服装的设计，他们很注重个性。选择服装以花样为主。

» AB 型血人的审美倾向

AB 型血的人是充满矛盾的自信家，天生的和平主义者，他们会非常热心地做一些对自己没有利益的事或为了公众的事而奔波。忽冷忽热的特质在 AB 型血的人身上特别明显。AB 型血的人能成为艺术家、作家一类的人物。

AB 型血的人天生讲究穿着品位，他们常常要求穿着要有特色，并且佩戴高雅的首饰。

AB 型血的人的穿衣颜色主要是以彩色为主调，给人一种完全与众不同的感觉，他们总是走在潮流的最前线，对时尚的触角也很灵敏，穿衣主要是以柔软贴身为主要追求。他们不喜欢华丽的服饰，但非常善于颜色的搭配，并且十分注重当时的流行元素，他们喜欢穿出自己的风格。AB 型血的人喜欢呈强烈对比的衣服。对于不调和的衣服认为比较容易搭配。有时穿得很规矩，有时又很邋遢，很极端。

第二章
擦亮发现美的眼睛
——每天提升一点美的发现力

学会发现身边的美

刚学摄影的人总会觉得自己拿起相机不知道该拍什么，其实能让你拍摄的内容很多，著名雕塑大师罗丹曾经这样说过：“生活中并不缺少美，缺少的是发现美的眼睛。”生活的确如此，摄影者不能把美仅仅局限于山水天空，花草树木，帅哥靓女……还有那些平时见惯却都不大在意的静物，它们同样蕴藏着美——含蓄的美，是需要摄影者去发现感悟的。不仅仅是摄影者，生活中很多人明明都能看得见却总是不能发现生活中的美。那么，如何才能学会发现生活中的美呢？

» 美在平常的视觉

“有的时候，我心中呼唤，让我再看看这一切吧，哪怕是一秒钟也行。单单是摸一摸，大自然就给了我这么大的欢乐，假如能够看清楚的话，那应该会有多大的兴奋啊！可是，那些看得见的人却什么也看不到。那充满了这个世界的五彩缤纷的景色和千娇百媚的表演，都被视为自然而然的事情。人就是有点怪诞不经，往往轻视已为我们所拥有的东西，却去梦想那些我们不曾拥有的东西。在一片光明的世界中，只把视力的天赋视为一种使生活充实起来的手段，这是多么的可惜啊！……假如对于那些在他们面前滑过而不曾引起关注的东西他们能真正看明白的话，那么，他们的生活就会平添许多绚丽多姿的快乐和情趣。对于他们身上那些处于沉睡状态的懒散的感官，他们应当努力去把它们唤醒过来。”这是海伦的《假如给我三天光明》中的一个选段。通过这段文字，我们可以很明确认识到自己之所以往往不能发现自己生活中的美，是因为不重视自己已经视为平常的视觉。而就是最平常的东西，对于看不见的海伦来说都是一种奢求。

事实上，每件事物身上都可能蕴含着美，只不过它们或隐或显，有时可能要在某些机缘之下才能表现出来。比如，餐后的盘子可能十分脏，但当我们将其洗干净时，盘子在水滴的映衬下，显现出洁净之美来；一只喝光了酒的红酒瓶可能并不美，可当阳光正好透过它，在地上映现出亮眼光斑时，我们就可能发现红酒瓶的材质之美。

生活中的美常常来自一些细小的事物，但是因为人们觉得太过平常，所以常常会被忽略。《华严经》说：“一花一世界，一叶一如来。”这告诉我们，虽然是说佛土中的花，但从佛陀的拈花微笑中，我们可以知道，这里的一花、一叶更指大千世界任何细微事物。我们

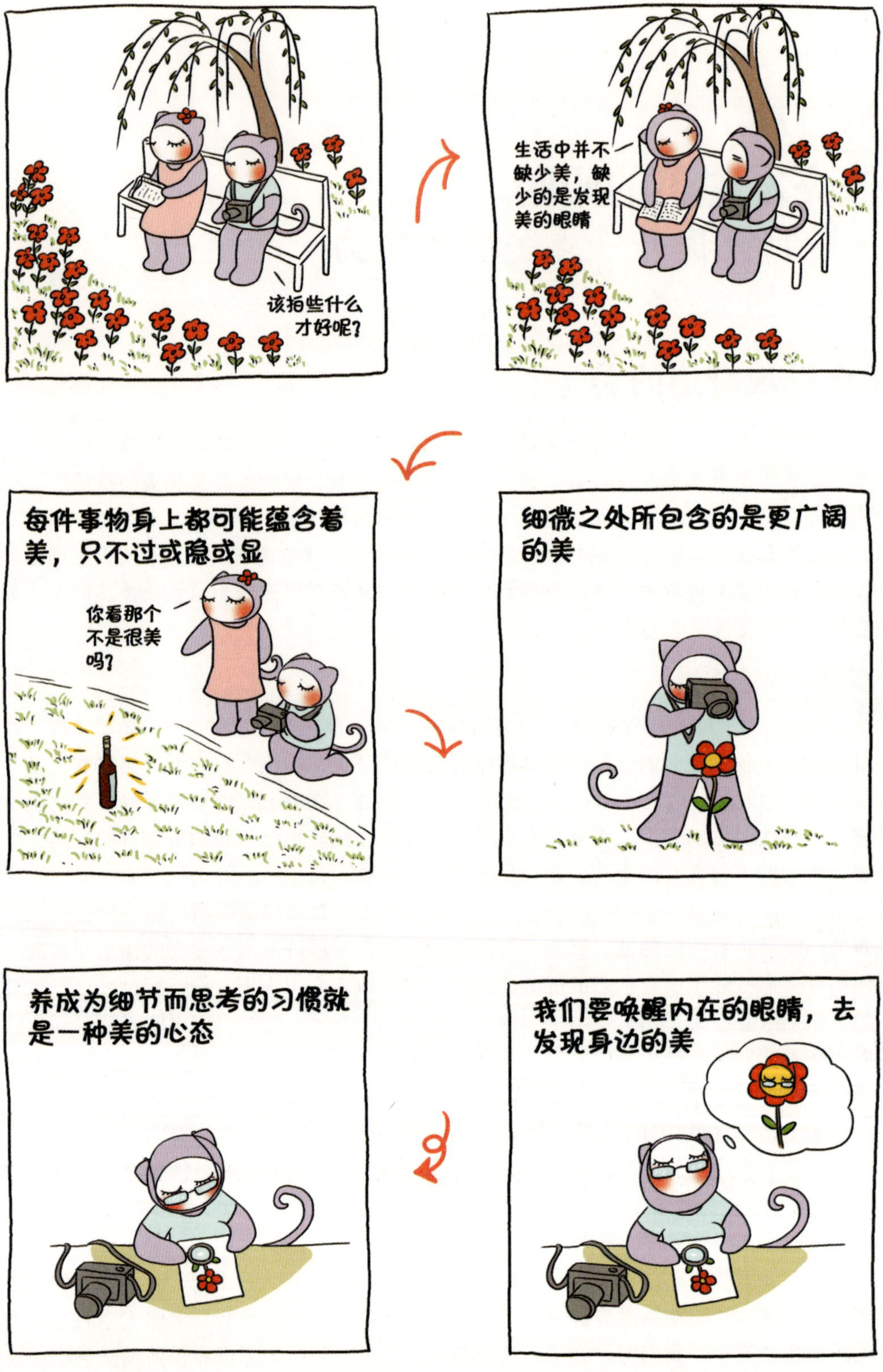
该拍些什么
才好呢？
生活中并不
缺少美，缺
少的是发现
美的眼睛
每件事物身上都可能蕴含着
美，只不过或隐或显
你看那个
不是很美
吗？
细微之处所包含的是更广阔
的美
养成为细节而思考的习惯就
是一种美的心态
我们要唤醒内在的眼睛，去
发现身边的美

可以走过名山大川来感悟世间变化，也可以通过一花一叶的变化感悟得到。细微之处所包含的是更广阔的美。

可见，美随时可能出现在身边最平凡的事物上，只要我们能时刻带着发现美的眼睛，从细微之处去观察世界，多多珍惜平凡的美，就能有所收获。

» 美在美的思考

很多平凡事物的美有时可能不能从表象上看出来，所以在看细微事物的时候，我们不能只是看，而应该更多地思考。很多人不能欣赏绿叶上七星瓢虫的美，是因为从不会思考七星瓢虫的一团红色在叶子绿色的补色下会变得尤为突出；很多人不能欣赏水滴在光线照射下的珠光的美，是因为不会思考如此细小的水滴也能折射出太阳的辉煌；很多人不能欣赏一朵小花盛开的美，是因为不会思考柔弱的生命绽放绚烂的瞬间；很多人不能欣赏盘子上呈现出花朵图样的油渍的美，是因为不会思考这种巧合中的奇迹。如果人们善于这样思考，养成一种美的心态，不仅能让自己获得更多的感悟，还能让自己养成为细节而思考的习惯。

» 美在拥有内在的眼睛

英国伦理学家、美学家夏夫兹博里认为人们拥有着除了通常的五官之外的“内在的眼睛”。他还认为世界是“神的艺术作品”，整体和谐，节拍完整，音乐完美。恶和丑只是部分的，它们的功用在于衬托整体的和谐。人们对善恶美丑的分辨既然是直接的，所以就是自然的，即天生的；分辨的动作既是自然的，分辨的能力本身也就只能是自然的，即天生的；人心并不像洛克所说的生来就只是一张白纸。虽然这不免戴上了一副有神论和经验主义的眼镜，但是练就一双“内在的眼睛”对审美来说却是不可缺少的。

人们要想学会发现身边的美，还要善于擦亮自己内在的眼睛。推崇现代禅学的赛斯在其《梦与意识投射》一书中提供了一种独特的练习方式，其步骤如下：

第一，找一个能够允许你仔细观察自己的环境。

第二，用心去感受那个环境的一切，用内在感觉去触摸一杯水、一棵树、一朵花、一根枝杈、墙壁、空气，试着用你心中的触觉去感受它，而非外在感官。

第三，比较它们在你内心感受的差异性，譬如两株不同的小草，会让你产生不同的感觉。

第四，想象你变成它们，变成一棵树，一株小草。

赛斯认为所有物质都有其意识，只要我们要试着用心感受它们，就能发现它们的美。因为我们日常生活中太习惯以外在感官（听觉、视觉、嗅觉、味觉、触觉等）来认识这个世界，而这个练习的目的，则是要让你熟悉你内在感官的运作，唤醒你内在的眼睛，去发现你身边的美。

升华一下你的审美情趣，多多发现事物的内涵之美

曾有一篇新闻报道说，寒暑假里，很多学生加入了整容队伍。据调查，在一些大型整形医院，学生顾客比例占到六成以上，这些学生中超过四成是即将参加工作的大学应届毕业生，“有个好容貌，找个好工作”。面对严峻的就业形势，利用假期做整形美容，成了很多高校学生眼中获取求职“砝码”的最佳选择。还有一群准毕业生，却选择寒假里在“内功”

上做文章——向成功就业的亲朋好友“取经”，丰富知识、增长才干、全面提高自身素质。

那么，大学生为就业不惜重金“变脸”，作用到底有多大？有记者调查了几个人力资源交流市场，发现除了一些特别注重形象的岗位可能看重靓丽的外貌，用人单位更重视大学毕业生的个人素养和工作经验。

专家评论说：“外表总归是肤浅的东西，内涵才能体现出一个人的价值，长相是否会在应聘时发挥作用，这主要和应聘者所从事的工作性质有关。我觉得，如果工作需要，孩子完全可以通过化妆和服饰搭配的修饰，使自己在举手投足间展示个人的魅力和风采。美丽不是‘整’出来的，而是靠内在的修养和学识‘修炼’出来的。就算一个人凭借姣好面容而侥幸应聘成功，若无真才实学，也很难在事业上有发展前途。”

可见，内涵的美才是人们真正看重的。不仅仅是在人类社会中，其实世间万物都是这样，华而不实的东西是不会长久存在的，只有具有内涵之美的事物才能得以永存。

» 真正的美在于内涵

内涵是一个模糊的概念。它既是个性的特征内容又是一种个性色彩，内涵是一种抽象的感觉，是某个人对一个人或某件事的一种认知感觉，内涵不是广义的，是局限在某一特定人对待某一人或某一事的看法。内涵不是表面上的东西，而是内在的，隐藏在事物深处的东西，需要探索、挖掘才可以看到。科学界的定义是：主体里的隐魂、气质、个性、精神被我们用情感的概念，创作出来的一切属性之和。

对于人来说，内涵是内在的涵养，内涵与气质颇为相似，可以是平凡和高雅，也可以是朴素和低调。对于物来说，事物的特有属性是客观存在的，它本身并不是内涵，只有当它反映到概念之中成为思想内容时，才是内涵。内涵美是内在的能够让人体会到的内心实在之美。

» 大自然的内涵之美

内涵之美存在于人们的心中，总的来说内涵之美是区别于外表之美的东西。苍松的内涵之美在于屹立峰顶，不管风雨霜雪，勇敢地抵挡寒冬。苍松没有花朵的芳香，也没有伟岸的身姿，但它却有王者风范。“大雪压青松，青松挺且直。要知松高洁，待到雪化时”，这就是青松的内涵之美。小草虽然渺小，但是它有顽强的生命力，没有什么可以阻挡它成长的脚步。“离离原上草，一岁一枯荣。野火烧不尽，春风吹又生”，这就是小草的内涵之美。

真正的内涵之美是一种自然的美、是一种真实的美，美就是真的表现，所以残缺有时也是一种内涵之美。残缺存在于美的整体中、折射出美的内涵，局部的缺陷恰好衬托出整体的美，由此构成的残缺之美，却可给人以独特的审美享受。这就是美的真正内涵。残缺的景观、文物等，给人以自然的美感。残缺美，以特殊的美的形态存在于我们的生活当中。有一段裂纹或者杂质的古董，具有瑕疵的名画，它们呈现出的都是内涵之美。

» 人类的内涵之美

对于人来说，真正的美不在外表，而在于一个人的涵养。人的内涵之美是充满内部修养的爱与善。人性真正之美的内涵是真善美，它们存在于人类的思想领域和行为领域。同时真善美也是一切哲学的基础和出发点。我们均是生活着的平凡的人，我们能够感受到自

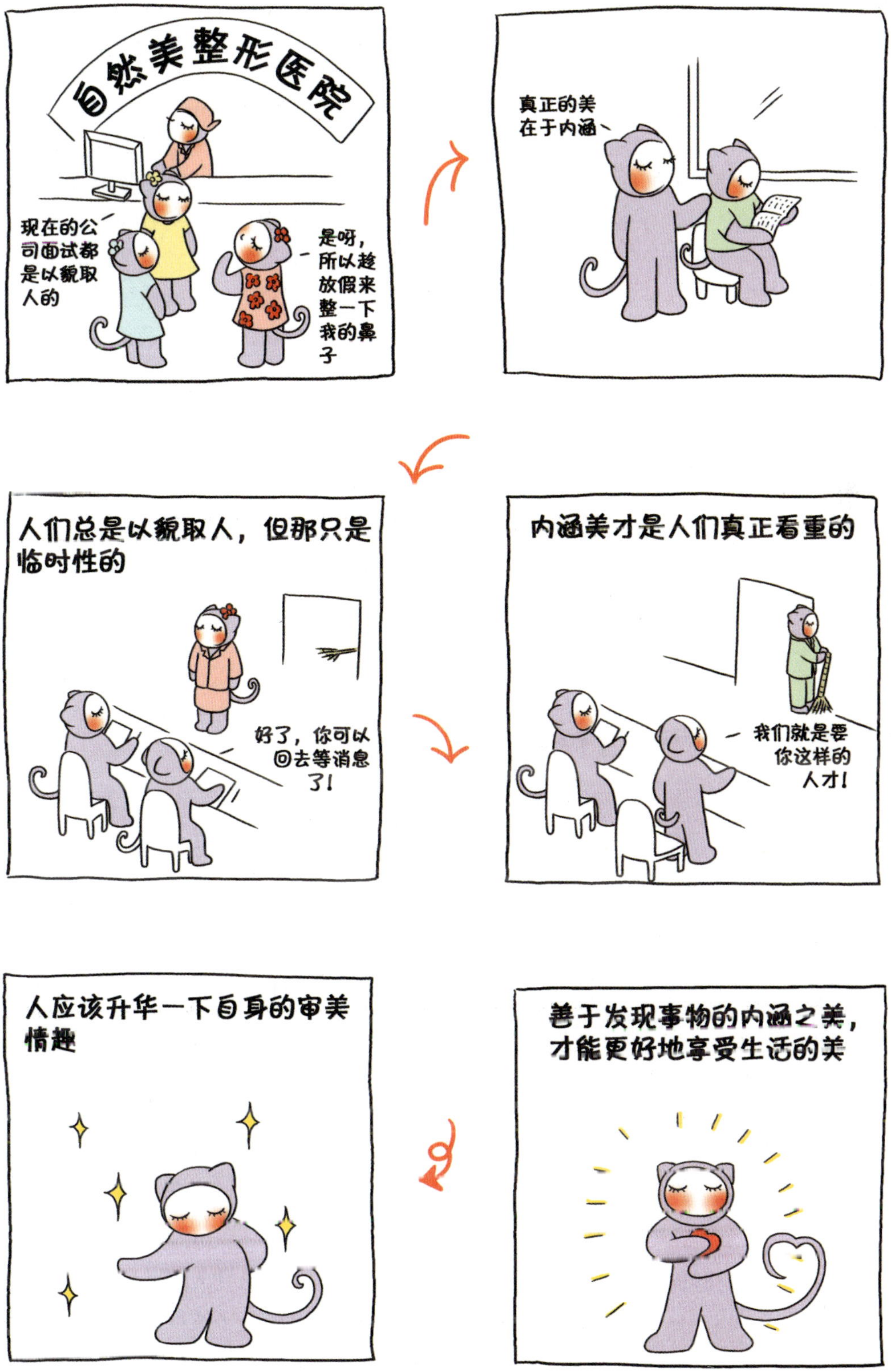
自然美整形医院
现在的公司面试都是以貌取人的
是呀，所以趁放假来整一下我的鼻子
真正的美在于内涵
人们总是以貌取人，但那只是临时性的
好了，你可以回去等消息了！
内涵美才是人们真正看重的
我们就是要你这样的人才！
人应该升华一下自身的审美情趣
善于发现事物的内涵之美，才能更好地享受生活的美然界的美和丑。但是丑的东西未必真的丑，在很大程度上，它们具有内涵之美。

人类的真正内涵之美是理念、灵魂、精神之美，是自然之美、朴实之美。良好品格的内涵就是诚实、公正、勇敢、善良。拥有内涵的人是有智慧的，智慧教给人们如何正确辨别事物，并用正确的方式面对生活，具有智慧的人是最美丽的。具有内涵之美的人喜欢公正，他们总是畅想着去建造一个更为公正合理的世界。有内涵的人拥有坚忍不拔的精神，在面对困难时，他们总是能够用惊人的毅力克服困难，迎接失败。具有内涵之美的人具有积极的人生态度，他们对生活充满希望，积极地面对人生的每一次挑战。具有内涵之美的人都很谦逊，戴维·艾萨克说："谦逊不但可以使我们认识到自己的不足，还可以使我们认识到自己的能力所在，谦逊能督促我们去发挥才能而不是为了吸引别人的注意或赢得他们的掌声。"谦逊可以使人们意识到自身的不足，引导人们努力成为更好的人，谦逊同时给人一种高风亮节的感觉。

人类的内涵之美还美在礼仪，礼仪是一种态度，一种修养，一颦一笑、举手投足都是内涵之美。源远流长的五千年的华夏文明赋予了礼仪内涵之美，富有魅力的礼仪、得体大方的谈吐，会给人留下深刻的印象。

所以，内涵之美不在于外表，而在于内在，其貌不扬的人未必没有丰富的内涵；外表光鲜亮丽的人未必具有真正的内涵。

总之，人们只有不断升华自己的审美情趣，善于发现事物的内涵之美，才能更好地享受生活的美。

体谅，发现和创造行为之美的媒介

北宋宋太宗继位之后，生活十分节俭，但对百姓却毫不吝啬。有一年，冬天，天下大雪，太宗披着狐皮还觉得冷，他回到宫中，命人端来火盆、美酒。他独自喝酒，抬头见宫外大雪飘飘，他想到这么冷的天，那些缺粮少炭的人家会更加难过。想到这，他便命人带上木炭和粮食去送给那些挨饿受冻的人家。人们于是十分感激宋太宗，宋太宗也因此受到老百姓的拥戴，留下"雪中送炭"的佳话。

这就是雪中送炭的故事，雪中送炭的宋太宗的行为是美的，他想到了别人的疾苦，并及时施以援手，这种行为就是美。所以说能给别人带来快乐的行为是美的，而懂得赞誉别人的行为也是美的。这些行为之美，都源于体谅。宋太宗正因为能够体谅老百姓的疾苦，所以才会有雪中送炭的美的行为。老百姓也因为体谅了宋太宗的恩典，所以才会倍加拥戴宋太宗。所以，体谅是发现和创造他人行为之美的媒介。只有体谅别人的心情，做能让别人高兴的事情，才会发现美并创造美。

» 雪中送炭、锦上添花的体谅

在别人需要帮助时，及时地施以援手是雪中送炭之美；如果别人正值春风得意，这时再给别人带去快乐，这就是锦上添花之美。雪中送炭、锦上添花都是行为之美，它们都是以考虑别人的心情为前提，做让别人快乐的事情。

体谅是发现行为之美的媒介
天这么冷，那些贫苦百姓岂不是更难过？
体谅是创造行为之美的动因
你带上木炭和粮食去送给那些挨饿受冻的人家吧！
雪中送炭的行为之美源于体谅
皇上真是个明君啊！
粮
锦上添花的行为之美也源于体谅
你真棒！
善于发现别人的困难也是一种体谅
要展现行为美，就要善于体谅别人的心情
你今天穿得真漂亮！

提起给别人雪中送炭，雷锋可是这方面的典范，一次雷锋外出，在沈阳站换车的时候，一出检票口，发现一群人围看一个背着小孩的中年妇女，原来这位妇女从山东去吉林看丈夫，车票和钱丢了。雷锋用自己的津贴费买了一张去吉林的火车票塞到大嫂手里，大嫂含着眼泪说："大兄弟，你叫什么名字，是哪个单位的？"雷锋说："我叫解放军，就住在中国。"另一次是在五月的一天，雷锋冒雨要去沈阳，他为了赶早车，早晨5点多就起来，带了几个馒头就披上雨衣上路了，路上，看见一位妇女背着一个小孩，手还领着一个小女孩也正艰难地向车站走去。雷锋脱下身上的雨衣披在大嫂身上，又抱起小女孩陪他们一起来到车站，上车后，雷锋见小女孩冷得发颤，又把自己的贴身线衣脱下来给她穿上，雷锋估计她早上也没吃饭，就把自己带的馒头给她们吃。火车到了沈阳，天还在下雨，雷锋又一直把她们送到家里。那位妇女感激地说："同志，我可怎么感谢你呀！"

雷锋的行为是美的，因为他乐于助人，他的行为闪烁着美丽的光芒。雷锋之美美在他能够体谅困难者的心情，进而对他们施以援手。所以，在生活当中要善于发现别人的困难，体谅别人的心情，并勇于伸出自己的援助之手。这不是行为之美的全部，当别人得到升迁时，要懂得向别人表示祝贺；当别人喜结连理或者得子时要懂得让对方更加开心；当别人金榜题名时要懂得表达祝福，这种锦上添花的形式也是具有美感的行为。

» 赞美他人也是一种体谅

行为之美，是懂得体谅他人的心情，给他人更多的快乐。要适当地赞美他人，赞美他人会给他人带来快乐，这种行为是美的。这种赞美可以渗透到生活的方方面面，比如，在看到别人买了一件衣服时，要称赞别人的衣服真美，穿在身上真合体；当收到别人的礼物时，要感谢别人，并且要称赞别人的礼物漂亮；当别人取得成绩时，要懂得称赞别人有能力，可以成大器，等等，这些生活中的赞美，都是在体现你的宽容大度，都在展示自我的行为之美。当别人受到赞美时，心情会很愉快。这种让别人愉快的方式，基于对别人心情的理解，当别人需要赞美时，要把赞美成功地表达出来。

在特殊的场合还要学会成功地运用赞美，比如，别人心情正低落时，要体谅别人的不愉快，努力说些赞誉对方的话，让对方开心。再比如，和朋友同时去另一个朋友家拜访时，即使是自己的礼物比同来朋友的礼物珍贵，也要对他的礼物大加赞赏，因为这样不至于使朋友难堪。还有，去病房探望病人时，要尽量说让病人开心的话，因为病人在这个时刻是最需要赞美和安慰的。在打算送病人礼物时，要看病人最亲近的朋友送了什么，出于体谅的心理，我们应选择价格合适的礼物，让病人或者送礼物者感到满意。这就是渗透在生活当中的行为之美，在生活当中要展现行为美，就要善于体谅别人的心情，从某个意义上来说，体谅是发现行为之美的媒介。

联想，让美感力变得更丰富

一件事物有它本来的外来面貌，我们对事物的认识不能仅仅停留在事物的表面，而是要经过联想，把此事物和别的事物联系起来，把没有的东西无端地生发出来，这样才能大大地增加事物的美感力。

» 联想是审美中一种常见的心理活动

客观事物是相互联系的，客观事物之间的各种联系反映在人脑中就产生了各种联想，有反映事物外部联系的简单的、低级的联想，也有反映事物内部联系的复杂的、高级的联想。它是指人们根据事物之间的某种联系由一种事物想到另一种相关事物的心理过程。在人们的审美感受中，联想是一种很常见的心理活动。

联想是指用一事物而想起与之有关事物的思想活动，联想是暂时神经联系的复活，它是事物之间联系和关系的反应。联想可分为相似联想、接近联想、对比联想、因果联想四种方式。苏堤的诞生就得益于苏东坡丰富的联想，苏东坡当年在杭州任地方官的时候，西湖的很多地段都已被泥沙淤积起来，成了当时所谓的“葑田”。苏东坡多次巡视西湖，反复考虑如何加以疏浚，以再现西湖美景。有一天，他想到把从湖里挖上来的淤泥堆成一条贯通南北的长堤，这样既能便利来往的游客，又能增添西湖的景点之秀美，可谓是一举两得，苏堤于是就诞生了。在《白杨礼赞》一文中，作者由白杨树联想到北方的农民，并把两者的美结合起来，等等，这些都是我们所谓的联想。

» 联想可以扩大美的范围

每个人都有丰富的想象力，能将一件事物与其他的事物进行巧妙的联系。当我们看到大雁南飞时，就会想到家；当我们看到鲜花时，就会想到愉悦的心情；当我们看到金黄的树叶时，就会想到丰收的果实。联想能够让人从一件事物的美上联想到其他事物的美，在无形当中扩大了美的范围。

唐朝举子崔护进京赶考，无奈名落孙山。心情郁闷的他在清明时节到京城南郊春游，走了一段时间，便感到口渴难耐，便到一户农家讨口水喝。崔护叩开门时，映入眼帘的是一个眉清目秀的曼妙少女。她热情地给崔护端了碗水，然后倚在桃树旁，含情脉脉地看着崔护喝水。崔护无意当中，抬头相看，只见少女与桃花交相辉映，甚是美丽。少女被看得不好意思了，就转身入房去了。崔护看着少女的身影，恋恋不舍地离去。下一年的这个时节，崔护又来到此地。叩门却没有人开门，无奈之下，崔护题诗一首，悻悻离去。这就是让崔护一举成名的《题都城南庄》：去年今日此门中，人面桃花相映红。人面不知何处去，桃花依旧笑春风。少女看到这首诗后，害相思病病倒。几经周折，有情人终成眷属。崔护就是利用联想，把上年的美丽场景再现出来，并且把美的范围进行了扩大，极力渲染了桃花之美和人之美。

联想的重要作用就是丰富一个事物的内涵，让它拥有更丰富的美感意义。比如《天上的街市》这首诗，作者由天上的明星联想到街上的明灯，又由街上的明灯想象到天上必定有美丽繁华的街市和街市上闲游的平民、农民，于是又联想到传说中的牛郎织女，联想到他们提着灯笼、骑着牛涉过天河，在街上自由地行走。作者就是通过联想创造出一幅真切清新的画面和美丽动人、寓意深邃的形象，把天上街市之美进行扩大。

» 联想可以创造美

“江南四大才子”之一的唐伯虎曾绘过一幅《川上图》，画的是一个人牵驴过桥的情形。桥下溪流湍急，并且翻出浪花。桥上的小毛驴因为害怕，怎么也不肯上桥，牵驴人为

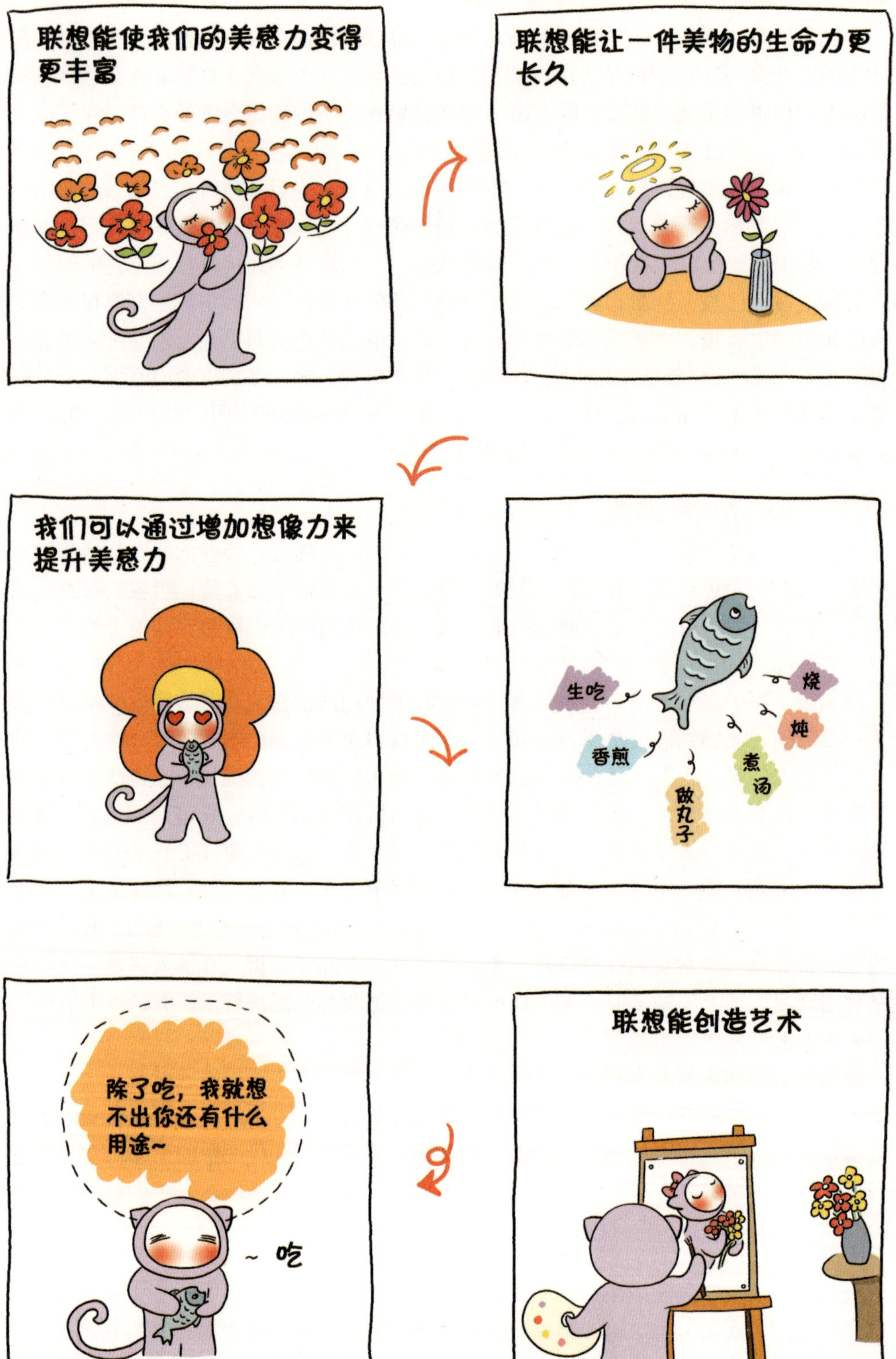
联想能使我们的美感力变得更丰富
联想能让一件美物的生命力更长久
我们可以通过增加想像力来提升美感力
生吃
香煎
做丸子
煮汤
炖
烧
除了吃，我就想不出你还有什么用途~
~吃
联想能创造艺术

了让它上桥，使劲浑身的力量拉着它。此画挂在一家画铺里，售价是100两银子，可以说是价格不菲。当时，有个人打算买这幅画，画铺老板很是高兴，也很是好奇，它把画取下来，仔细打量，想探寻这幅画的魅力所在。老板没发现魅力，却看出了瑕疵：牵驴人用力拉着毛驴，却没有画出缰绳。他担心买主因为这个瑕疵而不买这幅画，于是就在画上添了一条短绳。可就在第二天买主来取画时，却突然说不买了，原因是画上无端地多出了根绳子，他喜欢的就是没有绳子的感觉，这样才能给人以想象，这也是画家的本意所在。画铺老板听后，对自己的画蛇添足后悔不已。唐伯虎就是用联想创造美，没有绳子正是他这幅画的美之所在。

可见，美是通过联想创造的，有的事物或许并不是那么完美，可是在联想的驱动下，本来很平凡的东西却呈现出美的姿态，很多音乐家和画家等都是通过联想来创造美的。艺术品就是对艺术家脑中联想到的物体的再现。不管是文学作品中的《茶花女》《钦差大臣》，还是音乐中的《我的太阳》《二泉映月》，抑或是雕塑中的《大卫》《断臂的维纳斯》，无不是联想催生的杰出作品。联想创造的美是无止境的，是耐人寻味的，需要人进行仔细地琢磨。

理解，让美感力有章可循

北宋皇帝徽宗赵佶特别喜爱绘画，是一个善画花鸟的能手。在他统治时期，画画也成为科举的一部分。一次，全国画手齐聚京都参加画试。赵佶亲自出题“深山藏古寺”。画手们各显神通，认真构思，巧妙地绘画。有的考生画了深山里，林木环抱一座寺庙；有的在山腰间画座古庙；有的只画出庙的一角，有的画出寺庙的一段残墙断壁……主考官把一叠画卷呈给宋徽宗看，赵佶看了很多画，都摇头叹息，表示不满，但是突然之间，有一幅画深深地吸引了他，只见这幅画中深山老岭奇峰怪石耸立，苍松翠柏形成林海，一股清泉飞泻直下。泉边一老态龙钟的和尚，在河边打水。赵佶爱不释手，翻来覆去连看几遍，啧啧称赞：“好画！好画！”赵佶出这个题目的用意是考验应试举子的理解力，也就是对美的感悟力。作这幅画关键在于要仔细体会“藏”字，也就是说要在画里体现这一个字，最后一幅画之所以受到他的称赞，就是因为巧妙地把“藏”的意味表现了出来，画寺而不出现寺，正是其高超之所在。

所以，理解力是提升美感力不可缺少的部分，只有理解了，才能真正体会到事物的美丽所在。在听音乐时，只有理解了作者的意图或者音乐的内容，才能正确地感受音乐的玄妙；在欣赏画时，只有理解了作者的心境，才能看出画的精髓……欣赏一切艺术，都要以理解为前提，这样美感力才能有章可循。

» 理解是迈向审美的第一步

在审美活动中，审美理解力是不可缺少的能力，所谓的理解力是指不但要对审美对象表层进行理解，还要能透过形象把握更深的内涵，审美理解力以直观感觉的方式对审美对象进行理解，是在长期生活实践的基础上形成的一种高级感受能力。审美理解力是迈向成

我们很容易分辨一件事物的美丑
却不知道为什么美
了解为什么，能增加我们的美感深度
鱼鱼很有营养
维生素
矿物质
蛋白质
脂肪酸
鱼还可以用来欣赏
BINGO! 收到，果然最美是鱼！

功审美的第一步，因为有了理解，审美才能建立相对完善的审美体系，而不是仅仅停留在事物的表面，它能促使审美人在审美活动中从表层进入深层内涵。

要想成功地审美，或者提高自己的审美能力，就要在理解力上下功夫。只有理解了事物，才能深刻地认识事物。在理解事物时不要仅仅停留在事物的表面，要深入事物的内涵。在看到一幅画时，我们不能仅仅认为它就是一幅画，要深究画面里隐藏的作者的深层情感；在听音乐时，我们不能仅仅沉浸在音乐的旋律里，要去理解作者意在表达什么；在读一首诗时，我们不能仅仅陶醉于诗的优美语言，要看看这些文字是不是作者的感情流露。

» 提高自己的理解力

要提高美感力，就要首先提高理解力。理解力是用有限的思维能力去把握自然和精神的一种方法。要提高理解力就要从以下三个方面做起：第一个方面是要把握事物的结构特征，从整体上去认识事物。每个事物都是一个整体，哪怕是一草一木，所以在看到草时，我们就要从气候、水分、长势、精神状态方面去全面地认识这个小草，而不能单单地认为它就是一个小草。第二个方面是常进行从有到无的想象。“有”是我们可以看到的事物本身，“无”是事物本身隐藏的深层含义。在看到花时，我们要想到花背后隐藏的含义，如幸福、快乐、好心情。第三个方面是不断地尝试新事物。理解力并不是天生就有的，它是后天锻炼的结果。新事物总能带给我们很多思考，在思考的同时，理解力也就不知不觉地提升了。

理解力和智力有联系，但并不是必然的联系，关键是后天培养，所以要多思考，多花些时间去学习，多向别人学习。要想更快地去理解一个事物，就要多花时间去思考，去分析。另外还有一点，阅读也好，欣赏也罢，不要字斟句酌，要抱着欣赏的态度去对待它，在欣赏的过程中就会慢慢地和作者产生共鸣，就会慢慢地走进作者的内心世界，如此，理解就不再是一件困难的事情。在理解力提高基础上的审美，才是真正的审美。理解力提升之后，美感力就会于无形中得到提升。

第三章
让美成为一种本能
——每天提升一点美的表现力

经常地谈论艺术

俞伯牙是春秋时期楚国音乐大家，小时候曾跟随父兄学习弹琴。由于聪慧，他很快就学会了楚国所有的曲子。他的父亲让他去齐国找成连学琴，俞伯牙经过几个月的长途跋涉，终于来到了齐国。成连感其心诚，破格收其为弟子。三年后俞伯牙琴技大增，一天，伯牙为宾客演奏了一支高雅的曲子。在座的人都啧啧称叹，不曾想一位长者笑着说："弹得很好，只是和你师傅成连相比，你就差多了！"俞伯牙向长者施礼，请求赐教。长者说："成连先生弹琴，充满着激情，可以打动人心，而你的琴声平淡无奇，技法虽高，不足以动人。"俞伯牙听后茅塞顿开，连忙向长者表示感谢。俞伯牙后来在方子春的教导下，终于练就了琴声如高山流水的技艺。

俞伯牙技艺的成长得益于一次出乎意外的谈论，由此可见，谈论艺术是能够提升一个人的美感力的，因为在谈论的过程中，可以充分采纳别人好的建议，以此来发现自己的审美短处，充分地提高自己的审美能力。

» 谈论艺术有助于提升自我美感力

谈论艺术可以诞生成熟的艺术，因为在谈论别人的艺术品时，我们在用自己的理解力去谈论，在用和创作者相同或者不同的视角去谈论，这样就在无形当中提高了我们认识艺术的能力；在别人谈论艺术时，我们作为旁听者，可以知道艺术的真实面目，和其中包含的许多不为人知的因素，学习别人在谈论时透露的艺术知识，可以提高自我美感力；在和别人共同讨论艺术时，我们就可以知道别人的想法，以及自己看法中的正确和错误。如此，就能查漏补缺，尽快提升自己的美感力。

比如，和朋友谈论莫里哀的喜剧《伪君子》，我们就可以知道莫里哀是古典主义代表人物，但是他却在《伪君子》中融进了现实主义创作原则，这样做的目的是以此来揭露批判当时法国及欧洲社会反动的封建教会势力的狰狞丑恶。通过谈论，我们可以知道《伪君子》中蕴含着强烈的民主主义精神，是一部具有高度思想性的作品。通过谈论，我们就能提升对《伪君子》的欣赏能力，而不是让自己仅仅停留在一部喜剧的表面。

再比如听别人谈论俄狄浦斯王，我们就可以知道"弑父娶母"的俄狄浦斯王并非丑陋，而是具有一定的美。在别人的口中，我们可以学到《俄狄浦斯王》表现的是人类在刚刚脱

离神话时代进入英雄时代的那种无助感，反映的是在那个时代人类难以摆脱自然力控制的宿命，它是以悲剧的形式来表达对命运的抗争。通过别人的谈论，我们可以知道这就是悲剧，用痛苦和无助来表达自己的思想。通过别人的谈论，我们就能加深对悲剧的认识，提升自我欣赏悲剧的能力。

谈论艺术可以提升美感力，不仅仅体现在文学创作方面，在音乐、绘画、雕塑等其他领域同样如此。通过谈论我们就可以发现自身审美力的不足，拿别人的东西为自己充电，个人的审美能力就会很快得到提高。

» 正确谈论艺术才能提升美感力

谈论艺术可以提升人的美感力，但是这并不是说所有的谈论都能够起到这样的效果，要把握好谈论的内容，一味地东拉西扯不但不能提升人的美感力，还会对人的美感力的提升产生负面作用。

谈论艺术首先要有一个谈论语境，艺术来源于生活，但又高于生活很多，如果用生活的逻辑去对待艺术，那是永远也触摸不到艺术的真谛的。并不是世界上的每个人都真正懂得艺术，所以并不是每个人都能欣赏交响乐，都能看懂裸体塑像。所以在谈论艺术时要塑造一个平等的语境，这样才能让双方都能有话说，都敢于说话。

在谈论艺术时，我们的主题不要脱离艺术本身，要谈论创作者、作品、思想情感。谈论如果脱离了艺术本身就不能达到谈论的效果。谈论作者时要谈论作者的风格，每个创造者都有自己的风格，风格是创造者贯彻一生的东西，凡·高永远都是那么疯狂，李白永远都是那么的豪放，贝多芬总是那么充满激情。谈论创作者时不要忘记创作者的身世遭遇和所处的时代，这往往会决定创造者的创作风格。谈论作品时要明白作者的创作动机，创作手法。艺术品之所以称为艺术品，就是作品本身蕴含了作者的创作动机和创作手法，这些手法往往又是特别的，异于常人的。最后，就是要谈作品中渗透的作者的思想感情，每件艺术品都是创造者感情的体现，艺术家是为了通过艺术来抒发情感。

通过以上四个方面的谈论，我们就能对艺术品本身有个深刻的认识，这样，我们就在无形当中充实了自己认识艺术的能力。久而久之，美感力就能得到大幅度的提升。

随时把美的感受表达出来

元代画家王冕本是个放牛娃，一日放牛累了就在绿草地上坐着休息。不大一会儿，浓云密布，大雨倾盆。大雨过后，黑云渐渐散去，透出一派日光来，照耀得满湖通红。树枝像被水洗过似的，青翠欲滴。湖边的山上，青一块，紫一块，煞是美丽。湖里有十来枝荷花，荷包上清水滴滴，水珠在荷叶上滚来滚去。王冕被这美丽的景色迷住了，他心里想道：“古人说的人在图画中，不过是此番景象！可惜我这里没有一个画工，把这荷花画他几枝，也觉有趣！”王冕心里又想：“天下没有学不会的事？我何不自画他几枝？”从此以后，王冕就潜心于学画画，并取得了较高的成就，尤其是他画的荷花，可谓形神兼备。

王冕之所以能够成为伟大的画家，就是缘于在一瞬间发现了荷花的美，并且把这种美真切地表达了出来。由此可知，要善于把美表达出来，因为只有把美表达出来，才能强化个人的美感。所以，在看到美的事物时，千万不要压抑自身的情感，要勇敢地把美表达出来，可以大发感慨，也可以挥笔成画，更可以向别人表达内心的愉悦之情。

» 把美说出来

勇敢地把自己对美的感受说出来，才能强化自己对美的认知，如在听音乐时，我们要把音乐美的旋律和表述的感情付诸口头。假如我们在听歌剧《波希米亚人》，在剧终时，咪咪病死在诗人鲁道夫的怀里，鲁道夫声嘶力竭地叫喊着咪咪，此时，带有沙哑声的铜管乐器的巨大声响也在呼喊着，但是铜管乐器是奏不出清晰的“咪咪”音的，可是它的音调是鲁道夫真情的反映。听到这里，我们可以自言自语，或者告诉身边的人，此时的音乐是在表达主人公悲伤的心情。把这种音乐的美感表述出来，不仅能告诉别人音乐在表达什么，同时还能提升自己的审美能力。

在看过黄公望的《富春山居图》后，我们要敢于把自己的想法说出来，我们可以把画

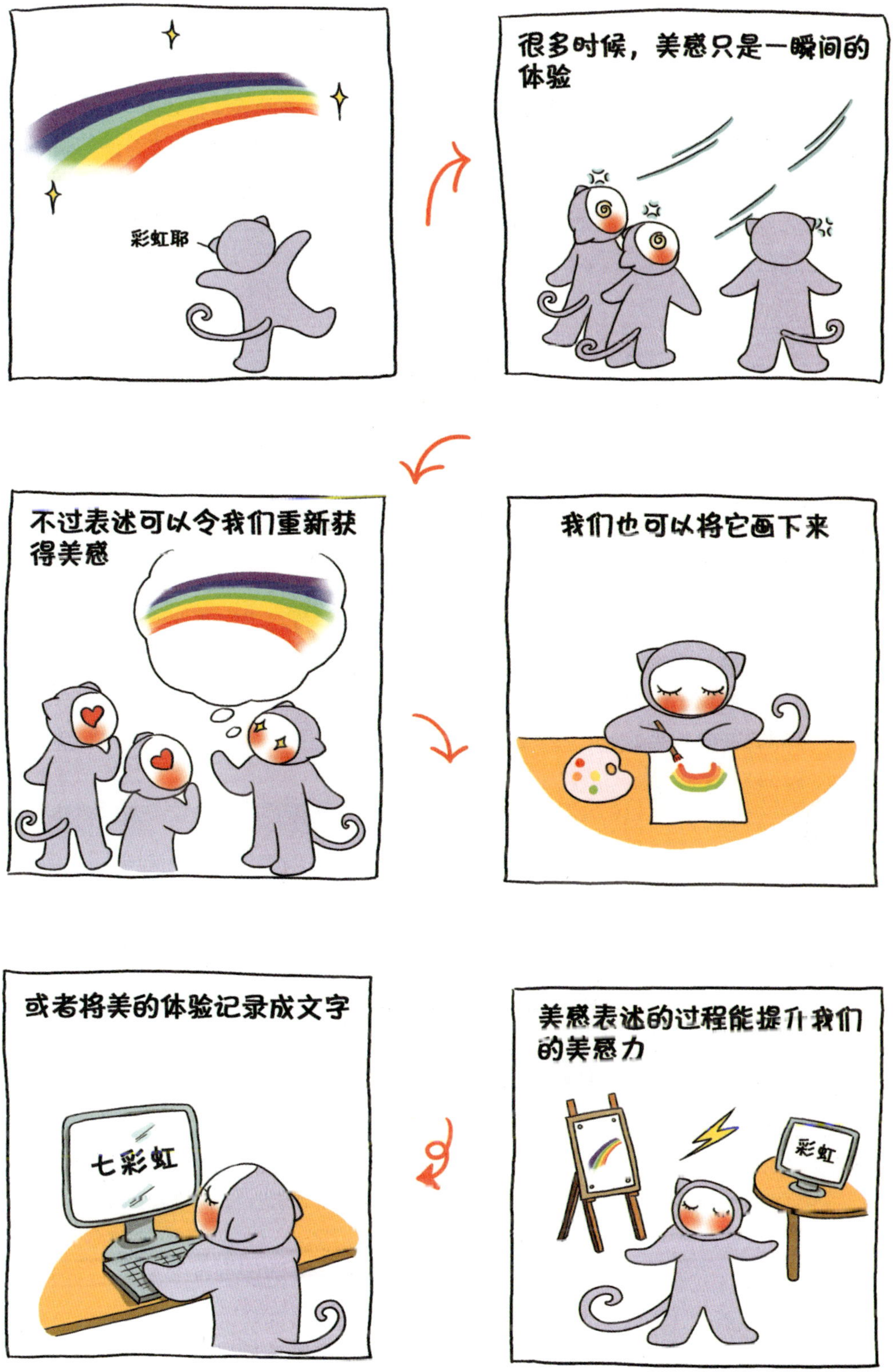
彩虹耶
很多时候，美感只是一瞬间的体验
不过表述可以令我们重新获得美感
我们也可以将它画下来
或者将美的体验记录成文字
七彩虹
美感表述的过程能提升我们的美感力
彩虹

的风格美和情调美说出来，我们可以告诉别人这幅图境界阔大，气势恢宏。平沙用淡墨勾勒，完美地展现出平沙的状态；山峰多用长披麻皴，准确地表现江南丘陵的特征。整幅画在布局上采用积树成林，垒石为山的方法。给人无尽的遐想。整幅画表达了作者对富春山水的热爱。如果羞于开口，就把它写成观后感，把自己对整幅图画的感受描绘出来。

所以，要善于把美诉诸口头，这样才能增强自我审美的能力。在看到大自然的美丽时，要善于抒发自己的情感，赋诗一首或者高歌一曲，如果身边有人的话，就把美丽之处给别人娓娓道来，不好意思的话，就把它写成日记，表达自己的内心感受。这样，不仅能够让人体会到自己的心情，还会不知不觉地提高自己的审美能力。

» 随时存储看到的美

有的意境只可意会，不可言传，特别是对于没有美学基础的人来说，要想成功地把自己对美的感受说出来，似乎是一件非常困难的事情，看到美景，没有美学基础的人也会生发感慨，但是这些感慨似乎只能游走在正确感知的边缘。一旦脱离了当时美丽的场景，就很难再回味起当时景色美在何处。所以，为了不让自己对美丽景色的感知消失或者淡忘，就要善于把美存储下来。

最理想的办法是随身带个 DV，没有 DV 的话，相机也可以，如果连相机都没有，可以拿手机，现在很多的手机都具有拍照功能，虽然拍下的画面没有 DV 和照相机清晰，但是也能大致地拍下当时的情景。在拍摄时，也要运用一定的技巧，如果是拍美丽的风景，要动静结合，不要只拍澄碧的湖水和几根柳枝，这样的画面，会给人以沉寂单调的感觉。要同时拍下水面上的鸭子或者鸳鸯，这样就会给人以动感，同时还可以清晰地展现水面波动的涟漪。所以，在看到美丽的景物却没有办法用言语形容时，就要努力地把当时的场景记录下来，事后再对美丽的景色进行赏析。

如果是听音乐，就可以随身携带录音设备，把音乐录制下来，然后回去仔细品味音乐的意味，把自己的感受写出来。

对于没有美学基础的人来说，为了不让美在眼前无端消失，就要把美存储下来，现代社会中的一切设备足以让我们记录下身边美丽的瞬间。但是，存储不是目的，目的是存储之后的再感知，要能够正确形象地把美表达出来，以提高自己欣赏美的能力。

善于与他人分享美的感觉

方薰是清代有名的画家，以善画山水、人物著称。一天，方薰得到一幅王翚画的《清济贯河图》。将它挂在堂内，请来好友朱生等一起观赏。不曾想朱生一见此画，脸色大变，并且大叫可怕。只见这幅画中的水流波涛汹涌，掀起万丈高浪，像无数狂奔的野马，似乎还可以听到阴风的怒吼声。方薰见朱生如此失态，忙问是何故。朱生不好意思地解释道：“这幅画画得太逼真了，看到画上的巨浪，我想起了去年险些翻船送命的情景，所以感到很可怕。”方薰笑着说：“这说明这幅画是画中的精品。我似乎听到了黄河水的奔腾澎湃声和阴风怒吼的声音。你听到了没有？”朱生附和着说：“我也听到了，此画太有神韵和气势了。

以前我听说李思训画可以‘所画掩壁，夜闻水声’，并不相信，今天见到此画，算是理解了。”方薰也说：“我也听说古人把有水的图画挂在室内会让人感到寒气逼人，也是不太相信，现在也相信了。”方薰叹息道：“可惜具有如此神韵的画太少了。”朱生打趣道：“至少你已经有一幅了！”两人说后开心地笑了起来。

方薰和朱生在看到美的事物时没有隐藏自己内心的感受，而是把画的美倾诉给对方，让对方知道自己对美的感受。所以，在审美时，一定要善于和别人分享美的感觉，把自己的感受说出来，会让自己的感情得到释放，同时可以得到别人对美的看法，这就有利于增强自我美感力。

» 分享美可以释放自我情感

和别人分享美的感觉，可以释放自己的情感，使自己对美的感悟不至于压抑在内心深处，得不到抒发，分享美的感觉可以和别人在心理上得到共鸣，并且让人身心愉悦，感受到释放的快乐。

贝多芬就是善于和别人分享美的感觉的人，贝多芬把他对美的感觉全部融入自己的交响乐中，然后把这种感觉和听众分享，以释放自己的感情。

分享美的感觉的过程，是抒发内心感受的过程。看到关于漓江的山水画，画面上东方刚有鱼肚白，早晨渔民放排出行捕鱼，江水清澈，水清如碧，水平如镜，山峦倒映在水中，竹排前进而激起朵朵浪花。真正是一幅青山绿水图。此时，我们的心情就会很高兴，总想找个人把这种美形象地描绘出来，这种分享美的感觉的过程，就是自己愉悦心情抒发的过程。

在看到美的事物，产生美的感觉时，不要吝啬，把这种美的感觉说出来。我们需要让人知道我们对美是有感知的，这种感知夹杂着我们心情的跳动。这种跳动的情绪要想和别人产生共鸣，就要乐于分享美的感觉。

» 分享美的感觉可以提升美感力

在把美的感觉说给别人听时，或者运用其他的办法让别人感知时，自己的美感力就会提升，因为要表达自己的感觉，就要正确地认知美、思考美，寻找最恰当的词语来形容自己的感觉，在这个过程中就会提升自我美感力。此外，在和别人分享美的感觉时，别人也会把对美的感觉与我们分享，这也可以说是美的感知交流，整个交流过程就是对美产生正确认知的过程。

把自己对美的感觉和别人进行分享，和别人进行交流，能够参考别人对美的看法，从而使自己对美产生正确的认知。在抗日战争时期，郭沫若创作了历史剧《屈原》。1942 年初夏的一个夜晚，历史剧《屈原》在重庆上演。演出结束后，受到群众的热烈欢迎。可郭沫若总是觉得“你是没有骨气的文人！”这句台词不够味，郭沫若想把这句话换掉，苦思冥想还是没有想出好点子。第二天晚上演出前，郭沫若找到了饰演婵娟的张瑞芳，并告诉她要改掉这句话，可不知怎么改合适。张瑞芳说：“我也感觉到这句话力度不够，不足以表达婵娟对宋玉的痛恨。”郭沫若说：“我想了一夜，还是找不到好的表达方法，要不在‘没有骨气’后面加上‘无耻的’三个字？”张瑞芳当场进行了演示，可还是达不到效果。郭沫若十分为难，不知道怎样改好。此时，演员张逸生突然说：“把‘你是’改成‘你这’，

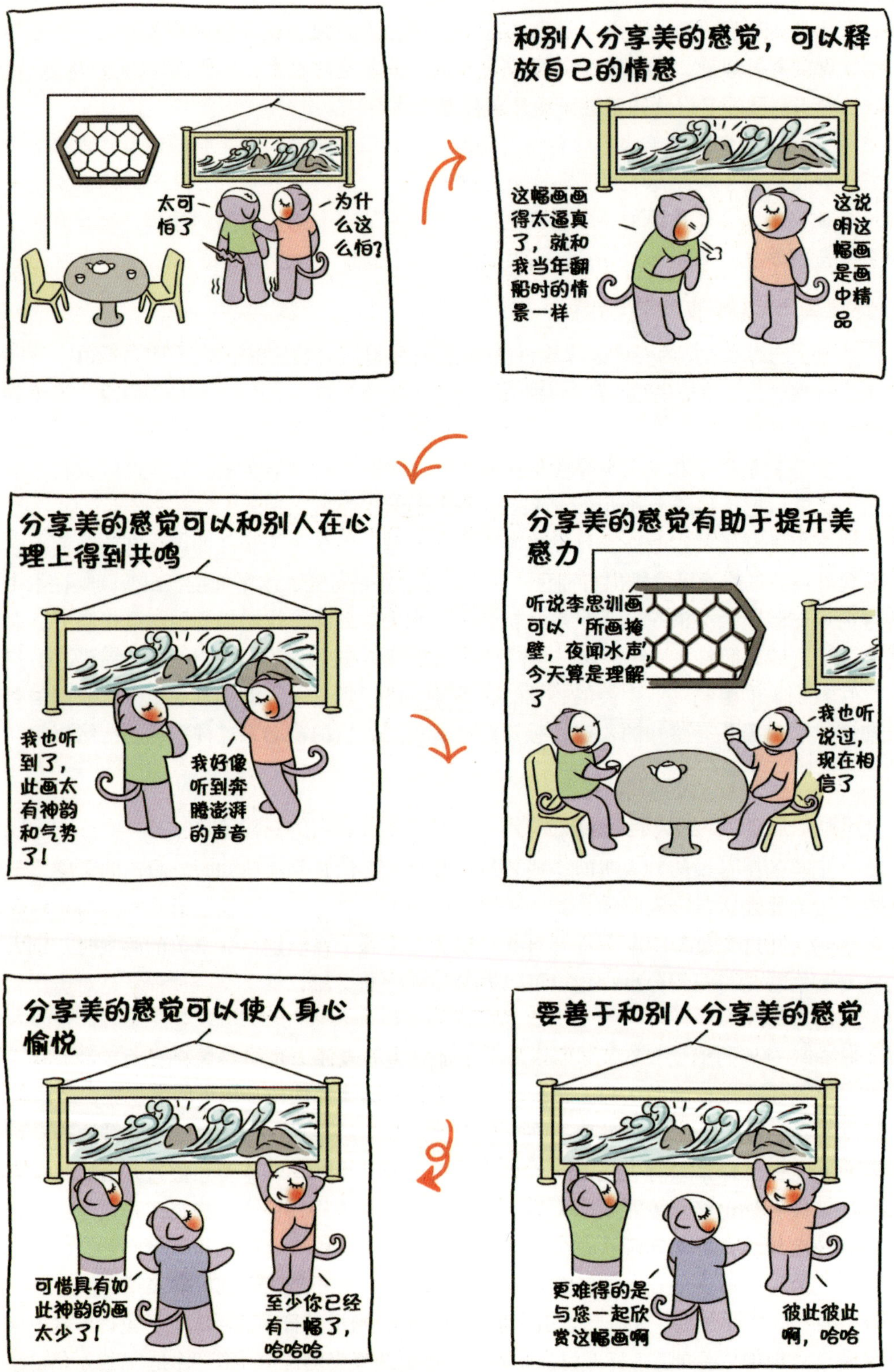
太可怕了
为什么这么怕?
和别人分享美的感觉，可以释放自己的情感
这幅画画得太逼真了，就和我当年翻船时的情景一样
这说明这幅画是画中精品
分享美的感觉可以和别人在心理上得到共鸣
我也听到了，此画太有神韵和气势了!
我好像听到奔腾澎湃的声音
分享美的感觉有助于提升美感力
听说李思训画可以‘所画掩壁，夜闻水声’，今天算是理解了
我也听说过，现在相信了
分享美的感觉可以使人身心愉悦
可惜具有如此神韵的画太少了!
至少你已经有一幅了，哈哈哈
要善于和别人分享美的感觉
更难得的是与您一起欣赏这幅画啊
彼此彼此啊，哈哈

不就行了吗？”郭沫若听后，很是高兴。《屈原》在这次更改下变得更加完美。郭沫若就是把自己对美的感觉拿出来与人分享，然后在讨论中增加了自己对美的认知。

在看到美的事物，心生美感时要善于和别人分享美的感觉，这样就能完善自己对美的认识，更正自己的错误认知，进而提升自己的美感力。

忠于自己的内心

唐代的庞蕴居士是药山惟俨大师的弟子，他对禅有精深的理解。一次他到药山那里求法，告别药山，药山命门下十多个禅客相送。庞居士和众人边说边笑，走到门口，推开大门，但见得漫天的大雪，纷纷扬扬，天地之间一片混沌。众人都很郁闷，认为大雪封堵了道路。唯有庞居士指着空中的雪片，不由得发出感慨：“好雪片片，不落别处。”有一个禅客问道：“那落在什么地方？”庞居士看了禅客一眼，狠狠地打了他一巴掌。在这里，庞居士的意思是大雪纷纷扬扬，我们应该欣赏如此的美景，而不该心生忧虑。

生活中，由于羊群效应，人们总会盲从于大众的观点，在审美上也是如此。其实审美是具有主体性的，也就是说在审美的时候要忠于自己的内心感受，不应该随意地改变。庞居士之所以没有像其他人一样感到郁闷，并且还打了那个禅客一巴掌以坚持己见，就是因为他遵从自己内心的感受，没有受别人的影响。审美就是如此，一个人认为丑的东西，在其他人看来就是美。在大众眼中很美的东西，在部分人看来就非常丑。这没有谁对谁错，关键是每个人对美的感受不同。在审美时忠于自己的内心，不要轻易被身边人的观点左右，才能成长为一个真正具有美感力的人。

» 审美是个人的事儿

审美是个人的事儿，这就是说人在审美活动中不受任何的制约、限制，是一项自主、主动、自由的活动。明代艺术家王世贞有一个不大的弇山园，园中只有一座小亭。小亭被丛树鲜花环绕，王世贞在小亭上书“乾坤一草亭”。小小一亭，如何称得上“乾坤”二字？这就是亭主自己的审美观点。元代画家吴镇喜欢泛小舟于湖中，他自嘲自己是“浩荡乾坤一浮鸥”，一只小鸟怎和浩荡乾坤相匹配？这也是画家自己的审美观点。

为什么有人认为19世纪法国画家席罗姆的油画《法庭上的芙丽涅》是美的，有的人认为它很恶俗。说它美的人不仅仅把目光停留在裸露的身体上，他们看到的是油画中裸体的芙丽涅头微微右侧，光洁的手臂遮住面部，以表达自己被扯去衣服后的羞涩和无奈。芙丽涅胴体曲线优美、肌肤柔软白嫩，象征着美好的事物。而认为它恶俗的人仅仅是因为芙丽涅是裸露的女人，对于他们来说裸露就是肮脏的。对于同一幅画，不同的人有不同的看法，这就是因为审美是个人的事情，不受任何人的干扰和支配。

造成以上现象的原因就是审美主体的不同，不同的审美主体会对同一个事物产生不同的认知。莎士比亚有一出著名戏剧叫《哈姆雷特》，每个观众对哈姆雷特的言行举止、性格特征都有自己的理解，并且每个观众的理解都不相同，于是西方人便有一句名言叫“一千个人有一千个哈姆雷特”。这正说明了审美是具有主体性的，是不受其他人的干扰的。

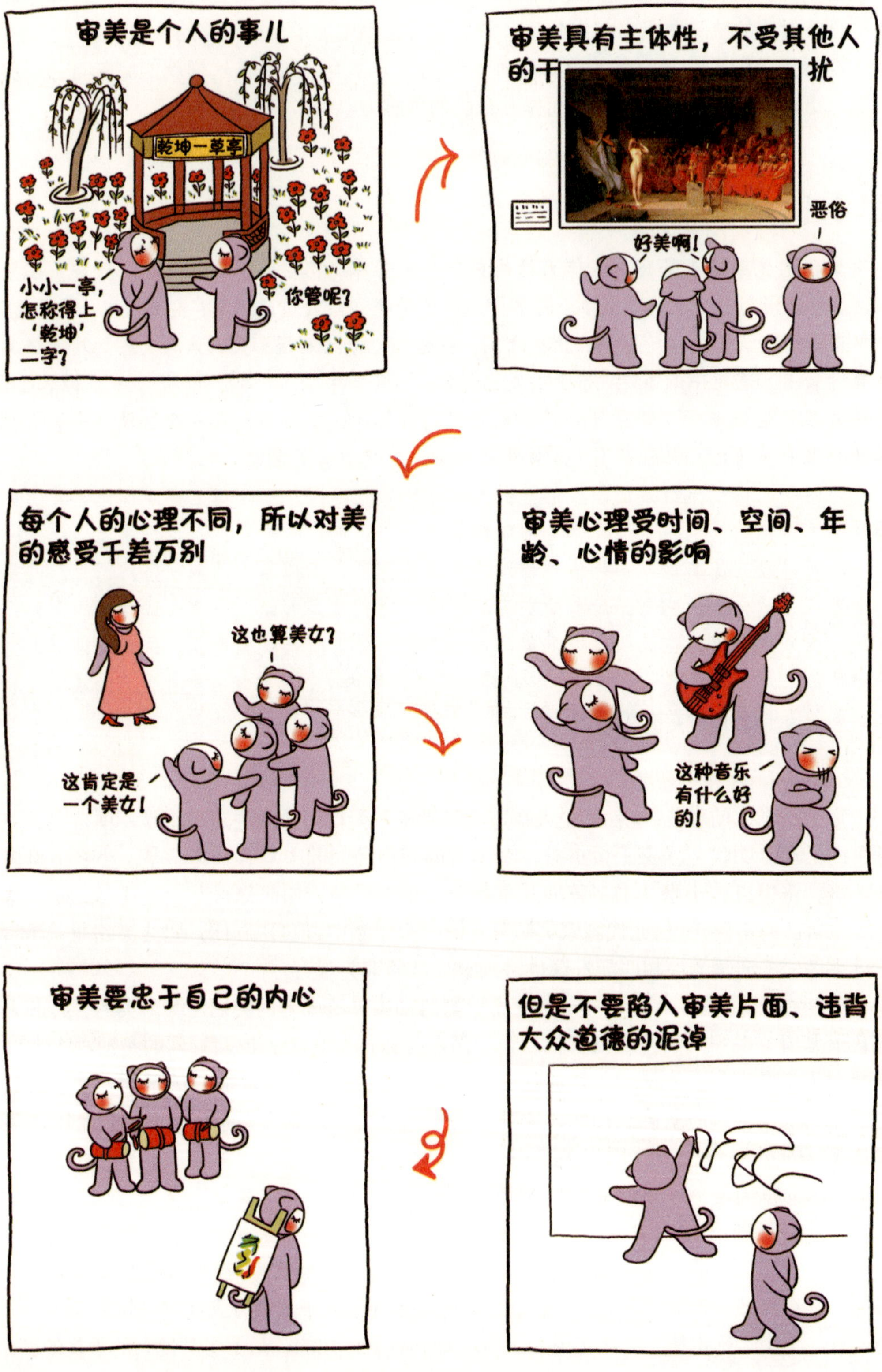
审美是个人的事儿
乾坤一草亭
小小一亭，怎称得上‘乾坤’二字？
你管呢？
审美具有主体性，不受其他人的干扰
好美啊！
恶俗
每个人的心理不同，所以对美的感受千差万别
这也算美女？
这肯定是一个美女！
审美心理受时间、空间、年龄、心情的影响
这种音乐有什么好的！
审美要忠于自己的内心
但是不要陷入审美片面、违背大众道德的泥淖

» 审美不同缘于个人心理

在生活里我们常常看到这样的现象：几个人在大街上行走，突然对面走来了一个女人，如果有人说："这是个女人。"肯定没有人因为这句话和他争辩，因为他的判断是科学的。如果有这个人说："这真是个美女"。肯定有其他人站出来反驳他的观点。这是因为对美的感受是和人的心理相联系的，然而每个人的心理又是不同的，所以对美的感受就会千差万别。

心理又受时间、空间、年龄、心情的影响，因此在这些因素影响下的审美也是不同的。在时间上的影响主要表现为过去和现在的区别，在汉代以前崇尚清瘦，赵飞燕就是典型的瘦美女；而到了唐以后就崇尚丰腴之美，杨玉环就是这种美的典型代表。在空间上，主要表现在不同地域的人对审美的认知不同。中国认为窈窕是美，美国人就认为丰满是美。在年龄上，主要表现为不同年龄的人对美的认知不同，年轻人对同一首歌如痴如醉，老年人则表示反对。在心情上，主要表现为心情的好坏影响人的认知，面对相同的花鸟，心情好的人认为花在笑、鸟在唱，对心情不好的人来说，就是"花溅泪，鸟惊心"。

» 审美要忠于内心

很多人会有这样的经历，周围人大加称赞的事物自己却并不觉得美，自己所感兴趣的事物反而在一些人看来并不觉得美。或者有些人会对那些称为经典的事物感到兴味索然，但对那些被斥为另类的事物却会保持一种高昂的兴致。有这种感受的人，往往会感觉自己不合群，有时可能会感到受到了排斥。

其实，这种现象是因为人本身都会有很强的排他意识，也就是说，如果在一个群体中出现了一个与群体观念不同的人，那么这个人很可能就会成为被排斥的对象。因为群体的一致性，是保证群体存在的重要原则。很多人会清晰地意识到这种强大的群体性，所以那些与群体有不同喜好的人不是自我压抑，就是自我放逐，成为群体的边缘人物。其实，审美是个人的事儿，因为其会受自我心境、环境及个体其他心理因素的影响，所以，在审美的时候，要注重自我审美自由，也就是对美的感知要从自己的内心而发，不受任何外界因素的干扰，也别管外人是赞成还是反对。同时，在别人进行审美时，也不要用自己的意见去干扰别人的审美活动，不要盲目地提出意见。但是，审美必须遵循一定的规则，必须建立在客观事实的基础之上，并且要运用科学的方法进行审美。这就要求我们要努力提高自己的文化素养和审美趣味，否则就会陷入审美片面、不符合事实、违背大众道德的泥淖。

只要能享受美感即可

好莱坞"鬼才"导演蒂姆·伯顿喜欢哥特式的阴暗风格，在他与迪士尼合作时，曾创作出两部动画片，但因为太阴暗，所以被认为不适合给孩子看，结局是这两部片子没有被公映。但蒂姆·伯顿并没有就此放弃，他仍然执着于哥特式阴暗路线。蒂姆·伯顿依靠《哔鬼家族》终于获得了人们的认可，之后一发不可收拾，他先后拍摄了《蝙蝠侠》《剪刀手爱德华》《怪诞城之夜》《无头骑士》《僵尸新娘》等。蒂姆·伯顿依靠自己独特的哥特式阴暗路线在好莱坞占据了一席之地。

蒂姆·伯顿在遭到别人的反对时并没有放弃自己的做法，或许，在开始时蒂姆·伯顿也没有想到过自己的哥特式阴暗作品会受到欢迎，唯一支持他走下去的是他感受到了这种艺术的美，并且深深地陶醉其中。蒂姆·伯顿的事例告诉我们，每个人都有自己的兴趣，都有自己喜欢做的事，或许这些事在别人看来并不美，但只要自己能享受其中的美，就值得自己长久地坚持下去。

» 寻找属于自己的兴趣

兴趣是一个人发现美的最好途径，因为对某种事物产生了兴趣，就会对这个事物付出努力，对感兴趣的事物给予优先注意和积极地探索，并且长期地保持兴趣，最终会取得一番作为。每个人的兴趣是不同的，有的人对美术感兴趣，所以这些人就会沉迷于各种油画、美展、摄影等，在沉醉的过程中，他们会对这些东西进行认真的观赏，并作出自己的评点。看到好的作品，他们也会对这些作品进行收藏、模仿。有的人对收藏古董感兴趣，他们就会想方设法地收集大量的古董，并对这些古董进行悉心的研究。如果一个人对跳舞感兴趣，他就会利用一切机会去学习如何跳舞，并且积极主动地寻找机会去参加舞会，如此就能真正体会到舞蹈之美。如果一个人喜欢音乐，他就会去主动地学习乐理知识，并深深体会乐曲的奥妙，真正掌握音乐的美丽之所在。寻找到自己的兴趣，就能真正享受到兴趣带来的美感。

在寻找到自己的兴趣时，就要勇敢地坚持下去，不要半途而废。也不要在意别人的看法，让别人的看法阻碍了自己前进的脚步，这才是正确获得美感的途径。莫扎特从小就显露出极高的音乐天赋，他在三岁时就会弹奏钢琴，五岁就能辨音。莫扎特从小就表现出了对音乐的浓厚兴趣，并且为他的兴趣付出了艰辛的努力。后来，莫扎特在音乐上有了很深的造诣，并且获得了很多的荣誉。可这一切都改变不了他奴仆的地位，大主教随时都会斥责辱骂他，有的时候还会对他进行严厉的惩罚，可这一切不快的遭遇并没有让莫扎特放弃对音乐的喜爱，他仍旧沉迷于他的音乐。1781年，莫扎特同他的大主教彻底决裂，莫扎特以自己的勇气来抵抗教会势力。1782年，莫扎特同一位曼亥姆音乐家的女儿康坦丝·韦伯结了婚，可妻子身体孱弱多病。由于贫穷，莫扎特的孩子相继夭折。在这段时间里，坟场和当铺是莫扎特经常光顾的地方。就是这样的境遇，也没有让莫扎特放下对音乐的爱好，最终，莫扎特成为举世闻名的音乐大师。莫扎特之所以能够坚持下来，就是因为对音乐的挚爱。

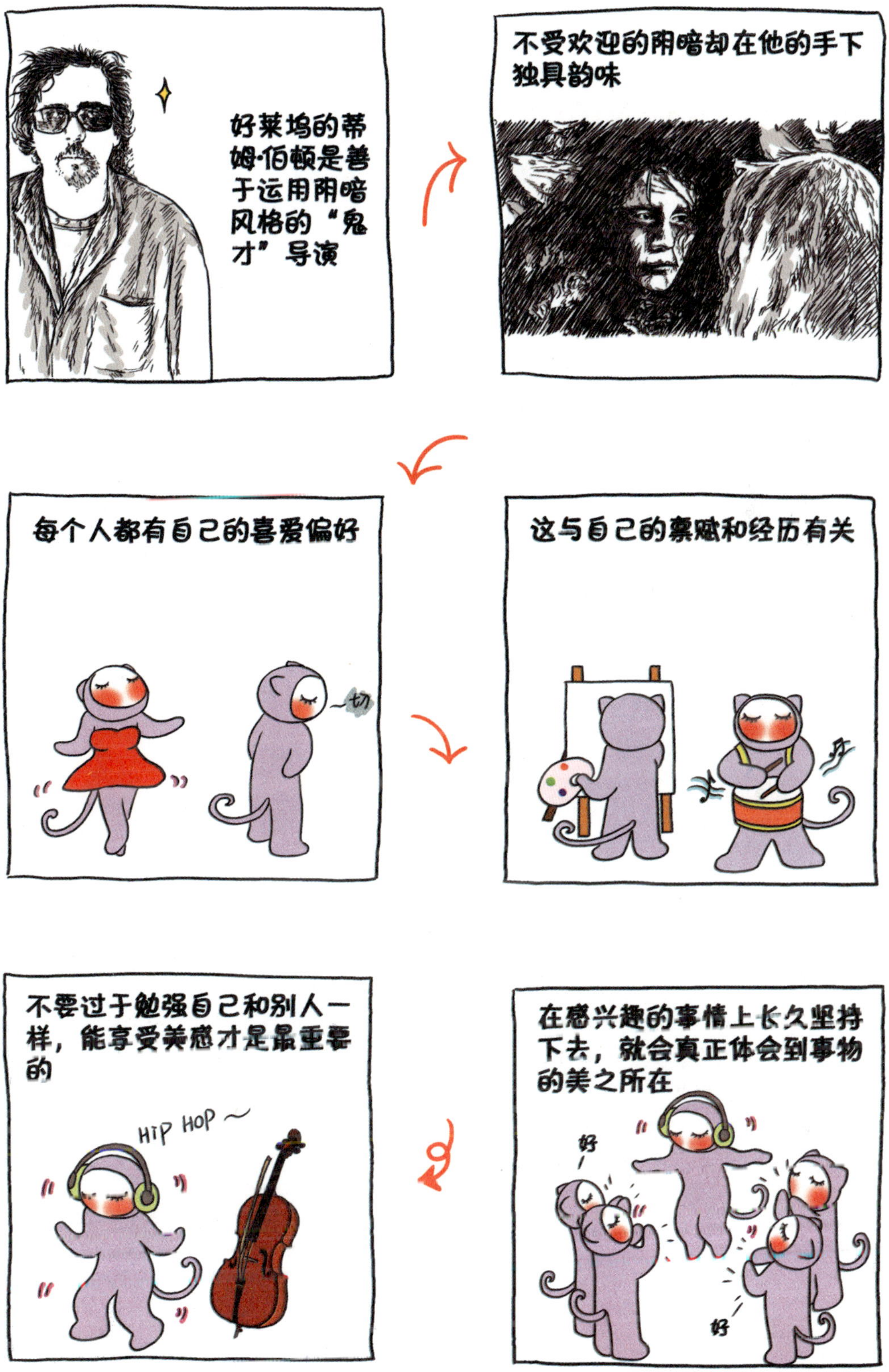
好莱坞的蒂姆·伯顿是善于运用阴暗风格的“鬼才”导演
不受欢迎的阴暗却在他的手下独具韵味
每个人都有自己的喜爱偏好
~切
这与自己的禀赋和经历有关
不要过于勉强自己和别人一样，能享受美感才是最重要的
HIP HOP ~
在感兴趣的事情上长久坚持下去，就会真正体会到事物的美之所在
好
好

一个人一旦对某件事有了兴趣，就会在这件事上付出努力，并且任何困难都不能阻断他的兴趣。在感兴趣的事情上长久坚持下去，就会做出一番成绩，并且真正体会到事物的美之所在。

» 美感力是决定兴趣的重要因素

兴趣是后天养成的，但是它在一定程度上受天生美感力的影响。一个天生对音乐没有感觉的人是不可能对音乐产生浓厚的兴趣的；一个天生对色彩厌烦的人是不可能对绘画产生兴趣的。这就如同天生会晕车的人不喜欢坐车一样，由于厌烦，所以不喜欢。这就是说，天生具备音乐美感力的人会对音乐产生兴趣，天生具备绘画美感力的人会对绘画产生兴趣，天生对文字具有美感力的人会对吟诗作赋产生兴趣。

孔子是我国春秋时期著名的思想家、教育家，他同时也是一位杰出的音乐家，他在音乐方面有很深的造诣，比如，击磬、鼓瑟、弹琴、唱歌、作曲等，孔子之所以在音乐上有很深的造诣，也主要是因为他对音乐有天生的美感力。孔子曾师从师襄子，和师襄子学习琴曲《文王操》。仅用了数日就学会了弹法，师襄子说："已经可以了！"孔子却摇摇头说："我只掌握了弹法，并为真正掌握技法。"又过了一段时间，师襄子说："这下该可以了。"不料孔子仍旧摇头说："我还没有掌握这首曲子的感情。"又过了一段时间，孔子终于成功地学会了这首曲子。孔子之所以选择学习音律，并在很短的时间内学会《文王操》，就是因为孔子对音乐有天生的美感力，这也决定了他会对音乐产生兴趣。

一个人的美感力是形成个人兴趣的重要因素，所以如果发现自己在哪方面有天赋，不妨试着朝这个方面发展，这样就能在兴趣的指引下做出一番成绩。

第四章
完美世界最简单的叙述方式
——每天学点点线知识

点线是人类最简单的叙述方式吗

文字发明以前，原始人为了增加记忆，就在一条绳子上打结，用以记事。其结绳方法，据古书记载为："事大，大结其绳；事小，小结其绳，之多少，随物众寡。"即根据事件的性质、规模或所涉数量的不同结系出不同的绳结，当人们看到这个结就会记起曾经的重大往事。

所以人类最早就是用点与线来记事的，我们今天在绘制历史事件的线形图时，也会采用这种点线结合的方式。那么，可以说点线是人类最简单的叙述方式吗？为什么？

» 点线是形式美最基本的要素

在几何学中，点、线、面、体是主要研究对象。我们把点、线、面、体称为形状。其中点是一个最基础的单位，当点发生移动就会成为线，线的平面组合能构成面，在三维空间中则能构成立体形状。可见，在点、线、面、体四要素之中，点和线是最基本的，面和体是点和线的展开。

形状是重要的形式因素。形状美是形式美的重要内容。形状中最基本的是三角形、方形和圆。其中，三角形稳定于大地，并指向天空，能显示出稳定、庄重、崇高的美；正方形是大地的象征，显示出淳朴、威严之美；圆具有圆滑、运动、周而复始等美学意味，而圆顶是天的象征。所有这些基本的形状全部都来源于点线的组合，所以，点线的组合其实就是构成这个世界最基本的方式。我们自然也就学会了利用点线来进行表述，所以说点线是人类最简单的叙述方式。

» 点线是艺术美的主要构成基础

线条在绘画、雕塑、建筑、摄影都中具有主要作用，能够表现作者的精神和情志。

首先，以点线描绘形状是书法绘画的基础。

我国的国画是线条为主的艺术。南宋画家马远的一幅名作《水图》长卷，就是用流畅的线条勾勒出从溪流到湖海的十二种水波。画中的线条圆转，或放或收，把《寒塘清浅》《洞庭风细》《长江万顷》《黄河逆流》等图景栩栩如生地展现在人们面前。我国的书法艺术也是线条的艺术。在书法中，线条的运动能够表示人的情志：喜则气和而字舒，怒则气粗

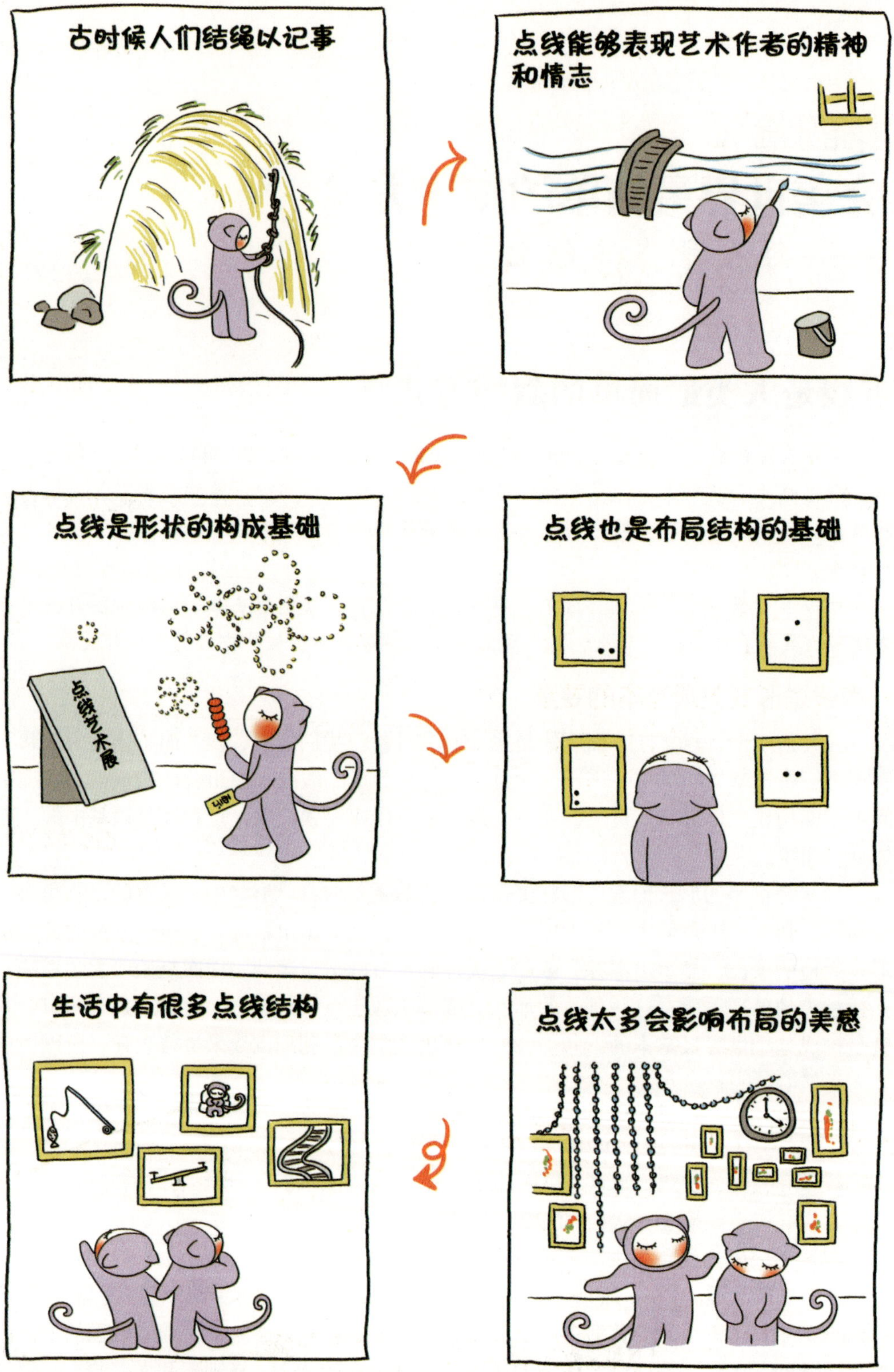
古时候人们结绳以记事
点线能够表现艺术作者的精神和情志
点线是形状的构成基础
点线艺术展
点线也是布局结构的基础
生活中有很多点线结构
点线太多会影响布局的美感

而字险，哀则气郁而字敛，乐则气平而字丽。

此外，我国有一种绘画形式叫作白描，就是在一张白纸上用线条描绘出形状来。早期制作壁画的工匠为了让画面更加精美，要先用浅色的线条勾勒出一个形象然后再填上颜色。虽然这些用线条勾勒的形状只是绘画的底稿，但也是绘画成功与否的关键因素。事实上，我们眼中的世界，无论大小方圆，都能将其外部轮廓视为线条。因此在图形艺术中除了少数的绘画形式不用线条预先勾勒，大部分都要借助线条来确定形象。在西方所使用的素描方式在描绘基础形状的同时，还要注意物体表面的明暗变化，所以就要利用线条来表现阴暗的部分，以使形象更具立体感。而素描也是西方绘画的基础，可见线条是图形艺术最基础的表现形式。

其次，非图形艺术也以点线运用为基础。点线的运用不仅仅限于图形艺术上，更重要的是，点与线能进行结构布局，无论是现实的空间布局还是抽象的文学布局。在空间布局上，几乎所有的事物都可以看作点，小到一个苹果、一个人，大到一个城市和一个国家，就连我们住的星球可以看作点。当然，在点线布局中，线能确定点是否具有意义。尤其是同一空间代表不同事物的点线，只有当点与线相连时，才有实用性。比如，在一间办公室里，办公桌、电脑、座椅、柜子等都可以看作点，这些点如果连起来就是线，而办公室中空余的地方则可以看作人行动的路线。由办公家具组合起来的点线布局，是否会影响到行动路线的流畅性，是办公室布局的关键。只有当行动路线能流畅地与各办公家具点相接触，才可能使办公室发挥最大的功能。这个点线规则在城市中也同样有用。

人们在对点与线的现实应用中发现点与线具有高度的概括作用。所以人们将点线的概念抽象了，创造了很多词，如兴趣点、工作站点、流水线、路线等。而在文学艺术中更将点线作为作品是否成功的重要标准之一。比如，文学中的点指众多人物和事件中的一个，这个点越典型越能代表整个群体，这就是文学作品中所谓的“以点带面”。文学中的线则是指线索、主题，线索、主题越少，就越容易被读者理解，过多线索则会使作品变得杂乱无章，很容易导致失败。

总之，点线不论是在形式上还是艺术上都是人们用来叙述内涵的基础，可以说，点线是人类最简单的叙述方式。

为什么“嫩绿枝头红一点”能给人美感

北宋皇帝宋徽宗酷爱艺术，在位时将画家的地位提到中国历史上最高的位置，成立翰林书画院，即当时的宫廷画院。以画作为科举升官的一种考试方法，每年以诗词做题目，曾刺激出许多新的创意佳话。有一次，宋徽宗以“嫩绿枝头红一点，恼人春色不须多”的诗句作画题。许多前来应试的画者都以绿叶红花装点春色来表意，其中有的画绿草地上开一朵红花，有的画一片松林，树顶立一只丹顶鹤，但是宋徽宗看到这些画却很不满意，认为：“这些全无诗意，毫无令人深思之处。”但是，这里面有两幅画被宋徽宗选中了。一幅画的是在高高翠楼上，一位少女凭栏而立，略有所思的样子。这幅画的美妙之处在于画者使得少女那鲜红的唇脂在丛丛绿树的交映中显得特别鲜亮魅人，含蓄地表现出了动人的春色，

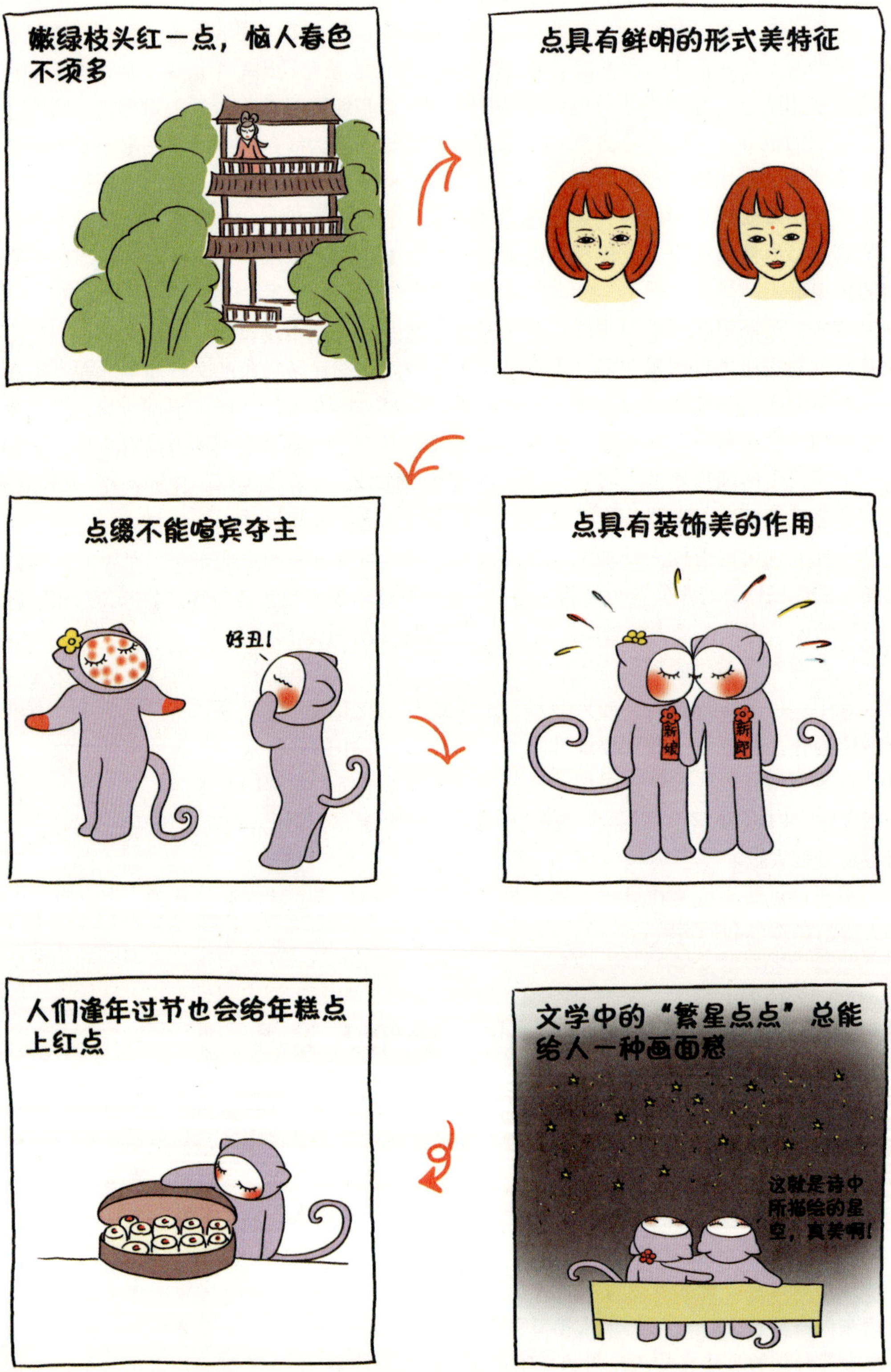
嫩绿枝头红一点，恼人春色不须多
点具有鲜明的形式美特征
点缀不能喧宾夺主
好丑！
点具有装饰美的作用
新娘
新郎
人们逢年过节也会给年糕点上红点
文学中的“繁星点点”总能给人一种画面感
这就是诗中所描绘的星空，真美啊！

表现出了“嫩绿枝头红一点，恼人春色不须多”的诗意。另一幅画的是万顷碧波中涌出一轮红日，构思新颖，气魄宏大，境界辽阔，独树一帜。这里的红点，给人一种悠悠无尽的情思，成了艺术美的焦点，起着点睛破题的重要作用。

» 点具有鲜明的形式美特征

美学上“点”的含义是相对的、不确定的，区别于数学、几何或者音乐上的附点。这里所说的“点”并不一定小，也并不一定是圆形的，只是从审美的角度去看一些具有美的价值的装点之物，比如，说繁星点点、帆影点点、伞花点点、灯光点点，包括落花、秋雨、柳絮，等等，这些点实际上并不小，也不一定是圆形。“点”是造型艺术中最小的单位，比起面积和线来说是微不足道的，但是却不可小看，它具备丰富的美的个性，它对所处的位置及色彩的对比有着独特要求，受到形式美的规律的限制。如姑娘脸上的雀斑并不美，但是唇角的美人痣却很美，因为它长在恰当的位置，有装点的作用。小女孩眉心的胭脂点，染红的指甲等都展示了人们对美的追求。女士的胸针、男士的领带都是作为点缀而存在的，作为点缀就不能喧宾夺主，主次不分和过于突兀都是禁忌。没有人认为满脸的胭脂点会很美，也没有人认为把整个手涂上红色很美，在这里“点”具有鲜明的形式美特征。

» 点具有装饰美的作用

点是美的，点可以装点或显示人的美，装饰或美化环境美。比如，结婚时新郎和新娘都要在胸前佩戴红花，这不仅是强调主体，更能装点出一对新人的可爱；解放军战士军帽上的帽徽，不仅是一种身份的象征，更加渲染了战士们的英武气概；我国人民逢年过节蒸的花糕等点心上也会点上红点，并不是为了味道更美，而是显示了喜庆、美观；小女孩总喜欢在指甲上涂漂亮的指甲油等都展示了人们对美的追求。

点不仅在那些具体形象上有美的装饰作用，在很多抽象的文学作品中，点也同样具有较高的审美价值。比如，夜幕中的流萤、星星、月亮、灯光、火把经常受到人们的赞美，使我们感受到“一点”之美。“银烛秋光冷画屏，轻罗小扇扑流萤”，这里的流萤是流动的点的轨迹；“夜深不知身何在，一灯引我到黄山”，刘白羽在此也按捺不住夜行中灯光一点带来的欣喜。文学艺术上的“点”常常是对美的聚焦，如李清照的《声声慢》中描写秋雨的“梧桐更兼细雨，到黄昏，点点滴滴”；刘长卿的《湘中纪行十首·斑竹岩》中描写斑竹的“点点留残泪，枝枝寄此心”，这些都是描绘“点点”之景，创造出情景交融的意境，显示了“点”的美。国画中也讲究“苔点之法”，凡是山水画基本都少不了这一手法。微小的苔点对整幅画来说只是一种点缀，但是却能使画作充满气韵，也就是传统所说的“山水眼目”。苔点的多少浓淡都十分讲究，“浓墨巨点，元气淋漓，如经滇黔山麓间，觉雨气山岚，扑人眉宇”，苔点的美学价值由此可见一斑。

千万不要小觑了小小的“一点”之美，遵从形式美的规律，从审美的角度用“点”来装饰我们的生活，提高我们的艺术修养，体味自然的细微之处，寻找千差万别的“点”的美妙，兴许通灵之境的玄机就在这“一点”之中。

拍照时摄影师为什么总要人们尽量靠近

生活中，人们都会有拍纪念照的经历，也会有这样的经验，那就是在拍纪念照时，拍照的人一定要靠得近才会好看。尤其是人数比较多的集体照，在拍集体照的时候，人们都会自觉地坐得紧密一点，也会经常听摄影师在拍照时叫："大家靠近点！"有的人认为，这是因为摄影师要让相机镜头照下足够多的人，所以一定要让大家靠得近一点才行。

还有很多人认为，摄影师要让大家靠得近一点是要拍照的人们显得更亲密一点，因为人们之所以要拍纪念照，是拍照的人之间有比普通人更近的关系，而人与人越近，表示两者之间越亲密，其实这并不是拍照时摄影师不断让人们相互靠近的真正理由。

在摄影师看来，如果拍照的人按照平时站立的距离拍照，最后在照片中的距离会看起来比实际距离远。人们在看照片时也会发现，如果一张照片中的两个人不是肩并肩站或坐在一起，而是隔了一点距离，人们就会觉得两人离得太远了，很疏离，这跟人们在平时的感觉是完全不同的。那么，为什么会出现这样的感觉呢？

» 点在不同范围内的距离感不同

摄影师给我们做这些善意的提醒是因为点在不同范围内的远近效果不同。我们在看两个以上的点时，它们之间的距离，跟我们视野的范围有很大的关系。如果眼睛离它们的距离远，我们就会觉得它们之间的距离近；而如果眼睛离它们的距离近，我们就会觉得它们之间的距离远。小的视野范围，往往会拉大两点间的距离。

相片的视野是相机的镜头所捕捉到的图像范围，跟人眼的视觉范围有很大的不同。人的单眼水平视角可以达到135°，而标准镜头的视角只有45°～55°。可见，相片的视野通常只有人眼的三分之一左右，所以，我们看相片时，自然会有距离被拉大的错觉。现在我们就不难理解，为什么拍照时摄影师让我们尽量靠近的原因了吧。

另外，点在不同范围内的距离感，会影响它们之间的关系。当点与点的距离小于整张纸宽度的三分之一时，会给我们留下两个点在向中间靠拢的错觉；而当点与点的距离大于整张纸宽度的二分之一时，会给我们留下两个点在向两旁分散的错觉。这样的错觉，让人感觉点仿佛有磁性，近的点互相吸引，而远的点则互相排斥。

而这种错觉成为人们对事物进行布局归类的重要依据。当我们感觉两个事物相互吸引，我们就会把它们归为一类；当感觉两个事物相互排斥，就会把它们分成两类。

根据这个原则，有经验的摄影师会在游客比较多的景点尽量靠近被拍的人。这样不仅拉远了被拍者和其他人的距离，还可以让看照片的人产生两者相斥的感觉，这样就可以很巧妙地点明他们的关系。

» 人与人之间的交际距离可以看出他们的关系

我们也可以利用点与点之间的距离所造成的相吸或相斥感觉，判断人与人之间的关系。在人际交往的过程中，我们会发现，如果人与人之间的关系不同，那么他们交往的距离也是不同的。

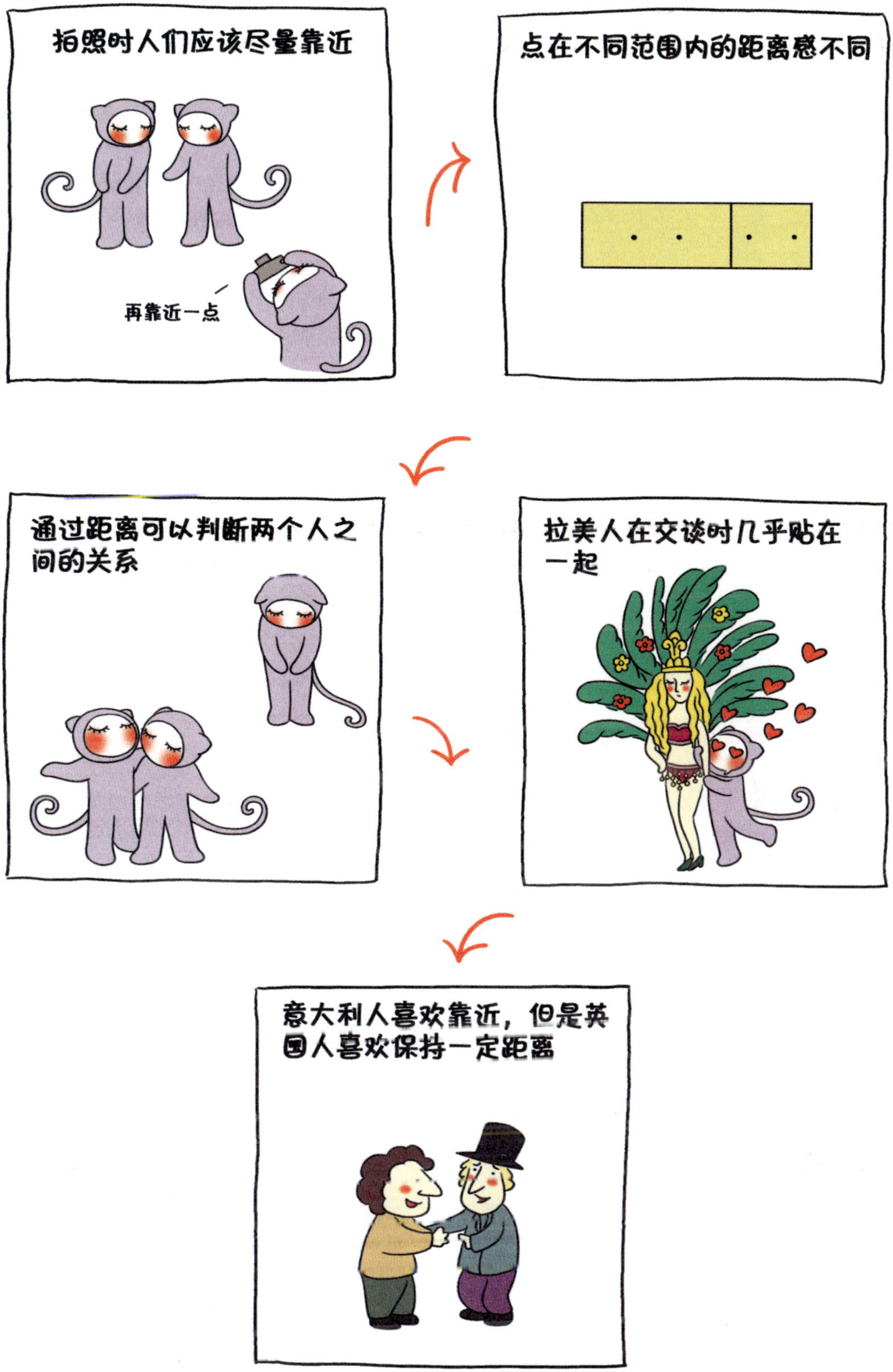
拍照时人们应该尽量靠近
再靠近一点
点在不同范围内的距离感不同
通过距离可以判断两个人之间的关系
拉美人在交谈时几乎贴在一起
意大利人喜欢靠近，但是英国人喜欢保持一定距离一般情况下，交际分为：友情交际、同事交际、业务交际和公共交际四种。这四种交际保持的距离是不同的。

友情交际属于亲密型交际，包括夫妻、情人、至亲、好友之间的交际。其空间距离可在 15 ~ 100 厘米以内。夫妻、情人、至亲交际，正常情况下，其距离在 15 ~ 145 厘米，这种距离很容易接触到对方身体，以显示出亲昵感，有利于表达心声、交流情感、彼此爱抚。

友人交际，正常情况下距离应该保持在 45 ~ 100 厘米以内，以双方可以握到对方手为宜。特殊情况下，友人交际的距离也可以小于 45 厘米，如双方见面或告别时握手、拥抱等，亦属这种距离。

同事之间的交际距离应保持在 100 ~ 150 厘米左右。如果与同事进行思想沟通，其距离可适当近些，一般以 80 ~ 100 厘米为宜，以便交流顺畅。如果这种沟通距离太开，就会使沟通者加大音量，容易激怒情绪。

因业务接洽、产品推销、合作谈判等进行的业务交际的距离，通常情况下在初期不宜距离太近，一般在 200 ~ 300 厘米为佳。但随着交际程度的加深，交际双方的空间距离应适当缩短，可保持在 100 厘米左右。

公共交际十分忌讳近距离接触，那样会让对方顿生疑窦，甚至会反目为仇。一般情况下，公共交际距离多在 300 厘米以外；如果发生语言交往，也不应该低于 200 厘米。

线条为什么可以用来表达情绪

线条是可以用来表达情绪的，中国的书法就是一种能够通过线条表达情志的艺术。唐代大书法家颜真卿《祭侄稿》和《刘中使帖》，就寄托了他的思想情感。《祭侄稿》帖，是颜真卿追祭从侄季明的文章草稿。唐玄宗天宝十四载（755 年）爆发安史之乱，当时任平原太守的颜真卿和他的从兄常山太守颜杲卿毅然起兵讨伐叛军。不久，常山被叛军攻陷，太原节度使拥兵不救，以致城破，杲卿父子被俘，先后遇害。唐肃宗乾元元年（758 年），颜真卿到河北寻访杲卿一家的下落，得知他们全家死于战乱，仅得杲卿一足、季明头骨。颜真卿义愤填膺，乃作祭文，所有仇恨全倾注在笔端，一气呵成，满腔悲愤之情跃然纸上。

而《刘中使帖》，作于唐代宗大历十年（775 年），又名《瀛洲帖》。当时颜真卿身在湖州，得知唐军在军事上获得胜利，非常高兴，于是欣然命笔。全帖共四十一字，字迹比他过去的行书要大得多，重笔浓墨，大幅写意；笔画苍迈矫健，纵横奔放，有龙腾虎跃之势；前段最后一个“耳”字独占一行，末画的一竖以渴笔皴擦，纵贯天地，洋溢着欣喜雀跃之情。

» 线条本身也有情绪

线条是组成形象的最为敏感的视觉符号，是人类表达情感和认知的最基本语言之一。而线条本身，在它没有表现具体对象的时候也有其抽象的情绪。如直线使人产生坚硬、力量、坚毅、刚劲的感觉。而水平线，是大地之线，当物体处于与大地相连的水平状，就会给人一种宁静、平稳、坚实的感觉。所以，绘画中，表现“静”的境界时，往往近景有一长长的水平线；中国宫殿、希腊神庙等坚实的建筑，都以水平线为主。垂直线则指向天空，表示升腾、挺拔和庄严。所以，凡是表示静穆严肃的画、建筑（如纪念碑），都以垂直线为主线。金字塔、宣礼塔、哥特式建筑以垂直线为主，体现了对天空的渴望。曲线表示优美、柔和，给人一种变化的动感，起伏回荡，对人的视觉有一种奇妙的魅力，最能悦人眼目，使人感到一种节奏美和旋律美。斜线是一种不安静的线，使人产生恐慌。奔跑中的人，风浪里的船，狂风中的树，主要用斜线表达。

» 人们往往会对流畅有规律的线条产生好感

对线条的研究有一定的历史，早在 20 世纪初期，有实验美学心理学家利用 41 种线条和形状采用选择法和配对法做过一个偏爱选择的实验，想通过人们对不同线条的喜好，来了解什么才是人们最感兴趣的线条和形状。在关于线条类别的喜好上，实验发现，人们最喜欢的形状为圆形，第二是直线，第三是波浪形，第四是椭圆形，最后是圆弧形。通过这个结果我们可以看出，流畅的、有规律的线条往往能引起人们的好感。

美学大师宗白华先生称，中国的艺术就是线的艺术。我们确实能在中国画中看到更多的线条，其中能引起愉快情绪的线条，无论用笔的浓淡、燥湿，往往都是非常流畅的，就连转角也没有过多的棱角。而那些有过多停顿的线条则给人焦灼、忧郁的感觉。

由此可见，线条有表现能力，能唤起人们的美感。虽然线条本身会给人带来不同的体验，但是人的心理也会让人对同一线条产生不同的看法。如同样一根斜线，如果把它看成一条垂直线时，人们就会感到肃穆；当把这条斜线看作一条向上的坡路时，则会产生欣喜之情。

» 人们往往凭借经验对线条做出情绪反应

虽然人们对线条表现出一定的偏好，但是这种喜好的选择并非固定的，因为个体之间是有差异的，有时候这种差异之大甚至让很多专家都很难解释。比如，有不少人对直线的喜好超过了圆形，而有的人根本就不喜欢圆形，其理由是看圆形会让他们的眼睛一圈一圈地运动，这让他们感到不舒服。

有资料显示，人们对线条的喜好其实也很容易发生变化，尤其是对线条本身发生的变化非常敏感。比如，一根短的横线可能很难给人喜好的感觉，但当它被加粗后，可能就会引起关注。而当它被加粗到让人感觉它有高度时，它既可以被看作线，也可以被看作长方形，这容易让人对其感兴趣，甚至产生好感。如果继续将其加粗，它可能变成矮胖的矩形，而使人厌恶。但当它被加粗成正方形时，又会引起人的好感。当它再次加粗，又会显得过于臃肿。直到它被加粗成细长的垂直长方形，它可能被看成一条足够粗的线条，此时人们会重新对其产生好感。而除了直线的粗细外，圆的大小变化、弧线的曲度变化、线的倾斜角度、波浪形的紧凑度、线的长短等，都会给人不同的感觉。

这种线条变化使人们产生不同感觉，其实是人们在对线条下定义。因为在人类社会发展的进程中，人们对线条的情绪定义已经约定俗成，比如，人们早已经将垂直线定义为向上的力量，将曲线定义为流水般的柔顺，将立着的长方形定义为屹立不动的挺拔力量，将横着的长方形定义为伸展的自由，而粗线条则被定义为严肃、沉重，所以当人们看到它们时，首先会根据经验判断其定义，而做出情绪的反应。而当它们发生各种变化时，人们又会产

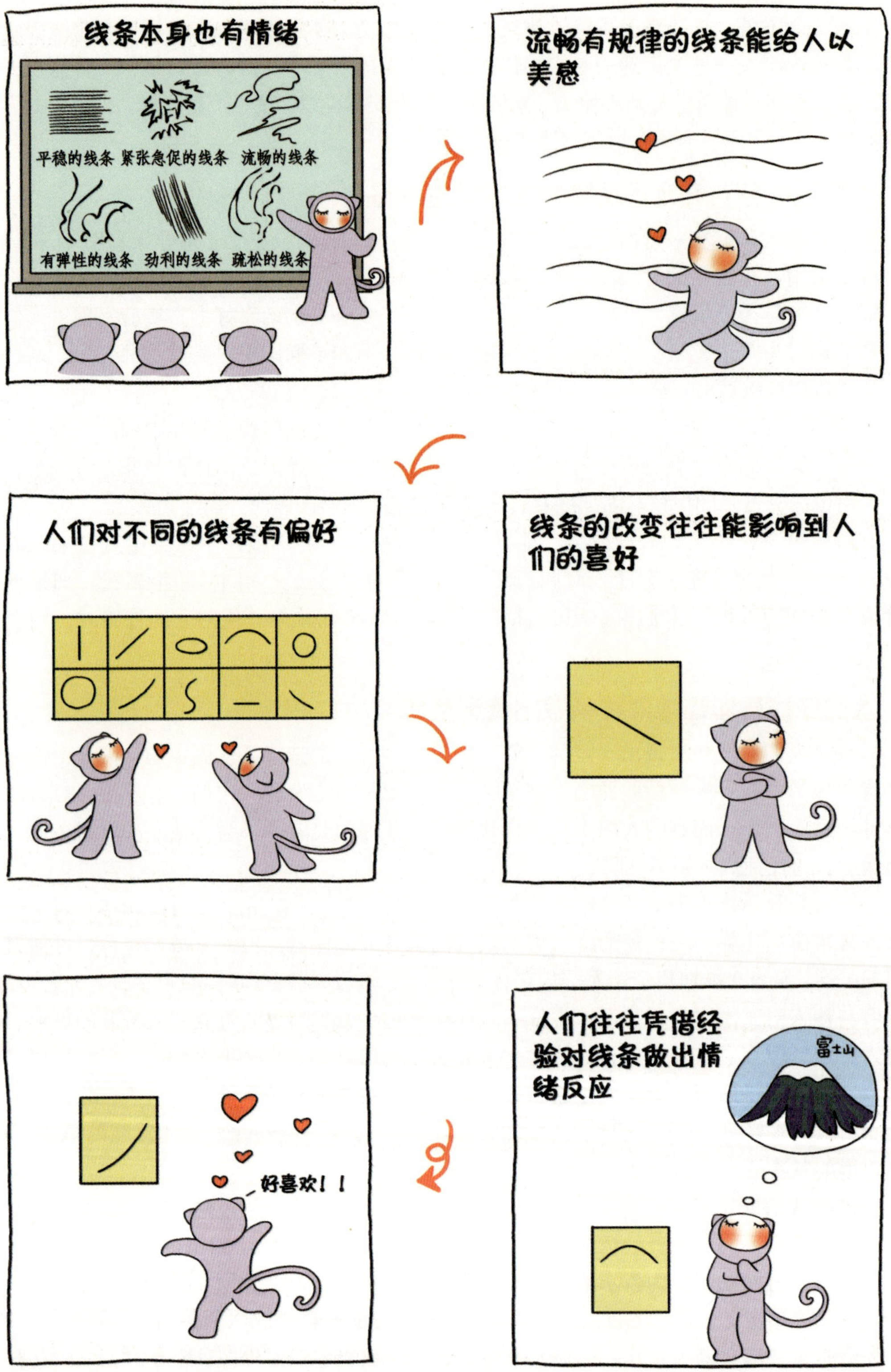
线条本身也有情绪
平稳的线条
紧张急促的线条
流畅的线条
有弹性的线条
劲利的线条
疏松的线条
流畅有规律的线条能给人以美感
人们对不同的线条有偏好
线条的改变往往能影响到人们的喜好
好喜欢！！
人们往往凭借经验对线条做出情绪反应
富士山

生相应的不同的反应。所以，很多产品设计人员也因此非常注重各种线条、色块的运用，致力于通过它们来影响观看者的情绪。

人们为何更喜欢有曲线感的女性

永泰公主墓是20世纪60年代初被发掘的，是中华人民共和国成立后最早，也是最大的唐墓发掘。其墓室中的壁画一经亮相，就引起轰动。此图共绘九女，分二行排列，群美毕集，个个丰颊秀眉，身着时髦的低胸唐装，梳着当时最为时尚的发髻。尤其是位于画面中央的一位端杯子的侍女。她手捧烛台，头部微微前倾，身体呈现出前行时特有的曲线，加上其衣服柔和的线条，把少女的柔美展露无遗。她瑰丽的风姿，优雅的遗韵已让人迷醉倾倒，海外宾客将其誉为“东方的维纳斯”“中国古代第一美女”。

1962年秋天，国画大师叶浅予带着中央美院学生来观摩写生。据说，当他面对着这《宫女图》中的端杯侍女时，肃立五小时，赞叹此女为“天下绝色”“唐代美女的典范”。并赋诗一首：“公主长眠宫女在，壁上着意塑粉黛。口角眉尖似有情，是喜是忧费疑猜。妙得容颜刻芳华，曲尽风姿写仪态。寂寂廊下婷婷立，楚楚神态激人爱。”叶浅予这首诗写得生动传神，意趣不凡。其中的“曲尽风姿写仪态”一句写了少女令无数人着迷的曲线美。

在现实生活中，人们对于女性身材美的评价也多倾向于曲线感，这几乎已经成为全社会的审美共识，这是为什么呢?

» 曲线具有变化和运动之美

曲线佳为女性的特征是深入男性骨髓的，西方艺术大师们对女性的人体美推崇备至，甚至认为女性就是最完美的人体。主要有两个原因。

首先，曲线是善于变化的线条。而从美学的角度来看，女性的曲线正是外观上跟男性之间最大的差别。男性的身材比校平，缺少变化，从线条的角度看，肌肉组织的突起使其身体线条缺乏流畅感。所以当拥有柔和线条的女性出现时，男性会立即被其所吸引。

其次，曲线是具有动感的线条。曲线具有不稳定的特征，这一特征使曲线具有动感。如我们用曲线来绘制波浪时，很容易产生波浪在流动的错觉；在观看曲线时，会有视线随着曲线波动的感觉。所以，绘画中常常大量使用曲线，就是为了制造更强烈的动感。唐代“画圣”吴道子的画，就是因为其拥有流畅的曲线从而使画中的人物动感十足，世人赞其为“吴带当风”。

现在，人们为了打破家具陈设的呆板，开始制造具有曲线感的家具，一个曲线条的搁板，或一张富于曲线的桌子，能让室内风格活跃起来。

» 曲线具有阴柔之美

人体的曲线美是一种美的极致，女性的身体和面部线条充满了柔软起伏的动感，所以有“男美在双肩，女美在曲线”的说法；“曲径通幽处，禅房花木深”、大自然中“江作青罗带，山如碧玉簪”等也是曲线的美；艺术上舞蹈的旋转舒展；书法上的飘若游云，矫

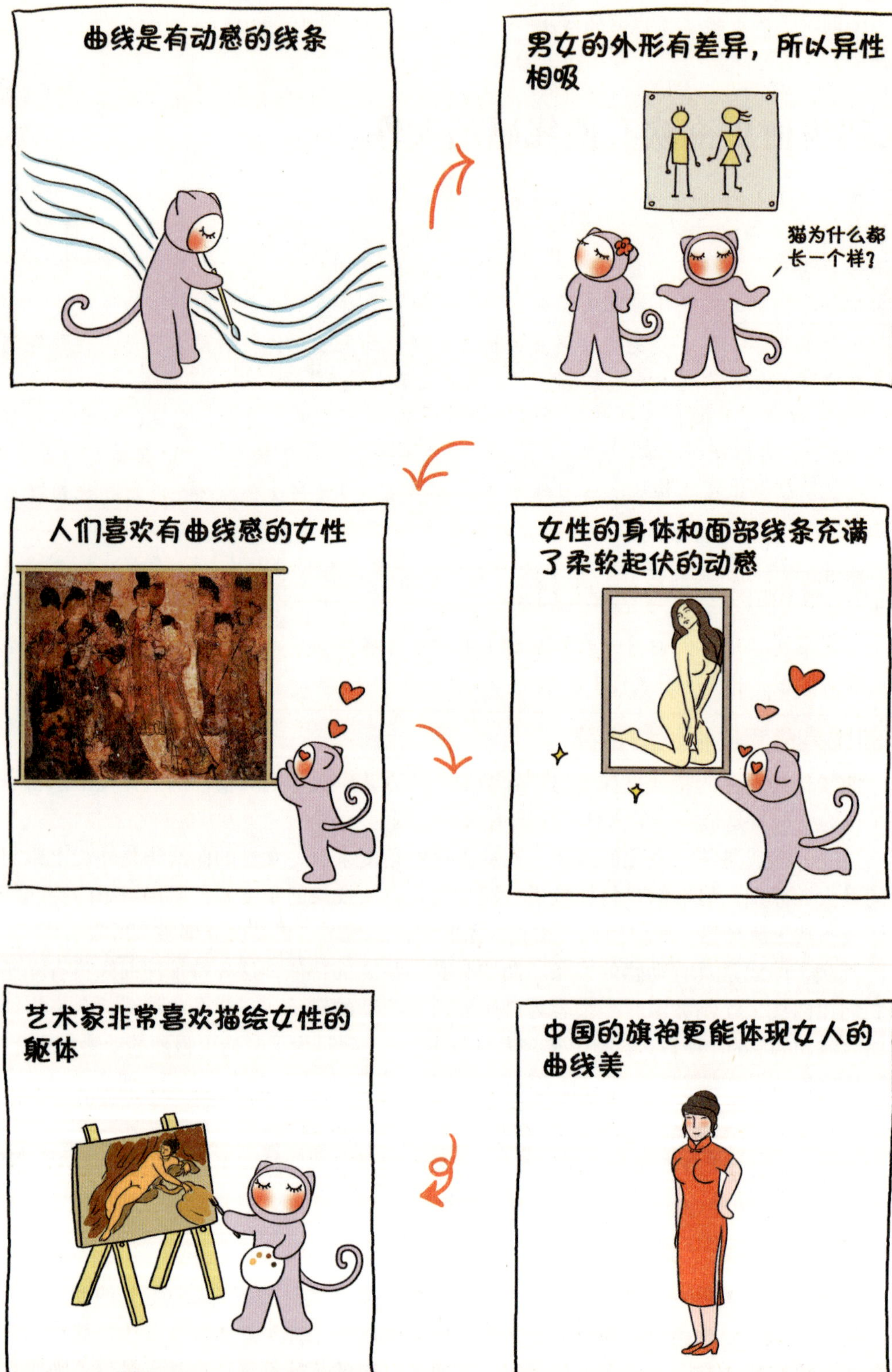
曲线是有动感的线条
男女的外形有差异，所以异性相吸
猫为什么都长一个样？
人们喜欢有曲线感的女性
女性的身体和面部线条充满了柔软起伏的动感
艺术家非常喜欢描绘女性的躯体
中国的旗袍更能体现女人的曲线美

若惊龙；敦煌壁画的天衣飞扬，满壁风动。作为形式美的一种形态，线条美体现了柔的本质，是一种阴柔之美，相对于直线硬朗的阳刚之美而言，更受人们的欢迎。所以我们就不难理解旗袍为什么如此受中国女人欢迎了。

因为中国年轻女性的身材较之西方年轻女性，一般更显纤细、秀丽美，而线条简洁流畅、风格单纯又雍容华贵的旗袍，其最大优点就在于它能恰如其分地把这种中国女性胴体的曲线美给呈现出来，这很符合中国年轻女性的审美需求。

另外，曲线美还与中国的文化有关。西方文明建立在古希腊的传统之上，在思维方式上是以理性的逻辑思维为特征的，整体文化是立体的、外放的。西方文化可以说是以“求真”为核心的。而以中国为代表的东方文化则是建立在深受儒家思想和道教影响的东方传统之上的，儒家的含蓄与中庸、道家的超越与写意，经过数千年的历史积淀，已经内化成了中国人的性格特征。这种含蓄、中庸、超越与写意，在旗袍中体现得淋漓尽致。

旗袍适度的曲线恰好吻合国人心目中的淑女形象，给人一种典雅、淑秀、端庄之感。旗袍因其不过度夸张而落落大方，因为廓形线条的简洁流畅而婉约含蓄，因其在“露”的同时讲究“遮”而更富魅力。

圆形为何备受人们欢迎

生活中，我们可以发现圆形无处不在。如在马路上奔跑着的汽车的轮胎是圆的，汽车上的方向盘是圆的，还有马路上的交通灯也是圆的。另外，我们使用的好多东西也是圆的，比如，吃饭用的桌子、碗、盘子；洗脸用的盆、化妆用的镜子……这一切都源于人们对于圆的喜爱。虽然圆形缺乏方形的稳定性，加上其所占面积过大，使其无法成为主要家具的形状，但几乎所有的装饰品上，都有圆形的影子。

据研究发现，无论老幼，绝大部分人对于圆形有一种特殊的爱。尤其是婴幼儿，如幼儿在学画形状时，也最先学会画圆形；在一大群玩具中，他们大多会选择圆形玩具。实验美学家发现，综合所有的形状，最受欢迎的是圆形，只有一小部分人对直线的喜爱超过了对圆形的喜爱，但在对其他形状的喜欢程度上，他们也是更倾向于圆形。那么，圆形为什么如此受人们的青睐呢？

» 圆形的物体可以运动

圆形的物体可以运动。虽然很多形状都可以给人动感，但唯有圆形才可以进行平稳的运动。能够平稳运行的圆，可以帮我们把物体安全地送到目的地。

所以，现实生活中的好多事物都是根据圆的这个特性来设计的，如汽车、火车、自行车等的车轮。汽车、火车、自行车的发明，极大地丰富了我们的生活，一段需要两小时才能走完的路程，如果开汽车，15 分钟也许就能让你到达，就是骑自行车，也要比步行要快上好几倍。

另外，轮状物的发明，能够帮助我们运输东西，这极大地解放了人力。一个需要好几个人才能搬得动的物体，只要把它放在轮状物体上，就能够十分容易地帮我们完成任务。

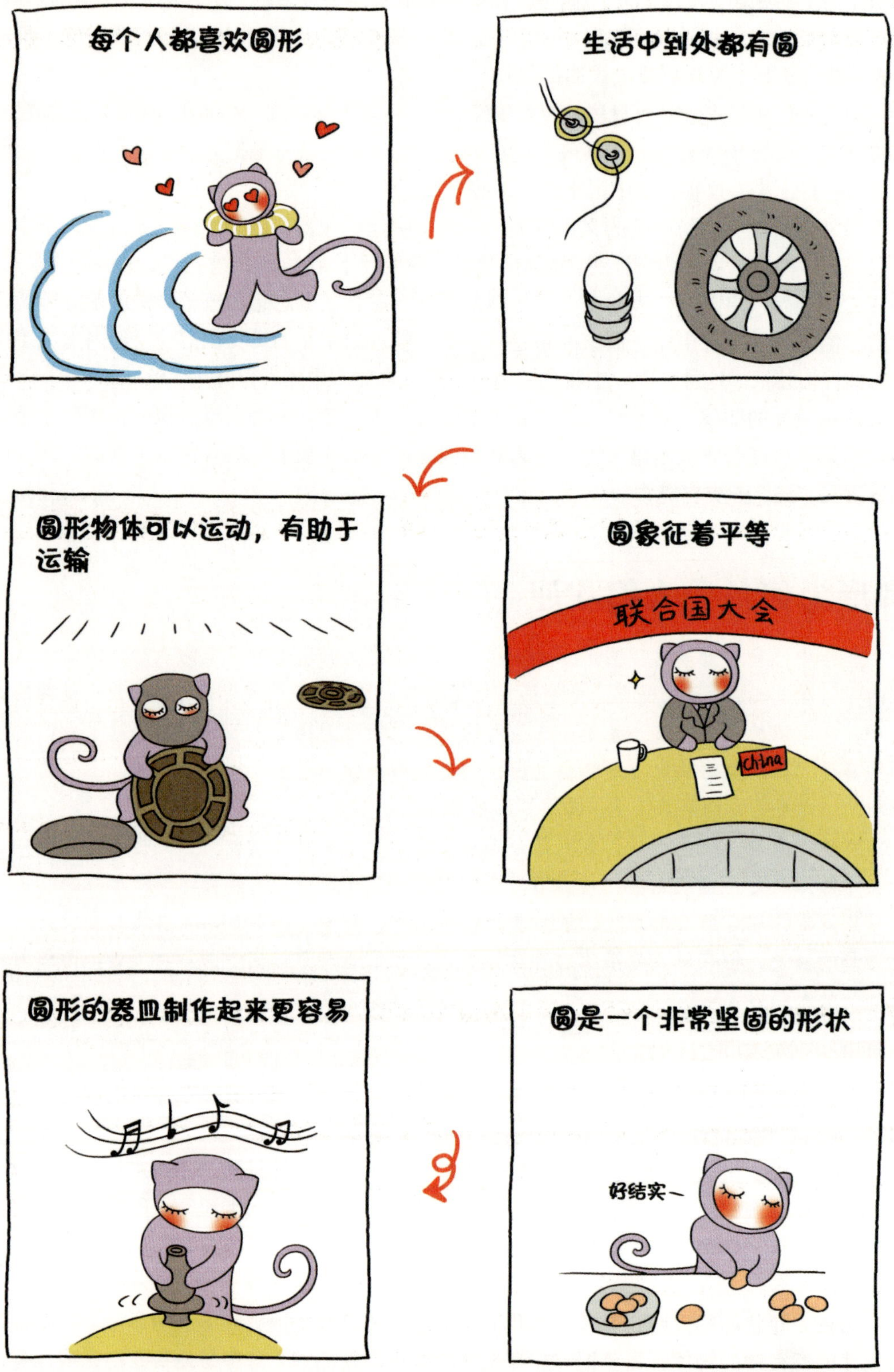
每个人都喜欢圆形
生活中到处都有圆
圆形物体可以运动，有助于运输
圆象征着平等
联合国大会
China
圆形的器皿制作起来更容易
圆是一个非常坚固的形状
好结实~

例如，街上的井盖就是个很好的例子，圆形的井盖只需一个人就能将其滚走，而方形的井盖则至少需要两个人来共同搬运。由此可见，轮状物体的发明，使我们的生活变得轻松起来。今天令我们感到不可思议的古代工程，大多有轮状物的参与。

» 圆象征着平等

在所有的图形中，圆是唯一可以无限对称的形状，可以画出无数条对角线，而等边三角形只能画出三条对角线，正方形能画出两条对角线。这使得圆形不像别的图形有尖锐的角，或者有一定的重点，圆形上的每一点都是平等的，所以圆形或为一种很平和的形状，在心理上，给人平等的感觉。

在中世纪的亚瑟王传说中，就有象征平等的“圆桌骑士”的故事。传说亚瑟王拥有一支精锐的骑士队伍，这些骑士忠心耿耿，陪着亚瑟王南征北战。他们来自不同的国家，有着不同的信仰。亚瑟王为了促进合作，给人们心理上的平等，就跟他们一起围着一个圆桌开会。

事实证明，当人群围观一个事物时，会很容易自发地围成一个圆。因为如果自己过于靠前，会变得很显眼，而过于靠后却又不能得到别人可以得到的信息，因此没有人愿意站在跟别人不一样的位置。人们都有希望获得与别人等同距离的心理，这也是为什么在现代协商或交流性质的会议或活动中人们喜欢围成圆形的根本原因。

» 圆是简单而又坚固的形状

圆是很简单的，它的绘制就能很好地说明这一点，只要手中有一根绳子，确定下一个点就可以画出一个圆。圆形的这个特点，使它成为器皿的最主要形式。无论东方还是西方，在古代还是现代，人们就都喜欢制作圆形的器皿。将器皿制作成圆形还有工艺方面的原因，最早的陶器制作是由于将泥土捏成圆形比捏成其他形状更容易，到了后来，人们发明了可以旋转的制陶器，这让制作圆形器皿比制作其他形状的器皿更为方便。玻璃的制作则跟材质有关，玻璃原本就很容易凝结成圆形，用吹制的方式制作玻璃瓶，自然更容易得到圆形或圆柱形。

就实用的原则来看，古人热衷于圆形器皿还有另外一个原因，那就是圆形的器皿比其他形状的器皿更加坚固。比如，我们用相同的力度去挤压一个方形的器皿和一个圆形的器皿，那么，变形的肯定是方形的器皿，因为圆形的弧线具有将力量分散的作用。

古罗马人很早就认识到了这一点，所以，他们制作圆弧形的拱门和圆形的屋顶，这不仅可以使建筑显得很美观，而且还很坚固。著名的罗马万神殿就是圆顶建筑的一个典范，它的内部虽然没有柱子支撑，却是世界上最大的圆顶建筑之一。

倾斜的物体为什么不能给人安全感

因为重力的原因，人们往往不喜欢倾斜的事物，所以如果客厅里放着的一幅画倾斜了，人们往往会赶紧把它扶正。重力让垂直于地面的方形结构物体呈现最稳定的状态。当物体倾斜时，重力作用就会使物体翻转，这种倾斜的状态很难一直保持下去。由此可见，倾斜的物体是极不稳定的。而人们居住在一定的环境里，最想要的一点就是安全。如果居住在一所不稳定的房屋中，就会产生恐惧感。所以，人们发现自己居住的屋里有倾斜的事物时，会很快将其扶正。

但是，有人会问，为什么在很多艺术表演和艺术作品中会看到倾斜存在呢？比如，迈克尔·杰克逊就发明了一种舞蹈动作——45度倾斜。迈克尔·杰克逊是一名在世界各地极具影响力的歌手、作曲家、作词家、舞蹈家、演员、导演、唱片制作人、慈善家、时尚引领者，被誉为“流行音乐之王”。他也是世界上舞蹈能力最强的歌手。45度倾斜这个动作是用抓钩抓住鞋后跟，从而达到前倾45度的视觉效果。同时，舞台的“抓钩”系统通过精密仪器的控制，可以准确伸缩而不被发现。当然，成功的关键还主要在于迈克尔和演员刻苦的锻炼、磨合，以及强健的背部肌肉与身体平衡控制力！做这个动作时单腿承重146千克，至今没有几人能够模仿。

倾斜既然不能给人安全感，那为什么这些倾斜反而被人们所欢迎和赞叹呢？这是因为那些所谓的倾斜只是一种相对状态，它本身还是存在一种平衡的。如果不依靠那些平衡系统，相信迈克尔·杰克逊也是无法做到45度的倾斜而不倒的。人们赞叹的是他所做出的倾斜动作所形成的一种张力，给人们带来了一种动感的美。

» 人类的视觉是判断事物倾斜与否的主要依据

人类判断事物是否倾斜主要依靠视觉，如果看到倾斜的物体就会不自觉地纠正自己的姿势或者纠正倾斜物体的姿势。当然，因为我们生活在重力的世界里，在判断事物是否倾斜时总是会需要有一定的参照物。房屋中的事物倾斜，容易被发现，因为房屋有非常明显的垂直线条。但是在室外，如果缺乏垂直事物，一些轻微的倾斜是很难被发现的。如果在完全没有参照物的黑暗空间，我们会很容易将倾斜的物体看作垂直的。不过如果倾斜角度过大时，人体的知觉系统也会告诉我们物体出现了倾斜。

有趣的是，孩子们对于垂直的概念和成人不同，他们不是以地面为参照物的。如他们在画房屋时，常将烟囱直接垂直于房屋的倾斜线条，而并非垂直于地面。因为他们是以房顶为参照物的，而不是地面。

» 倾斜能够通过形成破坏重力平衡的张力制造动感

在艺术效果上，倾斜的事物还能够制造强烈的动感。因为倾斜被人们的眼睛自觉地知觉为从垂直和水平等基本空间定向上的偏离，这种偏离会在一种正常位置和一种偏离了基本空间定向的位置之间造成一种张力，那偏离了正常位置的物体，看上去似乎是要努力恢复到正常位置上的静止状态，它或是被符合基本空间定向的构架所吸引，或是被它排斥，抑或是干脆脱离了它。就这样，倾斜就形成一种运动的感觉。这种动感常被艺术家们用到艺术创作中。

奥克斯特·罗丹说过，为了在一尊半身雕塑中暗示出运动，以风景画中的风车为对比物，如果它的手臂是呈水平—垂直定向的，那它看上去就是一动也不动的，如果它的两只手臂呈现出互相对称的对角线姿势，观赏者便只能看见到极微小的动感；如果两只手臂处于一种很不对称和极为不平衡的位置上，就会产生强烈的运动效果，即使在观赏者预先认识到

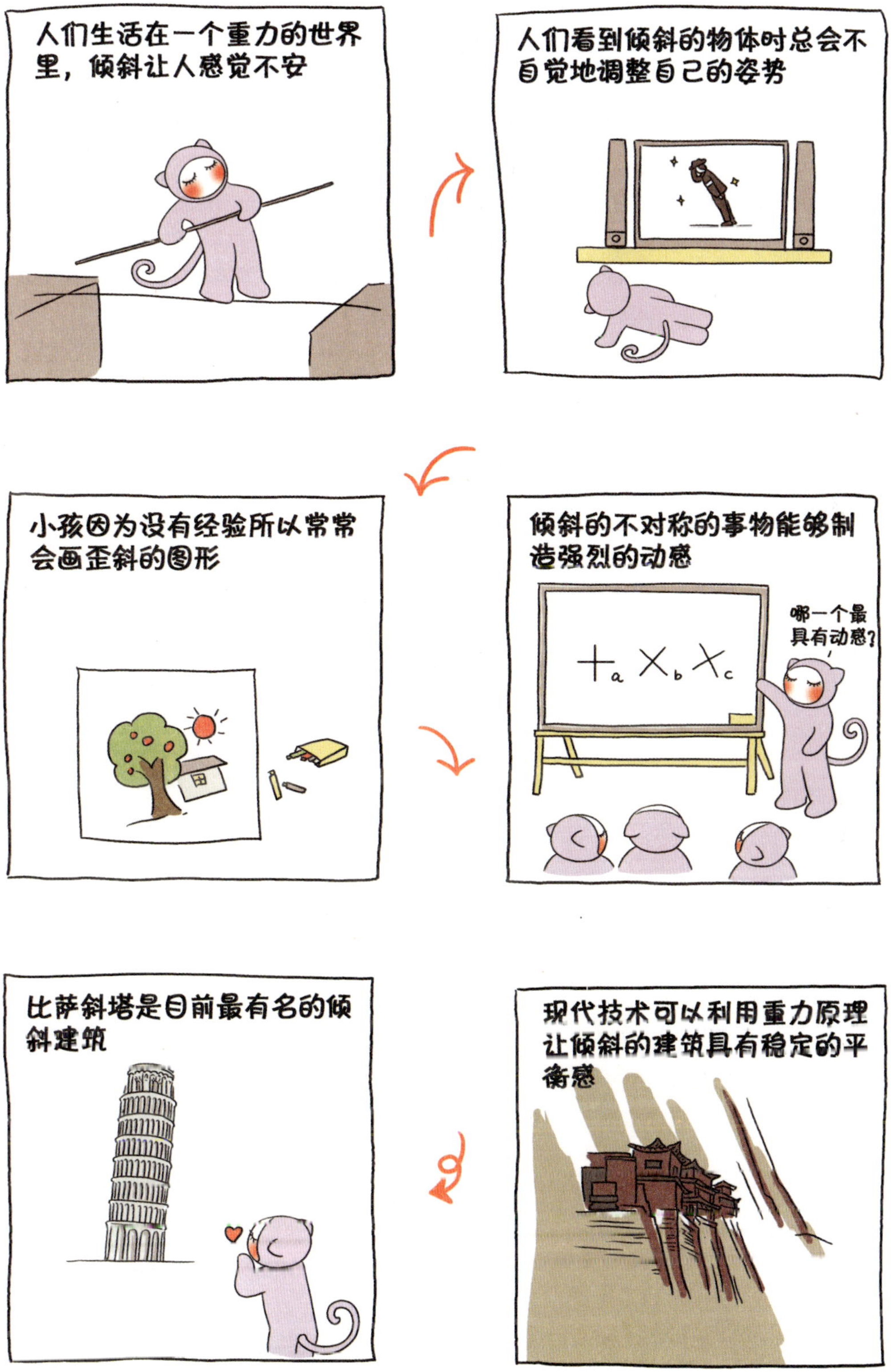
人们生活在一个重力的世界里，倾斜让人感觉不安
人们看到倾斜的物体时总会不自觉地调整自己的姿势
小孩因为没有经验所以常常会画歪斜的图形
倾斜的不对称的事物能够制造强烈的动感
a b c
哪一个最具有动感?
比萨斜塔是目前最有名的倾斜建筑
现代技术可以利用重力原理让倾斜的建筑具有稳定的平衡感

这三种位置是同一种实际运动过程的三个不同阶段时，情况也是如此。

» 现代技术可以让倾斜的建筑具有稳定的平衡感

现代的建筑师已经可以制造出倾斜度非常大的稳固建筑来。我们知道，比萨斜塔以它的倾斜闻名遐迩，但它时刻存在着倾覆的危险，它之所至今仍能安然挺立，主要是有现代技术对其进行维护和加固。

1996年，为迎接在西班牙马德里召开的欧盟会议，修建了比比萨斜塔还要倾斜的欧洲门。它充满了前所未有的勇敢无畏，两座塔形建筑向中间 15° 倾斜，比比萨斜塔的倾斜度还要大，形成了对称又具有挑战性的美感。阿联酋首都阿布扎比的“首都之门”，它高 160 米，从 12 层开始向西倾斜，角度达到 18° ，是全世界倾斜度最大的人工建筑。

倾斜的比萨斜塔和欧洲门之所以能傲然挺立，主要是利用重力的原理。现代建筑的钢筋混凝土结构可以将建筑融为一个坚固的整体，只要这个整体的重心能维持它的稳定性，那么就不会倾倒。现在所建成的好多不规则的建筑也是容易倾斜的，但是如果给它修建了一个副楼来平衡它重量，那就能很好地挺立。如央视的新大楼就是运用这个原理建成的，这也是为什么副楼被烧却不能拆除的原因。

第五章 造就缤纷世界
——每天学点色彩知识

没有色彩的世界会是什么样

西太平洋上有一座神秘的小岛平格拉普，这是一个形似人耳的古老火山岛，像所有的热带岛屿一样，它温暖、湿润、神秘、艳丽动人。然而就像我们所知道的那样，海岛的魅力很大一部分来源于蓝色的碧海和白云交相辉映，远处的绿树和近处洁白的沙滩在阳光下发出灿灿光芒。但是这个小岛上的居民却感受不到这些色彩交相辉映的美丽画面，因为他们从出生开始看到的就是一幅单调的景象。

两百多年前的一场灾难——1775 年，飓风袭击了这个小岛，岛上上千名岛民死亡了 90%。因为飓风毁坏了植被，活下来的居民也陷入了饥荒。最后，整个小岛只有二十个人存活了下来。而这二十个人里，正有一个人携带了全色盲的基因，而他也正是这个小岛的国王。于是渐渐地，经过一代一代的繁衍，这个岛上的居民都成了全色盲，整个世界在他们眼里，只是不同程度、不同质地的灰色。当然，如果从一出生就是全色盲，也许他根本不会觉得色彩存在的价值。如果换作一个没有色盲的人，但是让他生活在一个黑白的世界里，那他会有什么样的感觉呢？其实，用一个很简单的方法就能验证，当你亲眼见证这些美丽的景色之后，你再用黑白相机拍下这幅美丽的景致，拍出来的照片一定会让你觉得风景仿佛丧失了灵性，不再那么美丽了。

那么，色彩之于世界有什么意义？

» 色彩给世界带来生机

红橙黄绿蓝靛紫，红色的是花朵、太阳，橙色的是橘子、胡萝卜，黄色的是月亮、香蕉，绿色的是树叶、湖水……生活中处处都被色彩填满。难以想象，如果缺少了色彩，我们的生活将多么乏味无聊。

色彩是我们对世界的第一认识，也是事物最明显的区别信号。很多时候，第一眼吸引住我们的并不是物体的形态，而是它本身颜色对我们眼球的刺激，使我们在万千事物中把它择选出来。黑白的世界，除了单调就是冷漠。正是色彩的存在，让世界变得更加的美丽多姿，更加富有生机和活力，如下面几种常见色调：

红色，是富有激情和魅力的代表，喜欢这一颜色的人大多有活力、有冲劲，情绪上容易起波澜，风风火火！而适当地加入一些较为平淡的色彩，可以调节心境。

绿色，是环保的色彩，也是健康的代表色，因为大部分的植物都呈现出绿色，所以人类将它视为生命的颜色。

粉色，是温柔、可爱的代表，也因此而成为女生的偏爱。

蓝色，是一种较冷的色调，给人感官上的刺激没有那么强，中和之气较多，也因为和蓝天大海等自然元素的色调相近，非常受到人们喜爱。希腊的建筑就以蓝白为主色调，非常浪漫。

橙色，代表激情、乐观、自信、有韧性；它是对代表生命力的红色和代表轻松明快和目标坚定的黄色的中和。橙色将身体的能量和思想的力量结合在一起，为成就大智和功业提供了无限可能。橙色能使人们产生新奇的想法，以及看待事物的新视角，它是一种充满智慧和精力的颜色。橙色代表温暖、扩张、繁荣、丰收、容忍和对所有生命的爱。

黄色，让人感觉没有拘束、无忧无虑、生活充满欢乐；这是一种温暖、明亮、欢快的颜色。黄色激发智慧、孕育希望，帮助人们找到生活的方向。黄色唯一的不足是太过重视逻辑和理性而忽视了情感的需要。不过，黄色还代表博学以及对知识和智慧的追求，在中国，它一度是皇帝的专用色调。

» 色彩通过心理暗示改变了我们的生活

大多数情况下，我们并没有真正注意到围绕在我们周围的各种颜色。经过缓慢的散步后回到家中，我们会感到神清气爽，但怎么也不会想到这是由于途中所见的不同颜色对我们的影响。如果我们选择在一个鲜花盛放的花园中散步，结果可能不同。不管怎样，我们喜欢眼前这缤纷的色彩，但却对此浑然不觉。每种颜色都会对你产生一种影响：红色可以激发能量和热情，绿色可以帮助治疗，黄色可以开发智力，橙色可以维系平衡，蓝色有益于增进交流，紫色帮助我们倾听对方的心声。

不同的颜色会给人不同的感官刺激，从而改变人的情绪或心境，引起其内心心理的变化，产生错觉。

蓝色汽车容易追尾?

说到色彩的魔力，为什么看到蓝色的汽车要特别小心？因为不同的颜色即使处在同一位置，带给人的视觉感受也是不同的。像蓝色这种冷色调，总会给人相对较远的感觉，如果跟着一辆蓝色的车就更容易追尾，而像红色这样明亮的颜色，会时刻引起人们的注意，好像近在眼前。

黑色盒子好像比较重?

其实色彩也是有重量的，相同的两个箱子，会使人感觉黑色的那个格外重，而浅色的就稍微轻一些。有人通过实验对物体的颜色和重量进行了比较，发现相同的黑色箱子，要比白色箱子看上去重 1.8 倍。这就不难解释，浅色的纸箱搬家会让工人们觉得不那么重，黑色的保险柜则会让小偷第一眼感觉“太沉了，我搬不动”。

在装修明亮的饭店里会觉得“度秒如年”？

日本色彩学家原田玲仁做过这样一个试验，让两个人分别进入蓝色系和红色系墙壁的

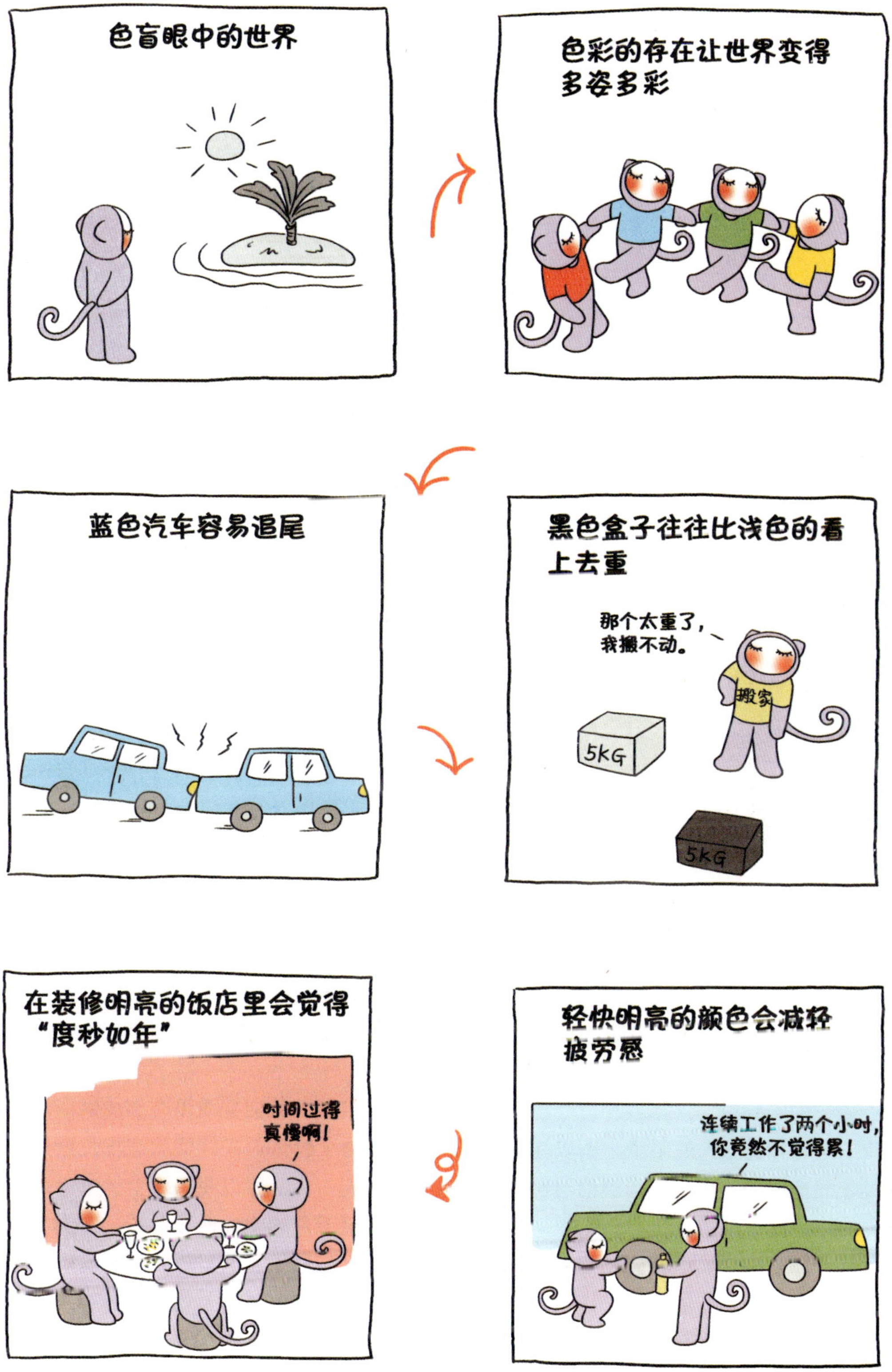
色盲眼中的世界
色彩的存在让世界变得多姿多彩
蓝色汽车容易追尾
黑色盒子往往比浅色的看上去重
那个太重了，我搬不动。
搬家
5KG
5KG
在装修明亮的饭店里会觉得“度秒如年”
时间过得真慢啊！
轻快明亮的颜色会减轻疲劳感
连续工作了两个小时，你竟然不觉得累！

房间，然后他们凭自己的感觉在里面待上一个小时后再出来，结果发现红房间的人40分钟就出来了，而蓝房间的人70分钟后还没出来。人的时间感会被周围的色彩所扰乱，在红色等鲜艳的颜色充斥下，人会感觉时间过得特别慢，这也能解释，为什么在装修明亮的快餐店等人会觉得“度秒如年”。

轻快明亮的颜色会减轻疲劳感?

美国著名的福特汽车公司也曾借助颜色来帮助提高生产效率，他们把车间原来带黑线条的深绿色，重新油漆成浅蓝色和乳黄色，结果，工人劳动效率大大提高，因为他们的疲劳感减轻了。

色彩仅仅是太阳的彩衣那么简单吗

有一个童话故事叫《太阳的彩衣》。故事说，有一回，太阳想做一件美丽的新衣。他的七个孝顺女儿都献上了最美的布，其颜色各不相同。从大姐到七妹，其色分别为赤、橙、黄、绿、青、蓝、紫。太阳高兴地用这些布缝缀成了一件七彩新衣。从此，太阳就穿上这件七彩衣，每天在天空中巡游。因为太阳身穿七色彩衣，所以，当它发光普照时，就放射出了赤、橙、黄、绿、青、蓝、紫这七色彩光。这就是传说中色彩的来源。

那么，色彩的真实来源是什么？它仅仅只是太阳的彩衣那么简单吗？

» 色彩的真实来源

童话故事虽然美好，但毕竟不真实，人们看到的色彩其实是因为光才会出现的。光与色有着密切的联系，可以说，因为有光，才有了颜色。白天光线充足，我们能看到色彩艳丽的物体，譬如打开一罐巧克力豆，立刻能看到缤纷多彩的豆子，让人食指大动。可是在夜里，没有光，漆黑一片，只能闻到巧克力豆的诱人香气，却无法窥其色彩。打开灯，光照之处，巧克力豆的美丽色彩会立即显现。

最早发现光与色之间关系的是英国科学家牛顿。1666年，牛顿做了一个实验。他首先布置了一个漆黑的房间，只在窗户上开一条窄缝，射进一束阳光，并让这束阳光穿过一个三角形的棱镜。结果，在对面的墙上出现了让人吃惊的图像：投射到白墙上的并不是一束白光，而是按红、橙、黄、绿、蓝、靛、紫的顺序排列的光带。这条七色光带就是太阳光谱，这个试验就是著名的色散实验。

牛顿的实验说明，当各种色光按一定的比例均匀混合，就会变成没有颜色的白光。由此我们可以知道，人的眼睛之所以能感觉到色彩，是由于物体对光线的某些波长会有选择地吸收而造成的。由于不同颜色的物体会吸收不同波长的光，所以我们眼中的世界是五颜六色的，一如不同的音符会组成激动人心的协奏曲。至于色彩中的两个极端——黑与白，黑色是物体完全吸收了各波长的光的缘故，而白色与之相反，是因为物体完全反射了各波长的光。也就是说，借助于光，我们才能看到物体各种不同的色彩。色彩是光的产物，没有光就没有色彩。

» 色彩的分类

从我们所看到的物体呈现出的各种颜色来说，最多见的是反射的色，即表面色。如果把这些表面色进行大的分类，可分为红、黄、蓝彩色系和黑、白、灰无彩系。

彩色系全部具备着色的三要素。无彩系则没有色相和纯度，而只有明度。由于红、黄、蓝周围的色彩，在色相、明度、纯度方面都各具不同的特征，便形成了千百种不同的色彩。

原色，是指固有的色，用其他任何色都调不出来的色，即红、黄、蓝，称三原色，但千万种色彩都可由三原色调配出来。

间色，由两个原色混合，产生出来的颜色，即红 + 黄 = 橙，红 + 蓝 = 紫，黄 + 蓝 = 绿，这橙、紫、绿为三间色。

复色，由两个间色或三个原色混合而成的色。如橙 + 绿 = 黄灰，橙 + 紫 = 红灰，紫 + 绿 = 暗绿。

补色，在色环上任何直径两端相对的色。如红与绿，橙与蓝，黄与紫。在色环上这三对补色是最强的补色对比。

» 色彩的冷暖感

色性是指自然界各种颜色在人们心理上所产生的感觉和联想。色彩的冷暖感与我们日常生活经验有着密切联系，如阳光与火光，感觉是暖的，因为阳光和火光能产生热量。当我们看到红、橙、黄的颜色时便联想到温暖的太阳和火光。所以，凡是偏向于红、橙、黄的色称之为暖色。反之，当我们看到青、蓝、紫的颜色时便联想到冰天雪地、大海，给人以寒冷或凉爽的感觉。凡是偏向于青、蓝、紫的颜色称之为冷色。

蓝与橙是冷暖的两个极色，介于二者之间的色称为中性色（中性微暖色、中性微冷色）。色彩中的冷暖只是相对而言的，是相比较而言的。如绿色和红色相比较，绿色是冷色，然而，绿色与蓝色相比较，绿色则是暖色。再以朱红和深红相比较，朱红偏暖些，深红则偏冷些。

色彩的冷暖，在绘画中应用非常广泛。在静物画中，表现物象的体积、空间、层次，不仅要注意色彩的明暗变化表现，而且应运用色彩的冷暖变化因素来表现塑造。风景画更是如此，深远的景物看上去色彩总是冷些，而近处物象的色彩显得暖些。由于大气的影响，这种冷暖关系的变化便显得特别明显、突出。

在色彩表现中，颜色的冷暖关系无处不在，有的冷暖对比关系明显，有的反应微妙，这种反应只是冷暖对比关系程度不同而已。物象色彩的冷暖，除了本身的色性，还受到外部色彩的影响，如光源色和环境色，它可以部分甚至整个地改变物象原来的色性。

» 色彩能唤起人们不同的情感

在生活中，人们总是将每种色彩与多种多样的意义联系起来。当人们注意某种颜色时会回想起这些意义来。比如，红色与太阳、鲜血、火相联系，它的基本意味是热烈，引申为严重、危险、崇高、严肃；绿色与植物相联系，基本意味是安静，引申为和平、朝气、青春、温柔、凄凉、孤独、安全；蓝色与大空、海洋相联系，基本意味是深沉，引申为悲哀、绝望、空虚、抑郁、秀丽、安静；黄色与土地相联系，基本意味是尊贵，引申为卑鄙、羞耻、屈辱、明朗、温和、快乐；白色与白昼相联系，基本意味是明朗，又有纯洁、肃穆、叛逆、

太阳的彩衣
光是一切色彩的来源
光
红
大脑
我们的眼睛看到的色彩，不是物体本身的固有色，而是光源或物体反射光反映到我们视网膜的结果
红黄蓝是三原色，千万种颜色都可由三原色调配出来
色彩有冷暖
冷
暖
人的皮肤也有冷暖色
冷
暖
色彩的冷暖是相对而言的
我是暖色的
我怎么又变成冷色的了？

神圣、清爽等意义；黑色与黑夜相联系，基本意味是严肃、恐怖，又有罪恶、神秘、悲哀、静寂、不幸、死亡、高雅、渊博、超俗、威严、庄严等意义。

色彩能够唤起人们自然的、无意识的反应的联想，这是一种心理效果，它源于经验，这些经验我们经常体验，以至于成为我们内心世界的一部分。而很多颜色能够被赋予真实色彩所不具备的概念是因为色彩具有一种象征效果。颜色的象征效果也源于经验，只是这类经验极少是个人的，大多是流传了几百年的传统。象征效果产生于将一些经验普遍化，将色彩的心理效果抽象化，因此心理效果与象征效果存在紧密的联系。

此外，色彩之所以能唤起人们不同的情感还在于其他几种效果，如文化效果，即存在于不同文化中的不同生活方式决定了色彩效果的不同；政治效果，即在政治领域里色彩具有特殊的象征意义，等等。

为什么人们冬天爱穿深色的衣服

冬季给人的感觉总是非常萧条和沉重的。这不仅仅是因为在冬季树木凋零、天寒地冻，还因为冬季的世界没有了绚丽的色彩。在北方冬季的大街上，每个人都会裹紧了大衣和棉服，大部分衣服都是深色的，连商场里的衣服大部分也都以深色为主。而在夏天却是相反的景象，到了夏天，人们的服装往往都会以浅色为主。这是为什么呢？

其实，这是我们通过色彩的接触感官由此而生的直觉性体验。那么穿浅色的衣服更凉快，穿深色的衣服更暖和就是我们对色彩的直觉性反应。我们在前面讨论过颜色有冷暖之分，冷色和暖色是指不同的色系，而非指同种颜色的深浅。其实从感官上我们就体会到了，不同的衣服给我们带来了不同的感受。冬天之所以是深色衣服的天下，很大程度上是因为深色更容易带给我们温暖的感觉。

» 浅色的物体不容易吸收热能

我们感觉到的温暖多半是天上的太阳散发出的光芒。所以我们在没有太阳的黑夜会感觉寒冷，在有太阳的白天会感觉温暖。这种感受在温度最高的夏天和寒冷的冬季最为明显。

之前我们分析过了色彩的产生是因为太阳为我们提供热能的光芒，也就是让我们看到颜色的光线。

我们知道太阳光是由很多不同波长的光波组成的，物体在被光线照射后，会吸收某些波长的光，不能吸收的光则被反射出来，当这些不能吸收的光射入人眼，就成了我们看到的颜色。

在宇宙中有一种天体，它能吸收所有的物质，包括光线，这就让我们无法看见它的真实形体，只能感觉它所在的区域为一片黑色，天文学上将这种天体称为黑洞。所以我们看到的黑色，是物体吸收了大部分光波，只将少量的光反射出来而形成的颜色。而白色的物体只能吸收很少的光，它能将大部分的光波反射出来。根据这个原理，我们可知深色的物体通常能吸收更多的光波，而浅色的物体则吸收较少的光波。

光波被吸收，意味着能量也被吸收，颜色越深能聚集越多的热能。我们在夏天如果穿

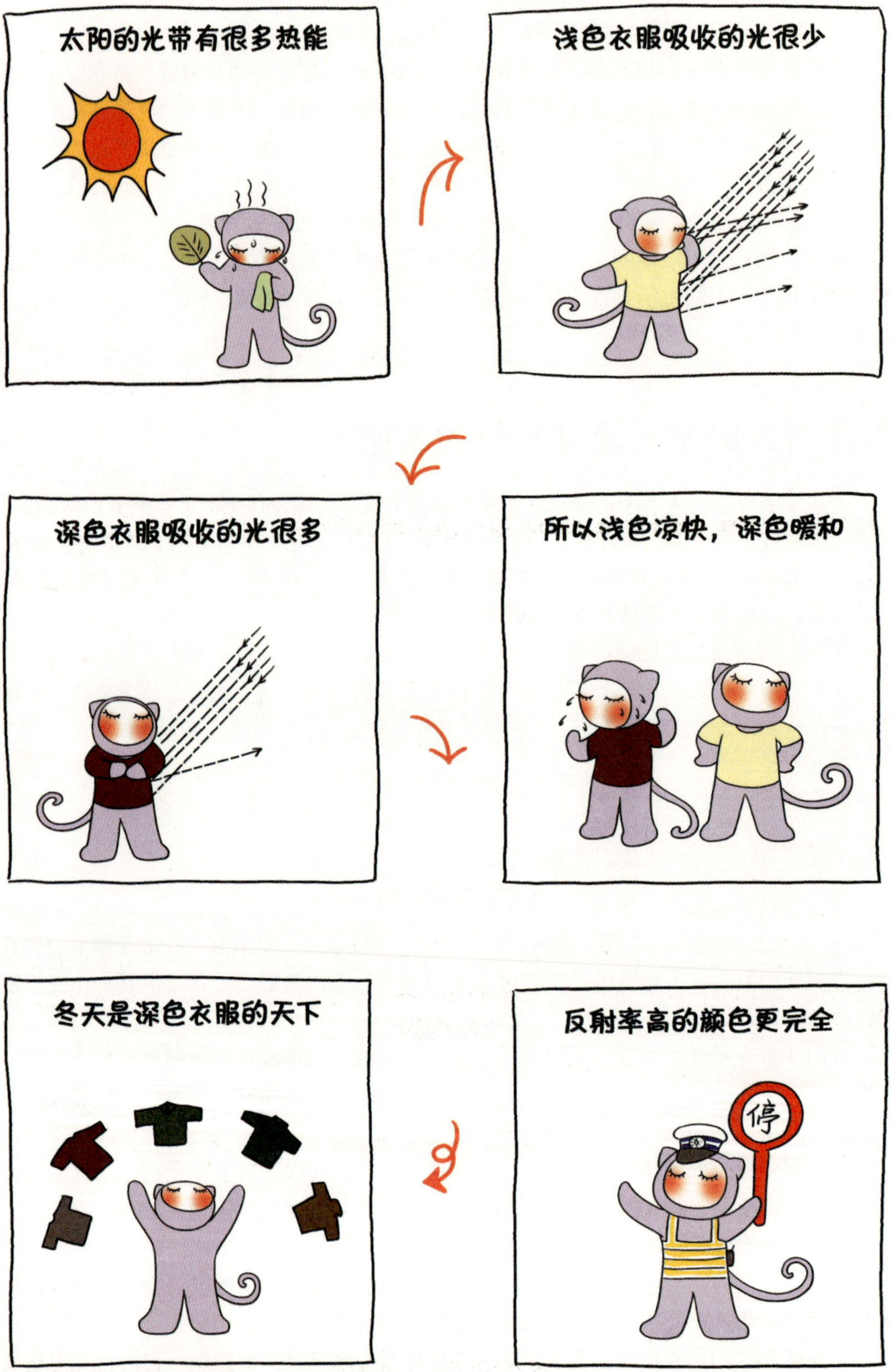
太阳的光带有很多热能
浅色衣服吸收的光很少
深色衣服吸收的光很多
所以浅色凉快，深色暖和
冬天是深色衣服的天下
反射率高的颜色更完全
停

黑色的衣服，一定会汗如雨下，但如果我们穿上浅色的衣服，就会立即觉得凉快了许多。而冬天，如果我们还穿着浅色的衣服，则容易感觉到寒冷。

这也就意味着，深色的衣服真的比浅色衣服更加保暖。

» 反射率高的颜色具有安全性

我们在街上随处可以看到，道路交警和清洁人员在车水马龙的大街上不停穿梭，他们往往都会穿着彩色的制服。

如果你认为这些制服只是为了整齐划一或者方便管理之类的，那就大错特错了，其实这些一直处于危险地带工作的人身着的制服都是为了安全而特别设计的。

最近他们所穿的安全背心，已经由过去的红白相间，逐渐改为了黄白相间。这一改变，打破了人们对红色警示作用的惯有思维。很多人因此不解，觉得红色是最醒目的颜色，难道还不安全吗？

虽然红色是非常醒目的颜色，但它对光的反射率远远小于白色和黄色，这就让白色和黄色成为最安全的颜色。现在就连安全帽也开始从原来的红色改变为白色和黄色。这样的安全帽不仅更安全，还能防止烈日下安全帽内温度过高，减少高温对人判断力的影响。

如果你在夜间出行，最好能穿一件白色外套，这更容易让夜晚驾驶车辆的司机注意到你。

深颜色比浅颜色更重吗

相信很多人都能观察到这个细节，就是我们在装修时，很少将天花板设计为深色。如果使用浅色地板和深色天花板，就会给我们带来很大的压力感。人们穿衣服也有这样的原则，如果谁上身的颜色深，下身的颜色浅，通常会给人头重脚轻的感觉。这是为什么呢？难道颜色有重量吗？

» 深色会更重源于它的色彩量

其实人们看颜色，是有重量感的，越深的颜色，给人的感觉会越重。

所以很多人相信色彩是有重量的。其实颜色自身是没有重量的，只是有的颜色使人感觉物体重，有的颜色使人感觉物体轻。例如，同等重量的白色箱子与黄色箱子相比，哪个感觉更重一点？答案是黄色箱子。此外，与黄色箱子相比，蓝色箱子看上去更重；与蓝色箱子相比，黑色箱子看上去更重。

如果你不信，不妨做一下这样的试验：将同样重量的两份东西分装于两个盒子，再将一个盒子用白纸包封，另一个用红纸包封，用手掂量掂量，你一定会觉得用红纸包封的盒子要重一些。

» 最重的颜色是黑色

戴尔教授经过多种复杂的试验后得出结论，各种颜色在人的大脑中都代表一定的“重量”。他还将颜色按“重量”从大到小排列成如下顺序：黑、红、蓝、绿、橙、黄、白。

不同的颜色使人感觉到的重量差到底有多大呢？有人通过实验对颜色与重量感进行了

颜色也有重量
轻的颜色
重的颜色
咚！
所以，如果把建筑材料涂成黑色的话……
嘿咻！
建筑工人还真是辛苦啊！
心理重量与实际重量相等
如果是白色的话，轻松！
白色的包装纸箱感觉更轻
看起来也整洁漂亮
但是，也容易脏

研究。结果表明，黑色的箱子与白色的箱子相比，前者看上去要重 1.8 倍。此外，即使是相同的颜色，明度（色彩的明亮程度）低的颜色比明度高的颜色感觉重。例如，红色物体比粉红色物体看上去更重。彩度（色彩的鲜艳程度）低的颜色也比彩度高的颜色感觉更重。例如，同是红色系，但栗色就要比大红色感觉重。

我们冬天穿着西装时，会感觉比其他季节重。除了穿得比较多之外，也是因为冬天西装的颜色比较深，而较深的颜色会让我们感觉重。重是一种主观感觉，因而会随着周围环境以及自身状态的不同而产生差异。例如，傍晚下班时，我们虽然背着和早晨一样的皮包，却感觉格外沉重。这就是工作一天后感觉疲惫的后果。如果早晨去上班就感觉皮包很沉重的话，那你可要注意休息了。为了让自己感觉更轻松，可以换颜色浅一些、鲜艳一些的皮包，比如白色皮包。

» 颜色重量的实际运用

在实际生活中，人们会发现，我们通常所见到的包装纸箱都是浅褐色的，而保险柜则是黑色的，这是为什么呢？其实这些就是颜色重量的实际运用。

首先，包装纸箱之所以多设计成浅褐色不仅仅是因为它是利用再生纸制造而成的，是对纸浆原色的保持。还因为这与人的心理重量也有着紧密联系。近些年，除了浅褐色的包装纸箱之外，白色包装纸箱也逐渐多了起来。一些物流公司甚至已经把自己的包装纸箱统一换成了白色。虽然浅褐色可以使人感觉包装纸箱的重量比较轻，而相比之下，白色的就更显轻了。使用白色纸箱包装货物，可以减轻搬运人员的心理负担。此外，白色的纸箱看起来也比较整洁，虽然也很容易脏。总之，包装纸箱可以循环再利用，从而减少环境污染，减轻环境的负担。不仅如此，浅色的包装纸箱还可以减轻我们的心理负担。

其次，同包装纸箱的颜色设计原理一样，保险柜之所以多用黑色也是因为人们的心理重量原因。人们为了防止被盗，把保险柜都设计成无法轻易破坏的构造，加重它的重量使之无法轻易搬动也是设计中的一环。但是，人们不能无限地为保险柜增加物理重量，所以就想到给它涂上了让人心理上感觉沉重的深色，使人产生无法搬动的感觉。白色和黑色在心理上可以产生接近两倍的重量差，因而使用黑色可以大大增加保险柜的心理重量，从而有效防止被盗。

色彩可以用来减肥吗

爱美是人的天性，尤其是女人。而身材的保养对于女性来说更是美中之重，正因为如此，减肥也成为很多女性生活的一部分。运动和调配饮食是减肥的两大有效途径，但却也是非常难以坚持的两种方法。有时候人们可能会感到奇怪，为什么食品公司会选择那种颜色的包装？为什么人们会认为某些食物看起来更诱人？研究显示，不同的色彩会对我们的食欲产生不同的影响。所以，近些年，出现了一种新的减肥方法，那就是“色彩减肥”。很多女性，往往只是上半身或者下半身有点儿肥胖，有的可能仅仅只是有一点点“小肚子”，但是，还是辛苦地运动和节食。其实这样的女性不必辛苦地做健身运动和节食运动，只需搭配好你的食物颜色及服装颜色，就可以让你显得苗条，让你更加出众。一位色彩搭配达人说："通过调整饮食颜色就可以达到减肥的目的。"那么，色彩是如何影响人们的食欲并帮助人们减肥的呢？

» 单一的颜色能破坏食欲

很多营养学家研究得出，如果一顿饭的颜色在三种以上，就能极大促进人们的食欲。由此我们可以得知，既然丰富的颜色能刺激食欲，那就表示单一的颜色很难引起人的兴趣。

我们来观察一下周围的人，会发现，大部分人在看到满桌青菜时，就会眉头紧皱，这不仅仅是因为没有肉的缘故，只是因为单一的绿色很难让人有胃口。如果将菜肴换成番茄浓汤、红烧排骨，再来一道胡萝卜炒肉，虽然有了肉菜，也采用了能促进食欲的暖色，但是单一的红色也会让人兴趣全无，而且从经验上来说，过多的红色食物会让人有一种已吃饱的错觉。如果我们全部用淡黄色和白色的食物做菜，估计更没有人喜欢了。

最能吸引人的食物，其色彩都是明亮的，所以做颜色暗淡的菜肴，能有效降低进食者的食欲。放了酱油的菜肴，大多颜色暗淡。炒茄子、炒胡豆、炒豆干、凉拌木耳等菜的颜色也相对较暗，但需要注意的是，如果一顿饭中出现了浅色的或颜色明亮的菜肴，则会起到突出同桌深色菜肴的作用，反而不会起到抑制食欲的作用了。

橙色、橘色、红色、金黄色等亮丽色彩的食物可以刺激人的食欲，如果你的餐桌上有这类颜色的食物，你就会不知不觉地多吃几口，这样就很容易为肥胖埋下隐患。但是，这些颜色的水果多吃点却没有关系，不会增肥的。可是如果你的菜肴中放了红色的辣椒，一则由于辣椒颜色鲜艳，二则辣椒有开胃的作用，这样就让人更想多吃点了。就拿吃水煮鱼来说吧，只看一看就非常有食欲了，虽然吃鱼不会增肥，但是吃了辣椒就会开胃，胃口好了，别的食物一样会多吃的，这样也同样会长肉的。

要想减肥，就把你的食物换成乳白色、白色的，如豆腐、鱼类等，此外，还可以选择绿色的，如嫩笋，这些食物本身都不是高脂肪的，而且又有丰富的营养元素。

» 餐具的色彩也很重要

如果你想抑制食欲，可以把你家中的桌布、餐具统统换成清淡、素静的颜色，或者是繁杂、浓郁的颜色，如多种颜色交织在一起的桌布。清淡的色彩有利于减轻食欲，让你没有吃饭的心情，从而达到抑制食欲的作用。有些餐馆的装修用的就是白色、蓝色等浅淡颜色，这样人们在吃饭时就没有食欲了。相反，麦当劳、肯德基等装修选择的颜色大多是红色的，让人进餐时能够有很强的食欲。

» 紫色能控制食量

冷色有降低食欲的作用，不过食物中缺乏蓝色，所以我们可以选用紫色的食物来控制食欲。如在汤中加入紫菜，或者是做一道炒洋葱。

紫菜和洋葱的紫色并不明显，有着明艳紫色的茄子也会在食物加热的过程中损失紫色，所以我们可以挑选紫色甘蓝来做减肥菜。紫色甘蓝是西餐中制作沙拉的重要材料。在地中海地区，有在正餐前吃蔬菜沙拉的习惯。蔬菜沙拉可以在饭前填充大部分胃，使人们很容易就感到饱足。紫色甘蓝厚实的叶片，能让人获得更充实的饱足感。所以现在西方非常提

不能控制食欲是减肥的最大障碍
好饿
好饿
好饿
咕
咕
单一的色彩能破坏食欲
鲜艳的暖色能促进人的食欲
紫色有助于抑制人的食量
用餐环境的颜色也能影响人的食欲
斯文
衣着的色彩可以用来进行视觉减肥
你瘦了啊！

倡地中海式的饮食方式，将其作为减肥餐。我们在制作减肥沙拉时，要减少里面的红色材料，这会让沙拉看起来更冷。

» 衣着的色彩可用来进行视觉减肥

人的身体是有颜色的。同是黄皮肤、黑头发、黑眼睛的亚洲人，仔细观察便会发现，因人而异肤色的调子是不同的。这是因为每个人的 DNA（指遗传基因）不同，构成 DNA 的三个重要元素是：黑色素、血红素和胡萝卜素。血液中这三种物质的比例决定一个人的肤色，黑色素决定皮肤的黑与白、深与浅，血红素和胡萝卜素决定皮肤的“冷”与“暖”。

暖色调的人身体色特征以黄调为主，冷色调的人身体色特征以蓝调为主，她们的皮肤色彩倾向就决定了穿衣用色要按色彩的“冷”“暖”来划分。根据基调不同，“四季色彩理论”把颜色分为春、夏、秋、冬四季，春、秋为暖色调，夏、冬为冷色调。

黑色属于后退色，很多人觉得穿着黑色的衣服能够让自己显瘦。其实不然，如果你本身的皮肤季型是春季，你选择黑色的衣服就必须在妆容上做很大的改变，才能适应这种颜色。只有具有黑色身体特征的人才能够驾驭黑色。人们往往很容易回忆起一个穿“自己颜色”衣服的人。其实一个春季型的人也可以选择穿一些春季色里的深颜色，这样人们就会把目光集中在她的脸上，而忽略了她的身材，这样能给人一种亲切、舒服的感觉。如果穿错了颜色，就会给人一种发闷的感觉，有一种拒绝别人的意思。同时，一个人如果穿对了颜色，即使是胖人穿了浅颜色的衣服，也能给人一种轻盈的感觉。

为什么商店里的衣服色彩要比拿回家的衣服鲜艳

色彩是千变万化的，经常会使人们的眼睛犯错。下面就有一个发生在我们身边的非常常见的实例。

一个人在商店里看中了一件草绿色的衣服，当时喜欢得不得了，可是回家打开包装一看，却发现，明明是草绿色的衣服竟然变成墨绿色的了。于是就要回商店找店家理论。但是回到商店，却依然看见衣服是草绿色的，于是就疑惑了，为什么会这样呢？

这个人的经历其实也是很多人都会有经历，买回来的衣服色彩和在服装店时往往不太一样。其实这并不是衣服本身的颜色发生了变化，而是因为不同的环境影响了衣服的颜色，所以才使人们产生了色彩错觉。都有哪些因素能影响颜色的变化呢？

» 颜色的变化受光线的影响

我们知道，光是一切色彩的来源。因此，颜色的变化大部分都是因为光线的影响。首先，光线的明暗会影响颜色的深浅。自然光源受气候条件的影响，时刻发生亮度的变化，很不稳定，如晴天和阴天的太阳光强度相差很大。人造光源比自然光源稳定，但也有亮度的变化。如白炽灯，亮度增大时，颜色趋向于白；亮度减弱时，颜色趋向于红。光源的亮度变化对物体颜色有直接的影响，物体的固有色在入射光亮度适中的时候表现最充分。太亮的强光会使固有色变浅，太暗则会使固有色灰暗乃至消失。

其实，买衣服的人之所以会看错衣服的颜色，就是因为大家所光顾的商店，有的光线强烈，有的光线暗淡，这些光线的明暗会直接影响到颜色的深浅。通常较亮的光线能让颜色变得更亮一些；而光线较暗时，颜色会显得深一些。例如，当把绿色放在光线下，并用一块板子遮住一些光线时，虽然我们仍能看出板子下的颜色是绿色，但跟光线下的绿色相比，板子下的绿色变成了墨绿色，很多商店会用这样的手法来巧妙地改变衣服的颜色。所以，为了让衣服显示出真实的效果，建议在购买衣服时应在自然光下试穿。

其次，光线的颜色会影响颜色的变化。我们知道，颜色来自物体对光的反射，因此，我们也不难理解有颜色的光会对物体的颜色有所改变。比如，人们现在普遍使用的灯为节能灯和白炽灯，节能灯因为光线偏蓝色，人在灯光下会有脸色发青的感觉，而正是由于这种偏蓝色的光总给人一种冷冷的感觉，所以节能灯的光被称为冷光源；而白炽灯的灯光呈黄色是众所周知的，由于白炽灯的光总能给人温暖的感觉，所以被称为热光源。

可见，有颜色的灯光会使其照射的物体发生颜色上的改变。所以，无论是在舞台上还是影视剧中，灯光师都是不可或缺的一个职位。因为，舞台和影视剧常常需要利用灯光的颜色来改变环境。比如，舞台想要表现四季时，就会使用白色的背景，分别打上绿色、橘红色、黄色和蓝色来表现春、夏、秋、冬。当然，我们的生活中基本上不会出现如此极端的情况，但是在买衣服时，商店的灯光总会影响到大家的视觉效果。如果灯光颜色偏蓝，服装的颜色也会略微偏蓝；而灯光的颜色偏黄，服装的颜色也会略微偏黄。所以要确认衣服的颜色，最好在自然光下或是最亮的光源下。

最后，光源的距离变化也会影响颜色的变化。光源与观察者距离的变化，会使光源色发生改变。如白炽灯光，随着距离的推远，其颜色由黄逐渐向橙、橙红、红色变化。光源色对物体色的影响主要表现在物体的光亮部位。不同的光源色对物体色彩变化的影响程度各不相同，大致以红光最强，白光次之，再次为绿、蓝、青、紫等。所以，当人们在购买服装时，如果离光源较远，服装的颜色就会变得较深，离光源较近，服装的颜色就会变得较浅。

» 颜色的变化也会受环境的影响

环境对颜色的影响主要表现在环境色对颜色的影响。环境色对物体的颜色的影响取决于环境色的强弱、邻近物体与被观视物体的距离、被观视物体表面粗糙程度和颜色等性质。

物体的基本颜色特征是固有色，但由于光源色与环境色的影响使物体表面的色彩丰富多变。在特定的光源与环境下物体呈现的颜色称为条件色。每一物体的颜色都是物体的固有色与条件色的综合体现。一般说来，物体的固有色很容易确认，而条件色却很复杂。比如，黄颜色在绿色的环境中，很容易变得偏绿；在红色的环境中，却会变得偏橘色。而服装店的衣服往往颜色复杂，所以服装在这些复杂的环境色下总会呈现不一样的颜色。所以，有些服装店为了制造别具一格的效果，可能会在店面装修上偏向某种颜色，比如，卖小女生服饰的店铺可能是粉红色，卖性感服饰的店铺可能会有很多红色和黑色，卖男士服饰的店铺可能会有更多蓝色。而这些环境色会让店铺中的货品颜色发生变化。所以，要想在有颜色偏向的店铺挑选服装时不会弄错颜色，你可以找一块白色的空间来看货品颜色，或者找白色的纸衬在货品下面，就能看出最接近真实的颜色了。

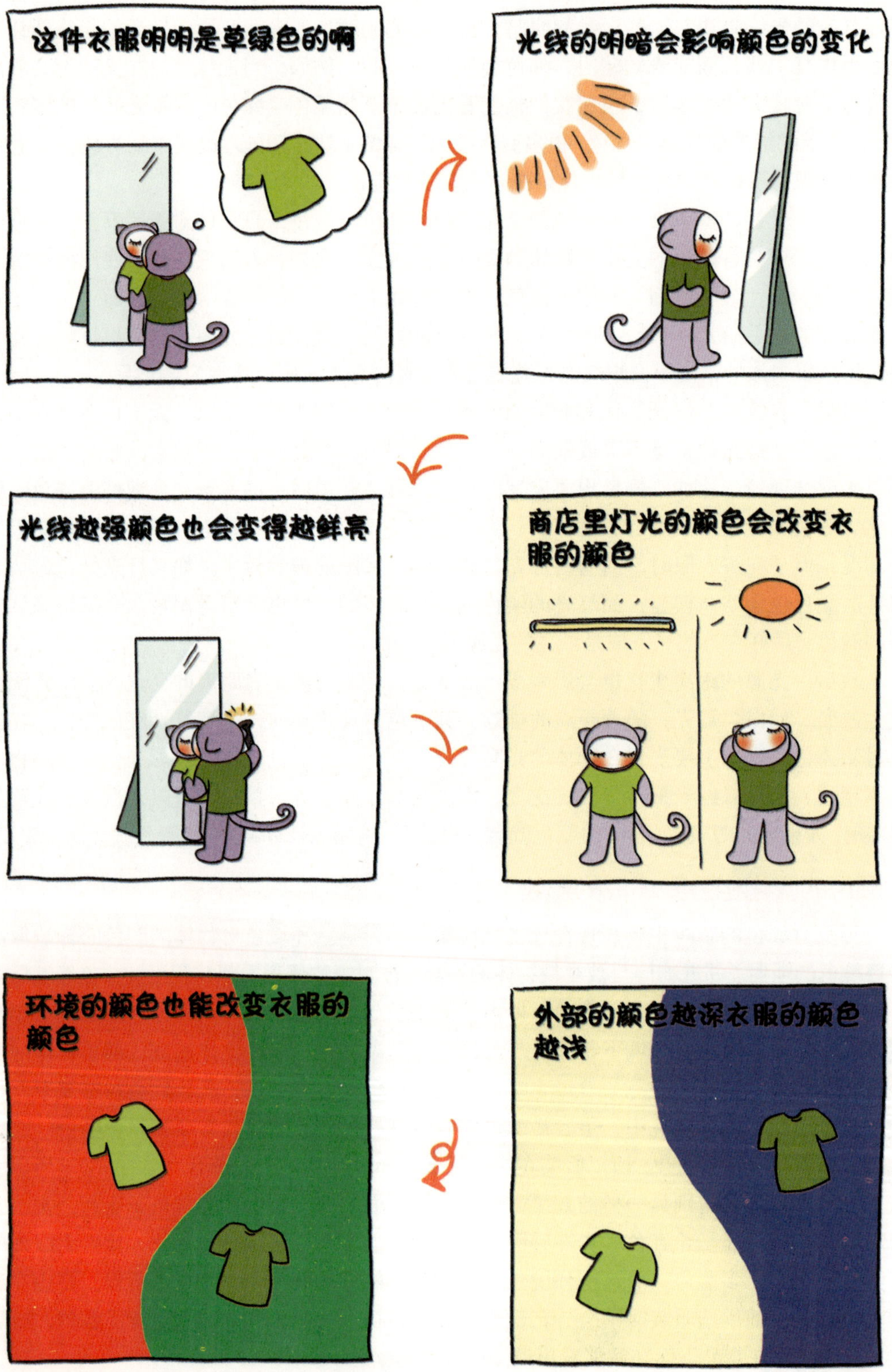
这件衣服明明是草绿色的啊
光线的明暗会影响颜色的变化
光线越强颜色也会变得越鲜亮
商店里灯光的颜色会改变衣服的颜色
环境的颜色也能改变衣服的颜色
外部的颜色越深衣服的颜色越浅

此外，如果环境色比货品的颜色深，则货品的颜色会显得较浅；如果环境色比货品的颜色浅，则货品的颜色反而会变深。这种颜色的对比，容易让人产生错觉，无形中将两者的差距拉大。所以大家在选衣服时，也应该考虑你的衣服是要在什么场合穿。如果是在灯光明亮的环境或者白天穿，可以用白色背景来确定其颜色；但如果你的衣服是要穿到灯光昏暗的地方比如夜店，不妨拿到黑色的背景下观察颜色，这样才能让衣服在夜店中更为出彩。

最后，邻近物体与被观视物体靠得越近，被观视物体表面越光滑，反射光线越强，则环境对被观视物体的颜色所施加的影响也越大。反之，与邻近物体距离越远，表面越粗糙，颜色越浅，物体受环境色的影响越小。

生活中怎样搭配色彩才好看

在小说《安娜·卡列尼娜》里，托尔斯泰生动描写了一次舞会上两个女子的美。一个是公爵夫人的女儿吉蒂。她年轻貌美，为了参加舞会，做了精心打扮，穿了一身讲究的衣裳，在淡红衬裙外面，罩上网纱，头发梳得高高的，头上戴着一朵有两片叶子的玫瑰花，脚上穿着粉红色高跟鞋，金色的假髻浓密地覆在她的头上，黑丝绒带子缠着她的颈项。她自以为这身打扮是最完美的，加上自己的美貌，一定会成为舞会的皇后。另一个是青年妇女安娜。她穿一身黑天鹅绒敞胸连衫裙，露出丰满的肩膀和胸脯，连衣裙上镶了威尼斯花边。她那天然的乌黑头发中间插着一束小小的紫罗兰。一圈圈倔强的鬈发散露在后颈和鬓边，增添了她的妩媚。当安娜出现在舞会大门口时，竟把所有在场人的视线吸引到她的身上，对她的美丽惊叹不已。吉蒂看到安娜的装扮后，立即泄了气，强烈地感受到安娜比自己美。

为什么会如此呢？其实就是因为安娜的衣着“一身黑天鹅绒连衣裙”衬着雪白的肌肤，乌黑的头发中插着紫罗兰，这样的色彩搭配，和谐而美丽。色彩的搭配是一门学问，生活中，只有色彩搭配和谐，才能给人以美感。那么，什么样的色彩搭配才是和谐而富有美感的呢？

» 最为简单的明度搭配法

明度是颜色的亮度，同一种颜色从浅色向深色过渡。我们将不同亮度的颜色搭配在一起，就能在变化中获得强烈的统一感。比如，白色与白色或者浅米色的搭配，黄色与米黄色的搭配，浅蓝色与深蓝色的搭配，粉红色与红色的搭配。我们能在每一种颜色的明度搭配中，感受到鲜明的色彩主题。明度的变化又能避免同一种色彩搭配的僵化、呆板，是亮眼又稳妥的搭配方法。

» 两种颜色的搭配法

如果我们要将两种颜色搭配在一起，一定要注意无论这两种颜色的位置如何，都切忌一半对一半的比例。两种颜色最好能保持比较大的比例，如2 ：8或者3 ：7，让颜色有主次之分，才能让颜色相处协调。

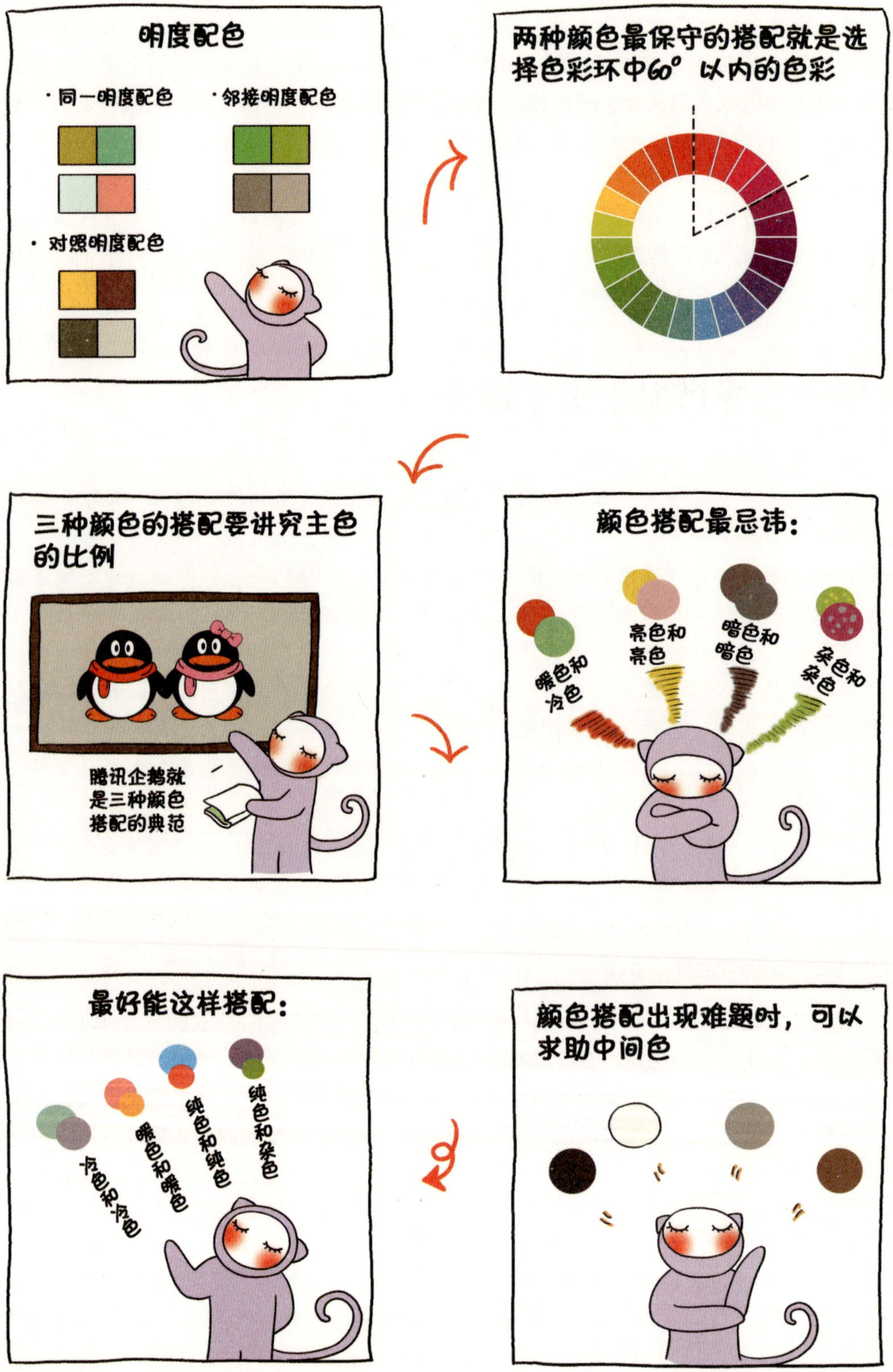
明度配色
·同一明度配色
·邻接明度配色
·对照明度配色
两种颜色最保守的搭配就是选择色彩环中60°以内的色彩
三种颜色的搭配要讲究主色的比例
腾讯企鹅就是三种颜色搭配的典范
颜色搭配最忌讳：
暖色和冷色
亮色和亮色
暗色和暗色
杂色和杂色
最好能这样搭配：
冷色和冷色
暖色和暖色
纯色和纯色
纯色和杂色
颜色搭配出现难题时，可以求助中间色

最保守的搭配法是选择色彩环中 60° 以内的色彩，如橙、黄、黄绿，它们在颜色上有很强的相似性，能够轻易融合在一起。超过这个范围选择的两种颜色，对比会越来越强烈，虽然它们能制造活泼的效果，但不容易调和。这时除了在颜色比例上进行调整外，还应该采取一种颜色明亮，另一种颜色暗淡的方法，才能降低它们过于强烈的对比效果，让它们融洽相处。

» 三种颜色搭配法

一般来说，颜色搭配要遵从一个定律，那就是搭配的色彩不能超过三种。因为同一物体的颜色如果过多，就会使色彩没有重点，显得杂乱无章。但是这并不等于就不能有三种颜色的搭配，如果要搭配三种颜色就要选择三种主色而不只是三种单色的搭配。这三种主色也可以是指三种色系，如黑、白、灰的搭配中，灰色就可以有很多变化；红、蓝、白三色的搭配中，红色与蓝色也可以有颜色深浅的变化。

搭配的时候三种颜色也可以按照 1 ： 1 ： 1 的比例进行搭配，这样能达到活泼而均衡的效果。但是这样的搭配要少用，一个环境中只能使用一次，才能起到亮眼的效果。所以三种颜色的搭配最好能有比例的差别，三种颜色要在整体环境中占最大的比例，当然其中也可以出现一些其他的颜色，不过它们的比例必须很小。在颜色的亮度上，应该突出其中一种或者两种颜色，减弱另外一种或两种颜色的突出程度。或者可以让两种颜色作为主色，另外一种颜色作为镶嵌在两种颜色之中的衔接色，为两种颜色制造联系感。

» 多种颜色的搭配法

多种颜色搭配的方法主要按照如下几种原则：

第一，对比色搭配。对比色搭配的特点是色彩比较强烈、视觉的冲击力比较大。服装上下装的对比色搭配、服装和背景的对比色搭配都适用此法。

第二，类似色搭配。类似色搭配有一种柔和、秩序的感觉。类似色的搭配也分为服装上下装的类似色搭配、服装和背景的类似色搭配。

第三，主色、辅助色、点缀色的搭配。主色是占据全身色彩面积最多的颜色，占全身面积的 60% 以上，通常是作为套装、风衣、大衣、裤子、裙子等。辅助色是与主色搭配的颜色，占全身面积的 40% 左右，它们通常是单件的上衣、外套、衬衫、背心等。点缀色一般只占全身面积的 5%~15%，它们通常是丝巾、鞋、包、饰品等，会起到画龙点睛的作用。点缀色的运用是日本、韩国、法国女人最擅长的展现自己的技巧。

第四，自然色系搭配。暖色系除了黄色、橙色、橘红色以外，所有以黄色为底色的颜色都是暖色系。暖色系一般会给人华丽、成熟、朝气蓬勃的印象，而适合与这些暖色基调的有彩色相搭配的无彩色系，除了白、黑，最好使用驼色、棕色、咖啡色。冷色系以蓝色为底的七彩色都是冷色。与冷色基调搭配和谐的无彩色，最好选用黑、灰、彩色，避免与驼色、咖啡色系搭配。

第五，有层次的渐变色搭配。第一种方法是只选用一种颜色、利用不同的明暗搭配，给人和谐、有层次的韵律感。第二种方法是不同颜色、相同色调的搭配，同样给人和谐的美感。

颜色也有个性吗

过去英国伦敦的菲里埃大桥的桥身是黑色的，常常有人从桥上跳水自杀。由于每年从桥上跳水自尽的人数太惊人，伦敦市议会敦促皇家科学院的科研人员追查原因。开始，皇家科学院的医学专家普里森博士提出这与桥身是黑色有关时，不少人还将他的提议当作笑料来议论。在连续三年都没找出好办法的无奈情况下，英国政府试着将黑色的桥身换掉，这下奇迹竟发生了：桥身自从改为蓝色后，跳桥自杀的人数当年减少了56.4%，普里森为此而声誉大增。

诗人歌德说："在纯红中看到一种高度的庄严和肃穆。"通过一块红玻璃观察明亮的风景，令人想到"最后的审判"那一天弥漫天地的那种无助，不禁产生敬畏之心。红色由于其庄严安全的特性而被当作象征王权的颜色。纯黄是欢乐而柔和可爱的。蓝色"毫不可爱"，空虚、阴冷，表达的是一种兴奋和安全的矛盾。

画家康定斯基认为，每一个颜色都是可以既暖又冷的。红色是一种冷酷地燃烧着的激情，存在于自身中的一种结实的力量。黄色从来不代表什么意义，因此它接近一片荒芜，很亮的黄像刺耳的喇叭，令人难以忍受。暗蓝浸沉在没有涯际的、包罗万象的深沉严肃中。

» 色彩和个性相关

众所周知，颜色对人的心理和生理影响很大，就好像我们选择的食物会对身体健康产生不容忽视的影响一样。颜色对精神和生命活力起到非常重要的作用，同时也会刺激人的心理。在古代，许多人相信颜色具有某种魔力，在今天，科学家也认为颜色与人的大脑有着某种联系，不同颜色对人的身体、情绪、思想和行为有着不同的影响。由于人们的生活经验、传统习惯及年龄性格等不同，对色彩可产生的心理反应也自然不同。"色彩是感情的语言"，不同色彩可以诱发不同情感。

» 不同颜色和性格

红色：外向的乐观者，对于琐碎的事情不会想不开，也会将自己的情感直接抒发出来。如果有什么高兴的事，会明显地表达于外。如果有什么想法，会立刻去行动，不但喜爱运动，而且爱出风头。喜欢热情奔放、活泼开朗的红色系，表示这种人是属于积极主动的类型，非常擅长处理人际关系，对于工作可说是圆滑而熟稔，就像外交官一般的干练。

绿色：是大自然的颜色，对绿色的喜爱会使人们向往大自然的淳朴。所以喜欢绿色的人属于现实型的人，对于爱情相当细腻，社交也超于凡人，但对于上下的关系或人情世故，会保持谨慎的态度。喜欢绿色系的人，绝对是个理想主义者，个性挑剔、爱批评别人，而且很爱发牢骚。

蓝色：是天空的颜色，是属于较富幻想力的色彩，因此喜欢蓝色的人通常拥有宽广的胸怀，常给人犹豫不决的感觉，喜欢蓝色的人，表示对于事物或金钱的要求，并不比内心的满足来得重要。喜欢蓝色的人有时会显得比较软弱，他们不善于表达内心的想法，容易委曲求全，以换取生活的平静。过于忍耐会使他们的内心压抑，所以当他们强势时，也会

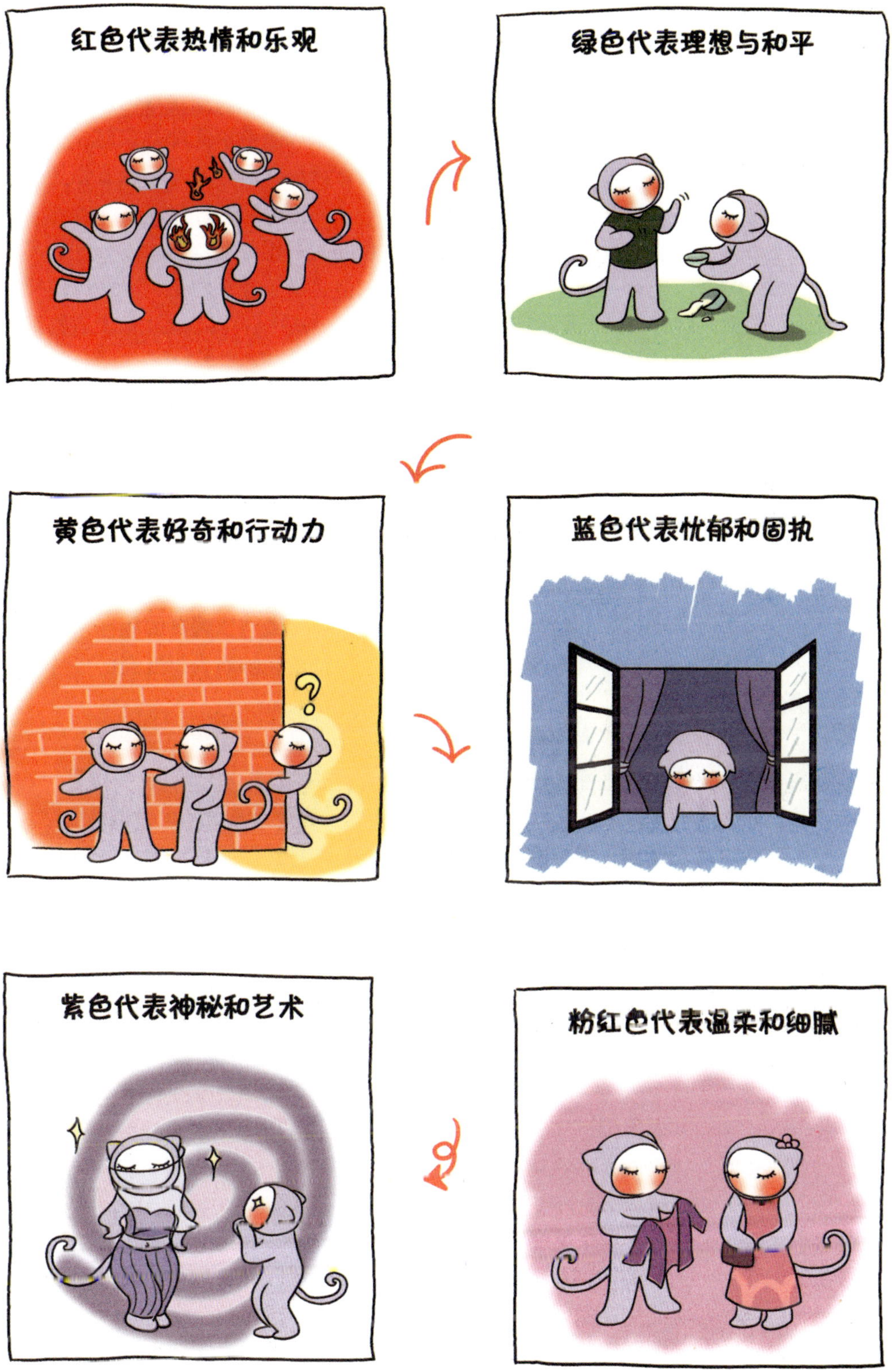
红色代表热情和乐观
绿色代表理想与和平
黄色代表好奇和行动力
蓝色代表忧郁和固执
紫色代表神秘和艺术
粉红色代表温柔和细腻

显出固执的一面。另外，喜欢蓝色系的人，好奇心强烈，对新奇的事物很感兴趣，学习能力不错。

黄色：是婴儿最喜欢的颜色，喜欢黄色的人容易像孩子一样富有好奇心。这种人比较具行动力及冒险心，是不容易满足于现状的积极派，如果心里坚决想达成的事，就算遇到困难也会坚持到底而完成任务。但由于拥有许多欲望，所以当欲求无法达成时，很容易与周遭的人发生意见冲突。喜欢黄色系的人，大部分都有活泼的天性，却又保有强烈的主观意识。

紫色：是由红色和蓝色调配出的颜色，喜欢紫色的人，比较追求艺术或个性的品位，讨厌平淡无奇的事物，有强烈引起他人注意的欲望。但是由于容易满足，因此对同样一件事无法持久。通常纵情的人比较喜欢紫色，所以这种人容易放纵自己，在生活上容易颓靡，对于物质的要求很高。

黑色：可以用来表示“死亡”“黑暗”或“绝望”，另外也可隐藏自己的个性而使自己看起来和别人一样，有这样心态的人多穿黑色衣服。其实黑色是非常有个性的颜色，而喜欢黑色系的人，性格经常处于矛盾中，总是在尝试表现自己的同时，又显得非常害羞，抱着不太想让人了解的心态。

白色：象征纯洁，喜欢白色的人多半向往纯净的生活，所以喜欢白色的人属于不将内心的想法表现于外的那一类人，会对自己宽大，而对别人严谨。这种人表面上虽然会顺从他人，内心却存着反叛的因子。由于一般白色给人的感觉是纯洁、善良的象征，因此喜欢白色系的人，在本质上同时也具有这些性格，通常不太喜欢动脑筋去想复杂的事情，只想过无忧无虑的生活。

灰色：原本就是一种给人印象较弱的颜色，也可以说是一种无感动、无感激的象征。但是由于灰色和其他任何一种颜色都能调和的缘故，比较用心思、慎重、追求和平、安定，压抑自己热情的人较喜欢这个颜色。喜欢灰色系的人，常为他人考虑，也会压抑自己。

粉红色：色调比较柔和，是感情细腻、个性温柔的人喜欢的颜色，因此这种人富于同情心能为他人着想，当别人有困难时，就会立刻伸出援手。喜欢粉红色系的人，通常容易浮躁。

橘色：是红色和黄色调配出的颜色，因此这个颜色比红色稍微不那么抢眼，但跟红色一样热情奔放、大方活泼。偏好橘色系的人，对各方面的要求比较挑剔，尤其喜欢具有品位的东西，有较高的生活格调。

第六章
人类不断追求世界本真的动因
——每天学点空间知识

为什么人和很多动物都长两只眼睛

通过观察，人们会发现，几乎所有动物包括人类都长有两只眼睛，为什么不跟鼻子一样只长一只呢？这是因为我们生活在一个由高度、宽度和深度组成的空间中，这样的空间被称为三维空间。三维空间是可以通过视觉和触觉感受到的，我们的双眼让我们天生就拥有良好的立体感。这种立体感，能让我们估计事物的体积，判断空间的大小，了解物体的速度。当然，这也是出于生存竞争的需要，这是因为用两只眼睛观察周围比用一只眼睛来得准确和精细。做过针线活的人会发现，当闭上一只眼睛去做穿针引线的细活，往往看上去好像线已经穿过针孔了，其实是从边上过去的，并没有穿进去。这就很好地说明，两只眼睛要比一只眼睛看得更清晰。

» 双眼能带来立体感

人的立体感是怎样形成的呢？这是一个比较复杂的问题。成年人的双眼大约相隔 6.5 厘米，观察物体(如一本立着的书)时，两只眼睛从不同的位置和角度注视着物体，左眼看到书的封底，右眼看到封面。这本书的封面和封底同时在视网膜上成像，左右两面的印象合起来人就得到对这本书的立体感觉了。引起这种立体感觉的效应叫作“视觉位移”。

大家知道，当你两眼注视前方一个物体时，物体在双眼视网膜相对应的部位各自形成清晰的物像，然后传导到大脑皮质，由大脑皮质中枢将它们融合成一个物像，称为融合功能。另外，当你用两只眼睛同时观察一个物体时，物体上每一点对两只眼睛都有一个张角。物体离双眼越近，其上每一点对双眼的张角越大，视差位移也越大。正是这种视差位移，使我们能区别物体的远近，并获得有深度的立体感，形成人的立体知觉。人的立体知觉是有限度的，一般超过 500 米距离的物体，在视网膜上形成的物像十分接近，两眼的视线几乎是平行的，视差位移接近零，所以我们很难判断这个物体的距离，更不会对它产生立体感觉了。夜望星空，你会感觉到天上所有的星星似乎都在同一球面上，分不清远近，这就是视差位移为零造成的结果。

当然，只有一只眼的话，也就无所谓视差位移了，其结果也是无法产生立体感。所以立体感是人的双眼视觉功能，单眼是没有立体感的。立体感对人们的生活、工作都十分重要，

如果只长一只眼睛
怎么碰不着呢？
两只眼睛才能给人立体感
我们生活在一个由长、宽、高组成的三维世界
科学家认为我们生活的空间可能有更多维度
人们总是幻想穿越的四维空间
所谓的四维空间理论目前只是一种虚空

没有立体感就辨不出远近、深浅，这会给人们的生活带来诸多不便，使许多人失去了做精细工作的能力。

» 双眼让我们更好感知维度空间

我们之所以认为身处的世界是个三维空间，是因为我们接受大部分信息的视觉和触觉所感受到的是长、宽、高三个维度。这一点是和我们的双眼立体成像相关的。然而科学家认为，在我们身处的宇宙之外不能仅仅用三维空间来定义，它应该有十一个维度空间，甚至更多，但这些并不是我们的器官能够感知的。

但是如果我们没有双眼的话，我们还能感知三维吗？

双眼视觉是人类最高级的视觉功能，正是因为形成了双眼视觉，人类才能更准确地获得外界物体的形状、方位、距离等概念，才能正确判断并适应自身与客观环境间的位置关系。这种视觉认知方面的完善，对人类进行创造性的劳动和进化，起了极重要的作用。如现代社会中的汽车、航空驾驶；科技中各种仪器的灵活使用；显微外科的精细操作以及球类运动中的接、打、扑、扣等，都离不开完善的双眼视觉。双眼立体视觉是人类视觉系统的最佳三维成像，如同工程技术上根据视觉原理研究出目前最好的三维成像—激光全息术一样，对双眼视觉（特别是立体视觉）的研究，随着近 20 年对脑科学研究的重视和深入，已超越了眼科界的范畴，成了国内外高科技研究的热门话题，这对人类社会现代化的发展进程将有巨大的促进作用。

也就是说，我们一旦失去了一只眼睛，我们的世界就会是二维的，只能看到点和面，我们就再也感受不到高度的存在，感受不到距离的空间感了，我们的生活就像是被拍在一张白纸上一样狭隘逼仄。

虽然科幻小说喜欢拿维度空间来当话题，如时空穿梭，就是典型的四维空间理论。但按照我们目前的科技和生理构造来说这只能是一种幻想，我们无法感知或者穿梭改变时间轴，不只是人类不能，地球上的所有生物都不能。

相比于生活在一维空间的植物和某些二维世界的动物，我们的双眼给我们带来了立体的三维感受，这是它最与众不同的地方。

如何让二维的画表现出三维的效果

众所周知，绘画作品是一种二维的空间形式，它只存在长和宽。但是，人们生活在一个三维的空间世界里，所以人们并不满足于绘画只是一种二维的存在。那么二维的世界是如何的呢？我们可以以蚂蚁为参考对象。蚂蚁是典型的适应二维空间的生命形式。它们的认知能力只对前后（长）、左右（宽）所确立的面性空间有感应，不知有上下（高）。尽管它们的身体具有一定的高度，那也只是对三维空间的横截面式的关联。蚂蚁上树也并不知有高，只是因为循着身体留下的气味而去，它们在树上只会感知到前后和左右。我们都做过这样的游戏：一群蚂蚁搬运一块食物向巢里爬去。我们用针把食物挑起，放在它们头上很近的地方，所有蚂蚁只会前后左右在一个面上寻找，绝不会向上搜索。对于蚂蚁来说，眼前的食物突然消失实在是个谜。当它们依据自己的认知能力在被长、宽确立的面上遍寻不着时，这块食物对它们来说就神秘失踪了，因为这块食物已由二维空间进入三维空间里。只有我们把这块食物再放在它们能感知到的面上，蚂蚁才可能重新发现它。这对于蚂蚁来说，却又是神秘出现了。

从蚂蚁的世界我们可以看到，二维的世界是狭隘的。人们不可能像蚂蚁一样满足于二维世界，所以很多绘画作品即使在存在形式上是二维的，但是其表现的内容，给人的视觉效果却是三维的、立体的。那么这种效果是怎样产生的呢？

» 空气透视使得画面立体

空气不仅能改变颜色，还能通过折射度等来改变物体的清晰度。这是由奇才达·芬奇发现的，我们生活中的空气并不是理想状态的毫无杂质，如雾、烟、灰尘等杂质都会使远处的物体变得淡而模糊，所以在作画时，只要善于利用色彩饱和度就可以更好地展现出主体感；近处的物体颜色鲜艳，而远处的物体颜色暗淡；在绘制图案时，也只将近处的物体描绘清晰，而远处的物体只要有一个轮廓就可以了。这样的透视法可以让人更鲜明地感受到空间的立体感受。其实这也说明了色彩的运用能产生立体感。

另外一个善于用这种透视法来表现作品立体感的著名画家是印象派的塞尚，他的画大部分进行了团状处理，这种处理是指近处的景物是由细小的团状颜色组成，而远处的景物则是由大块的团状颜色来代表。这种新颖的理论迅速被印象派的画家所接受，从而开创了西方现代美学的全新时代。这种团状处理方法其实是空气透视法的一个延伸。

有趣的是，在现代摄影技术中，这种方法也被采用，摄影师在摄影时只要通过增加光量，就能将背景模糊成印象派的团状颜色，从而使得画面呈现立体的效果。虽然这是缩短景深的做法，但是通过突出主体、模糊背景的方法，能让画面变得更加立体起来，这种方法我们可以在很多著名的摄影作品中见到。

» 光影让画面立体

一个规则的物体是很容易利用焦点透视法来表现其立体感的，但一个圆润的或者不规则的物体，却很难利用这一技法来表现立体。

把圆球体画出立体的感觉是比较不容易的。圆球体没有一个平面，明暗的变化往往呈现出圆环形状。掌握了这个特点，我们观察和作画就并不难了。打好轮廓后，先要在受光部分轻轻画出光环；然后找出最浓最黑的圆环，那就是明暗交界线。亮部要分出若干环形层次。画暗部时要特别注意画出反光。反光有从桌面反射上来的，也有从墙上或别的地方反射形成的。反光在暗中透亮，显得特别耀眼，但它的亮度无论如何不能超过受光部分，这是我们要特别注意的。

画明暗前必须首先把物体的轮廓打准确。还没有打好轮廓就忙着去涂明暗，是画不好的。黑与白、明与暗都是通过比较而存在的。所以，画明暗时，必须牢牢记住并切实做到从整体出发，反复比较。一个六面体，通常可以看见三个面：受光的亮面，背光的暗面，半明半暗灰调子的中间面。在同一个面上，明暗也往往会有些变化，特别是在明暗交界的地方。一般是靠近暗面的地方要亮一点，靠近亮面的地方要暗一点。我们必须仔细观察，

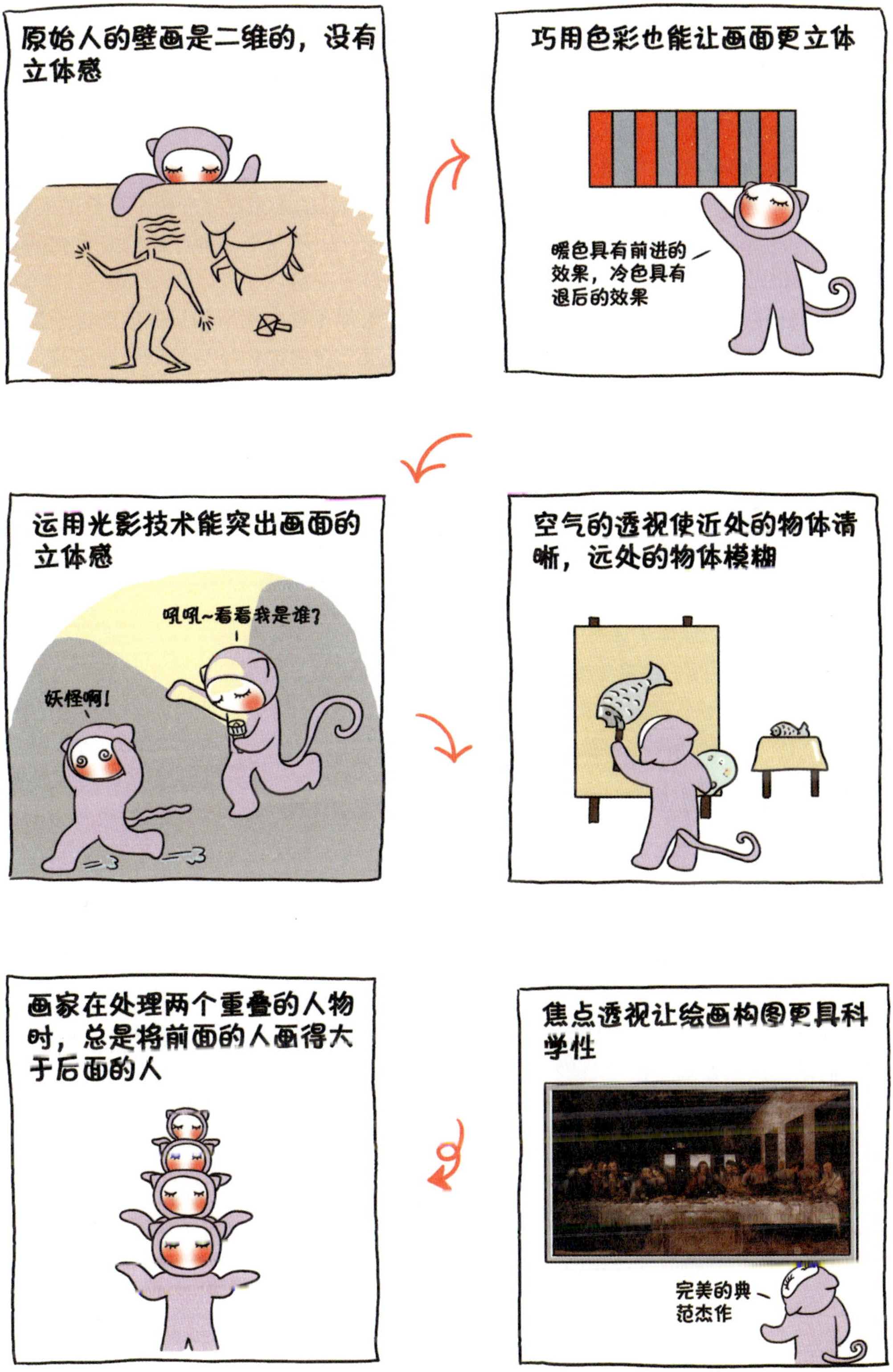
原始人的壁画是二维的，没有立体感
巧用色彩也能让画面更立体
暖色具有前进的效果，冷色具有退后的效果
运用光影技术能突出画面的立体感
吼吼~看看我是谁?
妖怪啊!
空气的透视使近处的物体清晰，远处的物体模糊
画家在处理两个重叠的人物时，总是将前面的人画得大于后面的人
焦点透视让绘画构图更具科学性
完美的典范杰作

把它一一如实表现出来。画好三个面，再加投影。投影往往离物体越近越深，边线也越清楚；渐远渐淡，边线也就渐渐模糊了。

» 透视也是一种方法

透视是我们今天学绘画时必须学的重要内容，在基础素描课的时候，老师就会多次向我们强调透视的重要性。所谓透视就是指我们的视觉会将近的物体看得较大，而将远的物体看得较小。这样的技法在古亚述王宫中已经出现了，当时的画家在处理两个重叠的人物时，总是将前面的人画得大于后面的人，但当时这种透视方法还只是一种原始的对看到的具体景物的忠实描摹。

让透视得到真正发展的，是文艺复兴时期的建筑师布鲁内莱斯基。他借助镜子发现，人眼看到的画面都存在一个焦点，物体距离人的远近，会根据物体与焦点的连接线，等比例地放大或缩小。于是他创造了这种利用焦点来改善立体感的方法，也就是我们现在都知道的感性的“近大远小”透视法，通过他的实验，透视有了理性的参照。到了16世纪，西方绘画都会利用焦点透视来增加绘画的立体感，透视已经蔚然成风。

为什么有人说孩子天生就是立体派画家

在美术馆参观“立体主义时代——西班牙艺术珍藏展”时，有这样一个有趣的小团队，一群5岁至8岁的儿童，坐在一幅幅具有代表性的立体主义时代的绘画作品前认真地对临。有的孩子的作品能够尽可能与原画作的结构、造型、用色相合，有的则是天马行空，如果问他们：“小朋友，你知道你画的是什么吗？”年纪稍大一点的孩子会从画作的具体形态中寻找他所能辨识的形象来回答：桌子、茶杯、女人等，年纪小一点的孩子就会发挥自己的想象力：“飞的盒子、砸坏的提琴……”

比起大人，孩子似乎更能够表现出立体的画面感来，甚至有人说，孩子天生就是立体派画家，这是为什么呢？

» 追求世界本真的立体主义画派

在西方现代艺术中，立体主义是一个具有重大影响的运动和画派，其艺术追求与塞尚的艺术观有着直接的关联。立体派画家受到塞尚“用圆柱体、球体和圆锥体来处理自然”的思想启示，试图在画中创造结构美。他们努力地消减其作品的描述性和表现性的成分，力求组织起一种几何化倾向的画面结构。虽然其作品仍然保持着一定的具象性，但是从根本上看，他们的目标却与客观再现大相径庭。他们从塞尚那里发展出一种所谓“同时性视像”的绘画语言，将物体多个角度的不同视像，结合在画中同一形象之上。例如，在毕加索的《亚维农的少女》一画上，正面的脸上却画着侧面的鼻子，而侧面的脸上倒画着正面的眼睛。这种画法使得我们在看立体画派的画时，就仿佛看到世界被缩减在了立方体中一般。

» 孩子的画与立体画派的画异曲同工

如果仔细分析孩子的画，你会发现这些画大多是由各种几何图形组成。各种线条、圆形、

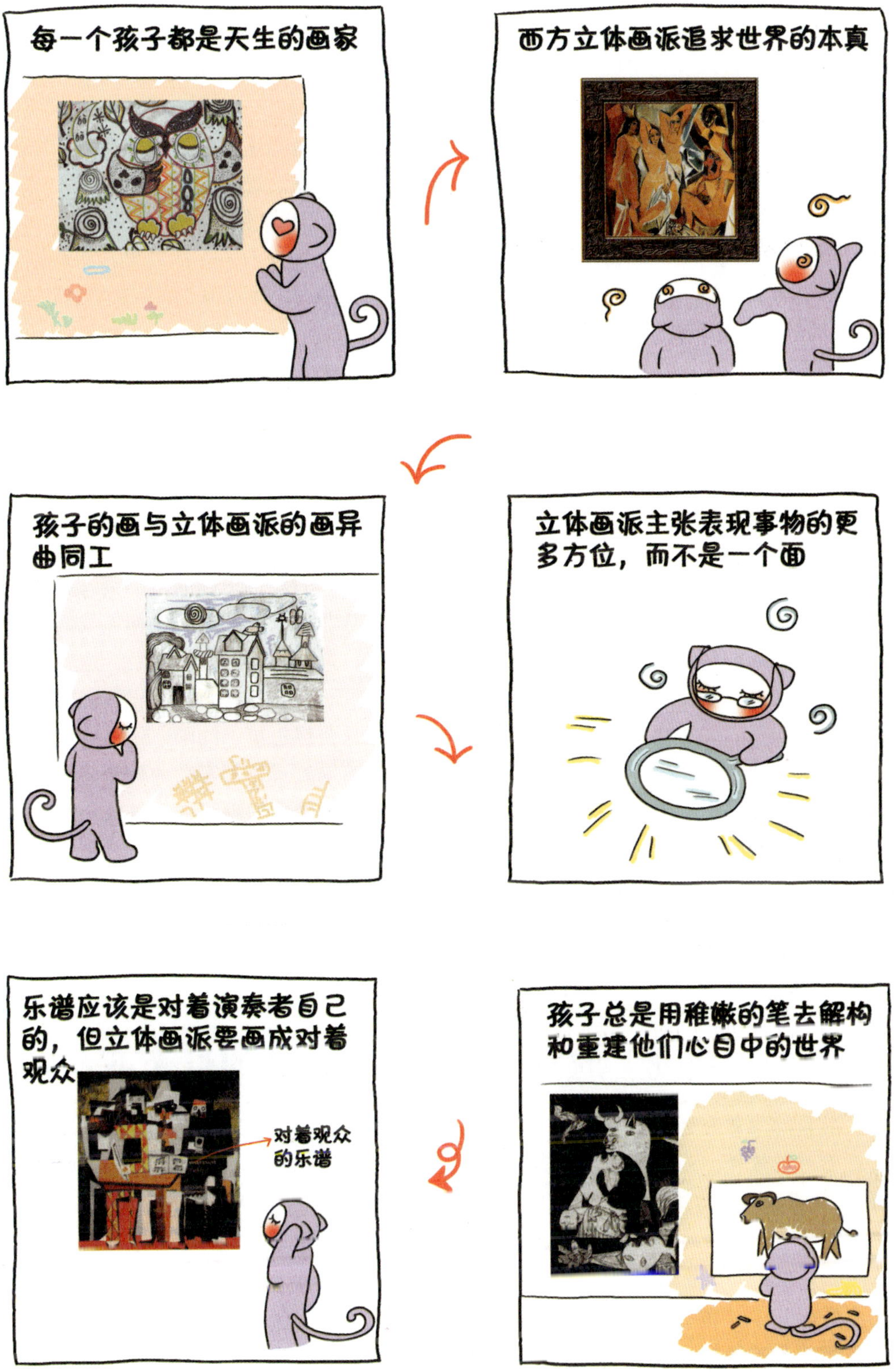
每一个孩子都是天生的画家
西方立体画派追求世界的本真
孩子的画与立体画派的画异曲同工
立体画派主张表现事物的更多方位，而不是一个面
乐谱应该是对着演奏者自己的，但立体画派要画成对着观众
对着观众的乐谱
孩子总是用稚嫩的笔去解构和重建他们心目中的世界

椭圆形、方形、梯形，充斥着画面，孩子无法把握精准的形状，所以将他眼中的世界简化成了几何图形。最初，孩子只会画线条，一根线条就可能代表一个事物。后来孩子学会了画圆，事物无论形状，都可以用大大的圆来表示。人可以用大小圆组成，火车也可以用一连串的圆连接。等到学会了画方形，人的身体可以被画成方的，裙子也可以被画成方的。

孩子的画很难有刻意为之，例如，采用渲染、透视等特殊手段塑造立体感，但孩子天生有表现他所看到的事物的欲望，他会把立体的部分画出来。如果他想要告诉别人房子的侧面有什么，他就会将房子的两个侧面都画出来，造成近小远大的奇特效果。

正是因为他们尊重原始感受，所以他们的画才会有那样强力的立体效果，而这正与立体画派绘画方式相似。立体画派就是力求将世界缩减成立方体，努力用几何图形来返璞归真，表达事物最原始的结构，表现最为本质的生命力量。

» 孩子的画法是最为真实的空间表现法

看孩子的画，人们往往以一种包容的心态去理解。其实深入体会一下，孩子的画法往往是对空间最真实的表现。

人们往往对立体画派的将事物简化成几何图形的做法比较容易理解和接受，但令大多数人无法理解的是，立体画派有着独特的空间表现手法。其实立体画派的画并不是要表现强烈的立体感，他们只是认为，普通的绘画模式无法向人们传达正确的事物概念，看到了事物的一个面，就很难看到事物的另一个面，这是绘画非常大的弊端。比如，我们看人的侧面时只能看到一只眼睛，所以我们就只画一只眼睛，但其实人有两只眼睛，这就是绘画无法表现的真实。为了获得理性中的真实效果，立体画派会将人的侧面画上两只眼睛。

所以，当我们无法理解立体画派的画作时，我们只要想想孩子的画，就知道这一切不过是想最简化地表现他眼中的真实世界。这样的空间布局方式，其实在西班牙、波斯、中国的古代绘画作品中，都曾经出现过。如在埃及，人们最钟情的画法，就是孩子常用的最大限度还原真实的方法。比如，画一个方形的池塘，埃及人会画出一个方形来表示池塘的真实形状。池塘边的树，会被画成如同倒在池塘的周围，因为他们认为这样才能表现最真实的树的形状。虽然这样的画是缺乏立体感的，却能表现最真实的空间布局。所以，不要小看孩子的画，他们是在用稚嫩的笔去解构和重建他们心目中的世界。

为什么《天鹅湖》的舞蹈演员要在独特的灯光下表演

一场成功的舞剧需要多个方面，包括服饰、演员、音乐、灯光等的完美配合。相信很多人都看过芭蕾舞，尤其是著名的《天鹅湖》舞剧，给人美的享受，特别是那些美轮美奂的灯光。随着舞台上灯光的明暗强弱变化，故事的形势及人物的情绪都起着不同的微妙变化。如王子与佳丽们邀舞时，灯光柔和地逐一抚过佳丽的脸，被王子邀舞的一刻，她们的脸庞明亮了，她们的心也在发光；当王后为王子举办挑选新娘的舞会时，魔法师引领着黑天鹅出现在舞会上，此时整个舞台的灯光都暗淡下来，唯有三束灯光打向了王子、魔法师、黑天鹅，当王子接受黑天鹅与之共舞时，魔法师也消失在了黑暗之中，整个舞台上只能看见王子与黑天鹅在舞蹈。选秀过后，天鹅湖边被绝望所笼罩，幽幽的光打在面上，为天鹅湖蒙上一层哀怨的面纱；取得最后胜利时，整个舞台霎时亮了起来，两盏强光照射在王子和公主的脸上，他们的笑比任何人都灿烂……

可见，神奇的灯光在此起的远远不止照明的作用。除了芭蕾舞剧，很多舞剧的舞台上都会充分运用灯光的作用，那么灯光到底都起了哪些作用呢？

» 光能制造空间感并美化空间

光的运用在生活中是非常常见的，但是唯有现代舞台是将光线运用到极致的一个环境。尤其是室内舞台，由于本身光线暗淡，就更需要用灯光来突出舞台上的演员，与此同时，光还创造了一个良好的美的展示空间与欣赏空间，让观众置身于暗处利于欣赏，演员在明处，以利于专注演出。这样的效果后来也被运用到室内的空间美化上。如很多饭店喜欢用光线来分割座位，一张桌子使用一组灯光，让顾客在开放的环境中能感觉拥有一个相对独立的空间。很多居室建筑设计，为了扩大小户型的视觉面积，户型的样板间也常用顶灯、射灯等来照亮顶部，明亮的光线能制造空间扩大的错觉。还有在悬挂着中式门窗的墙上设置暗灯的方法，可以在突出中式装饰的同时，制造门窗外还有空间的感觉，也能增加室内的空间感。

» 光能制造出时空感

舞台灯光还可以表现非常复杂的内容：从观众方向投向舞台的灯光能起到突出舞台的作用，侧光则能加强人物和景物的立体感，单束灯光可以起到突出的作用，背景光可以加强空间感，多层的背景加逆光可以制造出更多层次的景物，蓝色的光线可以表现寒冬，绿色的光线可以表现春天，橘红的光线可以表现夏天，黄色的光线可以表现秋天，一些流动的光还可以制造下雪、落叶、起风等效果……光线不仅可以让舞台瞬间表现出时空的变换，还能起到刻画人物心理、烘托剧情的作用。

所以优秀的舞台剧，必然需要一流的舞台灯光来衬托。百老汇作为最经典的舞台剧场，其舞台剧都拥有一流的舞台灯光设计。尤其值得一提的是《光影马戏 LUMA》，与传统的百老汇舞台剧相比，它利用了最新最前沿的电光影技术，制造了最美最震撼的光影效果，让人置身于光的颜色和运动的奇幻之中。光的舞台，本身就是一件很美的艺术品。

» 光能细化事物的空间感并美化事物的形象

光对于摄影来说非常重要，可以说是摄影的第一法则。很多摄影者总是为了捕捉完美的光线而花费很多时间和精力。在外景人像摄影中，反光板多是作为补充光源，对人物的暗部进行补光。如侧逆光，逆光条件拍摄人像，人物的明暗反差较大，通过反光板补光使明暗反差降低，提高暗部的亮度。丰富暗部层次，加强了对人物的表现力，对刻画人物个性都起到了重要的作用。

最重要的是，利用反光板反射出不同的光部，以塑造出不同人物形象。假如被拍摄者为女性，则需要把她的面部缺点消除，展现出女性皮肤的细腻，有光泽，而且若想把脸形修饰得非常漂亮，就需要在人物的鼻子下面出现一个蝶形的光影（三角光），使人物的脸看起来瘦小，并且有立体感，因为是逆光拍摄，使整个人物的轮廓都非常分明，脱离了背景，

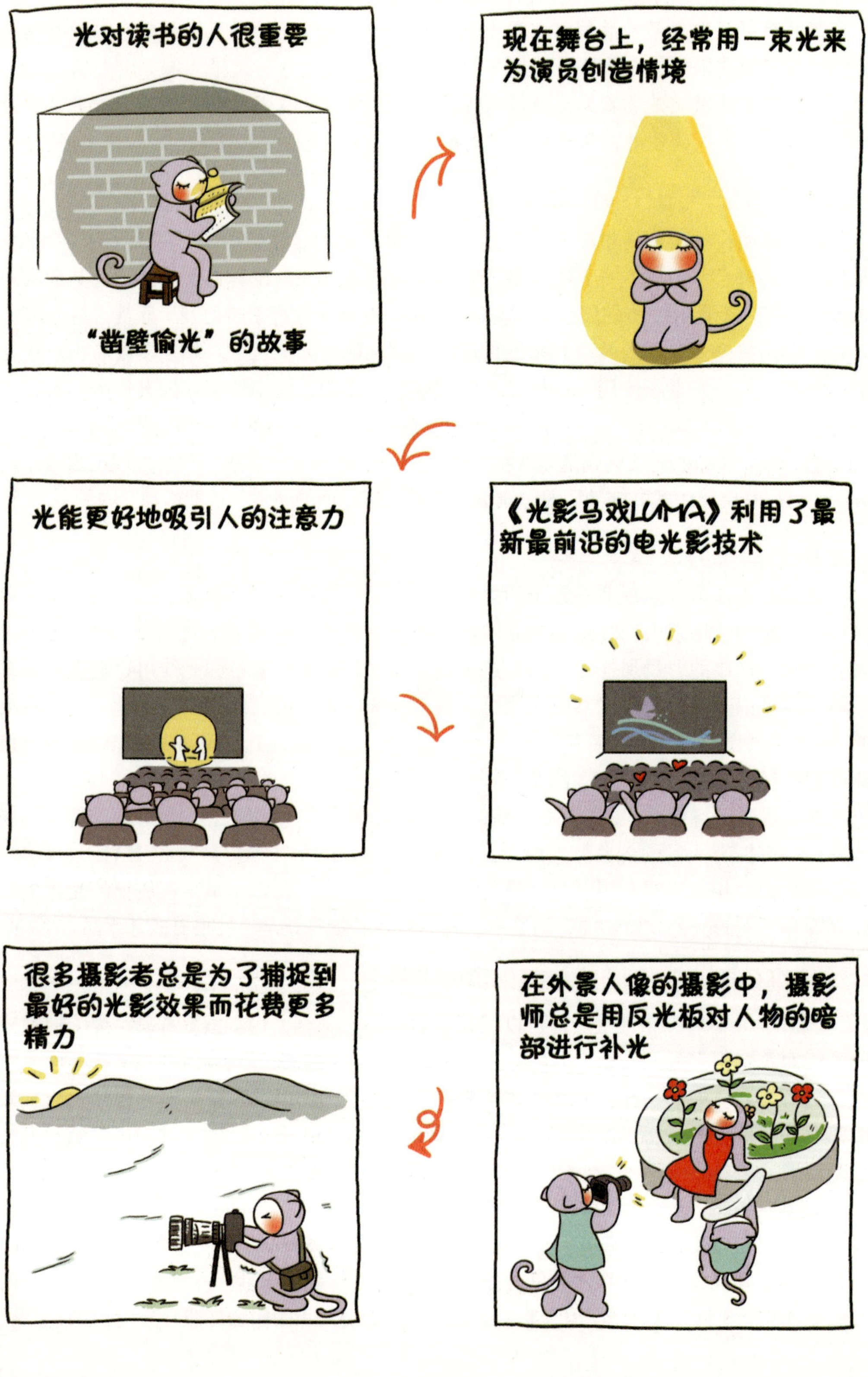
光对读书的人很重要
“凿壁偷光”的故事
现在舞台上，经常用一束光来为演员创造情境
光能更好地吸引人的注意力
《光影马戏LUMA》利用了最新最前沿的电光影技术
很多摄影者总是为了捕捉到最好的光影效果而花费更多精力
在外景人像的摄影中，摄影师总是用反光板对人物的暗部进行补光

人物的发丝都能展现得非常清楚，使整个画面层次分明，动感十足。

如果想塑造出男性的棱角感和立体感，突出男人的深沉与稳重，则多采用侧面补光，要想达到这种效果，首先要让人物的面部有很强的明暗对比，这样才能突出人物个性，那么怎么样才能补出这种光效呢？因为人的面部从侧面看会有很明显的棱角感，所以在侧面补光时，光不是很均匀地分布在面上，有明显的明暗对比。当反光板从人物的前侧方（大约 45° 角）反射到人物面部时，在人的脸上会出现一个较亮的光形来，俗称伦勃朗光，这种光效能体现出男人的深沉与沧桑，多用在男性拍摄与肖像摄影中，所以严肃的表情很能体现人物的性格。

因为光是通过很多不同的方向折射到人物身上的散光源，方向感非常弱，所以光比反差极小，虽然照射在人物上的光线很柔和，而且没有其他杂光的影响，光的分布也很均匀，但是如果想拍出有立体感的作品，就必须利用反光板与外拍灯的结合达到拍摄要求，如果色温达不到拍摄要求时就必须用外拍灯来补已达到拍摄所需的色温。一般不会直接用外拍灯照在人物的面部，那样光质的反差过大，摄影师不易控制曝光量，最好是把外拍灯打到反光板上，然后再反射到人物面部，这样光线比较柔和，光比的反差也有了，并且敏感反差又不是很大。

为什么陌生人太过接近会令人不安

几乎所有的孩子到了十个月左右，都会多多少少表现出怕生。这是婴儿心理发展的规律，说明此时的小宝宝，情感已经有了较强的选择性，已能准确地辨认出家人和陌生人，对家人越发依恋，而对陌生人却持警觉的态度。

不仅是婴儿和孩子，即使是成年人，在某些环境下，陌生人与自己靠得太近就会不安，总会不由自主地与之保持距离。这是为什么呢？

» 人类是一种非接触性动物

人们之所以在陌生人接近时会感到不安，就是因为人类是一种非接触性动物。除非在异常或偶发情况下，他们通常不会触摸同类的其他成员。但年幼动物相对于成年动物来说更加容易被触摸或接近。

人类通常只在几种情况下允许身体接触：第一种，最明显的是在伴侣之间。第二种，是在关系密切的亲属之间，尤其是在父母和他们的孩子之间。第三种发生在还不懂得社会中关于接触的忌讳的孩子之间。第四种，当人们彼此问候时也会有这种接触，如握手、亲吻或碰鼻子时，这依文化背景而定。第五种，安慰一个极度痛苦的人时。在极特殊的一些情况下，如医生或牙医等为你进行治疗时，这种接触也在所难免。然而，在绝大多数时候，几乎在所有的人际关系中，我们还是会对身体接触感到不安，所以如果碰巧撞到别人，我们通常会道歉。

但是有一些动物却对此不在乎，所以被描述为接触性动物。它们不仅允许，甚至看上去可以无视同类动物的身体接触。猪和犀牛就都属于接触类动物。在公众场合，一旦人们不小心撞到陌生人，人们往往会向对方道歉，但在犀牛的种群中没有类似如此的礼节。

与动物相比，人类的各种行为都更加多变、更加复杂。文化背景的不同，则对距离的使用也迥然不同。比如，当一个人穿过地中海地区，朝着中东沿东南方向旅游时，他会发现被人们接受的距离好像一直在缩小。尽管如此，总体来说，人类依然被认为是一种非接触类动物。

» 人类也有动物一样的领地性

抢占领地和领土的行为在我们周围的动物世界中随处可见。鸟儿会在筑巢后，唱着歌儿宣告它的领地的存在。这是所有动物普遍拥有的本能。猴子部落，常常团结起来与其他毗邻的猴子争斗，以确定出它们领地的范围；南极的企鹅簇拥在一起以增加体温给它们产下的蛋创造一个良好的孵化机会，这些与它们内在的领地占有愿望相一致。这些仅仅是动物世界中抢占领地的几个例子而已。所有这样的行为有两个重要的组成部分那就是：领地对于生命的存活，无论是从物质生活舒适的角度来讲，还是从良好的社会存在形式来说，都有着最为根本的意义。而这一点则要通过提供组织和营造空间来实现。

人类同动物一样，也会有一些相应的抢占领地的行为。如我们对某些特殊地方的依恋和保护这些地方的愿望与热情都是毋庸置疑的。而在模糊边界的领地因为不易被保护，会带给一些人极大的痛苦，也会给其他人的生活带来很多烦恼。比如，当一张一直属于自己的椅子不小心被新来的人占有时，那种被冒犯的感觉是真真切切的。小孩子们玩的时候喜欢建造洞穴和秘密通道的天性也是众所周知的。

孩子们在很小的时候就表现出非常明显的领域性行为，据说这种行为在孩子七岁时就完全发展成熟了。太小的时候，他们还不会区分和辨别空间的位置，在这个时期，他们心目中的领地就限于能触及父母（通常是母亲）的地方，这个范围使他们感到安全。人对于与自己有亲密关系的人之外的人总会抱有一种不安全感，所以其领地占有性就会发作，当陌生人靠近时会因为领地被侵犯而感到不安。

» 有趣的空间选择规律

会场中有一排 10 个依次排列的座位，在 6 号和 10 号位子上已经分别坐上了两个人，这时，你走进了会场，你与他们互不相识，你最有可能选择的是哪个位子呢？

心理学家通过实验发现，第三位进会场者一般选择第 8 号位子，第四位进会场者一般择 3 号或 4 号位子，这里，所有参加实验的人都是互不相识的。为什么会有这样的选择呢？心理学家研究发现，陌生人之间自由选择座位时一般遵循这样的法则：既不会紧紧地挨着一个陌生人坐下；但同时，也不会坐得离陌生人太远。如果你真的紧挨着一个陌生人坐下，那么这个人就会急促地把身子移向另一边，有的甚至会移到另一个空位子上去，你这时会感到很尴尬。为什么相互间会有这么别扭的感觉呢？这就是因为我们每个人都需要一定的个人空间。但是，假如你坐得离那个陌生人太远也不行，因为这可能会无声地伤害那个人，他可能会感觉到你是在嫌恶地躲避他。因此，挑选两者之间的位子，一方面可尊重别人的个人区域，另一方面又可以与他人保持和谐，避免别扭。这就是旨在维护个人空间的适当疏远原则。当然，当人数增多时，个人区域就会变得很小，这样，即使每个人都紧紧地挨着陌生人坐下，也谈不上相互间的伤害，而且谁也不会有别扭的感觉，这就是一种可以预测的、无声的空间选择规律。

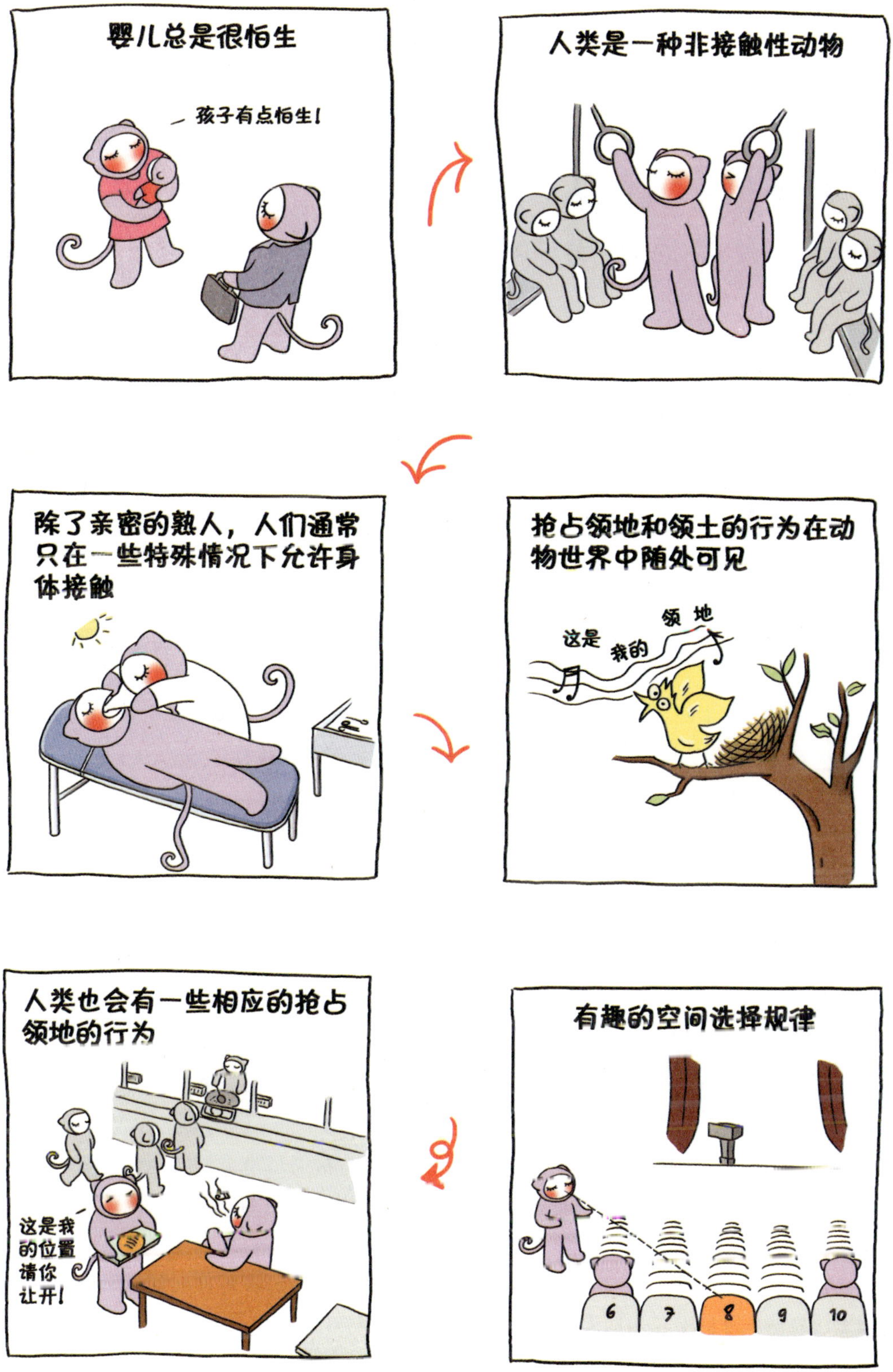
婴儿总是很怕生
孩子有点怕生！
人类是一种非接触性动物
除了亲密的熟人，人们通常只在一些特殊情况下允许身体接触
抢占领地和领土的行为在动物世界中随处可见
这是我的领地
人类也会有一些相应的抢占领地的行为
这是我的位置请你让开！
有趣的空间选择规律
6
7
8
9
10

第七章 人类不能没有的“乐”——每天学点声音知识

为什么说声音是女人的第二张脸

伊莉莎是一个卖花女，她虽然聪明伶俐，颇有姿色，但因为出身贫寒，所以言谈举止都难登大雅之堂。希金斯是一位学识渊博的语言学家，他在和朋友散步时注意到伊莉莎，并扬言只要经过他的调教，即使是粗俗如伊莉莎，也能成为一个贵妇人。伊莉莎听后怦然心动，上门求助。

为在打赌中战胜朋友，希金斯倾力调教伊莉莎。时光流逝，伊莉莎果然脱胎换骨，多次出席上流社会的社交活动都从容过关并艳惊全场。但教授虽然尽心尽力教导伊莉莎，却粗心地忽视了她的感情，态度简单粗暴。伊莉莎日益苦闷，感觉自己只是教授的工具，毫无尊严。终于在一次盛大社交活动结束后，身心俱疲的伊莉莎和教授针锋相对，愤然出走。失去了伊莉莎之后，教授才发现自己对她已经有了师生之外的情感。

这是好莱坞著名影星奥黛丽·赫本主演的电影《窈窕淑女》的情节，相信很多人都看过，其中有一个细节，就是教授训练她的第一个步骤就是——学会优雅地说话、优雅地唱歌、优雅地展现声音美。

视觉只会令人清醒，听觉却能叫人心醉。真正让人感觉舒服的女人，姿色未必出众，但声音一定迷人。所以有人说：声音是女人的第二张脸。声音真有那么大的魅力吗？

» 声音里的情感能动人

人与人之间最重要的沟通是语言，而语言传递的最基本方式是声音。

常常听别人夸赞某个女孩子，会特别提到她的声音有多好听。而通常我们刚结识一个新朋友，就算对方长相一般，但声音好听的话，也会打出一个不错的印象分数。

因为一个人说话时的情绪、表情和态度，都能够直接通过声音切实地传递给对方。像接电话之前应先用几秒钟的时间稍微调整一下心情，让自己微笑着去接听电话。这样的声音传达给对方，对方也能够立刻感受到你的微笑和愉悦，就会留下好印象。再有就是听音辨人，每个人的声音都是不一样的，各有各的特点，所以我们常常能一接到电话，在对方自报家门之前就准确地说出对方名字，于是总能得到惊喜的回应：“哇，你怎么知道是我呀？”这也是让别人喜欢你的一个好方法，因为对方会觉得你很重视他。

买朵花吧！
经过我的调教，她也可以成为一个贵妇人
别墅
我想让您帮我成为贵妇人！
OK，从此我将让你改头换面！
声音是女人的第二张脸
你首先要学会优雅地说话和唱歌
好听的声音往往能给人留下美好的印象
她的声音真优雅！
声音中的技巧也能吸引人
他竟然能把菜谱朗诵得这么好！
音乐最能展现声音美
先生的朗诵声情并茂呢！
小姐的歌声更让人倾倒！

» 声音中的技巧能吸引人

有一次，意大利著名的表演艺术大师哥兰特到巴黎演出。公演前，法国上层社会名流为哥兰特举行盛大的招待会。

招待会上，有人提出请哥兰特为大家朗诵诗歌，得到所有人的一致赞同。哥兰特推脱不了，只好应允，随即朗诵了一首《无题》诗。由于他不会讲法语，只好用意大利语朗诵。他朗诵时，时而悲愤，时而泣不成声。他那抑扬顿挫的音调，好像在向听众倾诉一腔难以叙完的悲惨遭遇，一时感动得四座的名流与贵妇怆然而涕下，他的朗诵完全征服了巴黎上层社会的名流。哥兰特讲的是意大利语，而听众都是法国人，他们根本听不懂意大利话。而且哥兰特朗诵时，手里拿着一张纸，没有任何动作，不可能靠面部和形体动作来征服听众。一位好事者，通过翻译，非要知道哥兰特朗诵的内容。最后，哥兰特向朋友公开了这首《无题》诗的秘密。令人惊奇的是，朗诵的内容竟是一张意大利式豪华型的宴会菜谱。大家听了真相后，气氛异常热烈，掌声再次响起，无不为哥兰特高超的语言表达技巧所折服。

» 音乐是声音美的典范

音乐属于听觉艺术，音乐的物质媒介是声音，所以也可以说，音乐是关于声音的艺术。在音乐美中，声音美的地位极其重要。音乐同其他艺术相比，其长处在于表情性。声音的表情性在音乐中得到充分运用。音乐最能展现声音美。

为什么人们会喜欢"听歌"？而且又为什么，大部分人看某个电影，看完一次后就不想看第二次，然而对于"音乐"，他们却会一遍又一遍地听很久很久？这里面包含了什么秘密吗？这是因为客观世界中"物体"可以发出各种"声音"，而这些物体又与我们的"切身利益"和"安全"紧密相关；于是那些"物体"的各种"声音"与"危害与利益"等联系到了一起，而我们的"喜怒哀乐"又是与事物对我们的"危害与利益"相关联的，那么当我们听到类似的声音时，就会产生情绪上的变化（相当于条件反射 / 链化反应）；同理，各种声音也可以引发各种思考。所以，既然音乐可以帮助我们加强情绪和思考各种事物，那么我们自然会喜欢它。对于电影来讲，人们更多的是看情节，并吸取里面的经验，但一旦看完了，也就一般不会有兴趣看第二遍了；而对于音乐来讲，人们是要通过音乐来感受各种情绪或思考各种问题，所以自然就会反复地倾听了。

声音可以用来表达情绪吗

在生活中，你会发现，当你与人讨论时，如果你大声说话，那么对方也会提高嗓门，这样双方就会越来越激动，最终会导致谈话偏离主题，甚至是争吵起来。而如果你声音和顺柔婉，那么对方也会用和顺柔婉的声音和你说话。还有，如果别人用非常急切的语气和你说话，你也会不由自主地随之变得急切起来。如果别人用非常悲伤的声音和你说话，那么你也会不由自主地感到悲伤。为什么会产生这些变化呢？声音可以用来表达情绪吗？

» 每个人都会通过声音表达自己的情感并去感染他人

声响和气味的分歧形态可以传达丰富的情绪，它是我们常常用到的语音修辞方法。白话是人们生活中最主要的情绪信息的载体，这些情绪信息比拟多表现于语气上；白话修辞就是传达情绪信息的编码技巧。

不同的声音，代表发音者不同的表情；不同的表情，会给听者不同的心情。声音表情里透出的个人气息，一般人难以掩藏。如歌手许巍的声音，不刻意表现忧郁，也不歇斯底里地煽情，麦克风前，他从来都是漫不经心地哼着曲子，其声音真实却又赤裸裸地袒露着，传入听者耳朵里。跟着他的声音，你会不由自主就哭了。

一般来说，节奏缓慢的音乐一般带给人平静、安宁的感受，而节奏较快的音乐则带给人激情。有人做过这样一个实验，把贝多芬的名作《欢乐颂》放慢节拍，不可思议的是这样一曲人类大同的颂歌竟然变成了“哀乐”。缓慢的节奏给人忧郁悲愤的感受，柴可夫斯基的《悲怆交响曲》亦如是；轻快的节奏给人欢快热烈的感受，贝多芬的《黎明》亦如是。

英国的鲍威尔曾对音乐的表情性做过研究，发现不同的乐调对人产生不同的影响。C大调：纯洁、果断、沉毅；G大调：真挚的信仰、平静的爱情、田园风味、带有若干谐趣，为少年最爱听；G小调：有时忧伤，有时欣喜；A大调：自信、希望、和悦，最能表现真挚的情感；A小调：女子的柔情，北欧民族的伤感和虔敬心；B大调：用时甚少，极其嘹亮，表现勇敢、豪爽、骄傲；B小调：十分悲伤；升F大调：嘹亮、柔和、丰富；升F小调：阴沉、神秘、热情；降A大调：梦境的情感；F大调：和悦、微带悔悼，宜于表现宗教的情感；F小调：悲愁。

意大利有位演员，有一次他要求演出朗读天然数1~100的“节目”。观众对朗读单调的数字不感兴致，有的竟喝起了倒彩。然而，当那位演员在台上将一个个单调的数字说得有条有理、充溢感情时，全场的观众被降服了。人们听到的已不再是索然无味的数字了，似乎听到一小我在诉说本人苦楚的反悔。有的观众被深深打动了，甚至涌出了热泪。

这些故事都说明了声音对情绪的表达，超出了语言内容本身。

» 学会通过声音表现你的正面

一个温和、友好、坦诚的声音能使听者放松，从而增加信任感，降低心理屏障。

热情的展现通常和笑容连在一起，如果你还没有形成自然的微笑习惯，试着自我练习，这里介绍两种方法：第一，将电话铃声作为开始信号，只要铃声一响，微笑就开始。第二，照着镜子，让你每次微笑时能露出至少八颗牙齿。如果你的微笑能一直伴随着你与听者的对话，你的声音会显得热情、自信。

太快和太慢的语速都会使听者产生负面的感觉空间。说话太快，听者会认为你是一个关注自我的急性子；说话太慢，听者会对你不耐烦，恨不得早早地跟你说再见。所以，用不快不慢的语速与听者交流是我们每个人必修内容。另外，还有两个方面值得注意：第一，语速因听者而异，也就是说，对快语速的听者或慢语速的听者都试图接近他们的语速。第二，

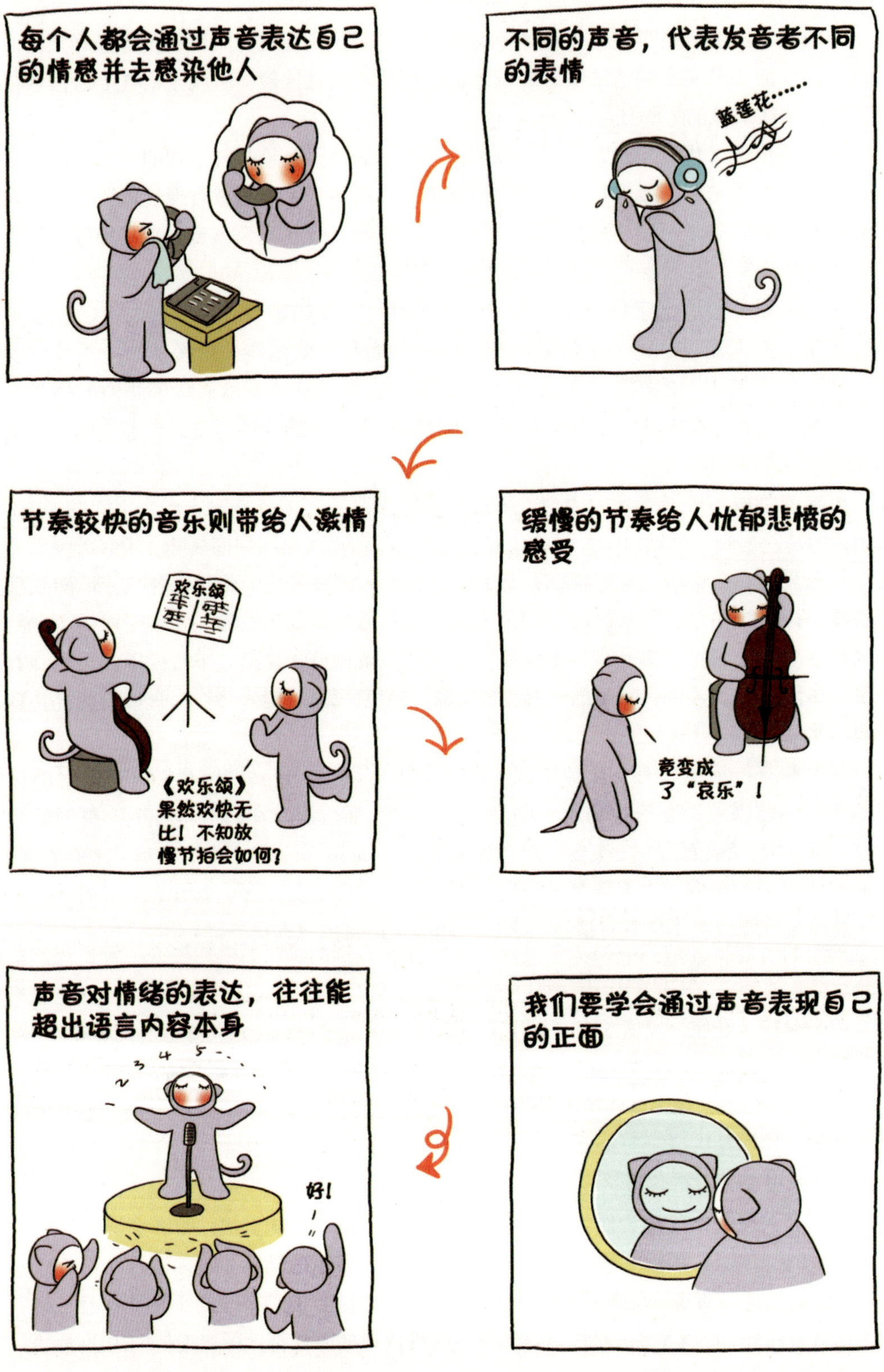

每个人都会通过声音表达自己的情感并去感染他人
不同的声音，代表发音者不同的表情
蓝莲花……
节奏较快的音乐则带给人激情
欢乐颂
《欢乐颂》果然欢快无比！不知放慢节拍会如何？
缓慢的节奏给人忧郁悲愤的感受
竟变成了“哀乐”！
声音对情绪的表达，往往能超出语言内容本身
好！
我们要学会通过声音表现自己的正面

语速因内容而异，也就是说，在谈到一些听者可能不很清楚或对话中特别重要的内容时可适当放慢语速，以给听者时间思考理解。

声音可以画出美丽的画吗

俞伯牙和钟子期的故事大家都已经很熟悉了，还有另一个故事也很值得回味。俞伯牙年轻的时候聪颖好学，曾拜高人为师，琴技达到很高水平，但他总觉得自己还不能出神入化地表现对各种事物的感受。俞伯牙的老师知道他的想法后，就带他乘船到东海的蓬莱岛上，让他欣赏大自然的景色，倾听大海的波涛声。俞伯牙举目眺望，只见波浪汹涌，浪花激溅；海鸟翻飞，鸣声入耳；山林树木，郁郁葱葱，如入仙境一般。一种奇妙的感觉油然而生，耳边仿佛响起了大自然那和谐动听的音乐。他情不自禁地取琴弹奏，音随意转，把大自然的美妙融进了琴声，俞伯牙体验到一种前所未有的境界。老师告诉他：“你已经学成了。”

» 声音的直接模仿

声音美运用于艺术创作，就会构成艺术美的重要因素。例如文学作品，有了对声音的生动描写，会增添作品的魅力。朱自清的散文《绿》中，对瀑布声音是这样描写的：

梅雨潭是一个瀑布潭。仙岩有三个瀑布，梅雨瀑布最低。走到山边，便听见“花花花花”的声音；抬起头，镶在两条湿湿的黑边儿里的，一带白而发亮的水便呈现于眼前了。而瀑布也似乎分外地响了。那瀑布从上面冲下，仿佛已被扯成大小的几绺，不复是一幅整齐而平滑的布。岩上有许多棱角，瀑流经过时，作急剧的撞击，便飞花碎玉般乱溅着了。那溅着的水花，晶莹而多芒；远望去，像一朵朵小小的白梅，微雨似的纷纷落着。

文章通过对瀑布声音的描绘，把瀑布的欢乐和生命刻画了出来。充满情感的瀑布形象就涌现在我们面前，使人久久不能忘却。

在音乐中，描写景物常常用直接的方式来描摹。

例如《杜鹃圆舞曲》，它是挪威作曲家约翰·埃曼努埃尔·约纳森为一部影片而作的配乐。原为钢琴独奏曲，后来被改编为管弦乐作品。

乐曲的由弱拍进行到强拍。大三度的下行音程与杜鹃鸣叫的音程完全一样，直接模仿了杜鹃的鸣叫声。这个动机将杜鹃鸟鸣模仿得惟妙惟肖，使听众有置身于春天的丛林之感。

圣一桑的《动物狂欢节》的第九首，只用了单簧管和钢琴两种乐器。钢琴表现恬静安详的晨曦，单簧管用大三度下行直接模仿杜鹃的鸣叫声，使人心旷神怡，身临其境。

在西方，猎人狩猎时为了驱赶猎物，用猎号吹出铿锵有力的节奏，惊动猎物使其暴露，以便猎杀。捷克作曲家斯美塔那的代表作《我的祖国》，作于 1874 年至 1879 年。作品讴歌和描绘了其祖国光荣的历史、美丽的河山。其第二乐章《沃尔塔瓦河》中的副部主题，由圆号和小号奏出，直接模仿猎人狩猎时吹奏猎号的音调，象征着沃尔塔瓦河流过一片茂密的森林。

» 声音具有暗示和象征的作用

云彩、山峦、日出、游水的天鹅等，都是用眼睛才能看到的客观世界，它们是无声的，耳朵是感受不到的。由于作曲家借助解释性的标题，暗示或象征了作曲家想要表现的客观世界，才使我们比较清晰地理解了作曲家的创作意图，不至于产生模棱两可的模糊理解。

挪威作曲家格里格的《培尔·金特》第一组曲中，有一段描写摩洛哥海岸晨景的音乐“朝景”：

音乐一开始，先由长笛轻轻吹奏出田园式的清晨的主题，犹如一股清泉在一片静谧的田园气氛中衬托着太阳破云而出，表现了幽静的晨曦景色。在标题中，如果没有“朝”字的限制，我们也可以将这样的音乐理解为晚霞，而标题的限制使我们必须理解为朝景，因为作者通过标题已经给了我们足够的暗示或象征。这种暗示或象征通过解释性的标题，引导了听者的意识取向。

《动物狂欢节》中的“天鹅”：乐曲开始，钢琴以轻盈剔透的和弦，清晰而简洁地奏出水波荡漾的引子，在此背景下大提琴奏出舒展而优美的旋律，描绘了天鹅以高贵优雅的神情，安详地浮游的情景。标题所具有的暗示或象征的规定性功能，使我们用耳朵“听到了”天鹅轻盈的游动。

音乐描述客观世界的三种方法常常结合在同一部作品里综合使用。如贝多芬第六交响曲“田园”：第二乐章中尾声用三种木管乐器分别模仿莺、鹌鹑和杜鹃的鸣叫，这是直接模仿；第四乐章用不协和和弦、半音进行和强烈的音响来描写“暴风雨”，这是第二种模仿，对无固定音高的物质对象进行近似模仿；第五乐章“暴风雨以后的愉快和兴奋情绪”，描绘了彩虹、水珠，这是第三种模仿，对由视觉器官感受的物质对象，用标题来进行暗示或象征。

» 声音有颜色

声音之所以能“画”出美丽的画还在于声音是有颜色的，这主要表现在音乐艺术的表现上。就像绘画离不开颜色一样，音乐艺术也离不开音色，而音色与颜色之间存在着自然的联系。从物理学的角度上说，音色和颜色都是一种波动，只是它们的性质和频率范围不同而已。人们耳朵能听到的声波大约从每秒 16 周到每秒 2 万周左右，人们眼睛能看到的光波（电磁波）大约在每秒 451 万亿周到每秒 780 万亿周之间。由此我们可以知道，音乐也可以是五彩斑斓的。

其实，艺术家在音乐作品中运用不同的音色与在美术作品中运用不同颜色的效果是极为相似的。音色和颜色一样，也能给人以明朗、鲜明、温暖、暗淡等感觉。有许多音乐家把音乐与颜色相比拟，即通过“相似联想”或“关系联想”把它们分别联系起来。例如，在欣赏贝多芬第六交响曲第二乐章时，我们可以想象一下：明朗的长笛声部吹出了蓝色的天空，而单簧管的独奏乐句，从它那单纯而优美的音色中，似乎呈现出玫瑰花一样的色彩。

很多人还把乐器的声音与颜色联系起来。作曲家柏辽兹的乐器法中也说：要给旋律、和声、节奏配上各种颜色，使它们色彩化。而他的作品也确实被认为是丰富多彩的。他和瓦格纳和德彪西等人被认为是色彩感强的作曲家。1876 年，当时著名音乐家波萨科特提出了音乐家们可以接受的比拟：弦乐、人声——黑色；铜管、鼓——红色；木管——蓝色。

其实，所谓的音乐颜色就是情感颜色，这些往往与人们自身的感受相联系。音乐家亚瑟·埃尔森曾提出了下列的对应：小提琴——明亮欢快，这是粉红色的；中提琴——表

声音可以"画"出美丽的画
巍巍乎高山!
艺术中的声音往往是对自然的直接模仿
在音乐中，描写景物常常用直接的方式来描摹
在西方，猎人狩猎用猎号吹出铿锵有力的节奏猎杀猎物
声音具有暗示和象征的作用
我仿佛听到了太阳升起的声音。
声音也是有颜色的

现浓郁的愁思，这是蓝色的；大提琴——表现所有的情感，但比小提琴表现得更加强烈，是深蓝色的；短笛——清新，是绿色的；双簧管——表现质朴的欢乐和悲怆，是紫色的；小号——表现大胆、勇武和骑兵渐近的声音，是金黄色的；竖琴——表现流畅和温柔，是透明的。这种音乐与颜色的联想是人们在艺术欣赏中逐渐获得的，但要注意这不是唯一的，也不是绝对的。

为什么有人能听懂音乐有人却不能

宋代有一个叫作义海的和尚，很会鉴赏诗歌和音乐。有一天，欧阳修问苏轼说："描写弹琴的诗歌谁写得最好？"苏轼说："那要数唐代韩愈的《听颖师弹琴》了。"欧阳修说："不对，这首诗只不过是描写听人家弹琵琶，不是弹琴。"因为欧阳修是苏轼的老师，所以苏轼也就不好说什么。

那么是不是苏轼错了呢？有人就去问和尚义海，义海说："不对，欧阳修是一代英才，想不到在这个问题上出了错。韩愈的《听颖师弹琴》诗中写得很明白，其中句子如'昵昵儿女语，恩怨相尔汝'，是写琴声的轻柔细眉，从中可以见出真正的感情；'划然变轩昂，勇士赴敌场'，琴声描写表现了一种精神余溢的气势，这很能动人视听；'浮云柳絮无根蒂，天地阔远随飞扬'写琴声的纵横变化，但仍不失于自然；'喧啾百鸟群，忽见孤凤凰'是写琴声的脱颖孤峙，不同于流俗；而'跻攀分寸不可上，失势一落千丈强'则又是写琴声的抑扬起伏，不拘泥于俗套的表现形式。这些都是描写弹琴的指法技巧，写琴声的妙处，而且也只有琴才能这样，琵琶就不行。韩愈的《听颖师弹琴》的描写，说明韩愈深得鉴赏琴声的奥妙，而欧阳修的随便批评则是错误的。"义海的话真是切中肯綮。

为什么欧阳修会理解错呢？

» 有人具备非音乐的耳朵

在审美当中，不管是对音乐、文学还是画面的欣赏，美感是由客观对象的美所引起的，没有美的对象，便不能唤起美感。然而，仅仅有了美的对象，而没有与此对象相适应的主观条件，对象不能为主体所欣赏，也仍然不能产生美感。在实际生活中我们经常看到面对同一部优美的艺术作品，有的人能感到它的美，有的人却不能感到它的美；有的人能欣赏它，有的人却不能欣赏它，这就有一个欣赏的主观条件问题，也就是审美能力问题。所谓审美能力，是指欣赏者在进行审美活动时所具有的与之相关的各种心理能力。人对艺术的欣赏是以视、听两种感官为主的，与审美对象相适应的听觉和视觉的感受能力，是人的审美能力的重要方面。审美感觉与想象、情感、理解密切联系，一个人审美感觉能力如何，对于美感的形成起着重要作用。

针对这点，马克思在《1844年经济学哲学手稿》中曾经提出了这样一个著名论断，他说："对于没有音乐感的耳朵说来，最美的音乐也毫无意义。"马克思提出的是一个艺术鉴赏力的问题，即要具备一定的艺术鉴赏力，必须要具备一定的艺术修养。

所以所谓"非音乐的耳朵"，是指没有一定的鉴赏力和艺术修养，听不懂音乐的人。

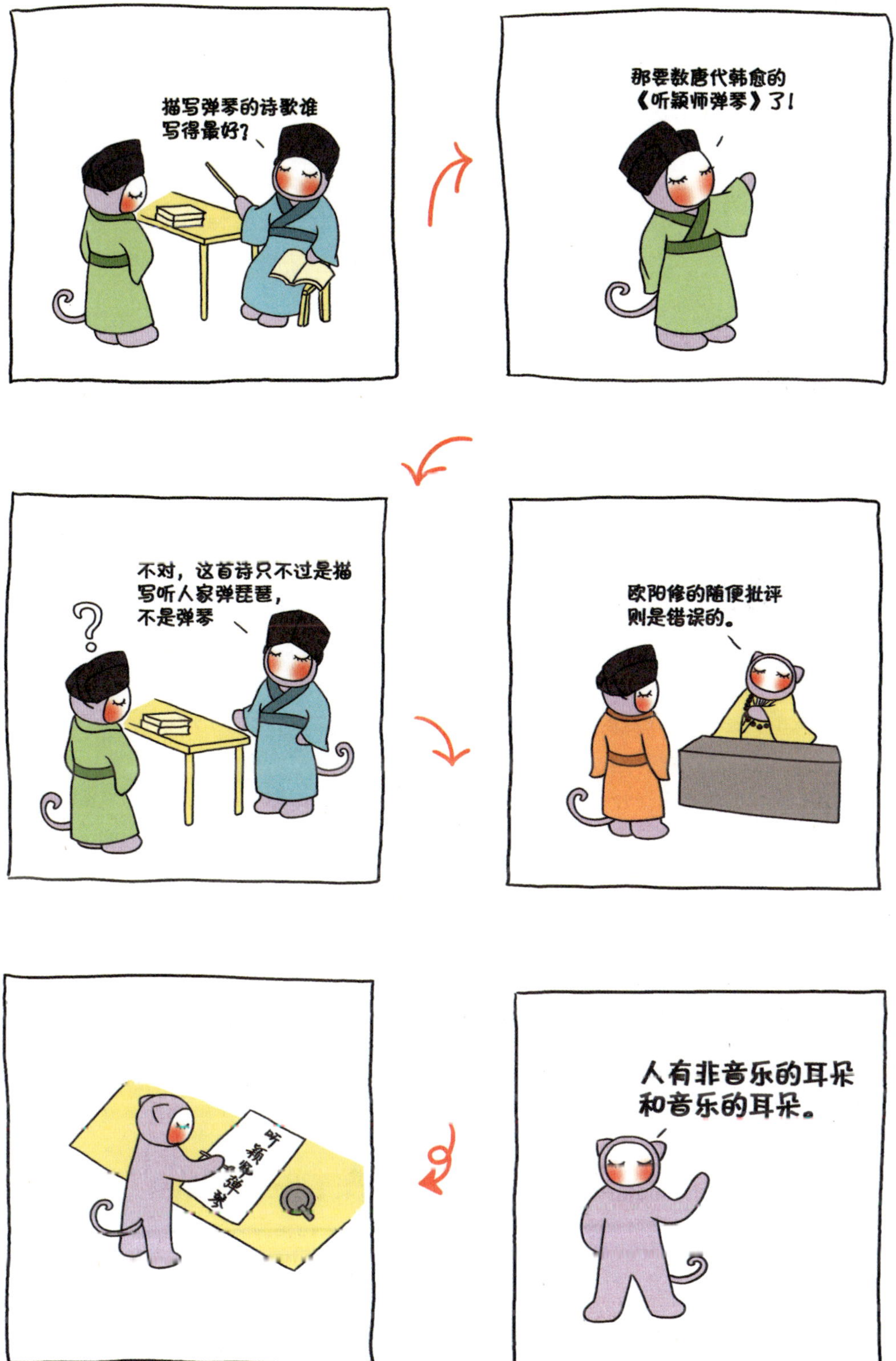
描写弹琴的诗歌谁写得最好？
那要数唐代韩愈的《听颖师弹琴》了！
不对，这首诗只不过是描写听人家弹琵琶，不是弹琴
欧阳修的随便批评则是错误的。
听颖师弹琴
人有非音乐的耳朵和音乐的耳朵。

» 有人具备音乐的耳朵

从音乐鉴赏的角度看，对一首音乐作品的把握首先要依赖听觉，没有听觉体验就没有音乐鉴赏。音乐创作和表演归根结底是以广大音乐鉴赏者为对象的，音乐鉴赏者是音乐创作和表演的接受者和消费者。“赏心悦‘耳’是音乐艺术的直接目的。也是人们进行音乐活动的第一需要。无论是作曲家的创作还是演奏家的表演，这些活动的价值只有通过鉴赏者的聆听才能得以最终的实现。”音乐的美首先为人的听觉所拥有，音响感知是鉴赏音乐的基础。这里所说的音响感知，也就是指通过听觉达到的对音乐音响及其结构形式的相对完整印象和总体知觉。值得强调的是，音乐是时间艺术，乐音随时间的运动转瞬即逝，因此，音乐欣赏者的注意力和记忆力是十分重要的。

平时我们所说的音乐情感，实际上是音乐音响和欣赏者心理相互作用的结果。音乐的意义既不存在于刺激物（音乐音响）中，也不存在于它所指向的事物或欣赏者的头脑中，而是在作曲者、表演者和欣赏者的交流中。我们知道，作曲家的创作冲动和音乐主题可能来源于他对现实生活的深刻领悟，也可能是对某一现象的有感而发；它们可能是长期思索和积累所爆发的灵感，也可能是对瞬间的印象和感受的象征性表现；一部音乐作品也许是源发于特定自然景象，也许是将其他艺术作品，如文学故事、绘画等，作为参照物。无论一部音乐作品产生的初衷和背景如何，作曲家在社会实践中获得的感受、意念、观念和作曲时的激情或情感已经物化为音乐（大多数情况是乐谱），再经由表演者的再创造，将其物化为音乐音响。

音响感知是音乐鉴赏的基础，包含两层含义。其一，音乐鉴赏中的音响感知首先构成对音乐形式的美感，或对音乐感性存在形式外在意蕴的把握。音乐的形式美表现在悦耳动听的音乐音响和巧妙精制的音乐结构形式中，以及由此而产生的听觉上的快感和精神上的愉悦。其二，音乐鉴赏中的一切情感体验和想象都要以音响感知为基础，如果脱离对音乐音响及其结构形式的感知，音乐鉴赏也就无从谈起。有些音乐欣赏者，从表面上看他们在听音乐，但实际上并没有注意倾听音乐本身，而是猜想音乐在说什么、描述了什么具体形象。由于他们的想象没有建立在音响感知的基础上，当然不能真正地体验和理解音乐。

为什么一听声音就能知道电话那头的人是谁

人们都会有这样的经历，那就是当与一个人非常熟悉之后，只闻其声就能辨其人。尤其是在与人打电话时，即使对方并未表明自己的身份，人们也会很轻易地通过声音的识别就能知道对方是谁。

此外，人们也会通过歌声来分辨歌手，因为有的歌手声音非常有特点，绝对不会和别人的声音相混淆，但是有的歌手的声音却“面目不清”。这是为什么呢？

» 声音具有辨识度

声音辨识度可以分成音色本身的辨识度和歌曲处理方式的辨识度。关于音色的辨识度，是靠寻找一个特殊的发音位置来获得一个特殊的音色。

喂？是小丽啊？
你怎么知道是我啊！
声音具有辨识度
声音的辨识度成就了李谷一
超级歌喉大赛
这声音可真够奇怪的！
具备过耳不忘的声音就想驰骋歌坛，无异于痴人说梦！
与众不同的声音只是声音辨识度的一个要素
请评委对选手进行点评！
声音很有特点，但是唱功还需要一点功夫！
声音辨识度高与好听并不代表有好的音乐天赋
这个声音很纯净！
但是感觉还是缺少了点灵魂
理解力是唱歌成败的关键
超级歌喉大赛
他抓到了歌曲的灵魂！
这才是音乐天才啊！

至于音色本身带来的天然辨识度，值得珍视。特色通常就意味着奇怪，有个奇怪的声音不难，声音的奇怪能够变成声音的美，很难。这不仅需要人的后天能力，更需要一个天然指标，需要声音“奇怪”程度符合一个合适的度。如果这份奇怪影响到事关美感的重要指标，恐怕就过犹不及。美的标准不是绝对真理，但是，它是一份得到普遍尊重的约定俗成。

究竟何谓声音的辨识度？很多人走入了误区，认为有别于传统的、主流的声音就是声音的辨识度，其实这只是其中之一，很多歌手明显具备女中音的气质，但却没有走得更远；显然，具备过耳不忘的声音就想驰骋歌坛，无异于痴人说梦！

声音的辨识度是一个综合的概念，与众不同的声音只是其要素之一。很多歌手想要靠自己独特的声音来取胜还不够，因为声音的辨识度还应该与唱功、唱腔等因素唇齿相依，当然唱功应该包含音域、吐字、音准、情感表达、歌手二度创作的本领等；唱腔应该是歌手对于不同音乐曲风的运用和驾驭能力。

20世纪八九十年代，家喻户晓的李谷一可谓风光无限，作为民族歌唱家，影响力出其右者，至今仍是凤毛麟角，花腔女高音的李谷一，其声音的辨识度毋庸置疑，花鼓戏出身的她唱功也是可圈可点，而在唱腔上，也是最早将气声唱法即通俗唱法融入民族唱法的歌唱家，致使她的歌曲真正做到了雅俗共赏，传唱至今仍经久不衰！

» 辨识度和好听与否

声音辨识度实际上是指音色的独特性。声线的特点体现在音质和辨识度两个方面。辨识度主要决定于声带特点，声带狭长且很薄的，音色就会很清亮，反之，声带宽厚的，音色就会很低沉。

但准确地说，声音辨识度决定于声线特点，声音辨识度实际上是一个人的声音区别于他人的特征。

乐感好，音质优美，同时声音辨识度又非常高，音域也相当宽泛，但并不说明就有了非常好的音乐天赋，在这里，人的理解力是决定因素。理解力和歌唱技巧是结合在一起的，就是常说的一个唱歌的人能否“入歌”。可以说理解力是唱歌成败的关键，天赋再高，不能理解歌曲的内涵，终究无法和听众达到互动，或者说知觉上的共振，那样就是一个败笔。有时候，“好听”不代表是一首好歌。克里斯·布朗就是一个例子，他的音质不算优美，高音乏力，但辨识度很好，虽然选择的歌曲并非主流，但是从他对歌曲的处理上可以听出理解力和自我发挥的空间，能被听出故事或者情景的歌曲大多可以动人，当然这要双方都有类似的理解力，否则南辕北辙，对牛弹琴，贻笑大方而已。

为什么有的音乐让人喜悦有的音乐让人感伤

» 音乐对人的情绪有很大影响

音乐，它本身作为一种艺术、一种社会意识形态，反映的是人类社会生活、人类思想感情。它是世界上最抽象的艺术，无形无味不可触摸，但是却又是离人心最近的艺术。它让人们能够在第一时间与无遮拦的情感亲密接触，拥抱激情、感受悲喜。通过节奏、旋律、和声、音色完美的组合，感染欣赏者。人们常说，音乐可以陶冶情操、净化灵魂，这当然和音乐的特性以及人们对音乐的心理感知是分不开的。音乐是一种有一定节奏组织的、通过时间而展开的艺术，而且更重要的是，音乐是纯粹情感、不涉他物的艺术。把音乐的各种音响、音调要素在时间上加以组织，这就是音乐节奏的功能。音乐的节奏感不仅有生理的基础，还有心理的感情作用在内。表情丰富的音乐之所以能感动人，其原因也在于此。

因为音乐是一种善于表现和激发感情的艺术，那么音乐欣赏的过程也就是感情体验的过程。音乐欣赏是极富幻想的，它可以使人超越一切。人在现实世界里有种种烦恼、忧虑，会感到自己的渺小与无助，而音乐却能让人超然物外，调解客观与主观的矛盾，恢复人的心理平衡，使人在乐声中融入浩渺的宇宙，与大自然融为一体。音乐还能表现激烈的冲突，表现人与命运的搏斗，寄托和排遣人心底的痛苦和忧伤。在欣赏这一层次上，音乐不仅能帮助人解除苦恼，而且能够冲破习惯思维的束缚，使人的想象插上翅膀，从而激发出巨大的创造力和潜能。

音乐能影响人的情绪，它也体现在人生理上的反应。轻松欢快的音乐使大脑及整个神经功能得到改善。节奏明快能使人精神焕发，消除疲劳；旋律优美能安定情绪，集中注意力，增强人的生活情趣，有利于身心健康。显而易见，音乐对精神、情绪具有极大的影响。研究表明，良好的音乐既能消除人的不良体验，也能扩大其感受、感觉和体验的领域，又能使听音乐过程中出现的思维能力得以提高。

» 爱听音乐的人往往容易受音乐影响

用音乐来调节情绪，必须要参加音乐活动，参加音乐活动指的是唱歌，聆听乐曲，演奏乐器等。无论从事什么样的音乐活动，都会体验到音乐的强大魅力，受到音乐的感染。唱歌可以使人精神振奋，即使是浅唱低吟也能使人心中的郁闷一扫而空。演奏乐器需要接受较长时间的训练，恐怕大多数人都办不到。而听音乐是只要具备了正常听力的人都可以进行的。听的越多，欣赏能力就越高；欣赏能力越高，就越能够体会音乐的优美精妙，就越容易受到音乐的感染。一个心理健康的、成熟的人都不会拒绝音乐给他带来的好处，不管是在“只可意会，不可言传”的状态中感知，还是与音乐的感情内涵相互交融，发生共鸣，我们都会在不断品味中使精神得到升华。像一首首感动我们心灵的曲子，如凯利金的萨克斯曲《归家》、贝多芬的《月光奏鸣曲》、舒伯特的《小夜曲》、门德尔松的《春之歌》、格什文的《蓝色狂想曲》等一些意境深远的曲子，让人从感伤中解脱出来，变得心情畅然、兴奋，且充满自信，特别对那些有心理困扰的人大有益处。听音乐，无论现代的还是古典的，只要置身于音乐的海洋中，我们就可以调心、调息、入静、放松、联想，调养身心。

为什么有人能够拥有甜美的嗓音，而有人则五音不全

很多人都有去歌厅唱歌的经历，相信在这个过程中，大家会发现，有的人唱的歌非常动听，简直与歌唱家唱得一样好，而有的人却唱得非常难听，即使非常简单易唱的歌曲也总是唱不到调上。而生活中，往往也会有人以自己五音不全而拒绝唱歌。

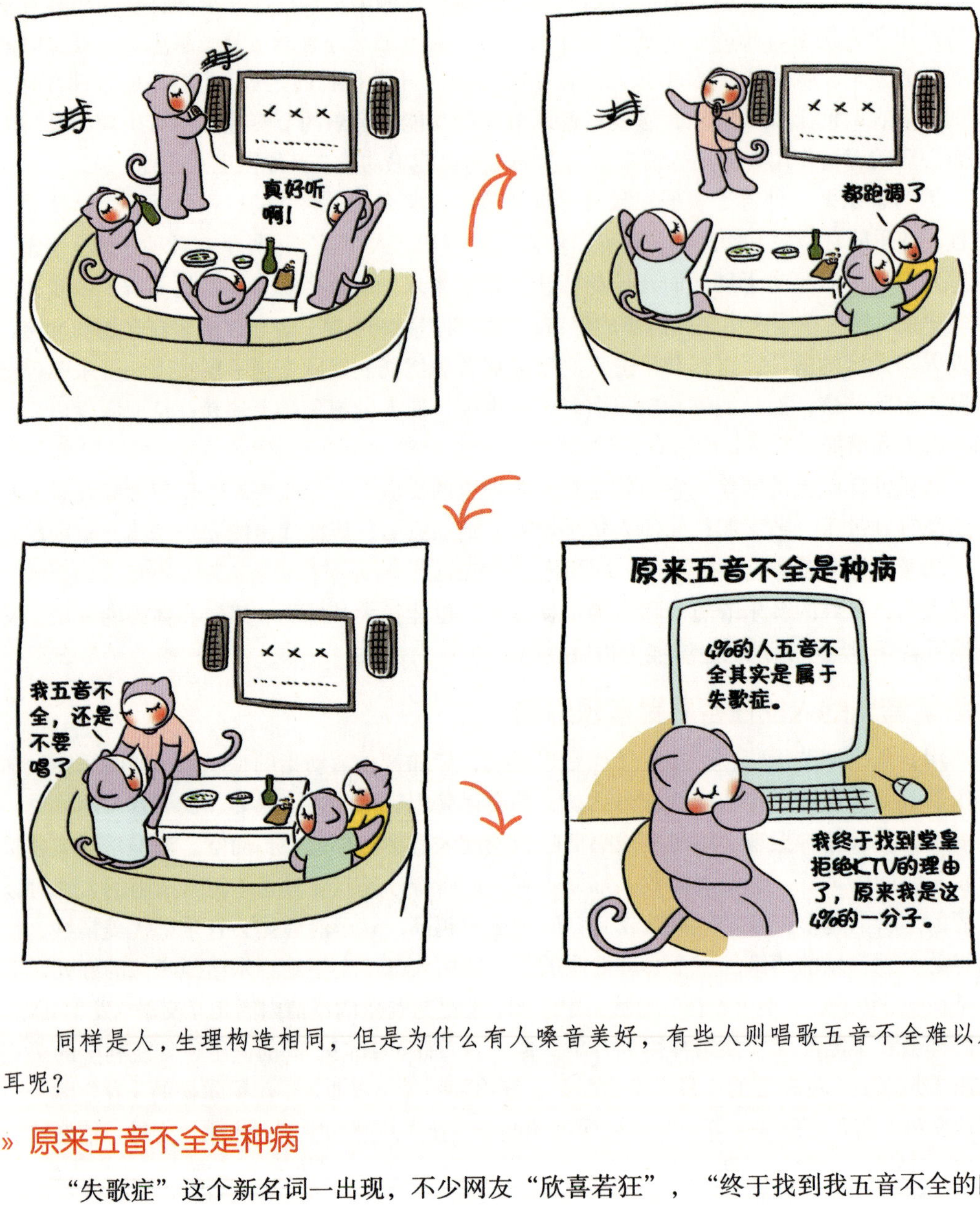

同样是人，生理构造相同，但是为什么有人嗓音美好，有些人则唱歌五音不全难以入耳呢？

» 原来五音不全是种病

“失歌症”这个新名词一出现，不少网友“欣喜若狂”，“终于找到我五音不全的问题在哪里了，原来是失歌症。”不少在 KTV“死不开口”的网友非常开心，“我终于找到堂皇拒绝 KTV 的理由了，原来我是这 4% 中的一分子。”“终于给五音不全找了个权威的学名了，居然叫失歌症。”

在一些社区网站上可以看到，类似于“跑调也要唱歌”一类的小组层出不穷。穿梭于这些网络小组的网友都是些热爱唱歌但总是五音不全的“跑调专业户”。有网友说：“这个太贴切了。我的死党就是一开口就跑调的典型，但我绝对没有想到他这毛病居然是天生的。”

早在 1878 年，英国科普作家格兰特·艾伦描述了第一例失歌症者。而在澳大利亚新南威尔士大学召开的国际音乐交流科学大会上，澳大利亚麦考瑞大学的比尔·汤普森教授对失歌症进行的一项新研究表明：唱歌找不着调也是一种病，被称为“失歌症”。“失歌症”又称歌乐不能，是失语症的症状之一，由大脑左半球（右利手者）颞叶前部病变造成，患者部分或全部丧失本来具有的认知音符和歌唱演奏欣赏乐曲等能力，也就是无法感知音乐。

» 好的嗓音一靠天生二靠培养

西方声乐认为嗓音的好坏跟音色和共鸣有关。但是这里的音色是指一个人天生的嗓音，即声带自然发出的声音，所以一个人嗓音的甜美与否是和先天声带的条件相关的。

通常女性的声带较窄，所发出的声音比较高亢；而男性的声带较宽，所发出的声音比较低沉。

无论我们喜欢的声音类型有多少种，有一点不会变，就是我们更喜欢说话清晰的嗓音，这一点是可以通过后天锻炼出来的。所以天生拥有好嗓子，不等于发出的声音一定很美，还需要后天训练，同样地，先天没有好嗓子，不代表不会拥有甜美的嗓音。

共鸣能让声音变得更丰富，听起来更有弹性，使声音有明显的由强转弱的过程。所以能不能让声音在体内产生共鸣，是能否发出好声音的关键。有共鸣效果的声音比自然声音传得更远，持续时间更长，也能更吸引人。每个人大概都有自己喜欢的声音，但是在中国戏剧中将好的嗓音称为“水、亮、响、膛、宽、净、脆”。这个概念大体的意思是要传得远，要响亮，最好有金属质，这样的嗓音是一种特别亮的嗓音。要洪亮，一开腔便能如洪钟一般震人耳朵；膛，是低音的共鸣时要有磁性，还要浑厚有力度，男性的声音尤其如此；并且还要没有杂音，在高音时短促明亮。

想要拥有这些嗓音条件，除了天生的好嗓子之外，后天的学习也可以改变。中国戏曲界认为，好的嗓音是练出来的。现代声乐也发现，后天的练习还可以对声带进行改变，将原本不佳的音色变得更为悦耳。

第八章
不仅仅是嘴巴的事
——每天学点饮食美学

饮食仅仅是嘴巴的事吗

有人认为饮食就是嘴巴的事，食物好不好吃全在于吃到嘴里的感觉。有这样想法的人肯定是不懂美的人。人们总会有这样的经历，就是在你毫不注意时，别人往你嘴里塞食物，你会本能地躲避一下，只有当看到是什么东西时，才会放心地用嘴巴去接住食物。我们也可以做一个实验：把你自己的眼睛蒙上，鼻子捏住，耳朵捂上，然后让人给你端来一种食物，你不能用手触碰，而是直接喂到你的嘴里，你会有什么样心理反应？很多人这种时候先是会有一些迟疑，因为不知道那是什么食物。即使突破了这样一个心理迟疑，人们往往也会因为不知道所吃的东西是何物而感觉不到食物的味道。

而如果不蒙住眼睛、捏住鼻子和捂住耳朵，在你面前放上几种食物，你肯定会很快做出反应，选择自己爱吃的食物，毫不迟疑地就会将食物送进嘴里，并能说出食物的味道和感觉。所以，饮食不仅仅是嘴巴的事。

» 饮食有“三特性，十美”

饮食文化与审美哲学思想在数千年饮食文明史上，经历了不断的演化和完善的历史过程，已经渗透到人类饮食生活的各个层次。饮食学家从饮食审美活动中的审美客体——饮食本身性质出发，按照饮食美的具体存在的形式，对饮食美具体形象进行深入研究分析，最终形成了独立的、系统的和严密的饮食“三特性、十美”。“三特性”主要包括：第一，表示饮食实质美的营养卫生特性，具体为质美；第二，表示饮食感觉美的机能、嗜好特性，具体为质美、味美、触美、嗅美、色美、形美；第三，表示饮食意美的附加特性，具体为器美、境美、序美和趣美。其中的质美、味美、触美、嗅美、色美、形美、器美、境美、序美和趣美即为饮食的“十美”。

从饮食美的这十个形态我们就可以知道，光用嘴巴是远远不能体会到饮食的各种美的，只有将全身感官综合活动起来才能全面地感受到饮食的美。这其实就是饮食美感的综合性特征。

饮食美感的综合性是指饮食审美活动中必须凭借多种审美感官以及统觉机制、通感效应来完整对于饮食美的把握。从前面饮食美的形态论可知，饮食美是由各种美的形式因素

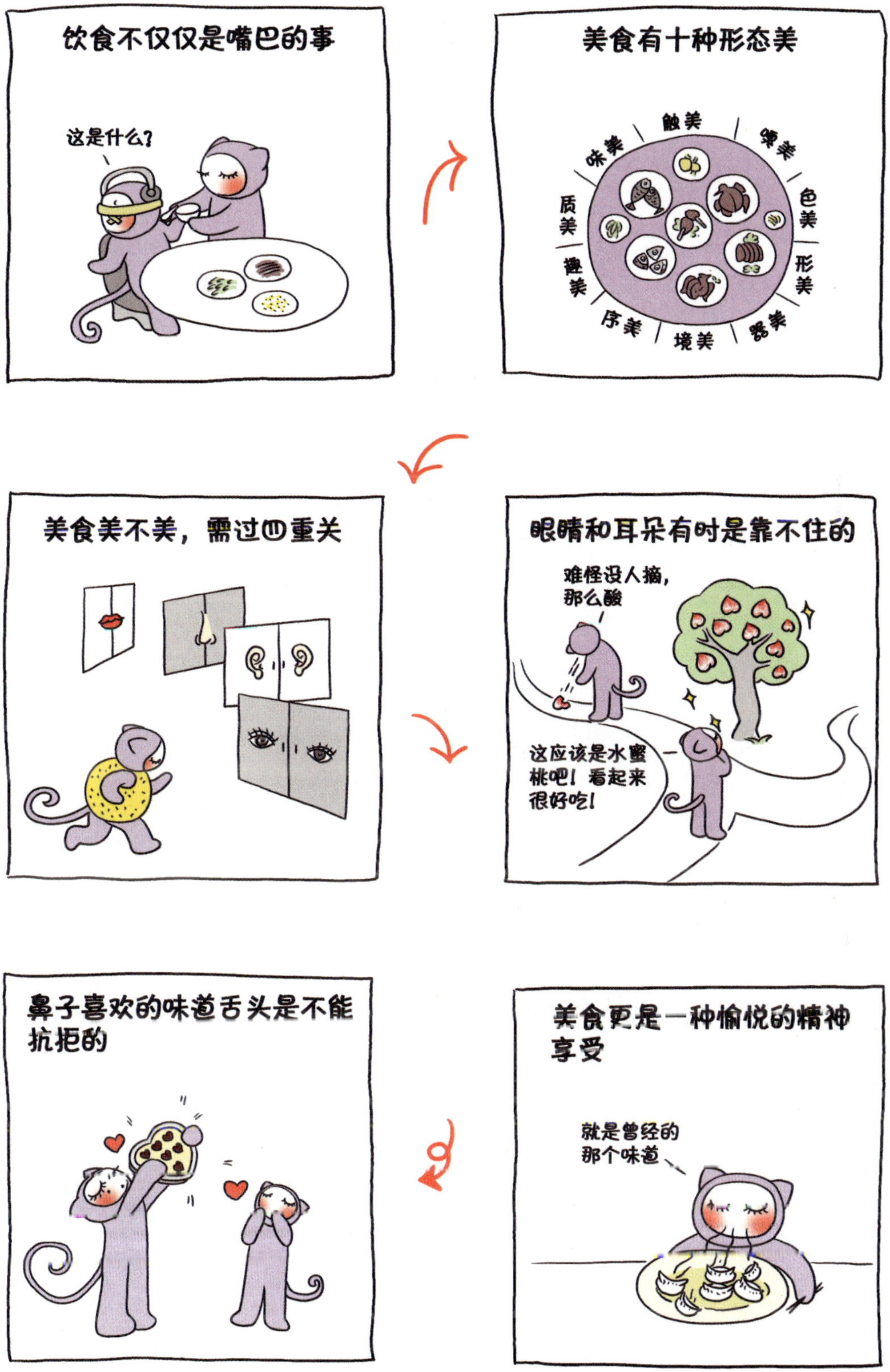
饮食不仅仅是嘴巴的事
这是什么？
美食有十种形态美
触美
色美
形美
器美
境美
序美
趣美
质美
味美
美食美不美，需过四重关
眼睛和耳朵有时是靠不住的
难怪没人摘，那么酸
这应该是水蜜桃吧！看起来很好吃！
鼻子喜欢的味道舌头是不能抗拒的
美食更是一种愉悦的精神享受
就是曾经的那个味道

综合而成的，其必然指向人化的饮食审美的五官机能，指向感性和理性相一致的精神的自由贯注，从而实现多层次、多侧面的饮食审美感受，有助于饮食审美者从整体上把握饮食世界的美。

» 美食美不美，需过四重关

有些资料上说，美食美不美需过两重关。其实这种说法并不严密。我们知道，眼睛和耳朵是最先“品尝”食物的，然后，才是鼻子和舌头。

饮食的美有十种形态，其中形美、色美、境美、序美和趣美都是由眼睛和耳朵最先感受到的，所以眼睛和耳朵是判断食物是否美的首要两重关卡。眼睛可以看到食物的外形和色泽以及环境的协调与否，如果食物的外形很好看、色泽鲜艳，眼睛就会把这种食物划定为美食；耳朵则可以听到食物的名称等来对食物的美与不美进行判断，如果食物的名字很好听，耳朵也会把这种食物划到美食的行列。

当然，眼睛和耳朵并不十分靠得住，因为即使美食有着美的外形和好听的名字也并不代表其味道美，不代表能被人所接受，所以这时候就需要鼻子和嘴巴来把关了。之所以有的资料上认为鼻子和舌头是判断美食美不美的两重关，就是因为鼻子和嘴巴才能真正判断食物的好吃与否。

在眼睛和耳朵两重关之后，鼻子是判断美食美不美的第三关。我们知道，大多数人的鼻子都能闻各种气味，如樟脑味、麝香味、花卉味、薄荷味、乙醚味、辛辣味和腐腥味等。有些气味，如花卉味、薄荷味，是鼻子喜欢的气味，拥有这些气味的食物很容易就被鼻子划分为“美食”；还有一些气味，如腐腥味、乙醚味等，是鼻子厌恶的气味，会在嗅过之后立即将它判断为“毒食”而拒绝去靠近，即使被强行塞进口中，也会拒绝下咽，除非你把鼻子捏住。所以，对于鼻子不喜欢的味道，身体一般也会抗拒。

如果说嘴巴是判断美食美与不美的第四重关，那么可以说这一关与第三重关是紧密关联的。这是因为我们的身体通常不会将食物的味道和气味区分开来，且往往会更加关注食物的气味。也就是说，如果鼻子喜欢一种味道，舌头是不能抗拒的，哪怕是舌头最讨厌的“苦味”。这是为什么呢？我们就以巧克力为例，由于鼻子闻到的是“香甜”（鼻子好像闻不到苦味），所以我们的身体就会认为巧克力是一种香甜的食物。因而舌头在品尝巧克力时，就算感觉到苦味，也会不自觉地忽略掉，只铭记其中的香味和甜味，并将这种香甜的味觉反馈给身体的其他部位。这时，“巧克力不苦，是香甜的”就会被身体铭记。

所以我们可以知道，美食不只是简单的味觉感受，还是一种愉悦的精神享受。这种享受往往与美食的“形色”“名字”“气味”和“味道”联系在一起，感知于我们的眼、耳、鼻、舌。因此，在第一次见面时，它不是以其绝美的姿态激起我们的共鸣，让我们一见钟情；就是以朴实的感觉慢慢融入我们的身心，让我们对它日久生情；抑或是，偷偷潜伏在我们的记忆之中，让我们在多年以后回味无穷，成为一生的牵挂。

为什么餐厅里的菜比家中的菜更好看

随着生活水平的逐渐提高，人们比以前更加讲究健康、美味、美感，人们越来越喜欢到餐厅里吃饭，尤其是在值得庆祝的日子，当招待朋友、重要人物时，人们还总会选择去一些环境高雅、味道可口的餐厅。因为餐厅的菜总是要比家中的菜看起来更加精致，如人们在餐厅中可以吃到切得像头发丝一样细的土豆丝，看到被雕成花朵状的萝卜，被摆成风景画一般的菜品。而且每道菜的盛具都各具特色，就菜品配置的餐具器皿的风格来说，有古典的、现代的、传统的、乡村的、西洋的等多种，不同款式材质的餐具，如陶瓷、玻璃、不锈钢、竹木等多种并用，形态各异，树叶状、花朵状、五角星状、鱼状等。总之是色、香、味、形俱全，让人见了食欲大开。

» 餐厅里的菜更讲究质美

所谓质美，是指食品良好的营养与卫生的状态所呈现出来的功能之美、品质之美。一般情况下，餐厅在食品原料的购买和选择上所下的功夫要比家中多。餐厅一般都会坚持“资禀为据，择优选材”的原则，以保证食品原料的品质。而在菜品的加工过程中，餐厅也会根据食物原料的天然特性和相应的科学营养原理，通过相应的烹饪技巧使食物天然的鲜嫩色泽与形态得以保存。如绿色的菜，绝对不能将其过度烹饪成黄绿色。容易掉色、染色的甘蓝等，则尽量单独烹制后再与其他菜肴摆放在一起。容易脱皮的花生，就干脆为其脱皮，只用其纯白的色泽来吸引人。

» 餐厅里的菜更讲究触美

所谓触美，是指在进食过程中食品的物质组织结构性能作用于口腔所呈现出的口感美。它的实现主要取决于食品加工过程中的选料、配料、烹饪技法、火候和刀工的技艺水平，其中尤以烹饪技法、油温、火候掌握准确度几点最为关键，而这些都是餐厅比较注重的。

» 餐厅里的菜更讲究色美

餐厅的菜肴最大的特点就在于色彩的搭配。餐厅的菜肴很少只有一种颜色，即使是土豆泥，我们也能在其中发现一些红红绿绿的点缀；绿叶蔬菜中也可能夹杂着红色的辣椒、白色的蒜泥、黑色的酱汁。即使只有一种颜色的菜肴，餐厅也会在摆盘时，通过在盘边摆放黄瓜片、胡萝卜片，或在盘子一侧摆放鲜花、西兰花等色彩艳丽的装饰物，来突出菜肴的色彩。有意思的是，餐厅喜欢将一些调料放置在菜肴的顶端，吃之前还需我们自己动手和一和才能吃。这并非是餐厅偷懒，而是调料中白的蒜泥、黄的姜丝、绿的葱和香菜，单独摆放时更能凸显菜肴的色泽美。虽然我们在家中做菜不用像餐厅那样对摆盘费尽心思，但至少可以在菜肴搭配上多用一些心思。

» 餐厅里的菜更讲究形美

形美是餐厅菜肴的主要魅力之处。形美的实现主要依靠两点：

第一，刀工。餐厅里的菜更注重刀工的精致。我们常听到人强调厨师的刀工，这其实

人们越来越喜欢到餐厅里吃饭
吃一个
好吃
好喝
好的材料才能做出好品质的菜
恰当的火候能使菜肴拥有恰当的口感
多种颜色的搭配能让菜肴更好看
形态清晰的菜肴更受欢迎
漂亮的盛器让食物更有美感

并不一定是要让片切得多薄、让丝切得多细，最重要的是坚持粗细均匀的原则。如果材料看起来大小均匀，即使较粗较厚，也可以被理解为故意为之，但如果不均匀，就会立刻被指责为刀工欠佳。

第二，材料的独立性和秩序性。餐厅讲究菜肴材料的独立性和秩序性，每道菜中的材料都应该尽量呈现出它们原有的形态。这不仅能利于分辨，还能将它们原有的美态展露出来。同时，保持材料的形态还能让菜肴更容易具备秩序性。如果将材料切得太过细碎，很难达到这种要求，所以餐厅对需要制造秩序感的菜肴，都不会切得过小。在家中，我们也可以通过较大块的菜肴来制造秩序的美感。

餐厅不喜欢形态不清晰的菜肴，所以他们会用模具对土豆泥、米饭等进行造型后再上盘。土豆泥可以做成三角形、圆柱形，米饭则可以做成从碗中倒扣出来的形状。如果我们能够在家中做菜时也对形态不清晰的菜肴用模具做好形状，就会使饮食充满情趣了。

现代人要求的饮食美，不是华而不实，不是要食品装饰的堆砌，而是要一种恰到好处的自然的美、实在的美。

» 餐厅里的菜更讲究器美

餐厅除了讲究菜肴的形态美，还讲究菜肴与盛器的搭配。有句古语说“美食不如美器”，这充分说明了器皿在饮食活动中举足轻重的地位。餐厅里的菜往往都会配上美丽的盛器，这些盛器的造型或清秀大方，或玲珑小巧，或庄重典雅，或富丽堂皇，可谓千姿百态，有的盛器还存有漂亮的纹饰和图案，与菜肴配合协调，给人以美感。所以，要想在家中也做出餐厅里如艺术品般的菜肴，我们也可以在家中购置一些漂亮的盛器，也让我们的家宴富有更多的情趣。

是什么改变了人们对美食的期望值

据说在第二次世界大战时期，美国一名名叫比利的海军舰队厨师能将柠檬果冻做出樱桃果冻的味道来。

原来，在一次非常漫长的航行中，比利发现自己订购的果冻出错了。柠檬果冻比原计划多订购了一倍多，而樱桃果冻却一颗都没有。但是，舰队已经出发了，这个失误已经没有办法补救了。比利只好每天祈祷，别让水兵们发现，以防水兵们的情绪受到影响。

但是，没有樱桃果冻这一事实是无法改变的。终于，一段时间之后，一些水兵开始抱怨自己没有吃到樱桃果冻。而且在高度的压力下，这件本不起眼的小事居然引发了内讧。之后，有人指出，这件事的责任应该归咎于比利，比利应该受到处分。

面对日益高涨的愤怒情绪，厨师比利想了一个办法，虽然有点冒险，但也只能一试。一天，他像往常一样制作柠檬果冻，只是在调配时，加入了一些红色的食品色素。这样，柠檬果冻就变成“樱桃果冻”了。当然，它仍然是柠檬口味。

到了晚餐时间，一盘盘的“樱桃果冻”被端上餐桌时，水兵们看到“樱桃果冻”都很欣喜，品尝之后，也没有人认为有什么不妥，还称赞比利有办法。

之后，比利又为水兵们做了两次“樱桃果冻”，直到舰队返港并重新进货。而在这期间，没有一个士兵认为自己吃的不是樱桃果冻，而是柠檬果冻。没有人怀疑所发生的一切。这是为什么呢？

» 美食也有光环效应

人们总是会选择对自己的生存和生活最有利的饮食，这就必须依靠自己的五官。但是，看了上面这个故事之后，可以知道，我们的五官有时会不可靠，它们很容易被美食的光环所迷惑。

比利仅仅改变了果冻的颜色，就让水兵们尝到了期望的樱桃果冻的味道。这看起来很不可思议，但是这也是有据可循的，其实这种现象就是心理学上的“期望值同化”和“认知偏差”。

对于一般的食物来说，期望值往往能决定人们对美食的印象。比如，在看到一份食物时，你若感觉它的味道美，那么在品尝后就会觉得它的味道真的不错；反之亦然，如果你认为它的口味不怎么样，那么在品尝之后，它的味道也会被你所厌恶。当然，不好看但特别好吃的食物是例外。这就是美食的“光环效应”。

就是因为明白了美食也有光环效应这一原理，餐厅都会通过给美食添加光环来“操纵”人们对食物的期望值。比如，餐厅的厨师为了提高食物的“档次”，会将牛排盛在看起来昂贵、镶有金边的盘子里；还会在菜肴的周围添加具有异国情调的饰物。虽然好看的盘子和饰物不能吃，但这些努力却被证明是值得的。因为，装饰后的食物能够提高食客们的期望值，让他们觉得食物特别美味，并心甘情愿地付出十倍于食物本身价值的金钱。

» 好听的菜名也在作怪

除了美食的光环效应能够改变人们的期望值之外，美食的名字同样拥有这样的力量。好听的菜名往往能很轻易地诱惑我们的耳朵，也能诱骗我们的味蕾和胃。

我们可以想象一下，如果我们将“红豆饭”的名字改为“秘制香甜红豆饭”，将“土豆肉片”改为“美味多汁意大利土豆肉片”，将“烤鸡”改为“七里香烤鸡”，将“南瓜饼”改为“外婆湾的南瓜饼”，将“巧克力布丁”改为“丝滑巧克力布丁”，将“水煮鸡蛋”改为“幸运红蛋”，在看到这些美食之前会不会比普通名字的食物更值得期待呢？答案显然是肯定的。虽然饭依然是以前的饭，菜依然是普通的菜，甜点依然是昨日的甜点，但是你就会因为这些添加了一两个描述词的名字而增加对食物的期望值，会觉得食物更美味、更可口。所以，很多餐饮店都是依照这一方法为食物命名，来提高食物的档次和餐厅的时尚感的。

有人可能会想，如果给食物加了描述词之后会不会导致相反结果呢？比如，某个人吃过一个“森林的邂逅”后会不会说“这不就是普通的黑森林蛋糕吗”？这种现象，不知道以后会不会有，反正到目前为止没有。即便吃一口“森林的邂逅”，再吃一口与之制作过程完全相同的“普通黑森林蛋糕”，人们还是会觉得前者要比后者的味道好得多。当然，如果想解决这个问题，努力使食物本身更加美味可口是唯一的出路。只有这样，你的“阴谋”才永远不会被“揭穿”。

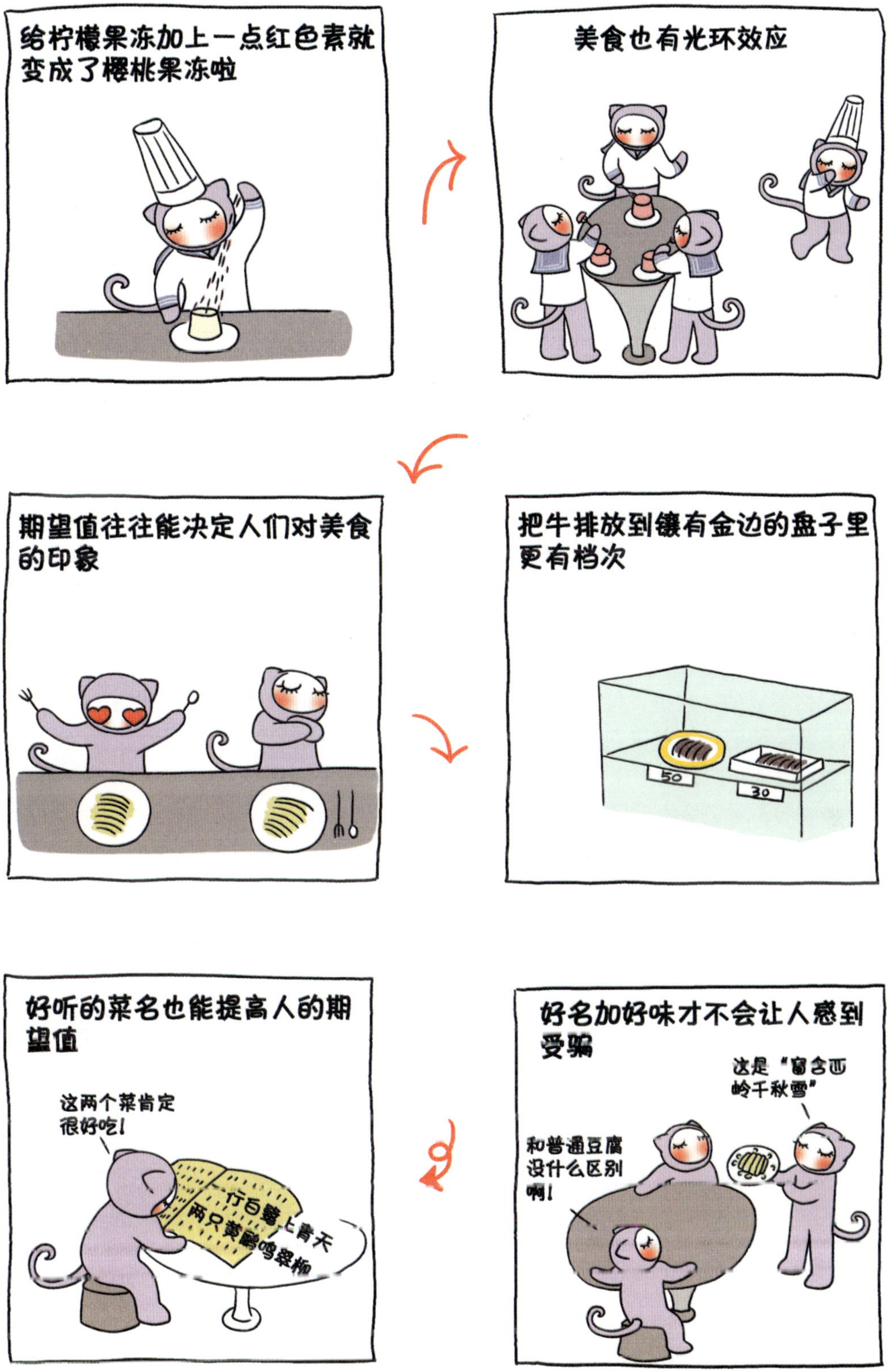
给柠檬果冻加上一点红色素就变成了樱桃果冻啦
美食也有光环效应
期望值往往能决定人们对美食的印象
把牛排放到镶有金边的盘子里更有档次
50
30
好听的菜名也能提高人的期望值
这两个菜肯定很好吃!
一行白鹭上青天
两只黄鹂鸣翠柳
好名加好味才不会让人感到受骗
这是“窗含西岭千秋雪”
和普通豆腐没什么区别啊!

为什么生活中的美好回忆大多与吃有关

有这样一段话："在生活的点点滴滴中，经常会发生一些漫不经心、容易忘掉的小事情。可能在你的人生当中，并不认为这些小事有多重要；若是作自我介绍通常也不会提起来。可是有时候朋友私下聚在一块儿，聊起自己生命里很多美好回忆的时候，我不知道大家有没有印象，其中会有好多好多是跟吃东西有关的。

"我好几次发现，在和最亲的朋友聚会，不是指在大庭广众、正经八百的毕业典礼、结婚典礼之类的谈话，而是大伙儿私密地吃完饭泡一杯茶或者喝一点小酒聊天的时候，大家会天南地北谈起在哪里吃到什么、哪里又吃了什么。我很惊讶的是怎么我跟大家一样，对一个地方的记忆常常是跟'吃'有关系的。"

为什么生活中的美好回忆大多与吃有关呢？

» 气味有助于人的记忆

生活中的一些美好回忆之所以大多数与吃有关，是因为食物气味能带给我们强烈的美感，而人的嗅觉是记忆和欲望的感觉，所以这种美感通过人们的嗅觉进入了人们的记忆。气味是无法被时间消磨的记忆。在对人体所有功能感觉的研究中，嗅觉一直是最神秘的领域。科学家们已经发现，味觉比视觉记忆更长久。他们在研究中发现了包含 1 000 个不同基因的大型基因家族，清楚地阐释了人类的嗅觉系统是如何运作的。

在记忆形成的过程中，气味起了至关重要的作用。美国的科学家用小白鼠进行了一个有趣的实验。他们让小白鼠在睡眠状态下"接触"一些特定的气味，比如它们喜欢的食物的气味或者其他小白鼠的尿味等。而之所以选择小白鼠睡着的时候，是为了排除其他因素（如视觉、触觉等）对记忆的干扰作用。

几个小时后，小白鼠清醒了。研究人员发现，接触过那些特定的气味的小白鼠，在闻到这些气味时，会表现出异常的行为动作。随后，研究人员又通过仪器检测了小鼠大脑中负责记忆的部分，观察了相关理化数据的变化，进一步从微观的细胞水平验证了气味对记忆的作用。由此，研究人员推断，睡眠的小白鼠接触气味时，大脑中的神经元接通了记忆的存储体，将它睡眠时闻到的味道输送并储存到了大脑中的特定区域。

可见，之所以人们在生活中很多记忆与吃的有关，就是因为美食的气味加深了人们的记忆。

» 人生经历加深气味的记忆

人与人之间有一点区别很大，那就是他们辨别一种气味或味道并确定其源头的能力不同，而这种能力要依赖于人们先前的经历。熟悉的气味总会伴随着往日的生活细节，欢乐与痛苦，甜蜜和寂寞。我们有时会说"眼睛欺骗了我"，但是比起视觉和听觉，嗅觉反而更可靠和真实，而且更不容易让人遗忘。如远游的孩子在异乡，不经意的一缕味道也许就会使他惊呼："妈妈的味道！"随之而来关于妈妈的憧憬与回忆瞬时就包围了他，获得美的享受与满足。所以，你以前与某种气味或味道有关的经历决定了你对这种气味或味道的

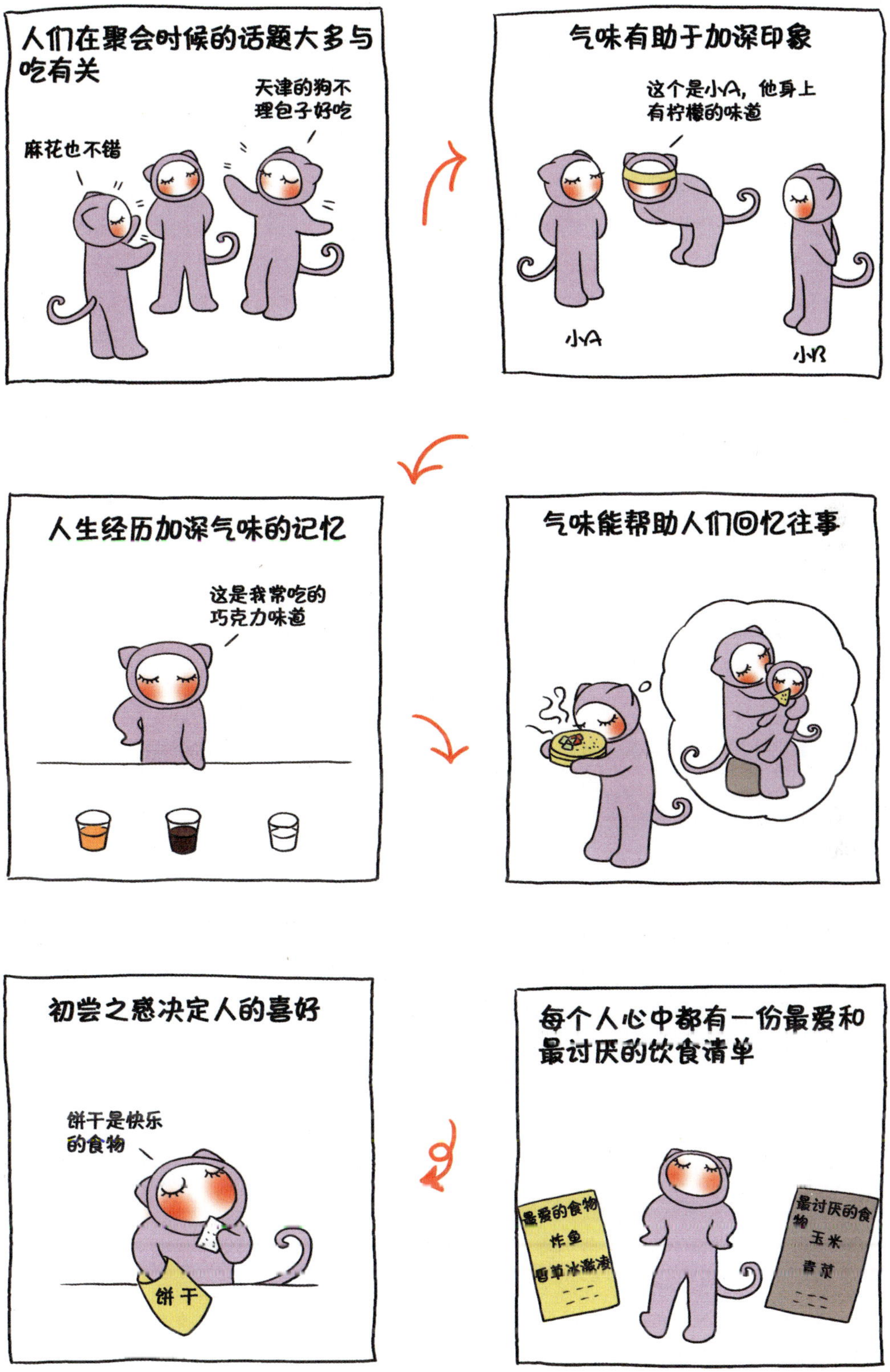
人们在聚会时候的话题大多与吃有关
天津的狗不理包子好吃
麻花也不错
气味有助于加深印象
这个是小A，他身上有柠檬的味道
小A
小B
人生经历加深气味的记忆
这是我常吃的巧克力味道
气味能帮助人们回忆往事
初尝之感决定人的喜好
饼干是快乐的食物
饼干
每个人心中都有一份最爱和最讨厌的饮食清单
最爱的食物
炸鱼
香草冰激凌
最讨厌的食物
玉米
香菜

印象有多深，对这一点，马塞尔·普鲁斯特的感触能够给予很好的说明：

“每当我想起玛德琳蛋糕的香味，那蛋糕被她调制的酸橙花菁华浸过，这种花我的婶婶以前曾经给过我……我一下子就想起了街旁那所灰色的老房子，我的房间就在那儿，那景象就像一家剧院拔地而起……那房子，还有那个小镇，早晚不息，风雨不透，还有我在午餐前被送往的那片住宅区，我疯跑过的那些街道，天气好时我们走过的乡间小路……在那一刻，我家花园和斯万公园里的那些花儿，维沃纳河上的睡莲。村子里那些好人和他们的住家，那个地方的教堂，贡布雷和它周围的一切。无论是小镇还是花园，所有这一切从我这杯茶中跃然而出，愈加真实。”

人们在学习辨别各种不同化学物质的气味（如吡啶、丁醇以及丙酮）时，即使是在进行了大量的练习并且有反馈的前提下，他们最多只能学会辨别 22 种气味。然而，如果味道不是由对普通人意义不大的化学物质所组成，而是由在人们日常生活中经常出现的化学物质所组成（如巧克力、肉类、绷带以及婴儿爽身粉等物质），那么人们平均能够辨别 36 种物质。总的来说，在经常接触、长期把某种气味与某种品牌相联系或者辨别气味时收到反馈等情况下，对气味的辨别就会比较容易。所以，人的经历使对气味的记忆加深，反过来，气味常常能帮助人们回忆起种种往事。

» 初尝之感，伴随一生

每个人心中都有一份最爱和最讨厌的饮食清单，最爱的如炸鱼、香草冰激凌等，最讨厌的如土豆、青菜等。而之所以最爱或者最讨厌，关键的原因在于最初品尝某种食物时的感受。

在美国的一个 MBA 学院，有一位来自中国的女留学生。她刚到达美国后，就被邀请参加一系列让人心情愉快的 MBA 学院的迎新活动。在这个活动上，她平生第一次尝到了甜饼干。当时的气氛很快乐，她感到很开心。

第二个星期，她所在的学习小组在休息时，有同学拿出了自制的甜饼干当零食请大家吃。当时的气氛非常融洽，所有人似乎都很开心。

一个月后，她参加一个朋友的生日派对，而派对上的点心就是冰激凌和甜饼干。这次派对，她同样玩得非常愉快。

由于这三次的“甜饼干”经历都是开心且充满乐趣的，于是，她便将甜饼干与乐趣及心情愉悦联系在一起了。之后，每当度过了美好的一天，她就会给自己一块甜饼干，以期望好心情能够延续；每当在心情沮丧的时候，她也会给自己一块甜饼干，以平复自己的心情。

可见，喜欢一种食物就如同喜欢一个人一样，其原因莫过于最初品尝时，它能带给你快乐；厌恶一种食物也如同厌恶一个人一样，其原因也是在初次接触时，它让你产生了悲伤、忧郁等消极情绪。不管是喜欢还是厌恶，一旦形成，就很难改变。

民以食为天，人人都是饮食男女，所以人们生活中大多数经历都会或多或少地和吃的东西有所联系。加之气味能够加深人的记忆，初尝食物的感觉也使食物和记忆紧密相关，而人们的记忆往往趋同美好，所以人们生活中很多美好的记忆就会和吃有关，人们也总会在与亲近的人聊天时不知不觉地谈起那些有关吃的记忆和由吃引起的回忆。

好心情可以吃出来吗

如何合理地调配饮食，使之更有利于人体健康、滋补养生，是人们所关注的问题。特别是随着全社会生活水平的提高，人们也越来越关心身体的健康。于是无论是电台、电视里还是其他媒介，关于健康的话题便成了众人瞩目的焦点。如果说美食和人的运气联系在一起，也许就会有人觉得那是一种妄想了。真的是妄想吗？有人已经否决了这一点。

食物有预防疾病、滋养身体、延缓衰老以及治疗作用，因此，靠食物改变人们的身心状况，平衡人的磁场，使之与时空和谐共振最为有效。所以饮食改运，绝非妄想。

» 心情转变

人总会有伤心难过的时候，总会有烦恼失意的时候，总会有因失败或挫折而使得心情很糟的时候。如果人一味地任由这种糟糕的心情持续下去，就会影响到很多事情，如人们总说：“人倒霉的时候，喝口凉水都塞牙。”其实，心宽一寸，受益三分，心宽路就宽，心窄路就窄。心情好，人生就会变得美好起来，体会到人生的乐趣；学会放松，人生就会变得轻松。

保持好心情和改变坏心情的一个法宝就是享受美食。让人能够拥有好心情的食物有三种：

第一种是蔬菜。其中，菠菜、南瓜可以称作是大自然的开心果。相信很多人都还记得大力水手，只要他一吃菠菜就会变得力大无穷。研究发现，菠菜还能给你“绿色好心情”。据了解，人体缺乏叶酸会导致脑中的血清素减少，如果长期缺乏会使人出现无法入睡、健忘、焦虑等症状。而菠菜叶酸含量最为丰富，每 100 克菠菜中就含有 347 微克叶酸。因此忧郁时不妨来一份带有菠菜的蔬菜沙拉。南瓜因富含维生素 B_6 和铁被誉为“开心果”。据了解，这两种营养素都能帮助身体所储存的血糖转变成葡萄糖，葡萄糖是脑部的“快乐燃料”，为脑部提供足够的能量。所以，在失意时不妨吃些南瓜给自己增添一些快乐燃料。

第二种是水果。其中樱桃和草莓能够给人带来怦然心动的喜悦。娇滴滴的樱桃和草莓小巧玲珑，煞是可爱，看着就让人心动愉快。据了解，吃樱桃、草莓等水果能使人产生兴奋和喜悦的感觉，帮助减少冷漠和忧郁。

第三种是甜食。其中，巧克力和蛋糕总能给人甜蜜蜜美滋滋的感觉。巧克力能帮助舒缓情绪，有调查发现，半数抑郁症病人有吃巧克力的欲望，吃完之后心情会趋于平静。吃巧克力给人带来好心情不仅是因为其美味，原来其含有一种名为“多酚”的物质，能够促进血管舒张，让大脑某些部位的血流量加快，让你能心情舒畅，更加开朗。蛋糕等甜食里富含糖分，能使人能量充沛，还能促进血清素的释放使人感到快乐。

此外，英国心理学家班顿和库克曾给多名志愿者试吃 100 微克的硒，受试者普遍反映觉得精神很好，思绪更为协调。美国农业部也发表过类似的报告。而硒的来源主要是鸡肉。

当然，只要是自己喜欢的食物，不论是什么都会让自己的心情转好，所以，想要心情转换，就多吃一些自己喜欢的食物吧。

坏情绪会让心情越来越糟
人倒霉的时候，喝口凉水都塞牙！
美食可以用来转换心情
吃过美食之后，一切都会变得不一样！
多吃水果和蔬菜可以让人减少忧郁
甜食能让人感到快乐
吃点甜食会让你开心哦！
美食可以让爱情更加甜蜜
美食能帮助人维系职场人际关系
升职了，请大家吃好吃的！

» 职场好心情

有人说，职场关系复杂，很多人在这种情况下都决定改变，但是从哪里变起呢？美食是最好的选择。

与同事的关系往往决定了一个人在职场中的顺利与否，所以维系与同事的关系成为人们在职场中的一大功课。很多新人入职时都会买一些食物与同事分享，这样就能让大家在享受美食的同时记住你并对你产生好感；在工作过程中，经常和同事一起分享美食，即使遇到困难也会得到同事的帮助而顺利解决；在得到晋升时，请同事共享美食也会使自己在新的岗位上能够更加顺风顺水。

所以，不要做一个吝啬鬼，尽情地发挥美食的作用，你会发现你的心情越来越好。

美食亦可美体吗

为了美体而放弃美食，是爱美的人最无奈的选择；而为了美食放弃美体，是爱吃的人偷偷后悔的选择。为了避免成为这两种人，一些自以为聪明的女孩子想尽了一切“美食”与“美体”兼得的办法——解决掉吃进肚子的美食——要么呕吐节食，要么过量运动，要么吃减肥药。这些办法似乎很有效，她们随时都能吃到那些美味的、高热量的食物，但从目前生活中很多因减肥导致身体病变的例子来看，这些真的不是正确的选择。

难道“美食”与“美体”真的不能兼得吗？真的不能两全其美吗？其实不是的，只要能够合理膳食，养成良好的饮食习惯，美食亦可美体。

» 冲破内心的贪念

想要重塑健康的饮食习惯，最先要除掉自己的饮食恶习。虽然饮食的恶习多种多样，但终归于一点，那就是人们对食物的贪念。有人说，活着最重要，吃饭是为了更好地活着；也有人说，吃饭最重要，活着就是为了吃，学习和工作也都是为了更好地吃。前者是食物的主人，后者却是食物的奴隶。

做食物的奴隶，并不是特指“贪吃”，还包括“嗜吃”，如嗜吃甜食、嗜吃辣味、嗜吃油炸食品、嗜吃荤食等。食物本是用来维持健康的，如果我们为了“享用美食”来牺牲健康、牺牲生活原则，就与饮食的初衷背道而驰了，就是“食奴”的行为。

所以，要想放弃“食奴”的行为，重新升级为“食物的主人”，重塑健康的饮食习惯，吃出健康美，就请别再放纵自己，杜绝自己对食物的贪念。而抵制美食诱惑的关键就在于你的饮食观念——美食不是必需的，吃一口就可以停止。

冲破贪念并不是让你完全控制自己的欲望而让自己感觉痛苦，这不仅不会让你享受到食物的美，反而更会影响健康饮食习惯的重塑。有些人是完美主义者，所以重塑健康的饮食习惯可能会比普通人难一些。因为不管是对人还是对物，完美主义者的执行理念只有一条——要么不做，要做就做得最好。而在对种种事物的追求过程中，他们忘记了一点——完美的另一面是苛求。苛求他人固然过分，苛求自己又怎么会是对的呢？试想一下，坚持这一理念的人如果给自己制定了饮食规则却没有做到，他们会怎样？沮丧、失落、厌恶自己、

只要合理膳食，美食亦可美体
合理膳食
牛奶
做食物的主人而不是奴隶
我好吃，吃我吧
不做完美主义者
又没忍住，又得去运动了，真累啊。
良好的习惯在于坚持
小吃
抑制食欲太难受了，放弃算了。
“合适”的饮食才是最健康的饮食习惯
什么样的饮食习惯才是健康的呢？
常吃八分饱，延年又益寿
虽然没有吃饱，但也可以不用再吃啦！

悲观……都有可能，唯一不可能的就是“原谅自己”。这样下去会怎么样？不但不会拥有健康的饮食习惯，还会在抑郁的情绪中越陷越深。

所以，不管你是谁，曾经如何要求自己，当你决定要重塑自己的饮食习惯时，请不要做苛求的完美主义者，要客观地对待自己——按照客观的原则，来评价自己的饮食行为，不要高估自己也不要低估自己，允许自己偶尔出现一次“例外”，比如，某个星期天在看电视时吃了一些高热量的零食，或是朋友聚会时多吃了一些食物，只有这样才不会觉得健康饮食是一种难以摆脱的压力。

冲破贪念不仅仅是对美食的贪念，还有对改变效果的贪念。要养成一个好习惯，我们就不能心太急，而要在不断重复中慢慢地塑造出良好的新习惯。当然，在破除坏习惯的时候，难免会遇到或多或少的不适感，如果我们跟这种不适感妥协，放弃改变，新习惯也就永远不会形成。饮食习惯的重塑也是如此，不能急于求成，也不能中途放弃，只能在“乏味”、不间断的重复中坚持。

» 健康饮食新开始

什么样的饮食习惯才是健康的饮食习惯呢？简单来说就是“合适”——配合合适的心情，在合适的时间，选择合口味的食物，吃分量合适的饭。而且，“合适”二字，要与“自己”搭配起来，要自己决定，而不是由别人决定。

首先，饮食要配以合适的心情是指饮食不要因喜怒而无常。人要愉快地进食但也不能在大“喜”的情况下进食。在不良情绪下进食则更是不应该发生的。

其次，合适的时间是指一日三餐的最佳进食时间。一般来说，早餐的最佳摄入时间是早上 7:00 ~ 8:00；正常的午餐时间是 11:00 ~ 13:00；晚餐的合适时间是 17:00 ~ 19:00。

再次，合适口味的食物不仅仅是指自己喜欢的食物，还要是符合人体每天营养需求的食物，这就需要均衡饮食。大家都知道，人体所必需的营养素有七类，分别是蛋白质、脂肪、碳水化合物、矿物质、维生素、膳食纤维及水。对于我们的身体来说，每一种营养素都是必不可少的，且摄入量也不能过多或过少，否则就会诱发疾病或影响身体的正常运行。

最后，合适分量的饭是指既能保证人体所需能量，又不至能量过剩的分量。常言道，常吃八分饱，延年又益寿。那么，“八分饱”究竟是一个什么样的概念呢？从感觉上来说，“八分饱”就是可吃可不吃的时候。那时，你可能会觉得胃里没满，甚至还会觉得意犹未尽，但是不吃下一口，也不会让你感觉身体不舒服。当然，要做到这一点，最好的办法就是小口吞食，细嚼慢咽。

要想满足以上几方面的标准不是一件容易的事情，尤其是对于很多上班族来说，因为忙碌，“早餐吃好、午餐吃饱、晚餐吃少”几乎成为不可能的事情。其实，这完全就在于人们自己是否想要健康的饮食，如果你想要健康饮食，想要吃出美丽，那么就必须养成如上良好的饮食习惯。

第九章 家装那些事儿——每天学点家居装饰美学

为什么要美化你的居室

有人说，每一个女人都是天生的艺术家。而家，则是她的艺术园地，她会由内而外、由整体到细微处，倾情装饰她的家，营造一个属于自己的浪漫空间。一盏橘黄色的灯，一串蓝色的风铃，一扇粉红的百叶窗，几个绣着古典花色的靠枕……那个属于自己的家，每一个细节之处，无不散发着悠悠的浪漫气息。

浪漫的三毛就是这样一个爱家的人，她非常善于美化自己的家：

“回到了甜蜜的家，只有一星期的假日了，我们开始疯狂地布置这间陋室。

……

最后一天，这个家，里里外外粉刷成洁白的颜色，在坟场区内可真是鹤立鸡群，没有编门牌也不必去市政府申请了。

……

我用空心砖铺在房间的左排，上面用木板放上，再买了两个厚海绵垫，一个竖放靠墙，一个贴着平放在板上，上面盖上跟窗帘一样的彩色条纹布，后面用线密密缝起来。

它，成了一个货真价实的长沙发，重重的色彩配上雪白的墙，分外明朗美丽。桌子，我用白布铺上，上面放了母亲寄来给我的细竹帘卷。爱我的母亲，甚至寄了我要的中国棉纸糊的灯罩来。

陶土的茶具，我也收到了一份，爱友林复南寄来了大卷现代版书，平先生航空送了我大箱的皇冠丛书，父亲下班看到怪里怪气的海报，他也会买下来给我……

等母亲的棉纸灯罩低低地挂着，林怀民那张黑底白字的‘灵门舞集’四个龙飞凤舞的中国书法贴在墙上时，我们这个家，开始有说不出的气氛和情调。

这样的家，才有了精益求精的心情。”

现在所有的人在新房入住之前都会装修，所花的工夫有时候堪比造一所宫殿，不只是装上实木地板和粉刷白墙，还要画上彩绘，挖空心思地弄别致的吊顶，以及各种美化居室的努力。就像三毛那样，即使是在沙漠中一个不起眼的房子里，也要装饰出一个不乏情调的温馨的家。

那么，为什么人们要装修美化自己的居室呢？

家具应像衣服一样，常换常新
该如何选择适合自己的家具呢？
挑选合适的家具需要“量体裁衣”
选择家具之前需要考虑家具位置和行动的通道
选择家具要注意与房屋的和谐
选择家具还要注意与自我身心的和谐
看着自己喜欢的家具就是舒心！

» 装修美化居室能带给人舒适美感

在紧张又忙碌的生活步调中，装修是一个会占用大量时间和精力的恼人过程。但是对于装修后的效果，大部分人都是心向往之的。

一天忙碌的工作结束后回到家里，看着色彩协调、功能齐全的家，会觉得无比的舒心，一天的疲惫也烟消云散。

中国人有句老话“有土斯有财”，由此看来，我们的民族对于家庭居所这个小天地是很看重的，所以，各地建筑风格例如徽派建筑、京派四合院等各种装饰风格层出不穷。

在家居生活中创造美感和享受美感，这是家装带给我们最大最直接的快意。

» 装修美化居室代表着主人的个性审美

现代人在巨大的生存压力下买房不是一件容易的事情，于是小屋子一定要装成自己心仪的模样。

打两个比喻。如果我们给一只猴子盖一间和我们的住室一模一样的“窝”，然后把它放进去，并且给它设计得很舒适，到处放满桃子，堆砌假山，那这里顶多算是一个比较大的动物园笼子而已。所做的一切也不能叫装修，因为它没有人性和人味，没有家的感觉。同样，我们到博物馆、展览厅去参观，或者到丝绸店、木艺馆去购物，面对那么多幽雅的艺术品、工艺品、装饰品，也不会生出家的感觉，因为那里没有我们自己的个性，工艺品在没有经过我们的爱好挑选之前只是商品，只有我们看上它、喜欢它，并把它带回家，摆放到窗台或者柜子上时，它才会给我们“品位”的感觉。

室内的所谓装修，更多的是主人特殊的心理和情感需要的产物，是主人艺术修养、文化品位、审美情趣等的综合体现。软装修的灵魂是个性和品位，而体现装修效果的关键则在于是否和谐。如果在一间东方式的古色古香的房子里忽然挂上了一幅毕加索的现代派绘画在墙壁上，那就会有一种说不出的别扭。我们看西方古典画派的作品，看洛可可、巴洛克，看文艺复兴时期的绘画，看那些贵族妇女肖像画或日常生活场景画，我们看到其中的那些窗帘、地毯、衣饰、家具，甚至特殊光线运用下的景色、人物的面部的颜色，都显示出高度的和谐和统一，反观中国古代的一些绘画作品，如人物肖像、贵族起居生活画等，也同样体现出这种和谐的特征。

什么风格的家居装饰才是美的

某知名网站做了一个调查，装修到底需不需要家装设计师存在，有些人就提出一个观点，装修其实根本不需要设计师。

他们说：审美的知识并不一定需要专业的培养，很多时候是与生俱来的，很多人的着装都很漂亮，他们并不一定就受过专业的美学教育。室内设计上也是同样的道理，根据你自己的审美标准去打扮房间有何不可？并且一个成功的室内设计决定标准绝对不是美与丑那么简单，漂亮的设计并不一定就适合你的生活习惯，既然判断一个设计成功与否的关键并不只是美与否，消费者又何必担心自己的美学素养问题？

这种观点有待商榷，但是他却提到了一点：美是有固定标准的吗？什么样的家居风格才是美的，难道真的有那么多约定俗成的规定吗？其实未必，美是有各种形式的，只要它们合乎一定的规律，家装美不需要设计师也可以完成。

» 有节奏与韵律的家装是美的

节奏与韵律是密不可分的统一体，是美感的共同语言，是创作和感受的关键。人们说“建筑是凝固的音乐”，就是因为它们都是通过节奏与韵律的体现而造成美的感染力。成功的建筑总是以明确动人的节奏和韵律将无声的实体变为生动的语言和音乐，因而名扬于世。

节奏与韵律是通过体量大小的区分、空间虚实的交替、构件排列的疏密、长短的变化、曲柔刚直的穿插等变化来实现的，具体手法有：连续式、渐变式、起伏式、交错式等。楼梯是居室中最能体现节奏与韵律的所在。或盘旋而上、或蜿蜒起伏、或柔媚动人、或刚直不阿，每一部楼梯都可以做成一曲乐章，在家居中轻歌曼舞。

在整体居室中虽然可以采用不同的节奏和韵律，但同一个房间切忌使用两种以上的节奏，那会让人无所适从、心烦意乱。

» 讲究对称与均衡的家装是美的

对称是指以某一点为轴心，求得上下、左右的均衡。对称与均衡在一定程度上反映了处世哲学与中庸之道，因而在我国古典建筑中常常会运用到这种方式。现在居室装饰中人们往往在基本对称的基础上进行变化，造成局部不对称或对比，这也是一种审美原则。另有一种方法是打破对称，或缩小对称在室内装饰的应用范围，使之产生一种有变化的对称美。

面对庭院的落地大观景窗被匀称地划分成“格”，每一格中都是一幅风景。长方形的餐桌两边放着颜色相同，造型却截然不同的椅子、凳子，这是一种变化中的对称，在色彩和形式上达成视觉均衡。餐桌上的烛台和插花也是这种原则的体现。需要注意的是：对称性的处理能充分满足人的稳定感，同时也具有一定的图案美感，但要尽量避免让人产生平淡甚至呆板的感觉。

» 稳定与轻巧的家装是美的

稳定与轻巧几乎就是国人内心追求的写照，正统内敛、理性与感性兼容并蓄形成完美

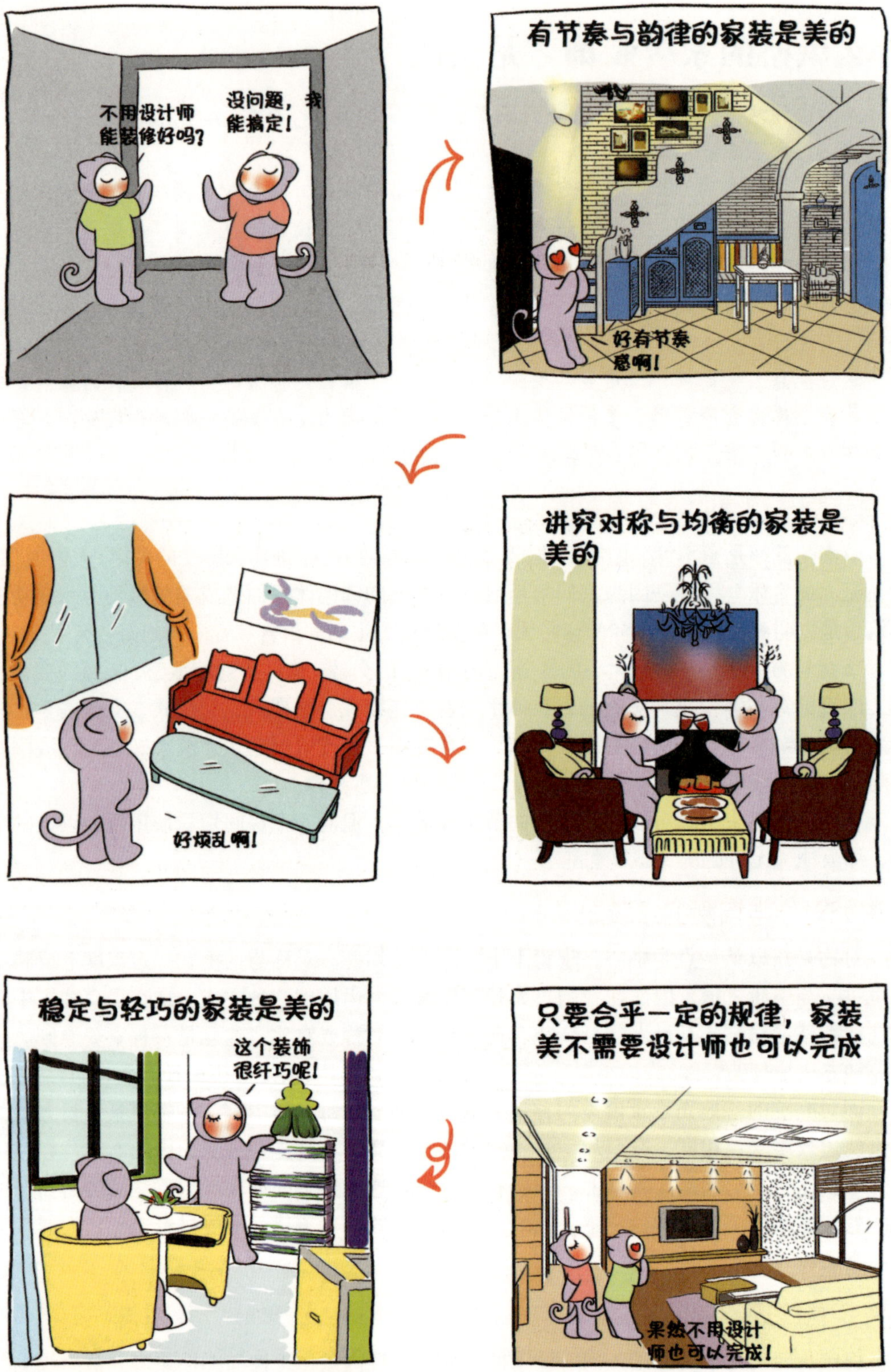
不用设计师能装修好吗？
没问题，我能搞定！
有节奏与韵律的家装是美的
好有节奏感啊！
好烦乱啊！
讲究对称与均衡的家装是美的
稳定与轻巧的家装是美的
这个装饰很纤巧呢！
只要合乎一定的规律，家装美不需要设计师也可以完成
果然不用设计师也可以完成！

的生活方式。用这种心态来布置家居的话，与洛可可风格颇有不谋而合之处。以轻巧、自然、简洁、流畅为特点，将曲线运用发挥得淋漓尽致的洛可可式家具，在近年流行的复古风中显得极为时尚。

稳定是整体，轻巧是局部。在居室内应用明快的色彩和纤巧的装饰，追求轻盈纤细的秀美。黄、绿、灰三色是客厅中的主要色彩。黄色向来给人稳重高雅的感觉，冲淡了灰的沉闷，而绿色中和了黄的耀眼，所有的布置都是为了最终形成稳定与轻巧的完美统一。

家居布置得过重会让人觉得压抑、沉闷；过轻又会让人觉得轻浮、毛躁。要注意色彩的轻重结合，家具饰物的形状大小分配协调，整体布局的合理完善等问题。

居室陈设装饰要不要统一格局

居室陈设是指室内的各种装饰品及其摆放、配置的方法，这是一门综合性很强的艺术，诸如园林环境、建筑内外檐装修、园艺盆景、文玩书画、家具器物等，无不与之有密切的联系。

原始社会时期，生产力低下，最初的室内陈设主要是满足功能的需要。随着时代的发展，在满足实用功能的同时，器物的外表美感逐渐成为人们的追求。直到明清时期，由于社会生产力进一步发展，物质条件更加优越，室内陈设艺术经过长期的历史积累，已逐步达到了一定的高度和境界，对后世的室内陈设产生了很大的影响和推动作用，使得明清风格成为中国传统风格的代名词。现代室内陈设设计大力倡导人文关怀并向更深的文化层面发展，从传统文化中汲取养分和精髓。但是无论怎么发展，中国的居室陈设都以统一格局为主要特征。而且统一和谐之美也是大部分居室陈设装饰格局的首选。“陈设”的原意就是“陈列”和“摆设”，即把物品摆出来供人看和用，而且要按照审美的观点安排各种物品。居室陈设的好坏不全在于物品的价值高低，而在于方式是否得体、配套是否适当，也就是说在陈设上是否做了综合效果的考虑和摆放是否井然有序。可以说，在居室陈设装饰中，统一格局是非常重要的，也是陈设、装饰中最先要考虑的问题。那么，在现代居室陈设装饰中，一定要统一格局吗？

» 统一格局是主流，但不是一刀切

在居室陈设装饰中，统一格局是非常重要的，在现代家居装饰中始终占据主流地位。简单说来，室内布置的总则为：统一格局，免除局促，富有新鲜感，光线色彩调和。

很多人将居室陈设装饰品如书画、玩具、工艺品、花草山石或个人专业书籍、体育用品以至邮票等，都统一设计，以体现出整体效果。

当然统一格局并不是要所有房间一刀切。虽然说一套住宅应该统一在一种装饰风格下，但每个房间都有不同的功用，居住者也不一样。所以切忌在所有的房间中都采用一种装饰风格，使用同样的装饰材料，这样做只能使房间显得缺少情趣和变化。所以，人们为了提高陈设的整体水平，在动手装饰之前还会对各类房间的使用性能或同一房间不同的区域特点，有一个明确的总的想法和要求。如卧室希望有简洁、雅致、宁静的气氛；客厅则要华丽、

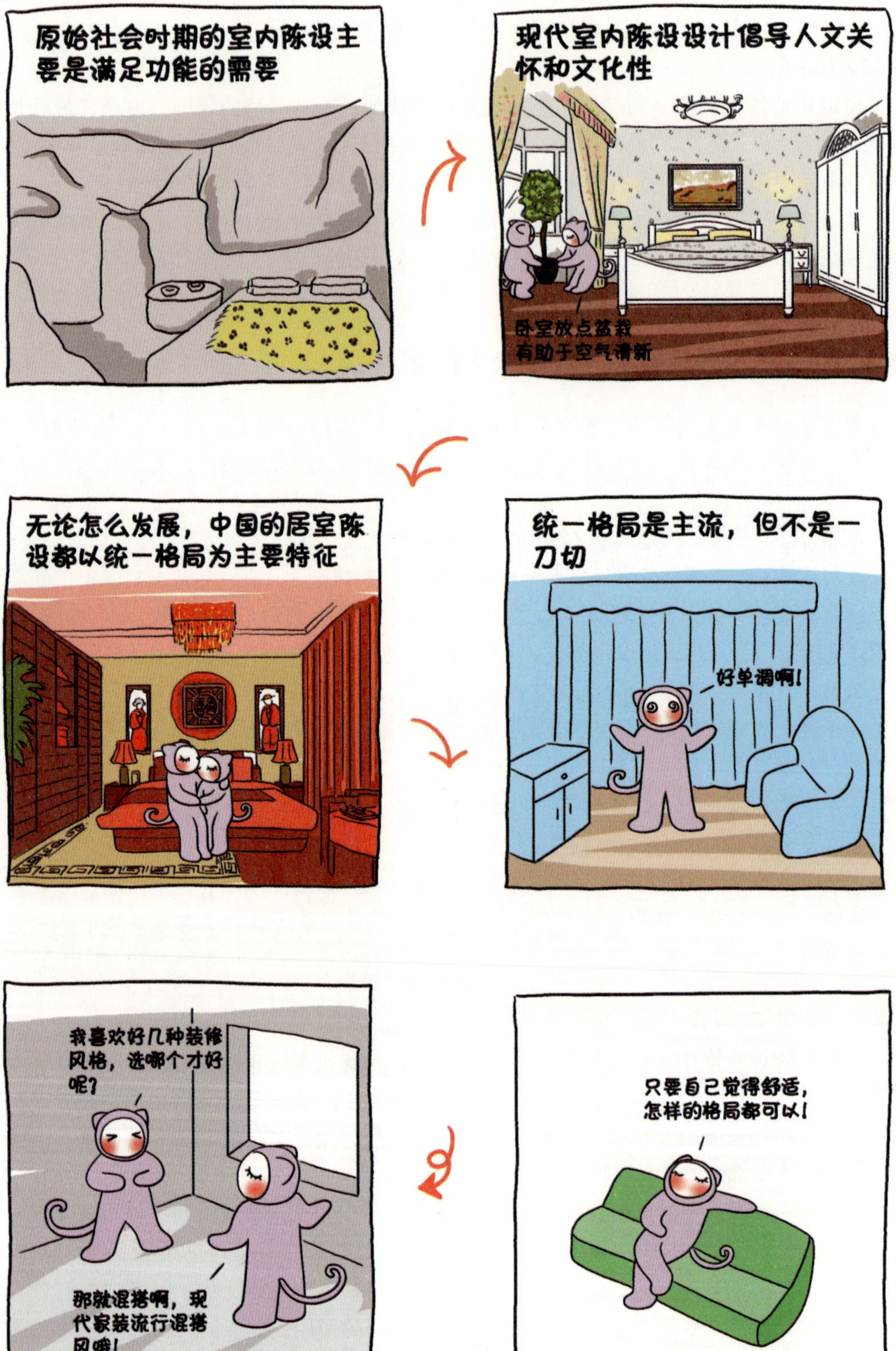
原始社会时期的室内陈设主要是满足功能的需要
现代室内陈设设计倡导人文关怀和文化性
卧室放点盆栽有助于空气清新
无论怎么发展，中国的居室陈设都以统一格局为主要特征
统一格局是主流，但不是一刀切
好单调啊！
我喜欢好几种装修风格，选哪个才好呢？
那就混搭啊，现代家装流行混搭风哦！
只要自己觉得舒适，怎样的格局都可以！

热烈，便于人们走动、攀谈，进行文娱多种活动；厨房则希望有洁净、有序、便于清理等特点；孩子的一角应是丰富多彩、活泼有趣，又和附近相协调，老人的居室则要注意保温、安全。这样，就会利于人们在动手时容易把握整体的格局和效果。

» 现代家装流行混搭风

混搭看似漫不经心，实则出奇制胜。要想轻松混搭成功，一定先要做好功课。

首先，要确定基调。虽然是多种元素共存，但不代表乱搭一气。混搭是否成功，关键还是要确定一个“基调”，以这种风格为主线，其他风格做点缀，有轻有重，有主有次。其次，中西合璧是潮流点。中式或亚洲式的设计一向以简约、质感见长，如果能够巧妙地与西方现代、创新的概念结合，那么你就可以完成一个时下最时尚的混搭之家。

容易混搭的三类方式：设计风格一致，但形态、色彩、质感各异的家具；色彩不一样，但形态相似的家具；设计、制作工艺非常好的家具，无论古今中外，也不管色彩、形态、质感、材料是否一致。

在材质上，可采用的选择也十分多元，皮革与金属、皮革与木头、瓷与木头、塑料与金属，等等。

在床品图案上，可以借鉴的有古代青花与西洋玫瑰、现代风格的纹理与古典盘扣，民间剪纸与蕾丝、流苏，羽毛与牛仔的融合，等等。

如果偏爱浓烈的色调，深红＋翠绿、橙色＋深蓝、深黄＋深红＋纯黑等最不可能搭配在一起的颜色组合，也往往能达到出奇制胜的效果。

总之，只要自己觉得舒适，怎样的格局都可以！

物品的摆放应该注重平衡吗

在上海世博会上，德国馆打破了一般人熟悉的德国人“严谨理性”的印象，让世人感受到了德国的“平衡”之美。

在世博园C片区，德国馆与法国馆、瑞士馆和波兰馆相互毗邻，构成一个类似“正方形”的区域。位于“正方形”左下角的德国馆主体由四部分组成，每一部分单看都好像非常不稳定，但构成一个整体却相辅相成，非常平稳。

有人这么形容德国馆：“在建筑设计上给人一种轻盈到几近飘逸的感觉，外观如同个可漫步于其间的三维空间体雕塑。”

平衡感在美学当中有很重要的意义，不仅是建筑外观，连家居装饰都需要注意保持。

具有平衡感的摆放能制造稳定的安全感，却较为死板；不平衡的摆放虽然能活跃环境，却可能带来心理上的不安定因素，所以很多人在装饰的时候希望能够在这两者中找到平衡。

» 物品摆放设计上的平衡感

在家居布置的初始就应该有一个完整的计划和构思，这样才不会在进行过程中出现纰漏。一般来说，物品摆放主要包括以下几种形式的摆放：

第一，同一水平线的物品摆放。房屋、桌子、架子、柜子、台面等为了方便摆放物品，都设计了水平的面，所以大部分物品都会在同一水平线上与其他物品进行组合。在这样的组合当中，我们需要注意的是，尽量将同类物品排放在一起，这样能制造出一种统一整齐的美感。如果物体的高度不同，不妨按照顺序排列，这样的排列方式会比错落有致更合适。如果一个水平面无法摆满物品，就要尤其注意平衡的问题。将物品摆放在水平面的正中，虽然平衡，但很难看。将其摆放在略微偏左或偏右的位置，就能兼顾平衡和美感的问题。最好的方式是量取水平线上的黄金分割点。

第二，前后的物品摆放。为了有效利用空间，人们会在同一水平面上进行物品前后的摆放，这样能增加储物空间，但是从美感的观点来看，摆放在后面的物品应该更具有整体性，不然很容易造成混乱的视觉效果。如书桌上的一排书，就比一盏台灯所占的面积大，应该摆放在书桌的最后方。如果有一排文件盒的体积大于书本的体积，文件盒就理应放在书本的后面。遵循这样的规律整理东西，整个家看起来才会和谐有致。

第三，上下的物品摆放。家居物品摆放中总会有上下结构的柜子等家具，在其中摆放物品，一定要照顾到的视觉的重量原则。应该尽量让下部的空间填满物品。否则会给人头重脚轻的不平衡感。

总之，家居布置在整体设计上应遵循“寓多样于统一”的形式美原则，根据大小、色彩、位置使之与家具构成一个整体，成为室内一景，营造出自然和谐、极具生命力的“统一与变化”；家具要有统一的艺术风格和整体韵味，最好成套定制或尽量挑选颜色、式样、格调较为一致的，加上人文融合，进一步提升居住环境的品位。

» 注重过渡时的平衡感

呼应属于均衡的形式美，是各种艺术常用的手法。在室内设计中，过渡与呼应总是形影相伴的，具体到顶棚与地面、桌面与墙面、各种家具之间，形体与色彩层次过渡自然、巧妙呼应的话，往往能取得意想不到的效果。

吊灯与落地灯遥相呼应，都采用看似随意的曲线，这种亲近自然的舒适感，最适合用于硬冷的物体之上；茶几上的鲜花随形就势给视觉一个过渡，使整个空间变得和谐。整体上将结构的力度和装饰的美感巧妙地结合起来，色彩和光影上的连接和过渡非常流畅、自然。“过渡与呼应”可以增加居室的丰富美感，但不宜太多或过于复杂，否则会给人造成杂乱无章及过于烦琐的感觉。

» 物品选择时的平衡美

在家居饰品中，每个季节都有不同的颜色、图案的家居布艺。无论是色彩绚丽的印花布，还是华丽的丝绸、浪漫的蕾丝，只需更换不同风格的家居布艺，就能变换出不同的家居风格，这样做比更换家具更经济，更容易完成。

需要注意的是，布艺的色系要统一搭配，以增强居室的整体感。装修中的硬线条或冷色调也可用布艺来柔化。春天时，挑选清新的花朵图案，让房间里春意盎然；夏天时，水果或花草图案会让人觉得清爽；秋冬季节，可以换上抱枕，让人温暖过冬。

要想把家居饰品组合在一起，使它成为视觉焦点的一部分，对称平衡很重要。当旁边有大型家具时，排列的顺序应该由高到低，避免视觉上出现不协调感。保持两个饰品的重

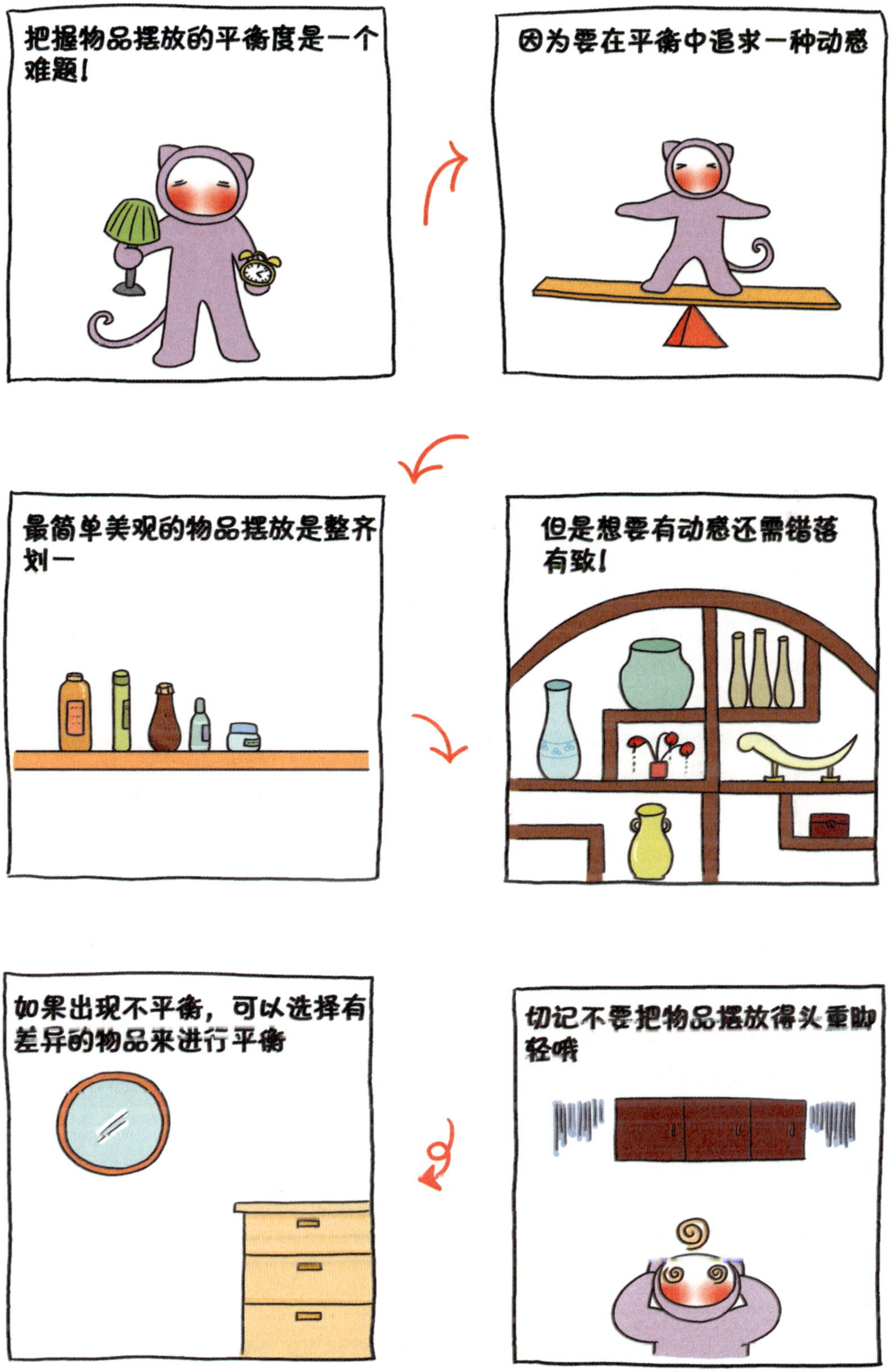
把握物品摆放的平衡度是一个难题！
因为要在平衡中追求一种动感
最简单美观的物品摆放是整齐划一
但是想要有动感还需错落有致！
如果出现不平衡，可以选择有差异的物品来进行平衡
切记不要把物品摆放得头重脚轻哦

心一致也是不错的选择，将两个样式相同的灯具并列、两个色泽花样相同的抱枕并排，这样不但能制造和谐的韵律感，还能给人祥和温馨的感觉。

一般人在布置新居时，经常想把每样东西都展示出来。但是，把饰品都摆出来会让房间失去特色和个性。其实可以先把饰品分类，相同属性的放在一起，然后按照季节或节庆来更换，改变不同的居家心情。

摆饰、抱枕、桌巾、挂件等中小型饰品是最容易上手的布置单品，可以从这些小型的饰品入手，慢慢地扩散到大型的家具陈设，小饰品往往更能成为视觉焦点，体现主人的兴趣爱好。

如何选到最合适的装饰品

凡尔赛宫的建筑设计上糅合了巴洛克与古典主义的风格，严谨而又富于变化。雕刻、油画均出自名家之手，家具、饰物、工艺品荟萃了世界各地的精华。宫中有许多豪华的大厅，其中最为著名的要数“镜廊”。1680年，芒萨尔在凡尔赛宫朝西面向大花园的那一面的正中，别出心裁地盖起了这个长廊，成为凡尔赛宫建筑中的一个亮点。

这是一个长73米、宽10.5米、高12.3米的长廊，拱顶上布满了场面宏大的绘画，描绘的是路易十四征战德国、荷兰、西班牙大获全胜的情景，这是画家勒·博亨的作品。长廊朝西的方向开有17扇通透的落地式玻璃窗，而同样大小的17面镜子与每一扇窗户一一相对，故称“镜廊”。镜廊的每一面镜子都由483块小镜片组合而成。镜中映照着窗外花园的美景，使空间豁然增大，并给人一种扑朔迷离的梦幻感，是典型的意大利巴洛克风格的体现。当年，路易十四常在此夜宴狂欢，于轻歌曼舞中，不知今夕何夕。数百支蜡烛和三排水晶吊灯放射出的耀眼光芒在镜中跳跃，在人们的眼里闪烁，在金银器具上流淌，尽显声色之地的豪华与奢靡。

对于奢靡的凡尔赛宫而言，什么样的装饰品才能巧妙典雅又不落俗套地展现它的华贵之美呢？镜廊的横空出世，将整座宫殿的装饰推向了巅峰。可见，装饰品对于一个建筑的意义之重大。

» 注重装饰品和装修风格的统一

“轻装修，重装饰”，是很多现代人的家居理念，所以现在的家居饰品都做得特别精致，不过想把它们搭配好，也是有讲究的。

在考虑一件装饰品是否适合我们的时候，第一要考虑的是风格。我们的家居环境往往是已经通过硬装确定了风格的，那我们在挑选装饰品就应该尽量与家中的风格相一致才行，否则色彩风格比较凌乱就不好看了。

例如，在地中海风格的家居环境中，突然出现笔墨纸砚，就会显得很怪异，原本可能和谐美好的视觉感受可能一瞬间就消失了。而在充满中国古韵的家居中，出现后工业时代的现代雕塑，也会不伦不类。即便是喜欢混搭的人也要注意不要和环境相背离才行。

生活中充满了各种漂亮的装饰品，我们都喜欢
但是买下来了又觉得没法用
挑选装饰品要注重和装修风格统一
最关键是要搭配和谐，看起来才更美
如果能表达一定的心意就更好了
最好还要亮眼

» 选择能表达主人审美情趣的装饰品

和家装风格一样，装饰品从某种程度上也代表着主人的审美情趣。所以家具装饰品的选择是应该和主人的喜好同一的。

就好像喜欢运动的人家中，很少看到过于静态的绘画艺术品；喜欢绘画的家庭中，也很少出现以足球为原型的装饰物。所以，我们在挑选装饰品的时候应该注重它们和我们的主体合一性，唯有如此，你才能装饰出“真正属于你”的家。

此外，人们在用各种新颖、别致、具有时代感和装饰效果的材料将居室装扮得温馨舒适的同时，绿色环保成为更高的追求。

随着人们对原始自然的生活状态的追求，自然清新的装修风格成为时尚，这也使得近些年的家居饰品倾向古朴，甚至带点原始的野味。既能美化居室，又能做到环保，更是人们审美情趣的一种提升。

» 要选择有亮眼功效的装饰品

为家选装饰品是最让人兴奋的一件事，正所谓画龙点睛，装饰品是让家居空间赏心悦目的最有效手段。现在有很多人崇尚环保，所以硬装的部分会比较简略，他们更看重利用装饰品来给貌似平凡的整体增加亮点的作用。

在这种情况下，我们挑选的装饰品应该具有美的形态，不仅要求和环境统一，更重要的是在能够烘托整体气氛之余起到画龙点睛的作用，所以装饰品还应该在色彩、纹饰上具有醒目的效果。而且装饰品的体积也是值得考虑的，如果因贪便宜而购买太多小的饰物，反而得不偿失，因为过小的装饰品很难吸引人，装饰品要具有一定的体积才能引起人们的重视。

为什么家居装饰要“软硬兼施”

室内设计是一个相对复杂的设计系统，本身具有科学、艺术、功能、审美等多元化要素。室内设计，分为两大部分，硬装和软装。“硬装饰”是相对于建筑本身硬结构空间提出来的，是建筑视觉空间的延伸和发展，软装是近几年来独立出来的一门艺术设计。

现在人们生活水平提高了，越来越重视房屋的装修。过去的一段时间，室内设计在很大的程度上一直靠建材、家具、墙体造型去堆积而成。但是现在不一样了，现代装修已经告别硬装一统天下的时代了，越来越多的人在装修的时候，考虑最多的是软装的效果。很明显的一个表现就是以前只有室内设计师，但是现在就有一个新兴职业叫作“软装配饰师”。

那么，为什么家居装饰除了要重视硬装，还要重视软装呢？

» 软装设计是家居装饰的重要部分

软装设计是室内设计中重要的组成部分，软装是一个比较通俗的名称，学名是室内陈设艺术。随着物质生活的不断提高，人们开始关注身边的环境，而第一步要做的就是改善与人们息息相关的室内环境。

自从地球上有了人类，人类就开始不断把自己的意志加于周围的一切事物之上，使其更好地、更美地为自己服务，这就是其他动物无法比拟的人类陈设活动。随着时代的发展，陈设活动逐渐与艺术结合演变成现在的陈设艺术。

室内陈设一般分为功能性陈设和装饰性陈设。功能性陈设指具有一定实用价值并兼有观赏性的陈设，如家具、灯具、织物、器皿等。

家具是室内陈设艺术中的主要构成部分，它首先是以实用而存在的。随着时代的进步，家具在具有实用功能的前提下，其艺术性越来越被人们所重视。从家具的分类与构造上看，可分为两类，一类是实用性家具，它包括坐卧性家具、贮存性家具如床、沙发、大衣柜等，另一类是观赏性家具，包括陈设架、屏风等。

灯具在室内陈设中起着照明的作用，从灯具的种类和形制来看，作为室内照明的灯具主要有吸顶灯、吊灯、地灯、嵌顶灯、台灯等，难以想象室内没有光线，人们该怎样生活。

目前织物已渗透到室内环境设计的各个方面，在现代室内设计环境中，织物使用的多少，已成为衡量室内环境装饰水平的重要标志之一。它包括窗帘、床罩、地毯等软性材料。

装饰性陈设指以装饰观赏为主的陈设，如雕塑、字画、纪念品工艺品、植物等。装饰植物引进室内环境中，不仅起到装饰的效果，还能给平常的室内环境带来自然的气氛。根据南北方气候的不同和植物的特性，可在室内放置不同的植物。通过它们对空间进行占有、划分、暗示、联系、分隔，从而化解不利因素。

总言之，硬装修解决的是一个“壳”的问题，即一个可靠的、有格调的结构空间。而软装却与实际生活内容息息相关，形成若干个小环境、小世界。从理性的装饰观念出发，整体家装应该是由内而外的，内涵决定外延，软装、硬装同步整合思考，甚至可以说由软装的最终效果，决定硬装的配合效果，否则很可能硬装的“壳”限制了软装的“核”，无法达到最理想的装饰效果。可以说，软装是“魔法”，这是因为软装能让空间体现和提升主人的品位，体现每个人的个性，满足了不同人的居住空间。

» “软硬兼施”能孕育出更多变化

在家庭装饰中，软装饰孕育着更多的变化，也更能体现时代的进步。通过更换软装饰，可以给家一个全新的感觉。因此，在装修之初，与设计师沟通时，就要特别注意未来的发展，不要把太多的精力和财力投入在硬装修中，给自己留出更多后期软装发挥的空间，方能在有限的空间里赋予无限的视野。

前期硬装完成结构的划分、布局的安排、基础的铺设后，软装才能登场：从材料的运用、色彩的搭配、家具的摆放、灯光的配置、饰品的陈列、摆件的点缀到风格的定位，一一都是出彩之笔。如果把硬装比作居室的躯壳，软装则是其精髓与灵魂之所在。

在软装饰设计中，最重要的概念就是：先确定家居的整体风格，然后用饰品以“点睛”的方式表达出来，不能反其道而行之。因为风格是大的方向，就如同写作时的写作大纲，而软装饰是一种手法，有人喜欢隐喻，有人喜欢夸张，虽然不同却各有千秋。

软装中的更高层次是个人收藏品。在居室中摆放一些有收藏价值的藏品，画、雕塑、古董等，更能体现居住者的品位和情趣。比如，所挂的装饰画，如有可能，应选择一些画

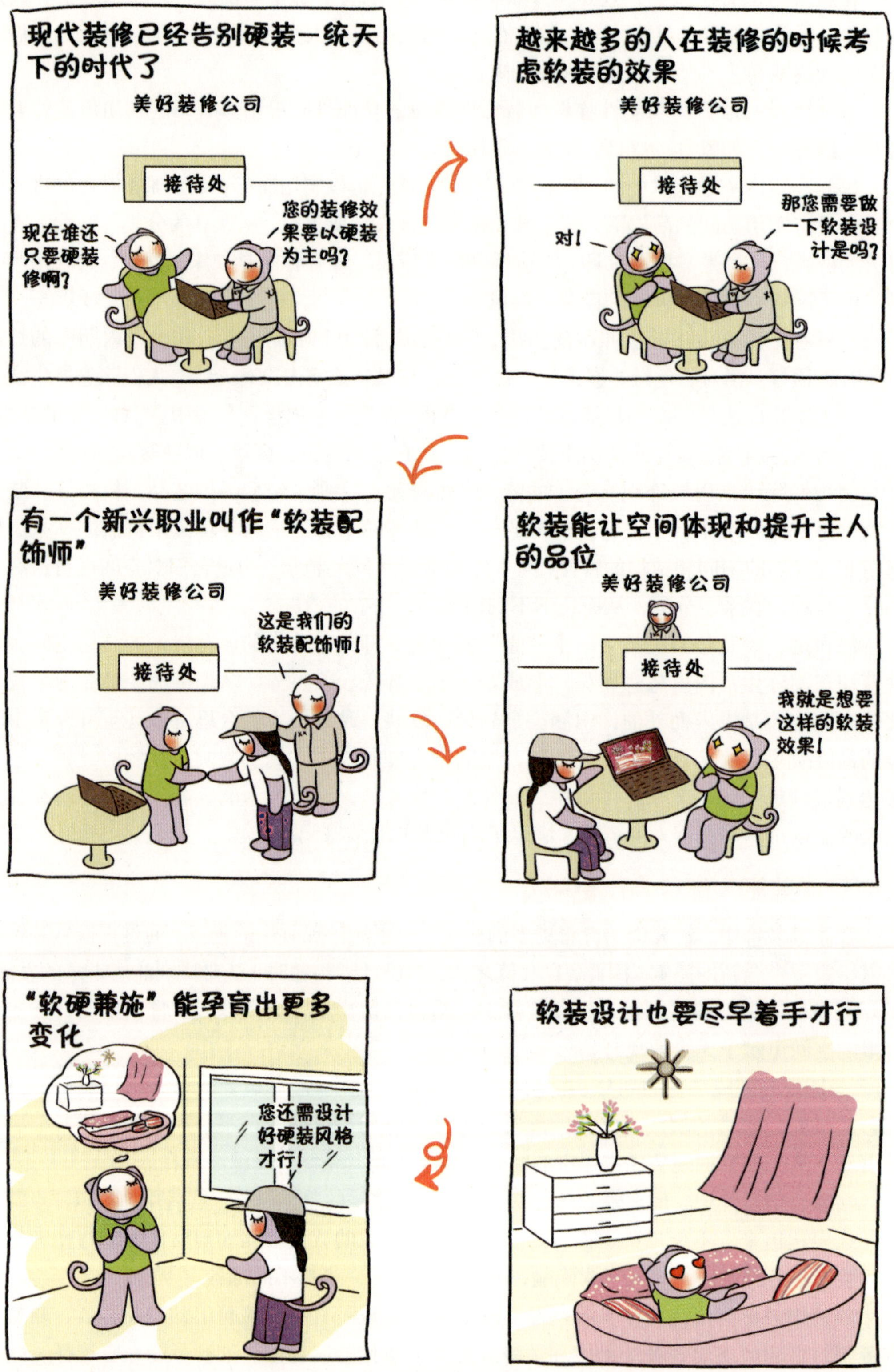
现代装修已经告别硬装一统天下的时代了
美好装修公司
接待处
现在谁还只要硬装修啊？
您的装修效果要以硬装为主吗？
越来越多的人在装修的时候考虑软装的效果
美好装修公司
接待处
对！
那您需要做一下软装设计是吗？
有一个新兴职业叫作“软装配饰师”
美好装修公司
接待处
这是我们的软装配饰师！
软装能让空间体现和提升主人的品位
美好装修公司
接待处
我就是想要这样的软装效果！
“软硬兼施”能孕育出更多变化
您还需设计好硬装风格才行！
软装设计也要尽早着手才行

家的原创画。原创画作为艺术家所创作的作品，其本身具有独一无二的特性，有一定的收藏价值，既可作为艺术品来欣赏，更有投资增值的价值。但是这需要设计师与业主有相当高的艺术鉴赏力，也需要一定的经济实力。

» 软装也要趁早进行

很多人认为，完成了前期的基础装修之后，再考虑后期的配饰也不迟。其实不然，软装搭配要尽早着手。

在新房规划之初，就要先将自己本身的习惯、好恶、收藏等全部列出，并与设计师进行沟通，使其在考虑空间功能定位、使用习惯的同时满足个人风格需求。家居软装还可以根据居室空间的大小形状，主人的生活习惯、兴趣爱好和各自的经济情况，从整体上综合策划装饰装修设计方案，这样才不致千“家”一面。

如何创造舒适完美的居室光环境

现代人经常处于繁忙的工作节奏中，所以白天在家的时间非常少，故居室的光环境设计显得尤为重要。

可以说，灯光是营造家居气氛的魔术师，是视觉环境中最活跃的因素。过去那种“一室一灯”的简单照明已经越来越不能适应家庭的需要，人们不仅要求能够满足多种活动所需要的合理照明，而且还要求灯具有较好的艺术装饰效果。在居室内不同空间应该设计出不同气氛、不同照度，舒适的照明灯光，不但使家居气氛格外温馨，还能增加空间层次、增强室内装饰艺术效果和增添生活情趣，因此灯光设计的合理与否，既关系到各房间的功能使用，又影响着装饰效果。此外，光对空间有一种神奇的造型作用，并且光线自身也有极强的表现力。如果没有足够的光线，一些实体，如家具的立体感表现就不够充分，设计中一些富有美感的细节也容易被湮没。可见越是精美的装修，越要精心考虑光的衬托作用。通过明暗的对比、细节的渲染，光在室内自然有了变化，感觉光就流动起来了，室内的氛围变化也就随之产生了。在采光好的室内，你会发现单纯的光与影的结合，就能让室内生出一些特别的美感，往往能让你简单的家变化多姿，产生许多居住的情趣。

那么，该如何创造居室的光环境，让自己的家更具有美感呢？

» 注意一般照明与局部照明的关系

家庭灯具大致可以分为吊灯、台灯、筒灯、射灯、吸顶灯、落地灯、荧光灯等几类，理想的光环境，有几点要求：光线均匀、柔和、视野开阔。一些不够理想的光环境，常常是因为灯具过多，且分布不均匀，造成家中明暗对比落差太大，有的区域太亮，而另外一些区域又过暗，当明暗对比度超过 3 倍时，频繁地调节视距就容易造成眼肌的疲劳。灯光的颜色最好是橘色、淡黄色等中性色或是暖色，有助于营造舒适温馨的氛围。除了选择主灯外，还应有台灯、地灯、壁灯等，以起到局部照明和装饰美化小环境的作用。

此外，还需要注意一般照明和局部照明的关系。人们习惯于一间房间有一般照明用的

“主体灯”，多是用吊灯或吸顶灯装在房间的中心位置。另外根据需要再设置壁灯、台灯、落地灯等作为“辅助灯”，用于局部照明或辅助照明。所谓“主体灯”与“辅助灯”是相对而言的，在一定条件下，功能也会发生置换。例如，房间层高不足 2.5 米，面积也不大，就不宜多层设灯，特别不宜设大型吊灯，用一盏或二盏漂亮的壁灯即可发挥一般照明与装饰的作用。晚上学习、工作再配以台灯，台灯罩用半透明的塑料，上部漫射光亦可满足一般照明的需要，下部可以满足局部照明的要求。

» 灯光设计要注意适应周围环境

适应周围环境是影响灯光设计的重要因素，如今的现代家居灯饰也如酒店、餐厅一般，慢慢走上了整体灯光设计规划的道路。每一个居室空间中的灯光，都是主人的偏好、品位的体现：单身贵族不妨简约；新婚夫妇必定浪漫；事业有成者最好华丽古典；而孩子，则一定要可爱趣致……总之，正确地选择光源并恰当地使用它们可以改变空间氛围，并创造出舒适宜人的家居环境。

客厅：客厅灯具的风格是主人品位与风格的一个重要表现，因此，客厅的照明灯具应与其他家具相谐调，营造良好的会客环境和家居气氛。在客厅中进行的活动很多，主要包括会客、聊天、听音乐、看电视与读书写字等，为此照明方式应多样。最好是选用传统的顶灯或枝形灯。即使选择了普通型顶灯，也可以通过调节亮度和亮点，来增添室内的情调。客厅的灯要够高、够亮，以使灯光能散布整个客厅。如果客厅较大（超过 20 平方米），而且层高 3 米以上，宜选择大一些的多头吊灯。吊灯因明亮的照明、引人注目的款式，对客厅的整体风格产生很大的影响。需要注意的是，低于 2.8 米层高的房间则不宜装吊灯，只有装吸顶灯才能使房间显得高些。在多人聚会时即采用普通照明，可用吊灯、嵌顶灯与吸顶灯等；而听音乐、看电视则采用落地灯与台灯作局部照明。另外起居环境中的各种挂画、盆景、雕塑与收藏艺术品等，则可用射灯装饰照明。

玄关：是进入室内给人最初印象的地方，因此要明亮，可在进门处及与客厅交界处附近安装筒灯、射灯，或装壁灯，以改善采光不好的情况。

餐厅：餐厅的局部照明应采用悬挂式灯具，以突出餐桌，可运用暖色吊灯营造温馨的用餐气氛。同时还要设置一般照明，使整个房间有一定程度的明亮度，给人干净整洁的感觉。一般来说，柔和的灯光，可以使餐桌上的菜肴看起来更美味，增添家庭团聚的气氛和情调。在附近墙上还可适当配置带暖色色彩的壁灯，这样会使宴请客人时气氛更热烈，并能增进食欲。

厨房：厨房的特殊性决定了灯光更重实用，仅在顶面设置一个光源的做法，无法满足厨房需求。可用吸顶灯及嵌入式灯具装在洗浴盆或工作台上，以提供充足光线，需要特别照明的地方也可安装壁灯或轨道灯。储藏柜顶部可安装射灯，可以充分展示内部餐具、器皿。

卫生间：由于卫生间的湿度较大，灯具应选用防潮型的，以塑料或玻璃材质为佳，灯罩也宜选用密封式，优先考虑一触即亮的光源。可用防水吸顶灯为主灯，射灯为辅灯。洗手台的灯光设计比较多样，但以突出功能性为主，在镜子上方及周边可安装射灯或日光灯，方便梳洗和剃须。淋浴房或浴缸处的灯光可设置成两种形式，一种可以用天花板上射灯的

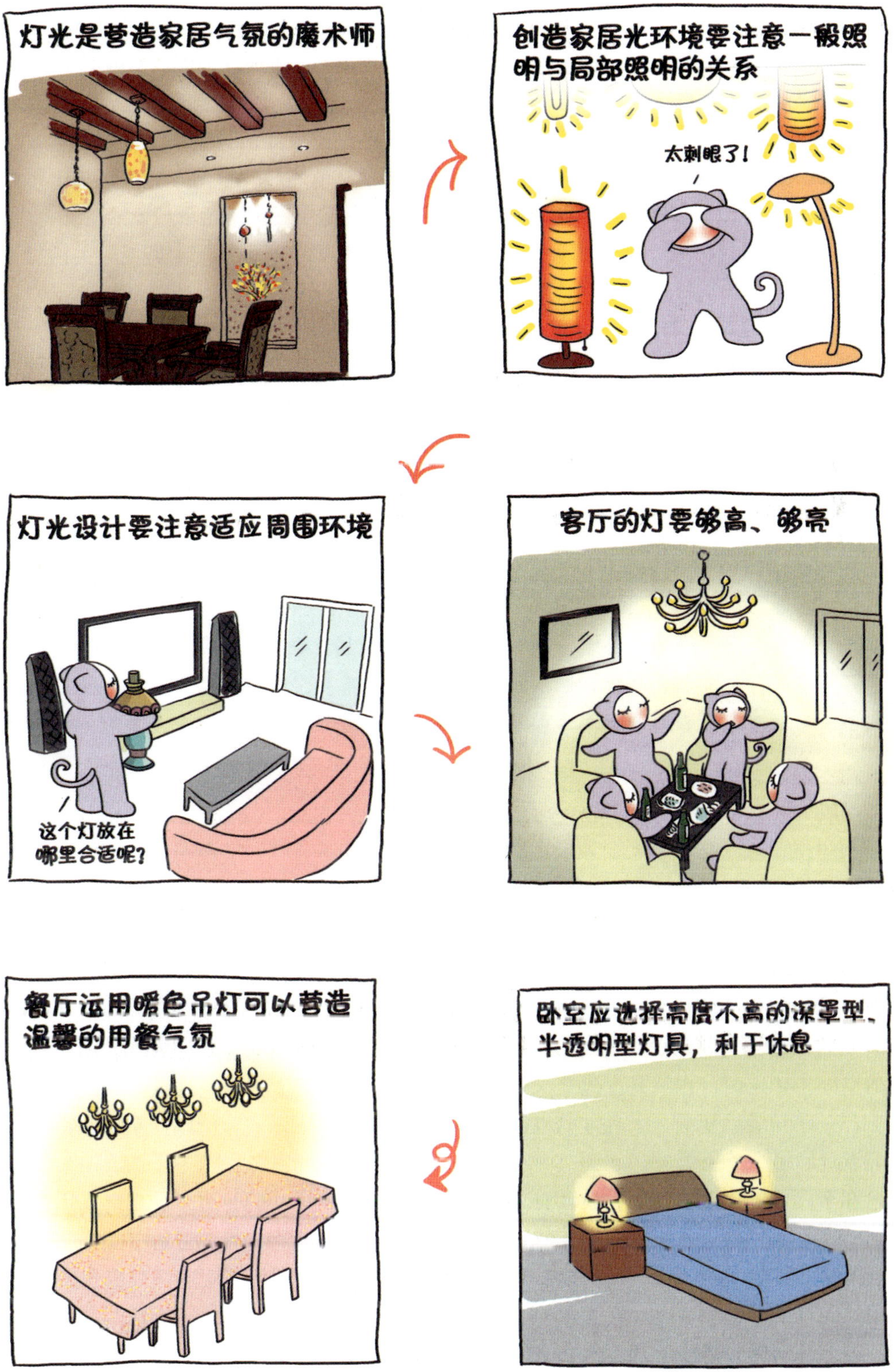
灯光是营造家居气氛的魔术师
创造家居光环境要注意一般照明与局部照明的关系
太刺眼了！
灯光设计要注意适应周围环境
这个灯放在哪里合适呢？
客厅的灯要够高、够亮
餐厅运用暖色吊灯可以营造温馨的用餐气氛
卧室应选择亮度不高的深罩型、半透明型灯具，利于休息光线照射，让主人方便洗浴，另一种则可利用低处照射的光线营造温馨轻松的气氛。

卧室：卧室属私密空间，灯光要营造“温馨”的氛围，应选择眩光少的深罩型、半透明型灯具，亮度不宜太高，装饰性远高于实用性。可用壁灯、落地灯来代替室内中央的顶灯，壁灯宜用表面亮度低的漫射材料灯罩，这样就使卧室显得光线柔和，利于休息。要注意的是，主灯的造型要与整个卧室的装饰风格一致。如家具造型比较简洁，就不要采用款型复杂的吊灯；如摆放了西式古典家具，那么一只简单的吸顶灯就略显“单薄”。床头柜上可用子母台灯，大灯用于阅读照明，小灯供夜间起床用，另外，还可在床头柜下或低矮处安上脚灯，以免起夜时受强光刺激。如果是双人床，还可在床的两侧各安一盏配上调光开关的灯具，以便其中一人看书报时另一人不受光的干扰。

书房：书房是读书学习的地方，亮度一定要达到要求。如果书房长期亮度不足，会使人眼睛疲劳，甚至造成近视。书房除台灯外，还要设置一般照明，以减少室内亮度对比，避免疲劳。

阳台：通常为休闲区域，灯具的选择可依据吊顶风格采用筒灯、吸顶灯或户外灯式的壁灯。

什么样的家具才是适合自己的家具

随着社会经济水平的逐渐提高，人们对于居室环境的要求越来越高。有人提出家居应“轻装修，重装饰”，专家更指出，家具应像衣服一样，常换常新，这样才能让人总能享受到新意的美感。可是常换常新说起来简单，却也不是一件容易的事情，在家具选择方面就非常让人困惑。

» “量体裁衣”——挑选适合房屋状况的家具

想要挑选合适的家具，那么最先就要了解如何布置家具，只有懂得家具的布置，才能较好地挑选适合自己房屋状况的家具。

安排和布置家具即室内家具布置是室内设计工作中及其重要的部分。通常除了作为交通性的通道等空间外，绝大多数的空间在家具布置前是难以付诸使用和难以识别其功能性质的，更谈不上其功能的实际效应。如果设计方案是一个确定的建筑空间，其尺寸、形状以及墙的位置已经固定，那么设计活动中首先考虑的就是根据功能布置家具。即使是所设计的空间不确定时，也就是说建筑未完成或空间是一个无隔墙的敞开区域（如现代办公建筑），一些功能的划分，家具方案也往往在限定房间的隔墙之前。所以，家具方案是室内陈列设计的第一个步骤。

在客厅、卧室等房间内，设计时先要考虑家具位置和行动的通道，排列时还须考虑其空间的尺度和形状。而在室内设计时，家具的数量、尺寸以及其所占据的空间是整个空间设计是否合理的关键因素。在其他的一些方案中，家具的布置可能对空间处理产生很强的影响，也就是说室内的环境是靠家具的布置来调整的。

家具在房间中占较大的平面和空间，布置家具总的要求是要适用，同时，又不要过于空旷或拥挤，一般来说，室内活动区不应小于全室面积的40%。否则，会影响人的正常活动，影响通风和采光。

居室家具又是居室装饰布置的重要内容。一般说来，家具约占居室面积的40%~50%，因此居室布置的美观与否，很大程度上受家具摆放的影响。家具摆放得好，可以体现出一种长短相接、大小相配、高低错落有致的韵律，使人感受到一种流动的美。所以，布置家具很有讲究。

家具布置的流动美，是通过家具的排列组合、线条连接来体现的。直线线条流动较慢，给人以庄严感。性格沉静的人，可以将家具的排列尽量整齐一致，形成直线的变化，使人感觉居室典雅、沉稳。曲线线条流动较快，给人以活跃感。性格活泼的人，可以将家具搭配得变化多一些，形成明显的起伏变化，使人感到居室内活泼、热烈。

家具的线条还要与住房的线条相适应。如果住房较窄，可以将家具由高到低排列，以造成视觉上的变化，从而房间就会显得宽敞了。

总之，在选择家具时，一定要注意以上的细节，这样才能挑选到合适的家具。专业人员一直强调一个观点：和谐就是精致。也就是说在家具选择上要注意与房屋的和谐以及与自我身心的一种和谐。所以，整体是最重要的。某一样家具过于突出，会破坏房间的整体感。

» 打造合心意的小窝

俗话说：“一个萝卜一个坑。”除了表达人才要各尽其用的意思之外，也暗示了做事得精准定位，合适的萝卜在合适的坑里面才能发挥最大的价值。这句话套用在家具业中也同样具有妙用。纵观各大家居卖场，消费群的分类日渐明朗。对于消费者来说，眼花缭乱的各式家具最直观的感受就体现在家具的色彩之上。

问身边的男性友人，最喜好的颜色有哪些，大多数的答案无非是黑色、木板灰等之类的经典色。男性的喜好催生出了男性风格的家具。家具涂料的选择则不谋而合地以黑色、棕色为主。家具线条刚硬、造型颇具“酷”感，让人感觉到它的粗犷之美，而紫罗红、青铜色、花岗岩黄的涂料用色，又赋予家具柔和之美。

而女性的世界无一不与色彩产生着千丝万缕的联系，体现在家具的选择上，更是各有所好。都市女孩心仪时尚，崇尚色彩，有着天然的浪漫气质。而中年女性则更喜欢平和的中性暖色，当然也有偏好中性冷色一族的。年纪稍大的女性就偏好浅色的亮丽而明快，如白橡、白枫、浅核桃、淡紫、淡粉、淡黄、水绿，等等。她们还喜欢在家中“统一”的色谱中安排一个反差较强烈的亮点。

现在各类家具产品丰富，但凡你想到的都可以找到，不管是知性风格还是卡通风格，只要你去寻找，都会如愿以偿。

第十章 不懂设计就买不到好商品——每天学点设计美学

为什么生活中需要实用的艺术设计

1955 年，宜家在其发出的 50 多万份商品目录封面上打出了“梦幻家居，梦幻价格”的口号。低价好货、顾客拥戴使宜家冲破了其他家具经销商的封堵，并进而形成了一种基于与顾客的合作伙伴关系的宜家商业理念。宜家设计师与生产商合作，使用现有的生产方式，找到巧妙制作家具的方法。从此，宜家变成白领们和大多数都市居民的首选家居品牌。

像宜家这样充满设计感的生活产品，给我们的生活带来了很多乐趣。那么，为什么我们的生活需要这些实用而又不乏艺术的设计呢？

» 设计美能给平凡生活带来幸福感

艺术设计所包含的内容有装潢艺术设计、环境艺术设计、媒体广告设计、工艺美术等装饰艺术设计。艺术设计将艺术与生活紧密联系起来，艺术设计的产品不仅具有实际的使用功能，还具有装点和美化生活的作用。

我们的身边充斥着各种美的事物，很多生活中的家居产品和服装衣饰都设计得很美观。我们住的房屋，不仅能够遮风避雨，还布置得美观、舒适，好的建筑历经几个世纪依然让人赏心悦目；我们穿的衣服，不仅能遮羞蔽体，还各具特色，每个民族都有自己有特色的服装，让每个时代的人都能够在或大方或俏丽中展现自我；我们用的器皿，不仅能盛装食物，更精致得如同艺术品，瓷器、玻璃器皿等给我们的餐饮文化增添了很多乐趣。这些生活用具的美化，就是实用艺术，它能将生活的方方面面，都赋予美的形式，人们最大的乐趣就是给平凡生活带来很多细碎真实的幸福感。

美感能带给人更多的幸福感，因为赏心悦目的东西能够让人心情愉悦，这使我们在平凡的生活获得很多乐趣。所以人们更愿意在生活中增添美的事物。

» 实用艺术让人们在艺术中不离开实用

虽然实用艺术能提供美感，但它是以实用物品为创作基础的，这样的艺术设计，会将我们和纯艺术拉得更近，这是因为这样的艺术形式，与纯粹的艺术是有区别的。

众所周知，单纯的艺术本身是不注重实用性的。

就好像建一间房屋，不能为了美观而建造得过于低矮；做一只碗，也不能为了追求独

设计改变生活
你什么时候改吃苹果了?
哇，好酷哦!
苹果笔记本
潮
你那个该淘汰了，这个才叫潮!
给我看看
让我摸摸!
我也想要
太漂亮了
我还是喜欢方形的，实用

特的形式，而制作成完全平坦的形状。如果只为了艺术效果而忽略实用性，这样的物品已经上升为艺术品的范畴，而不能被当作普通物品来使用了。而实用艺术就因为这点将似乎离生活很遥远的艺术拉入我们的生活里，于是，被大家喜欢的很多的艺术品就是在实用艺术的基础上发展而来的。

艺术设计的实用性可以满足人们的物质需求，设计艺术可以改变生活，它与人们的生活息息相关。它有别于传统观念上的单纯艺术，画饼充饥只能满足人们的精神需求而不能满足人们的物质需求，设计是为人类解决现实生活中的实际问题的。任何实用设计首先都应当具有实用性，如建筑应使人们在居住时感到舒适方便，实用工艺品应使人们在使用时感到称心如意等。设计的实用性应当符合人类不同实际活动的需要。如建筑从整体上看，其主要功能是遮风避雨，为人们提供舒适方便的室内空间场所，但不同的建筑类型又具有不同的用途和功能。在设计中，实用性与审美性紧密地联系在一起，但应以实用为主。审美从属于实用，服从于实用。如陶瓷茶具、酒具，以及竹编篮子、筐子等，都首先应当让人感到方便实用，然后才谈得上漂亮美观。因此，实用工艺品在设计制作的过程中，常常都是首先考虑使用效果，根据实用特点来进行艺术处理与美化装饰。这方面，我国古代的一些优秀工艺品堪称典范。例如，河北满城出土的西汉“长信宫灯”，既是一件新颖独特的青铜工艺品，又是一件方便实用的生活用品。

为什么现在的各种设计越来越简单

设计界流传这样一句话：“我们所处的时代是一个走入宁静的时代，在简洁中感受不平凡，而来自传统的精神则是现代设计灵感的起点。”

现在的设计界，不管是工业设计还是时装设计，都开始出现这样返璞归真的简约风格，我们会发现，各种设计越来越简单。这是为什么呢？

» 简单设计能传达出统一效果的现代感

简洁的设计能传达出统一的现代感。这里说的简单，不仅仅是指颜色和式样的简单，它其实是一个更宽泛的概念。人眼会将相似的物体进行简化，无论这个物体本身有多复杂，都会被认为是一个点，多个相似的点之间能发生联系，具有互相吸引的作用，就会使它们看起来像一个整体。

从 20 世纪 60 年代开始，在一些国家和地区出现了一种复兴 20 世纪 20~30 年代的现代主义、追求几何形式构图和机器风格的所谓“新现代主义”。为了体现出商业界的秩序与效率，设计应有冷漠、正规、中性的外观特征。在家具和室内设计中广泛使用钢管和其他工业材料，突出体现金属材料的冷漠感。在欧美国家，新现代主义也时兴一阵。较为正规、严谨的新现代主义作品不少出于斯堪的纳维亚设计师之手，如钢片椅就显得稳重而严谨。1969 年，阿基佐姆设计了“米斯”椅，以一种幽默的手法来模仿米斯的巴塞罗那椅。“米斯”椅采用了镀铬方钢、橡胶板等工业材料及尖锐的三角形造型，把新现代主义推向了极端。

简单的设计能传达统一的效果
很多画家就善于利用简单相似性的原则来画画
白色统一的画面能给人以圣洁的感觉。
越简单的事物，越能吸引人
简单的事物能创造更多变化和动感。
绘画中的三角形构图利用了简单图形的统一性。

这样的设计风格和现代社商业化的形式相融合，代表着我们这个快节奏的生活环境，非常具有时代性。简单事物间的统一性，让不少情侣喜欢穿情侣装，也让不少三口之家喜欢购买亲子装。而不少公司为了使公司形象更为突出，也会让员工穿统一的制服，让各店面采用统一的装修。

» 简单设计能给人以视觉的舒适感

简洁、精简，这是从造型元素的多寡上来说的，但并不是所有造型单纯的设计就有简约的气质，有时反倒是简单甚至简陋。反之，有的设计运用的元素颇多，看起来花纹繁复，但却着实透露出简约之风。中国古典传统的设计就是很好的实例。

简单强调的是视觉的单纯和使用中的舒适感觉。简单风格设计从外观线条的简洁舒展到细节品质的精到把握，使观者产生轻松愉悦的感受，而这种感受正是人们阅尽繁华后的返璞归真。

最终的设计，无非是基本元素的组织和结合，单纯的堆积，可以称之为简洁，堆积得好，就可以被看作简约；堆积得不好，就成简陋了。以人像照片为例，它的简约是靠图片中人像这一基本元素的排布来做到的，距离、间隔、远近、大小、景深，这一切让整个图片有了味道的原因，都在于对人像这一相同的基本元素的空间变化上。以中国古代雕花窗棂为例。其设计往往通过对基本图案（基本元素）的简单复制，就可以复制出味道来，实际运用中，再加上些许的变化，就美不胜收了。在实际的设计中，基本元素确定后，更多的是要考虑这些基本元素之间的关系，如何通过这些关系，来提高设计的深度。最常用到的，也是最容易用到的组织方法，就是复制和过渡手法。但是这个复制，不能是生硬的陈列。过渡，是基本元素之间的连接、对比组成关系，是要对基本元素有了理解之后，才能加以利用的。这种复制和过渡，是有机的，有其内在理由的，如果生硬地去做，只会变得简陋。关于过渡，也就是基本元素的结合或组合，这一点在窗棂中也有体现，不管是有意的还是因为卯榫结构的原因，所形成的窗棂之间的嵌合，还有各个图案之间的过渡方式，都使原来刻板的图案富有活力。

» 简单设计是一种文化氛围

当代工业设计中，简单已经上升为一种风格，而简洁只是因素。简约表现为对材料的尊重、对心灵的沉淀。有的产品只能说是简洁的，不能说是简单，如塑料表面的仿涂金属掩盖了其本质，是虚华追求。

目前得到广泛简约认同的是斯堪的纳维亚设计，它体现了斯堪的纳维亚国家多元化的文化、政治、语言、传统的融合，以及对形式和装饰的克制，对传统的尊重，形式与功能的一致，对自然材料的欣赏等。斯堪的纳维亚设计是一种现代主义，但它将现代主义设计思想与传统文化相结合，既注意产品的实用功能，又强调设计中的人文因素，避免过于刻板和严酷的几何形式，从而产生了一种富于“人情味”的现代美学，受到了人们普遍的欢迎。丹麦家具很多都是简约设计的典范，也是斯堪的纳维亚设计的集中体现。

为什么有些产品让人看了总想摸一摸

红木质量较好，材料的差别也比较大。罕见的红木荞麦皮灰红色，边材狭、灰红色；心材浅黄、白色至深入色。裸露于空气中后变为紫白色，略具香气。树龄显然，木射线极细。老红木接近紫檀，但光泽较暗、色彩较淡。新红木有显然条纹，条纹美妙，似黄花梨。红木材料坚重、持久性强，是初级硬木家具及工艺美术品的感性用料。在琳琅满目的中国古典家具中，红木家具以它壮丽多彩的英姿，备受推崇。这其中虽然有它坚重、持久的缘由，但更主要的是它那华美的颜色更给人以一种雍容豪华、高雅端庄的感觉，让人看了总想摸一摸。

这种由质地本身引起的视觉质感，铸就了明代家具的辉煌。

» 现代设计讲究视觉质感

视觉质感是靠眼睛的视觉而感知的物体表面特征。视觉质感是对触觉质感的综合和补充。一方面，由于人触觉经验的积累，对于已熟悉的物面组织只凭视觉就可以判断它的质感；另一方面，对于手和皮肤难以接触的物面，人只能通过视觉综合触觉经验类比、估量和遥测，成为视觉质感。

在现代工业设计中，利用视觉质感的间接性、经验性、知觉性和遥测性，可以用各种表面装饰工艺手段，以近乎逼真的视觉质感达到触觉质感的错觉，如塑料电镀、纸材仿纹。

触觉是生理性的，视觉质感是心理性的。触觉质感通过视觉质感在人的思维中概括抽象，为另一系列的质感印象，如脏、枯、死、粗、贵、俗、陋、厚、朴实等。

» 工业设计中的质感设计

质感设计最能及时地体现和运用最新的科技成果，一种新颖的材料、一种独特的面饰工艺在工业设计中运用，往往比一种纯粹的新造型更具突破的意义。

质感设计就是对工业设计的技术性与艺术性的先期规划，是一个合乎设计规范的认材—选材—配材—理材—用材的有机程序。

造型材料与构成产品或物体的形状及外观特征有关；与人们的生活习惯、工作环境以及人们的生活水平、文化修养有关。因此，工业设计师必须先要把握造型材料的性能及产品的服务范围或对象，才能在造型设计中更好地运用各种材料，提高设计效果。

良好的触觉质感设计可以提高整体设计的实用性，如手柄持握位置的处理，可以提高工业产品整体设计的装饰性。良好的质感设计可以替代和补救自然质感，达到工业产品整体设计的多样性和经济性。良好的质感设计，往往决定着整体设计的真实性和价值性，如透明外壳、牛皮车顶。

质感设计在产品造型设计中具有重要的地位和作用，良好的质感设计可以决定和提升产品的真实性和价值性，使人充分体会产品的整体美学效果。在产品设计中，良好的触觉

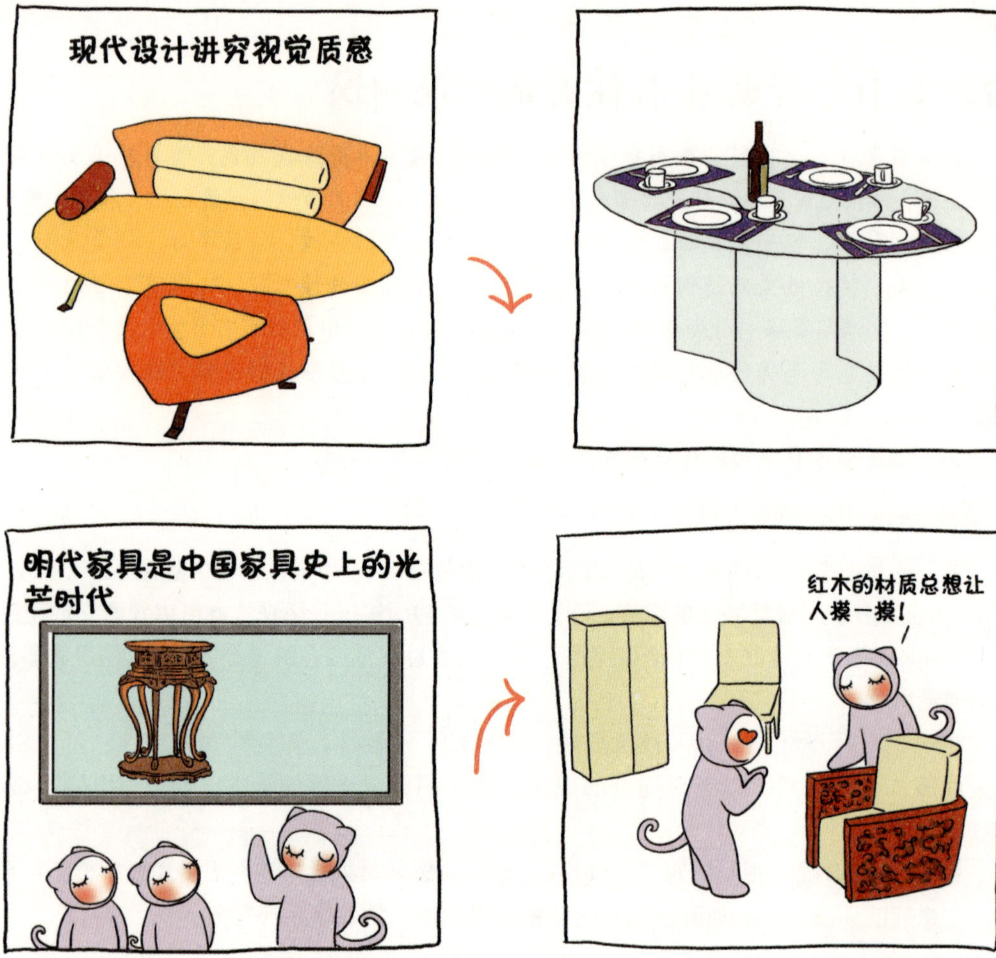

质感设计，可以提高产品的适用性。如各种工具的手柄表面有凹凸细纹或覆盖橡胶材料，具有明显的触觉刺激，易于操作，有良好的适用性；良好的视觉质感设计，可以提高工业产品整体的装饰性。如材料的色彩配置、肌理配置、光泽配置，都是视觉质感的设计，带有强烈的材质美感；良好的人为质感设计可以替代或弥补自然质感的不足，可以节约大量珍贵的自然材料，达到工业产品整体设计的多样性和经济性。例如，塑料镀膜纸能替代金属及玻璃镜，塑料装饰面板可以替代高级木材、纺织品等，这些材料的人为质感具有普及性、经济性，满足了工业造型设计的需要。大胆地选用各种新材料，充分挖掘材料的表达潜力，并运用一些反常规的手段加工处理材料，出人意料地把差异很大的材料组合在一起，往往能创造出令人惊喜的、全新的产品风格。质感设计是工业产品造型设计中一个重要的方面，它充分发挥了材料在产品设计中的能动作用，是一个合理选择材料、创造性地组合各种材料的过程，是对工业产品造型设计的技术性和艺术性的先期规划，是一个合乎设计规范的“认材、选材、配材、理材、用材”的有机过程，是“造物”与“创新”的过程。

如何设计一个能充分体现内容的封面

封面是一个企业、一种产品、一本书或杂志最吸引人的地方，封面的优劣关系到书或杂志的销量。如果一本讲时尚的杂志，连封面都做得不够时尚，有谁会购买呢？封面设计主要包括：企业封面设计，即从企业自身的性质、文化、理念、地域等方面出发，来体现企业的精神；产品封面设计，即从产品本身的特点出发，分析出产品要表现的属性，运用恰当的表现形式、创意来体现产品的特点，这样才能增加消费者对产品的了解，进而增加产品的销售；企业形象封面设计，即应用恰当的创意和表现形式来展示企业的形象，这样才能给消费者留下深刻的印象，加深对企业的了解；宣传封面设计，即根据用途不同，会采用相应的表现形式来体现此次宣传的目的。

从这些封面设计的类别可以看出，封面设计的精彩度，绝对关系到企业、产品和书籍刊物的命运。那么，如何设计出一个精彩度高的封面呢？

» 中心内容是封面设计的灵魂

封面设计首先应该确立表现的形式要为书的内容服务。应用最感人、最形象、最易被视觉接受的表现形式，所以封面的构思就显得十分重要，要充分理解书稿的内涵、风格、体裁等，做到构思新颖、切题，有感染力。

当然，无论封面设计的内容和形式是什么，最关键的就是要更好地展示出内页的内容，这是封面设计的灵魂所在。比如，讲企业人物的书籍或杂志封面就要突出人物的形象，讲动植物的书籍或杂志封面会突出动植物的形象，讲宇宙的书或杂志封面会突出宇宙的风貌。每一种书籍或杂志都有自己的中心内容，封面的内容就应该突出它。

一般来说，同样的主题，不同的图片，呈现出不同的风格。很多封面设计师在设计封面的时候都会经过几番的否定，最后确定出最好的、最符合主题的。有时人们可能会觉得被否定的封面看起来更好看，但封面设计师总会说明他们之所以做这样的选择，是因为现在的封面更能准确地传达主题。在美与主题之间，封面设计师更看重的是主题。当然能两者兼而得之，是最完美的。

» 封面的风格要视内容的风格决定

我们知道，同样的主题，可以用不同的风格形式进行表现，但究竟应该使用怎样的风格，还需要视内容的风格决定。如一本讲猫咪的书，如果是介绍喂养技巧，就是非常实用的风格，所以在设计封面时，无论图片、字体都要避免过于花哨。但如果是讲“猫眼看生活”的，则是一种略带嬉皮的玩笑风格，可以尝试使用较为卡通的或设计感强的设计。

封面的设计元素还应该注重目标读者和受众，要充分了解这部分人群最想看到什么，再设计出封面所应展示的内容。如女性时尚杂志所面对的是追求时尚的女性，她们希望看到怎样的装扮才是最时尚的以及当红的明星们又是如何穿着的，所以女性时尚杂志的封面就应该突出明星和时尚两个基本元素。但如果期期都将女星的性感图片作为封面，也不是绝佳之选，它更适合用于吸引男性的杂志。所以，如果要设计一个封面，是给居家人群看的，就要突出家庭的温馨；给青年人看的，则要注重新奇与趣味性；给客户看的，则要增加对目标客户的吸引力。

» 最稳妥的图片选择是简单

大部分时候，封面都需要图片。图片是书籍封面设计的重要环节，它往往在画面中占很大面积，成为视觉中心，所以图片设计尤为重要。

封面的图片有着直观、明确、视觉冲击力强、易与读者产生共鸣的特点，所以对于图片的选择有一定的要求。其实最稳妥的图片选择就是要简单。所谓的简单，就是画面要单纯，不要期望一张图片能传达多复杂的内容，只要它能够直接反映内容最核心的思想就行了。如一本成功人物的传记，可能是讲述某人成功的一生，就可以选择表现他成就感的图片；如果他经历坎坷，则可以选择他表情复杂的图片；如果他以华贵闻名，图片中的他就应该是极尽奢华的样子。

一般来说，封面的设计只使用一张图片，上面的人物也应尽可能少，如果背景元素过于复杂，则尽可能将背景去掉。好的时尚杂志，都会为明星量身拍摄封面照，其目的不仅在于获得新颖的效果，还在于获得与主题的有机结合，以保证画面的干净纯粹。

此外，不同书籍刊物的封面所选择的图片内容是不同的，最常见的是人物、动物、植物、自然风光，以及一切人类活动的产物。所以，在选择图片时，还需要根据书籍刊物的内容和风格来确定。如青年杂志、女性杂志均为休闲类书刊，它的标准是大众审美，通常选择当红演员、模特的图片做封面；科普刊物选图的标准是知识性，常选用与大自然有关的、先进科技成果的图片；而体育杂志则选择体坛名将及竞技场面图片；新闻杂志选择新闻人物和有关场面，它的标准既不是年轻美貌，也不是科学知识，而是新闻价值；摄影、美术刊物的封面选择优秀摄影和艺术作品，它的标准是艺术价值。

» 色彩的表现力也不可忽视

有时封面不一定要用图片，色彩的表现力也很重要。封面的色彩处理是设计的重要一关。得体的色彩表现和艺术处理，能在读者的视觉中产生夺目的效果。

单一的色彩一般很有表现力。比如，红色的热烈、黑色的沉思、褐色的文艺、绿色的环保、黄色的明快、白色的纯洁，每种颜色都各具表现力，其单纯的色调有极为突出的效果。使用能突出色调的图案，也具有很好的视觉吸引力。即使使用图片，也应该注意颜色的表现力。最好选择颜色方面有所偏向的图片，这不仅能让封面看起来和谐，也能借助颜色的一致性来增强视觉吸引。

封面色彩的运用要考虑内容的需要，用不同色彩对比的效果来表达不同的内容和思想。在对比中求统一协调，以间色互相配置为宜，使对比色统一于协调之中。比如书名的色彩运用在封面上要有一定的分量，纯度如不够，就不能产生显著夺目的效果。另外，除了绘画色彩用于封面外，还可用装饰性的色彩表现。

封面设计的色彩配置上除了协调外，还要注意色彩的对比关系，包括色相、纯度、明度对比。封面上没有色相冷暖对比，就会感到缺乏生气；封面上没有明度深浅对比，就会

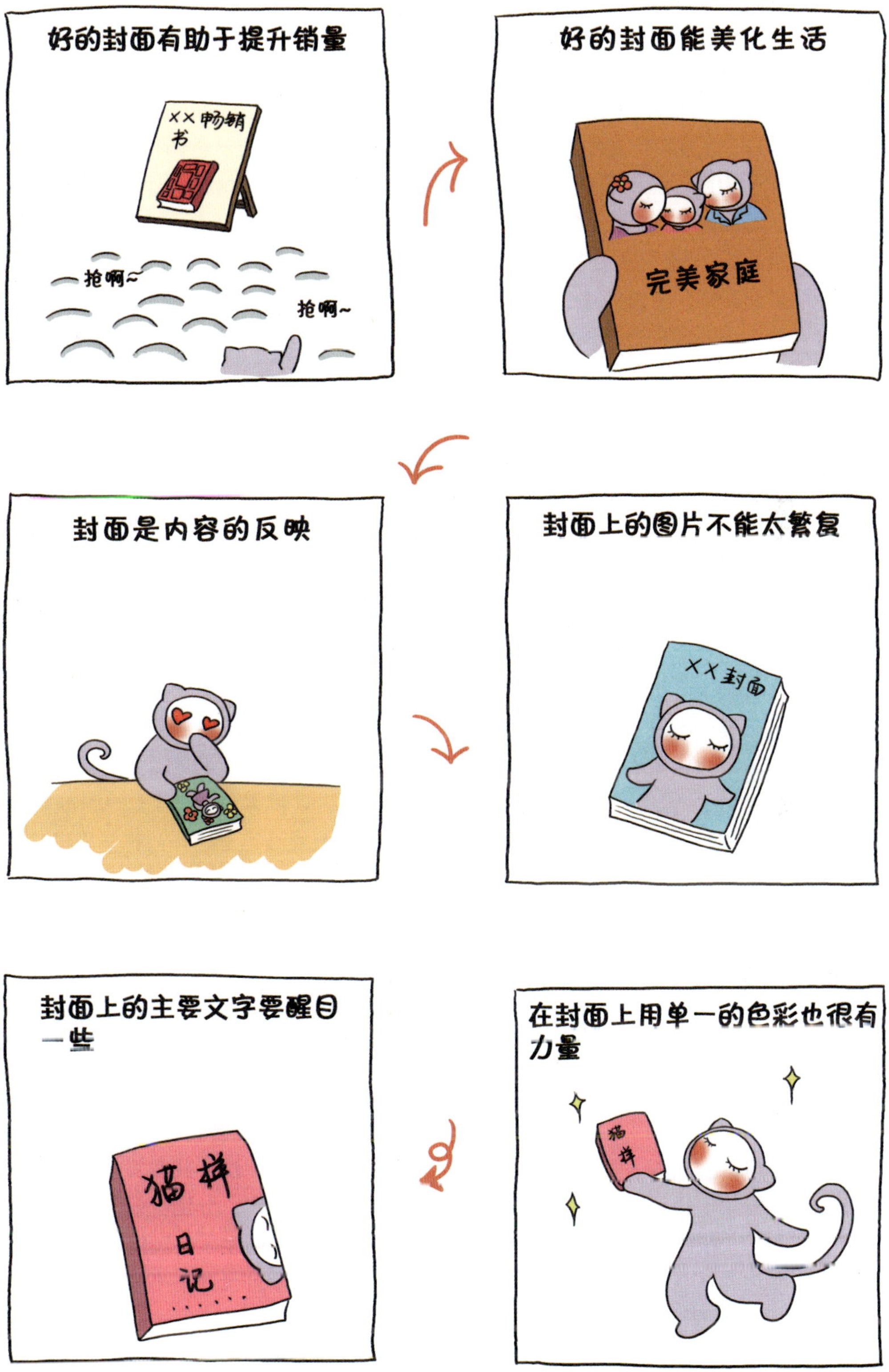
好的封面有助于提升销量
××畅销书
抢啊~
抢啊~
好的封面能美化生活
完美家庭
封面是内容的反映
封面上的图片不能太繁复
××封面
封面上的主要文字要醒目一些
猫样
日记
在封面上用单一的色彩也很有力量
猫样

感到沉闷而透不过气来；封面上没有纯度鲜明对比，就会感到古旧和平庸。我们要在封面色彩设计中掌握住明度、纯度、色相的关系，同时用这三者关系去认识和寻找封面上产生弊端的缘由，以便提高色彩修养。

一般来说，设计女性书刊的色调可以根据女性的特征，选择温柔、妩媚、典雅的色彩系列；幼儿刊物的色彩，往往要针对幼儿娇嫩、单纯、天真、可爱的特点，色调往往处理成高调，减弱各种对比的力度，强调柔和的感觉；体育杂志的色彩则强调刺激、对比，追求色彩的冲击力；而艺术类杂志的色彩就要求具有丰富的内涵，要有深度，切忌轻浮、媚俗；科普书刊的色彩可以强调神秘感；时装杂志的色彩要新潮，富有个性；专业性学术杂志的色彩要端庄、严肃、高雅，体现权威感，不宜强调高纯度的色相对比。

总之，文艺书封面的色彩不一定适用教科书，教科书、理论著作的封面色彩就不适合儿童读物。要辩证地看待色彩的含义，不能形而上学地使用。

平面设计中的字体如何选择排放才好看

我们每天都在阅读文字，却不一定注意印刷品或屏幕上的字体。不少人以为，字体只是书法家们关心的事。其实，作为平面设计的脊梁，字体凸显着基本设计要素的重要性。

平面设计作为视觉传达设计，除在视觉上给人美的享受外，更重要的是向广大的消费者传达某种信息和理念。因此，在平面设计中不应仅仅只是注重表面视觉上的美观，而更应该考虑信息的传达。文字、图形、色彩是平面设计信息传达的三大要素，而文字设计，即字体设计则是这三大要素中的重要因素之一。字体设计的功能是信息传递与视觉审美，也就是表现其应用性和艺术性，特别体现在现代字体设计的实际应用中。同时，设计出的字体既要符合视觉审美规律，又应具有鲜明的视觉形象，以便在传递文字信息时获得最佳效果。所以，人们说平面设计中文字设计是集传播功能、情感意象于一体的视觉表现符号，是平面设计中最直接、最明了、最迅速的信息载体。

那么，在设计中，如何选择和排放字体才能达到预期的效果呢？

» 字体的风格要和内容相统一

20 世纪中后期，计算机技术将文字印刷提高到一个崭新的阶段，可直接在电脑中进行文字设计与编排，进入了数字化字库时代。印刷技术的进步，带动了字体设计的发展，仿宋体、黑体、综艺体、浮云体、变体等字体都相继诞生，在专业的设计的字库中，有将近上百种字体。另外，通过对字体进行变形、加阴影、加粗等处理方式，可获得更多种类的形式。

每一种字体就代表着一种风格。中国早有“字如其人”的说法，其实每个时代，也有体现着时代风格的字体。汉代隶书的方正与唐代楷书的法度整严，分别折射着不同的时代特征，爱好古籍收藏的人，不会对宋刻本中清丽隽秀的宋体字陌生，而民国年间西方现代文明对中国文化的强烈影响，反映在印刷品的字体上就是新潮且带些书生意气。所以，在平面设计中，字体风格的选择要与内容的风格相统一。

比如，宋体。宋体也称印刷体，一般用于报纸、杂志、小说正文。比较权威、正统的杂志用宋体较多。在商业设计中，宋体运用得非常少。因为宋体笔画比较细，难以识别，所以在海报、画册类中运用得也比较少。

楷体。楷体一般用于书籍的前言与图片的注解部分。楷体的传统韵律比较强，所以在传统类的设计对象中运用得非常广，但是楷体不会作为主标题的文字选择，在副标题和广告（产品）解说（说明）部分运用得比较多。

黑体。黑体笔画很均匀并且撇捺笔画不尖，使人易于阅读。由于其醒目的特点，常用于标题、导语、标志，等等。当然常见的标题、导语采用的多是粗黑、大黑、中黑，而不是我们 Windows 里自带的黑体，如果从设计的纯角度来讲，黑体运用得也是非常少的。

方正报宋。方正报宋的外形比宋体要“方”、端正，不失时代气息也极具传统味道。所以方正报宋和方正宋一简体也常出现在一些时尚杂志的正文中。以上两种字体比较适合和铜版纸、哑粉纸、道林纸配合使用。

微软雅黑。微软雅黑是美国微软公司委托中国方正集团设计的一款全面支持 ClearType 技术字体。微软雅黑是随着简体中文版 Windows Vista 一起发布的字体。微软雅黑的审美要比黑体高雅很多，在海报与网站图标中运用比较多，不适合用于正文和标题，比较适合副标题。

此外，对于设计师的创作来说，每种字体都有各自的特点与风格。什么情况下采用什么字体、哪类文字适合哪种风格的设计，这也是值得思考的！比如无衬线的文字比较适合现代时尚、儿童产品的设计，粗体比较适合嘻哈画面设计，有衬线的文字一般运用在传统类、高端类、庄重类设计中，等等。

» 花哨和简单，各有千秋

曾有一段时间，杂志、报纸都喜欢把标题做得繁复花哨，仿佛这样才能将文字的意思传达得淋漓尽致，但实际效果却不是这样。

大量的广告市场调查证明，文字的式样并非越复杂越美。文字所承载的主要还是其含义，它能清晰明了地传达含义最为重要，所以，我们在找寻合适的字体的时候，更应该注意的是字体对本意的传达作用而非其他。过多的修饰无异于画蛇添足。

简单的设计现在越来越流行，现在的标题、广告文字设计，大多选用简单的方式。用得最多的字体是黑体、宋体、楷体、隶书、幼圆和它们的变体，绝少修饰。这样的模式让文字的本来含义更鲜明。

如果需要对文字进行修饰，那么一般来说会选择突出某些字的方法，如标题的首字扩大，或者尾字的末笔延长，或对某些字的弯曲笔画进行夸张。如为了制造浪漫的效果，也可以对某个字进行图案化设计，如“心”字中心的点就可以变成一个心形，这样适当的点睛效果就足够了。

当然，花哨的效果也不是完全不可取的，乱而有序的花哨风格也能产生别样的效果。

» 文字排放要讲原则

通常，一幅平面设计是由文字和图片共同组成的。所以在设计和排放文字时要遵循一定的原则才能达到预期的审美效果。

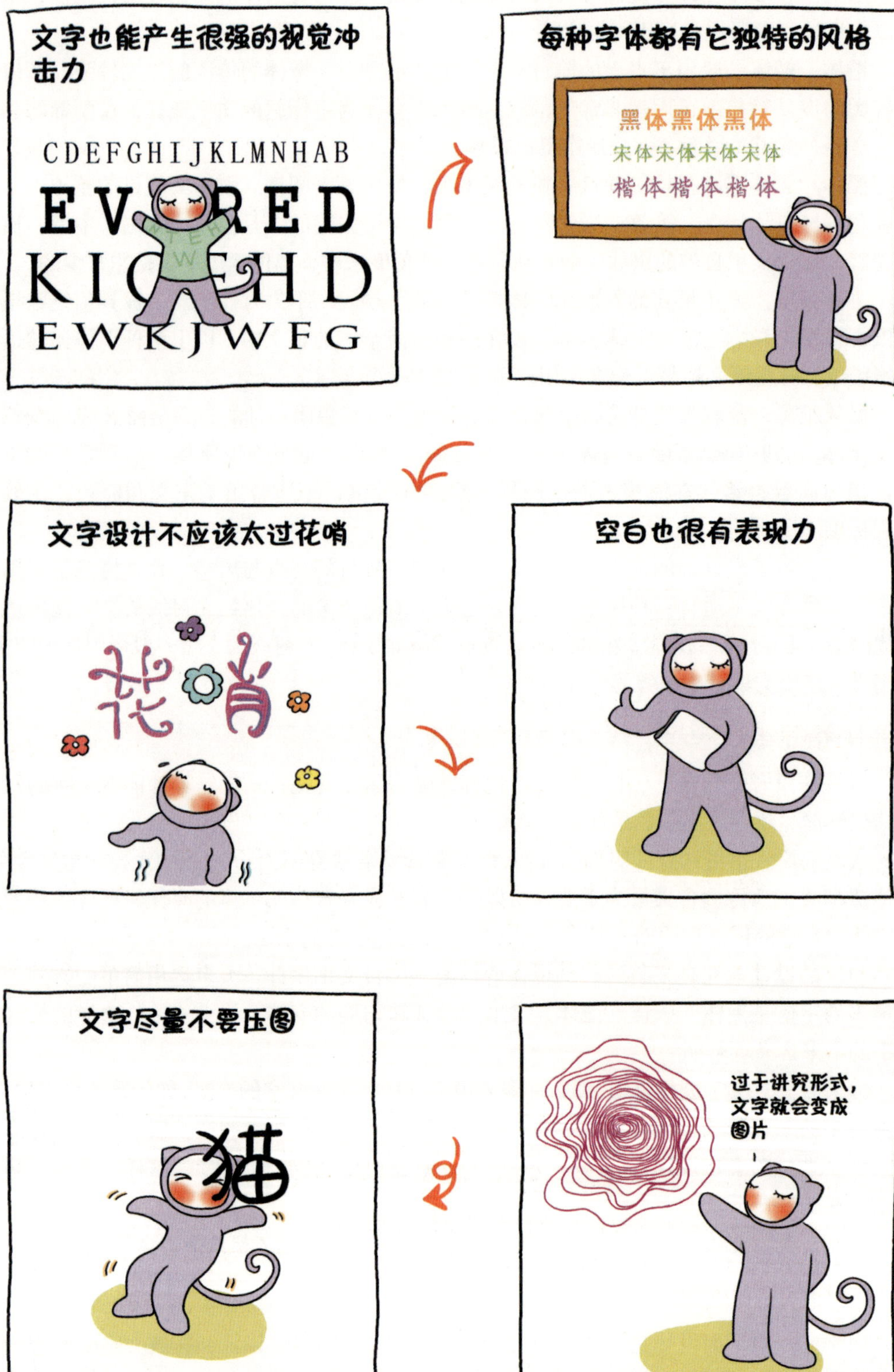
文字也能产生很强的视觉冲击力
CDEFGHIJKLMNHAB
EWKJWFG
每种字体都有它独特的风格
黑体黑体黑体
宋体宋体宋体宋体
楷体楷体楷体
文字设计不应该太过花哨
花哨
空白也很有表现力
文字尽量不要压图
猫
过于讲究形式，
文字就会变成
图片

文字在排放方式上不像图片那样有很大的限制，横排、竖排，甚至斜排都可以，几乎版式中的任何地方都可以排放，但是其设计就必须根据文字和图片的关系来设定，这是原则之一。

虽然文字的排放没有那么大的限制，但是不论怎样排都最好不要让文字过于靠边，在文字和边框之间，应该有一定的空白才能让视觉感觉舒服。尤其是标题字体，因为它具有一定的面积，所以如果周围没有空白就与边框、图、文字相接，就会显得过于紧凑，令人窒息。这是原则之二。

如果需要把文字排在图片中时，就要尽量避免将文字压在图片上面，这是原则之三。

把文字排在图片中时要选择图片中空旷且颜色统一的区域，这样能让文字看起来清晰，也不容易影响图片的整体质量，这是原则之四。

即使必须压图的时候，也要注意不能压住图片的最重要部分。如以人为主的图片，不能压着人脸；以房屋为主的图片，不能压着其主体；以花朵为主的图片，不能将主要的花朵遮盖了，这是原则之五。

最后，字的颜色应该尽量与图片的颜色相融合，如果想要突出字的效果，可以为其勾边或者加浅阴影。

为什么“城中好高髻，四方高一尺”

《乐府诗集》中有一首《城中谣》：

城中好高髻，四方高一尺。城中好广眉，四方且半额。城中好大袖，四方全匹帛。

讲的是由于京城里风行“高髻”，于是各地便竞相仿效，甚至要比京城里风行的“高髻”还要高上一尺；由于都城里时兴“广眉”，各地争先模仿，把眉毛描画得能盖住半拉脑门那么宽大！由于京都中流行“大袖”，各地都争先恐后地比着做，那衣袖就得用整匹的绸缎才能做成。这首歌谣讽刺了上行下效而造成的追求时髦的不良社会风气。却也反映了一个社会话题，那就是“流行”。为什么在我们的社会生活中会经常出现这种流行蔓延现象？而且，为什么大多数流行从形成到消失的时间较短，但在消失之后的若干时期，又会周而复始地以新面目出现呢？

» 新奇感与模仿

时尚是在大众内部产生的一种非常规的行为方式的流行现象。具体地说，时尚是指一个时期内相当多的人对特定的趣味、语言、思想和行为等各种模型或标本的随从和追求。

所以当一个新潮事物出现时，人们在最开始是因为感到新奇而尝试，而随着尝试的人逐渐增多，模仿的因素就更加鲜明地将这样流行物推广开去了。

流行的心理因素是动机，具体表现为：要求提高自己的社会地位；获得异性的注目与关心；显示自己的独特性以减轻社会压力；寻求新事物的刺激，以及自我防御等。

传播媒介的发达、商业网络的健全及权威人士的参与，能扩大流行范围并加快传播速度。喜欢华丽的人，对流行更敏感；虚荣心、好胜心强的人，易追求时尚。流行的实现能给参

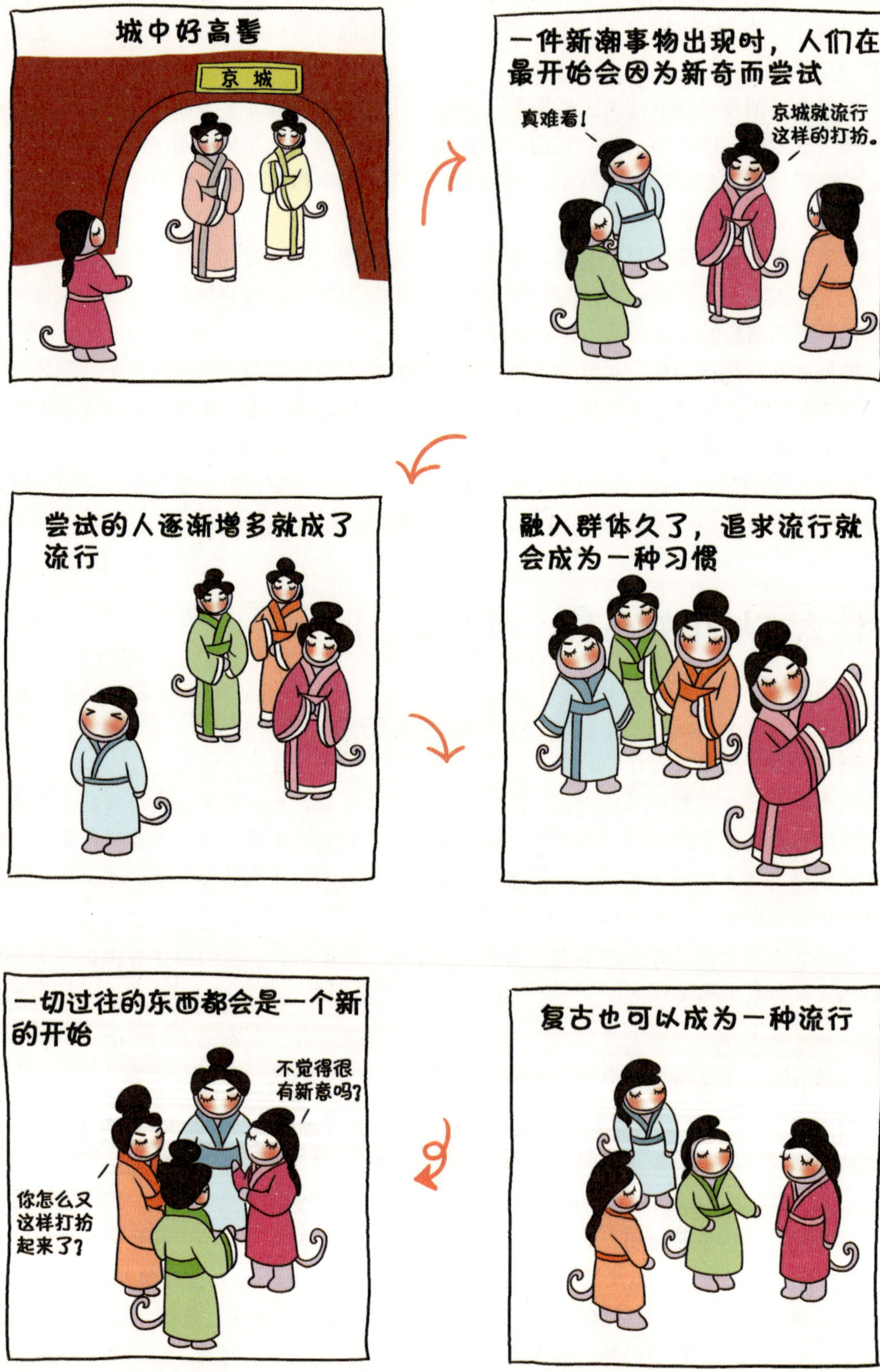
城中好高髻
京城
一件新潮事物出现时，人们在最开始会因为新奇而尝试
真难看！
京城就流行这样的打扮。
尝试的人逐渐增多就成了流行
融入群体久了，追求流行就会成为一种习惯
复古也可以成为一种流行
一切过往的东西都会是一个新的开始
不觉得很有新意吗？
你怎么又这样打扮起来了？

加者以一种刺激，此种刺激可以满足他们的某些心理需要。

法国社会学家塔德提出了以暗示、模仿为核心范畴来解释社会流行蔓延的现象，他认为，社会就是模仿、效法，模仿是人类行为的基本方式，模仿遍布于整个社会之中，渗透到人类生活的各个领域，扩展到解释时髦的社会现象上依然也是成立的，模仿几乎是人的天性之一。

» 流行与习惯

流行的产生毫无疑问是一个个性美的开端，但是渐渐地会成为全城，甚至整个时代的审美标签，毫无疑问这其中有一个因素在作怪，那就是习惯。

如美国社会心理学家阿希指出："一旦一个人处于群体之中时，就与该群体融为一体了。当他独自一人时，他可能以十分冷静和明朗的态度看待某一事物，但是一旦置身于某一群体而且该群体表现出自己的倾向时，他就不会再单独依靠自己的判断看待事物了。他可能以不同的方式对待该群体：或采取与群体一致的倾向；或与之抗衡；再或根本无视群体的倾向。"

所以当人在融入一个群体中时，会不自觉地放弃自己的选择，而渐渐习惯那个群体的取向，也会用那个群体的审美来要求自己，渐渐地，追求流行也就成了一种习惯。

» 复古与创新

"一切过往的东西都会是一个新的开始。"这句经典老话代表了当今的时尚潮流。看看近几季的T台吧，复古风真的是无处不在。不论是高级时装品牌，还是高街品牌，都在不遗余力地推崇复古时尚，为消费者提供华丽、鲜亮之外的另一种选择。

2011春夏T台更是被称为"平民时尚"的20世纪70年代复古风所占据，设计师向过去的嬉皮士精神致敬，追求自由和解放的感觉。无论是波希米亚风格的大长裙，还是潇洒的阔腿裤，都成为这一季的大热款式，受到潮人们的追捧。

针对这种现象，经常有人会嘲讽地评价当今的时尚界："当设计师没有灵感时就复古吧。当他们把一切经典都做完之后，便会显得创造力匮乏了。"无论质疑正确与否，可以肯定的是，每当设计师才思枯竭、迷茫而找不到方向的时候，他们的确会到记忆中的某一个节点，去那里获取力量。

人类的想象力和创造力是有局限的，这就是为什么设计师们要经常回顾过去，拾起一个旧时代的时尚元素然后赋予它新的活力。设计是需要经过文化沉淀的，所以在过去美好的事物中找灵感可能是一种规律。设计师们并不是完全照搬过去的款式，而是在经典的基础上加以进化、重塑，进而产生新的创意。从Dior以前的设计师约翰・加利亚诺到Celine的设计师菲比・费洛，大多知名的设计师都是从改造经典中获益而成名的。如果这样说来，参考古旧的服饰，并不是没有创意的表现，而是设计师创作的基础和源泉。

第十一章 由实用到城市雕塑 ——每天学点建筑美学

为什么城市建设需要雕塑

雕塑是对雕、刻、塑三种制作方法的统称，是设计师运用形体与材料来表达设计意图与思想的一种方法。城市雕塑在西方具有悠久的历史，且并不因时代和社会及国家的更迭而中断。从古希腊时期开始，人们就在重要的公共场所摆放雕像。当时的雕像大多为人体，如神灵、勇士、健将，这些美而神圣的人体矗立在古希腊人的周围，仿佛能令他们时刻获得关照，使他们获得精神的支柱和熏陶。这样的雕塑方式一直从古罗马持续到中世纪，再到文艺复兴。到了20世纪，西方各国的大小城市，都将城市雕塑作为城市建设和其文化的重要组成部分。20世纪末，我国曾经出现了大规模的雕塑潮，全国大大小小的公园、单位、市政设施里，都会见缝插针地出现各种题材的雕塑。如今，雕塑更是已经成为城市建设规划不可缺少的一部分。这是为什么呢？为什么我们的城市需要雕像呢？它能给我们带来什么呢？

» 雕塑最富空间感

众所周知，平面绘画很难表现事物的整体视觉概念，它只能显示出事物的一个面来，这是画作的局限性，但雕塑却不同，它是运用物质材料为视觉及触觉提供实体造型为主的艺术。它除了具有一般造型艺术所共有的形象和直观性以外，还具有其他造型艺术门类所难以比拟的特殊性。雕塑是三维空间艺术最典型的样式，因为它可以使用具有长、宽、高三个维度的材料来进行创作，所得到的艺术品可以用来表现更接近真实的事物。这样的真实可以让我们更精确地感受到艺术家在创作中所渴望表达的情绪。当我们来到洛杉矶好莱坞的蜡像馆，馆里面的明星们就像真人一般站立在我们面前。我们可以任意观看他们的正面、侧面、背面，这种欣赏方式，是其他艺术形式很难达到的，对于观赏者而言，这样的艺术形式更加有亲和力，也有巨大的视觉冲击力。

在绘画中那些很难解决的角度问题，在雕塑中完全不是困扰，因为只要创作者愿意，360° 地呈现雕像的各个精微的感受都可以。关于人的雕塑可以使我们看到凹凸的身材，也可以使我们看到完整的面容。牛的雕塑可以让我们看到它完整的建硕身形，也可以使我们看到它漂亮而工整的牛角。这就是雕塑带给我们的全方位的视觉享受，不会忽略掉每一个

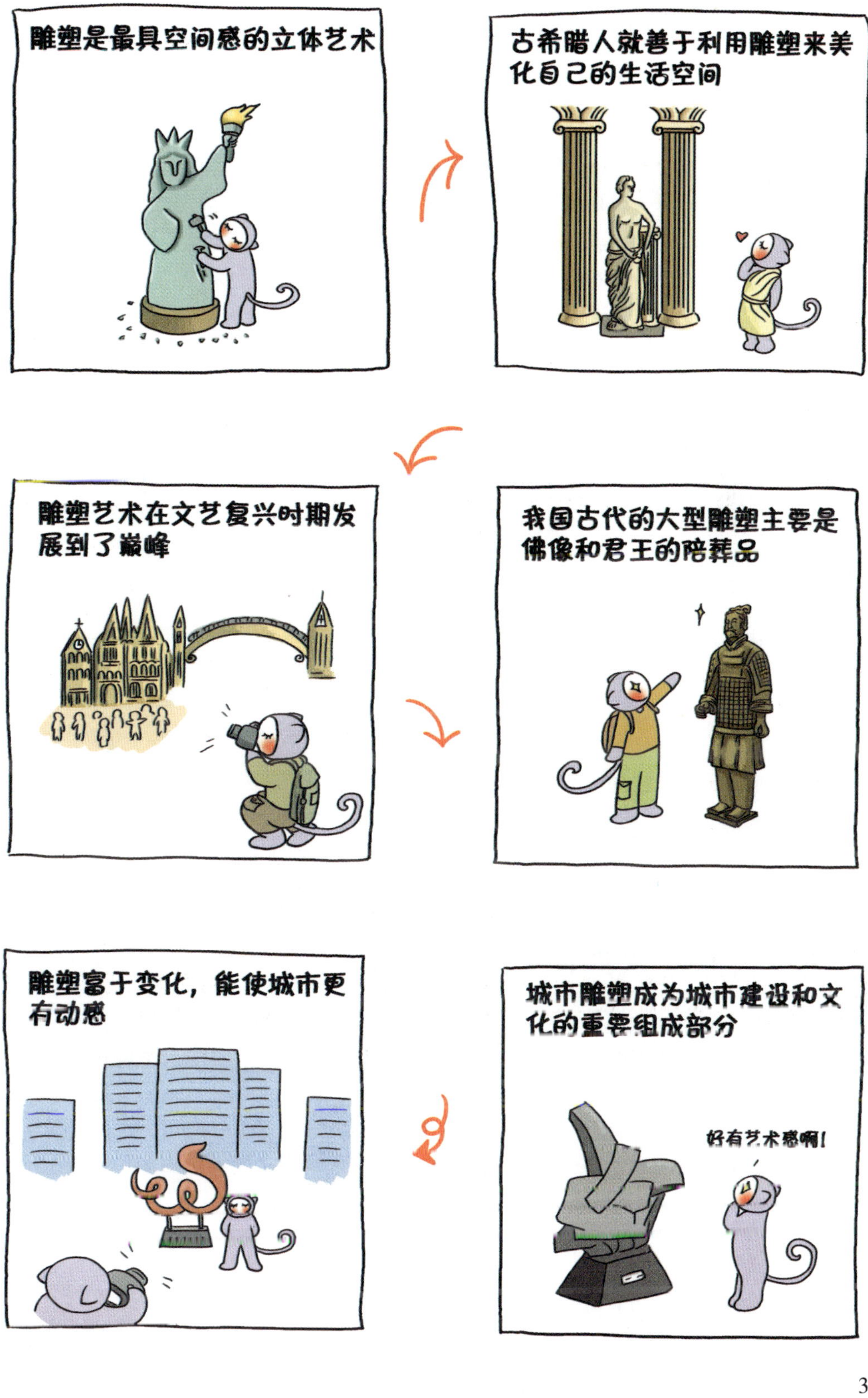
雕塑是最具空间感的立体艺术
古希腊人就善于利用雕塑来美化自己的生活空间
雕塑艺术在文艺复兴时期发展到了巅峰
我国古代的大型雕塑主要是佛像和君王的陪葬品
雕塑富于变化，能使城市更有动感
城市雕塑成为城市建设和文化的重要组成部分
好有艺术感啊！

细节的美感，这是最具立体感的艺术。

» 雕像富于变化的美感

成功的雕塑作品不仅在人为环境中有强大的感染力，而且是组成环境设计的重要因素，用它本身的形与色装饰着环境。

对于城市本身的审美来说，形式的变化美感是非常重要的。城市的建筑大多具有相同的结构，四四方方，缺乏变化。但雕塑富于生命力的变化性，作为立于城市公共场所中的雕塑作品，它能在高楼林立、道路纵横的城市中，起到缓解因建筑物集中而带来的拥挤、迫塞和呆板、单一的现象，有时也可在空旷的场地上起到增加平衡的作用。所以雕塑成为城市建设中不可忽视的一部分，是美化城市的重要方式。

» 城市雕塑是城市文化的“名片”

雕塑在文化的角度上是具有精神意义的，作为城市文化的构成部分，雕塑艺术代表了这个城市、这个地区的文化水准和精神风貌。一些城市中的优秀城市雕塑作品以永久性的可视形象使每个进入所在环境的人都沉浸在浓重的文化氛围之中，感受到城市艺术气息和城市的脉搏。这就不得不让我们想起美国纽约的“自由女神”、丹麦哥本哈根的“美人鱼”、比利时布鲁塞尔的“撒尿小孩”、俄罗斯圣彼得堡的青铜骑士雕像等，这些城市雕塑之所以能让我们轻易地记住和想起，之所以真正成为一座城市的标志性建筑，就是因为它们与城市传统文化有着密切的关系，与历史文化交相辉映，在题材等方面往往以该城市闻名的历史传说、历史事件、人物或悠久的传统文化为依托，同时成就了这些雕塑和这些城市的名声。

所以，一座好的雕塑就是一座城市精神的象征，应该成为这个城市文化的“名片”。很多时候，城市雕塑更是作为一种纪念存在着，它们也总会让发生的一些重要事件对人们产生持续的影响，比如，北京天安门广场的人民英雄纪念碑就象征了我们国家不屈不挠的反抗精神，这不仅对北京市民产生着影响，对我们整个民族乃至全世界都产生影响。

现代建筑为什么被称为“城市的雕塑”

为了迎接2008年北京奥运会，北京建造了诸多建筑，如像鸟巢一般的国家体育场和方形冰块的水立方国家游泳中心，这已经使人们大开眼界了。而2010年的上海世博会再次为人们带来惊喜，在上海世博园中各种形态的建筑尽显魅力，向人们展示现代建筑的美。于此还不够，在人们的身边依然不断出现各种惊人的奇异的建筑。有人说，这是雕塑时代的到来，他们把现代建筑称为城市的雕塑，把那些奇异的现代建筑当作城市文明的标志，甚至当成城市炫耀的资本。为什么会出现这些现象？现代建筑为什么被称为“城市的雕塑”？

» 现代建筑的变革使其更具形式美

近代工业革命对西方社会生活的各个方面都产生了巨大的影响，社会生活的许多领域都产生了新的技术。建筑也不例外，在近代工业革命的冲击下，建筑业也因为社会对建筑的需求有了重大的变化而开始了全面的革新。

古典建筑基本上是为教会和皇室贵族服务的，故其主要类型都是一些宗教建筑、宫殿、别墅以及其他的纪念性建筑。新兴的资产阶级的兴起，资本主义生产的发展，无疑对封建势力和教会都是沉重的打击。同时，工业生产的进一步发展，商业的繁荣，需要大量的工业性建筑和商业性建筑，如厂房、火车站、银行、市场、商店、旅馆，等等。于是，建筑也就很自然地由以宗教性和政治性建筑为主转向了以工业性和商业性建筑为主，以适应新的社会生活的需要。新的类型的建筑无论是在内部空间还是在外观形式上，都有着不同于古典建筑的新的要求，因此，建筑必须创新，古典建筑已不适应新的社会生活的需要。

为了获得更经济实用的房屋，当时的建筑大刀阔斧地去掉了古代建筑的装饰性，修建了大量以一间间层叠的小房子累积而成的楼房。此后，摩天大楼一栋接一栋地拔地而起，这些含有大量房屋的高楼，大都形式简洁，能最大限度满足功能的需要。在现代主义看来，“朴实无华的材料和外表要比缺乏有机结构的、不恰当的装饰优越得多”。于是，创造出清晰简洁的外观造型成为现代主义建筑追求的艺术效果。但是这种过于简单的形式容易复制，也容易丧失个性。于是，随着经济的发展和技术的发达，使越来越多的建筑师怀念起传统建筑的形式美，认为简洁的建筑也应该有所修饰。这一思潮，使建筑师们开始将传统建筑中的雕塑放大为整体建筑，用建筑的外形去打造一个具有象征意义的形体，用这一形体来表达建筑的个性。其后各种以抽象为元素的建筑形式不断出现，建筑在符合其功能性的同时，变得更具形式美。

» 现代建筑材料为建筑的形式美提供支持

以往几千年，世界各地区建筑所用的主要材料不外是土、木、砖、瓦、灰、砂、石等天然的或手工制备的材料。由沙、石子、水泥混合水而成的三合土能承受强大的压力，但对拉力的承受能力很弱。产业革命以后，建筑业的第一个变化是将铁用于房屋结构上。先是用铁做房屋内柱，接着做梁和屋架，还用铁制作穹顶。19 世纪后期，钢产量大增，性能更为优异的钢材代替了铁材，与此同时，水泥也渐渐用于房屋建筑。由于建筑除了有向下的压力外，还要受到风传来的扭力和弯曲力，又有梁传来的压力，所以为了使建筑获得更为坚固的效果，工程师们在水泥里添加了能同时承受压力和拉力的钢筋，出现了钢筋混凝土结构。钢和水泥的应用使房屋建筑出现飞跃的变化。钢材和混凝土混合的建筑材料，具有超高的可塑性、易建造性、坚固性，给予了现代建筑在造型上更多的支持，让现代建筑变得更为坚固而轻盈。同时，高科技的发展又产生了诸多高级建筑材料，加上科学的建筑技术，使现代建筑工艺几乎可以建造任何的设计形式。

» 现代建筑奇迹成为城市炫耀的资本

人们从各种媒体报道可以发现，很多国家和城市在进行建筑规划时都会力求建筑的标志性和超越性。就以楼的高度来说，许多国家和城市都竞相建造摩天大楼。世界上首座摩天大楼诞生于 19 世纪 80 年代的美国芝加哥，54.9 米高、共 10 层楼的“芝加哥家庭保险大厦”被公认为世界第一座摩天大楼。2010 年 1 月落成启用的世界第一高楼“迪拜塔”，建筑高

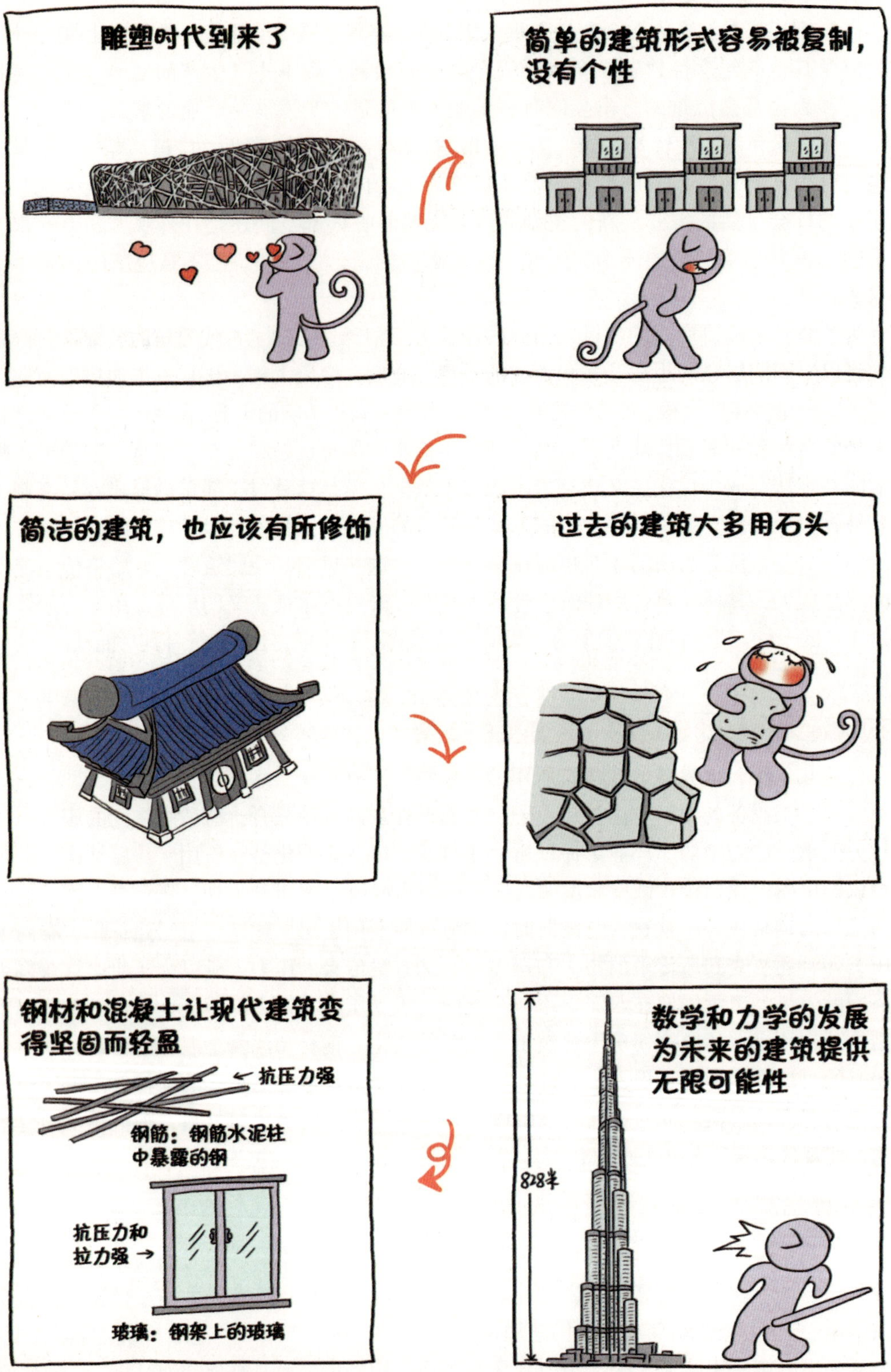
雕塑时代到来了
简单的建筑形式容易被复制，没有个性
简洁的建筑，也应该有所修饰
过去的建筑大多用石头
钢材和混凝土让现代建筑变得坚固而轻盈
抗压力强
钢筋：钢筋水泥柱中暴露的钢
抗压力和拉力强
玻璃：钢架上的玻璃
数学和力学的发展为未来的建筑提供无限可能性
828米

度达到让人瞠目的828米。其启用典礼的整个过程由当地媒体做全球高清直播，全球20亿观众收看，可见人们对建筑奇迹的关注与好奇，这也使得这些建筑奇迹成为城市炫耀的资本。当然，随着数学和力学的发展，未来的建筑似乎还将会有无限发展的高度。

为什么建筑会给人以时空感

北京的故宫有数百座建筑物，被圈于一个规模巨大的围墙内，各自个性鲜明，整体又排列井然，从天安门到午门，再经过小桥到达太和门、太和殿、保和殿、御花园……各幢建筑的次第排列，不仅给人以强烈的空间感，也使建筑的空间构图转化为了时间的存在，使建筑的静态美具有了动态感。为什么故宫的建筑能给人以这种空间与时间相结合的时空感呢？

» 建筑是一种人化的“四度空间”

建筑是空间造型的艺术和科学，在满足功能目的的同时，它常常具有随着时间序列的展开所显示的形体结构的造型美。建筑的空间性，在量的方面来说是“三度”的，即有长、宽、高，在本质方面则是“人化”的，是人的智慧外化的结果，同时又是通过人的各种感官来感受的。

在苏联美学家鲍列夫的《美学》一书中曾有这样一段描述：“建筑是在建造能满足人的居住和社会活动需要的楼房和各种建筑物时按照美的规律创造现实的艺术。建筑创造一个与自然相隔离、与自然环境相对立，使人能够利用人化空间满足其物质和精神需求的封闭的、人造的、既有功利性又有艺术性的世界。”这段话不仅明快地揭示了建筑作为人战胜自然的产物的本质与功能，也直接地道出了建筑作为艺术的特征。建筑的美，也就恰恰在这“人化空间”中显示了自己与众不同的审美魅力。

建筑的空间正由于具有这种“人化”的特点，又由于对建筑艺术的欣赏需要进入其中或围观其外，这就使得建筑的美在这种物理或数学的空间形式中，拥有了另一个不可缺的因素：第四度空间，即时间。这一因素在任何时期、任何形式的建筑中，都是不可缺少的。从最早的草棚建筑到最现代化的住宅，从原始人的简易茅屋到今天的教堂建筑、学校建筑、办公楼建筑，以及形形色色的纪念性建筑等，没有一种建筑不需要第四度空间，不需要人入内察看或绕场观摩所需要的时间。这样一来，它使得建筑的美，在具有空间性特征的同时，也获得了时间性，在静态的艺术形式中，获得了动态的审美效果。

» 建筑的时代性加强了自己的时空感

德国现代建筑先驱之一的密士先生在《谈建筑》一文中曾经指出，“建筑是表现为空间的时代意志”，“建筑依赖于自己的时代”，“它是时代的内在结构的结晶”，“建筑艺术写出了各个时代的历史”，“显示出时代的面貌”。他用诗行的形式，概括地指出了建筑艺术与自己所处时代的关系，简洁但却十分明确地点明了建筑的时代性。建筑正因为具有这种时代性，所以，它才使自己的美具有了“活的，变化的，不断更新”的能力，也增强了自己的时空感。

建筑是一定时代意识观念的显现。建筑作为人的一种精神创造物，早就存在于人的头脑中了。而人在头脑中对建筑进行构造的时候又难免会受到时代意识的影响。所以，当建筑从“观念的形式”到以物质实体的形式出现在大地上后，它的身上就不可避免地要打上时代意识的印记，这种时代意识的印记又直接地影响了建筑美的造型及相应的审美效果。所以，在一定时代意识的规范和影响下，建筑的美也呈现出不同的格调。比如，文艺复兴时期的建筑美，充满了豪迈、大度的情调，“巴洛克”风格的建筑美，则荡漾着虚幻、新奇、豪华、浮艳的秋波。

建筑是一定时代文化形态的结晶。建筑作为人的物质活动与精神活动两重结合的创造物，它也必然会形象地记载人所处时代的文化特点。例如，中国封建时代的文化，就形象地凝聚在了中国古典建筑中，如寺庙、宫殿、碑林等。而现代的文化，也凝聚在了摩天大楼那巨大的体量、多样的结构、缤纷的色彩上。可见，一个时代有什么样形态的文化，就必然形成什么样的建筑格局，具有什么样的建筑美。

建筑是一定时代审美倾向的体现。建筑艺术作为客观存在的审美对象，虽然它可以在新的时代，给人以新的审美感受，但是早已凝固于它自身的审美倾向，却不会因时代的变化而变化。因为，当建筑出现在大地上的时候，就已经承载了一定时代的审美倾向，所以，人们对建筑的审美感受尽管可以常新，但建筑自身的审美倾向却不会常变。

为什么要给建筑命名

自由女神像是美国的象征，它穿着古希腊风格的服装（一说罗马古代长袍），头戴光芒四射的冠冕，七道尖芒象征世界七大洲，右手高举象征自由的火炬，左手捧着一本封面刻有“1776年7月4日”字样的法律典籍，象征着这一天签署的《独立宣言》。脚下是打碎的手铐、脚镣和锁链，象征着挣脱暴政的约束和自由。

自由女神像之所以叫“自由女神”是有其渊源的。自由女神像的创作者巴托尔迪从青年时代起就酷爱雕塑艺术，自由女神的形象很早就存在于他的心目中了。1851年，路易·拿破仑·波拿巴发动政变推翻第二共和国后的一天，一群坚定的共和党人在街头筑起防御工事，暮色苍茫时，一个年轻姑娘手持熊熊燃烧的火炬，跃过障碍物，高呼“前进”的口号向敌人冲去，反动分子的枪声响了，姑娘倒在血泊中。巴托尔迪耳闻这一事实，心情久久不能平静。从此这位高举火炬的勇敢姑娘就成为他心中自由的象征，也成为美国人心中自由的象征，甚至是世界上很多人心中自由的象征。

在生活中，我们会发现身边的很多建筑都会有一个名字，很多建筑的名字都还拥有各种象征意义，这些名字对于建筑来说有什么意义呢？

» 为建筑命名可以为建筑增色

为建筑命名是人们对建筑物及景观的心理状态的表象，属于观念文化的范畴。对建筑物、建筑群、园林、景区、景点等建筑的命名活动，可谓是“点石成金”“画龙点睛”之术，作用之大无法估量。

建筑名称是对建筑物及其周围环境的功能美、景观美和教化作用的高度概括，也是一种人文观点和语言艺术的综合体现。比如，它可以传递历史壮丽史实之美，如长坂雄风、颐和园、圆明园，这些地方都能使人抚今思昔，深受教育，产生壮烈美感；它还可以传递历史文学与优秀文化，如滕王阁、三苏祠、薛涛井等地，都传递着历史文化之美。

建筑名称对于建筑本身来说，还具有一定的广告效应。很多建筑的美名常有诗情画意、寓意哲理，给人以美的信息，有的优美动人，有的深邃神秘，有的新颖独特，都能使人产生共鸣，令人向往，诱人观瞻，起到广告的作用。

建筑名称还具有导人观赏的作用。一些好的建筑名称可以将建筑的美质浓缩，以先入为主的方式强加于人，让观者事先形成一个美感的心理定向，有了一个主心骨，然后引导人们去寻寻觅觅，有意识定向去体察它，就更容易产生美感和好感，并能进一步地启发人们通过观察、体验之后以美名为向导，深化对建筑精神内涵的认识。

建筑名称还具有引人回味的作用。很多建筑即使历时已久，甚至人们把观赏过的具体形象大多都已淡忘时，建筑的美名却是很难忘却的。而根据美名的引导，人们便会在淡忘的记忆中产生抽象美感的回味。事实上，很多绝妙的美名就是经历千年仍然生机盎然、脍炙人口而传于世的。

» 只有语言才能接受下来、表现出去

从符号学的观点来看，建筑名称是一种抽象的语言或思维的符号。作为抽象思维的工具，人们在区别客观事物形态时都会用名称来进行把握。黑格尔说过，只有语言才能接受下来、表现出去，使它成为观念想象的对象。事物的名称即用什么语言表达其完美与否？内涵和外延丰富与否？名称是至关重要的。

在《红楼梦》第 17 回中，贾政说了这样一段话：“偌大景致，若干亭榭，无字标题也觉寥落无趣，任是花柳山水，也断不能生色。”意思是说，再美的景致和亭榭，如果没有名字也会觉得没有趣味，即使是花柳山水，也没有美感可言。这就说明了景点和建筑都需要有个好的名称才能体现出它们的美质，使人们增强美感。

为什么古希腊建筑能影响整个欧洲的建筑模式

古希腊建筑是人类发展历史中的伟大成就之一，给人类留下了不朽的艺术经典之作。其建筑语汇深深地影响着后人的建筑风格，它几乎贯穿在整个欧洲两千年的建筑活动中，无论是文艺复兴时期、巴洛克时期、洛可可时期，还是集体主义时期都可见到希腊语汇的再现。古希腊建筑的模式被后世的许多人模仿、借鉴。其中，古罗马建筑受古希腊建筑的影响最深，几乎是在古希腊建筑的基础上发展起来的。例如，在古罗马时期发展了一种混合的柱子模式（罗马柱），这其实就来源于古希腊柱式。为什么古希腊的建筑模式有如此大的影响力？为什么它能够影响整个欧洲的建筑模式？

» 古希腊是欧洲文化的发源地

古希腊的文化是欧洲文化的源泉与宝库，古希腊的建筑艺术则是欧洲建筑艺术的源泉与宝库。因此，古希腊的建筑风格和模式能够影响整个欧洲建筑模式就不足为奇了。

历史上的古希腊曾在很长一段时期内不是一个统一的国家，而是一群分布在巴尔干半岛、小亚细亚和爱琴海岛屿上的城邦，其中较为繁荣的有雅典、斯巴达、米利都、科林斯等。公元前5世纪中叶，雅典城邦联合其他城邦战胜了波斯的入侵，在希腊建立起雅典霸权，社会经济与文化达到了高度繁荣，建筑也随之步入鼎盛时期。

古希腊建筑风格的特点主要是和谐、完美、崇高。而古希腊的神庙建筑则是这些风格特点的集中体现者，至今仍留存于世的帕提侬神庙、宙斯祭坛等建筑，可算是建筑历史上的经典之作，也是古希腊，乃至整个欧洲最伟大、最辉煌、影响最深远的建筑。

当然，当时的古希腊建筑类型除神庙外，还有大量的供奴隶主与自由民进行公共活动的场所，如露天剧场、竞技场、广场等。当时的建筑风格开敞明朗，讲求艺术形式的完美，所以这些建筑无论是在尺度、体量、材质还是造型和色彩方面等都拥有完美的技术和技巧，其上的绘画、雕刻更带来卓越的美感。而由此形成的一些建筑物的形制和建筑创作的一些原则，使得古希腊建筑具有超越其他建筑形式的持久魅力而影响着欧洲建筑的发展。

» 古希腊建筑具有极致经典的形式美

古希腊建筑能够影响整个欧洲建筑的模式不单纯是因为其发源得早，还在于它在一开始就已经具备了极致经典的形式美。

首先，古希腊的建筑以比例为美。古希腊的数学非常发达，所以古希腊的建筑师在修建房屋时，将比例运用到了建筑各处。如将房屋的平面构成1 ∶ 1.618或1 ∶ 2的矩形，这样的房屋匀称而大方。在古希腊，人体美被认为是数的和谐的最高体现，这在某种程度上也成为建筑所效法的依据，多立克和爱奥尼柱式就典型地概括了男性和女性的体态和性格，在希腊建筑中，甚至还有以男子雕像代替多立克柱子、以女子雕像代替爱奥尼柱子的例子。正是由于这种审美观贯彻在柱式风格中，所以才有多立克刚毅雄伟和爱奥尼柔和端淑的风格。可见，希腊的古典柱式既严谨地体现着一丝不苟的理性精神，追求着理想美，又体现着对人体细微而深刻的审美感受。

其次，古希腊的建筑以雕饰为美。古希腊的建筑与雕刻是紧密结合在一起的。在古希腊的建筑中，我们随时可以看到圆雕、高浮雕、浅浮雕等多种雕饰艺术，整个古希腊建筑仿佛是用石头雕刻出来的艺术品。

此外，古希腊建筑还注重整体之美。古希腊建筑的和谐与完美不仅表现在以柱式为构图原则的单体建筑的尺度与比例推敲中，同时也还表现在建筑群体环境及其整体造型的艺术创造中，这方面最杰出的典范是雅典卫城。

卫城是古希腊人祭神的地方，位于雅典城西南的一个高冈上，由一系列神庙构成。其整体布局考虑了祭典序列和人们对建筑空间及形体的艺术感受，所有建筑因山就势，主次分明，高低错落，无论是身处其间或是从城下仰望，都可看到较为完效的艺术形象。建筑本身则考虑了单体相互之间在样式、大小、体量等方面的对比和变化，加上巧妙地利用了不规则不对称的地形，遂使得每一景物都各有其一定角度的最佳透视效果，使我们在任何角度，都可以感受到建筑之间的和谐。

随着祭神队伍的行进，建筑物与雕刻交替成为视觉画面的中心，既庄重和谐又丰富多变，

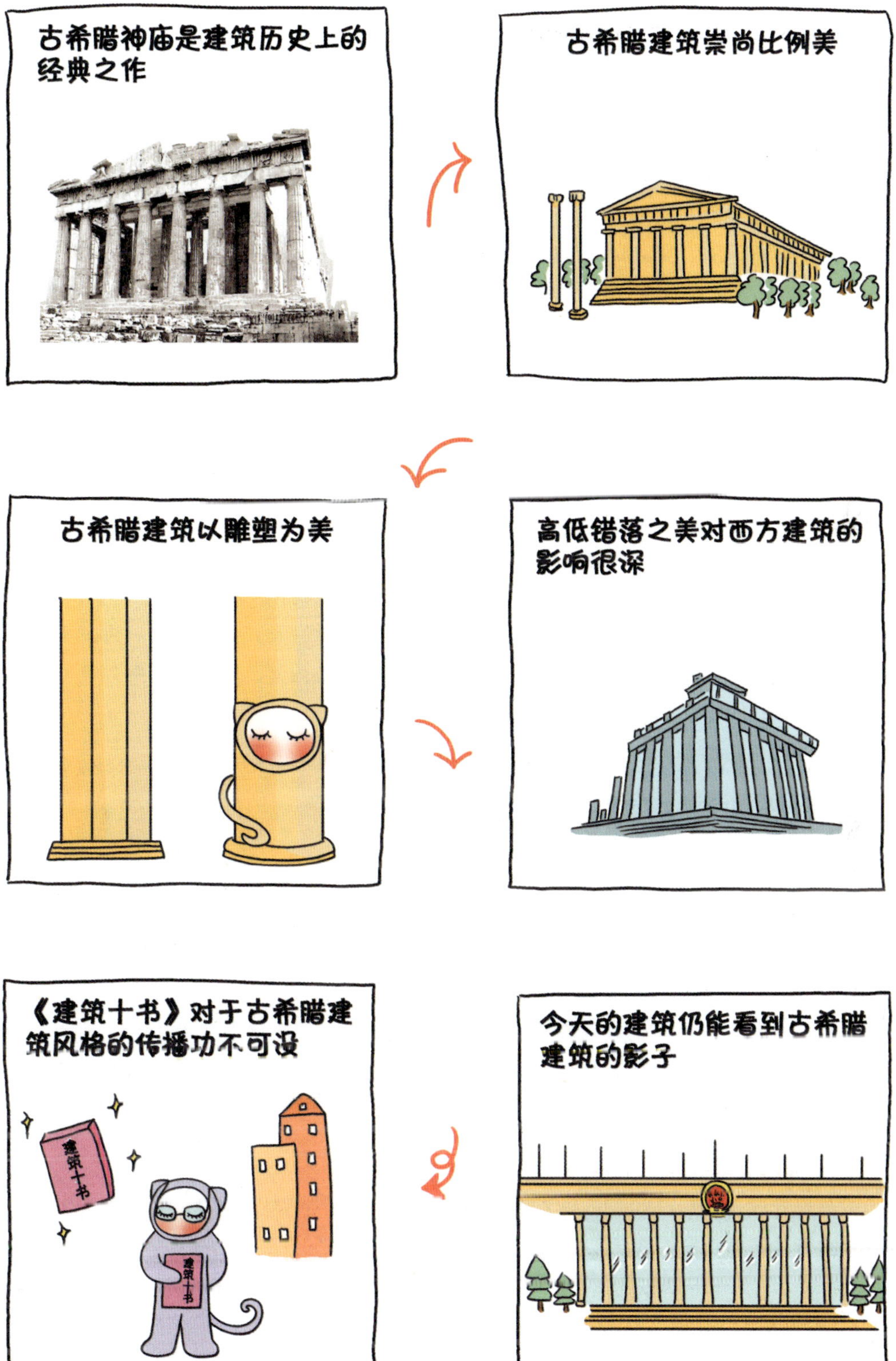
古希腊神庙是建筑历史上的经典之作
古希腊建筑崇尚比例美
古希腊建筑以雕塑为美
高低错落之美对西方建筑的影响很深
《建筑十书》对于古希腊建筑风格的传播功不可没
建筑十书
建筑十书
今天的建筑仍能看到古希腊建筑的影子

成为建筑群体艺术的楷模。

»《建筑十书》功不可没

古希腊建筑之所以能影响整个欧洲建筑的发展，不仅仅在于其自身所具有的经典艺术性和技术性，还在于后人对其建筑经验的总结、传播与应用。其中，古罗马建筑师、工程师维特鲁威写的《建筑十书》可谓是功不可没。

《建筑十书》是西方古代保留至今唯一最完整的古典建筑典籍，是西方建筑史上最古老的建筑学专著。全书分十卷，内容包括建筑教育、城市规划和建筑设计原理、建筑材料、建筑构造作法、施工工艺、施工机械和设备等。书中记载了大量建筑实践经验，阐述了建筑科学的基本理论。这本书有四大成就：

第一，它奠定了欧洲建筑科学的基本体系。

第二，它十分系统地总结了希腊和早期罗马建筑的实践经验。

第三，它相当全面地建立了城市规划和建筑设计的基本原理，以及各类建筑物的设计原理。

第四，这本书按照古希腊的传统，把理性原则和直观感受结合起来，把理性化的美和现实生活中的美结合起来，论述了一些基本的建筑艺术原理。

基于此，这部著作后来成为西方建筑最重要的指导教材，一直在建筑界流传。在文艺复兴时期颇有影响，对18~19世纪的古典复兴主义亦有所启发，至今仍是一部具有参考价值的建筑科学全书。虽然在这过程之中有对其模式风格的扬弃，但它的影响始终难以从西方建筑师的模式库中被完全消灭。

为何哥特式建筑以高瘦为主要形态

哥特式建筑是11世纪下半叶起源于法国，13~15世纪流行于欧洲的一种建筑风格。主要见于天主教堂，也影响到世俗建筑。哥特式建筑以其高超的技术和艺术成就，在建筑史上占有重要地位，也是西方美学不可忽视的光彩。

最负盛名的哥特式建筑有俄罗斯圣母大教堂、意大利米兰大教堂、德国科隆大教堂、英国威斯敏斯特大教堂、法国巴黎圣母院以及凯旋门。从这些建筑中我们可以看出，哥特式建筑最明显的建筑风格就是高耸入云的尖顶及窗户上巨大斑斓的玻璃画，整体给人的感觉是又高又瘦，那么这种形态是如何形成的呢？

» 罗马风的发展为哥特式建筑打下了坚实的基石

罗马风建筑是10~12世纪，欧洲基督教流行地区的一种建筑风格。其原意为罗马建筑风格的建筑，又译作罗曼建筑、罗马式建筑、似罗马建筑等。

公元5世纪，随着西罗马帝国的灭亡，欧洲进入了被史学家们称为“中世纪”的时期。此时的欧洲，意识文化与文学艺术一蹶不振，古希腊与古罗马文化的灿烂景观，已成为一个悠远的梦，消失于漫漫的长夜中，唯有宗教文化，特别是基督教文化一枝独秀，

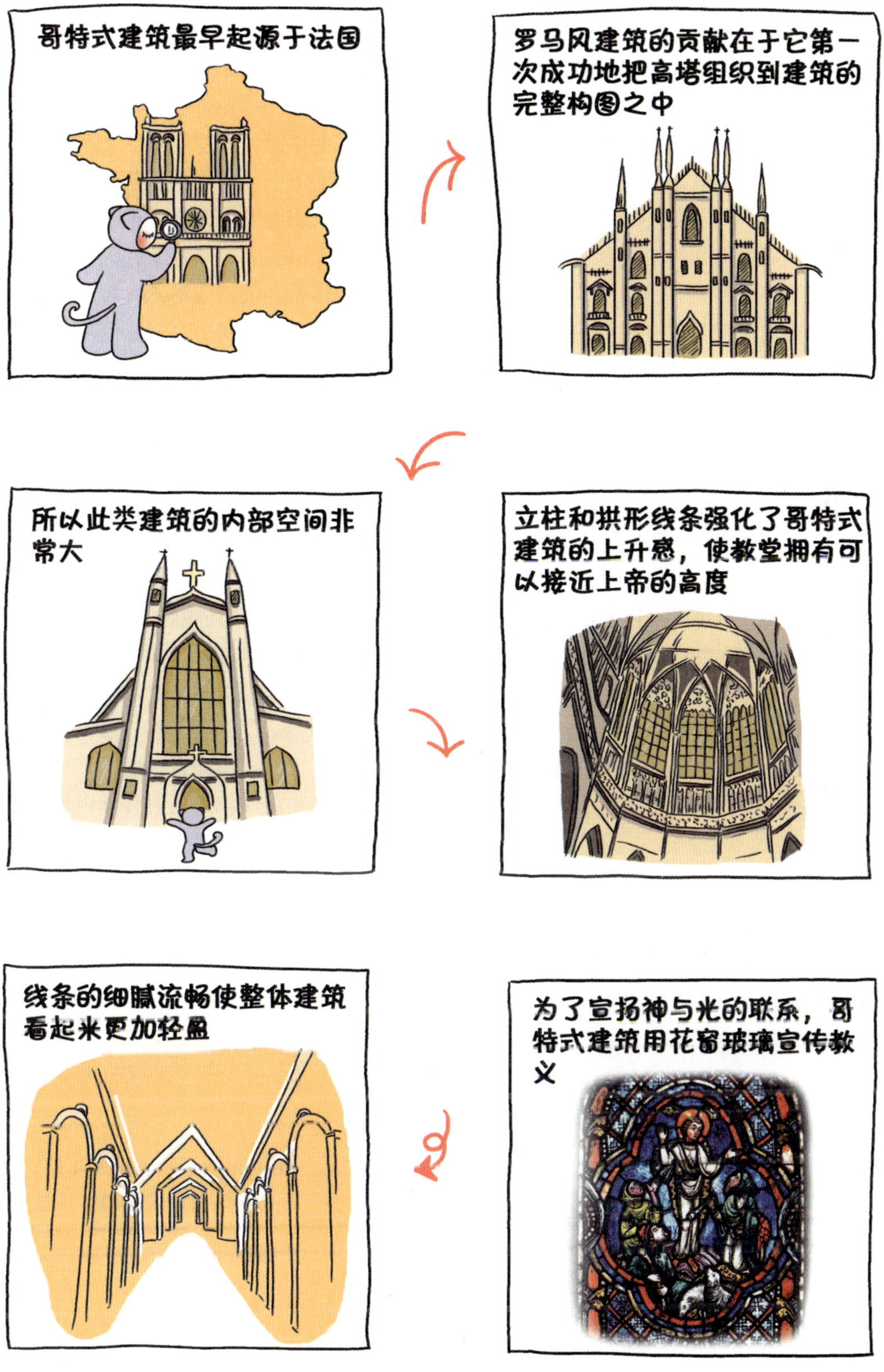
哥特式建筑最早起源于法国
罗马风建筑的贡献在于它第一次成功地把高塔组织到建筑的完整构图之中
所以此类建筑的内部空间非常大
立柱和拱形线条强化了哥特式建筑的上升感，使教堂拥有可以接近上帝的高度
线条的细腻流畅使整体建筑看起来更加轻盈
为了宣扬神与光的联系，哥特式建筑用花窗玻璃宣传教义

不仅成为中世纪精神的象征，也成为中世纪权力的象征。公元9世纪时，欧洲文明已经开始出现曙光，在建筑文明上的主要体现就是罗马风的回潮。在当时，很多信徒为了发展基督文明，利用古罗马废墟的材料来建造修道院，因此，罗马风建筑风格多见于修道院和教堂。

此时的罗马风建筑采用了古罗马建筑的结构、技术和方法，如半圆拱、十字拱等，有时也用简化的古典柱式和细部装饰。经过长期的演变，逐渐用拱顶取代了初期基督教堂的木结构屋顶，对罗马的拱券技术不断进行试验和发展，采用扶壁以平衡沉重拱顶的横椎力，后来又逐渐用骨架代替厚拱顶。平面仍为拉丁十字。出于向圣像、圣物膜拜的需要，在东端增设若干小礼拜室，平面形式渐趋复杂。罗马风建筑作为一种过渡形式，它的贡献不仅在于把沉重的结构与垂直上升的动势结合起来，而且在于它在建筑史上第一次成功地把高塔组织到建筑的完整构图之中。此类建筑的内部空间非常大，但由于窗户窄小，所以使其充满了阴森而神秘的气氛。

随着罗马风建筑的发展，中厅愈来愈高，而这种结构模式使复杂而高大的建筑的建造成为可能，这为后来的哥特式建筑打下了坚实的基石。

» 为接近上帝而逐渐上升的高度

最有影响的哥特式建筑，大多是教堂建筑。因为教堂的作用是为了感受神迹，聆听教义，所以它一定要拥有可以接近上帝的高度，于是人们希望教堂建得越高越好。

从11世纪下半叶开始，人们对公共活动的兴趣日益高涨，此时的教堂已经不仅仅是宗教发展的圣地，更是炫耀城市实力的一种方式。当时建筑的时尚就是比谁的建筑更高更大。当时的罗马风建筑已经解决了如何将建筑拔高的问题，所以从12世纪开始，欧洲的教堂就开始了一种比赛——建筑的拔高比赛。最开始是钟塔的高度，一座高过一座，其后整体建筑的高度也获得了提升，此时，人们已经不再顾及建筑的实用性，而是对教堂内部的空间高度更加看重。

不得不说，这样的拔高，使得哥特式建筑取得了非常显著的艺术效果。超高的空间感在各种立柱、拱顶线条的指引下，具有强烈的上升动态，线条的细腻流畅使整体建筑看起来更加轻盈。站在这样的建筑之中，真的会让人产生一种接近上帝的感觉。所以，哥特式建筑几乎是最能表达基督教精神的建筑模式。

» 为增加光线而不断增加窗户的面积

由于罗马风建筑的窗子过于窄小，所以使得建筑内采光受限，过于阴暗。于是为了增加光线，哥特式建筑逐渐取消了台廊、楼廊，而增加侧廊窗户的面积，直至整个教堂采用大面积排窗。这些窗户既高且大，几乎承担了墙体的功能。光线问题于此就得到了解决。

但是为了进一步宣扬神与光的联系，便出现了花窗玻璃。哥特式建筑借助了彩色玻璃工艺，用花窗玻璃拼组成一幅幅五颜六色的宗教故事，起到了向不识字的民众宣传教义的作用，这使得哥特式建筑形成了独特的华美风格。

中式建筑为何大多数讲究对称美

中式建筑风格是以宫廷建筑为代表的中国古典建筑的室内装饰设计艺术风格。一般来说，中式建筑都气势恢宏、壮丽华贵、高空间、大进深、雕梁画栋、金碧辉煌，在造型上都讲究对称，色彩讲究对比，装饰材料以木材为主，图案多龙、凤、龟、狮等，精雕细琢、瑰丽奇巧。故宫可以说是中式建筑的典型。故宫总体来说是四方形，东西两侧呈对称结构。中间的中路贯穿南北，同时也是北京城的中轴线。重要的三大殿全部在中轴线上。因为明清两朝皇室需要，前后划分为办公区和生活区两大部分。前面的办公区以中轴线上的午门、金水桥、三大殿为中心，两侧对称坐落着文华殿和武英殿两个外路宫殿群，以及各种小型建筑如皇子居住的南三所等；后部以三宫为中心，两侧对称建筑有东西十二宫，即 12 个各自独立的小四合院。

从故宫的建筑结构可以看出，中国古代建筑和西方建筑的差异很大，是什么缘故形成这种差异的呢？中式建筑为什么如此讲究对称呢？

» 中庸之道的影响

中国建筑拥有悠久的历史传统和独特的文化积淀，有着丰厚的传统财富，其中，中庸是中国传统思想的最高价值原则，被孔子尊为最重要的道德标准，也是孔子解决一切问题的最高智慧。中庸，就是恪守中道，坚持原则，不偏不倚，无过无不及。在处理矛盾时善于执两用中，折中致和，追求中正、中和、稳定、和谐，并且随时因时制宜，与时俱进。运用在建筑领域就是我们今天所见到的中式建筑的对称。

与西方古代基督教文化相比，中国文化明显地具有人本主义倾向，它强调以现实的感性人生为中心，不追求人以外的东西，这就与西方古代以神为中心的宗教文化形成了鲜明的对比。这种人本主义倾向，在建筑中的最大体现就是天人合一，而中庸之道的理论基础就是天人合一。这种以人为本、天人合一的思想使得中国建筑在体量上并不追求过于高大，无论是宫殿还是平房，大多更喜欢横向发展。从故宫和北京的四合院的结构可以看出，中国建筑总体上以单层为主，通常以单间的房屋为单位，先组成一个庭院，再以无数个庭院组成一个大的建筑群。这种建筑方式，不仅利于组合，方便发展，还使其具有天人合一的和谐感，使建筑犹如在大地上蔓延一般。这种以平面延伸为壮丽的观念体现了中国人的空间意识，同时群体的序列有助于体现统治王朝的威严。从伦理上说这种格局体现了儒家的等级观念，是封建社会体制在建筑领域的典型体现。从审美的层次上看，强调群体组合，强调有序化和对称性，追求平面伸展对称，是中华民族普遍的审美观的体现。

» 礼乐精神的要求

儒家思想的一个重要内容就是礼乐精神。礼和乐本来是指两种不同的仪式活动。礼是指祭祀山川天地、列祖列宗等活动，后来被儒家引申为封建的政治、伦理道德秩序，如君君、臣臣、父父、子子，它把人划分为尊卑有序、上下有别的不同等次。儒家崇尚礼制，就是

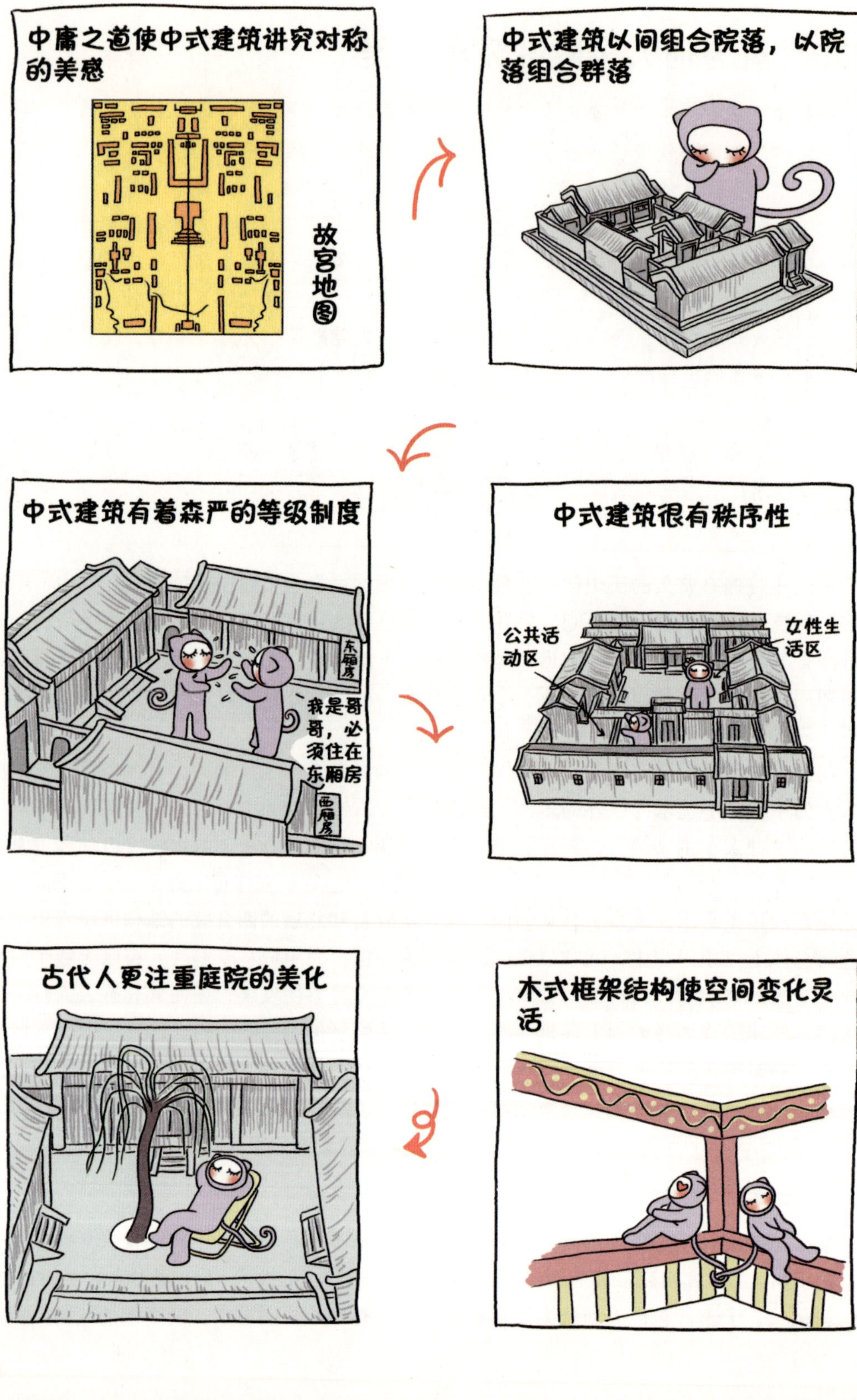
中庸之道使中式建筑讲究对称的美感
故宫地图
中式建筑以间组合院落，以院落组合群落
中式建筑有着森严的等级制度
东厢房
我是哥哥，必须住在东厢房
西厢房
中式建筑很有秩序性
公共活动区
女性生活区
木式框架结构使空间变化灵活
古代人更注重庭院的美化

要维护社会的等级和秩序，作为中国建筑的基本形式的庭院典型地体现了这一点。一方面，四合院的布局具有严格的规范和秩序，一般来说，居中为尊，中堂为中心建筑，它位于中心轴线上，是全院的中心，轴线两侧则为厢房，后面（北面）的小院则为厕所、贮藏室以及仆人居住的场所，整个布局具有明显的等级次序之分。比如，在普通民宅中，通常长辈住在上房，哥哥住东边的房屋，弟弟住西边的房屋，女眷居住在后院，不得迈出二门。其他的正房、厢房、耳房、门厅、走廊、偏房等都各具等级，各房的形制不得逾越自己的等级，不同等级的人使用不同的房，不同等级的房有不同等级的作用。而在皇宫中，只有太子才能居住在东宫，而女眷们只能住在后宫。

乐则是指皇室贵族的娱乐活动，相应地也就有礼器与乐器之分。礼是秩序、规范，乐则使人们自觉地认同这种秩序、规范，把外在的政治、伦理道德秩序转化为内在的自觉的情感要求。

中国的古代建筑大多按照伦理制度建造庄严的外观，但在建筑的内部，特别是建筑的后部，则充满了诗情画意。中国的建筑外观看上去有上下尊卑之别，但它也是统一的整体，各种不同等次、功能的建筑共同维护着一个庭院空间。这种庭院空间把户外空间组合到建筑范围内，成为公共活动的场所，家庭的各种成员都可以在此围坐，从事娱乐以及一般性的家务活动，老人可以在这里聊天、晒太阳；小孩则在这里嬉玩，妇女在这里从事女工等家务活动，夏夜也可以在此乘凉，庭院成为家人在一起，享受天伦之乐的极佳的场所。也正是出于这种原因，中国古人非常重视对庭院的美化，而以木结构为主的结构方式则是对庭院美化最基本的体现。中国建筑多以木结构为主，其主要作用并不是用来承重，而是用来分隔空间，使房屋内部的空间布局获得最大的发挥。作为房间分隔的建筑构件，通常是便于安装、拆卸的活动构件，能对空间进行任意的划分和改变。这使得建筑的内部空间也可以很好地与外界空间相交流，甚至可以在室内叠山辟石，栽花培木，建造走廊，搭凉棚花架，使空间极富变化，这使得中式建筑的庭院更具有浓厚的诗意化的色彩。

第十二章 你也可以成为大导演——每天学点影视美学

为什么电影里的主角比电视剧中的少

无论电影还是电视剧，我们都会发现最核心的人物可能最多就是1~6个而已，如果要加上对剧情有推波助澜作用的配角，电视剧的主要人物就可能会大大增加，而电影则仍然保持在较低的数量上，这是因为电影的长度和故事的容纳量都比较小。

这种人物数量的设置，使我们有时觉得电影非常精练，电视剧过于拉杂；但有时又会感觉电影无法表现更丰富的内容，而电视剧则能完成更完美的刻画。

这种差别感，源自影视不同的特性。当你意识到这一点的时候，其实你就已经清楚地感觉到了这两种艺术形式的区别了。那么，除此之外，导致电影的主角人物比电视剧中的少的原因还有哪些呢？

» 因为制作成本的限制

电影的制作所需的成本比电视剧大得多。

从工具上讲，电影拍摄所使用的机器和道具的成本大大高于一般的电视剧。有一些小成本电影在拍摄时，为了应付高昂的成本费用不得不去租借拍摄器材。

而且电影影拍摄还需要耗费大量的胶片，而电视剧的承载工具是可以循环使用的磁带，这一点也大大不同。从目前的科技水平来看，电影的成本很大程度上是放在制作成本上，所以不得不在其他成本上控制。

另外，电影拍摄的时间通常很长，从半年到几年不等，王家卫拍一部电影很可能要跨越几年，其间剧组的开销用度都要从成本中开支。有些电影为了保障票房，不得不花重金请大牌演员，因此在创作上会受限制。

因为这种种因素，所以为了让资金得到有效利用，资金较少的电影就只能减少主要演员人数。

» 电视剧和电影播放时间的不同

电影主要人物较少的原因还在于电影的时间局限。因为一般来说一部电影播放的时间通常在一小时到三小时，在这样短的时间内能够将故事或者几个主人公充分刻画出来就不容易了，如果再增添情节，只会对电影效果有所阻碍。所以我们在电视剧中会看见一堆三

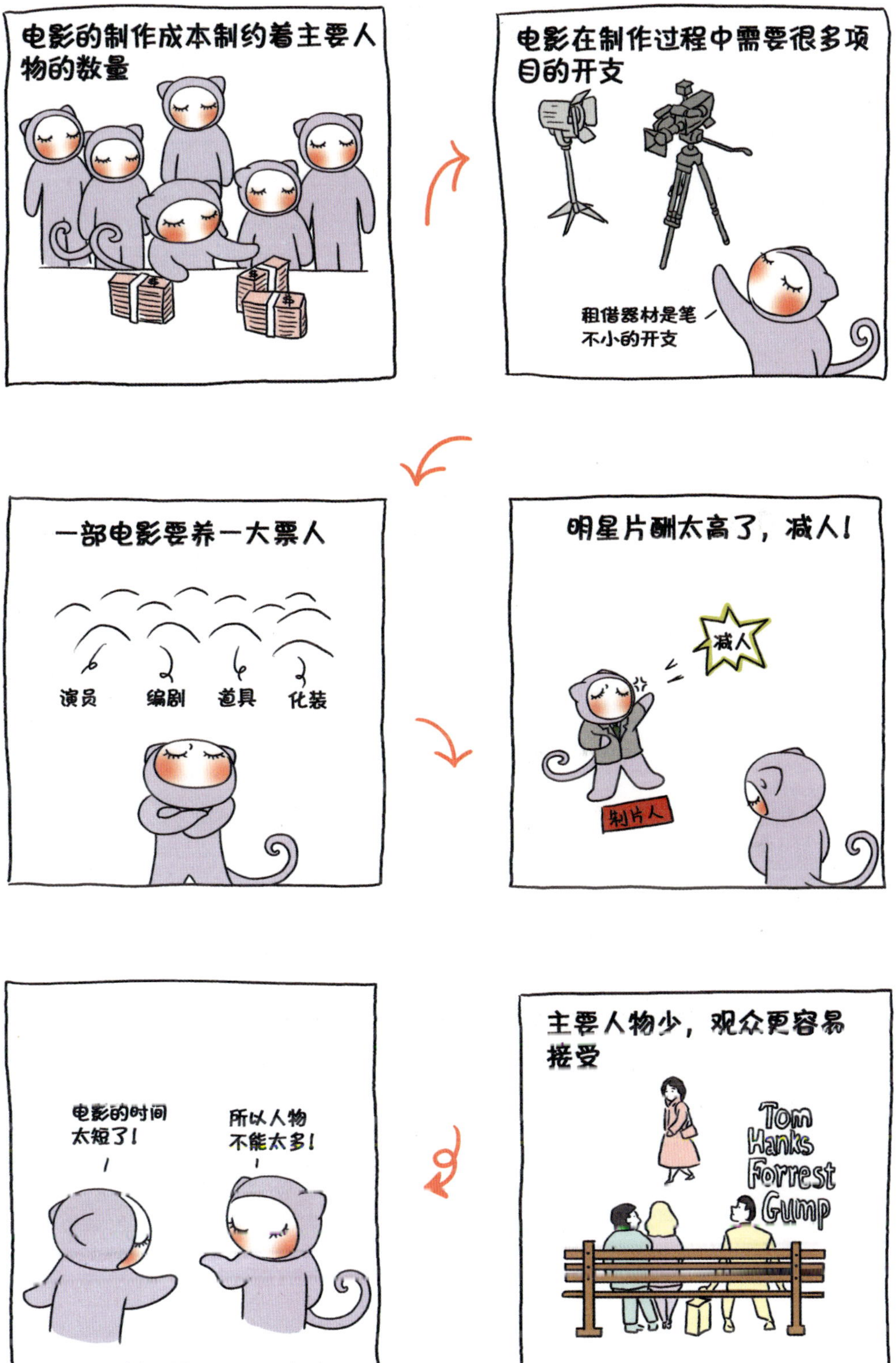
电影的制作成本制约着主要人物的数量
电影在制作过程中需要很多项目的开支
租借器材是笔不小的开支
一部电影要养一大票人
演员
编剧
道具
化装
明星片酬太高了，减人！
减人
制片人
电影的时间太短了！
所以人物不能太多！
主要人物少，观众更容易接受
Tom Hanks Forrest Gump

姑六婆，但是在电影里，我们只会见到有亮点的配角三两个而已。

但是也有例外，像《20、30、40》这样平均展现三个人物的电影也有，但这样的电影对人物的刻画能力就弱了很多，这部电影基本上来说就是为展现细节而进行对比，这样的描画手段是对三个人物并存的故事情节的极限展示。

而电视剧总是要比电影时间长，而且要远远超于电影，它少则三四集，多则几十、上百集，有的电视剧甚至一播几年。所以编剧有足够长的时间来一一展开剧情。一集没有交代清楚的人物，可以留待下一集交代。每一个出场的人物，都不会被浪费掉，可以尽情开展故事，为主题服务。尤其是像欧美电视剧，每周一集，每年一季，著名的《越狱》和《欲望都市》都拍了很多季，无数的配角来做客，这都是电影无法做到的。

» 观众对两种艺术形式的接受度不同

观众对片中人物的接受程度，也会受到不同艺术形式的影响。

电影播放的时间总是要远远短于电视剧，所以要想让观众在短短的时间内记住片中人物，是一件很难的事。设想一下，如果你看了一部人数众多但故事情节走马观花的电影，对所有主要情节都不甚了了，试问这样的电影观感怎么会好呢？

很多电影在播放完之后，观众甚至不记得片中主角的名字，只会用男主角、女主角、教练、父亲、姐姐等代表身份的词来代替，这已经说明了短暂的电影篇幅中，如果剧情设置不够紧凑，观众的印象是很不深刻的。所以，要让电影人物在观众的头脑中留下深刻的印象，就必须减少人物的数量，以给观众足够的时间和精力来认识和理解主角，唯有如此才能出彩。

但是电视剧不同，它不用急着让观众对它所要介绍的所有人物都印象深刻，它有足够多的时间来培养观众和剧中人物的感情，甚至人物的情绪和性格转变都可以来个起承转合的大铺垫和大改写，因为篇幅够长，观众就可以持续性地品味剧中人物，当感觉腻味了，就换一个人物来品味。所以足够多的人物对于剧情来说反而是个好的推进。

演员是如何把自己变成剧中人物的

中国戏曲是近年来北京国际音乐节的重头演出项目，自白先勇青春版《牡丹亭》在音乐节上演后，第九届北京国际音乐节再次邀请青春版昆曲《桃花扇》入围。北京大学百年讲堂座无虚席，江苏昆剧院在这里演出《桃花扇》。在优雅的南北宫十二调旋律唱响时，偌大的百年讲堂，观众席鸦雀无声，静静地欣赏着被誉为“中国艺术兰花”的昆曲声腔艺术。当时年纪不过20岁的侯方域、李香君们以他们对昆曲的执着一招一式地表演着，迷醉了现场的大学生。

当演到“题画”一折，侯方域“倾盃序·玉鞭蓉”的成套大段唱腔，诉说李香君血溅桃花扇的情景时，饰演侯方域的青年演员因入戏太深，禁不住潸然泪下，引得现场观众报以热烈掌声。

我们经常可以见到这种场景，演员因为太投入戏剧而把自己当作剧中人，有时就会“听评弹掉泪，替古人担心”。那么，演员究竟是怎样把自己变成剧中人的呢？

» 入戏有诀窍

演员演戏入门有两种，一种是从台词入手，另一种是从动作入手，相对来说前者更好把握一些。表演系专门开设了台词课和形体课就是这个道理。

如果让一个没受过任何专业训练的人来演戏，而角色又与自己相差甚远，甚至都不是一个时代的人物，怎么能演得很好呢？演员的类型有两种，一种是感性表演，一种是理性表演，有的演员表演时很会找感觉，特别地生活化，特别自然，然而最高境界的表演却是由感性上升为理性的，很多没受过专业训练的演员经过多年的磨炼也可以上升到一个新层次，成为真正的演技派。

有些演员很有经验，会因角色而寻找技巧，一个表情、一个小动作、一个小细节，都可以使这个角色更贴近生活。演员体验生活也很重要，如果你没有体会到角色的内心，就无法想象角色应怎样来演，也无法演得传神。

至于什么样才算是演技高的演员，他的表演最先一定是真实可信的，同时演员必须在外形、动作、语言、心理状态等方面最大限度地接近自己扮演的角色，通过外在的动作传达人物内心思想情感，必须具有高度的艺术敏感，而且表演极富个性。

重要的是有感情，如果呆板的话是没办法完成任务的。

至于哭戏。如果允许酝酿感情的话，在安静的情况下最容易伤感。慢慢安静下来，看自己喜欢的明星或者电影，一定要感人的，看过的就不用看了，让别人推荐也不错。看电影的时候一定要看进去，那样看到高潮时会有很大的情感波动，再去演戏时，用替代法代进去就可以了。

» 阅历为演技添砖加瓦

稍加留意你就会发现，演技派演员大多不年轻，或者说他们的从影时间都不短。生活比较坎坷的人，他们往往表现得就比其他人要好，这是因为他们不仅有表演经验的积累，但更重要的是生活阅历的增加，使得他们在理解人物上更胜一筹。

我们在身处社会交际时和在家中的状态不同，对待朋友和敌人的状态不同，地位和名望发生变化后的状态不同，甚至在不同情绪下也会有不同状态。当我们随着年龄增长，对很多事都一一经历过之后，我们的情感和大脑自然替我们记录下这样的状况，当我们在戏中遇到差不多的情况，我们就会有共鸣和回应。

年轻人经历的事情较少，当他们无法从自身的经验中找到与剧中人物相匹配的情感时，就难以把握这个人物，使出演的角色变成没有灵魂的躯壳。不是他们自身条件有多薄弱，而恰恰是因为太年少，反而不能够理解，所以不能做到形神兼备。

» 勤奋的力量促使演技加强

演员要想在镜头前变成剧中人物，就要揣摩和学习一系列符合剧中人物的心理行动、形体行动和语言行动来表现，可以说勤奋是演员创造角色的最重要技巧。

梅兰芳是一代京剧宗师，是梅派创始人，我国四大名旦之首。这样一位名高盖世的京剧大师，他的戏得到中国乃至全世界戏剧界的尊崇，即使不懂京剧的人，也为他的演技所倾倒，特别是他那优美的姿势、悦耳的唱腔和活灵活现的眼神都给人以美的享受，使人为

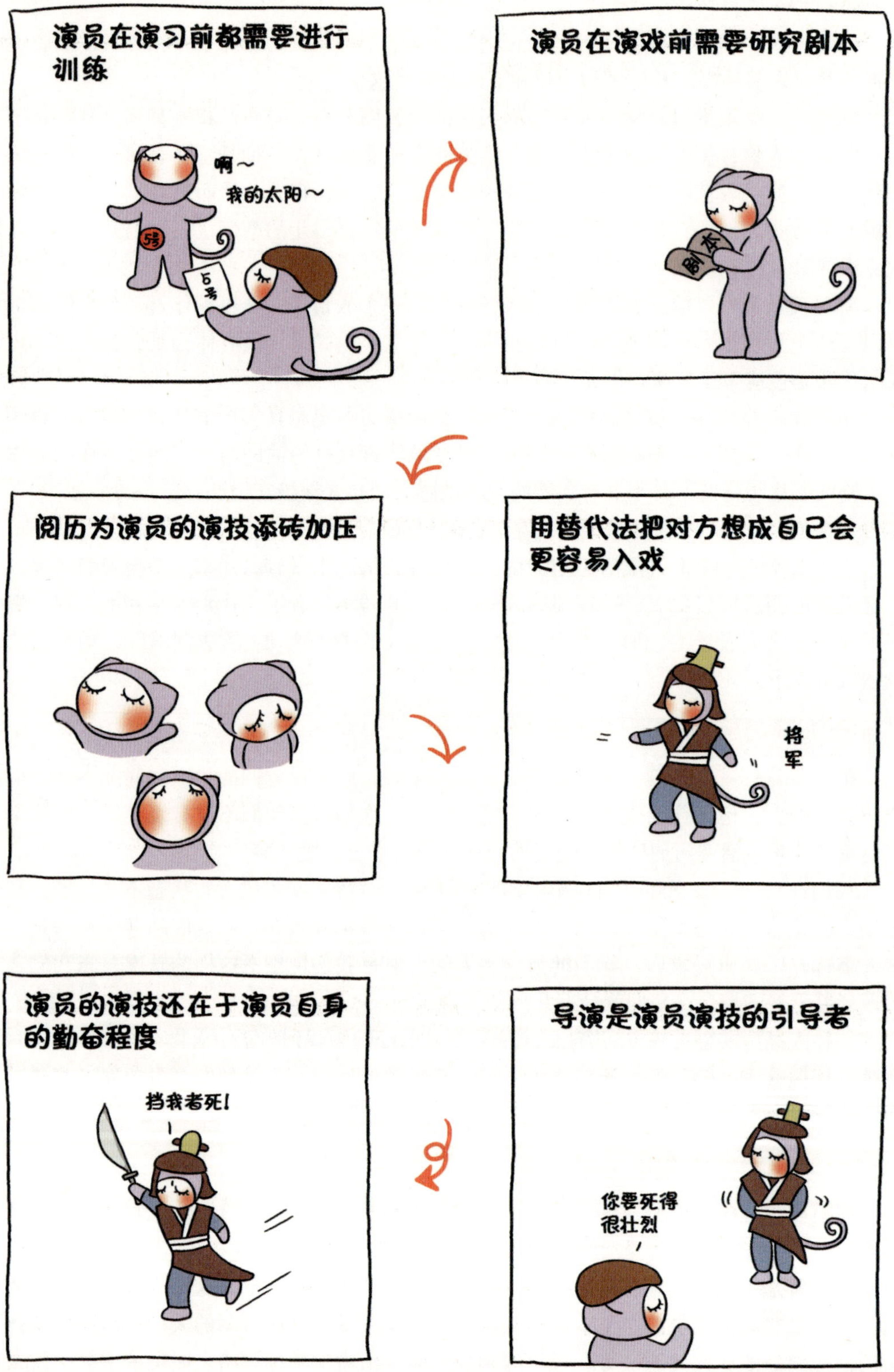
演员在演习前都需要进行训练
啊～
我的太阳～
演员在演戏前需要研究剧本
剧本
阅历为演员的演技添砖加压
用替代法把对方想成自己会更容易入戏
将军
演员的演技还在于演员自身的勤奋程度
挡我者死！
导演是演员演技的引导者
你要死得很壮烈

之倾倒。梅兰芳小时候，家庭多灾多难，父母早亡，家道早衰，而他自己也资质不高。第一位启蒙老师看到那时8岁的梅兰芳，小小的圆脸，相貌平常，而且眼皮下垂，两眼无神，呆滞近视，就觉得这孩子不像是个唱戏的料。在教戏时，一个上午只教四句，教了一遍又一遍，可是这个学生对这四句唱腔不是忘了词儿，就是唱错了腔，一次也没有唱好。这位先生一气之下，拂袖而去，赌气再也不教他了。梅兰芳后来发奋学戏，博采众家之长，将之融为一体，形成自己的风格，发展为梅派。梅兰芳的成功完全是勤学苦练的结果，他在舞台生活四十年时说："我是个拙笨的学艺者，没有充分的天才，全凭苦学。"

以前北京有许多人爱养鸽子，梅兰芳小时候也非常爱养鸽子。养鸽子的人每天把自家的鸽子放出去，鸽子在天空飞翔，养鸽者在地面观察指挥，用一杆长竹竿，上面拴一条红绸子，指挥鸽子起飞，如换成绿绸子，就是要鸽子下降的信号。附近有许多家的鸽子放向天空，而鸽子也有个有趣的习性，爱相互串飞，如果自家的鸽子训练得不熟练，很可能被人家鸽子拐走。梅兰芳要手举高竿，不断摇动，给鸽子发出信号，同时还要仰着头，抬着眼，极目注视着高空中的鸽群，要极力分辨出里面有没有混入别家的鸽子。天长日久地练下来，梅兰芳的眼皮下垂竟然治好了，呆滞的眼神变成灵活传神了，视力也得到了极大提高，臂力腰劲也被练得发达了，注意力也更加容易集中了，学戏的效率提高了，思考能力增强了，这就是他通过勤奋促使成功的生动案例。

没有音效的电影会有艺术感吗

对电影的欣赏已经日渐成为现代人们生活中的一部分。人们在欣赏电影的过程中会发现，很多电影之所以能给人非常震撼的视听效果，音效是功不可没的。尤其是在一些动作大片或是恐怖片里，音效更是不可或缺的。很多时候，人们会发现，看恐怖片时，如果关掉声音，那种恐怖气氛就比开着声音时要淡了很多。《猎杀U-571》就可以说是一部无论在画质、音效以及内容上都绝对值得收藏的电影。尤其是在音效方面，如在《猎杀U-571》中的深水炸弹爆炸威力就是前所未有的，枪声也都具有很强的能量与重量感，当然还有坚实感。片中的潜艇内部的各种声音，包括机器运行的声音以及潜航时水压压挤艇身的各种细微杂音总能给人一种环绕包围感。该片有许多上方音场的声音，包括深水炸弹爆炸、艇身挤压等，假若你的环境够安静，一定就会听到很多潜艇里的细微声音，这些细微声音让我们恍若置身狭小的潜艇空间中，感受到窒息般的紧张。可见，音效对于电影的重要作用。那么，没有音效的电影还会有艺术感吗？

» 音效制作是一个有趣又充满创造性的过程

音效分为自然音效和模拟音效两种，其中，自然音效指的是自然界赋予的声音，如风声、雨声、水声、雷声、鸟叫声，同时也包括机器的运转声、车声、飞机声、汽笛声、碰撞声、摩擦声等物理现象所发出的声音，以及人自身发出的声音，如话语、叹息、梦呓、哭声、笑声，等等。影视作品中很多音效因为无法模拟，所以音效录制师需要去采集动物真实的吼叫，去真实的自然中收集声音元素。音效录制师可能会在一个环境中的不同位置摆放多个麦克风，以获得多方位的声音元素，为制造多种音效和环绕音效做准备。他们也可能去采集一些特殊的声音元素，用来制造现实中没有的声音。不做特殊的修饰和表现的音效，能够给人以真实自然的感受，并增强空间的真实感。

模拟音效主要指人的主观世界对声音的感受。它与自然声有所不同，是导演为了获得这种主观的具有表现性的声音，而不得不对自然声加以改造、修饰、提炼，甚至用某种工具对自然声进行模拟，采用夸张、扭曲、变形等手法，从而创造出来的声音。在有声电影的初期出现了一位先锋派的音效大师——杰克·弗雷。当时电影中的声音只有对白，为了模拟真实的声音环境，弗雷制造了一个拟音室，在这里有各种道具，用来制造电影中可能出现的大部分声音，雷电、风雨、脚步、刀枪、衣物等发出的各种声音都可以在这里模拟出来。这种模拟的音效主要是出于导演的主观需要，以达到阐释某种事物或思想的目的。有时对模拟音效的运用，还出于获得某种情绪、气氛、意境、理性或者某种特殊感情的需要。拟音的工作，就是一边看着画面，一边拿出各种道具在麦克风前制造接近的声响。看音效师的工作，就仿佛在看一场有趣的表演。

» 完美的音效是一部电影成功的必备要素

音响效果、音乐和对白，这些声音可以单独使用，但通常以组合的方法使用。有时，声音与我们看到的画面是同步的，两个人在对话，观众听到他们说话的内容。有时，声音与我们看到的不同步，声音脱离其来源，往往与形象起对照作用，或者作为意义完全独立的来源而存在。

我们知道最早的电影是无声的。那时的放映现场，为了防止人声鼎沸而使观众无法专心看片，也会找个乐队或者钢琴在现场演奏。然而在默片的时代，导演只能用演员的表演、画面，实在不行就用字幕——来传递信息。因此我们看到那时的表演不免有些夸张和幼稚，演员不得不进行非现实主义的表演，通过他的肢体语言来表现出人物的心理活动。而到了有声片，这种表演就不行了，在有声片中，即使是最细微的耳语，也可以通过话筒让观众听得一清二楚。于是一大批默片时代的演员失了业——包括最伟大的默片艺术家查里·卓别林。

声音缩短了这位喜剧艺术家的职业生涯，在有声片革命九年后，他拍摄了《摩登时代》，这是卓别林最后一次在观众面前露面。在其后的电影生涯中，他再也没有拍出默片时代那样伟大的作品。

音响效果主要是用来营造某种气氛，使观众入戏，有时也能成为影片含义的确切来源。声音会形成一个“场”，通过声音观众可以在不知不觉中被暗示他在进入一个怎样的场景中：庄严的？戏谑的？紧张的？平静的？

画面以外的声音，可以使画面以外的空间发生作用，在开放性的镜头中，观众的注意力不仅仅被限定在画面以内。在恐怖片和悬疑片中，声音往往被用于恐怖源而不让我们看见。好的音效对电影有不可忽视的诠释、导引、融入功效，蹩脚的音效则很难让观众融入。所以在有声电影发明之初，卓别林等电影导演仍然倾向于拍摄默片，就是不想让蹩脚的声音影响了情节的表述和情绪的表达。实际上音效的使用早在戏剧中就已经出现，为了表现

制作音效的声音首先要现场录制
现场无法采集的声音要在拟音室模拟
嘎吱~
影视作品中很多音效因为无法模拟，所以音效录制师要去采集动物真实的叫声
喵
还要录制自然的声音
经编辑和混音才能获得完美的电影音响
好的音响效果可以产生出某种气氛，紧紧抓住观众
AVATAR
THE GAME

风暴雷雨等场景，音效师会在后台制造声响。而默片时代，也会通过现场的音乐演奏来吸引观众。

当我们实际去观看一部影片时，形象往往支配着声音，所以许多音响效果在下意识地起作用。如观众在被破门而入的人吓到的同时，不会注意到此时的斧劈声比现实的声音大了若干分贝。

音响效果也可以用来起象征性的作用，这种作用通常是由剧情决定的。在伯格曼的《野草莓》中，主人公—— 一位年老的教授做了一个噩梦。这个超现实主义的场景实际上是无声的，除了不停的心跳声——那是“死的警告”，告诉我们，老人去日无多了。

虽然我们很容易忽略音效在电影中的作用，可真正成功的影片，必须有完美的音效。我们在《魔戒》《角斗士》《黑客帝国》《拯救大兵瑞恩》《侏罗纪公园》《终结者》《拆弹部队》等影片中，都能感受完美的视听效果，所以它们都获得了奥斯卡音效大奖。

电影画面的艺术感源自什么

由美国导演伍迪·艾伦执导，法国第一夫人卡拉·布鲁尼参演的影片《午夜巴黎》成为第64届戛纳国际电影节开幕电影。作为“午夜”系列的续作，他将镜头对准巴黎，通过文艺怀旧的画面为全世界影迷展现了一个梦幻迷醉的穿越故事。

在电影开始的三分钟内，伍迪·艾伦的镜头对着巴黎的美景，用画面美为整部电影营造了一种浪漫的花都氛围，这种艺术感深深地打动观众，并告诉他们：注意，你们是在巴黎的街头。

我们经常被这样的画面打动，会被其中的艺术氛围深深吸引。那么，电影的这种画面的艺术感源自什么呢？

» 凸显视觉审美的黄金分割率画面形式

从格里菲斯早期拍摄的影片《走向东方》，可以看到20世纪50年代以前电影画面的基本形式，那时电影画面构图大量采用的是基本符合黄金分割律的画面形式，说明当时电影拓荒者们早就注意到了人类几千年来形成的视觉审美经验。

“黄金分割律”原为数学名词，指几何与数学中的严格比例关系。如果一个整体中较大部分与较小部分的比例等于整体与较大部分的比例，这个整体就是和谐的。欧洲中世纪和文艺复兴时代的画家、雕塑家、建筑师和艺术理论家在总结人类艺术创作经验的基础上，提示黄金分割是最恰当不过的分割比例，并把它作为艺术创作的基本创作准则之一。例如，希腊的一些神殿，被严整的大理石柱廊分割为若干空间，就是根据黄金分割律设计的。

在电影艺术中，也曾广泛采用过黄金分割律的原则。如无声电影时期银幕和画格比例的设计，就是符合黄金分割律的“规则性构图”。格里菲斯的早期影片大都采用这种“顶天立地”式的全景镜头，用以表现庄严肃穆或宁静平稳的生活情调。

» 渲染情调气氛的规则性构图

规则性构图，即电影画面的构图是对称均衡的、和谐稳定的平行透视图。在影片中，

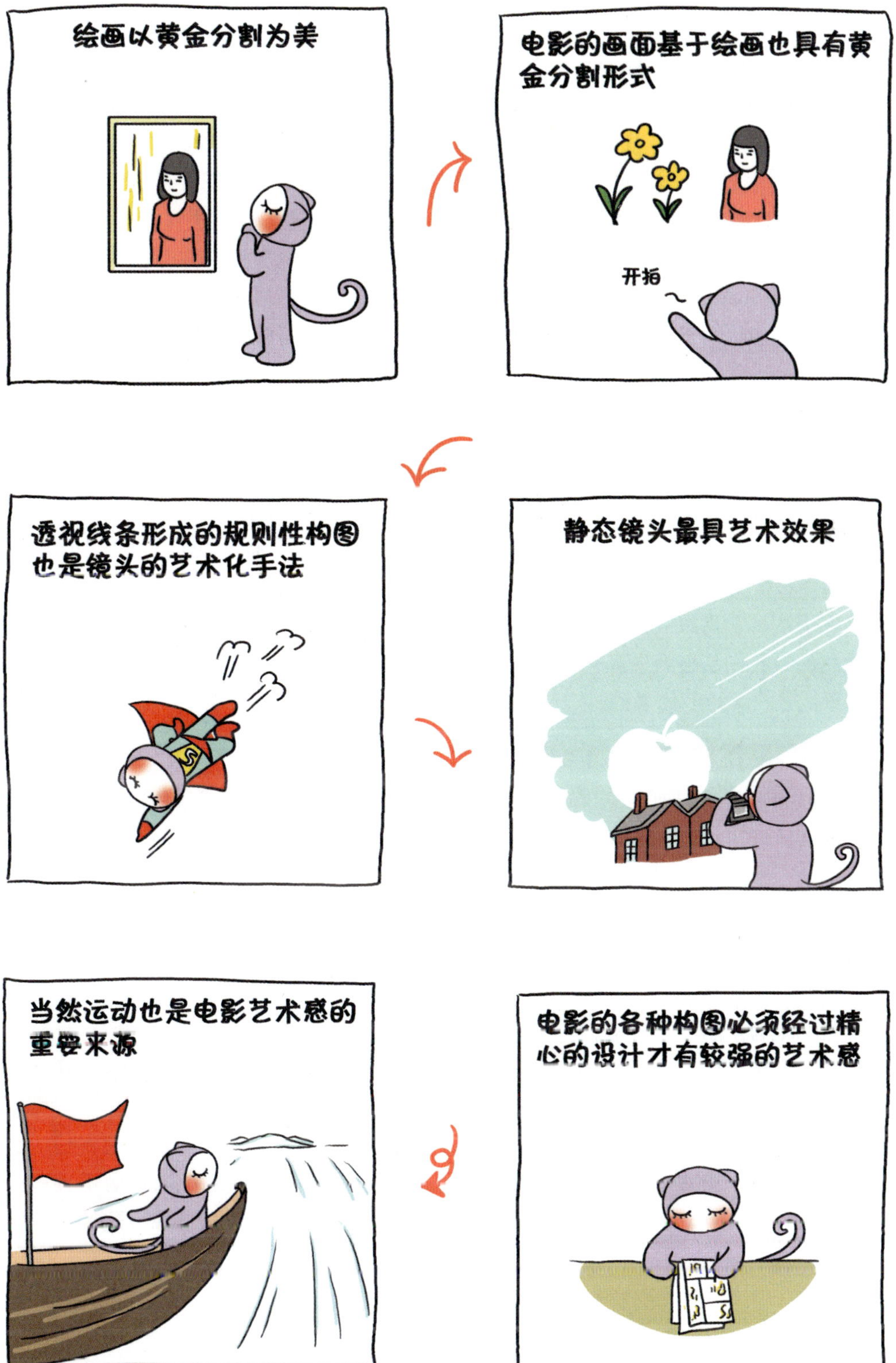
绘画以黄金分割为美
电影的画面基于绘画也具有黄金分割形式
开拍
透视线条形成的规则性构图也是镜头的艺术化手法
静态镜头最具艺术效果
当然运动也是电影艺术感的重要来源
电影的各种构图必须经过精心的设计才有较强的艺术感

影像的线条和方位与银幕边缘之间保持着明显的平衡关系。这种构图既能表现庄严神圣，又能表现呆板呆滞；既能表现热烈欢快，又能表现安宁温馨；既能在暂时的稳定平衡中暗示新的危机，又能使一些光怪陆离的场面显得更加神秘莫测。规则性构图，则打破了黄金分割律的规则，以渲染某种情调气氛，或表现特定的含义。

瑞典影片《处女泉》就因大量运用了这种构图，而获了好几项奖。影片叙述的是瓦格农场主托列夫妇有个养女叫英格丽，还有个独生女叫卡琳。星期五早晨，托列让妻子叫醒女儿，卡琳换上漂亮的连衣裙，带着饰有玛丽亚像的蜡烛，骑马去教堂参加清晨祈祷。卡琳带着处女的天真，带着美好的愿望，骑马前往几里外的教堂。在暂时的宁静和均衡之后，随着黑乌鸦几声凄厉的尖叫，画面上出现了三个行踪可疑的牧羊人，其中两个是逍遥法外的歹徒，一个是未成年的男孩。这时银幕上出现了疏影横叙的构图，正好预示着危机。

» 静态镜头最具艺术效果

有的导演为了获得绘画般的画面效果，喜欢使用定点拍摄的模式。就是在一段镜头中，将摄影机固定在一个地方进行拍摄，这样的镜头往往效果特别好。英国导演格林那威就是这样的导演，他是绘画专业出身，先天对绘画充满了热忱，所以他喜欢使用大景别的镜头，其画面构图也极为讲究。

静态镜头确实可以制造绘画感超强的艺术画面，所有成功的影片中最美的画面，几乎都是静态的。我们从极为崇尚艺术感的王家卫电影中，可以看到大量的这种镜头。这样的镜头几乎成了艺术片的代名词。

» 景深和前后景构图增添了电影技术的丰富性

电影技术丰富的表现手段，使电影艺术可以大量采用景深和前后景构图。它可以让观众同时清晰地看到前后景的人物，并表达某种象征性含义。

1953 年，由日本导演沟口健二拍摄的影片《雨月物语》中就运用了前后景构图。影片的故事发生在日本战国时代末期的 1583 年，当时的羽柴和柴田两军在琵琶湖畔展开激战。陶瓷工源十郎和妻子宫木、妹妹阿浜、妹夫藤兵卫一起苦干，烧制瓷器，想利用战乱之机运到外地赚钱。藤兵卫一心想从戎征战，他买了一套铠甲，参加了羽柴的部队。妻子阿浜闻讯追赶，竭力劝阻。另一边，源十郎远走他乡，虽然十分怀念结发妻子，但是有一次却被一个美貌女子迷住。殊不知，这原来是一个家破人亡的女鬼，而源十郎却和她如胶似漆。宫木和孩子在江边为源十郎送别后，回家途中被两名散兵夺走食物，并被扎伤。士兵疲惫不堪地拄着枪，在画面深处的田野上向左走去；银幕上靠近画面高出一块的地方是一条小路，被扎伤的宫木背着孩子，步履蹒跚地也向左走去。影片中的画面，有两名士兵和宫木一远一近、一上一下，都处于奄奄一息的状态，也都未意识到对方的存在。这种构图使观众似乎能够感受到，宫木大概会走向死亡，而两名士兵则生死未卜。

色彩对电影的艺术感有何作用

1935 年，彩色摄影技术首次在美国马摩里安执导的电影《浮华世界》中得以运用，使电影由黑白两色发展到彩色，不但给观众带来了全新的视觉享受，更为电影艺术增添了新的魅力。这部根据萨克雷的小说《名利场》改编的影片，由于用了颜色来表现一些戏剧性的场面（如用红色来表现滑铁卢战役前夕的军中的舞会），因此显得有些不落俗套。《浮华世界》的导演说："我认为必须把色彩作为一个情绪因素来运用。如果你把彩色直接用来表达你在戏里所要表达的情绪，它会独立发挥其美学功能。它会增加美感，正确地表达情绪。"他还谈到，"色彩对人有一定的冲击力。有的起安抚作用，有些则使人兴奋。当然，最使人兴奋的还是红色。高居于彩色顶峰的只能是红色，而不是蓝色或是黄色。为了使彩色的效果走向高潮，应当从黑色开始，然后是白色、深蓝色、深绿色，然后是黄色、浅绿色、橙色，然后是红色。"他的见解带有很强的经验性。虽然当年的技术还颇为粗糙，但是从此后我们的电影就进入了彩色时代。

色彩对电影的艺术感有何作用呢?

» 色彩有助于电影人物的刻画

影片《黄土地》中的"庄院迎亲"这场戏，以黑、白、红为主要色彩，导演陈凯歌就是将其作为情绪因素来使用的。他说："红，包括轿帘门脸，新娘衣衫。婚礼的悲哀已不言而明。此时再见红色，其意已转。封建式婚姻多是喜在外边，悲在里边；虽整场戏没有一个人说这个意思，却有颜色替咱们说了。黑白专属男人。黑棉袄，白羊肚子手巾。"又如，影片《黑炮事件》中，红色及相近的橘红色是全片的色彩基调，满银幕的红色，使人感到一种昂奋、狂放的不稳定的情绪；因此，全片不用蓝绿色（即使出现也会采取措施，改变其鲜亮程度），而是表现出一种红色的烦躁和危机的暗示，给观众一种焦灼感。其结尾连续剪辑了七个夕阳的特写，象征一种与主人公相似的情绪。

» 色彩也是一种主观情绪的表达

苏联影片《这里的黎明静悄悄》中，女兵丽达的回忆场景是由单色高调的背景铺满银幕，现实环境消失了，而此时此刻，观众从具体复杂的环境中解脱出来，沉浸于一种单一的情绪因素之中。

色彩，在影片中有极强的主观因素。在银幕上，可以用色彩来表示主观视点。意大利导演安东尼奥在拍摄自己的第一部彩色片《红色沙漠》时，就采用了一种大胆的、反现实主义的颜色运用方法，他主观地改变了他在自然界看到的色彩，房屋、水果、草和树都按照他的设计全部重新上色；并且根据人的心理状态变换房间的颜色。影片主人翁是一个工程师的妻子，她在一次车祸中受到刺激而失去心理平衡，对周围世界产生病态的恐惧反应，表现出一种恐惧感。影片完完全全是在一种灰白色的、烟雾弥漫的气氛中开始的，然后从中呈现出如同突然休克时产生的幻觉：灰黑色的船桅的形体、刺目的金黄火焰、一堵红色

最早的电影是黑白的
色彩让电影画面更美
彩色电影的初衷是还原真实的世界
色彩有助于电影人物的刻画
这里的红色不代表喜庆，而凸显了婚礼的悲哀
色彩在电影中是情绪的一种表达
Michelangelo Antonioni's
RED DESERT
《红色沙漠》就采用了一种大胆的、反现实主义的颜色适用方法
所以说色彩是电影重要的表现语言
哇、

的木板墙或没有光泽的褐色泥墙。安东尼奥就是这样出色地通过颜色表现出感觉和情感。

色彩还可以用来强调细节。如影片《被爱情遗忘的角落》中的一件鲜红毛衣，那是荒妹妈年轻时收下的定情物，后来存妮自杀时把它挂在树上，最后是荒妹穿着它，但色彩已经老旧……它使荒妹妈恍然自己竟走上二十年前的老路，这件毛衣颜色的变化，成为几个女性不同命运的见证。

» 色彩是电影有力的表现语言

随着色彩在电影中运用技巧的日益成熟，色彩让电影的表现变得更加丰富。王家卫的《花样年华》有一层淡淡的黄色，使画面有一种年代久远的感觉，让人不自觉就陷入怀旧的旧上海氛围中；而周星驰的《大话西游》采用了近红的暖色调，突出了它的解构性，让观者不自觉地情绪被电影带动；而《午夜凶铃》等恐怖片，则使用了大量的冷色调，让影片看起来更为阴森恐怖。

可以这样说，色彩对于现代电影来说，绝对是大功臣。张艺谋执导的电影就特别讲究形色之美，他在《英雄》《红高粱》《大红灯笼高高挂》中对色彩的运用是十分吸引人的。2002 年，张艺谋执导的影片《英雄》在电影界激起了千层浪，获得了较高的赞誉。该剧以剧中人物无名在宫殿上被秦王接见为这部作品的基本结构框架，再以无名和秦王讲述的两个版本、三个故事为整个框架的内部要素，使得一个简单的刺客刺秦王的故事变得扑朔迷离，情节跌宕起伏。其中，最让观众念念不忘的是导演在该部电影中所采用的一个创新性的叙事手法，即对色彩修辞的运用。他大胆地采用黑、白、红、蓝、黄五种不同的色调来表现故事情节，刺激观众的视觉思维，激发他们的审美意识。一句话，观众在这部电影中获得了一次真正意义上的视觉盛宴。

现在，我们几乎能一看到电影画面的颜色，就判断出电影的类型。色彩柔和的影片，大多温情而细腻；色彩感尖锐的影片，更倾向于文艺；饱和度高的明亮影片，大多是时尚片或者喜剧；有暗淡阴森色彩的影片，则具有魔幻或恐怖的特色。在现代电影中，色彩已不仅仅是吸引人的手段，更是电影重要的表现语言。

立体影像将如何改变我们的生活

自《阿凡达》开始，只要有足够高的关注度，只要是备受瞩目的热门电影，不管是国产还是好莱坞，似乎都“争先恐后”地冠以 3D 的名头，3D 电影越来越多，3D 掀起的热潮一浪高过一浪。不管在哪个城市的电影院，各种电影的海报都铺天盖地，3D 字眼更是醒目。3D 技术目前还在高速发展阶段，不少业内人士认为，裸眼 3D 一定是未来的发展趋势，“说不定以后就会出现一个大的类似眼镜功能的东西放在屏幕前，观众就可裸眼看 3D 电影了”。

» 立体影像能够让人们看到最真实的立体影像世界

电影的出现可以说是 20 世纪最伟大的发明之一，它以现代科技为手段，通过画面与声音的媒介，在运动着的时间和空间里创造银幕形象，是一种反映和表现现实生活和思想感

立体影像将成为电影的发展趋势
这么多3D电影啊?
电影院
阿凡达
3D电影
立体影像能够让人们看到最真实的立体影像世界
就像身临其境啊!
噢
呼
立体影像将带领人们进入全新的立体时代
3D电视
3D电视
3D电视
全是3D电视啊!
三维电影必须借助特殊的眼镜才能欣赏
3D的介入，标志着电影工业进入一个新的时代
裸眼3D一定是未来的发展趋势

情的艺术。一般而言，电影是一种综合了艺术和科技的艺术，不仅如此，电影还是一种由纯视觉艺术发展而成的视听艺术。所以，随着科技的不断发展，电影的科技成分扮演了越来越重要的角色，其中立体电影就是影视科技发展的典型产物。

立体电影就是一种将两个影像重合，产生三维立体效果的电影。当观众戴上立体眼镜观看时，有身临其境的感觉。亦称“3D 立体电影”。

立体电影是利用人双眼的视角差和会聚功能制作的可产生立体效果的电影，最早出现于 1922 年。这种电影放映时，两幅画面重叠在银幕上，通过观众的特制眼镜或幕前辐射状半锥形透镜光栅，使观众左眼看到从左视角拍摄的画面，右眼看到从右视角拍摄的画面，通过双眼的会聚功能，合成为立体视觉影像。

立体电影就是用两个镜头如人眼那样，拍摄下景物的双视点图像，再通过两台放映机，把两个视点的图像同步放映，使略有差别的两幅图像显示在银幕上，这时如果用眼睛直接观看，看到的画面是重叠的，有些模糊不清。要看到立体影像，就要采取措施，使左眼只看到左图像，右眼只看到右图像，如在每架放映机前各装一块方向相反的偏振片，它的作用相当于起偏器，从放映机射出的光通过偏振片后，就成了偏振光。

这两束偏振光投射到银幕上再反射到观众处，偏振光方向不改变，观众使用对应上述的偏振光的偏振眼镜观看，即左眼只能看到左机映出的画面，右眼只能看到右机映出的画面，这样就会看到立体映像，这就是立体电影的原理。

互补色、开关、柱镜、狭缝光栅等都是在保证左眼看左图，右眼看右图这一基本原理的基础上的几种屏幕观看立体的不同方式。随着科技的进步，人们在屏幕上看立体影像的方式会更多。

» 立体影像促进电影新时代的到来

3D 的介入，标志着电影工业进入一个新的时代。3D 技术对电影工业的意义重大，使电影的发展日趋完善。

早在 1962 年，中国天马电影制片厂就拍摄了国内第一部 3D 立体电影《魔术师的奇遇》。随着技术的不断更新，3D 技术也在高速发展中。现在国产 3D 电影发展很快，但也存在不足。包括对于 3D 的应用和认识还不太一致，不少导演在拍摄 3D 影片时，对于景别（指摄影机在距被摄对象的不同距离或用变焦镜头摄成的不同范围的画面，如特写、远景、全景等）、人物与摄像机的距离等细节的把控还不够娴熟。

拍摄 3D 影片的成本很高，但其带来的收益也相对丰厚，因此就有不少电影公司、导演看重了 3D 影片的“吸金”能力，纷纷把影片贴上 3D 标签。一部好的影片，3D 技术的加盟会使人们彻底沉浸在影片中，但技术是要为内容服务的。

3D 技术会使电影的艺术性更好地表现出来，会让更多人感受到电影的乐趣，但却不会让糟糕的电影变好。如果忽略了电影本身的内容，而是为了技术而技术，就好比“削足适履”，很显然是行不通的。

没有剪辑的电影会有美感吗

电影导演维·亚历山大洛夫回忆说，《波将金号》的摄制是以极其紧张的速度和在很大程度上用即兴创作的方法进行的。亚历山大洛夫还说，在电影剧本《一九零五年》中“波将金”起义的一段只有45个镜头（影片却由1280个镜头组成），亚历山大洛夫还描述了影片的几个著名的段落是怎样诞生的。“爱杜瓦尔德·吉赛碰运气地开始拍摄……清晨的美景。而拍好了的镜头实际上却意外地成了这场戏超越诗意的序曲。”那么奥德萨阶梯呢？也许这场戏例外呢？亚历山大洛夫对此没有丝毫疑惑：“奥德萨阶梯这一著名的重场戏无论在剧本中还是在准备草案中都不存在。”

最终的蒙太奇剪辑手法才使得这部天才作品横空出世。我们平日看的每一部作品都是经过剪辑的，如果没有这道工序，电影会是怎样的呢？

» 剪辑是对拍摄的一次再创造

剪辑是对拍摄的一次再创造。剪辑与剪接不同，后者指对胶片的具体工艺处理。

蒙太奇剪辑是电影最基本最独特的艺术表现方法，又称为蒙太奇。蒙太奇就是制作者将一系列在不同地点，从不同距离和角度，以不同方法拍摄的镜头排列组合起来，以此叙述情节，刻画人物。但当不同的镜头组接在一起时，往往又会产生各个镜头单独存在时所不具有的含义。如在卓别林的经典剧作中，有这样一幕，就是卓别林把工人群众进厂门的镜头，与被驱赶的羊群的镜头组接在一起，这就使原来的镜头表现出新的含义。

早期电影只是将拍摄到的自然景物、舞台表演原封不动地放映到银幕上。从美国导演D.W.格里菲斯开始，采用了分镜头拍摄的方法，然后再把这些镜头组接起来，因而产生了剪辑艺术。在很长一段时间里，剪辑是导演的工作。但随着有声电影的出现，声音和音乐素材的剪辑也进入了影片的制作过程，剪辑工艺越来越复杂，剪辑设备也越来越进步，于是出现了专门的电影剪辑师。剪辑师是导演重要的合作者，参加与导演有关的一切创作活动，如分镜头剧本的拟定、排戏、摄制、录音等。对剪辑的依赖程度，因导演的不同工作习惯而异，但剪辑师除了应完全地体现导演创作意图外，还可以提出新的剪辑构思，建议导演增删某些镜头，调整和补充原来的分镜头设计，改变原来的节奏，突出某些内容或使影片的某一段落含义更为深刻、明确。

苏联著名电影导演爱森斯坦认为，将镜头组接在一起时，其效果“不是两数之和，而是两数之乘积”。凭借蒙太奇的作用，电影享有时空的极大自由，甚至可以构成与实际生活中的时间空间并不一致的电影时间和电影空间。

电影剪辑一般有两种分类：传统剪辑和创造剪辑。传统剪辑主要作用有两个，一是保证镜头转换的流畅，使观众感到整部影片是一气呵成的；二是使影片段落、脉络清晰，使观众不致把不同时间、地点的内容误认为是同一场面。而创造性剪辑主要有以下几种：一是戏剧性效果剪辑。运用调整重点、关键性镜头出现的时机和顺序；选择最佳剪辑点，使每一个镜头都在剧情展开的最恰当时间出现。二是表现性效果剪辑。这是在保证叙事连贯流畅的同时，大胆简化或跳跃，有选择地集中类比镜头，突出某种情绪或意念，将一些对

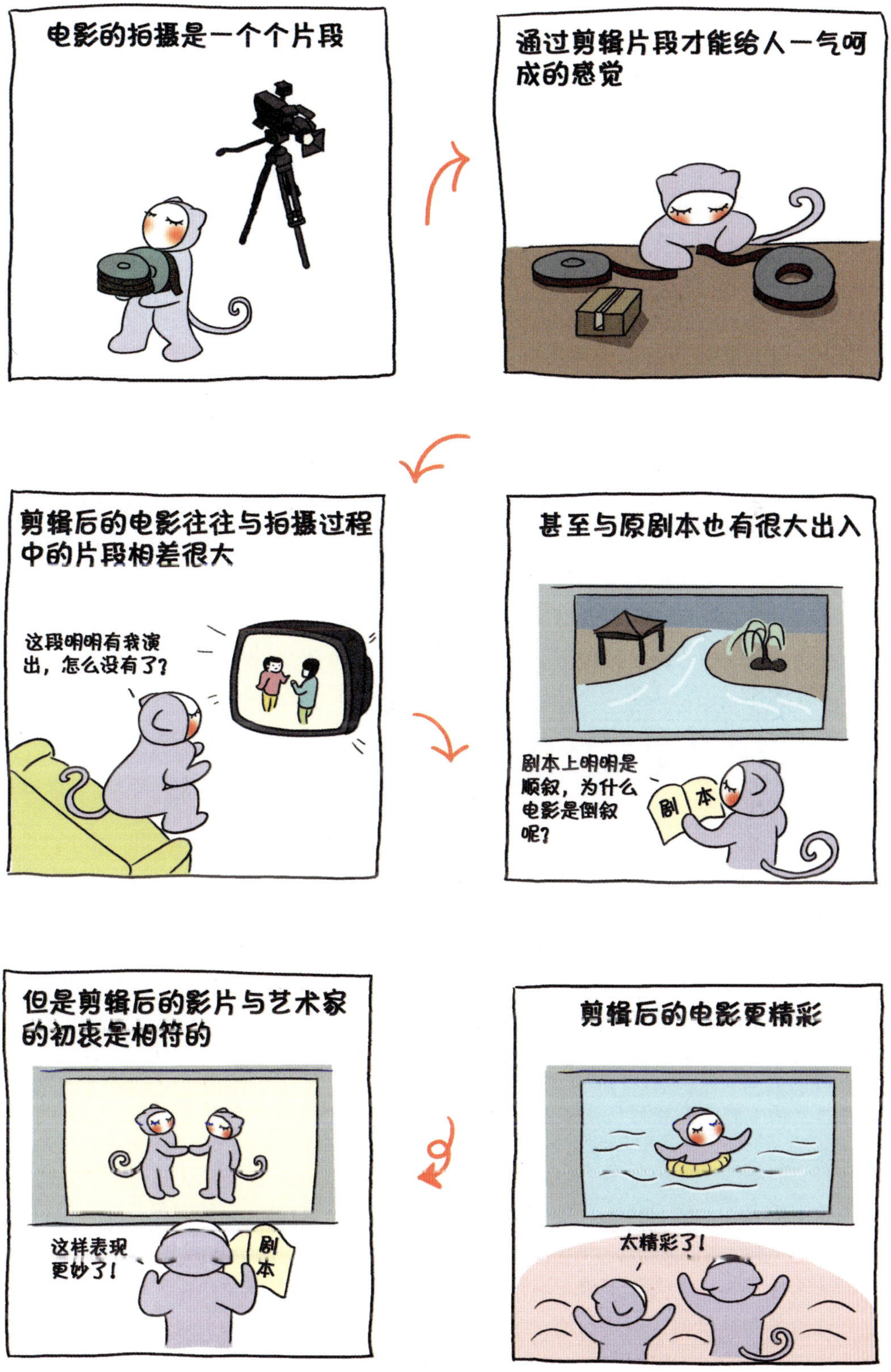
电影的拍摄是一个个片段
通过剪辑片段才能给人一气呵成的感觉
剪辑后的电影往往与拍摄过程中的片段相差很大
这段明明有我演出，怎么没有了？
甚至与原剧本也有很大出入
剧本上明明是顺叙，为什么电影是倒叙呢？
剧本
但是剪辑后的影片与艺术家的初衷是相符的
这样表现更妙了！
剧本
剪辑后的电影更精彩
太精彩了！

比和类似的镜头并列，取得揭示内在含义、渲染气氛的效果。

» 剪辑能够使电影具有流动而明确的画面

剪辑的意义一言以蔽之，是镜头与镜头之间的光和声的相对时空关系，或简称镜头与镜头之间的时空关系。

电影镜头记录生活，所以一个镜头不像符号那样可以形成一个含义单位。心理学说，生活中的每一个事物或现象都是有含义的，但是对你来说，只有当你注意某件事物时，它才是有含义的。电影镜头是纪录，凡是能感光的东西它全都记录下来了。对于观众来说，当他在看这个镜头的时候，他爱看什么就看什么。有人被红颜色所吸引了，有人被一个跑动的人吸引了，有人注意到一个女人穿的高跟鞋，等等。可是电影是运动的，所以它的含义是在运动的流程中产生的。具体地说就是，随后出现的镜头会制约前面的一个镜头的含义。唯有剪辑能够帮电影达成这样流动而明确的画面。

无论最初的剧本构思同剪辑好了的影片差距多么悬殊，无论在影片创作过程中变化多么显著，作品的思想，它那形象的统一，它的内容都和艺术家——影片的摄制者的世界观和世界感有着不可分割的联系。世界观和世界感仍然是在电影制作者急风暴雨的海洋上历时数月的漫游中的一座永不消逝的灯塔，它们引导着坐在放映厅后面剪辑台前的导演的眼和手。记录在文学剧本中的最初构思——是整个错综复杂的电影过程的发展和组织中的及其重要的推动力。它的进程首先取决于艺术家个性，取决于他的立场、他心灵的丰富，需要善于利用一切生动的电影表现力的能力，取决于创作劳动者们的首创性。

跟随电影评论家还是自己的直觉

在《山楂树之恋》播出之后，中国电影评论家学会举办了“《山楂树之恋》专家主创自由谈”座谈会。各评论家坐在一起一边观影一边评论。

整部影片清新淡雅，画面温馨，节奏流畅，故事感人。影片放映过程中，很多媒体和专家朋友为影片中“静秋”与“老三”的痴恋流下了感动的泪水，放映厅不时响起啜泣声。有专家评论说：“完全沉浸在一种充满才情和才华的氛围中，没有花里胡哨的特技，却有刻骨铭心的爱情，让人感动，是难得的爱情题材佳作。”

这是主流电影评论者的评价。

有时候我们会发现，我们的审美和一些所谓的专家们大相径庭，这时候我们该怎么办，是相信自己的直觉还是相信这些专业人士？

» 观赏电影是一种非常个人化的审美体验

观赏电影是一种非常个人化的审美体验，即所谓“仁者见仁，智者见智”，但又不是在“真空”中进行的。事实上，观众在观看某一部影片之前会受到外界各种讯息的干扰影响，难免先入为主，在一定程度上修正其个人的价值判断。正如苏联美学家斯托洛维奇所指出的：“评价不创造价值，但是价值必定要通过评价才能被掌握。价值之所以在社会生活中起重要作用，是因为它能够引导人们的价值定向。同时，评价当然不是价值的消极的派生物。

在社会的历史发展中形成的评价活动的‘机制’，具有一定的独立性。”

不管怎么说，观赏电影要注意电影本身与自己心灵的契合。票房高不一定就是好电影，影评人都说好也不一定就是好。关键是要打动自己，从中看到电影的内涵。在电影与你心灵契合的那一刻，才是鉴赏电影的关键。

» 电影的评价因素是多重的

电影是一种高成本高投入的大众化艺术，投资方、制片方追求功利性可谓天经地义。业内人士曾概括出“叫好又叫座”“叫好不叫座”“叫座不叫好”“不叫座不叫好”的说法，任何一部影片面世以后，必然会从上述四种结局中找到自己的归宿。广义地说，“叫好”与“叫座”构成电影评价系统的两大基准。但电影作为一种大众传播活动，实际上并不存在评价影片的划一的、静态的标准，而是非常庞杂的互动系统，包含了意识形态、艺术审美、市场运作、媒体导向、受众趣味、评奖激励等错综复杂的合力因素。

鉴赏电影就像同时在鉴赏一幅名画，读一本好的小说，听一曲交响乐，但是要把这些艺术综合起来欣赏，因为电影是一门综合的时空艺术。

» 观众的口碑比奖项更重要

电影评奖是具有权威性、荣誉性、商机性的评价方式，能给获奖影片带来“锦上添花”或“雪中送炭”的效应，对电影人的激励亦非同小可。如查理兹·塞隆荣获第 76 届奥斯卡影后，南非总统姆贝基特致电祝贺：“继诺贝尔和平奖、诺贝尔文学奖后，南非又诞生了奥斯卡最佳女演员。塞隆的胜利证明了南非是一个可以培育出最佳人才的国家。”总统的自豪之情溢于言表。

中国电影评奖历来喜欢“多多益善”，评出的最佳影片通常不是“唯一”而是多部并列，激励作用随之大打折扣。按理说，凡评奖必有一套规则，但前些年曾发生过这样的怪事：某些获得某电影奖最佳故事片的影片，实际上是观众很少、票房很低的片子，更有甚者系尚未公映的“样片”，完全背离了奖励广大观众最喜爱影片的初衷。难怪有人拍案而起，批评影坛上上下下一年四季都在忙评奖，结果“离评委近了，离观众远了；离奖杯近了，离市场远了”。

长期以来，我们对依靠人际传播的口碑评价缺乏跟踪研究。事实上，正如海外学者戴安娜·克兰所言：“一部影片的成功，在很大程度上取决于它在一座城市公映之后马上出现的口耳相传的荐举。”

观众的口碑好像看不见、摸不着，但最终结果是会体现出来的，而且力度大、底气足，是可遇而不可求的。如好莱坞大片《后天》，上映之时档期并不理想，媒体也没留出多少版面给这部具有科幻色彩的灾难片。岂料此匹黑马后劲十足，倚仗观众的口碑成为年度最卖座的好莱坞大片。

在电视剧领域，由于电视深入千家万户的收视特点，观众的口碑效应比电影更容易辐射放大。例如，曾经在央视 8 套创出收视率第一的家庭伦理剧《错爱一生》，在首播前几乎没经过什么宣传，完全依靠观众自发的欣赏热情，收视率节节攀升，促使央视 8 套破例在新剧播出后仅一个月便安排重播，可见老百姓口碑的威力！

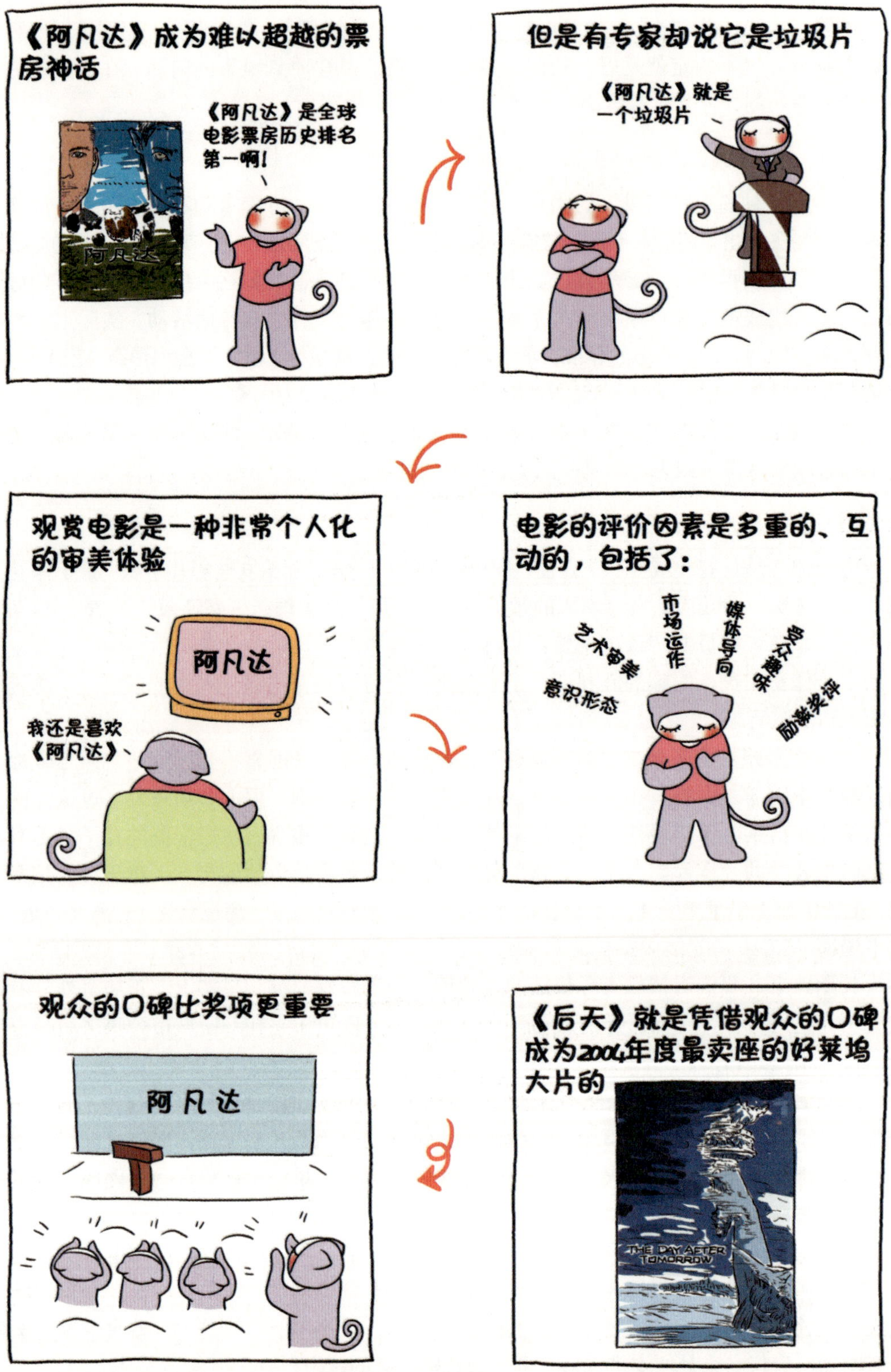
《阿凡达》成为难以超越的票房神话
《阿凡达》是全球电影票房历史排名第一啊！
阿凡达
但是有专家却说它是垃圾片
《阿凡达》就是一个垃圾片
观赏电影是一种非常个人化的审美体验
阿凡达
我还是喜欢《阿凡达》
电影的评价因素是多重的、互动的，包括了：
艺术审美
市场运作
媒体导向
受众娱乐
意识形态
励激奖评
观众的口碑比奖项更重要
阿凡达
《后天》就是凭借观众的口碑成为2004年度最卖座的好莱坞大片的
THE DAY AFTER TOMORROW

第十三章 你也可以有张明星脸
——每天学点化妆造型知识

为什么人们都喜欢瓜子脸

一个人好不好看，美在何处，又要怎样改进，其实只需要几秒钟就可做出准确判断。东方人的面型常有四种形态，即圆形、方形、椭圆形、长形，目前公认瓜子脸为东方人最美脸形。这个标准除了在讲究丰腴为美的盛唐时期有所改变外，已深深植入中国人的意识当中，成为评判美女的重要规范。即使在20世纪三四十年代西风最盛的上海，引领潮流的女明星们也是一副瓜子脸的传统美人形象。

改革开放之后，国门大开，各式各样的洋美人形象涌入中国。人们发现与传统古典式的中国美女相比，脸阔鼻方、深眉大眼的西方女子也另有一番魅力。这种魅力就是所谓的“性感”。而整容术的发展使得人们开始不遗余力地、惊心动魄地改造自己身上“不合潮流”的零件。在经历了向西方审美观靠拢的一系列整容的大胆尝试后，脸形成为时尚女性们另一个注目的焦点。终点又回到起点，才发现老祖宗推崇的瓜子脸是最适合东方女性的“美人脸”。

如何判断脸形的美呢？瓜子脸美在哪里呢？

» 脸形的审美标准

脸部是由覆盖在面部骨骼的表面的面部肌肉形成的外观。脸形美否主要是指脸部五官的比例是否协调。

脸部五官的位置重要的是互相的比例关系，中国传统审美观对人的面部美特别重视，中国古代画论中有“三庭五眼”的说法，说的是人的面部正面观的纵向和横向比例关系。“三庭”是指将面部正面横向分为三等分，即从发际到眉线为一庭，从眉线到鼻底为一庭，鼻底以下为一庭。“五眼”是指将面部正面纵向分为五等分，以一个眼长为一等分，即两眼之间的距离为一个眼的距离，从外眼角垂线到外耳孔垂线之间为一个眼的距离，整个面孔正面纵向分为五个眼的距离。

中国还有“三点一线”和“四高三低”的说法。“三点一线”是指眉头、内眼角、鼻翼三点构成一垂直直线。“四高三低”是指作一条垂直的通过额部—鼻尖—人中—下巴的轴线，在这条垂直线上，“四高”即额部、鼻尖、唇珠、下巴尖，“三低”是两个眼睛之间，

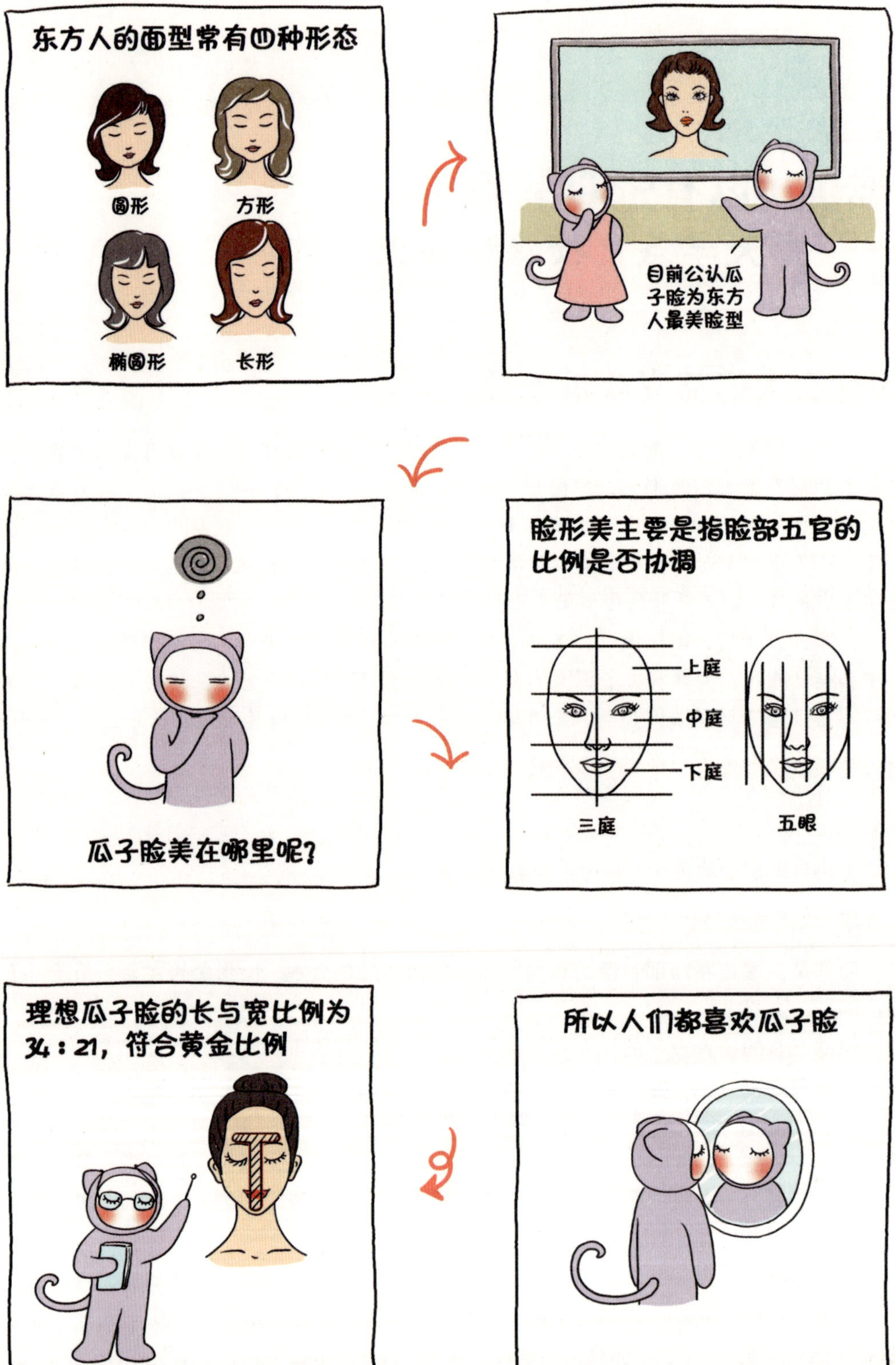
东方人的面型常有四种形态
圆形
方形
椭圆形
长形
目前公认瓜子脸为东方人最美脸型
瓜子脸美在哪里呢？
脸形美主要是指脸部五官的比例是否协调
上庭
中庭
下庭
三庭
五眼
理想瓜子脸的长与宽比例为34：21，符合黄金比例
所以人们都喜欢瓜子脸

鼻额交界处必须是凹陷的；在唇珠的上方，人中沟是凹陷的，美女的人中沟都很深，人中脊明显；下唇的下方，有一个小小的凹陷，共 3 个凹陷。

国际上通称为面容的“黄金分割”—— 1∶0.618。我们所熟知的伯拉克西特列斯的著名雕塑《尼多斯的维纳斯》的面部是公认的魅力样板，从发际到下颌的长度与两耳之间的宽度之比，也接近黄金比例。

» 瓜子脸因比例和谐而美

脸形是一个人容貌美中最基础的部位。在众多脸形之中，瓜子脸是最美的一种脸形。瓜子脸上部略圆，下部略尖，形似瓜子，这是中国美女的标准脸形。

在最精于写女子貌美的曹雪芹笔下的美人，不是“一双丹凤三角眼，两弯柳叶吊梢眉”，就是“两弯似蹙非蹙罥烟眉，一双似喜非喜含情目”。用通俗的话讲就是“柳叶眉，杏核眼，樱桃小嘴一点点”。这么细挑的眉毛、柔和的眼睛和小巧的嘴巴，自然不能长在一张阔大的脸庞上，而只能是长在小小的、椭圆的、精致的瓜子脸上。在古代，凡按照“三庭五眼”的比例画出的人物脸形都是和谐的。理想的瓜子脸完全符合这一比例。

美的脸形，从面部中线向左右各通过虹膜外侧缘和面部外侧界作垂线，纵向分割成四个相等的部分。一般来说，瓜子脸也符合这一比例。

我们知道，凡是符合黄金分割律的构造，在视觉上都会让观察者产生愉悦的印象。理想瓜子脸的长与宽比例为 34 ∶ 21，这一比例正好符合黄金分割律。

瓜子脸因其符合上述自然美诸项特征，因此被公认为最美的脸形。

脸形有缺陷可以改变吗

和谐是容貌美三要素中的最高级的形式。一方面，垂直方向的和谐是颜面结构的规律性表现形式之一。对于这个标准有很多种说法，但是无论如何，面下 1/3 必须有足够高度才可使表情自然，这是容貌美的基础之一。若面下 1/3 高度明显小于面中 1/3，便会形成短面印象，反之则给人以长面畸形之感。

另一方面，美貌人群颜面和谐还表现在宽度的协调，面中宽（双髁状突间距）约等于面下宽（双侧下颌角间距）的 1.3 倍。面下宽等于或大于面中宽均为宽度不调。正面观之下颌角多过度外展，嚼肌肥大而膨隆外突；侧面观之下颌角多小于通常所见的 123 度，甚至几乎成直角，会给人以方面之感。这于男性虽可勉强说是有阳刚之气，但于女性则有失容貌的温柔与灵秀。

比例和谐方为美，但是现实中，人们或多或少在容貌上都会有一些不和谐的地方。甚至很多人的脸形就是不漂亮，难道就没有办法改善或者改变吗？

» 巧用发型打造完美脸形

脸形是决定发型的最重要的因素之一，而发型由于其可变性又可以修饰脸形。前者是发型与脸形的协调配合，后者是利用发型来弥补脸形的缺陷。

发型修饰脸形的方法有三种：

第一，衬托法。即利用两侧鬓发和顶部的一部分块面，改变脸部轮廓，分散原来瘦长或宽胖头型和脸形的视觉。

第二，遮盖法。即利用头发来组成合适的线条或块面，以掩盖头面部某些部位的不协调及缺陷。

第三，填充法。即利用宽长波浪发来填充细长头颈，还可借助发辫、发鬟来填补头面部的不完美之处，或缀以头饰来装饰。

不同脸形要选择不同的发型做修饰：

长脸形的人适合将头发留至下巴，留点刘海或两颊头发剪短些都可以减小脸的长度而加强宽度感。也可将头发梳成饱满柔和的形状，使脸有较圆的感觉。总之、一般自然、蓬松的发型能给长脸人增加美感。

方脸形的人头发宜向上梳，轮廓应蓬松些，而不宜把头发压得太平整，耳前发区的头发要留得厚一些，但不宜太长。前额可适当留一些长发，但是不宜过长。

圆脸形的人常会显得孩子气，所以发型不妨设计得老成一点，头发要分成两边而且要有一些波浪，脸看起来才不会太圆。也可将头发侧分，短的一边向内略遮一颊，较长的一边可自额顶做外翘的波浪，这样可“拉长”脸形。这种脸形不宜留刘海。

椭圆脸形的人基本上就是美人了，所以采用长发型和短发型都可以，但应注意尽可能把脸显现出来，突出这种脸形协调的美感，而不宜用头发把脸遮盖过多。

» 巧用眉形修饰脸形

眉形与自己的脸形相符合往往是美的，但是如果能够对不完美的脸形进行修饰，就更是锦上添花了。

椭圆形脸适合柔和的眉形，眉头与内眼角垂直，眉峰在眉毛的2/3处。这种眉形更能烘托出椭圆形脸的柔美。

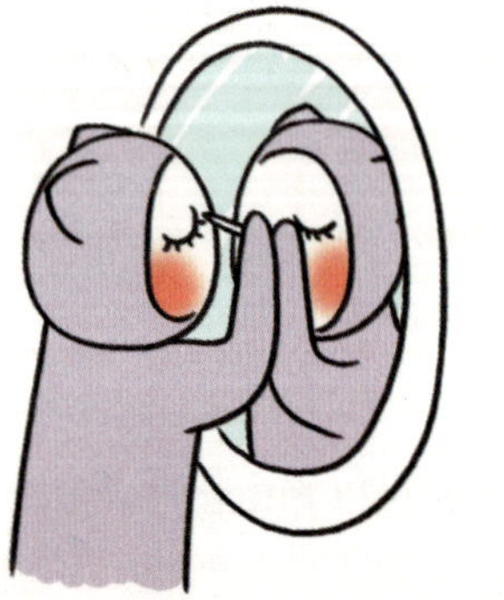

圆形脸给人的感觉为圆润、亲切、可爱，这种脸形适合上扬眉，眉头眉尾不在一条水平线上，眉尾高于眉头。高挑有力度的眉形，可以从视觉上拉长较短的脸形，并可令圆柔的脸部曲线感觉更亲切一些。

方脸形与圆脸形一样，长度宽度大致相等，也属于短脸，给人以正直的感觉。该脸形者应配以高挑柔和的眉形（眉形大致与圆形脸的上扬眉相同），如此的眉形可以令脸形拉长，缓和方形脸过于刚硬的线条。

长形脸给人的感觉是诚实可靠，略有富态。该脸形适宜柔和一点的眉毛，眉形应尽量放平缓一些，眉峰靠后，以显出形状秀丽的眉形。

» 巧用化妆术修饰不完美的脸

根据我国古代“三庭五眼”的审美标准，人的脸形可以进行纵向分类和横向分类。纵向分类就是指“三庭”，横向分类就是指“五眼”。

一般问题脸形就是因为不符合“三庭五眼”的标准，主要表现为：

上庭长：中庭和下庭长度相等，而上庭略长，即额头偏长。对这样的脸形应该运用阴影色在前发际线的边缘，利用深色色性产生收缩、后退的原理，使额部显得缩短。另外也可以采用留刘海的方式进行修饰。

上庭短：中庭和下庭长度相等，而上庭略短。对于这样的脸形可以吹高前发，将额头露出来。

中庭长：上庭和下庭的长度相等，而中庭偏长，即鼻子较长。对这样的脸形可用阴影色或颊红色从鼻中隔向上晕染，只要颜色使用得当，就可以产生缩短鼻尖的感觉。

中庭短：上庭和下庭的长度相等，而中庭偏短。对于这样的脸形，矫正的方法是将提亮色从眉心晕染至鼻头，过短的鼻型还可以一直拉至鼻中隔，鼻侧影从鼻翼一直延伸至眉头并且互相链接，在鼻梁处可用高光色提亮。

下庭长：中庭和上庭长度基本相等，下庭长度偏长，即下巴略长。对于这样的脸形，可用阴影色在下巴底部及两侧从下向上晕染，使之产生收缩的感觉。

下庭短：中庭和上庭长度基本相等，下庭长度偏短，即下巴略短。对于这样的脸形，可将提亮色集中在下巴尖端，靠近底部色度浅，向上与基础底色相柔和，利用人们的视错觉，产生延长下巴长度的效果。

两眼距离远：可在画眼线和眼影时尽量向内眼角描画。眉头距离不要处理得太远。

两眼距离近：可在画眼线和眼影时尽量向外眼角延伸，内眼角尽量忽略。眉头不要处理得太近。

为什么妆容以立体为美

立体感能够给人以视觉的立体真实感，因此很多艺术创作都以立体为美，如雕塑。人的容貌讲究立体感也正是出于这个原因。容貌的立体感主要是将人的五官突出出来，而不是让人感觉是在一个平面上。但是，东方人的脸蛋一般来说都缺少立体感，尤其是那些脸部肥胖的人，脸部为全身唯一无法遮挡的部位，任何缺陷都表现得一清二楚，因此要想突出脸部的立体感就需要借助化妆等外力使脸部轮廓显得瘦小而使五官突出。那么如何做到这一点呢？

» 脸部立体感关键之光影

明亮有光彩的双眸、挺直的鼻子、丰润饱满的双唇、椭圆的鹅蛋脸轮廓，是针对超过1.2万名亚洲女性进行的“现代理想脸形”调查所得出结果。打造完美脸形，“光影”扮演

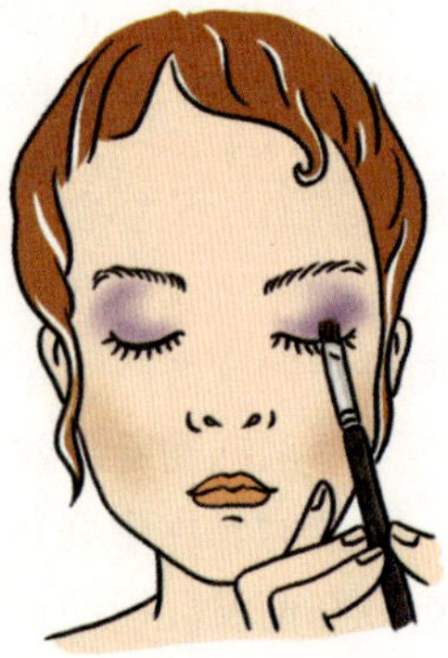

着重要角色。如何通过光影来打造一张立体的脸呢？正确提亮五官法就能够满足大家的愿望。

眼部妆容：水汪汪的大眼睛会让人忘记脸部的大小，因此让脸部变小的办法就是打造深邃的明眸。这样会让眼睛吸引人们的视线，暂时忘记大饼脸。蓝色的眼影会让人的眼睛看起来比较修长，而魅惑的眼眸则会使整个脸部都利落起来。因此脸大的女生最好选择蓝色的眼影，并在下眼皮进行着重的描画，并用棕色眼影作为高光，为眼睛制造出阴影的效果。另外，为了使效果更好，用淡淡珠光感的白色或银色眼线笔勾画下眼线，你会明显看到面部及眼部线条得到提升，让你立刻年轻 5 岁。

T 字区妆容：额头较窄的人需要在整个额头扫上高光，扁平的额头只需在额头到鼻梁中上区域打上高光，就能制造出立体感，让人过目不忘。别忘了在鼻梁两侧也刷上一些，但要注意的是，刷在鼻梁也会在视觉上拉长脸形，所以长脸的人要避免这个用法。另外刷额头处时范围不要太大，并且要避开鼻头，不然看上去就会像泛油光一样，毁了整个打亮效果。以额头最突出的部位为中心，半径为 1.5 厘米的范围为最佳。

C 字区妆容：眉尾侧下方，眼眶周围，颧骨之上的范围就是 C 区。在这个部分打上高光，会使脸形显得饱满，有立体感。为了打造出更加强烈的效果，可以使用带金色的眼影或腮红。

眉骨部妆容：以前，很多人会用深色眼影来打造效果，这种方法已经过时了。取而代之的是在眉弓部位打上高光，这可以使眼睛在视觉上看起来更深邃、鼻梁更挺直。

鼻部妆容：在化妆的时候应该在鼻部和脸颊靠近鼻子的部分涂抹高光，这样不但能使鼻子变高，更能利用高光使脸部呈现中间高、四周低的球体小脸，彻底摆脱大饼脸的困扰。

» 脸部立体感关键之颜色

可以说，颜色的使用，是化妆的关键所在，也是修颜的重要手段。在脸上如果着同一种颜色的妆的话，人的脸就会整个成为一个平面，所以脸部颜色的分布和深浅就很重要。

脸部颜色的使用很简单，不要用很多颜色不同的化妆品，只要一两种颜色足矣。在用的时候手法上只要掌握好，就可以分出深浅。一般来说，用不同颜色的粉底在脸部进行有技巧的分布，就可以打造出瘦小的立体感效果。由于浅色膨胀、深色收缩，因此应该在较突出的 T 字部位使用浅色粉底，强调五官的立体效果，并能造成视觉上的集中，而在鼻翼等部位要使用深一点的粉底。此外，在鼻子周围的脸蛋要用浅颜色，两腮靠近脖子和耳朵要用深颜色，这样可使脸颊看起来较瘦，给人留下小脸的印象。需要特别注意的是，一定要使脸部各个粉底之间衔接自然，不要让人感觉脸部出现黑一道白一道的尴尬。

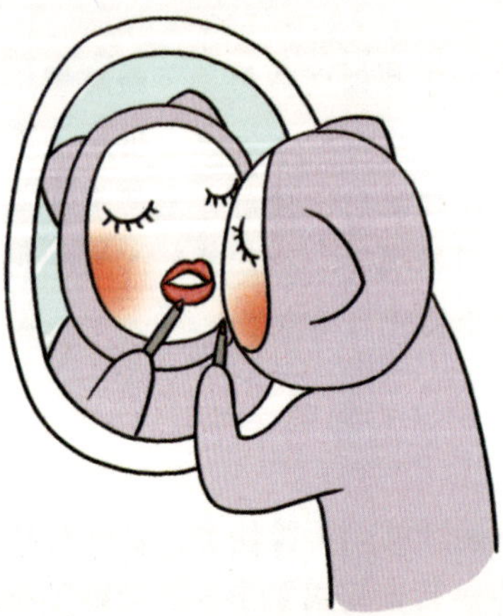

而对于你的嘴，可以用颜色比较鲜艳的唇膏来遮掩，不要画满嘴唇，只画出你想要的唇形就可以了。

可能很多女生认为过于鲜艳的唇色十分吓人，因此更倾向于选择裸妆效果的唇膏，殊不知，鲜艳的口红可以使脸部显瘦很多，还能使皮肤纹理细致、增加立体感。特别是玫瑰色的口红是修饰脸形的利器，因为它可以使唇形显得更加丰满，增加唇部的存在感，使脸看起来相对小一些。另外，需要注意的是，唇膏要在唇上涂成弓形，不可涂成圆形，否则会让你的脸更加圆润。

为什么中国人以杏仁眼和丹凤眼为美

眼睛在人体中处于“画龙点睛”的关键地位，它不仅是重要的视觉器官，其结构比例及外形将直接影响着容颜的美丑。那么什么样的眼睛是最美的呢？

中国传统标准以杏仁眼、丹凤眼，灵动有神韵的眼睛为美。这可以从古代文人对美女眼睛的描写中看出来。我国古代文人对美女眼睛的描写，往往虚写多于实写，表现出注重眼睛的魅力的如“一顾倾人城，再顾倾人国”（《汉书·孝武李夫人传》），“明眸善睐”（曹植《洛神赋》），“目流睇而横波”（傅毅《舞赋》）。表现以杏仁眼和丹凤眼为美的当属《红楼梦》，如“一双似喜非喜含情目”（林黛玉）、“眼如水杏”（薛宝钗）、“一双丹凤三角眼”（凤姐）。为什么会形成这样的审美标准呢？

» 眼睛的审美标准

每个人的眼睛都与他人不同，到底哪一种眼睛美丽是很难用一种标准衡量的，眼睛的形象只有与脸形和五官比例匀称，协调一致，才能产生美感。并且美与丑只是相对而言，没有绝对的标准，不同的人又有着不同的审美观与审美习惯。

如果非要给眼睛一个审美标准，我们可以借鉴一下东方学者的眼睛美学数据：

1. 眼的黄金位：纵横观察，眼均处于黄金律位置。整体上，眉眼永远是不可分割的整体，而眉间点恰位于眉眼中心位置，这正是发际至颏底的黄金分割点。横向上，两外眦间宽与睑裂水平的面宽之比约为 0.618。

2. 睁眼时，上、下睑缘与睑裂轴之间的最大垂距点均位于睑缘的黄金点，即上睑为中、内 1/3 交点，下睑为中、外 1/3 交点。

3. 上睑沟位于上睑中、下部相交处的黄金点，上睑沟的最高点位于该沟的中、内侧部相交的黄金点处。

4. 上睑高与睑裂长之比为 0.618。

5. 眉峰位于眉的中、外部相交的黄金点。

6. 具体来说，一般认为，较理想的眼睛，两内眼角间距应为两外眼角间距的二分之一；两外眼角与颜面侧缘间间隔约为 19～24 毫米，上睑缘与眉毛间间隔要 10 毫米左右；睑裂上下径为 10～12.5 毫米，睑裂左右径为 30～34 毫米，角膜露出率为 80%；角膜直径为 12～13.6 毫米，内眼角睑裂角为 48° ~55°；外眼角睑裂角为 60° ~70°。

从我国大多数人的传统习惯来看，双眼睑比单眼睑理想；眼裂大比眼裂小理想；巩膜与虹膜黑白分明的比不分明理想；两眼间距适中比偏宽或偏窄的理想；眼睛的水平轴线略

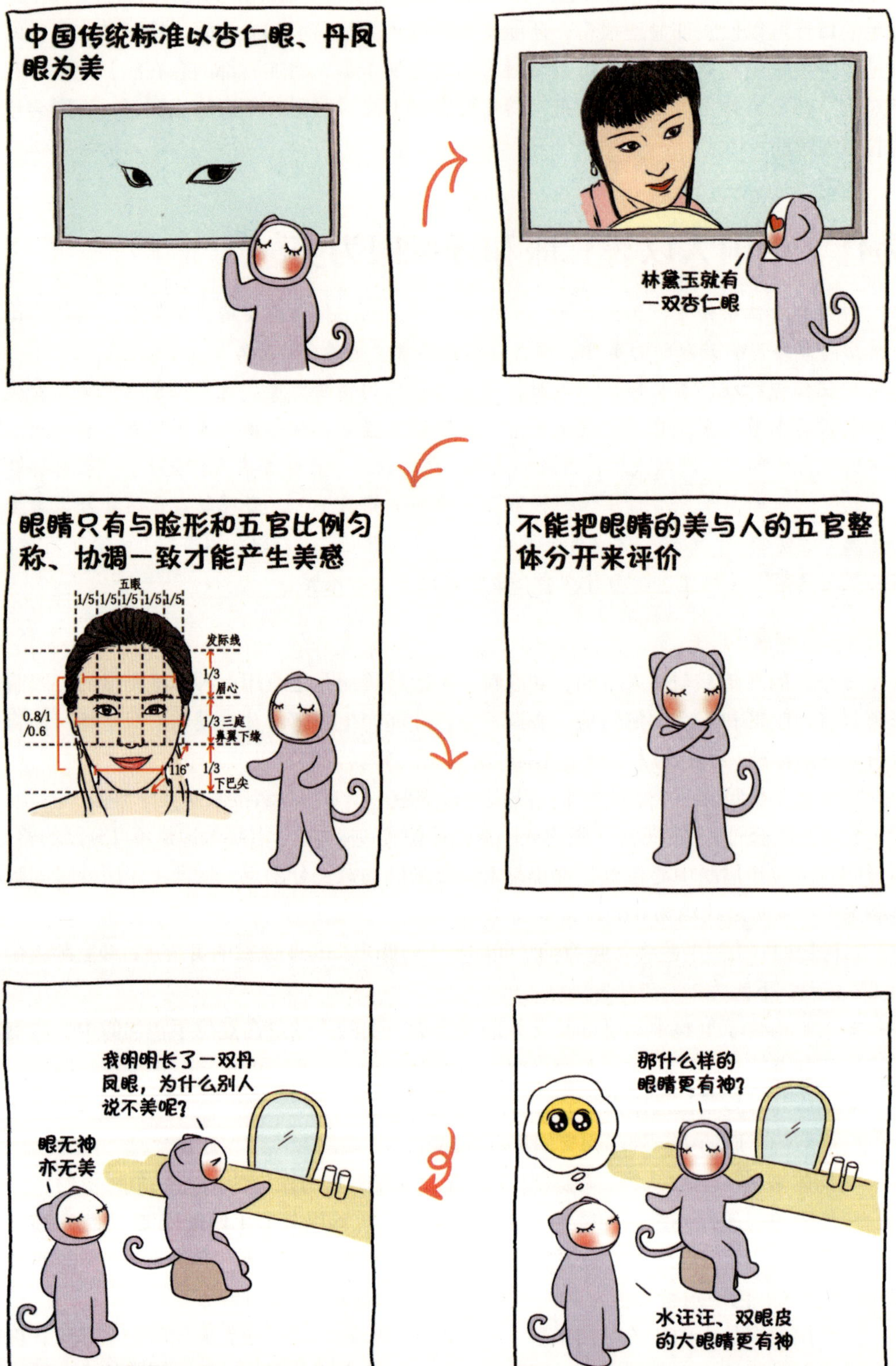
中国传统标准以杏仁眼、丹凤眼为美
林黛玉就有一双杏仁眼
眼睛只有与脸形和五官比例匀称、协调一致才能产生美感
五眼
1/5 1/5 1/5 1/5 1/5
发际线
1/3
眉心
0.8/1
/0.6
1/3 三庭
鼻翼下缘
116°
1/3
下巴尖
不能把眼睛的美与人的五官整体分开来评价
我明明长了一双丹凤眼，为什么别人说不美呢？
眼无神亦无美
那什么样的眼睛更有神？
水汪汪、双眼皮的大眼睛更有神

向上斜、睫毛长而密比轴线向下、睫毛短而稀的理想；眼皮厚薄应适中，太厚的眼皮外形臃肿，太薄的眼皮外形凹陷会较早明显老态；单眼皮与面部其他器官协调一致的，也可以很美。

» 杏仁眼和丹凤眼之美

杏仁眼又称为标准眼，该形的眼睛位于标准位置上，多见于男性。其特点是睑裂宽度比例适当，较丹凤眼宽，外眦角较钝圆，黑眼珠、眼白露出较多，显英俊俏丽。

丹凤眼属较美的一种眼睛，外眦角大于内眦角，外眦略高于内眦，睑裂细长呈内窄外宽，呈弧形展开。黑珠与眼白露出适中，眼睑皮肤较薄，富有东方情调，形态清秀可爱。无论男女均为标准美型眼之一。

杏仁眼和丹凤眼就是因为符合上面我们所说的审美标准所以才被人们所喜欢。当然，如果一个人长有漂亮的杏仁眼或丹凤眼，但是与脸形和五官整体不相协调也是不美的。所以，不能把眼睛的美与人的五官整体分开来评价。

» 眼无神亦无美

眼是视觉器官，也是重要的表情器官。人们在日常生活和社会交往中，可随时随地用眼睛传递感情信息。一个人的眼睛，特别是眼神的微妙变化，常是表达各种感情和体现人的内在美和外表美的窗口，故眼有“心灵之窗”的美称。从眼睛的表情功能来看，眼神也应该是评价眼睛美与不美的一个重要元素。由此我们也可以知道，一个人的眼形即使很美但是无神也是不能给人以美感的。那么什么样的眼睛更有神呢？

首先，水汪汪的眼睛更有神。历代许多文学作品中对眼睛的描绘都用到了“水汪汪”。曹雪芹《红楼梦》中写众女子经常用“眉蹙春山，眼颦秋水”来描写眉眼特点。唐代李贺《唐儿歌》中有“一双瞳仁秋水”，以秋水比喻明洁的眼睛。唐代元稹《崔徽歌》：“眼明正似琉璃瓶，心荡秋水横波清。”以“琉璃瓶”“秋水横波清”比喻明洁而灵动的眼睛。宋代晏几道《采桑子》有句：“一寸秋波，千斛明珠觉未多。”以“千斛明珠”比喻明洁灵动而温情脉脉的眼神。刘鹗在《老残游记》中写道：“那双眼睛，如秋水，如寒星，如宝珠，如白水银里养着两丸黑水银……”以“秋水、寒星、宝珠”比喻明澈有神的眼睛，以“白水银里养着两丸黑水银”比喻又黑又亮的瞳仁。《诗经·郑风·野有蔓草》：“野有蔓草，零露瀼瀼。有美一人，宛如清扬。”“清扬”是水汪汪的意思，以汪汪的清水比喻灵动明丽的眼睛。可见，古人给了水汪汪的眼睛很高的赞誉。

其次，双眼皮的大眼睛更有神。双眼皮是东方女性眼部美的一个标准，谁有双眼皮，再加上有大而圆的眼睛，那就是一双性感的眼睛、一双完美而又有着无限魅力的眼睛。双眼皮者上睑皮肤较薄，睫毛显得较长，给人一种更清丽的感觉，而单眼皮则给人以眼睛小、臃肿、缺乏生机的感觉。当然，现代人们对单眼皮眼睛的审美有着不一样的观点，但是客观上来讲，单眼皮的眼睛确实看起来不如双眼皮眼睛更有立体感。所以很多爱美的单眼皮女生和眼睛小的女生都喜欢将眼睛化成双眼皮的大眼睛效果。

如何打造完美的鼻形

人的鼻子在脸上占据着重要的地位，却也常常是人们最容易忽略的部分。由于基因决定，东方人的鼻部形态有很多一致的地方，但是搭配在不同的人的身上就会呈现出不同的形态以及美感。和面部轮廓粗犷清晰的欧美人相比，东方人的面部轮廓比较柔和细腻。欧美人鼻子尖而大，东方人则相对扁小。男性和女性的鼻形也是不同的，男性额骨鼻突至鼻尖近似直线，女性鼻端较翘，较为柔和。因此在鼻子的审美上要根据人种和性别来区别对待。那么符合中国人鼻子美学的标准是怎样的呢？

由于鼻子位于整张脸庞的正中央，所以对整个容貌的立体感的影响很大。如果鼻子长得不够挺拔，五官不够突出，都会影响到化妆后整个妆面效果，所以要想获得理想的妆容效果，鼻子是千万不可忽视的部位。很多爱美的女生常常会烦恼于自己的鼻子太塌了或是太短了等问题，甚至有人动了隆鼻的念头，但是最终还是因为资金还有勇气不足而宣告放弃。如何打造完美的鼻形呢？

» 中国人鼻子的审美标准

十全十美的鼻部形态虽然很难断定，但是依然有美的标准对其进行评判。

专家认为鼻形首先要和脸形协调，这主要体现在以下几点：

第一，一个看起来漂亮的鼻子，要位置适中。以鼻根为中心，以鼻根到外眦距离为半径画圆，鼻小柱基部和鼻翼缘刚好在此弧线上，两鼻翼外侧缘约在内眦的垂线上为宜。

第二，要有一定的高度和长度。高度即是从两侧鼻孔之间靠近底部到鼻尖的距离，一般来说，从侧面看，一个漂亮的鼻子其鼻尖的高度应是鼻长的1/3。长度是指从鼻根到鼻孔与上唇交界的距离。漂亮的鼻子，长度应占整个面部长度的1/3。换句话说，就是要足够大。低鼻、鼻头上翘、鼻子呈现蒜头样等都是鼻子不够大的表现。

第三，鼻子的宽度比率要适当。宽度是指两侧鼻翼，即鼻孔外侧边缘之间的距离。漂亮的鼻子，其鼻宽稍大于内眦（左右眼角）间距，最大距离大概是鼻长的70%。许多鼻子短、鼻头大的人，宽度都过宽，与其他尺寸，如长度和高度都搭配不合适。

第四，鼻子是否美丽与鼻头的大小有关。鼻头即鼻尖顶部的宽度。有一些人鼻子的长、宽都可以，但鼻头太宽阔，显得鼻子沉闷无生气。

第五，要看鼻孔的形状是不是优美。有一些大鼻头、小鼻子的人，鼻孔形状往往颠三倒四不协调，更谈不上美。

第六，要看鼻小柱，即两个鼻孔中间部分，要细而直，最为美观。鼻小柱的不美问题普遍存在，解决起来较为复杂。

此外，男女鼻型有很大的差异，要区别对待。据名医统计，理想的东方男性鼻根位置应比女生略高，约要在上眼皮睫毛上缘处，看起来较为立体，眼神也较深邃；再者鼻背与前额的交界点（鼻根点）角度也要比女性略低，约是 135 度，看起来鼻子会较为高耸。鼻背的形状则要较为刚直硬挺，且鼻背两侧线条从眼内角到鼻翼处要呈平行状，宽度要大于女性，约 1 厘米左右。至于鼻头则要饱满圆润为宜，太低的鼻头则不具美感。

» 不同鼻形的完美修饰

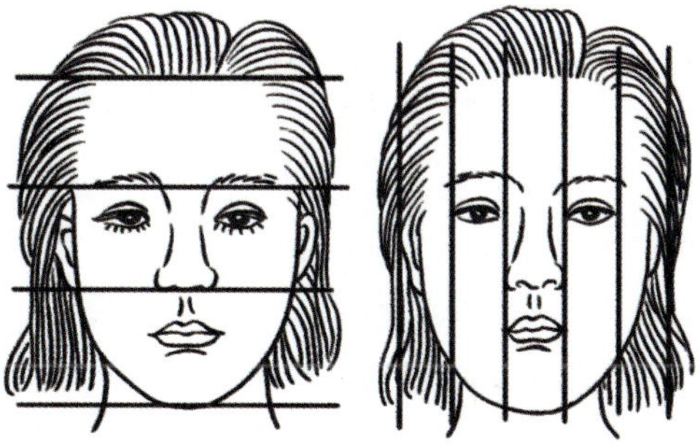

很多人都会抱怨自己的鼻子不完美，不是鼻子太塌就是鼻子太小。其实，无论你是什么类型的鼻子，都可以通过鼻影修饰来进行“伪装”。

常见的问题鼻形有如下五种，它们都可以通过化妆来修饰。

一、鼻形之大鼻子变小

颜色深浅是调整鼻子大小的关键。将深于肤色的鼻影，从鼻根延续到鼻翼，用浅于肤色的明亮色涂于鼻尖。深色具有收缩感，能在视觉上给人以鼻子变小的效果。

具体的操作方法是：整个面部化妆应采用柔和的色调。先在鼻两侧抹稍暗的鼻影，色调从鼻根开始逐渐深浓，匀抹至鼻翼，深色具有收缩感，能在视觉上给人以鼻子变小的感觉，再用比肤色浅的明亮色从鼻梁上往下敷，涂抹均匀，使之看起来朦胧一些。需要注意的是，亮色不要涂得太窄，不然会让鼻子前部显得更大。

二、鼻形之小鼻子变大

在鼻翼上涂浅色的眼影粉，让鼻翼和鼻尖连成一体，给人以饱满的感觉。

具体的操作方法是：用接近肤色的肉色眼影加少量的白色眼影涂在鼻翼上，鼻梁不必涂得太宽太亮，否则会使鼻翼显得更小。

三、鼻形之长鼻子变短

偏长的鼻子容易使整张脸看起来太长，不够柔和。因此，在使用鼻侧影时，应由外向内眼角涂，选较淡的颜色，向下不要延续到鼻翼。

具体的操作方法是：降低眉头的高度可以使鼻根相应偏低，在画眉毛时，眉头要加画几笔，或在眉头下涂上与鼻影颜色相近的眼影。鼻影的颜色比眼影稍微淡一些，不要延伸至鼻翼。

四、鼻形之短鼻子变长

鼻子太短连带给人感觉脸也很短。因此，在使用鼻侧影时，应从下向上将鼻侧影上染至眉尖，向下延染至鼻翼，能够造成鼻子长度增加的感觉。

具体的操作方法是：在鼻侧影处涂深颜色，鼻梁涂一窄条亮色，可以使鼻子显得加长；另外，在画眉时，把眉头稍向上抬，将鼻侧影从眉尖涂至鼻翼，也能产生同样的效果。

五、鼻形之塌鼻梁变挺

塌鼻梁的人看着往往给人以面部呆板的感觉。所以在选用鼻影时，应尽量选用用肤色相比较深的棕红色、紫褐色等。

具体的操作方法是：首先，在整个面部涂上粉底霜，在鼻梁两侧涂上阴影色，让鼻侧影上端“委婉”地与眉毛衔接，两边与眼影混合，下端与粉底相融合，再从鼻根到眉头抹深棕色眼影，然后在两眉之间的鼻梁上抹一道亮色眼影，并尽量向两侧晕开，阴影与亮色形成鲜明的对比，即可在视觉上造成鼻梁的挺直。

为什么女人要拥有的第一件化妆品应当是口红

唇部是构成面部美的重要因素之一，容貌和口腔的美观，都是直接由嘴唇来体现的。嘴唇因为可产生丰富的表情，所以形态特别引人注目。美丽的嘴唇，可以体现一个女人的美丽、性感、成熟和高贵，也可以表现一个男人的英俊、帅气和洒脱。对嘴唇的审美标准往往是泾渭分明的，古典一些的观点喜欢“樱桃小嘴”，即薄薄的两片唇，西化一些的观点欣赏性感红感，即丰厚的嘴唇。那么什么样的嘴唇才是美的？不完美的嘴唇应该如何通过化妆来修饰呢？

» 嘴唇的审美标准

中国对嘴唇的传统审美要求是色泽要红润、形状要小巧、嘴角要微翘显得俏皮。在中国古典文学中对美女红唇的赞颂有很多，如樱桃与绽桃，真可谓美不胜收。长期以来，人们对美的唇形基本达成共识，即上下唇协调对称，双侧饱满对称，上下唇厚度适中，唇的曲线、弧度优美流畅。

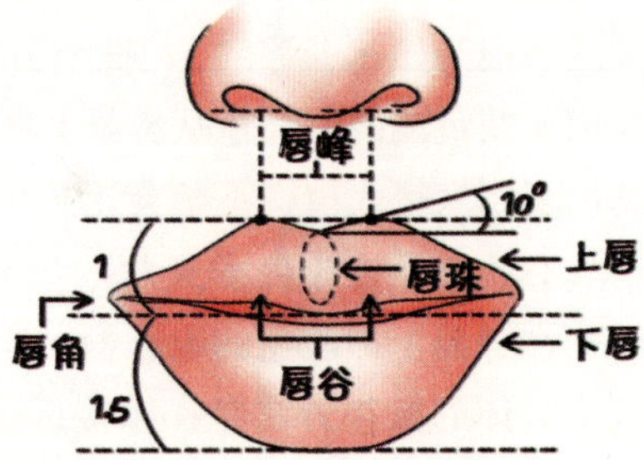

曾有整容科的专家指出嘴唇美的系数是：上嘴唇的厚度 5~8 毫米；下嘴唇的厚度为 10~13 毫米；嘴唇横径：男性 4.5~5.6 厘米，女性 4.2~5.0 厘米。超过标准厚度的上唇和下唇，即可称为厚唇。但是这些数据并非绝对。德国美学之父鲍姆嘉通认为：“完美的外形就是美，相应不完美的就是丑。”比例适度、均衡协调才为美。容貌美也是一样，五官端正、协调成比例是容貌美的标准。嘴唇的美决定于许多因素，唇部的美必须建立在与面部各器官相协调的基础上。樱桃小嘴配方脸阔鼻不美，而过度肥厚的口唇在眉清目秀的脸上也不太相称。

» 完美嘴唇的打造

伊丽莎白·泰勒在她第七次披上婚纱时喟叹：“女人要拥有的第一件化妆品应当是口红！”由此可见，一个女人最基本的化妆用品是唇膏，而最基本的妆容就是唇部化妆。唇部化妆的技巧相对于眼线和眼影的技巧来说比较容易掌握，关键是选择正确的颜色，但是要注意的是，唇部化妆也不是一般人所做的那样用一支唇膏画过那么简单。

对于唇部的化妆，先要观察唇部及皮肤的色泽，然后再选择适合自己肤色的唇膏色调。

在选择唇膏上，应当根据自己的嘴型及唇色选择合适自己的唇膏。一般而言，唇形比较漂亮的，选择艳丽的颜色会让自己的嘴唇更为动人。反之，嘴唇不够完美的话，就尽量避免选用比较亮眼妖娆的颜色。

选择合适的唇膏之后，想要充分展现嘴唇的魅力，还需要讲究如下四个基本步骤：

第一，用遮瑕膏打底。不要以为只有面部化妆才需要打底，事实上要达到粉嫩的唇妆效果也要用粉底和遮瑕膏进行打底工作，用遮瑕膏调整唇形，用粉底淡化原有的唇色，使得接下来使用的粉色唇膏的粉嫩度增强。

第二，涂抹润唇膏。唇部的皮肤是最嫩的，干燥是其天敌，所以对唇部的保湿工作一定要做足。先用润唇膏打底，可防止唇部肌肤干燥，持久滋润修护，令双唇展现自然光泽。

第三，刷唇膏。在使用唇膏时最好使用唇刷，因为这样会让唇部妆容更均匀。步骤是由唇角向中央涂抹，要小心唇上留下凝固的唇膏。

第四，点唇彩。唇彩是粉嫩唇达到增强光泽的重要一步，在反复涂抹唇彩的同时要注意保持唇部整体色彩的均匀性。

只要按照如上四个步骤，根据自己的唇形和色彩进行唇部化妆，就可以让你的嘴唇充满诱惑力。

» 唇形的完美修饰

根据传统的嘴唇的审美标准，唇形可分为以下几种：

理想型：理想型的嘴唇拥有着线条分明的轮廓，下唇稍厚，大小适中，唇中间的线比较明显，嘴角微微上翘，使得嘴巴很有立体感。

厚嘴唇：厚嘴唇上下嘴唇都比较肥厚，唇峰很高。

薄嘴唇：嘴唇单薄，赤红色口唇部尤为明显。

翘嘴唇：嘴角微微上翘，似是一直在微笑。

下挂唇：嘴角的弧线向下，给人以沮丧感。

突兀唇：嘴唇薄而尖，唇峰很高，整体轮廓不够圆润。

瘪上唇：上嘴唇薄下嘴唇厚，牙床不够整齐。

对于拥有理想唇形的人来说，唇部的化妆往往不用太过困扰，但是对于余下的几种唇形来说，人们往往会感到无奈了。其实，通过前几节内容的介绍，大家就可以知道，没有不完美的型，只有不完美的妆。所以，用化妆就能很好地修饰唇形。

嘴唇较厚的人可在上唇及下唇的中央往内侧绘入1毫米左右，嘴角线条画直。轮廓画得过小会显得不自然，同时注意以粉底掩去双唇轮。

嘴唇较薄的人可在上唇及下唇的中央往外侧描出1毫米左右，嘴角画直。为让双唇显得饱满，可在中央涂上强调用的口红。

嘴唇较小的人在化妆时，双唇的厚度可维持不变。由于嘴宽显窄，可将线条画出嘴角外 1~2 毫米，并与中央相连。线条画直为佳。若呈圆弧，嘴部会显得夸张、有失自然。

嘴唇较大的人在化妆时，双唇厚度也要维持不变。为使嘴宽显小，唇山往嘴角、下唇中央向嘴角的线条，可画在轮廓线内。两唇轮廓应以粉底遮去。

突兀嘴唇的修饰要点是准确选择口红的颜色，应选择中性色彩，同时不能描画清晰的唇线。另外可以突出眼睛的魅力，转移人的视觉重心。

瘪上唇的人使用两种颜色的唇膏做调整是最好的方法。厚唇涂深色唇膏，浅色涂在薄唇上。还有一种遮盖和强调的方法也非常有效，在厚唇上用遮盖霜掩饰嘴唇本来的轮廓，然后在原轮廓线内侧画唇线，薄唇部分在轮廓稍外侧画唇线，最后在唇线内涂满唇膏。

总之，设计唇形时要做到曲线优美，形随峰变，不离红线，要注意整体上的形态调整，这样，才能做出适合自己脸形的唇形。

唇形的设计必须结合个人的唇形、脸形、鼻型、眼型、年龄、肤色等因素，但无论是外扩文饰或足内收文饰都应该紧靠唇红线进行，而且不应超过 1.5 毫米，以免影响美观。

妆容必须要与服装搭配吗

近几年来，国内影视圈的古装戏和民国戏大热，这让我国传统的旗袍又再度成为女星们经常穿着的服装。我们可以看看女星们穿旗袍搭配的妆容，有的搭配很优雅，有的搭配得有点妖艳，而有的搭配出另一番风味。大家是否意识到一个问题呢？那就是即使女星们穿着的旗袍再不同，搭配的妆容也有异处，但是给人的总体感觉还是让人的气质回到了原本属于旗袍盛行的那个年代。为什么会这样呢？

» 服装与妆容相配才能产生协调的美感

其实在前面的内容中我们已经探讨了不同色彩型人的穿衣打扮，但是很多人可能依然意识不到服装与妆容相搭配的重要性。

化妆与服饰可以说是女人之间经久不衰的话题，也是比较热门的话题。也确实如此，如果妆容与服饰的搭配足够得体的话，不仅看上去非常漂亮，并且也会显示出整个人的品位。所以，我们不仅要选对妆容风格，还要选对与之搭配的服装。

一般来说，较为休闲的衣服适合清淡简单的妆容，华贵的礼服适合较为浓重一些的妆容，甜蜜的小礼服则合适可爱一些的妆容。可以想象一下，如果一个人穿着休闲装却化了一副浓重的宴会妆或是穿着华贵的礼服却化着夸张的烟熏妆，那样的感觉是不是很不舒服？基本上是毫无美感可言的。所以，穿对衣、化对妆在生活中也是不可小视的，只有服装与妆容搭配协调才能给人以美感，女生们一定要注意。

» 特别的服装需要特别的妆容

对于每个女人来说，一个完备的衣橱里应该有三种不同类型的服装，一种用于工作，一种用于类似晚宴的社交活动，一种用于平日的休闲生活，而这三种类型的服装同时也需要相应的妆容相配才行。

服装必须要与妆容相配才行吗？
那当然！
服装与妆容相配才能产生协调的美感
不伦不类！
特别的服装需要特别的妆容
职业妆容的要求是简洁大方，不需要过浓
晚宴的装束要配以相应的晚宴妆容
时尚休闲装就要学会化休闲彩妆

1. 职业装扮

职业装就是能够穿去上班的装束。虽然有些人可以穿休闲装去工作，但大多数人上班时还是需要穿得比较职业和严肃一些，特别是外资公司。根据这个特点，化妆不能太夸张，但一定要化妆，这代表对工作的尊重，会给同事和客户留下良好的印象，也会让自己在工作时间更自信。总体来讲，职业妆容的要求是简洁大方，不需要过浓。这样可以表现成熟度和可信赖度。因此，职业女性们在眼影上应该多运用棕色系或大地色系来表现，如果是高层职业女性，则更应该注重第一印象的精明与干练。做艺术的职业妆体现在妆容与服饰的搭配创意上，更多的是一种时尚的表现。

2. 晚宴的装扮

以前的人们，就算参加多么正式的晚宴，也会把上班的衣服穿去。现在，大家已经能够区别晚宴装与职业装了。其实除了非常正式的晚宴，我们也可以不做彻底的改变，稍稍变换一下白天的衣服和妆容就可出席晚上的活动。

参加正式晚宴的装束最好的选择是黑色。至于款式可以根据自己的风格来确定，只要是宴会装即可，但一定要注意细节的搭配，如包包、发饰、首饰等。

晚宴的装束当然要配以相应的晚宴妆容。如果有足够的时间，就清洁除白天已经化好妆的眼睛以外的整个面部。涂了面霜后，用些遮盖霜遮盖色斑和有疤痕的地方，抹匀。擦一些粉在脸上，使皮肤看上去更完美。突出你眼部的化妆，涂两层睫毛膏，用与围巾同一色系的胭脂。

在晚上，唇膏的颜色会弱一些，所以要选比白天的颜色略深或艳的口红。一款深色口红会令你看上去更为隆重。用唇笔来美化并突出你的嘴唇，在唇的中央略微涂上唇彩，然后在身上喷点香水就可以风风光光地参加晚宴了。

3. 休闲装

目前世界的时尚潮流明显向着休闲靠拢了，因此女生们要想站在时尚的前沿，就必须学会休闲装扮。目前市面上的休闲服饰非常多，像夹克、裙子、衬衫、紧身牛仔裤、长裤非常贴合身形，穿上很好看。并且休闲彩妆的画法也十分简单，5 分钟内搞定，其步骤无非就是：1. 清洁；2. 遮瑕；3. 画眼线；4. 涂唇膏；5. 涂腮红；6. 定妆；7. 香水。经过上面的方法，你就可以搭配出非常休闲的妆容了。

第十四章
识对形体穿对衣
——每天学点扬长避短的着装知识

世上真有完美的体形吗

大部分人对自己的形体都是不满意的，无论是青春妙龄的少女，还是富态臃肿的中年女士，甚至很多男性都对自己的体形抱有遗憾。他们不是整天嫌自己手臂太粗就是嫌自己腰太宽、骨架大、腿短……美国有一项调查，95% 的人都对自己的身材不满意。很多人肯定想知道，那 5% 的对自己身材满意的人是什么样的人呢？真的有完美的体形吗？

» 完美体形只是一个传说

人们总以为那 5% 对自己身材满意的人一定会是那些 T 台上婷婷袅袅的模特儿，都会认为如果他们都不满意自己，那其他人就更不用提完美的身材了。

但事实上，连这些 T 台上的模特也不会满意自己的身材。也许他们在接受采访时会说自己对自己的外表和身材非常满意，但是实际上并非如此。一位著名形象顾问专家在自己的书中提到，很多模特儿平日里见到她都会恨不得一下子把关于身材的苦水吐出来，让她帮忙。可见，连被人们认为完美身材的模特儿也不满意自己的身材。

据英国某报报道，依照波兰专家的观点，人体各部位之间的比例关系，成为判定一个人身材是否理想的新标准。波克瑞卡带领研究人员，对参加全波兰选美比赛决赛的 24 名选手和其他 115 名普通女性的三围数据进行对比。通过对选美小姐和普通女性的对比研究，波克瑞卡等人还提出一套评价女性身材的标准，即身材完美女性的平均身高应为 5 英尺 9 英寸（约 1.74 米），腰围与胸围的比例为 76%、与臀围的比例为 70%。有关专家也提出一套男性身材的理想标准：身高不低于 6 英尺（约 1.82 米），腿长应该与上身长度相当。

如果以波克瑞卡提出的女性体形新标准为依据，英国名模纳奥米·坎贝尔的体形堪称完美。被人们认为拥有魔鬼身材的坎贝尔身高 1.75 米。她的胸围是腰围的 1.4 倍，即腰围约是胸围的 71%，这与波克瑞卡提出的“腰围与胸围比例为 76%”的标准十分接近。坎贝尔的腿长为上身长度的 1.4 倍，她的大腿长度占身长的 29.7%、小腿长度占身长的 19.5%。与普通女性相比，坎贝尔的双腿更显纤长秀丽。此外，身体质量指数（BMI）也可作为一个参考标准。BMI 指一个人的体重（千克）数除以其身高（米）的平方所得数字。坎贝尔的身体质量指数为 20.85。而英国演员克里斯蒂安·贝尔被认为是拥有完美体形的男性典范，1.88 米的身高使他看上去十分健壮。他的腰围与胸围的比例为 60%，身体质量指数为 26.5。

纵然是这样，完美体形也是不可能的。波克瑞卡的研究也仅仅局限于波兰的部分女性，并不具代表性，加上人的审美观念具有地域性、民族性等特点，所以完美体形只能是一个传说。

» 那 5% 的人也并非拥有完美体形

任何事物都有两面性，都存在优缺点。很多人抱怨自己没有好的身材，却不知在自己抱怨的同时而正被他人羡慕着。

也许你在抱怨自己的腿不够细而羡慕朋友的修长美腿时，对方可能正在为不能像你一样拥有美丽的颈部而遗憾呢。所以，不必把心思花在推测那 5% 的完美体形的拥有者是谁，也不必为了不能拥有完美的体形而神伤，要明白，如果你想要高挑的身材，那么你就不会娇小可人；如果你想要健美的肌肉，就不能再拥有温润无骨的柔美；如果你想要丰满的胸部，那么你就很难打造出帅气硬朗的中性风格……总之，完美的体形只是一个传说，那些所谓的对自己体形很满意的人其实并不是真的拥有完美的体形，而是因为他们拥有完美的心态。

» 三分长相七分装扮

俗话说“三分长相七分装扮”，即使没有完美的体形，通过合理的装扮也能使人展现出应有的魅力。

曾有一位中年女性，因为身形矮小又粗胖，所以她从来对自己的外表都不加重视，逛街时也从来不对商场的时尚服饰多看一眼。但是后来在她身上发生了一件事，不仅改变了她一贯的作风，还使她变得有魅力起来。原来，一次她经过一个服装店，一个热情的导购连拉带拽地让她进店试了一款服装，让她显得又瘦又高，粗胖的身材也显得轻盈了，整个人的气质马上就提升了上来，她满心欢喜地买下了那套服装。之后她开始注重打扮，学会了一些扬长避短的穿衣之道和化妆之道，她的形象和气质逐渐得到提升，她也越加自信了。

可见，只要衣着和妆容得体，每个人都能占尽美丽先机！

相信眼睛是个错吗

在我国河南省的公路上，有一种道路交通地面标线，它将传统的三车道白色虚线改为了白色视错实线，这使得开车经过的司机都不敢贸然提速、变道或者超车，因为这些白色的视错实线使道路看起来凹凸不平，路面变成了三条笔直的“沟道”，所以开车的司机不得不小心谨慎，而这条路上的事故率也因此下降了60%。明明是平坦大道，为什么这些地标线会有如此大的作用呢？

» 人们的视觉也会犯错

上述例子中的白色视错地标线之所以能把让司机感觉到地面不平坦就是因为人的视觉总会产生一些错误的感觉，这种视觉的错误感觉就是视错，或称作视错觉。

视错觉的种类大致可以分为两类，一类是形象视错觉，如面积大小、角度大小、长短、远近、宽窄、高低、分割、位移、对比等，另一类是色彩视错觉，如色彩、颜色的对比、色彩的温度、光和色疲劳等。

这种视错被广泛运用于人们的日常生活中和艺术设计领域，它是不可缺少的形式美元素，许多艺术形式和美的产生都借助于人的视错觉。比如“视错”画就是一种立体感强、逼真、混淆平面与立体视觉的艺术风格。近年来，在家居设计领域，新技术下的后现代式幽默也开起了视错画的玩笑，如英国年轻设计师 Deborah Bowness 的视错画墙纸“真实的假书架”，就引发了一场视错潮流，也使人们的生活空间得到了新的拓展元素。对于 Bowness 来说，立时改变房间风格的效果也是她设计的动力之一。不论过去还是现在，她一直希望能在设计中给墙纸注入“深度”与趣味，而不是市面上常见墙纸的平板和无趣。结果她真的做到了——她通过丝网印刷和手绘结合的方式，将原尺寸的家具还原在纸上。而这个系列的墙纸如今给人们的生活空间确实带来了很大改观。比如，在一个只有 2 米宽的卧室里摆上一张 1.4 米宽的床，如果在剩下的空间里摆上其他更多的物品无疑会使人有种被压得喘不过气的感觉，但是用视错的图画使房间增加空间上的深度和广度，人们的目光很自然地会投入视错图画的景深之中，心情就会变得自由自在。面对这些充满智慧的障眼法，人们几乎不能相信自己的眼睛。

视错的研究，涉及医学、心理学、社会学、建筑学、美学等许多领域的知识。在真正利用视错的时候，人们也会结合面积、角度、长短、颜色等元素一起使用，让效果更加明显。

横条和竖条到底哪种更显瘦

在中国，除了唐朝是以胖为美的朝代以外，其他时期的人们都是以瘦为美，变高变瘦永远是人们热议的话题。很多形象提升培训班的课程中也经常会有这样的课题。身高和胖瘦是体形管理中最难改变的事，所以变高变瘦也就成了所有穿衣技巧中的重中之重。而相对来说，显瘦更是人们在穿衣过程中重视的要点。

根据以往的经验，许多爱美的女士都喜欢穿竖条纹的衣服以显得苗条。但英国科学家却指出，竖条显瘦的理论站不住脚，相反，横向条纹倒有不错的修饰身材作用。那么到底是横条衣服显瘦呢，还是竖条衣服显瘦呢？

» 横条显胖？物极必反

人人都知道穿横条纹一定会显胖，所以许多胖人都拒绝尝试横条纹的衣服。英国约克大学心理学系彼得·汤普森博士在实验中让200多名妇女分别穿上横条和竖条衣服，然后拍下图片让志愿者观看。志愿者普遍认为，同一名妇女在穿着横条衣服时比穿着竖条衣服时感觉更瘦，而在肉眼看来，身材相仿的两名分别穿着横条衣服和竖条衣服的妇女，实际上前者比后者要胖6%。“穿竖条衣服不会让你看上去更苗条……我想整个社会的观念是错误的。”汤普森说。这个说法确实有其合理性，但是还不准确。

线条在服装设计中起着十分重要的作用，而根据视错原理，显瘦的技巧与线条的视错密不可分。通常人们所说的横条显胖是指一条、两条或者数得清的粗横线条，它的数量在由少变多的过程中发生了质的改变，穿少量的横条会显胖，但线条变多变细时就会适得其反，出现显瘦效果。

维多利亚·贝克汉姆就是一个穿细横条纹显瘦的最好例子。维多利亚·贝克汉姆可以说是时尚界的潮人，她的穿衣打扮的技巧全部来自她的母亲，但唯独有一点，她却坚持自己，那就是她母亲“永远不穿横条上衣”的告诫。维多利亚喜欢的就是细条纹，穿在她身上也并没有影响到她的美观。

也许有人会问：“有没有数字标准说明到底多细多密的线条才能显瘦？”有人研究得出，线条粗细距离在2.5厘米以下，数量在20条以上的条纹适合绝大多数想显得身材更苗条的人！

» 竖条显瘦？没那么简单

人们都认为竖条比横条显瘦，其实也是不完全准确的，竖条显瘦并没有那么简单，如果穿着不合理，一样会显得人很肥胖。所以，一直对“竖条显瘦”深信不疑的朋友也要琢磨一下了——利用竖条纹显瘦也需要技巧。

同横条纹相反，要想竖条纹显瘦，那么，用一条或者两条的竖条纹瘦身效果最好！并不是所有的竖线条都会让人变瘦，如果竖线太多一样会事与愿违。

只有正确运用竖线视错，用少量的竖条才可以实现显瘦增高的穿衣效果，而不是所有竖线条的服装都显瘦。

很多丰满圆润的人看到这里应该会对穿衣变瘦有更多的信心了，但是很多人还会遇到一个问题就是，这种显瘦的竖条衣服在商场中并不多见，并不能经常购买得到。其实大家大可以放心，关于竖条显瘦，不一定要依靠面料本身印好的图案，也可以通过装饰物来产生类似竖线条效果的款式设计，例如，你可以选择用一排鲜明的纽扣创造出竖向线条感觉的服装，也可以选择采用色彩深浅不同的面料拼接工艺的服装。你还以自己动手为服装创造出竖线的效果，比如用鲜艳的彩条丝带为服装创造出一条垂直竖线，也可以让两件深浅不同的服装搭配在一起产生竖条拉长的穿着效果。

注意，在选择两件颜色深浅不同的服装搭配时，一定要选择颜色深浅对比明显的服装，深浅差别越大，营造的竖线条拉伸效果越明显。还要注意的是，套在外面的服装不能系上扣子，这样会使上下连贯的拉长线消失，外搭服装的款式越长越好。

显瘦和显高能同时兼得吗

显高显瘦永远是女人们穿衣技巧中的重中之重，就连模特也会对自己的身材不满意，还想要再瘦再高。那么显瘦和显高能同时兼得吗？我们可以很确定地告诉你，可以！举一个很简单的例子。大家应该都吃过拉面吧？但是不知道你们有没有看过拉面师傅拉面的过程。面条拉得越长就越细，而越细也就越长。所以，在显瘦的同时一定会有显高的效果。可以想想看，当一个正方形变窄之后自然就会变成长方形，所以说，显高显瘦是一箭双雕的事情。那么，如何穿着能够明显地显高显瘦呢？

» 不对称的款式让身材瞬间显高显瘦

很多人在购买服装的时候会看到一些服装有很多细密的竖线条，是不是就会觉得它一定不显瘦呢？其实当竖线在服装款式中安排不均匀尤其是左右不对称时，即使线条细密也依然会有很好的显瘦增高效果，这种服装显然脱离了竖线视错的范畴，是一种不对称视错。

当然，不一定非要选择那些竖条纹的服装，只要是能产生竖线效果的服装都可以，比如不对称的侧绣花或者不同面料材质的侧面拼接，都会很好地掩饰胖胖的体形。对于期待个头能更显高的矮个朋友们，不妨将深浅色对换，但位置不动，效果最佳。

» 斜线款式的服装让身材显高显瘦

横线和竖线条的服装虽然也有能让人显高显瘦的功效，但是比起斜线却少了一份动感和活力。因为有弧度的线条能给人以动感，如果能在服装上设计出有弧度的线条往往能使服装更有韵味，这也是一种线条的视错。已故著名演员沈殿霞女士就是一个喜欢穿斜线款式服装的人，大家可以在网上搜索一下，相信依然能搜索到她诸多身着斜线设计元素的礼服和演出服的形象，你可以发现，这些款式的服装动感十足，同时也将沈殿霞的乐观好动、亲切可人的性格展现得淋漓尽致，而且与她穿着的没有斜线元素的服装相比，斜线的服装让她更加显瘦显高。

无论是一条或者多条斜线，都能很好地让大家实现显瘦显高的梦想，但是要注意的是，在选择这些斜线衣服时，也要注意倾斜度的大小和底纹线条的长短。一般来说，倾斜度越大，加底纹线条越长的服装显瘦显高的效果越好。

» 外短内长的搭配让身材显瘦显高

对于身材又矮又胖的朋友来说，外短内长的服装混搭最适合。首先，上衣的衣长超过臀部，就会比较压个子，所以穿短款的上衣，可拉长腿部线条，实现长腿显高的穿着效果。

通常来说，上衣长度在臀部和腰部之间比较好，上衣越短意味着腿越长，其次，长款打底衫掩盖了整个臀部，所以无论腰、臀、腹有多胖都可以全部掩饰。

一般来说，这种外短内长的搭配很容易买到，也是目前比较流行的搭配方式。比如，齐腰长的短款针织开衫、高腰线的连衣裙都是常见款式，很容易买到。短款背心也同样有提升身高的作用，并且可以成功瘦身。喜欢穿裤子的女生，也可以选择短款上衣搭配裤装。

有些人可能会觉得一些高腰服装和短款上衣一样，可以缩短上身，加长腿部线条的穿衣效果，这确实是对的，很适合矮个子的朋友，但是对于个子矮却又比较胖的人却不太适合了，因为这种款式的服装瘦身效果不尽如人意，所以还是尽量选择外短内长的搭配比较好。

» 精纺面料的服装更显瘦显高

想要显高显瘦，服装面料的选择上也要有所讲究，一般来说，比较宽厚蓬松或表面不平坦的褶皱面料的服装面料往往会使人胖上一圈，不管这件衣服的款式是否属于显瘦显高的款式，这类的服装面料一般为棒针毛衣或粗线纺织出来的粗呢子面料。

如果你不能够确定一种面料的服装是否会显胖，那么就去整理一下你的衣服，去叠一叠，当你发现有些服装很占空间、体积较大、很难折叠变小时，它就是很会让人显胖的面料。可以想一下，如此占地儿的服装，穿在身上也一定会让人显得更胖，同时也会显得很矮。所以，身材较胖又矮的人应该多选择精纺面料的服装，比如细线平针毛衣、精纺细呢、精纺羊毛面料、丝绸、精细的棉布等都很适合矮胖体形的朋友穿着，当然，个子矮而偏瘦的人就可以不必理会了。

» 下摆不高的裙子更显瘦显高

喜欢穿裙子的矮个子女生不可忽视裙子下摆的位置，低于膝部 5~8 厘米最适宜，也最美观，身材不高可以穿长筒靴，但跟至少要有 7 厘米高，而裙子的边要高于靴子的帮。不要露出皮肤或穿颜色对比鲜明的袜子，否则会吸引人的视线往下移、破坏整体的高度感。若是裙边短于上述的长度，就要配穿尽可能接近靴子颜色的袜子，以避免视线的转移。肉色长筒袜与窄窄的裙边，可使小巧的身材显得颀长许多。

黑色真的显瘦吗

在大家的传统观念里，黑色显瘦是一个不争的事实，其实，这是片面的。很多结论都具有两面性，黑色是具有收缩性，但是同时还具备下坠的视觉效果。也就是说，如果一个身材丰满的人穿黑色衣服，虽然在横向上显瘦，但是在纵向却显得沉重，体重增加。所以，换个角度看，黑色并不显瘦。另外，从人的气质角度来说，并不是每个人穿黑色都气质出众。因为黑色属于暗色调，具有一种力量感和阴郁、神秘、高贵的气质以及强烈的距离感。所以，如果一个人具有亲切自然、平和温暖的气质是无法驾驭黑色的，这样的人如果穿了黑色就会给人一种一个白色甜美的奶糖包了一张黑色的包装纸的感觉，不伦不类。

其实，从色彩本身来说，中性色是最有瘦身效果的。中性色，简单理解，就是不深不浅也不艳的颜色，柔色调、浊色调、灰色调都属于这类颜色。中灰调、灰调、暗灰调、棕调、浅棕调，这类颜色低调内敛含蓄，对于不想让人注意的地方有意想不到的隐藏效果。但是什么事情都有两面性，如果穿着搭配不合理，即使是中性色的服装也不见得就真的有显瘦的效果，即使显瘦但也不一定就能同时显高。那么该如何用色彩打造出又瘦又高的感觉呢？

» 色彩形象亮点打造显高显瘦的效果

对于矮胖身材的人来说，全身一色更加显瘦，但是对于显高却不太有效果，有时候甚至会使人显得矮重。那么如何能让自己穿出显高显瘦的效果呢？其实方法有很多，但是从色的角度上来看，用色彩塑造形象亮点是一个好用的方法。因为，当一个人的形象有亮点时，会给人眼前一亮的视觉快感，同时也会将他人的目光吸引到亮点处而不是你想遮掩的地方。那么这个亮点则需要色彩的对比来形成，而通常亮点的颜色应该是比较明亮或鲜艳的颜色，而不应该是你所选择的中性色更不能是深色。既然亮点能吸引他人的目光，所以最好把亮点设置在你想被人注意的地方，而如果你想显高，那么亮点越高就会显得你的个子越高。一般来说，亮点都设置在胸部以上，因为对于胖体形的人来说，腰部和腿部多半不是令人骄傲的优点，所以又何必一定形成亮点给别人看呢？

需要注意的是，所谓的全身一色，就要上下连身，色彩的视觉要有连贯性。因此，必须选择同色的套装、裙装裤装，连衣裙则更好。即便是不同的颜色混搭，也要保证上下装的色彩尽量相近。只有这样才能不容易引起他人目光的注意。而胸部以上特别鲜亮的装饰色又会给含糊的目光以悦目的视觉亮点，在绝对耀眼的同时，让人忽略了胖瘦问题。

此外，还要注意不要使整个上衣的颜色都鲜亮起来，这样就会使亮色的面积太大，既不利于显瘦也不利于形成视觉亮点而显高，因为大面积的亮色已经不是“亮点”了，整个上身都已经变成“亮面”了！

当然，在胸部以上的位置想发挥视觉亮点的装饰效果不仅仅可以采用色彩的办法，亮色的丝巾、鲜亮的首饰和衣饰、漂亮的衣领等都可以制造出亮眼的效果。此外，除了服装的色彩和服饰之外，漂亮的妆容和精致的发型也能成为你的形象亮点、别人的视觉亮点！

» 色彩的上下呼应能够打造显瘦显高的效果

外短内长的服装搭配可以让人显高显瘦，如短开衫和长款打底裙的搭配。而这套行头可以是矮胖体形朋友衣橱中的必备，更是四季都适合的经典穿着。而色彩在全身的使用要连贯才能显瘦，所以上下装用一个颜色是一种方法。而如果觉得全身一个颜色过于单调，那么也可以利用色彩呼应的搭配方法，实现上下装的色彩连接。

如果穿着必须系扣的西服上衣时，在西服的领子形状上可以稍加注意一下，一定要选

择那种深V形领子的西装，而不是那种前衣襟全部扣严实的服装，这样就可以使里面的打底衫的颜色露出来并与下面的裙子遥相呼应。就是那一点点露出来的颜色，就会“上下连身，色彩有视觉连贯性”，显高显瘦的效果就绝不比不系扣的开衫效果差。

至于前衣襟全部扣严实的服装，就不会形成上下色彩连贯的感觉，显瘦效果自然很差。当然，如果你已经买了这种前衣襟全部扣严实的上衣，也不是一定不能穿的，只要稍加装饰，依然可以补救。装饰的方法就是选择在脖子上扎一条与裙子同色的丝巾，或是用打底衬衫、高领套头衫，以及夸张的项链、胸花、胸针……但是颜色一定要与下装呼应。当然，换成裤装也是一样的道理。

可见，除了上下色彩一致的穿衣法，上下色彩的呼应也非常有显高显瘦的效果。所以，许多时候大家也可以购买那种上下身拼色的服装款式，当然，千万记得在上身要及时呼应下装的色彩，还要注意拼色的位置越高越好。

欧洲人为什么发明低开领的晚礼服

《诗经》曾把女性的颈项美形容为“领如蝤蛴”。“领”就是“颈”，“蝤蛴”是天牛与桑牛的幼虫，乳白色，长而丰满。女人的颈部要洁白如象牙，光滑如天鹅绒，不宜太瘦和细长，稍稍丰盈一些，这样才更富于性感。欧洲人发明的低开领晚礼服就将女性柔美的颈部展露无遗，将颈部之美一直绵延向胸部，非常性感。

人体中，最决定女人优雅度的线条无非是颈部。我们可以举个例子。相信很多人都看过芭蕾舞剧目《天鹅湖》，剧中舞蹈演员们的身体都是细长的，各个部位都是美丽的弧线，真的像是一些天鹅在舞蹈。而在她们的舞蹈动作中，总是会展现出优雅的颈部线条，既有天鹅般的典雅，又有公主般的高贵，真的让人觉得脖子越长越美。

但是真的是脖子越长越美吗？也不尽然。任何事物都有限度，正所谓过犹不及。但是比起长脖子的困扰，短脖人的苦恼更多。大部分人还是最关心短脖该如何穿着。在中国，由于基因和后天的因素，脖子短的人远远要比脖子长的人多，这是因为除了那种天生就脖子短的人以外，更为普遍的是那些由于身体微微发福后使身体变得圆润而导致脖子变粗变短；还有一种情况是由于端肩体形形成的短脖子现象，端肩使得高耸的肩线缩短了脖子与肩的距离，所以使得脖子短了。

当然，长脖子也有多种情况，其因素与短脖子的形成异曲同工，只不过很多长脖子是因为身体瘦形成的细脖子而显得长以及肩的体形特征，给人形成的长脖子印象。不过这种情况在远不及短脖子的形成来的普遍。

那么究竟该怎样判断自己的脖子长度？如何能够在穿衣打扮中令短颈变得纤长而使长颈变得适中呢？

» 脖子长度的自我测量

脖子长度的自测其实很简单，只需要你穿着将颈不能完全裸露出来的上衣，然后对着镜子用尺子测量下巴到锁骨窝的垂直距离即可。需要注意的是头部需端正，不要上扬也不要低头，正视前方即可。

一般来说，测量出来的长度小于或等于 6 厘米的脖子就是短脖体型，大于或等于 9 厘米的脖子属于长脖体形。介于 6~9 厘米之间的脖子长度则为标准脖子体形。

一般来说，标准脖长的体形任何款式的服装都可以穿，没有任何忌讳，所以我们就不加以探讨了。

» 短颈变长的穿着建议

对于短颈者来说，高领的衣服是最大的禁忌，更不能尝试小圆领 T 恤或衬衫。其最佳选择是大领口的上衣，这样的服装往往能够较好地修饰短脖女生的缺陷。需要注意的是，所谓的大领口，其大小最好以露出锁骨窝为最佳，不仅是领口要够大，领口也要开得够深，也就是说，深 V 领口和各种大领口都不错，但是常见的船形衣领和一字领却不适合穿，因为这类领型虽大，只是使领口变宽露肩变多，而不是领口变深，所以没有形成使脖子线条变长的效果。此外，如果穿着有扣子的服装时，锁骨以上的扣子不能系上。

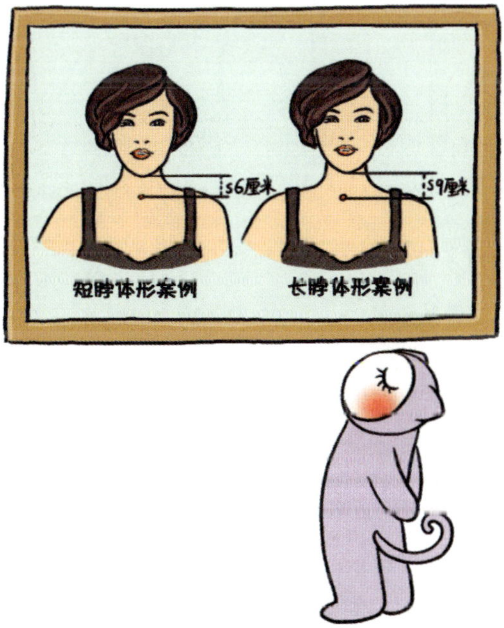

短颈者们除了要注意服装领子的款式之外，还可以通过降低双肩的高度来加长脖子。因此，如果衣服的肩上有额外装饰物，如肩章、花边、荷叶边、褶皱等就不要选择了，因为那些装饰只会填充肩部，缩短颈部，尤其对于有些端肩的女生来说，这些肩部有装饰的服装一定要避免穿上身。

短颈者如果一定要穿带领座的服装，应该尽量选择低领座的衣服。领座是指领子的高度。

一般带领座的服装有衬衫，穿衬衫时，除了要注意领座不宜选择太高的之外，还要注意领子的宽度也不宜太大，锁骨窝附近的两粒纽扣也不要系，要尽可能多地露出脖子，以产生颈部修长的线条视错。人们在穿衣中会难以避免有领子的衣服，尤其是在冬天，无领座的领口不应季，裸露着脖子不能御寒，而有领座的领子距离肩部较高，高领子往往会淹没脖子的长度，使得原本不长的脖子会更短。所以这时应该选穿低领座的领子，领座越低越好。

那么有人会问，在寒冷的冬季该如何保暖而又能使脖子显长呢？其实也很简单，只要注意外套的衣领不要太繁复和太厚即可。如果想要搭配围巾则最好选择轻薄柔软的精纺面料的围巾，而且围巾的颜色要选择明亮的浅色或者鲜艳的颜色，最重要的是要与上衣的颜色形成较大色差，所以上衣的色彩最好选择深色。此外，围巾不要系得太紧，应该选择 V 字形的系法。

除了服装的修饰之外，首饰的佩戴和发型的选择也对脖子的线条打造有影响。首先，项链要选择那种能够远离颈部的细长项链，长度至少要在锁骨窝以下，首选带吊坠的 V 字形项链。其次，在耳环的选择上也要有所注意，应该尽可能地佩戴贴近耳垂的纽扣式耳环，不能太长太大，如果非要选择带吊坠的耳环，吊坠的长度也最好不能超过 1.5 厘米。最后，短颈者最好留短发，如果舍不得剪掉长发，那么就把长发盘起来，以留出脖子的空间，使脖子显得细长。

» 长颈变短的穿着建议

与短颈者恰恰相反，长颈者要选择与短颈者完全相反的服装款式，长颈者宜选择有领座或者高领座的服装，而且是领子越高越好，立领的旗袍往往更能打造出完美的颈部线条。当然，如果买到领口较大的衣服时，可以在脖子上搭配一条丝巾或是戴项链来填充长脖子的空间。

与短颈者相比，长颈者可能在服装的选择上要幸福得多。首先，短颈者不宜选择肩部装饰复杂的服装，这也意味着短颈者的服装缺乏装饰而会略显单调，但长颈者却可以尽情地装点或填充自己的肩部。

对于长颈者来说，领口自然不宜开得太大，但是如果领口太小也会显得很古板和拘谨，在冬天还好，可以选择厚面料的服装和随意搭配漂亮的围巾，但是到了夏天总是显得不应季。那么该如何解决呢？其实很简单，只要留有齐肩或者过肩的长发就可以了，即使领口开得再大也无所谓。也可以选择设计复杂、多层次、粗而有设计感、夸张度的项链，或者贴近脖子的项链。此外，在佩戴耳环时，长颈者就可以选择宽大的吊坠耳环，吊坠长度越长越好，当然不要影响了整体美感。

如何打造腰腹完美曲线

腰部的曲线一直是审美的关键点。春秋时候就有“楚王好细腰，宫中多饿死”的传说。白居易的小妾小蛮更是以纤腰弱柳著称，故有“杨柳小蛮腰”的经典诗句。值得一提的是，无论是以胖为美的唐朝，还是以骨感美作为美女身材标准的汉朝，腰部的曲线一直是审美的关键点，即便是现代，时下流行的低腰裤、露脐装，莫不是因“柳腰”的魅力才有的裸露时尚。西方和东方在很多审美标准上有差异，但是在优美动人的柳腰曲线上，东西方文明的审美却很相同。

判断一个女人是否有情趣，是看眼睛；而了解一个女人是否灵动和柔韧，是看腰。

时下，大部分的人都会有腰部曲线的缺点，真正匀称完美的只在少数。所以如何打造腰腹完美曲线也是每一个爱美的女人都非常关注的。

» 腰部体形的自我认定

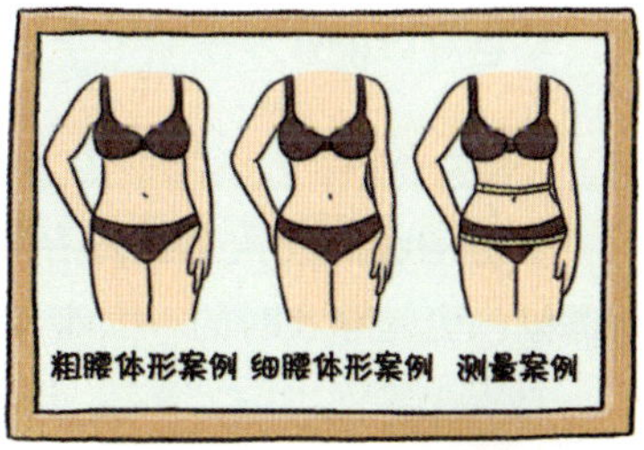

腰部体形分为五种：粗腰、细腰、长腰、短腰、标准腰长，其中粗腰相对的是细腰体形，长腰相对的是短腰体形。

先来说粗腰和细腰。细腰就是标准腰型，因为世人对细腰崇尚到再细的腰也不是缺点，所以我们只研究粗腰的修正问题。

关于粗腰与细腰体形的判断方法如下：

测量腰围（腰部最细处围量一圈），测量臀围（臀部最宽处围量一圈），臀围尺码减去腰围尺码的数值，小于15厘米就是粗腰体形，公式：臀围 – 腰围 <15 厘米 = 粗腰。

说完了粗腰和细腰，我们再来说说长腰和短腰。所谓的长腰体形就是从头顶到腰线的垂直距离较正常体形长，远看腰的位置较低，长腰体形又称低腰体形，通常会给人留下腰长腿短的视觉印象。

短腰体形正好相反，腰围线比较高，通常视觉看起来腰短腿长，所以短腰体形又称高腰体形。可以看出，长腰是需要靠穿衣来弥补的体形缺点，拥有短腰则不需要费神了！

» 腰部线条的完美打造

匀称的腰部流露出婀娜多姿的曲线，健美挺拔的腰部总是令女性羡慕的。

对于腰围粗、身材较胖的人来说，在服装款式上宜选择穿柔软的罩衫或毛衣和盖住臀部的长外套，下身则宜选择柔和、宽紧适中的裙子或长裤。在色调上宜尽量采用深色调。

切忌系宽皮带。不要穿高腰剪裁的洋装或长裤。图案大、颜色鲜明的衣料也要避免。碎褶裙或蓬松的大圆裙更是禁忌。腰部的大口袋、别致的金属腰链或漂亮的花边只会让人更加注意你的腰部。

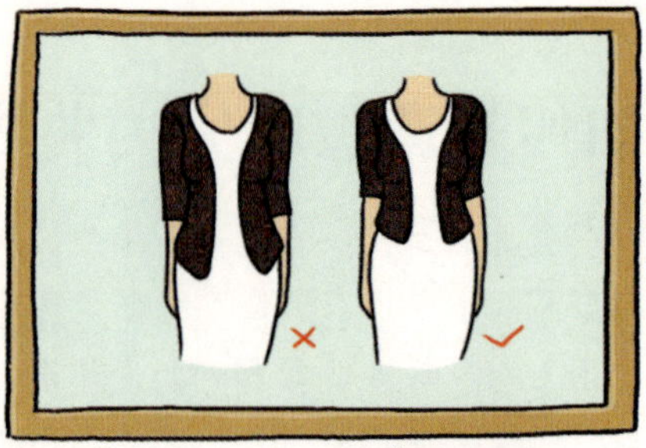

对腰围粗、身材较瘦的人来说，在服装款式上宜选择稍微宽松的上衣，将下摆扎进裙头、裤腰里。此外，这类人适合系窄细的腰带和穿低腰的衣裙。切忌系宽皮带，除非你身高有170厘米以上。

对于长腰的人来说，在服装款式上宜选择连衣裙或上下连身装，高腰装和束腰装也是不错的选择。选择没有腰身的宽毛衣，或织花长外套也可以，T恤衫的衫裙很理想，因为狭长的衫身没有腰位，显得身材十分修长。在穿裙子或洋装时，要把皮带系在中间稍高一点的地方。如果想穿修身的上衣，那么就选择短上衣，以便留下更多的视觉长度给下装。

此外，长腰者穿富于变化、设计感强的上装也能有效将他人的视线定格在上身。留披肩长发也可以很好地压缩上身的长度，缩短长腰的比例。

» 克服完美腰线大敌——大肚腩

平挺的腹部使人感到青春洋溢，激发起更多的活力。凸出的小腹则是许多女性最难瘦的部位，更是穿衣时的一大难点，处理不当，便会破坏了一件漂亮服装的所有美感。

对于小腹突出的人来说，选用深底明亮的色彩可以有效遮掩住突出的小腹。穿裙或裤时，服装的松紧、大小要适中。罩衫的长度要盖过腹部，或穿束腰外衣。最适合的上衣长度是到臀围线，如果要长过臀围，必须是柔软的料子才可以。

小腹突出的人宜选择A字裙及腹部宽松的洋装。服装的拉链尽可能装在身后，若是在前身时，则采用隐形拉链。质地硬、不同印花图案的料子、条纹布和平滑的布料比较适合腹部突出的人。

切忌不要穿腰间有松紧带或宽皮带的服装，那样只会突出腹部，此外，碎褶裙或大圆裙也会使身体更显庞大。

以下几款服饰可以帮助有突出小腹的你掩饰腹部的缺陷，穿出自信和美丽。

1. 复古的花衬衫配上长外套，收缩小腹的效果很好。

2.A字的长罩衫和伸缩的小喇叭裤可以修饰腹部，显得很时髦。

3.A字时装搭配抽象的几何图案，看起来更苗条。

4. 有条纹而且剪裁利落简单的服装使身材更显修长。

5. 选择有暗纹的上衣比较清爽。

6. 三件式是掩饰腰腹最好的搭配，如果能用细格子、不规则格纹或印花与素色组合起来，就不会显得太沉重。

7. 八片剪裁的A字时装造成腹部的缩小效果，彩色的条纹也可以产生错觉。

第十五章 完美形象是“搭”出来的——每天学点搭配知识

混搭为什么成为一种流行时尚

“混搭”的英文叫 Mix & Match，顾名思义就是混合与搭配。这是当下“个人主义式”的穿着观念盛行时，时尚圈提出的口号，也就是将不同风格、不同材质、不同身价的东西按照个人口味拼凑在一起，从而混合搭配出完全个人化的风格。

翻翻各大时尚杂志，看看网上铺天盖地的街拍，混搭已经在我们四周弥漫扩散。那么混搭为什么能成为一种流行时尚呢？

» 混搭能让一件衣服有无限可能

在衣着上富于变化，能够给人以新鲜感的美感。在适当的时候变换一下装束，能够使人的精神面貌焕然一新，可是，穿着变换，不一定需要有大量的服装。只要搭配得当，为数不多的几件衣服，也可以变换出众多的衣着来。这就是混搭的魅力。

我们还可以举一个例子来看看混搭能让一件衣服有多少可能。大家一定知道，在数学上，1、2、3……9、0 十个数字，可以组合成无穷无尽数字。在音乐上，1、2……7 七个音符，可以组合为成千上万支旋律。可是你也许会忽略，在穿着上，色彩不同、款式各异的服装，同样有着多姿多彩、趣味无穷的搭配。

这种搭配包括：服装与体型的搭配，颜色之间的搭配，款式之间的搭配，颜色与款式的搭配，服装与服饰的搭配，等等。如果一件衣服你能穿出 3 个不同的形式来，那么你可以排列组合一下，在你的衣橱中新增多少套衣服了呢？

» 混搭让女人因百变而美丽

很多人总是说自己只适合穿某种风格的衣服，如有人说自己适合穿中性化的衣服，觉得那样才舒服，于是乎，使 365 天，天天男孩子一般。

有的则相反，一些女性往往会说匡威一类的运动鞋打死都不会穿，因为无缘，于是乎，即使周末郊游也是连身裙高跟鞋外加面积不足 100 平方厘米的小包包，使得自己在一群背包族中显得格格不入。

还有的人则说自己永远不穿裙子，会觉得穿上裙子就不像自己，而整天都是牛仔裤加运动鞋，任由上身衣服千变万化。

十个数字，可以组合成千上万个数
1.2.3.4.5.6.7.8.9.0
穿哪件好呢？好像缺一件似的！
所以混搭可以让一件衣服有无限可能
如果一件衣服你能穿出三种不同的形式来，那么算算在你的衣橱中有多少套衣服了呢？
混搭让女人百变
哇！原来我可以有这样的变化啊！
女人因百变而美丽
好像变了一个人一样，好漂亮啊！

想象一下这些人，你肯定会感到这些人很死板。其实并不是说中性不好，运动鞋当然好看，裙子也能美上天。但是每一个女人都有很多面，每一面都应该有一个相对应的生动的装扮。

有心理学家说，只接受一种着装方法的人一定在某些时候受到过某些重要人物的影响。大家不妨问一下自己身边的类似的朋友，相信大家都会得到相应的答案，比如，认为自己只适合穿中性化服装的人可能会说自己曾被人多次批评腿粗以及被多次赞扬其中性着装的出色，所以以后就在中性化的服装上下了很多功夫，在建立了更多自信后，就越来越远离了女性化着装；而女性色彩永远不离身的朋友大概从小就被灌输“女孩子要有女孩子样，球鞋是男孩子的专利”的观点，长大后自然与太过休闲的装扮一刀两断；而从不穿裙子的人可能会因为穿裙子走路不方便或者很容易走光等慢慢远离了裙子。

其实，如果她们肯放开自己的旧观念，以开放的态度面对时装，随时想着遇见另一个自己，在服装上敢于尝试各种搭配，那么最后的结果就会是不会优雅的立刻优雅了、不够时髦的立刻时髦了、不够女性的立刻女性了、不够休闲的立刻休闲了。

女人百变才美丽，混搭出多种变化才会让自己经常拥有不同的心情，这就是混搭的魅力。

混搭有标准吗

混搭风潮最早就是从服装混搭开始的。服装混搭一来可以充分展露穿衣者的独特品位，二来可以大大降低“撞衫”的概率，三来通过服装的平贵混搭，在追求时尚的同时还可以节省大量“银子”。所以混搭阵营迅速从时尚秀场扩展到写字楼的白领。皮草混搭薄纱、晚装混搭休闲、经典名牌混搭廉价新品……但是人们会发现，往往一件同样的衣服，被不同的人穿着，会生出不同的风格来，好看的很好看，难看的很难看。为什么呢？混搭的水准不一样呗！那么有人会问，混搭有标准吗？

» 混搭没有标准，舒服就好

从混搭的字面意思就可以知道，混搭就是不规规矩矩地穿衣服，所以它没有固定的标准，一切只要自己觉得舒服让别人看着舒服就好。

很多人在服装搭配上总是煞费苦心，想追求时尚又想有自己的风格，还想把自己打扮到最极致，所以研究来研究去还是选择一种固定风格，买什么衣服都选择这种风格，以至于衣橱中全部是同一种风格的衣服。而有些人明白混搭的意义，但是却也为求得留给他人一种美感而大喊苦恼，甚至还有些人模仿明星和他人进行混搭，使自己陷入另一种“不规矩”的套子里。于是，很多人开始寻求混搭的标准，在各种时尚混搭网站、杂志上穿梭，却总是得到画虎不成反类犬的效果。

其实服装混搭没有固定的标准，比如优雅风格的服装不一定非要与优雅风格的服装搭配在一起，用优雅的 A 型裙搭配另类摇滚风的饰品，会衍生出不一样的美感。其实根据自己的喜好穿着与为别人而穿心情是大不一样的。香奈尔虽然为女性设计了各种美丽的衣服，但她却总是穿同样的衣服，一身非常简朴而又不同凡响的黑色，而且总是把手插在口袋里，特别喜欢在黄昏中穿着轻松的长裤把手插有口袋里散步的那种感觉。可见，混搭着装还是以舒服为主，没有固定的标准。得体舒适的衣服如果也能经常使你产生类似的美好情绪，那就是最好的。为了使衣饰与自己的心情能够产生和谐一致的感觉，有些女性偏爱采用柔软贴身的面料，款式随意、色彩平淡，这样能够始终保持心灵的沉静，不受别人眼光的干扰，有一种悠然自得的乐趣。

» 混搭不是乱搭

“舒服”二字既是对人们着装标准的释放也是着装标准的上升。如何混搭出让人舒服的感觉其实也有讲究，所以混搭不是乱搭，不是随便搭配就能让人感到舒服的。

混搭的确不是乱搭，除了前面我们讲到过的基本原则之外，还有着一定的潜在准则。

第一，服饰是立体的，所以不要把上下装分开来看造型，而要学会进行整体把握。混搭的服装也要尽可能给人一种整体的感觉，或张扬，或含蓄，或错位，或协调，每一种混搭其实都有自己的特色。

第二，混搭一定要注意所有服装是要穿在自己肤色上的，而绝不是配在白墙或白色黑色的模特架上的。所以，在你决定选用某几种颜色进行混搭的时候，一定要注意它们与自己肤色的协调性。

第三，认为配件可有可无或不重视配件的人，注定在混搭上会失败。聪明的人把流行当“调料”放到当季衣服中，使自己永远保持别具一格的时髦。

第四，再多的元素混搭，都应该有一定统一的主题。

服饰混搭的艺术是难以用语言完全表达的，不仅能满足现代女性自我取悦和重塑个人形象的追求，而且能作为一种服饰语言，向环境和社会无声地传达女性的意愿。如果能够和谐运用，女人的魅力与气质将充分发挥出来。

平价的物品也能搭配出时尚感吗

随着人们生活水平的提高，越来越多的人将目光转移到名牌服装上，很多人觉得只有品牌服装才是时尚。追求名牌的有两种人，一种是自己有能力支付得起的，并且想通过这个来显示自己的身份地位的人，名牌也是身份、社会地位的象征，成功人士、白领等才会选择名牌，普通老百姓是不会的。另一种是没有这种能力，然而想满足自己虚荣心的人，这些人把名牌作为一种对时尚的追求并把这当成一种身份地位的象征，于是花大把大把的钱在品牌服饰上，而对那些平价商品却嗤之以鼻。

名牌没有错，那些有能力追求名牌的人也没有错，但是把名牌当作时尚是否对呢？平价的商品难道不能搭配出时尚感吗？

» 时尚与金钱无关

如果说时尚与金钱绝对无关是不太可能的，但是如果从服装搭配的意义上讲，是真的无关。去过上海的人可以观察到，在上海南京路、陕西路路口，常常可以见到提着 LV、Hermes 购物袋的时髦女士，前脚出了顶级奢侈品店，后脚就进了对面的 ZARA。这个事实就告诉我们，其实平价时尚连锁店不仅招工薪消费者的待见，还有大批富裕的消费者捧场。

这种平价时尚被人称为麦时尚、快速时尚。它最早是由英国的《卫报》提出。它代表着一种“麦当劳”（McDonald）式的便宜、快速、时髦的“大众时尚”，奉行“一流的形象、二流的产品、三流的价格”的经营哲学。相关品牌包括西班牙的 ZARA、MNG，美国的 GAP、NineWest，法国的 Kookai、瑞典的 H&M、英国的 Topshop 等。“麦时尚”核心的理念是，时尚并非“阳春白雪”式的高昂奢侈享受，而是大众的快乐。因此，通过相对低廉的成本，迅速供应潮流的产品，薄利多销，是“麦时尚”们的商业逻辑。所以，“麦时尚”们摒弃了由著名设计师设计，在 A 国采购布料、B 国印染、C 国精雕细绣、D 国生产……而后高价销售的烦琐、精细的运营方式。从式样采集、设计、制作，到成品销售，“麦时尚”往往不超过数周，且不断频繁翻新款式。这种平价时尚的经营哲学是“时尚是在最短的时间内满足消费者对流行的需要”。也就是说人们可以只花费最多几百元，甚至几十元，就能拥有大牌的设计，这就是平价时尚品牌的魅力！如今，平价时尚已经从小人物走到大人物身边，从美国前总统夫人米歇尔、英国前任首相夫人萨曼莎到各路明星，平价风尚从来没有像今天这般热闹。

有人把这种“平价时尚”的盛行，说是“新节俭主义”的兴起。“新节俭主义”是区别于传统节俭主义的一种新的消费观念，也是近年来渐渐流行起来的一种生活方式。它有它遵循的特殊原则：

首先，不降低生活品质。“新节俭主义”并不是因为穷困而刻意节省，只不过是选择在满足物质需求的同时，能够不铺张，尽量达到节约的目的。

其次，不造成健康隐患。“新节俭主义”遵循的另一个原则是，对身体健康和心理健康两方面都不造成任何隐患。

最后，不增加额外支出。这里所说的额外支出，也不是单纯指经济上的支出，时间、精力、体力的支出也应该算在内。所以，在节俭的同时，不增加额外的时间、精力、体力上的支出，也是需要特别注意的原则之一。

可见，这种“节俭”不是不爱生活，而是用更理性的态度去享受生活，是一种以理性务实的态度去面对人生。它教会我们，丰足而不奢华，个性而不张扬，简言之，就是理性消费、简约生活。这样的生活也很时尚，但是与金钱的多少是无关的。

» 只要有颗时尚的心，普通的衣服也能很时尚

品牌服装确实能引领一定的时尚潮流，但是对于普通的大众来说，大品牌还是一种奢望。难道只有有钱的人才配时尚吗？当然不是这样。其实，很多普通的衣服在恰当的搭配之下依然能呈现时尚的光芒，这就要看看你是否有一颗时尚的心了。

相信大部分人都会有牛仔裤。牛仔裤就是一种非常普通的服装，但是它却可以与任何风格的服装搭配，所以，在所有普通的服装里，牛仔裤可以说是最时尚的，除了不能当晚宴服装，任何场合只要巧妙搭配都能给人一种时尚之感。同理，还有很多种服装都很普通，但是却是时尚搭配不可缺少的一分子，所以只要学会了对这些普通服装进行搭配，时刻注重时尚的趋势，你就可以花很少的钱搭配出时尚的美感。

便宜和贵的服饰可以混搭在一起吗

我们已经知道了，名牌对于消费者而言，有着极大程度的影响力。有人用名牌服饰彰显个人的品位风格，有人用名牌服饰衬托自己的社会地位，有人用名牌服饰满足自己的虚荣心，还有人用名牌服饰充当社交工具。总之，名牌名号的响亮使得人们趋之若鹜，但让许多人付出的代价，也往往不可忽视。

很多人在拥有一件品牌服装之后还是不遗余力地花费上一些钱为之做恰当的搭配，觉得高档的服装就要有高档的搭配，对于那些经济宽裕的人来说也许不算什么，但是对于那种拥有品牌服装是一种奢侈的人来说，想要自己从头到脚都是品牌无疑很难。难道贵的服装不可以和便宜的服装搭配吗？

» 搭配胜过品牌

人们爱美，所以才会千方百计地设计出各种美丽的服装和配饰，也是因为爱美，所以才会追求时尚和品牌。爱美是没有错的，但是如果将爱美加上功利的色彩就变了一种味道。

很多时候，人们在搭配服装的过程中就能享受到很多乐趣，无论给你什么样的衣服，只要你和谐地把它们搭配在一起，让自己穿上之后富有美感，那么你就能获得美的享受，而这个过程与服装的品牌是无关的。

现代女性已经拥有了前所未有的审美观念和鉴赏能力，尤其突出表现在个人服饰的搭配艺术水平上。衣着追求个性、追求自己的风格是人们所殷切期望的，而且往往随着生活水平的提高而显得更为迫切。从众心理的淡化是形成自己穿着风格的外部因素，自主意识的强化则成为形成自我风格的内在动力。这一切都无关于服装的品牌。

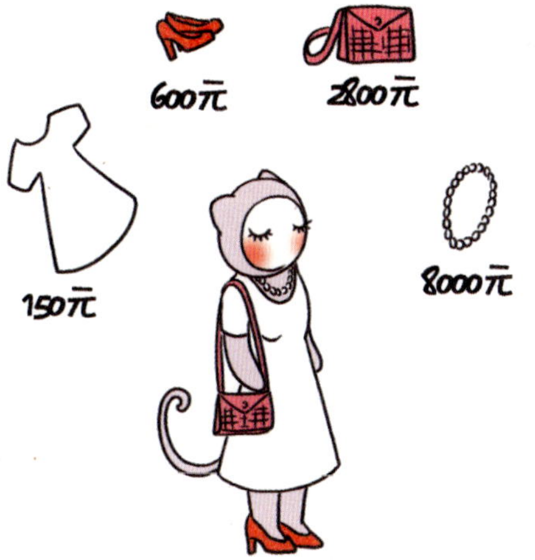

可见，无论是便宜的服装还是贵的服装，只要搭配起来好看、协调就好。人们穿衣打扮是为了使生活更精彩，是为了让自己身心愉悦，至于是否要穿名牌，与搭配无关。

» 有时候奢侈品只是配角

服装的搭配与品牌无关，只要效果好，无论大品牌还是没有品牌的服装都可以混搭在一起。甚至有时候，那些奢侈品仅仅充当的是配角。

很多时尚杂志的服装编辑就非常懂得搭配，他们往往用一身小店淘来的实惠又有品位的装扮搭配几千元的名牌手袋，或者简单的T恤牛仔却不经意地用名牌手表陪衬，但是这并不让他们看起来会跌份，反而给人一种时尚、个性又自在的感觉。

曾经有一个杂志做了一期《走进奢侈新游戏》的主题，其与读者探讨的是时下正在流行的没有压力的奢侈风，还给它冠以“奢侈新游戏”的头衔。主要是讲一群奢华新人类的穿衣态度，他们不会因为虚荣而买下高价的商品，他们轻视那些穿着浮华而生活质量一塌糊涂的人，并非吝于消费，而是根据自己的实力选择名牌，享受名牌带来的光鲜，却完全不会令自己精疲力竭。这些人推崇的是一种闲适的心态，一份高雅的情趣，一份靓丽的外表。其实，说白了，就是想穿名牌就穿名牌，想穿地摊货就穿地摊货。因为在他们眼里，二者没有多大的区别，都是衣服而已。

这个主题与一个新概念——新奢侈消费，有着异曲同工之妙。德国的实业家拉茨勒在《奢侈带来富足》（2001年）一书中对旧式奢侈和新式奢侈做过有趣的论述。他以手机为例说明了两种方式的不同：如果一部手机是因为其先进的技术和为客户提供超值的功能而使其价格出众，那么生产和消费这样的手机就是需要倡导的新式奢侈；相反，如果一部手机不是因为卓越的技术性能，而是因为手机套上了嵌有钻石的黄金外壳而使得价格昂贵，那么生产和消费这样的手机就是令人憎恶的旧式奢侈。从这两种情况的对比中可以看出，新奢侈消费是具有可持续发展意义的一种消费方式。这种发展意义主要表现为三点：环境方面，新奢侈消费有利于促进高物质消耗向低物质消耗的转变。经济方面，新奢侈消费有利于促进从数量型增长向价值型

增长的转变。社会方面，新奢侈消费有利于促进从物质性消费向情感性消费的转变。

从新奢侈消费的社会意义可以看出，人们消费已经不再是单纯地追求奢侈，而更加重视的是产品本身的功能带给人的满足感。美国波士顿咨询公司的研究者在《奢华，正在流行》（2003 年）一书中指出了新奢侈消费在四个方面给消费者可能有的情感满足，它们是关爱自己、人际交流、探索世界、表现个性等。所以，人们在搭配服装时，没有必要将奢侈品与普通服装分得太清，只要能搭配出美感，即使大品牌，也可以做配角。

为什么要选择正品服装

相信很多人都会有这样的感觉，所谓的名牌正品服装其实与那种几十元或几百元的普通服装外表没什么大区别，比如，有时候人们去逛街的时候，在一些品牌服装店里总会看到一些衣服本身没有多少布料，甚至有一些服装的材质薄如蝉翼，但是一问价钱却会听到几位数的天文价格，于是，马上缩回手。“看上去不就几百元的衣服为什么有着天文数字的价格？”这样的疑问也会随之而来。对于这种疑问，有服装设计师曾给出了一种回答：“服装背后的文化，绝非一件衣服那么简单！”这个答案似有若无，倒像是一道习题，很多人依然不理解，那么人们穿的是文化还是衣服呢？

纵然有这样的疑问，大多数人在经济条件允许的情况下还是喜欢多花一点钱选择正品服装，选择那些有品质保证的品牌服装，这是为什么呢？

» 正品是品质的保证，也是女人品位的保证

在当今这种仿真品遍布的时代，人们总是会被那些仿真品低廉的价格所诱惑。但是追求品位和完美的女性朋友请注意，如果你想让自己保持完美的形象就不要选择那些仿真品，因为只有正品才能保证品质，而只有品质的保证才能提升女人的气质。

在《欲望都市》连续剧里有这样的一幕：萨曼莎买了一个假的最新款 FENDI 包，背到花花公子的派对上，结果被人认出并遭到羞辱。但这种以假乱真的款式、便宜的价格还是让另外一个女性凯瑞动了心，于是她就跟着萨曼莎找到卖家也想拥有一个。但是当她看见她喜爱的牌子就堆放在汽车的后备厢里时，看着在街上鬼鬼祟祟的卖家的表情时，这种仿真品带给她的一切美好荡然无存。自然，她选择放弃。可见，品质对于人们来说不仅仅是品位的象征，还是美感的来源。

人们往往会面临这样一个现实又敏感的问题：如果一边是陈列在艺术馆一般的店铺里昂贵却精致得很的真名牌，一边是堆放在仓库一样的地方、讲讲价就能以十分之一甚至二十分之一的价格入手但有点糙的假名牌，你会买哪个？

选择假名牌的人往往会这样说：才不会拿那么多钱买一个牌子，有那个钱可以买很多东西。有人曾在采访意大利佛罗伦萨的 Emllio Pucci 新设计师 Peter 时问他怎么看待市场上的假名牌，会有针对性的策略吗？ Peter 说了一句话：用假名牌的人是一种笑话。

在网上曾有一篇《穿假名牌需要付出的心理代价》的文章，文中说欧洲三位研究者用实验研究探索了穿仿制名牌如何影响人们的自我认知。结果是：穿戴仿制的名牌不仅影响

这个服装背后的文化不是一件衣服那么简单呢！
看上去没什么特别的衣服为什么这么贵？
大多数人还是愿意买正品的服装
好漂亮，我要买下它！
原来那个包包是假的啊！
美就应该是在品质和毫无牵绊的情绪下才能更好地被感受的
包包专卖店
女人的精致源于识别品质的慧眼
造型再特别的服装，只要败在品质上，就等于败了全部人们对自我的评价，这种评价还映射到了外部世界。因为当要求被试者评价他们周围的人的诚实程度时，穿仿制名牌的被试者更多地认为周围的人倾向于作假、不诚信。有人还评价说：也许很多时候要小聪明、作假或者穿假名牌能带来一些显而易见的好处，但是这种好处背后却存在着潜在的心理代价，那就是你自己也开始认为自己和周围的世界是不诚实的。也许，任何事情都可以瞒过世人的眼睛，却永远逃不脱自己的内心。

所以，女人之所以要选择正品来装扮自己，就是对自我品质的一种保证，也是对自己内心的一种释放，而美就应该是在品质和毫无牵绊的情绪下才能更好地被感受的。

» 女人的精致源于识别品质的慧眼

女人应该选择正品服装来装扮自己，提升自己的品质，但并不等于一定要去追求大品牌和奢侈品，因为很多平价商品的品质也很好。对于女人来说，不仅要选择有品质保证的正品，还要具备一双能够识别品质的慧眼。

品质虽然总是与价格成正比，但如果不具备购买大品牌和奢侈品的经济实力，选择一些有品质的小品牌或是无名服饰也是可以的，当然这就需要训练自己精挑细选的眼光。

可以说，女人的精致不仅仅在于装扮得有品质，还源于识别品质的慧眼。一般来说，在识别一件服装的品质好坏时需要看这件服装的以下几方面：

第一，针距：要知道，针距越细密，品质越高，衣服所需的成本也就越高。

第二，扣子与扣眼：扣子、扣眼的质料与制作都要很精细，不能有扣子将要脱落的嫌疑，也不能有扣眼针距不够细密或有线头多出来的问题。

第三，里衬：应该尽量选择缝上去的里衬布，而不是高温粘贴上去的。

第四，布料：有品质的衣服会将每一个正料辅料的材质全部写在标签上面，所以要养成读服装标签的习惯。

第五，对格：为了对格，制作时需花费许多布料，这也是可以看出服饰品质好坏的指标。所以，在选择服装时，要看看服装的前中心线、旁线、后片接线等处的图案是否对正，左右是否对应。

此外，对于那些特别的款式，更要注重品质。

其实，那些著名的服装品牌就是品质的保证。就算你不在乎品牌，在小店淘的时候，也需要有辨别品质高低的慧眼。造型再特别的服装，只要败在品质上，就等于败了全部。

你的饰品和你的个人形象一致吗

配饰对于服装的作用，不仅仅在于可以装饰和点缀，同样重要的是它们可以调整平衡，强调和烘托服装的某些艺术特点，起着和谐、均衡、对比、互补的美化效果，如同画龙点睛的神力。

据考古文献记载，人类在很早以前就有了佩戴饰品的习惯，从女性的石头手链，到印第安人头上的鲜艳羽毛，可谓是应有尽有。最早的配饰完全是由于人类的喜爱而出现，是在一种个人美的追求的基础上而产生的实物载体。服装配饰的起源，是民族文化、艺术起源、社会进步的一部分，它的出现应早于服装的出现。当饰品与人类服饰相结合时，出现在我们眼中的就是服装配饰了。随着人类物质生活和精神天地的极大丰富，饰物正朝着多元化的方向发展。到了新世纪的今天，人类对配件的偏爱，几乎超过了对服装本身的追求。并且随着社会的不断发展，饰品从原来单纯的美的追求，不断地被赋予更多的含义：个人特殊地位的体现，如古代部落首领的装饰、手杖；个人荣誉的象征比如运动员获奖的奖牌；宗教信仰的象征，如教堂里的十字架；个人形象的体现，如明星的个人物品等。

从饰品对于人的个人形象的意义可以看出，佩戴饰品要与个人形象相一致，这样才能更好地体现个人形象。那么，你适合什么样的配饰呢？

» 遵循配饰的色彩搭配原则选择配饰

所谓配饰，就一定要“配”，否则不但不能锦上添花，反而会画蛇添足。配饰的作用是不可小视的，一对精美的耳环、一条别致的项链、一双时髦的鞋子、一个色彩新颖的包……都会为人增色儿分，所谓搭配的独具匠心和女性的品位往往就在这里得到彰显。而只有饰物与人及服装色彩相谐，才能使饰物与人、衣、色相得益彰。所以，要想选择适合自己的配饰，就应遵循一定的色彩搭配原则。

第一，在首饰方面，首饰的形状、大小、材料等要与本人的季型和个性相符；银、铂金等与夏、冬季型人相配，黄金则与春、秋季型人相配；饰品色首要考虑的是耳环，然后依次是项链、胸针、手镯、戒指、手表等。

第二，在眼镜方面，镜框、镜片的颜色必须要与人自己的季节色和眼睛的颜色、明度相谐调。还应与肤色、发色，眼睛的颜色、明度相协调。

第三，在围巾的色彩方面，应在适合自己的色彩群中选择颜色，起到恰到好处的点缀作用。

第四，在鞋子方面，要选择与裙子、裤子的颜色相谐调的鞋子。

第五，在包包方面，包的颜色要与周身的服装服饰谐调，同时形状也要适合自己的款式风格，大小也要适合场合。

第六，在腰饰方面，要注重腰带与腰部体形的配合，即细腰系宽腰带或对比度强的腰带，可突出腰部。此外，腰带与裙子或长裤的颜色一致时，显得腿长。

第七，在丝袜方面，要选择与身体季型色彩一致，与鞋一致的彩色长袜，这样可以使腿看起来显长。

» 不同肤色类型的人的配饰选择

前面我们提到过，不同肤色的人在穿衣打扮上需要遵从一定的色彩原则，饰品搭配也是如此。而不同的服装配饰有不一样的材质特征，所给人的那种美感是视觉与触觉相结合的反应，使人们真实的感受和丰富的想象慢慢延伸。强调肌理对比是近年服装界注重细节、克服单调的一大手段。配饰本身的质感就很丰富，再与其他丰富的面料、辅料等相结合，便可形成特殊的肌理对比，从而增强视觉效果。因此，不同肤色的人需要选择不同色彩质地的配饰。

春季型人应该选择的配饰质地和色彩分别是：

首饰应以黄金色调为主，适合有光泽、明亮的金饰品，淡黄色珍珠、珊瑚色珍珠、钻石等。切记不要用白金或银质首饰。

眼镜片应该多选择黄色、褐色、亮松石蓝色等，而眼镜框应该以金色、浅驼色、黄色、松石蓝为主。

鞋子应该多选择以米色、黄色、浅驼色、各类棕色、浅灰色、亮蓝色为主的鞋子。而丝袜应该多选择肉色、浅棕色、浅灰色、驼色，慎用黑色、深蓝色。

以米色、黄色、浅驼色、各类棕色、浅暖灰、亮蓝、亮黄绿色为主的包包最适合春季型人。

夏季型人应该选择的配饰质地和色彩分别是：

首饰应以银色、铂金为主色调，适合钻石、水晶、亮色宝石、乳白色珍珠、玻璃质感的饰品，切记不要用黄金类、木制品和铜制品。

眼镜片应该多选择淡粉色、蓝紫色、蓝色、紫色，而眼镜框应该选择银色、灰色、紫色、

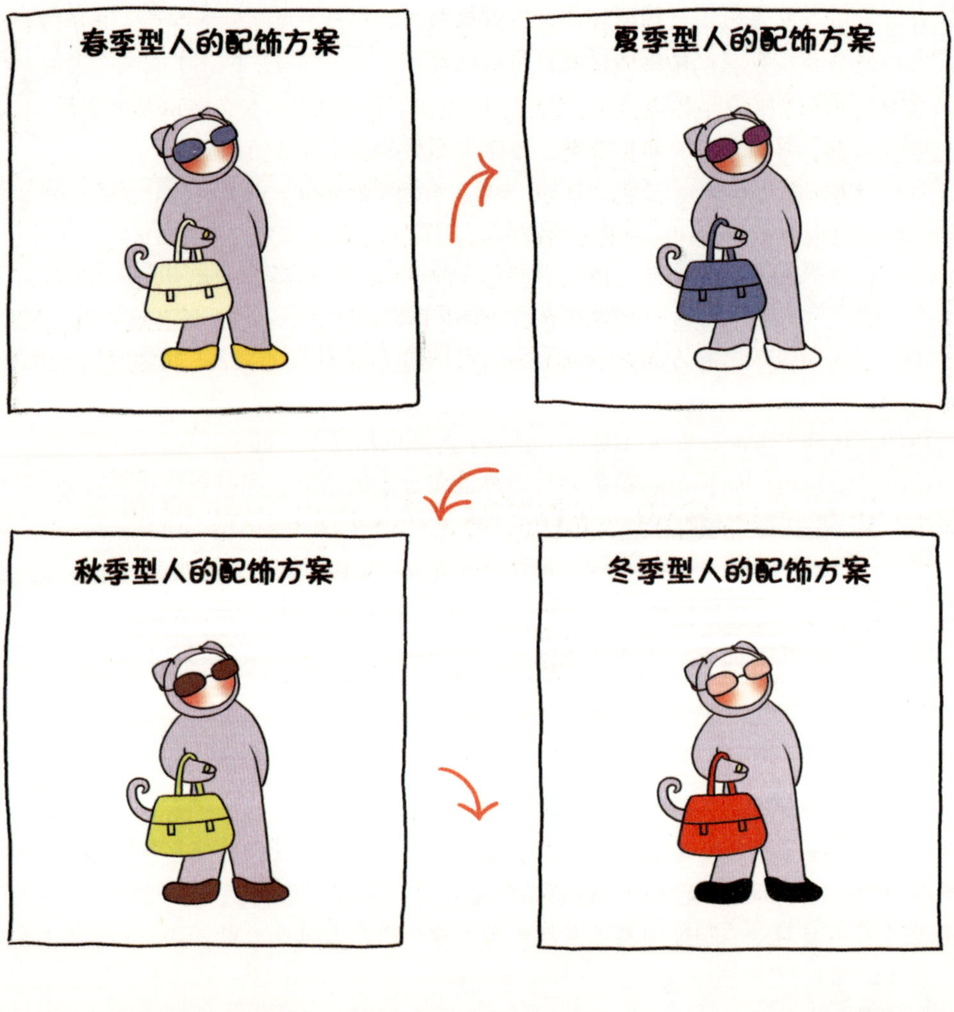

蓝灰色。

粉色、紫色、乳白色、蓝灰色、粉灰色、淡蓝色的鞋子比较适合夏季型人。而丝袜应该选择灰色系列中的淡灰色到中灰、浅蓝至中蓝接近肤色的肉色等。切记不要选择深咖啡色、金色的丝袜。

至于包包，夏季型人应该选择乳白色、蓝灰色、淡蓝色、粉色、紫色。

秋季型人应该选择的配饰质地和色彩分别是：

首饰应以金色调及大自然的色调为主，如金色、泥金色、亚金色，适合琥珀、玛瑙、贝壳、铜色、玳瑁、木质饰品等，切记不要选择铂金或银质首饰。

眼镜片应该选择棕色、橙红色系、橄榄绿色，而眼镜框应该选择金色、棕色、铁锈红。

棕色、驼色、金色、苔绿色的鞋子比较适合秋季型人。而秋季型人应该选择偏黄的肉色、浅棕色、深咖啡色、深绿色的丝袜。切记不要选择黑色、灰色、白色的丝袜。

至于包包，秋季型人应该选择棕色、深橘色、苔绿色、铁锈红、驼色、金色的包包。

冬季型人应该选择的配饰质地和色彩分别是：

首饰应该以亮银色、铂金为主，钻石、纯白或黑色、灰色、紫色珍珠及蓝宝石、红宝石、绿宝石比较适合冬季型人。而黄金类、木质类饰品冬季型人要慎用。

眼镜片应该选择粉色、蓝色、灰色、紫色，而眼镜框应该选择黑色、银色、炭灰色。

黑色、白色、灰色、蓝色、红色、明黄色的鞋子应该是冬季型人的主要选择。而至于丝袜，冬季型人适合浅灰色、深灰色、黑色、蓝色、肉色偏白，切记慎用棕色、黄色的丝袜。

在包包上，冬季型人应该选择黑色、灰色、白色、红色、蓝色、倒挂金钟紫、明黄色。

总之，选择适合自己的配饰才能将服装的美更好地展现出来，也才能更好地体现自己完美形象。

看一个女人所戴的，就能洞悉她的内心世界吗

没有配饰的搭配组合，服装也没有颜色。配饰，是魅力女人身上的艺术品，只需要一点点，就可以让女人的审美品位和品质得以体现。丝巾、腰带、项链、手镯、手袋、手机，看似不经意的环佩叮当中，独特的气质已经被点亮。配饰既是女性着装中的画龙点睛之笔，又是都市中饶有情致的流动风景线。因而，配饰之于女人，绝不同于简单的包装，它是女人的灵性。看女人所戴的，便洞悉了一个女人的内心世界。

用配饰来变"魔术"，产生的将是不尽的变幻的形象：典雅、活泼、清纯、洒脱……而生活中，不少人只舍得花钱买服装，却不舍得花钱买配饰，其实，好的配饰的效用常常会好于服装。而没有配饰的服饰很难有品位，服装是服装师的作品，搭配才是个人的作品。配饰有配饰的风格，它们分别充当着体现个人品位的不同角色。

总的来说，决定女人品位的配饰有四种，首饰、鞋子、包包和香水。如果将这些配饰搭配好就足以展示女人的品位，但是如果搭配不好就会起到相反的效果。因此，如何搭配这几种决定品位的配饰是每一个女人塑造形象的重中之重。

» 不让首饰降低你的品质

首饰通常是泛指全身的小型装饰品，包括耳坠、项链、手镯、戒指、发卡、头饰等。在现代生活中，眼镜、手表、胸花、发带之类也延伸到首饰系列里。首饰的主要价值体现在原材料的珍贵上，但眼镜、手表、发带重在色泽和款式。

每个人的自身条件、个性都是不同的，只有根据环境和场合等特定情况进行协调，才能在佩戴首饰时最大限度地散发出自己独特的魅力。如果要与着装搭配协调，首饰将成为穿着的点睛之笔。相对而言，棉质的服装比较适合搭配光彩夺目、分量适中的首饰，而纯毛质地的衣服则更适合色泽较深、不透明而分量较重的首饰。麻质服装的风格有些粗犷，要求与轮廓分明、线条清晰的首饰组合。而丝质衣物则适合华丽而复杂的首饰，但由于丝的轻柔，首饰分量不宜过重，以免造成过分下坠。

与服装配套的各种首饰，体现着女性的文化素养和着装品位。所以佩戴首饰还要有所禁忌，如果佩戴不当反而会降低人的品质。首先，佩戴首饰最怕多而滥。“简洁即美”，这是设计大师范思哲留给我们的艺术启示。美丽的事物，必须科学地、辩证地统一起来，才能烘托协调的美。因此，有较高修养的人都了解“增一分则多”的美学原理，所以，想成为现代时髦女性，减少饰品的佩戴是必不可少的。成功的服饰不仅限于艺术上的完美，还要符合环境场合的要求。

其次，首饰的佩戴不要刺眼。人们佩戴首饰追求的是清爽的形象、和谐的气质，因此首饰佩戴要的是鲜明，但切不可花哨刺目。

有人说，每个女人都是一道风景，而佩戴了美饰的女人则更是绝美的风光。爱美的女性要想让“风光这边独好”，就需要合理佩戴首饰，而不要让首饰降低自己的品质。

» 让鞋子充分反映你的着装水准

鞋子对于女性来说是非常重要的，一双美丽的鞋子往往能反映人的着装水准。如果一个人能够充分发挥鞋子的魅力，那么她本身也肯定是一个非常会着装的人。

一般来说，鞋子的搭配要与人的腿型和服装相协调。腿粗的人宜选择粗跟或者平跟的鞋子，腿细的人则宜选择细高跟的鞋子。鞋子与服装的搭配主要强调色彩与场合。首先，庄重、雅致、含蓄的服装，应该选择黑、白、灰、深棕色等中性色系的鞋子，不可太过鲜艳。其次，红色系的鞋子宜与暖色系的服装相搭配，深蓝色的鞋子宜与冷色系的服装相搭配。然后，上下装色彩反差较大时，鞋子的颜色应该与上装的颜色尽量接近，形成相互呼应的关系，达到整体效果统一、和谐。再次，深色调的服装适合浅一些的鞋子，而浅色调的服装宜选择深一些的鞋子，如果服装色彩鲜艳夺目，那么一双柔和的中性色鞋子最合适。最后，鞋子与袜子的颜色反差不要太强烈，可以选择鞋子与下装之间过渡的颜色，这样才能使整体色彩趋于协调。

» 充分发挥包包的画龙点睛作用

琼·克劳馥曾说过：“包包和鞋子是我的软肋。”除了鞋子之外，包包可以说是女性配饰中最为实用的配饰，也是个性和审美情趣最富有张力的表现语言。

一个经过精心选择的包具有画龙点睛的作用，能够将你装饰成真正的淑女。所以，想要美的女人们一定要注意充分发挥包包的作用。

第一，包包要与场合相协调。一些女性在不同场合均使用同一个包，这是不妥的。最好能够准备几个包，以便根据上班、休闲以及其他场合进行搭配。不同场合、不同环境需要有不同的包相配称。

第二，包包要与人的年龄相符。不同年龄的女士要根据自己的特点来搭配不同质地、不同款式的手袋。例如，小巧的手袋适合年轻活泼的少女，而事业有成的职业女性则应当选择高档的提包，以真皮最为理想，它会令风韵犹存、气质出众的你散发出成熟女性的魅力。中年女性的最佳选择是深色调、暗色调或中性色调，款式力求简单大方，但要注意避免大众化。

第三，包包要与人的身材相协调。身材高大的女性宜选用有棱有角、大小适用的包包；身材娇小的女性宜选用色彩鲜艳、式样新潮小巧的包包；比较肥胖的女性适宜选用有棱角的提包，不适合用圆形包；瘦弱的女性宜选用圆形、柔软的包包。

第四，包包要与服装相协调。包包与服饰搭配也是十分重要的，无论是包的色彩、款式、风格及体积大小都要考虑到与服饰相配，以增强服装的整体魅力。

有时尚潮流评论家曾说：“想要快速拥有个人风格的方法，莫过于选择一款符合你气质的包包，所以即便需要花上很长的时间和精力去寻找，也非常值得。”

» 女人的成功一定要有香味

香味是一种撩人心魄的东西。相传在莎士比亚时代，适龄女子常将一块削了皮的苹果放到腋下，混合了自己的体味再给意中人吃，如果对方喜欢这种气味，便是有缘人。据说拿破仑从战场回家之前会写信给他的妻子，要求她在他回来之前不要洗澡。原因在于，如果长时间洗浴会减少身上的体味。

可可·香奈儿说：“一个不喷香水的女人是没有前途的。”可见，香味对于女人来说是多么重要。

香水的使用绝对是一门奇妙的学问，不同的场合、不同的服饰要搭配不同的香水，除此之外，香水还要和头发的颜色、天气状况以及个人的心情相适应。所以，一位优雅的女人少不了要有数十瓶香水。虽然香水的使用可谓百无禁忌，但想把自己收拾得尽善尽美的女人，都应该在香水上用足心思。白天做职业女性，用清新不腻的中性香水，符合现代女性独立自主的精神，不至于太过妩媚而被别人当作花瓶。通常洗发水、沐浴露、护肤乳液和发胶等也系出同门，使自己身上的香味在整体上保持和谐。夜晚则是女人一天中的隆重时刻，如果要出门喝杯小酒、跳个小舞，那么一定要再次洗澡更衣，换上精致的夜妆，重新喷上属于夜晚都市的香水。

此外，喷洒香水时一定要注意将香水涂抹在你脉搏跳动的地方，比如，侧腕关节处，或者耳朵后侧、喉头、乳沟、手臂弯曲处等，这样才能使香气散发得更长久。

总之，任何一个在茫茫人海中能脱颖而出的女孩必定都有一种特殊的魅力，而这种魅力就很可能是她那芬芳的气息。